Sonja Kaplan

Neurophysiologische Korrelate malerischer Begabung

Eine kognitions-neurowissenschaftliche Studie mittels EEG

SpringerWienNewYork

Dr. Sonja Kaplan

Justizanstalt Wien-Mittersteig, Österreich
Mittersteig 25, A-1050 Wien

Gedruckt mit Unterstützung des Fonds zur Förderung der wissenschaftlichen Forschung.

Printed in Austria

Satz: H. Meszarics • Satz & Layout • A-1200 Wien
Druck: A. Holzhausen's Nfg., A-1070 Wien

Graphisches Konzept: Ecke Bonk

Gedruckt auf säurefreiem, chlorfrei gebleichtem Papier – TCF
SPIN: 10636625

Mit 36 teilweise farbigen Abbildungen

Die Deutsche Bibliothek – CIP-Einheitsaufnahme

Kaplan, Sonja:
Neurophysiologische Korrelate malerischer Begabung : Eine kognitionsneurowissenschaftliche Studie mittels EEG / Sonja Kaplan. – Wien ; New York : Springer, 1998
ISBN 3-211-83054-5

ISBN 3-211-83054-5 Springer-Verlag Wien New York

MEINEM VATER –

(... der nicht mehr im Nebenraum verweilt!)

Geleitwort

In einem Gesang an Angelo Mai beklagt Giacomo Leopardi, der große süditalienische Dichter an der Schwelle des 19. Jahrhunderts, die zerstörerische Wirkung der Wissenschaft auf das Schöne:

„Ecco svaniro a un punto,
e figurato è il mondo in breve carta;
ecco tutto è simile, e discoprendo,
solo il nulla s'accresce. A noi ti vieta
il vero appena è giunto,
o caro imaginar; da te s'apparta
nostra mente in eterno; allo stupendo
poter tuo primo ne sottraggon gli anni;
e il conforto peri de'nostri affanni."

(Deutsche Übersetzung:)
„So schwand das Wunderbare;
auf einer Karte wird die Welt beschworen.
So gleicht sich alles nun; die Wissenschaft
läßt nur das Nichts noch wachsen. Des Gehirns
bemächtigt sich das Wahre,
dich lieben Wahn verdrängend; ach, verloren
bist du auf ewig uns; und deine Kraft,
gewaltig einst, wird nun ein Raub der Zeit;
so bleibt uns auch kein Trost in unserem Leid".

Man könnte diesen herrlichen Trauergesang durchaus nachsingen, wenn man einfallslose und entfremdende Technisierung mit Wissenschaft gleichsetzt. Dieses Buch allerdings zeigt uns Wissenschaft von ihrer konstruktiven Seite: aufklärend-präzise und dabei voll bewundernder Zurückhaltung für den künstlerisch-schöpferischen Prozeß. Dabei werden von Frau Kaplan die höchstentwickelten elektrophysiologischen Methoden der Hirnforschung eingesetzt. Nur wenige Laboratorien beherrschen die schwierige Technik der EEG-Kohärenzanalyse wie sie von H. Petsche in Wien entwickelt wurde. Damit läßt sich die Geordnetheit und Zusammenarbeit der verschiedenen Regionen des

Großhirns objektivieren. Die Ergebnisse sind für die Hirnforschung und das Verständnis von künstlerischer Wahrnehmung und Produktion von größter Bedeutung. Ob sie auch zu einer Vertiefung oder Erweiterung künstlerisch-bildnerischer Möglichkeiten beitragen können, erscheint mir nicht wichtig. Kunst benötigt Naturwissenschaft nicht, wohl aber kann Kunst die Wissenschaften bereichern und anregen. Wenngleich Kunst und exakte Wissenschaften in der Geschichte stets gleichzeitig und aus denselben soziologischen Wurzeln entstanden sind, benötigen sie heute einander nicht mehr und gehen meist getrennte Wege. Dies führte und führt zu einer zunehmenden Entfremdung der künstlerisch Begabten und der Kunst Zugewandten von der Wissenschaft und zu einer bedrohlichen Phantasielosigkeit weiter Teile der Wissenschaft und Kunst. Frau Kaplan ist mit dieser Arbeit nicht nur die Überbrückung vieler Trennungsgräben zwischen diesen beiden großen Lebensbereichen des Geistes gelungen, sie hat zwei entscheidende neurobiologische Erkenntnisse über den produktiven Denkprozeß experimentell aufgezeigt, die seit Heraklit („Die Ordnung des aufs Geradewohl Zerronnenen ist die Schönste") immer wieder als Quelle produktiven Denkens vermutet wurden und sich nun mit der rasanten Entwicklung der Hirnforschung zu bewahrheiten scheinen: Neue und produktive Denk- und Wahrnehmungsleistungen benötigen einen höheren Grad an unabhängiger („chaotischer") Dynamik der beteiligten Hirnregionen; sie müssen sich voneinander kurzfristig entkoppeln, primär in den Ruhe- und Denkphasen *vor* dem produktiven Akt und während der Reproduktion von dafür wichtigen Bildern, Klängen oder Wörtern. Andrerseits – und dies steht keineswegs in Widerspruch dazu – benötigt die eigentliche, aktuelle Produktion von Schöpferischem Kooperation von *mehr* Hirnarealen, die sich als erhöhte elektromagnetische Koppelung zwischen Hirnregionen auszeichnet. Für die malerische Leistung hat Frau Kaplan dafür die posteriore Großhirnzone auf der rechten Hemisphäre identifiziert. Weniger für Malerei begabte Personen tendieren dagegen dazu, bevorzugt die sprachbegabte linke posteriore Hemisphäre zu benützen.

Die EEG-Kohärenzfunktionen, die Frau Kaplan aus der Gehirnaktivität ihrer Versuchspersonen berechnet hat, stellen nicht nur einen großen Erkenntnisfortschritt für die kognitive Neurowissenschaft dar, sie sind in ihrer ungeheuren Vielfalt und Komplexität auch ein ästhetischer Genuß, nicht nur für die (den) Spezialistin(en). Unser Gehirn, diese unscheinbare grau-weiße Masse zwischen den Schädelknochen, erzeugt mittelbar über Augen, Hände und Ohren der(s) Künstlerin(s) ihr (sein) Werk, dessen Schönheit und Komplexität finden wir aber schon eine Stufe davor im raum-zeitlichen Muster der elektromagnetischen Aktivität der Nervenzellen wieder.

Tübingen, im Dezember 1997

Prof. Dr. Niels Birbaumer
(Universität Tübingen und Universität Padova)

Geleitwort

Es ist erstaunlich, daß fast ein Jahrhundert vergehen mußte, bis die Naturwissenschaft den ihr zurecht zukommenden Platz im Denken der menschlichen Gesellschaft gefunden hat. Hochstilisiert, unter dem Banner des Positivismus im 19. Jahrhundert zu dem Erkenntnisinstrument katexochen, setzte sich allmählich auch unter Naturforschern die Einsicht immer mehr durch, daß das eigentliche Ziel der Naturwissenschaften nicht so hochgesteckt sein kann. Es ist um vieles bescheidener und kann bestenfalls darin bestehen, dem Menschen das materielle Leben leichter und bequemer zu machen, vor allem durch die Medizin und die Technik, die eigentlichen Nutznießer des Forschens. Nachträglich gesehen ist diese Einsicht geradezu selbstverständlich. Wie sollte auch ein Wissenschaftszweig, der letztlich auf Messen und Zählen und der Suche nach kausalen Zusammenhängen basiert, also auf einem vergleichsweise dürftigen System von Parametern, imstande sein, die vielfältigen Geheimnisse der Natur zu entschleiern, in welcher kausales Geschehen nur an der Oberfläche stattfindet? Zudem eröffnet sich jedem Forscher, der lange genug seinen Weg gegangen ist, die Erkenntnis, daß die Frucht seiner Forschung nie die Lösung eines Problems ist, sondern der Ersatz seines ursprünglichen Problems durch vielerlei, vielleicht noch nicht als solche erkannte, aber neue Probleme. Eine Erkenntnis, zu der vor mehr als zweitausend Jahren Sokrates intuitiv gelangte.

Ein Grund zur Resignation? Keineswegs. Doch ein Anlaß, über den Sinn seiner Bemühungen als Forscher nachzudenken. Die auch unter Naturwissenschaftlern zunehmende Einsicht, daß ihre Bemühungen keinem Fortschritt auf dem Weg zu echter Erkenntnis dienen können, führte auch auf Seite der Geisteswissenschaften zu einer anderen, selbstbewußteren Einstellung den Naturwissenschaften gegenüber. War die Position seitens der Geisteswissenschaften nicht selten durch Ressentiment belastet, nicht zuletzt wegen der – bis vor kurzem – hohen Einschätzung der Naturwissenschaften und ihrer Medienwirksamkeit, ebenso wie wegen der unvergleichlich höheren Förderung durch die öffentliche Hand, nährt sich nun auf beiden Seiten die gegenseitige Einschätzung mehr von nüchternen Tatsachen. Immer häufiger stellen Vertreter der schönen Künste und Geisteswissenschaften die Frage: Kann uns vielleicht die sogenannte „exakte" Naturwissenschaft bei der Bearbeitung unserer eigenen ungelösten Probleme an die Hand gehen? Und noch spezieller: kann vielleicht die Hirnforschung helfen, einige unserer Fragen, wenn schon nicht zu lösen, so doch vielleicht in einem anderen Licht zu sehen?

Solche Fragen stellt sich nur ein Mensch mit zwei Seelen in seiner Brust. Frau Kaplan, in ihrem Bestreben, ein Dissertationsthema in ihrem Fach, der heute ausschließlich naturwissenschaftlich orientierten Psychologie zu erhalten, das aber gleichzeitig ihre künstlerischen Neigungen zufriedenstellen könnte, suchte mich zu diesem Behufe auf. Als „Kapital" brachte sie ihre Bekanntschaft mit zahlreichen Absolventinnen der Wiener Akademie für Bildende Künste ein. Ich war einem solchen Ansinnen nicht abgeneigt. Wenn ich auch einem Gelingen ihres ursprünglichen Planes, den Niederschlag künstlerischer Denkstrategien im EEG nachweisen zu können, skeptisch gegenüberstand, so waren zumindest, bei entsprechend intensivem Arbeitseinsatz, Ergebnisse zur cerebralen Verarbeitung von visuellem Denken zu erwarten, insbesondere, als wir mit der neu entwickelten Methode des Kohärenz-Mappings über ein erfolgversprechendes Mittel zur Analyse psychophysiologischer Vorgänge mit dem EEG verfügten. Bald zeigten sich auch die ersten Früchte dieser Arbeit. Was wir beide allerdings nicht zu hoffen gewagt hätten, waren die zahlreichen Querverbindungen zwischen Neurophysiologie und künstlerischer Begabung, die sich dank der sorgfältigen und (originellen) psychologischen Testung der Teilnehmer an diesen Experimenten einstellten. Ergebnisse, von denen man nicht zuletzt hoffen darf, daß sie einmal Bausteine zu einer Objektivierung von künstlerischer Begabung bilden könnten. Als sich die Zahl dieser Brücken zwischen Naturwissenschaft und Kunst mehrte und damit auch die Glaubwürdigkeit der Ergebnisse festigte, wurde immer deutlicher, daß der angesammelte Stoff weit über den Rahmen einer Dissertation hinausgewachsen ist und auch für einen größeren Kreis von Interessenten Bedeutung haben könnte. Dem Springer-Verlag Wien, und dem Fonds zur Förderung der wissenschaftlichen Forschung ist zu danken, daß sie diese Meinung teilten und dazu beitragen, die Ergebnisse im Rahmen einer Monographie an die Öffentlichkeit zu bringen.

Wien, im Juli 1997

Prof. Dr. Hellmuth Petsche
(Institut für Neurophysiologie, Universität Wien)

Inhaltsverzeichnis

Abkürzungsverzeichnis

AA	„Augen-auf“ – Kontrollbedingung
AG	Arbeits-Gedächtnis
α	Alpha
AP	Aktionspotential
ARAS	ascendierendes reticuläres Aktivierungs-System
β	Beta
BB	Bild-Betrachten
BM	Bild-Memorieren
CGL	Corpus geniculatum laterale
δ	Delta
EEG	Elektro-Encephalogramm
EI	Eigen-Entwurf
EKP	ereignis-korreliertes Potential
EP	evoziertes Potential
EPSP	exzitatorisch postsynaptisches Potential
FR	Formatio reticularis
FC	frontaler Cortex
FL	Frontallappen
γ	Gamma
GABA	Gamma-Aminobuttersäure
GZ	Ganglienzelle
IA	Inhaltsanalyse
IH	interhemisphärisch
HO	Holbein
IPSP	inhibitorisch postsynaptisches Potential
IT	inferior-temporal
IV	Informationsverarbeitung
JO	Jordaens
KA	Kandinsky
KG	Kontroll-Gruppe
KS	Kategorien-System
KZG	Kurzzeit-Gedächtnis
LH	linkshemisphärisch
LZG	Langzeit-Gedächtnis
MA	Malerinnen
MB	Membran-Potential
MM	mentale Modelle
MMPS	massive parallelverarbeitende Systeme
MMTG	multimodale Gedächtnistheorie
NN	neuronale Netzwerke

NS	Nervensystem
NZ	Nervenzelle
PC	parietaler Cortex
PL	Patietallappen
OC	occipitaler Cortex
OL	Occipitallappen
RE	Rembrandt
RH	rechtshemisphärisch
SB	Split-brain
SG	sensorisches Gedächtnis
SS	Signierungs-System
TC	temporaler Cortex
TL	Temporallappen
TV	Teilversuch
θ	Theta
V1	primär visueller Cortex
VAS	visuelles Arbeits-Gedächtnis
VG	Vergleichs-Gruppe

Einführung

„It is quality, that pervades a work of art, and is the resultant of all its virtual tensions and resolutions, its motion or stillness, its format, its palette, or in music, its pace, and every other created element. This quality is the projected feeling; artists refer to it as the ‚feeling‘ of the works as often as they call it ‚quality‘. The image of feeling is inseparable from its import; therefore, in contemplating how the image is constructed, we should gain at least a first insight into the life of feeling projects.“

Susanne K. Langer, The Import of Art. In: Mind: An Essay on Human Feeling, Volume I (1967).

Zwei persönliche Überlegungen führten mich zu diesem Gegenstandsbereich: 1. die Faszination der Hirnforschung – das Interesse an Substrat und Korrelat des Denkens – und 2. ihre Interdisziplinarität.

Am Beginn der Erörterung mit einer bestimmten Thematik sollte die Beschäftigung mit deren Geschichte stehen. Die Geschichtskenntnis zu diesem Thema müßte daher Voraussetzung für die Untersuchung des gegebenen Sujets – hier Wahrnehmen und Erkennen – sein. Dualismen durchziehen die Geschichte der Philosophie und nehmen die Hirnforschung nicht aus. Eine um die Jahrhundertwende ihren Anfang nehmende und hervorzuhebende Anschauung stellt die Vorstellung der Trennung zweier kausal miteinander verbundener Fähigkeiten dar: *Sehen, (Aufmerksamkeit und) Verstehen;* Sehen (als ein passiv) und Verstehen des Gesehenen (als ein aktiv aufgefaßter Vorgang). Die Deutung und das Erkennen von Objekten wurde als das Auftreten zweier voneinander unabhängiger Ereignisse, somit in keiner zueinander stehenden Verbindung als getrennte Hirnfunktionen verstanden, die unterschiedlichen Hirnarealen zugeschrieben wurden. Diese Auffassung ist noch immer von nachhaltiger Wirkung auf die gegenwärtige Vorstellung über die Organisation des visuellen Cortex und ihn beeinträchtigender Hirnfunktionen; sie blockiert damit andere Sichtweisen und verzögert die Forschung. Verfestigt wurde die Position bezüglich der Neurobiologie der Wahrnehmung durch anatomische und pathologische Evidenz – obwohl diese von Beginn an kontroversiell geführt wurde. Es handelte sich dabei um die Demonstration, daß Läsionen im visuellen Cortex, und zwar visueller Assoziations-Gebiete, einerseits zu Blindheit, andererseits zu einem Zustande führten, im welchem Patienten sehen – jedoch nicht verstehen konnten, *was* sie gesehen hatten; d. h. daß die Bedeutung eines Gegenstandes nicht zu erkennen war. Ein Zustand, der von dem deutschen Physiologen Hermann Munk als „Seelenblindheit“ bezeichnet und der Bezeichnung zufolge, die Sigmund Freud einführte, visuelle Agnosie (aus dem Griechischen: „Unwissen“) genannt wurde.

Die Auswirkungen der Doktrin einer Trennung von Sehen und Verstehen betreffen auch heute noch viele Interpretationen neurologischer Syndrome und beziehen bzw. bezogen sich auf folgende Fragestellungen und Themenkreise.

- Warum wurde der Beweis aus frühen klinischen Studien, der davon ausging, daß der visuelle Cortex ausgedehnter ist als üblicherweise beschrieben, einfach ignoriert?
- Warum wird der Assoziations-Cortex, obwohl es beachtliche Hinweise dafür gibt, daß er visuelle Areale enthält, als nicht zum visuellen Cortex gehörig bezeichnet? Jedoch scheint sich in den letzten zwei bis drei Jahren die Bezeichnung „extrastriär" allgemein durchzusetzen.
- Warum gab es solchen Widerstand gegen die Idee einer funktionellen Spezialisierung im visuellen Cortex?

Diese Konzeption beruht auf einem dualistischen Weltbild, dem Nebeneinanderbestehen zweier verschiedener, nicht zur Einheit führender Denkweisen. Von der Antike her bekannt, wird dieses in der Neuzeit von Descartes (1596–1650) durch den Cartesischen Dualismus, der Trennung von Geist – *res cogitans* – und nicht-denkendem Körper – *res extensa* (body-mind-problem) – vertreten und beherrscht seither erkenntnis-theoretische Vorstellungen zu Gehirn und Geist. Descartes vermeint jedoch, den Ort der Kommunikation, ein Interagens zwischen Psyche und Physis in einem Organ des Gehirns, nämlich im Corpus pineale, der Zirbeldrüse des Zwischenhirns (siehe dazu Abb. 6), identifiziert zu haben. Diese Spaltung – „Descartes' Irrtum"[1] – hatte schwerwiegende Folgen und durchzieht immer noch Forschung und Praxis; so benötigt sie beispielsweise die Disziplin der Psychosomatischen Medizin.

Die heutige *Konzeption* geht davon aus, *Sehen und Verstehen als ein Produkt synchroner neuronaler Aktivität* in den an diesen Vorgängen beteiligten Cortex-Arealen aufzufassen, damit in höchstem Ausmaß als durch neuronale Entladungsmuster aneinander gebunden (siehe 1.5: Das Bindungsproblem).

Beim Betrachten eines Bildes filtert das Gehirn Merkmale heraus (Sehen – also doch kein passives Geschehen, s. o.), ein Vorgang, bei dem *Wahrnehmung mit Interpretation verknüpft wird.* Sehen per se ist ein Prozeß, der sich aus verschiedenen Teilfunktionen zusammensetzt. Die verschiedenen Elemente oder Merkmale werden getrennt in verschiedenen Arealen verarbeitet. Durch das *Zusammenführen der Sub-Systeme* kommt es zur *Synthese,* aus der das Verstehen und die Gesamtheit eines vereinheitlichten Bildes hervorgeht. *Resultat* der *Integration* ist: die *Konstruktion des visuellen Bildes* im Gehirn.

Welche Strategien könnte nun der Cortex – unter Beibehalten der einzelnen Komponenten, die vor der Integration konstituiert werden müßten – zur Lösung des Problems der visuellen Integration zur Verfügung stellen? Räumliche Integration involviert einen mehrstufigen Prozeß.

Zur Erklärung werden ***elektrische Oszillationen*** im Gehirn herangezogen, deren

[1] Buchtitel des Neurologen Antonio R. Damasio (1995 erschienen).

Bedeutung in den letzten Jahren genauer untersucht wurde. Es herrscht heute Klarheit darüber, daß die sensorische Information vielfach in separaten und unabhängigen Modulen dargestellt wird und auf paralleler Informationsverarbeitung beruht, wobei die Verarbeitung im gesamten System verteilt ist. Eine Erklärung zur Interpretation des entstehenden Gesamteindruckes wäre somit das *synchrone Feuern von Zellen im neuronalen Zusammenschluß,* nicht nur in zeitlich-räumlicher Nachbarschaft, sondern auch bei synchron-entfernter Antwort, also über weite Bereiche verteilter Neuronenverbände. So findet Singer (1993) synchrone Reaktionen in anatomisch miteinander verbundenen Zellverbänden, wobei er von Neuronen-Verbänden ausgeht, die den Ensembles von Hebb entsprechen, also komplexe und weitverzweigte Netzwerke darstellen. Dieser Entwurf wird als ***Konzept der Bindung durch Synchronisation*** (binding-problem) verstanden. Dabei hat der zeitliche Ablauf wesentlichen Anteil. Nach Damasio (1995) setzt die Zeit-Bindung Mechanismen der Aufmerksamkeit und des Arbeits-Gedächtnisses voraus. Unter der Vorannahme oszillatorischer Aktivität von Nervenzellen als Indikator für Synchronismus stellen Synchronisierungs-Phänomene für Singer das Korrelat spezifischer Informationsverarbeitung dar. Die Resultate aus seinen experimentellen Untersuchungen an Katzen legen verschiedene Schlußfolgerungen nahe:

1. Sie bekräftigen die Annahme, daß tangentiale intracorticale Verbindungen das Substrat für Antwort-Synchronisation darstellen.
2. Sie unterstützen die Auffassung, daß der Prozeß der Antwort-Synchronisation der Wahrnehmungs-Festigung dient.
3. Sie beweisen, daß die Architektur tangentialer Verbindungen modifizierbar ist und durch *Erfahrung* zusätzlich zur genetischen Determinierung gebildet wird.

Die Ergebnisse belegen, daß Antwort-Synchronisation zwischen aktivierten Zellgruppen nicht ausschließlich von der Merkmalspräferenz, sondern in einem bedeutenden Ausmaß von der Reizkonfiguration abhängig ist. Während Reize, die als einzelne Figuren auftreten, zur Synchronisation führen, rufen Reize, die als Teile von verschiedenen Figuren auftreten, unter den sie erregenden Zellgruppen keine Synchronisation hervor. Woraus zu schließen ist, daß die Koppelung zwischen verteilten Zellgruppen eine dynamische ist und sich in Abhängigkeit vom *Kontext* zu ändern vermag. Außerdem scheint kein Zweifel mehr zu bestehen, daß die Synchronisation neuronaler Entladungen sowohl für die Vermittlung von Signalen als auch für die synaptische Plastizität (Gebrauchsabhängigkeit) von eminenter funktionaler Bedeutung ist. Insgesamt bestätigen diese Ergebnisse die *Hypothese von Antwort-Synchronisation als Code für neuronale Verarbeitung.* Es sind jedoch bezüglich dieser Forschungen noch viele Fragen ungeklärt.

Neuesten Studien zufolge wird eine mögliche Lösung des Bindungsproblems durch aus der Quantentheorie abgeleitete quantenmechanische Effekte angeboten, die für die Entstehung von Bewußtsein von Bedeutung sein könnten. Penrose und Hameroff (1994) – zur Zeit im Streitfeuer wissenschaftlicher Kritik stehend – formulieren in ihrer Hypothese die Behauptung, daß *Mikro-*

tubuli[2] für das Bewußtsein verantwortlich wären, da sie nicht-deterministische, qantenmechanische Berechnungen ausführten, die Bewußtsein erzeugten. Durch die Anästhesie würde das Bewußtsein ausgeschaltet, indem die Bewegung von Elektronen in den Mikrotubuli gehemmt würde. Laut Hameroff stellt jedes Neuron „ein Netzwerk innerhalb eines Netzwerkes" dar.

Die Annahmen und inhaltlichen Aussagen Singers sind in mancher Hinsicht denen von Zeki kongruent: „... unification could equally well be achieved by distant cells responding in synchrony [...] No area of the cerebral visual cortex, including area V1, can at present be said not to contribute explicitly to perception." In seinem aufschlußreichen Buch *A Vision of the Brain* (1993) entwickelt Zeki eine *Theorie zur mehrstufigen Integration* im visuellen Cortex (er führt auch mögliche Desintegrationen cerebraler Integration an); sie mutet wie eine Ableitung der Singerschen Thesen bzw. wie deren Weiterführung an, wonach *Wahrnehmen und Erkennen synchronisierende Prozesse* sind, daher gleichzeitig ablaufen und stattfinden. „This theory supposes that integration is not achieved in a single step through a convergent output to a higher area or set of areas. It supposes, instead, that integration is achieved at different stages, including stages where functional specialization is first established in the visual cortex, i.e. areas V1 und V2."

Die Erklärung für synchrone Aktivität sieht er nicht nur im gemeinsamen Input, sondern in der anatomischen Evidenz rekurrenter (hin- und rückläufiger) netzwerkartiger Verbindungen (von V1 und V2), in denen Signale aufgrund von Rückmeldungen zueinandergefügt und über den gesamten visuellen Cortex zusammengefaßt werden können. Da die Hirnrinde nach einem einheitlichen Bauplan organisiert und verschaltet ist, läßt sich nach Zeki eine Lösung des Problems der visuellen Integration unter Umständen generalisieren und auf die gesamte corticale Organisation anwenden bzw. übertragen.

Die Erforschung des visuellen Systems änderte sich innerhalb zweier Jahrzehnte radikal – nicht jedoch wird sich die Ausrichtung menschlichen Geistes nach *Erkennen und Erkenntnis* ändern.

„Wir fühlen, daß selbst wenn alle möglichen wissenschaftlichen Fragen beantwortet sind, unsere Lebensprobleme noch gar nicht berührt sind. Freilich bleibt dann eben keine Frage mehr; und eben dies ist die Antwort."
Wittgenstein, Tractatus logico-philosophicus (1961)

Das vorliegende Buch[3] – eine interdisziplinäre Arbeit – stellt Verbindungen zwischen Hirnforschung, Kognition, Neurowissenschaft und Begabung her. Darüber hinaus kann diese experimentelle Studie als ein *erster Versuch gelten, einer Beziehung von EEG und künstlerischer Begabung* bzw. Ausbildung auf dem Gebiet der Bildenden

---

2 Mikrotubuli – winzige Proteinröhrchen, die am Aufbau des Zell-Skeletts, besonders in den langen Fasern der Neuronen, beteiligt sind.

3 An dieser Stelle sei vermerkt, daß dem vorliegenden Buch eine Dissertation mit dem Titel: Malerinnen – Visuelles Wahrnehmen und bildliches Vorstellen, zwei Aspekte einer komplexen Begabung (1995) vorausging. Allerdings stellt sich diese im Vergleich an weiten Stellen ergänzt und erweitert dar. Die vorgegebene Struktur jedoch wurde beibehalten.

Kunst nachzugehen. Das Buch stellt somit einen Beitrag zur Erforschung biologischer Grundlagen von kognitiven Prozessen dar.

Für die Erstellung des Buches sowie der vorausgegangenen Dissertation gilt mein ganz besonderer Dank – deshalb sei er an erster Stelle genannt – Herrn *Univ.-Prof. Dr. Hellmuth Petsche,* dem ehemaligen Vorstand des Instituts für Neurophysiologie der Medizinischen Universität in Wien, mit dem mich Liebe und Vorliebe zu Wissenschaft und Kunst gleichermaßen verbindet; ohne seine Autorität und sein fachliches Wissen – wann immer ich dieses benötigte – wäre das Gelingen meiner Arbeit wohl kaum möglich gewesen.

Weiterer Dank geht an: den Springer Verlag, den Fonds zur Förderung der wissenschaftlichen Forschung für seine finanzielle Beteiligung bezüglich der Druckkosten; Herrn Rudolf Wytek, dem EDV-Pionier, der viel zu früh von uns gegangen; Frau Jeanette Schulz für die künstlerische Betrachtung des Themas; Herrn Dr. H. Leitner, den Leiter der Zentralbibliothek für Medizin in Wien, für sein Entgegenkommen bezüglich des Raumes (im Sinne von Virginia Woolfs: „A room of one's own"); das Team des Instituts für Neurophysiologie; Frau Dr. Eva Marx, besonders für Hilfe und Unterstützung bei der Erstellung des Kategorien-Systems, jedoch auch dafür, daß sie Unmögliches möglich machte ...; meine Mutter; last not least die Versuchspersonen, die nicht nur Engagement und Einfühlungsvermögen, sondern grenzenlose Geduld durch teils anstrengende Teilnahme bewiesen; Nicht-Malerinnen und *Malerinnen – ihnen und ihrer Kunst sei dieses Buch gewidmet!*

Einleitung

Das EEG – ein Abfalls- oder Zufallsprodukt der Maschine „Gehirn"? – Nach Petsche (1989) wurde dies lange Zeit gedacht. Doch mehren sich die Beweise, daß das EEG *Informationen* über die physiologische Arbeitsweise des Gehirns enthält, und dem Ausspruch „EEG is not a simple noise", kein „Rauschen", muß zugestimmt werden. Richtungsweisend und -führend in dieser Hinsicht sind die Arbeiten aus dem Institut für Neurophysiologie der Universität Wien – Untersuchungen von EEG-Daten mittels Spektralanalyse. Neben der Analyse von absoluter Leistung findet heute die Methode der *Kohärenz*[4] (siehe dazu EEG-Kohärenzanalyse 4.1.4.1) Anwendung – ein Verfahren, das am Institut entwickelt wurde und sich zunehmend bewährt, seit mehr als zehn Jahren. Aus dem EEG werden Informationen bei unterschiedlich kognitiven Leistungen extrahiert, wie z. B. beim Kopfrechnen (Petsche et al. 1986), beim Lesen (Petsche et al. 1987; Rescher 1992), bei der akustischen Verarbeitung von Musik, vor allem beim Hören und beim Komponieren (Petsche et al. 1985, 1987, 1993; Richter et al. 1993), jedoch auch beim Simultanübersetzen (Petsche 1991) und bei der visuellen Verarbeitung, beim Lösen von Aufgaben zur Raumvorstellung (Rappelsberger 1984, 1987; Kriegl-steiner 1985), beim bildlichen Vorstellen (Stein 1993) und bei sprachlicher Verarbei-

[4] Kohärenz – die Möglichkeit zur Bestimmung des Grades der funktionellen Koppelung oder Kooperation verschiedener Hirnregionen während einer kognitiven Tätigkeit.

tung (Weiss 1994). Das Verfahren wird auch auf der Klinik – bei Untersuchungen von Psychopharmaka und zur Bestimmung von Gruppenunterschieden bei psychiatrischen Patienten – eingesetzt (Pockberger et al. 1985; Rappelsberger et al. 1993).

Kurz erwähnt besteht die Methode darin, aus dem fortlaufenden EEG bei bestimmten kognitiven Vorgängen statistisch signifikante Korrelationen des EEGs über sämtliche Hirnregionen zu untersuchen und sie mit jenen der gemittelten EEG-Abschnitte in Ruhe als Kontrollbedingung zu vergleichen. Die Erforschung der Ereignisse erfolgt auf der Makro-Ebene mittels einer Top-down-Strategie. Als Ausdruck von Denkvorgängen ergeben sich zahlreiche Veränderungen der elektrischen Beziehungen. Die Ergebnisse werden in topographischen Probability Maps zur Darstellung gebracht. Was die Deutung von EEG-Befunden betrifft, kristallisierte sich im Laufe der Zeit heraus, daß sie ein hirnelektrisches Korrelat spezifischer Prozesse *„differentieller" Aufmerksamkeit* (Petsche 1994) darstellen dürften.

In den erwähnten Untersuchungen wird von der Beobachtung ausgegangen, daß sich kognitive Vorgänge, wie Kopfrechnen, Lesen, Musik-Hören, Übersetzen, Visualisieren etc., grundsätzlich voneinander unterscheiden. Es ist daher anzunehmen, daß es sich bei jeder Leistung um eine ganz spezifische Art und Weise der Informationsverarbeitung handelt, die sich signifikant von jenen bei anderen Leistungen unterscheidet. Die Befunde dieser Studien zeigen zunehmend, daß neben *geschlechts- und aufgabenspezifischen Veränderungen* auch noch weitere Änderungen auftreten, die von spezifischen und persönlichen *Begabungen* abzuhängen scheinen. Der speziellen Fragestellung nachgehend, lieferten die am Institut für Neurophysiologie durchgeführten Untersuchungen im Zusammenhang mit EEG und Denkvermögen erste Hinweise für Beziehungen zwischen EEG und schöpferischer Begabung. Gute Übersichten hiezu bietet Petsche (1990 und 1995).

Von einer Beziehung zwischen EEG und Begabung ausgehend und an die erwähnte Art des Vorgehens anknüpfend, stellt sich als Ziel meiner Studie die Frage nach *der bildlichen Vorstellung*, jedoch auch der visuellen Wahrnehmung mittels Spektralanalyse in einer Gesamtstichprobe (n = 38) und im Gruppenvergleich (Gruppe der Malerinnen – MA und ihrer Kontroll-Gruppe – KG; n1 = n2 = 19). Diese Arbeit, eine interdisziplinäre, experimentelle EEG-Studie, stellt einen Betrag zur Erforschung und quantitativen Erfassung visuell-kognitiver Verarbeitungsprozesse im Gehirn dar. Es wird versucht, mit Hilfe hirnelektrischer Parameter-Änderungen Korrelate für die intra- und interhemisphärische Verarbeitung des Wahrnehmens und des bildlichen Vorstellens zu finden. Des weiteren ist sie jedoch auch ein erster Versuch, künstlerische Begabung mit EEG-Variablen in Verbindung zu bringen. Die zentrale Fragestellung betrifft die visuelle Wahrnehmungs- und Vorstellungsfähigkeit als Voraussetzung zeichnerischer und malerischer Begabung. Es ist zu bemerken, daß Wahrnehmen und Vorstellen nur zwei Aspekte des Komplexes malerischer Begabung darstellen. Darüber hinaus wird z. B. auf die motorische Umsetzung durch Malen bzw. Zeichnen des in der Vorstellung kreierten Entwurfs, ein weiterer wesentlicher Aspekt, nicht eingegangen. Als neuro-psychophysiologische

Methode wird die Analyse hirnelektrischer Phänomene im Kontext der Psychologie verstanden.

In dieser Studie wird von folgenden *Annahmen* ausgegangen:
- von der Voraussetzung, daß die Darbietung einer neuen, unerwarteten Information bei einer normalen, d. h. gesunden VP Veränderungen im EEG auslöst;
- von Zusammenhängen zwischen menschlicher Informationsverarbeitung und elektrophysiologischen Prozessen im EEG;
- von der Hypothese, daß visuelle Vorstellungsfähigkeit auf der Zusammenarbeit von unabhängigen Sub-Systemen für die Verarbeitung und Speicherung nicht-sprachlicher Informationen basiert;
- von einem Zusammenhang zwischen EEG-Merkmalen und psychologischen Variablen;
- von einem Unterschied zwischen den beiden Gruppen der Künstlerinnen und Nicht-Künstlerinnen.

Was die Beziehung zwischen der elektrischen Hirnaktivität und dem kognitiven Stil – mit dem eine Information verarbeitet wird – betrifft, wird diese durch das Aufzeigen von *EEG-Änderungen* (Amplituden und Kohärenzen) demonstriert. Den Schwerpunkt dieser Arbeit stellen vor allem *Kohärenz*-Änderungen dar. Änderungen resultieren aus der Informationsverarbeitung bezogen auf das „Ruhe"- bzw. Spontan-EEG beim Betrachten von Bildern auf der Ebene der Perception, beim Memorieren von Bildern auf der Ebene der Vorstellung und beim Entwerfen eines Bildes auf der Ebene der imaginativen Ausführung. Die in den beiden Gruppen sich ergebenden Änderungen werden miteinander verglichen.

Es ist anzunehmen, daß die EEG-Änderungen auf eine unterschiedliche und äußerst spezifische Art der Informationsverarbeitung schließen lassen, wobei sich auch die jeweiligen Tätigkeiten signifikant voneinander unterscheiden. Ferner werden sich hirnelektrische Korrelate kognitiver Unterschiede in den Leistungen der beiden Gruppen zeigen lassen.

Was das methodische Vorgehen betrifft, so werden die mittels Spektralanalyse gewonnenen EEG-Daten mit psychologischen Daten (Scores für Gedächtnis und Phantasie) korreliert. Diesen durch Inhaltsanalyse gewonnenen Daten verbaler Protokolle über Vorstellungen wird ein dafür erstelltes Kategorien-System zur Erfassung des visuellen Materials zugrunde gelegt. Das Kategorien-System bildet den Rahmen für die Aussagefähigkeit der inhaltsanalytischen Untersuchung.

Das Ergebnis bezieht sich einerseits auf den postulierten Zusammenhang zwischen EEG-Merkmalen und psychologischen Variablen der beiden Gruppen von Malerinnen und Nicht-Malerinnen, andererseits auf den Unterschied zwischen den Gruppen im Hinblick auf die EEG-Variablen bzw. cerebralen Verarbeitungs-Strategien.

Neurale Gegebenheiten zur visuellen Vorstellung als Voraussetzung für malerische Begabung und malerisches Talent werden postuliert. Die Vermutung, daß besondere Fähigkeiten und Begabung auf einer unterschiedlich neuronalen Organisation beruht, wird nahegelegt, und dazu werden einige Annahmen geäußert. Weiters wird versucht, Interaktionen zwischen Vorstellungen und Wahrnehmungen aufzuzeigen.

In der Arbeit wird auch die EEG-Spontanaktivität der beiden Gruppen diskutiert. Zusätzlich wird die Frage behandelt, welche kognitiven Vorgänge zu Variationen in den Frequenz-Bändern des Spontan-EEGs führen und damit zum Auftreten spezifischer Aktivitätsmuster. Gleichzeitig wird die Studie als Beitrag zum besseren Verständnis der beiden Hemisphären bei kognitiven Leistungen aufgefaßt.

Die Erforschung visuellen Vorstellens – ***Imagery*** – fand in den letzten Jahrzehnten enormen Aufschwung und ist heute somit fester Bestand der kognitiven Psychologie. Dabei wird die Frage behandelt, wie Information in Vorstellungen organisiert ist. Vorgänge des Vorstellens stehen in engem Zusammenhang mit Vorgängen des Gedächtnisses und der Aufmerksamkeit. Weiters wird Einblick in die Funktionsweise des kognitiven Systems gegeben. Relevant zur funktionalen Bedeutung sind Annahmen zur Struktur (siehe Gedächtnis 3.6) und Funktion (limitierte Verarbeitungskapazität, siehe Aufmerksamkeit 3.7.1) menschlicher Informationsverarbeitung. Ziel der Arbeit: ein objektives Kriterium, einen Indikator für zeichnerisch-malerische Begabung zu finden.

389. „Die Vorstellung muß ihrem Gegenstand ähnlicher sein als jedes Bild: Denn wie ähnlich ich auch das Bild dem mache, was es darstellen soll, es kann immer noch das Bild von etwas anderm sein. Aber die Vorstellung hat es in sich, daß sie die Vorstellung von diesem, und von nichts anderem, ist". Man könnte so dahin kommen, die Vorstellung als ein Überbildnis anzusehen.

Ludwig Wittgenstein, Philosophische Untersuchungen (1953)

Theoretischer Teil

1. Neurophysiologische Aspekte

Das Nervensystem (NS) entwickelt sich beim Menschen aus dem Neuralrohr, wobei das Gehirn aus dem vorderen und das Rückenmark aus dem hinteren Abschnitt hervorgeht. Das Zentralnervensystem (ZNS) ist entlang dreier Hauptachsen organisiert: die rostrocaudale (Kopf-Schwanz-Richtung), eine senkrecht dazu laufende dorso-ventrale (Rücken-Bauch-Richtung) und die mediolaterale Achse[1]. Im Gegensatz zu den Vertebraten ist diese Achse beim Menschen gekrümmt. Die Gliederung des menschlichen *Nervensystems* erfolgt: *I.* in ein *peripheres* – Anteile die außerhalb von Gehirn und Rückenmark liegen wie Ganglien[2] und periphere Nerven – und *II.* in ein *zentrales,* bestehend aus Gehirn und Rückenmark. Die beiden Systeme sind anatomisch voneinander getrennt, jedoch stehen sie funktionell miteinander in Verbindung.

Zum ZNS zählen – die Gliederung wird nicht einheitlich gehandhabt – außer dem (1) Großhirn mit den Hemisphären, das (2) Zwischenhirn (Diencephalon), eine Häufung von Kernen, zu denen Thalamus und Hypothalamus gehören, das (3) Mittelhirn (Mesencephalon) mit der Lamina tectalis (Vierhügelplatte), deren Colliculi superiores (dem vorderen Hügelpaar), die bei Augenbewegungen und der visuellen Aufmerksamkeit eine Rolle spielen, und dem Tegmentum (Haube), das als Schaltstelle für visuelle und auch auditorische Signale gilt; der (4) Hirnstamm mit der Formatio reticularis und dem verlängerten Mark (Medulla oblongata) – dieses ist für lebenswichtige Funktionen: Atmung, Verdauung, Kontrolle des Herzschlags zuständig –, dessen Fortsetzung das (5) Rückenmark (Medulla spinalis) ist, die (6) Brücke (Pons) – übermittelt Informationen über Bewegungen –, und das (7) Kleinhirn (Cerebellum) – koordiniert die Bewegungen, das Gleichgewicht und ist auch an kognitiven Funktionen beteiligt. Medulla oblongata, Pons und Mesencephalon bilden den Hirnstamm am oberen Ende des Rückenmarks. Cerebellum, Pons und Myelencephalon, das eine Fortsetzung des Rückenmarks darstellt, werden auch als Rautenhirn (Rhombencephalon) bezeichnet. Die Übergangszone vom Rautenhirn zum Rückenmark stellt die Medulla oblongata dar.

Das menschliche Gehirn besteht somit aus sieben anatomischen Regionen. Verbin-

---

1 Lage-Bezeichnungen: dorsal – „rückenwärts", im ZNS oben; ventral – „bauchwärts", unten. Positions-Bezeichnungen bei Kerngebieten: anterior – vordere; posterior – hintere; superior – obere; inferior – untere Position.

2 Ganglien – abgegrenzte Ansammlung von Nervenzellen.

dungen und Verknüpfungen des ZNS mit dem Körper erfolgen durch die Nerven neuronal und durch Hormone und Peptide chemisch.

1.1 Der Cortex cerebri – Neuroanatomie der Großhirnrinde

Der Cortex – der Begriff betrifft den neocorticalen Anteil – geht aus einem Teil des Endhirns (Telencephalon) mit seinem Hirnmantel (Pallium) hervor. Anatomisch werden folgende Abschnitte des Cortex unterschieden: der *Neocortex;* dieser Teil des ZNS wird beim Menschen als *Isocortex* dem – in der Tiefe des Temporallappens befindlichen – *Allocortex* (olfaktorischer Cortex oder Palaeo-Cortex und der hippocampale, ein aus drei Schichten bestehender Cortex) gegenübergestellt. Der *limbische Cortex* stellt die Übergangszone von Iso- und Allocortex dar und umsäumt die subcorticalen Anteile des Großhirns und Thalamus.

Die beiden Großhirnhälften sind durch eine tiefe Furche – die Fissura longitudinalis cerebri – die von rostral nach caudal verläuft, voneinander getrennt. Die Großhirnrinde besteht aus den *Hemisphären* und gehört der grauen Substanz an. Unter der grauen befindet sich das Marklager der weißen Substanz, das für die Signal-Weiterleitung zuständig ist und vor allem aus myelinisierten Axonen besteht, die den Zellkörpern der grauen Substanz entspringen; weiters aus Gliazellen. In den Hemisphären befinden sich tieferliegende Kern-Strukturen, die Nuclei der Basalganglien, zuständig für motorische Aktivitäten, der Hippocampus, verantwortlich für die für Gedächtnisspeicherung, und der Mandelkern (oder die Amygdala). Der Informationsaustausch zwischen den Hemisphären findet durch den Balken oder das Corpus callosum, eine Ansammlung von Nervenfasern, statt. In der aufsteigenden Säugetierreihe bis hin zu den Menschenaffen nimmt das Gehirn an Volumen deutlich zu. Der Neocortex (90 %) ist funktionell in Lappen gegliedert. Jede Hemisphäre setzt sich jeweils aus vier Anteilen oder Lappen zusammen, deren gefaltete Oberfläche zahlreiche Windungen (Gyri) und Furchen (Sulci) aufweisen:

- dem frontalen (FL, Lobus frontalis – Stirnlappen)
- dem parietalen (PL, Lobus parietalis – Scheitellappen)
- dem temporalen (TL, Lobus temporalis – Schläfenlappen) und
- dem occipitalen (OL, Lobus occipitalis – Hinterhauptslappen)

Die angeführten Lobi lassen funktionelle Spezialisationen erkennen. Sie sind für die höheren kognitiven Leistungen zuständig, zu denen Wahrnehmen, Sprache, Kommunikation (visuelles und räumliches) Vorstellen, (abstraktes) Denken, Erkennen, Planen, Lernen, Wissen etc. zählen. Diesen Leistungen liegen neuronale Prozesse zugrunde, die im Gehirn mittels unterschiedlicher Methoden lokalisierbar sind und sich heute auch bildlich darstellen lassen. Das gesamte ZNS ist bilateral-symmetrisch angelegt. Die Hemisphären kontrollieren jeweils die kontralaterale (gegenüberliegende) Körperhälfte und arbeiten nicht unabhängig voneinander. Verschiedene Funktionen sind nur einer Hirnhälfte zugeordnet. Die Hemisphären erweisen sich damit als unterschiedlich spezialisiert und sind anatomisch nicht symmetrisch. Hiebei kommt der

Hemisphären-Dominanz für Sprache (siehe temporaler Cortex 1.3.3) und Händigkeit besondere Bedeutung zu. Zwischen den Hemisphären findet der Informationsaustausch durch den Balken oder das Corpus callosum, als größter Kommissur des Gehirns, statt. Weitere Verbindungen sind: Commissura anterior und Commissura fornicis.

Bestandteile der Hemisphären sind die bereits erwähnten tieferliegenden Strukturen: Basalganglien, Hippocampus und Amygdala. Die Basalganglien bilden eine Gruppe von Kernen, die sowohl einen Beitrag zur Motorik (auch zur Handlungsplanung und Verhaltenssteuerung) leisten wie auch zur Kognition. Hippocampus mit Ammonshorn und Subiculum sind für Lernen und Gedächtnis zuständig. Diese Strukturen sowie der Mandelkern werden mit Emotionen in Verbindung gebracht und unterhalten massive rückläufige Verbindungen zu den Assoziations-Cortices. Zum *limbischen System,* das einen Einfluß auf Lernvorgänge nimmt, zählen: das basale Vorderhirn mit dem cholinergen System, Hippocampus und Amygdala. Das limbische System durchzieht das gesamte Gehirn und erfuhr im Laufe von Jahrzehnten bis heute wesentliche Erweiterungen, beispielsweise Bereiche des Mittelhirns und Kerne der Medulla oblongata. Die wichtigste Funktion des limbischen Systems stellt die *Bewertung* auf der Basis früheren Verhaltens dar. Das Ergebnis einer Bewertung ist im Gedächtnis-System niedergelegt, weshalb Bewertungs- und Gedächtnis-Systeme eine Einheit bilden.

Ausgeprägter als bei Säugetieren sind Frontal- und Temporallappen beim Menschen. Bei Demenz-Erkrankungen finden sich nachweisbare Atrophien im Bereich der Temporal- und Frontallappen. Was die Evolution des menschlichen Gehirns betrifft, wird dieser Formwandel an der Stufenfolge der Primaten sichtbar: quantitative Zunahme polysensorischer informationsverarbeitender Neuronenverbände. Durch die Ausbildung des Neocortex, die mit einer Ausdehnung assoziativer und einer Reduzierung primärer Areale beim Menschen einhergeht, kommt es zu einer Reduktion des Palaeocortex vom Affen zum Menschen (siehe dazu: Die Evolution des occipitalen Cortex 1.4.3.8).

Der funktionelle ***Bauplan*** *der Hirnrinde* ist, abgesehen von gewissen regionalen Eigenheiten, relativ einheitlich. Während der Aufbau des Isocortex in vielen Teilen sechsschichtig ist – darüber gibt es jedoch noch keine Einigkeit –, kommt es in den allocorticalen Regionen zur Ausbildung von mehr oder weniger Schichten. Die erste Kartierung wurde aufgrund cytoarchitektonischer Kriterien von Brodmann (1909) vorgenommen, der den Cortex in ca. 60 Areae („Felder") aufteilte. 1927 faßte Economo die neocorticale *Cytoarchitektonik* in fünf Grundtypen zusammen und unterteilte den Cortex in einen *homotypen* (Typen 2, 3, 4 werden als Übergangs- bzw. Mischtypen verstanden) – bei Vorhandensein aller sechs Schichten – und einen *heterotypen Cortex,* bei dem nicht alle Schichten eindeutig nachweisbar sind. Beim heterotypen Cortex werden zwei Formen unterschieden: Typ 1, auch *agranulärer* Cortex genannt, ist im motorischen Cortex zu finden, bei dem die innere Pyramidenschicht mit *motorischen Efferenzen* besonders entwickelt, die Körnerschicht jedoch kaum ausgebildet ist, und Typ 5, dem *granulären* Cortex im sensorischen Cortex, bei dem die Lamina granularis interna besonders ausgeprägt und mit *sensorischen Afferenzen* (auch Konio-Cortex) ausgestattet ist. Somit läßt der Aufbau der Hirnrinde bereits auf deren Funktion schließen.

Der Cortex enthält eine Anzahl unterschiedlicher *Neurone*. Die Gesamtzahl dieser wird auf 10 Milliarden geschätzt. Einem konservativen Einteilungsschema zufolge – es existieren jedoch auch andere Schemata – gibt es außer den Spindelzellen zwei Haupttypen corticaler Neurone: *Pyramiden- und Sternzellen*. Die Pyramidenzellen stellen mit ca. 85 % die Mehrheit dar, sie sind somit der dominierende Zelltyp des Cortex. Sie haben Dendriten, deren Axone zu anderen corticalen Regionen ziehen, sowohl *intra-* (z. B. Axonkollateralen oder Assoziationsfasern) *als auch interhemisphärisch* (z. B. Kommissurenfasern); damit sind diese auch für eine *interregionale Verarbeitung* zuständig. Die *lokale Informationsverarbeitung* hingegen wird von (den inhibitorischen) *Sternzellen* wahrgenommen. Pyramidenzellen finden sich daher besonders zahlreich in den Ausgangs-Schichten V und VI (Eingangs-Schichten sind I–IV). Jede Pyramidenzelle ist mit vielen anderen Pyramidenzellen vorwiegend exzitatorisch synaptisch verbunden. Die Zahl der Synapsen stellt sich bis zu 10.000mal größer dar als die der Neurone. Das menschliche Gehirn ist durch die hohe Anzahl interneuronaler Verbindungen und weniger durch die Anzahl seiner NZ charakterisiert. Die Dendriten der Pyramidenzellen sind mit Dornfortsätzen (spines) besetzt, deren exzitatorischen Synapsen[3] die Fähigkeit zur Modifikation und Modulation zukommt. Somit sind Spines durch Plastizität gekennzeichnet. Plastische Synapsen werden durch Lernvorgänge modifiziert, d. h. strukturell verändert. Deren Gebrauch führt zu einer topographischen Ausweitung des entsprechenden Areals auf benachbarte Areale im Gehirn; bei deren Nichtgebrauch jedoch kann es zu einer Rückbildung kommen.

Aufgrund all dieser Verschaltungen – die weitgehend zufällig sind – wird der Cortex eher als assoziativer Gedächtnis-Speicher und weniger als informationsvermittelnd verstanden, wobei er auf Hilfsmechanismen, wie Hippocampus und subcorticale Gebiete (Basalganglien), angewiesen ist. Die Entwicklung des menschlichen Cortex findet in einer aktivitätsabhängigen Stabilisierung oder Eliminierung von Synapsen ihren Niederschlag. Wenn plastische Synapsen sich als Grundelemente des Gedächtnisses darstellen, kann *synaptische Plastizität* als *Ort des Lernens* verstanden werden. Daher wird der *Cortex* heute *als Gedächtnisspeicher* aufgefaßt und *Denken als eine Interaktivität von Mustern der Erregung zwischen Pyramidenzellen und ihren Dendriten erklärt.*

Braitenberg und Schüz (1993) vertreten die Auffassung, im Cortex werde „das Wissen niedergelegt, das im Laufe eines Lebens erworben wird". Hervorzuheben dabei sind rückgekoppelte Schleifen zwischen neuralen Strukturen, die gemeinsam an einem Prozeß beteiligt sind. Die kreisförmige Verschaltung wird von den Autoren als für die Großhirnrinde typisch betrachtet. Szentágothai (1989) beschreibt den Cortex ebenfalls als ein System rückgekoppelter Schleifen. Seiner Meinung nach (1989) bleibt sehr viel in den zustandekommenden Verbindungen dem Zufall sowie auch den Selektionsmechanismen (in der Größenordnung von +/– 100 μ) überlassen (siehe auch Braitenberg

---

[3] Synapse – neuronale Schaltstelle zwischen zwei Neuronen; exzitatorisch – erregend.

und Schüz). Diese Distanz gilt jedoch nicht für Verbindungen auf größere Entfernungen. Im ZNS gelten allgemein zwei Prinzipien der Verbindungen: Determiniertheit im Großen und Freiheit im Kleinen.

1.1.1 Organisation des Cortex

Im Cortex werden zwei Arten von Organisationsmustern unterschieden:
1.1.1.1 Das klassische *hierarchische Konzept* geht von einer *seriellen Weiterleitung* der Information aus, das vom Thalamus zu den primären, sekundären und tertiären Regionen des Cortex führt. Was den Schichtenaufbau des Cortex betrifft, läßt sich sagen, daß von den insgesamt sechs Schichten die Schichten I bis IV als Input oder Eingangsbereich mit horizontalen, assoziativen Verschaltungen, die Schichten V und VI als Output oder Ausgangsbereich mit projektiven Verbindungen bezeichnet werden können. Neben dieser *laminären Organisation* des Cortex – die Schichten sind parallel, d. h. zur Oberfläche horizontal angeordnet – gibt es eine *Organisationsform* in *vertikaler* Richtung, *die sich säulenartig* darstellt, z. B. am visuellen und somatosensorischem Cortex. Alle Zellen innerhalb eines Moduls gehören dem gleichen rezeptiven Feld an.

1.1.1.2 *Das **Modul**-Konzept* – die modulare Organisation der Hirnrinde. Der Begriff Modul stammt von Mountcastle (1958)[4]. *Der Cortex ist vertikal in Kolumnen (Säulen) oder Module gegliedert,* die mosaikartig nebeneinander liegen und *parallele Informationsverarbeitung ermöglichen.* Vertikal heißt: senkrecht zur Hirnoberfläche, von Schicht I zu Schicht VI, verlaufend. Die Informationsverarbeitung bzw. -weitergabe erfolgt in erster Linie in vertikaler Richtung, horizontal wird wenig weitervermittelt. Die NZ innerhalb dieser Säulen bilden Miniatur-Schaltkreise. Ein elementares Modul oder einen lokalen Schaltkreis stellt die *Minikolumne* dar (Durchmesser: ca. 30 µm). Minikolumnen sind zu Makrokolumnen verschaltet (100 bis 1000). Definition der Module (nach Klinke und Silbernagel 1994): „Gruppen von Zellen, die untereinander im Dienste spezifischer Informationsverarbeitung stehen und zusammen eine funktionelle Einheit bilden“. Sie stellen elementare Recheneinheiten der Großhirnrinde dar – in Analogie zur Elektronik. Verschiedene Module liegen jedoch nicht isoliert nebeneinander; die horizontale Ausbreitung der Dendriten von Pyramidenzellen erstreckt sich im Radius über ca. 1 mm. Module zeichnen sich durch hohe Konnektivitätsdichte und durch starke exzitatorische Verbindungen aus. Die benachbarten Verbindungen sind jedoch stark inhibitorisch. Eine Voraussetzung für die Abgrenzung solcher Module voneinander dürften – einer Bezeichnung von Cajal nach – Korbzellen darstellen, deren Synapsen GABA enthalten. Untereinander sind die Module durch lange Axone verbunden, wie dies in der weißen Substanz zu beobachten ist. In den 70er Jahren wurden Module (Szentágothai) – noch als Pyramiden oder Prismen bezeichnet – mit der inneren Verschaltung der Hirnrinde identifiziert. Die Hypothese corticaler Säulen vertrat 1938 bereits Lorento

---

[4] Er bezeichnet sie als „distributed systems“ – größere Funktions-Einheiten, die zu komplexen Schaltsystemen vereinigt sind und aus verschiedenen Modulen bestehen.

de No. Er war es auch, der die grundlegenden Prinzipien der Neuronenschaltungen (auf- und absteigender vertikaler Verschaltung) entdeckte sowie interneuronale Zusammenhänge und die Kolumnenstruktur der Hirnrinde. Belegt wurde diese Hypothese durch die Arbeiten von Hubel und Wiesel (1979), indem sie konstatierten, daß der visuelle Cortex hochgradig strukturiert sei. Ein Bild cerebraler Organisation, nämlich lokalisierbare elementare Funktionen sowie die Distribution komplexer Prozesse, ergibt sich aus PET-Studien von Posner et al. (1988). Die Erkenntnis des kolumnären Baus der Hirnrinde als ein Mosaik von radiär orientierten, etwa 3 mm langen, aber nur 200–300 µm weiten stumpfen Pyramiden, von dem die menschliche Hirnrinde ca. 2.000.000 haben soll, wird Szentágothai (1989) verdankt. Ein Modul der Hirnrinde besteht aus etwa 5.000 NZ – dieselben Zelltypen finden sich bei fast allen Säugetieren. Der Mensch hat die höchste Anzahl interneuronaler Verbindungen. Als das wesentliche architektonische Merkmal der Hinrinde gilt, daß von den Fasern, die die Hirnrinde verlassen, es zu wiederholten kaskadenartigen Rückverschaltungen (reentrances) kommt. Ein Prinzip, das der Nobelpreisträger Edelman (1978) als „group selection and phasic reentrant signaling“ (1978) bezeichnet.

Charakteristika der Organisation der Hirnrinde sind:

1. das modulare Bauprinzip und ein Grundprinzip des gesamten Neocortex – nicht nur der primären sensorischen Felder;
2. die Rückverschaltungen oder Rückkoppelungsschleifen;
3. die Selbstorganisation aus der zufälligen Spontan-Aktivität. – Als weitere Organisationsprinzipien lassen sich im Cortex
4. eine sowohl hierarchisch-sequentielle (serielle) als auch eine parallele Arbeitsweise nachweisen;
5. ebenso Repräsentationen sensorischer und motorischer Funktionen sowie
6. eine Plastizität seiner Oberfläche.

1.2 Afferenzen und Efferenzen (Eingänge und Ausgänge) des Cortex

Die wichtigen Funktionssysteme des Gehirns und des Rückenmarks stehen über Schaltzentren, wie Relais-Kerne sie darstellen, miteinander in Verbindung. In den Kernen werden NZ zu funktionalen Einheiten zusammengefaßt: Sinneseindrücke kommen über die spezifischen Afferenzen (Bahnen aus der Peripherie zum ZNS) und Efferenzen (Bahnen vom ZNS zur Peripherie) an. Eine wesentliche Rolle für die *afferenten Eingänge* spielen der *Thalamus,* der als subcorticale Umschaltstation aller sensorischen Afferenzen fungiert, und die *Thalamus-Kerne.* Der Cortex ist nur in Verbindung mit dem Thalamus imstande, seine Aufgaben zu erfüllen. Die Verbindungsbahnen zwischen Cortex und Thalamus werden als thalamo-corticales System bezeichnet. Diesen Bahnen sind spezifische und unspezifische Kerngebiete zugeordnet. Die Verschaltung von Informationen des sensorischen, motorischen und assoziativen Cortex erfolgt in spezifischen Thalamuskernen. Der Ventrobasalkern – der lateralen Kerngruppe zugehörig –

integriert die Afferenzen des somatosensorischen Systems. Als größte thalamische Kerngruppe ist der *Pulvinar* mit vier Unterkernen anzusehen. Z. B. ist der inferiore Pulvinar mit dem primären visuellen Cortex, visuellen Assoziations-Areae und dem inferotemporalen Cortex verbunden. Er gilt als Integrationskern des visuellen Systems, der seine Afferenzen über den Tractus opticus in die Area striata projiziert. Der Pulvinar ist wesentlich an der visuellen und auditorischen Aufmerksamkeits-Steuerung beteiligt. An den Pulvinar schließen die Kniehöcker an: die Umschaltstation für das auditorische System im Corpus geniculatum mediale, die Umschaltstation für das visuelle System im Corpus geniculatum laterale.

Wichtige extra-thalamische Afferenzen kommen aus der Amygdala, den Basalganglien, dem Hypothalamus, den Raphekernen etc.

Die Efferenzen übertreffen die Zahl der Afferenzen bei weitem. Zu den *corticalen Efferenzen* zählen:

(a) *Interhemisphärische Fasern* wie lange Assoziations- und Kommissurenfasern – gehören der weißen Substanz an. Beinahe alle corticalen Gebiete, vom primären visuellen Cortex abgesehen, sind durch diese Fasern kontralateral miteinander verbunden. Durch diese Systeme werden die beiden Hemisphären zu einer Einheit zusammengefaßt. Dieses Faktum ist für das Erleben der Welt als Einheit von entscheidender Bedeutung.
Verlassen die Kommissurenfasern das Gebiet, um mit dem Rückenmark in Verbindung zu treten, werden sie Projektionsfasern genannt.

(b) *Intrahemisphärische Fasern* wie rekurrierende Kollateralen und lange sowie kurze Assoziationsfasern verbinden benachbarte Felder und Gyri. Als wichtige lange Assoziationsbahn ist der Fasciculus longitudinalis superior zwischen Frontal- und Occipitallappen anzuführen. Die intracorticalen Verbindungen zählen zu den massivsten Faserzügen des Cortex.

Damit lassen sich folgende Prinzipien für die Organisation funktioneller Systeme feststellen: 1. Jedes System besitzt Schaltzentren; 2. jedes System setzt sich aus mehreren Bahnen zusammen; 3. jede Bahn ist topographisch organisiert, das bedeutet, daß die Neuronen auf der Basis ihrer Funktion in einem räumlichen Muster (Punkt-zu-Punkt) angeordnet sind; 4. Bahnen ziehen von einer Seite des NS zur anderen, wobei es zu Überkreuzungen kommt.

Funktionell werden die Cortex-Areale, die Informationen von den Sinnesorganen erhalten, als primär-sensorische und diejenigen, die Bewegungen kontrollieren, als primär-motorische Gebiete bezeichnet. Zwischen den Primärgebieten liegen solche, die mit der parallelen Weiterverarbeitung spezieller Aspekte einer Modalität befaßt sind: sogenannte Sekundär- und Tertiär-Gebiete der Sinnessysteme. In den multisensorischen bzw. Assoziations-Gebieten erfolgt dann eine Zusammenführung der verschiedenen Modalitäten. Sie bilden somit die Grundlage komplexen Verhaltens.

Damasio (1995) unterscheidet folgende Ebenen neuronaler Architektur: Neuronen, lokale Schaltkreise, subcorticale Kerne, Rindenregionen, Systeme, Systeme von Syste-

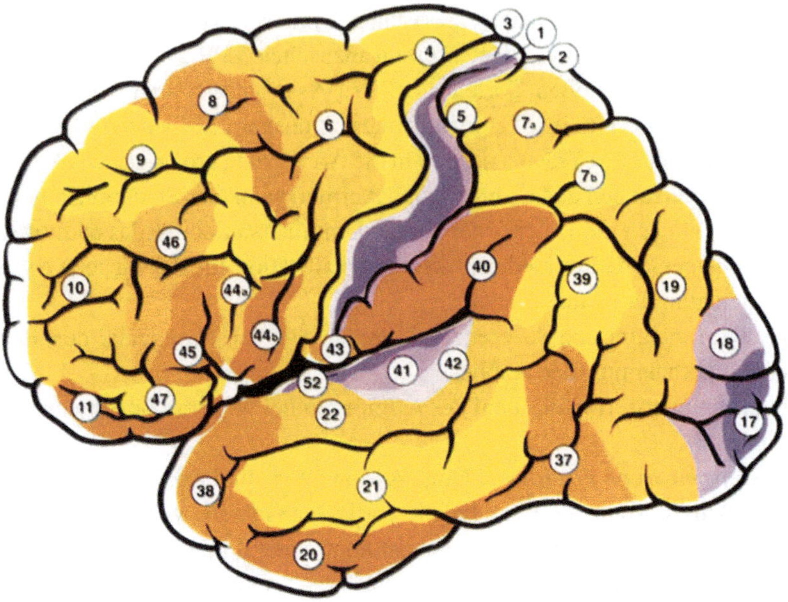

Abb. 1a. Karte der cytoarchitektonischen Felder nach Brodmann (1909). Die verschiedenen Felder (Areale oder Areae) sind durch unterschiedliche Farben gekennzeichnet. Die Numerierung ist von Brodmann. (Aus: Schmidt, Neuro- und Sinnesphysiologie)

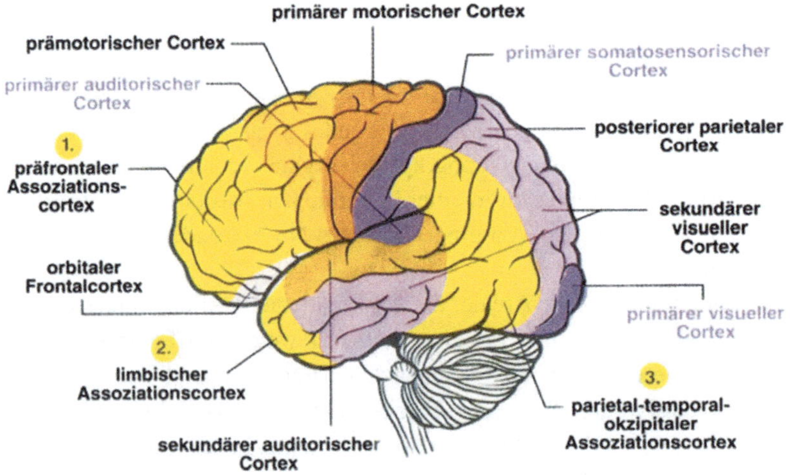

Abb. 1b. Schematische Darstellung der lateralen Oberfläche des menschlichen Gehirns mit primären und sekundären sensorischen und motorischen Arealen sowie den drei Assoziations-cortices. (Aus: Schmidt, Neuro- und Sinnesphysiologie)

men. Was Systeme tun, hängt seinen Aussagen nach davon ab, wie Komplexe andere Komplexe in einer Architektur vernetzter Komplexe beeinflussen. Das Gehirn stellt sich ihm als ein Supersystem aus Systemen dar.

1.3 Cortex und Kognition

*Die **Assoziations-Areae** des Neocortex* (siehe Abb. 1.a. und 1.b.) weisen keine eindeutigen sensorischen[5] oder motorischen[6] Funktionen auf (siehe oben), sondern sind auf das Zusammenwirken einzelner Sinnessysteme mit motorischen Arealen spezialisiert. Motorische Areae liegen vor dem Sulcus centralis und unterteilen sich in den: primär-motorischen Cortex, prämotorischen Cortex, supplementär-motorischen Cortex; weiters in das frontale Augenfeld und das Broca-Areal. Hier findet jedoch ebenfalls die komplexe Informationsverarbeitung innerhalb eines Sinnessystems statt. An der Zusammenarbeit sind vor allem auch subcorticale Regionen, durch die es erst zu einer Integration – „Assoziation" kommt, beteiligt. Daher sind als Assoziations-Cortices

(a) der *präfrontale* (Frontallappen; zuständig für Bewegungsplanung und kognitives Verhalten),

(b) der *limbische* (Temporallappen mit entorhinalem und parahippocampalem Cortex, Parietal- und Frontallappen; zuständig für Emotionen und Gedächtnis) und

(c) der *parieto-temporo-occipitale Assoziations-Cortex* (der posteriore parietale Cortex – *PP* mit den Brodmann-Areae A5, 7a und 7b; der inferiore parietale mit Gyrus angularis A39 und Gyrus supramarginalis A40, der inferiore temporale (IT): A20, 21, teils A22, A7, A38; und der occipitale Cortex – siehe 1.4.3; zuständig für höhere sensorische Funktionen und Sprache) anzusehen; sie verknüpfen multisensorische Informationen mit motorischen Leistungen und Motivationen.

Prinzipiell kommt assoziativen Cortex-Arealen eine wesentliche Funktion beim *Kategorisieren zu, dem Zuordnen von Wahrnehmungsinhalten;* ein Vorgang zur *Interpretation* des Wahrgenommenen. Während der limbische Cortex mit Gedächtnis und Gefühlen befaßt ist, ist der parieto-temporo-occipitale Cortex mit höheren sensorischen Funktionen und Sprache beschäftigt. Die Assoziations-Areae sind damit für höhere geistige Funktionen zuständig, an komplexen kognitiven Funktionen beteiligt und stellen die Integrations-Areae der Wahrnehmung dar. Das Postulat, dem Menschen gegenüber dem Tier eine diesbezügliche Sonderstellung zuzuschreiben, erweist sich als unrichtig, da Integrationsleistungen sich auch bei Tieren finden. Der größte neuronale Unterschied Tier – Mensch besteht in einer Vergrößerung des präfrontalen Cortex, also einer Zu-

---

5 Zum primär-sensorischen Cortex zählen: der somatosensorische im Parietallappen (Areae 1, 2, 3 nach Brodmann), der visuelle (V1 oder Area 17) im Occipitallappen und der auditorische im Temporallappen (Arae 41, 42). Zum sekundär-sensorischen Cortex gehören: der somatosensorische im PL (2), der auditorische im TL (22) und der visuelle – siehe S. 29 ff.

6 Primär-motorischer Cortex im Frontallappen (Area 4) und sekundär-motorischer im FL (Areae 6, 8).

nahme an Komplexität des Gehirns aufgrund neuer Verbindungen. Die Symbolbildung ist dem Menschen vorbehalten. Die Synchronisierung lokalisierter Netzwerke mit ausgedehnten, großräumigen Systemen scheint immer noch unklar. Um separate Prozesse sinnvoll zusammenzufassen, dürfte Zeit ein entscheidender Faktor sein. Neben bildgebenden Verfahren zählt die Messung elektrischer Aktivität im Gehirn zu den Methoden, höhere geistige Vorgänge beim Menschen zu identifizieren – wie dies die vorliegende Arbeit beweist. Bei der Beschreibung der Großhirnlappen ist es wichtig, darauf hinzuweisen, daß anatomische mit funktionellen Einteilungen nicht unbedingt korrespondieren. Cortex-Areale, die Informationen von den Sinnesorganen enthalten, werden als *primär* sensorische Gebiete, und diejenigen Areale, die an die primären angrenzen und spezifische sensorische Informationen auf hierarchisch höheren Ebenen verarbeiten, als *sekundäre* bezeichnet. An die sekundären Zonen des parietalen, temporalen und occipitalen Cortex schließen die tertiären und die *multimodalen* Gebiete an. Die Einteilung trifft auch auf den motorischen Cortex zu. Die Bezeichnung des *visuell-assoziativen Cortex als extrastriär* (umfaßt die außerhalb des primären visuellen Cortex befindlichen Regionen), scheint sich allmählich durchzusetzen. Die ursprüngliche Unterteilung des Cortex in verschiedene Ebenen geht auf klinische Beobachtungen von Lurija zurück, sie wurde jedoch von Pandya und Seltzer (1982) erweitert und teils korrigiert. Als neuere Bezeichnung der Autoren gilt: parasensorischer Assoziations-Cortex erster Ordnung, der den primär sensorischen Regionen am nächsten liegt. Das Gebiet erster Ordnung erhält Projektionen vom primären Cortex und projiziert zum prämotorischen und auch zum Cortex zweiter Ordnung. Von dort gibt es dann Verbindungen zum präfrontalen, zum paralimbischen und zum tertiären Cortex. Die Assoziations-Cortices 1. und 2. Ordnung dürften Lurijas sekundären Regionen entsprechen, der Assoziations-Cortex 3. Ordnung dem tertiären Cortex. Zusätzlich gibt es noch einen paralimbischen Cortex im Temporallappen (der entorhinale und parahippocampale Cortex).

Zusammengefaßt: *Assoziationsgebiete* dienen der *sensorischen Integration* aus unterschiedlichen Sinnesgebieten und stellen dabei auch Verbindungen zu emotionalen und motivationalen Funktionen her. Sie sind als *Orte der Konvergenz* von sensorischer Information, *mit Inhalten des Gedächtnisses und deren Bewertung* zu verstehen. Informationsanalyse und -verarbeitung aus verschiedenen Regionen erfolgt in corticaler und subcorticaler Zusammenarbeit. Kognition stellt sich somit in Verbindung mit Gedächtnis und Verhaltensbewertung dar. Die *Assoziations-Areae* beim Menschen lassen sich als *Gedächtnis-Systeme* auffassen.

1.3.1 Der frontale Cortex – FC

Die Frontallappen, vor allem deren tertiäre Formationen, bilden jene Teile der Hemisphäre, die sich phylogenetisch am spätesten entwickelt haben. Der präfrontale Cortex inklusive seiner assoziativen Leistungen ist beim Menschen besonders ausgeprägt und für die Realisierung seiner Persönlichkeit von Wichtigkeit. Dem Frontallappen kommt eine wesentliche Rolle bei der Steuerung der Wachheit und bei der Kontrolle des Selbst sowie der komplexesten Formen zielgerichteter Tätigkeiten beim Menschen zu, auch ist er am Aufbau stabiler Erwartungshaltungen und Motivationen mitbeteiligt. Lurija (1992): „Die Stirnlappen nehmen an der Steuerung der Aktivierungsprozesse, die der willkürlichen *Aufmerksamkeit* zugrunde liegen, teil. Sie bilden einen Mechanismus, dessen Aufgabe darin besteht, feste Pläne und Absichten zu entwickeln, mit deren Hilfe das bewußte Verhalten eines Individuums kontrolliert wird." Für die Steuerung des Aufmerksamkeits-Verhaltens sind die Verbindungen zu den Basalganglien von Bedeutung. Während der linke Frontallappen mit der Kontrolle von Bewegungen zu tun hat, die mit Sprache zusammenhängen, werden Bewegungen, die mit nichtverbalen Fähigkeiten verbunden sind, vom rechten Frontallappen kontrolliert (Kolb und Whishaw 1993).

Die *strukturelle Gliederung* des FL betrifft die Zytoarchitektur wie Anzahl und Beschaffenheit der verschiedenen Zellschichten. Dem Aufbau der Zellschichten nach läßt sich der frontale Cortex in einen agranulären (Area 6 ist statt sechs- nur fünfschichtig), einen dysgranulären und einen granulären untergliedern. Die anatomische Begrenzung der FL ist einerseits durch die Zentralfurche (Sulcus centralis) und andererseits durch die laterale Fissur (Sulcus lateralis) gegeben. Funktionell werden mehrere inhomogene Sub-Systeme unterschieden:

Im *posterioren Teil* des Frontallappens liegt der Gyrus praecentralis, ein *primär motorisches Areal* (Area 4). Die Axone der Neuronen in Area 4 sind „direkt mit den Motoneuronen des Rückenmarks oder den motorischen Kernen der Hirnnerven verbunden. Diese Ebene ist auf die Feinmotorik der Hand, der Finger und der Gesichtsbewegungen spezialisiert" (Kolb und Whishaw 1993). Vor der Area 4 befindet sich der *prämotorische (A6) und der supplementär-motorische Cortex (MSA),* deren Zuständigkeit in der Planung, Initiierung und zeitlichen Koordination komplexer Bewegungen liegt. Diesem Teil des FL gehört ebenso die *Area 8, das frontale Augenfeld* (A8 u. A9), an. Die Ausführung von Bewegungen erfolgt durch den prämotorischen Cortex. Eine weitere dritte motorische Region liegt in der Tiefe des Sulcus cinguli verborgen. Auch mit der Generierung komplexer Funktionen werden die Areale in Verbindung gebracht. Diese Cortex-Regionen umfassen auch das – meist in der linken Hemisphäre gelegene – *Brocasche Areal (Areae 44 und 45),* das frontale *motorische Sprachzentrum, zuständig für die Wortbildung* und Sprachproduktion, denn zur Ausführung komplexer Bewegungen gehört auch die sprachlich geleitete Intention (Lurija 1973). Das Areal liegt daher direkt vor der Repräsentation der Gesichtsmuskeln, der Kiefer, der Zunge, des Gaumens und des Rachens in der präzentralen motorischen Rinde. Schädigungen dieser Regionen führen zur motorischen oder Broca-Aphasie, der Unfähigkeit zu sprechen oder zu einem Sprechen in kurzen und abgehackten Sätzen. Auffallend ist die mehr oder weniger starke Sprachhemmung. Dabei sind Artikulation, Sprechrhythmus, Prosodie (Sprachmelodie) und auch Grammatik erheblich gestört, das Sprachverständnis jedoch ist bei dieser Schädigung auch – jedoch wenig – beeinträchtigt, vorwiegend beim Verstehen komplexer grammatischer Strukturen. Auch ist das Auffinden von Verben – im

Gegensatz zu Nomen – erschwert (Damasio und Damasio 1994). Woraus sich schließen läßt, daß dafür andere Hirnregionen zuständig sein müßten. Das Problem dieser Störung dürfte im Umschalten von einem Laut zum anderen liegen, also auf der Ebene der motorischen Sprachäußerung. In Zusammenhang mit der motorischen Aphasie tritt häufig auch eine Agraphie (Schreibstörung) auf. Die motorische Sprachregion steht durch den Fasciculus arcuatus in *enger* Verbindung mit der im Temporallappen gelegenen sensorischen Sprachregion, dem *Wernicke-Areal,* zuständig für *Sprachverständnis* und Kommunikation. Beide Regionen stellen Teile des komplexen sprachlichen Netzwerkes dar. Bei fehlendem Sprachverständnis kann auch Gelesenes nicht verstanden werden.

Im Bereich der Frontallappen auftretende *Läsionen* verursachen – neben anderen vielfältigen Erscheinungen wie Beeinträchtigungen des Gedächtnisses, des Affekts, der Bewegung und Sprache – bei den betroffenen Personen immer auch Störungen der bewußten Aufmerksamkeit. Bilaterale Läsionen verursachen neben Beeinträchtigungen von Denken und Entscheidungsfindungen Minderungen von Gefühl und Empfinden, sie können auch im Verlust der Selbstkontrolle resultieren. Entsprechende Schädigungen führen zum Auftreten von Perseverationen, damit zur Einbuße von Kreativität und spontanem Verhalten. Störungen des Kurzzeit-Gedächtnisses betreffen vor allem das Arbeits-Gedächtnis sowie die selektive Aufmerksamkeit (siehe 1.8). Aufmerksamkeits-Funktionen sind eng mit exekutiven Funktionen verknüpft.

Planungs- und Handlungsabläufe werden häufig durch Schemata gesteuert; sie sind daher für deren automatischen Ablauf mitverantwortlich. Zusätzliche Kontrolle wird durch das anteriore Aufmerksamkeits-System – SAS (supervisory attentional system, Shallice 1988), das ein exekutives Netzwerk darstellt, ausgeübt (siehe: Aufmerksamkeits-Netzwerke 1.8.4). Die in den Regionen auftretenden Defizite werden unter dem Begriff *dysexekutives Syndrom* zusammengefaßt. Da die Schädigungen auf Beeinträchtigungen der zentralen Exekutive des Arbeits-Gedächtnisses zurückzuführen sind, könnten diesbezügliche Störungen durch ein beschädigtes SAS verursacht sein. Aufgrund jüngster neuropharmakologischer Studien an parasuizidalen Patienten (Broadbent 1986; Parkin und Stampfer 1996 [im Druck]) darf angenommen werden, daß das dysexekutive Defizit auch für Verdrängungsphänomene im Gedächtnis stehen könnte. Das Vorliegen einer frontalen Dysfunktion dürfte Grund dafür sein.

Nach Lurija et al. können massive Stirnhirn-Läsionen die Analyse und Synthese visueller Eindrücke stark beeinträchtigen. Damasio (1995) beobachtet an Patienten Motivationsstörungen als Folge von Schädigung der Regionen des vorderen Teils des Gyrus cinguli, des motorischen Supplementärfeldes (M2 – Teil von Area 6) und des dritten motorischen Feldes (M3 – im Sulcus cinguli). Die Felder des Stirnlappens bringt er mit Bewegung, Gefühl und Aufmerksamkeit in Zusammenhang. Nach Kandel et al. (1996) beeinträchtigen Läsionen der unteren präfrontalen Region koordinierte Bewegungsabläufe. Nach Frontalhirnläsionen auftretende Persönlichkeitsänderungen, zu denen eine Anzahl von Verhaltensabnormalitäten und Besonderheiten zählen, werden als „frontal lobe personality“ bezeichnet, wobei es häufig auch zu einer Verflachung der

Persönlichkeit kommt. Dazu zählen ungehemmtes Verhalten, emotionale Gleichgültigkeit sowie Schwerfälligkeit des Denkens, vor allem der Hang zur Perseveration u. a. m.

1.3.1.1 Der präfrontale Cortex

liegt vor dem primären motorischen Areal. Er ist für die *Bildung von Konzepten* sowie Antizipationen und Strategien zur *Koordination von Handlungs- und Bewegungsabläufen,* damit für zielgerichtetes Handeln und Sprechen wesentlich sowie auch für die Selbstkontrolle verantwortlich. Eine seiner Funktionen liegt im Bereich kontextabhängigen Verhaltens in Hinblick auf soziale Kommunikation, Szenendarstellung und Erfassung der Bedeutung von diesen. Im präfrontalen Cortex erfolgt die zeitlich-räumliche Strukturierung von Sinneswahrnehmungen.

Für die Steuerung des Aufmerksamkeits-Verhaltens sind hier Verbindungen zu den Basalganglien von Bedeutung. Das *anteriore Aufmerksamkeits-Netzwerk* im präfrontalen Cortex – im Gegensatz zum posterioren Aufmerksamkeits-Netzwerk – interagiert mit den vorderen Anteilen des *Gyrus cinguli* allein und zusammen mit den Basalganglien. Diesem System kommt somit eher ausführende Funktion, „attention for action“ zu, weshalb es auch als *exekutives Netzwerk* bezeichnet wird. Das cinguläre System ist auch an weiteren ausführenden Funktionen wie Aufmerksamkeit, Generieren von Wörtern, Lautäußerungen und Schmerz (bei Affen) beteiligt. Dem vorderen Teil des Gyrus cinguli unterliegt einerseits die *Kontrolle des Arbeits-Gedächtnisses* (räumliche und semantische Verarbeitung) durch das exekutive Aufmerksamkeits-Netzwerk, andererseits – aufgrund seiner Verbindung mit dem parietalen Cortex die *visuelle Orientierung und die Bewertung visueller Merkmale* (siehe dazu 1.8.4).

(a) Im vordersten Teil des FLs – *dorsolateral* – befinden sich die präfrontalen assoziativen Areale (45 und 46). Der präfrontale Cortex (A9, 10), *als höchste Ebene der motorischen Hierarchie,* verfügt über Zugänge zu allen sensorischen Modalitäten (Stuss und Benson 1986), zu den primären sensorischen Regionen bestehen jedoch keine direkten Verbindungen.

Der präfrontale Cortex zählt zu den wichtigsten assoziativen Partien des Stirnhirns und gliedert sich nach Goldmann-Rakic (1992) in mehrere Gedächtnis-Felder, die jeweils für eine andere Art der Information verantwortlich sind. Die Aktivitäten des Arbeits-Gedächtnisses finden ebenfalls im präfrontalen Cortex statt, und daß dieses Gebiet das AG darstellt, wird z. B. aus den Auswirkungen von Läsionen in den Stirnlappen geschlossen. Dazu eignen sich Gedächtnis-Tests für visuelle und räumliche Eindrücke. Unter anderem ist das Arbeits-Gedächtnis (AG) tätig, wenn bei einer Handlung auf symbolische Inhalte im Gedächtnis zurückgegriffen wird, um geordnete Bewegungen hervorzubringen, z. B. beim Geigenspiel. Über eine Anzahl neuronaler Schaltkreise ist der präfrontale Cortex mit sensorischen, limbischen und motorischen Funktionseinheiten verbunden. Eine Funktion der Neuronen des präfrontalen Cortex könnte darin bestehen, andere Gebiete im Gehirn anzuregen oder zu hemmen. Die spezielle Aufgabe des präfrontalen Cortex dürfte es sein, Informationen, die mit aktuellen Signalen verglichen werden, vorübergehend zu speichern. Hier können jedoch auch Neuronen, die z. B. für räumliche Zusammenhänge zuständig sind, aktiviert werden. Je nach Erfordernis der Aufgabe variieren die neuronalen Aktivitäts-Muster. Aufgrund experimenteller Beobachtungen an Affen nimmt Goldmann-Racic (1992 und 1987) gemeinsam mit Friedmann an, daß im präfrontalen Cortex eine Region – *Sulcus principalis* (Area 46) – besteht, die räumliche Information über einen gewissen Zeitraum verfügbar hält und somit auf visuell-räumliche Verarbeitung ausgerichtet und spezialisiert ist. Vom Sulcus principalis bestehen Verbindungen auch zum Hippocampus, von dem aus über Projektionen Inhalte des Langzeit-Gedächtnisses übermittelt werden können. „Schäden im Sulcus principalis beeinträchtigen die Fähigkeit, sich an die Position von Objekten zu erinnern. Man bezeichnet diese [...] Effekte auch als blinde Flecken (oder Skotome) des visuellen Gedächtnisses. Anatomische Studien lassen vermuten, daß der dorsolatere präfrontale Assoziationscortex, der den für das Arbeits-Gedächtnis wichtigen Sulcus principalis enthält, eng mit dem posterior-parietalen Assoziationscortex zusammenarbeitet" (Kandel et al. 1996). Während dem Hippocampus die Aufgabe zufällt, Assoziationen zu festigen, soll der präfrontale Cortex das Resultat des Gelernten aus vorhandenen Speichern im Gehirn zurückrufen. Der *präfrontale Cortex* ist *am Abruf von Gedächtnis-Inhalten* mitbeteiligt (siehe: Arbeits-Gedächtnis 3.3.4).

(b) Im *orbitofrontalen Cortex (A11 – 14 und 47),* als ein Teil des limbischen Assoziations-Cortex im unteren Teil des Frontallappens gelegen, werden Geruchsinformationen aufgrund von Verbindungen zwischen Neocortex und limbischem System bewußt wahrgenommen. Hier erreichen Primär-Afferenzen aus limbischen Gebieten (Amygdala, Cingulum) im temporalen Cortex ihr Ziel, zusätzlich jedoch kommen auch Informationen von corticalen Assoziationsbahnen aus visuellen, auditorischen und somatosensorischen, multimodalen Arealen herein; sie bilden somit eine Brücke zwischen Intellekt und Emotion und sind daher für die Persönlichkeitsstruktur und für den sozialen Bereich von Bedeutung. „Metaphorisch könnte man sagen, daß Vernunft und Emotion sich in den ventromedialen präfrontalen Rindenabschnitten und in der Amygdala 'überschneiden'" (Damasio 1995). Vermutlich bildet der FL die wichtigste neocorticale Kontrollinstanz des limbischen Systems beim Menschen und er dürfte grundlegend an der erlernten Kontrolle angeborener Verhaltensweisen beteiligt sein.

Es liegen für die FL reichhaltige Verbindungen aus vielen anderen Regionen vor, wobei cortico-corticale Verbindungen einen erheblichen Anteil einnehmen. Zu den wichtigsten rückläufigen Verbindungen zählen diejenigen mit motorischen Strukturen (Basalganglien) zum parietalen Cortex, zum anterioren und zum posterioren temporalen Cortex – Regionen, die für die räumliche Wahrnehmung und das Wiedererkennen von Bedeutung sind. Nach erfolgter Analyse im Parietal- oder Temporallappen führen die Informationen in den frontalen Cortex zurück. Weitere rückläufige Verbindungen bestehen zum Pulvinar und zur Amygdala.

Präfrontale Regionen sind besonders reich an dopaminergen Nervenendigungen, deren Innervation in einem Zusammenhang mit der Speicherung im Arbeits-Gedächtnis stehen soll. „Man nimmt an, daß diese dopaminerge Innervation einen wichtigen modulatorischen Input für die Speicherung im Arbeits-Gedächtnis liefert" (Kandel et al. 1996). Untersuchungen des Gehirns von Schizophrenen bei kognitiven Aufgaben sowohl mit bildgebenden Verfahren (PET) als auch mit EEG scheinen diese Vermutungen zu bestätigen. Im Vergleich mit gesunden Personen, bei denen sich eine Steigerung der Durchblutung zeigt, liegt bei schizophrenen Personen eher eine Minderdurchblutung des frontalen Cortex vor (während der mesolimbische Cortex gleichzeitig überaktiv zu sein scheint). Siehe dazu auch die EEG-Analysen bei medikamentenfreien Schizophrenen (Rappelsberger et al. 1994).

1.3.2 Der parietale Cortex – PC

Als Basis sensorisch-kognitiver Funktionen obliegt dem PC die *multisensorische (visuelle, auditorische und somatosensorische) Integration.* Dem PC kommt nach Birbaumer (1989) auch Bedeutung als Kommandostruktur für Bewegungsabläufe zu, die auf ein Ziel gerichtet sind.

Die funktionelle Einteilung der Parietallappen (PL) erfolgt in zwei voneinander unabhängigen Funktionen: eine Funktion betrifft den anterioren und die andere den posterioren Lappen. Der *anteriore* Anteil mit dem Gyrus postcentralis beinhaltet die primären (Arae 3a, 3b, A1 und A2) und sekundären somatosensorischen Areale (Areae A5 – nur teils somatop gegliedert, A7, 7a) und ist für die Verarbeitung somatosensorischer Information verantwortlich, also *somatische Empfindungen und Wahrnehmungen.* In den Areae A3b und A1 sind Erregungen von Tast- und Druckrezeptoren der Haut, in A2 Erregungen von Gelenkrezeptoren und Vibrationssinn und in A3a solche von Muskelspindeln repräsentiert.

Der *posteriore* parietale Cortex ist Teil des temporo-parieto-occipitalen Assoziations-Cortex. Der posteriore Parietallappen (PP) hat in erster Linie mit der *Raumwahrnehmung* zu tun. Er ist an der Bildung von Percepten (bei visueller Wahrnehmung erzeugten Bildern), realem Raum, Vorstellungs-Räumen, Erinnerungen und am Erfassen räumlicher Perspektiven sowie am Lesen von Karten und Zeichnungen beteiligt. Auch die Körperwahrnehmung findet im PP statt. Während *symbolisch-analytische* (Sprache, Arithmetik) Information und der Umgang mit Symbolen vorwiegend im *linken* posterioren parietalen Cortex verarbeitet wird, erfolgt die *räumliche* Verarbeitung (Lokalisation, Konstruktion des Raumes) eher rechts. Die räumliche Koordination eines Bewegungsablaufes wird von den parietalen Areae 5 und 7 gesteuert. Der parietale Assoziations-Cortex ist jedoch nicht nur mit räumlichen Inhalten – also der Konstruktion einer dreidimensionalen Welt und Bewegungsfunktionen – befaßt, sondern es kommt ihm eine besondere Rolle für die *Steuerung visueller Aufmerksamkeit* zu. Das Lösen der Aufmerksamkeit erfolgt im PP, hier nimmt der *Schaltkreis der visuellen Orientierung* seinen Ausgang und führt über das Mittelhirn zum Thalamus (siehe dazu 1.8.4). Interaktionen des PP mit dem motorischen Cortex erfolgen über die Basalganglien und das Cerebellum.

Auf dieser Ebene der Assoziations-Areale begegnet man – sowie auch im FL – deutlichen Hinweisen auf eine funktionelle Asymmetrie der beiden Hemisphären –

siehe oben. Dieser Teil des Cortex zeigt den höchsten Grad an Asymmetrie bezüglich der Funktion. Die konstruktiven Funktionen der rechten Parietalregion sind von den perceptiven des linken Parietallappens zu trennen:

• *Visuo-perceptive* Leistungen sind: Erkennen visueller Objekte, Synthese und Vergleich visuell eintreffender Muster mit bereits gespeicherten und daraus resultierender Muster-Extraktion, Linien-Orientierung, Nachzeichnen, Gesichter-Erkennen.

• *Visuell-räumliche* Leistungen sind: Lokalisation von Objekten im Raum, Beurteilung von Richtung und Distanz, Lokalisation des eigenen Körpers im Raum.

Was das Kurzeit-Gedächtnis (KZG) betrifft, ist der rechte PL eher für das Behalten visuell-räumlicher Strukturen und der linke PL für sprachliches Material zuständig.

„Zugvögel verfügen zur Orientierung über ein komplettes genetisches ‚Zug-Programm'; sie orientieren sich mittels eines integrierten Zwei-Komponenten-Systems: grobe Sicherheitsrichtung ist der Sternenhimmel, zur Feinabstimmung wird das Magnetfeld der Erde eingesetzt. Hinzu kommt das Zeitprogramm" (Roswitha Wiltschko 1996).

Bei *Läsionen* sind daher auch Beeinträchtigungen des KZG, vor allem der visuellen Aufmerksamkeit (frontale Projektion) und der Einprägung (temporale Verbindung) zu erwarten. Verletzungen des PP führen zur Beeinträchtigung des abstrakten Denkens; rechts stehen Störungen der räumlichen Fähigkeiten im Vordergrund.

• Schädigungen des linken PP führen oft zu Sprachstörungen (und anderen kognitiven Beeinträchtigungen) oder *Aphasien,* die beim Sprechen, Lesen oder Schreiben auftreten können, d. h. also bei Personen, die bereits eine Sprache beherrschen.

• Beim Auftreten von *Agnosien* – als Störungen des Erkennens – steht das Nicht-Erfassenkönnen der taktilen oder visuellen Bedeutung einer Wahrnehmung im Vordergrund. Freud prägte den Begriff der

• *visuellen Agnosie,* worunter er die Unfähigkeit, Einzelheiten zu einem bedeutungsvollen Muster oder zu einem Gesamtbild zusammenzufügen, verstand.

• *Visuelle Agnosie für Zeichnungen* betrifft das Erkennen gezeichneter Objekte. „Die Läsion, die eine solche Störung hervorruft, liegt mit großer Wahrscheinlichkeit in den sekundären und tertiären visuellen Cortexfeldern 18 bis 21 beider Hemisphären. Es scheint als wären Läsionen der rechten Hemisphäre öfter mit dieser Störung assoziiert als Läsionen in der linken Hirnhälfte" (Kolb und Whishaw 1990).

• Die *Prosopagnosie* – Agnosie für Gesichter – ist ebenfalls eine kognitive Störung der visuellen Wahrnehmung, nämlich das gestörte Erkennen von Gesichtern und mimischen Ausdrucksbewegungen; dieses beruht auf occipito-parietalen-temporalen Läsionen. Läsionsorte dabei sind: 20, 21 bilateral.

• *Astereognosie* tritt nach einer Schädigung des linken posterior-parietalen Cortex auf, wobei Formen durch Ertasten nicht erkannt werden können.

• Läsionen im Bereich des Gyrus angularis und/oder des Gyrus circumflexus – meist links – verursachen eine *Alexie* (Nicht-Lesenkönnen), die häufig mit einer *Agraphie* (Nicht-Schreibenkönnen) verbunden ist.

• Die *Anosgnosie* ist die Unfähigkeit, eine Krankheit an sich selbst zu erkennen.

Bei dieser Erkrankung liegt eine Schädigung von somatosensiblen Rindenfeldern der rechten Hemisphäre vor, d. h. die Verarbeitung von Körpersignalen ist dabei gestört. Die Patienten sind nicht imstande, verschiedene Aufenthaltsorte räumlich und zeitlich zu trennen und meinen, an diesen Orten gleichzeitig zu sein. Die Läsion befindet sich außerhalb des präfrontalen Cortex.

• Eine Störung der visuellen Raumwahrnehmung, die auch den eigenen Körper im Raum betrifft (Areae 5 und 7) und einen Spezialfall der Anosgnosie darstellt, wird als kontralateraler *Neglect* (Vernachlässigung) bezeichnet, wobei Reize, die kontralateral zur Läsion auftreten, nicht registriert, sondern – so wie auch die sie umgebende Welt – vernachlässigt werden. Neglect-Patienten haben einen Teil ihrer Körper- wie Raumwahrnehmung verloren. Hemi-Neglect-Patienten essen die auf einem Teller servierten Speisen immer nur zu einem Teil: der Teller wird in eine linke und eine rechte Hälfte aufgeteilt; wobei sie verneinen, krank zu sein. Es kann auch vorkommen, daß diese Patienten ihre geschädigte Seite nicht als einen Teil von ihnen akzeptieren: Ihr Denken gebricht an einer Koordinate im Raum. Für die Evidenz des parietalen Cortex an einem cortico-subcorticalen Aufmerksamkeits-System spricht, daß Läsionen, die in diesem Lappen auftreten, häufig zu Neglect führen. Somit ist diese Art der Vernachlässigung Ausdruck einer Störung der Aufmerksamkeit. Dabei werden die Informationen der linken Gesichtsfeldhälfte nicht im gleichen Maße verarbeitet wie die der rechten. Beim Zeichnen einer Uhr wird die Hälfte der Ziffern ignoriert; das Defizit ist nicht bewußt, sondern steht mit einem Gedächtnisverlust in Verbindung. Neglect-Patienten fehlt „der Zugang zu Erinnerungen an frühere Wahrnehmungen der betroffenen Seite. Sie vernachlässigen daher nicht nur reale äußere Dinge, sondern auch erinnerte Objekte" (Kandel 1996). Ein Beispiel für Neglect liefern die vier Selbstportraits des deutschen Malers Anton Räderscheidt, die die Stadien der Regenerierung in der Zeit von 2–9 Monaten nach einem rechten parietalen Infarkt zeigen (siehe Abb. 2).

Die Auswirkungen von rechts- und linkshemisphärischen Läsionen auf die räumliche Wahrnehmung sind dabei unterschiedlicher Art: Während Patienten mit Schädigungen in der rechten Hemisphäre eine vorgegebene Figur in ihrer Gesamtheit nicht reproduzieren können, sind Patienten mit Schädigungen in der linken Hemisphäre nicht imstande, kleine Symbole, aus denen sich die Figur zusammensetzt, zu zeichnen. Das bedeutet nach Posner und Raichle (1996) eine unterschiedliche hemisphärischenbedingte visuelle Verarbeitung, wobei die rechte Hemisphäre – im Gegensatz zur linken – eher für globale und gröbere Verarbeitung verantwortlich sein dürfte.

Im rechten hinteren PL existieren zwei getrennte Repräsentationen von Aufmerksamkeit, im linken hinteren PL hingegen gibt es nur eine Repräsentation, die die Aufmerksamkeit in die rechte Gesichtsfeldhälfte richtet.

1.3.3 Der temporale Cortex – TC

umfaßt drei funktionell unterschiedliche Bereiche: (1) auditorische Gebiete, auditorische und visuelle Assoziations-Areae, (2) gustatorische Areae (Insula) und (3) Anteile des limbischen Cortex (entorhinaler, parahippocampaler und hippocampaler Cortex) in

Abb. 2. Selbstportraits des Malers Anton Räderscheidt während der Stadien seiner Regenerierung nach einem parietalen Infarkt. Aus: Sammlung Richard Jung – Universität Freiburg

Zusammenhang mit der Langzeitspeicherung. Die temporalen Assoziations-Areae sind *am Gedächtnis und emotionalem Verhalten beteiligt.* Die Verarbeitung von auditorischer Information erfolgt im oberen, die von komplexer visueller Information im unteren Bereich. Während im PL die Verarbeitung der räumlichen Lokalisation, die Bedeutung „wo?“ analysiert wird, geht es im TL um die Bedeutung „was?“ *Der inferiore temporale Bereich* (IT, A20 und A21) ist einerseits am Erkennen *komplexer visueller Reize* wie Hände und Gesichter (Perrett und Rolls 1984) und andererseits am Zustandekommen des *visuellen Arbeits-Gedächtnisses* wesentlich beteiligt. Aufgrund seiner limbischen Beziehungen spielen die TL eine besondere Rolle für Gedächtnisfunktionen; dabei ist vor allem der Hippocampus für Konsolidierung, Speicherung und Abruf von Gedächtnisinhalten zu nennen. Während diese längerfristigen visuellen Gedächtnisinhalte vom Hippocampus verarbeitet werden, tritt für kurzzeitige Verankerungen das Arbeits-Gedächtnis ein – nie jedoch eine Beteiligung des Hippocampus. IT-Neurone dürften nach Untersuchungen von Miller et al. (1991) eine große Rolle für das Arbeits-Gedächtnis spielen: „Neurone feuern am stärksten, wenn die Unterschiede zwischen vorhergehender und nachfolgender visueller Wahrnehmung groß sind. Bei gleichen oder sehr ähnlichen Situationen sind sie dagegen gar nicht oder sehr gering aktiv“ (Roth 1995). Der IT stellt gemeinsam mit den temporalen Anteilen des limbischen Cortex die Koordination des deklarativen Gedächtnisses her, das das angeeignete Wissen umfaßt (siehe 1.7.3). Identifizierung und Kategorisierung von Reizen, die der Speicherung vorausgehen, erfolgen ebenfalls im temporalen Assoziations-Cortex. Damit in engem Zusammenhang stehen emotionale Tönung und affektive Zuordnung, die sowohl für das Gedächtnis von Bedeutung sind, als auch für dessen Interpretation und daraus folgende Konsequenzen für das Verhalten.

In der Tiefe des TL befindet sich im Bereich des *Heschlschen Gyrus* das primäre auditorische Areal, die Area 4l, Zielgebung der Projektionen eines Teiles des Corpus geniculatum mediale (CGM) ist hier die Radiatio acustica (Hörstrahlung). Projektionen aus den übrigen Teilen des CGM enden in der Area 42, die das primäre Areal teilweise, und zwar hufeisenförmig, umgeben und als sekundär akustisches Areal den auditorischen Assoziations-Cortex darstellen. Nach Kolb und Whishaw (1993) wird das primäre auditorische Areal von insgesamt sieben sekundären Gebieten umgeben, das bedeutet, daß der im TL gelegene auditorische Cortex sich bis in den PL hinein ausdehnt. Der sekundär auditorische Cortex – das Planum temporale – ist bei rechtshändigen Personen auf der linken Seite größer. Auf diesen Ebenen werden sowohl reine Töne als auch akustische Muster erkannt. Bei einer *Läsion* der Area 41 kommt es zu einem totalen Ausfall der akustischen Empfindung, während bei einer Beeinträchtigung der Area 42 die Bedeutungsanalyse von Wörtern und Melodien gestört ist.

Ebenfalls im TL findet sich occipital der Areae 41 und 42 das *Wernickesche Areal*, die *sensorische Sprachregion (Area 22)*, die als Assoziationsgebiet für das Sprachverständnis bedeutend ist. Die Asymmetrie des TL ist Ausdruck der Sprachdominanz der linken Hemisphäre. Das genetisch angelegte *Planum temporale* zeigt eine deutliche Asymmetrie, deren physiologisches Äquivalent die Sprachdominanz betrifft – Lateralisation der Sprachfunktion. Eine Läsion in der Region führt zur sensorischen Aphasie. Dabei bleibt das Sprechvermögen fast erhalten, die Wortfindung ist gestört; Gesprochenes wird jedoch kaum mehr verstanden, Sprachverständnis und Kommunikation sind stark gestört. Lesen und Schreiben sind ebenfalls stark beeinträchtigt. Auch scheint die Vermittlung von Begriffen behindert.

Zur *Sprachverarbeitung* gibt es unterschiedliche Modelle. Das bekannteste ist wohl das relativ simple Modell nach Wernicke-Geschwind. Es unternimmt den Versuch, eine Zuordnung von Sprachkomponenten zu anatomischen Regionen zu finden, und ist bezüglich einer Klassifikation der Aphasien von klinischer Relevanz. Dieses Modell muß jedoch aufgrund der Befunde der letzten Jahre revidiert werden.
An den verschiedenen Sprachfunktionen sind eine große Anzahl verschieden lokalisierter Netzwerke, deren Subsysteme und verschiedene Verschaltungen beteiligt. Das Lesen eines Wortes wird nach der peripheren Aufnahme dem primär *visuellen Cortex* (Area 17) *mit an*grenzenden Gebieten vermittelt, von wo aus es über den Gyrus angularis (Areae 39) im parieto-temporo-occipitalen Assoziations-Cortex, wo das Gestalt-Erkennen stattfindet, zum Wernicke-Areal (Area 22) geschaltet wird, wo die auditorische Form des Wortes umgewandelt wird. Nach neueren Untersuchungen soll jedoch die Informationsverarbeitung vom Gyrus angularis direkt – ohne Umweg über die Wernicke-Region – zum Broca-Areal für die sprachliche Gestaltung führen. Das Hören eines Wortes wird nach der peripheren Aufnahme dem primär *auditorischen Cortex* (Areae 41 und 42) vermittelt, von wo aus es über den Gyrus angularis zum Wernicke-Areal geschaltet wird, um als sprachliche Mitteilung verstanden zu werden. Zur Sprachproduktion gelangt die auditorische Information über den Fasciculus arcuatus zum motorischen Areal des frontalen Cortex. Für die Artikulation ist die Gesichtsregion des primären *motorischen Cortex* die Folge. Dieses Modell bleibt ausschließlich auf corticale Verbindungen beschränkt und vernachlässigt subcorticale sprachliche Regionen (wie Thalamus, der für das verbale Gedächtnis von Bedeutung sein dürfte, Nucleus caudatus und die Basalganglien). Es fokussiert die Broca-Wernicke-Verschaltung – deren gleichzeitige Läsion zu einer globalen Aphasie führt – und berücksichtigt entstehende Überlappungen von Sprach-Produktion und Sprach-Verstehen nicht. Denn eine strikte Trennung von sensorischen und motorischen Sprachsystemen ist nicht mehr aufrechtzuerhalten. Neuere Untersuchungs-Methoden (PET) zeigen auch die Beteiligung des Cerebellums an kognitiven und linguistischen Aufgaben.
Nach Damasio und Damasio (1994) wird Sprache mittells dreier wechselwirkender Gruppen von Strukturen verarbeitet. In der Struktur-Gruppe 1 werden Objekte und Ereignisse zum nicht-sprachlichen Austausch beider Hemisphären kategorisiert. In der Gruppe 2 befinden sich ausschließlich linkshemisphärische Systeme, die für die Bildung von Phonemen (Lauteinheiten wie Vokale oder Konsonanten) und syntaktische Regeln für das Kombinieren von Wörtern verantwortlich sind. Gruppe 3 beinhaltet linkshemisphärische Strukturen, die zwischen 1 und 2 vermitteln.

Der *temporale Assoziations-Cortex,* als Teil des temporo-parieto-occipitalen Assoziations-Cortex, ist ein *Gebiet der multimodalen Konvergenz,* vor allem visueller und auditorischer Informationen. *Die letzten Verarbeitungsstufen des visuellen Sehsystems finden hier im tertiären visuellen System bzw. im extrastriären Cortex statt.* Dieser bildet quasi eine Fortsetzung von Verarbeitungsbereichen des visuellen Cortex.

Im TL liegt ein beidseitiges hochdifferenziertes subcorticales Kerngebiet, das *Corpus amygdaloideum,* der Mandelkern, bei dessen Entfernung im Versuch mit Affen sich das Klüver-Bucy-Syndrom einstellt. Bei diesem treten schwere Störungen affektiven und sozialen Verhaltens, den Kontext betreffend, ein. Neben dem Auftreten einer optischen Agnosie (Eßbares von Nicht-Eßbarem zu unterscheiden) sind die Tiere unfähig, die soziale Bedeutung visueller, auditorischer und olfaktorischer Stimuli zu erkennen und mit eigenen affektiven Zuständen in Beziehung zu setzen. In diesem Zusammenhang ist auch auf eine Arbeit von Raleigh und Brammer (1993), die Damasio zitiert, zu verweisen. Bei Affen, deren Sozialverhalten gestört war, ließ sich eine reduzierte Zahl von Serotonin-2-Rezeptoren im ventromedialen FL und in der Amygdala finden. Damasio (1995) hebt somit aufgrund von neuropsychologischen Daten den Zusammenhang von Systemen zwischen ventromedialen präfrontalen Abschnitten und der Amygdala hervor. Dolan R. et al. (1996) berichten von PET-Experimenten, die zeigen, daß der Mandelkern im linken (und nicht im rechten) Schläfenlappen für die Wahrnehmung von Angst, zuständig auch für die affektive Tönung, ausschlaggebend ist.

1.4 Das visuelle System

Die Funktion des *visuellen Systems* besteht sowohl in einer *peripheren* (retinale Signalaufnahme und Photorezeption) als auch in einer *zentralen Verarbeitung*. Dafür zuständige Aufnahme- und Wahrnehmungsorgane sind *Auge und Gehirn*. Die Hauptaufgabe des Sehsinnes ist es, die räumliche Orientierung in der Umwelt zu gewährleisten. Der Gesichts- oder Sehsinn zählt zu den Fernsinnen, das bedeutet Informationen über weite Strecken zu erhalten und sie zu verarbeiten. Das Seh-System erbringt dabei einige Leistungen: die Auflösung feiner Details, die Anpassung an die jeweilig vorherrschenden Lichtverhältnisse, die Geschwindigkeit der Informationsvermittlung. Die herausragendste Leistung jedoch ist die *Selektion der eingehenden Information*. Die auf die Netzhaut ankommende Information beträgt ca. 10 Millionen bit/sec, das Gehirn jedoch verarbeitet ca. 40 bit/sec. (Davon werden einige wenige bit in das Langzeit-Gedächtnis übergeführt.) Dem Gehirn kommt somit eine erhebliche Filterfunktion zu, die es aufgrund entsprechender retinaler Vorarbeit zu erbringen imstande ist.

Zusammengefaßt besteht retinale Verarbeitung darin, Lichtsignale in bedeutungsvolle Folgen von Impulsen umzuwandeln. Die neuronalen Netzwerke in der Retina verfügen über besondere Mechanismen für Kontrastverstärkung, Anpassung an Helligkeit und Dunkelheit, räumliche und zeitliche Auflösung. Um all diese komplexen Miniatur-Systeme zu integrieren, benötigt die Retina komplizierte Verschaltungen, welhalb die Zellen, um größtmögliche Sehschärfe zu gewährleisten, auf kleinstem und begrenztem Raum dicht zusammengepackt sind.

Die Umsetzung des Netzhautbildes erfolgt in verschiedenen Stufen und führt letztlich zur Einheit der Wahrnehmung und zu blitzartigem Erkennen. Corticale visuelle Leistungen dabei sind: Raum- und Tiefenwahrnehmung, Form-, Farb- und Bewegungs-Sehen.

1.4.1 Die Sehbahn (siehe Abb. 3)

Nach der retinalen wird die weitere Verarbeitung visueller Informationen parallel zu ihrer nächsten Station, über die Sehbahn, geführt. Die *klassische Sehbahn* ist durch eine stufenweise Aufeinanderfolge aus Schaltzellen von der Netzhaut zur primären Seh-

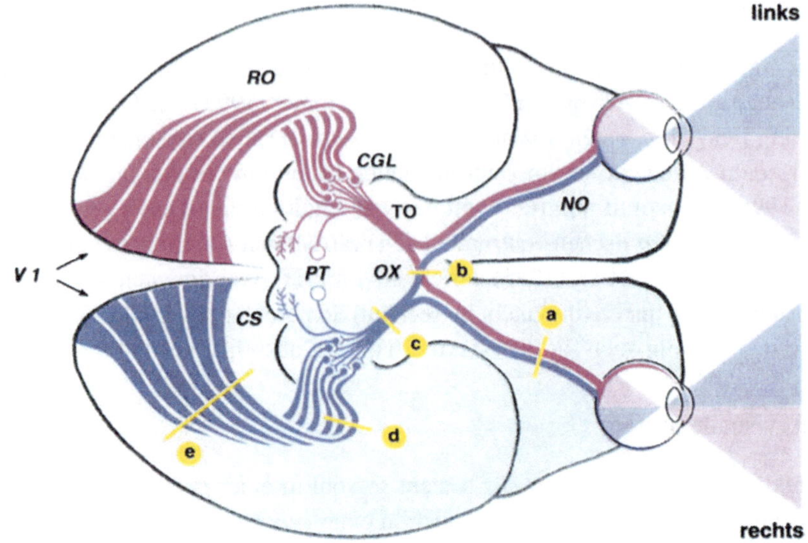

Abb. 3.

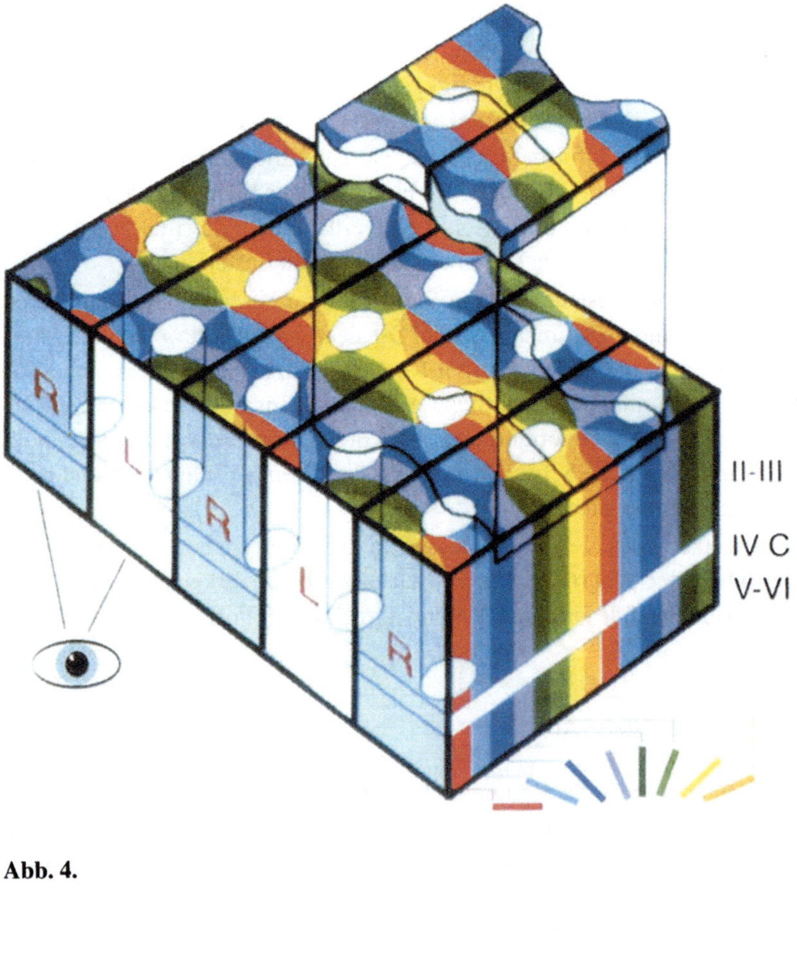

Abb. 4.

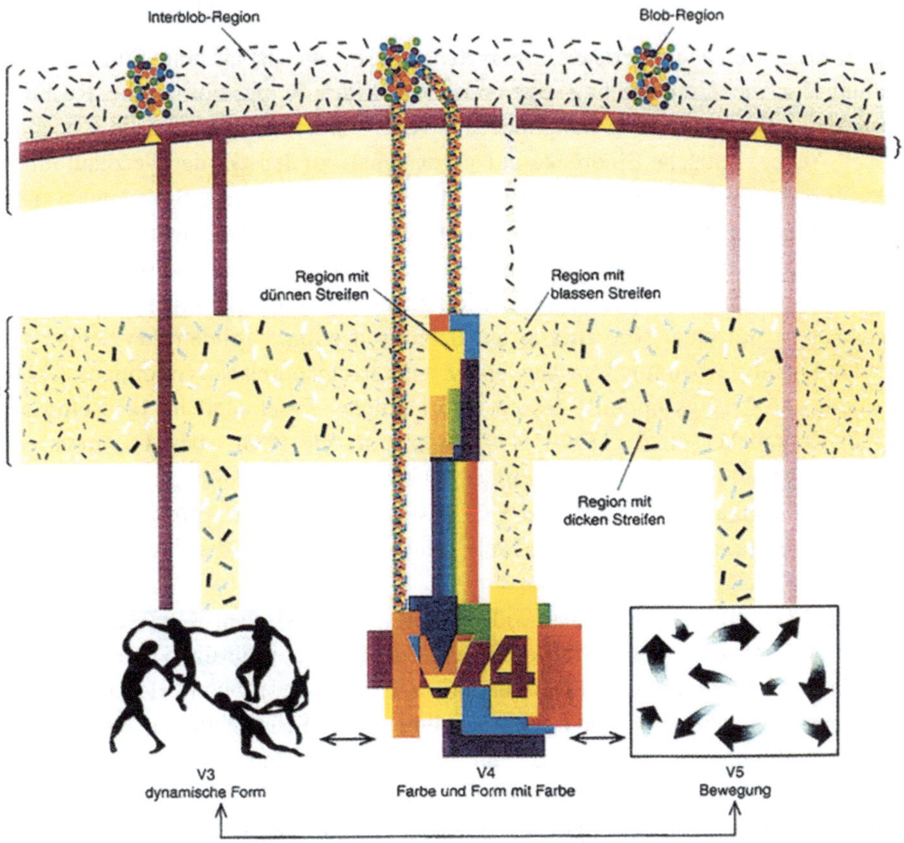

Abb. 5. Parallelverarbeitung. Vier getrennte Nervenbahnen für die Signalübermittlung in der Sehrinde wurden bisher identifiziert. Farbe wird wahrgenommen, wenn farbspezifische Zellen in den sogenannten Blobs von V1 Signale an V4 und die dünnen Streifen von V2 senden, die ihrerseits mit V4 verbunden sind. Der Wahrnehmung von Form zusammen mit Farbe dient die Verbindung von den Interblob-Regionen in V1 über die blassen Streifen in V2 zum Areal V4. Zellen in Schicht 4B von V1 senden direkt sowie über die dicken Streifen von V2 Signale an die Areale V3 und V5; dort wird die visuelle Information auf Bewegung und bewegte Formen analysiert. (Aus: Spektrum der Wissenschaft, Nov. 1992)

Abb. 3. Die zentrale Sehbahn. Linkes Gesichtsfeld mit Projektion in die rechte Hemisphäre *blau,* rechtes Gesichtsfeld mit zentraler Projektion nach links *rot. NO* N. opticus, *OX* Chiasma opticum, *TO* Tractus opticus, *CGL* Corpus geniculatum laterale, *PT* Prätectum, *CS* Colliculi superiores, *V1* Primäre Sehrinde. a bis e sind die Läsionsorte für die Gesichtsfeldausfälle. (Aus: Schmidt, Neuro- und Sinnesphysiologie)

Abb. 4. Dreidimensionale **Darstellung der Anordnung orientierungsspezifischer Neuronen** in einem Ausschnitt **aus V1.** Zwei Okularitäts-Dominanzstreifen (R+L) nehmen etwa 0.8 mm ein. Nicht orientierungsspezifische Neurone befinden sich in Schicht IVC (weißer Streifen) und in den „blobs" am Übergang zwischen Schicht IV und III (weiße Ovale). Neurone mit einer bestimmten Orientierungsspezifität sind farbcodiert (unten rechts). Sie sind wie die Speichen eines Rades parallel zur Oberfläche angeordnet. Vier komplette Orientierungsdomänen sind vorn rechts herausgehoben. (Aus: Dudel et al., Neurowissenschaft, 1996) region im Cortex charakterisiert. Die Netzhaut des Auges ist als erste Stufe der Verarbeitung für die Umwandlung des optischen Bildes in physiologische Reaktionen zuständig. Hier setzen nun Ganglienzellen (GZ) – als getrennte visuelle Systeme im selben Auge – optische Eindrücke in Nervensignale zu den GZ der Netzhaut um. Die Photorezeptoren der Retina reagieren auf Helligkeits-, Farb- und Bewegungsveränderungen. Somit nehmen neuronale Antworten auf Licht ihren Ausgang in den Rezeptoren und leiten eine weitere Verarbeitung über die nachgeschalteten neuronalen Elemente sogen. Interneuronen der Retina ein. Die Nervenfasern der GZ – jedes Ganglion der Netzhaut ist mit einer Nervenfaser am Sehnerv beteiligt – bilden den Sehnerv. Die weitere Signalvearbeitung des visuellen Systems erfolgt durch Nervus opticus, Chiasma opticum und Tractus opticus, dessen mehrheitlicher Faseranteil im beidseitig angelegten Kniehöcker, dem *Corpus geniculatum laterale* (CGL) des Thalamus endet. Das CGL ist ein Integrationszentrum der Sehbahn zur Weiterleitung und Filterung der visuellen Information. Die Zellen des CGL sind mit Zellen des primären Sehfeldes in der Area striata, der corticalen Endstelle im Occipitallappen der Großhirnrinde, verbunden.

Das CGL gilt als erste Schalt- oder Relaisstation zwischen Retina und visuellem Cortex und ist somit als die wichtigste subcorticale Region für die Verarbeitung visueller Informationen und deren Modulation anzusehen – (vermutete Hauptaufgabe des CGL) vor allem auf der Ebene des Hirnstamms. In der Schaltstation erfolgt die synaptische Übertragung der retinalen GZ auf die geniculären Schaltzellen: Die Retina projiziert zum CGL unter Aufrechterhaltung des *Prinzips der Retinotopie,* indem benachbarte Neuronen auch hier geclustert bleiben und räumliche Anordnungen und Eigenschaften der Retina erhalten werden. Das CGL ist laminär gegliedert und läßt sich nach Hubel (1989) in zwei selbständige Einheiten aufteilen, und zwar in:

zwei ventrale bzw. (großzellige) *magnozelluläre* (I und II) und
vier dorsale bzw. (kleinzellige) *parvozelluläre Schichten* (III – VI),

die Afferenzen aus dem ipsi- und kontralateralen Auge erhalten. Die Neurone der magno- und parvozellulären Schichten unterscheiden sich bezüglich ihrer Antworteigenschaften nur wenig von den Magno- und Parvo-Ganglienzellen in der Retina. Die beiden Verarbeitungswege laufen zum primären visuellen Cortex getrennt weiter. Dort erst findet die gegenseitige Beeinflussung dieser neuronalen Systeme statt. Die Neuronen aller Schichten des CGL projizieren zu verschiedenen Teilen der Schicht IV in den primären visuellen Cortex. Jede Schicht enthält eine neurale Repräsentation der kontralateralen Gesichtsfeldhälfte.

Vor Eintreffen der Information in die thalamische Schaltstelle kommt es zu einer Überkreuzung der Leitungsbahnen, der Nn. optici im *Chiasma opticum.* Hier wird das Gesichtsfeld – jener Bereich, der jeweils nach der Außenseite eine größere Ausdehnung hat und in dem bei unbewegten Augen Wahrnehmungen gemacht werden – in zwei Hälften aufgeteilt: Die *rechte Hälfte des Gesichtsfeldes* – von der rechten Hälfte der Fovea (Mitte des Auges, ausschließlich aus Zäpfchen bestehend) – wird *auf* das in der *linken Hemisphäre* des Gehirns befindliche primäre Sehfeld abgebildet = *projiziert* und umgekehrt.[7] Anders ausgedrückt: GZ der nasalen Hälfte der Retina kreuzen, während die temporalen ungekreuzt bleiben und im ipsilateralen Colliculus superior enden. Der innerste Bereich ist beidseitig vertreten. Nach der Sehkreuzung leiten Äste auf die vorderen Vierhügel – Colliculi superiores ab. Der dem Chiasma opticum folgende Abschnitt ist der Tractus opticus.

Die *rezeptiven Felder im CGL* ähneln denen der GZ in der Retina, weisen jedoch zunehmend komplexere rezeptive Felder auf. In den Neuronen des CGL wurden ebenfalls farbsensible rezeptive Felder entdeckt, die im Einklang mit der Gegenfarbtheorie von Hering stehen und auf die drei Farbpaare (Rot-Grün, Gelb-Blau und Schwarz-weiß) gerichtet sind. Die Farbempfindung wird in einem dreidimensionalen „Aktivierungsraum" codiert. Das bedeutet, jede wahrnehmbare Farbe erzeugt ein charakteristisches Aktivierungsmuster in den drei Typen nachgeschalteter Neuronen im CGL. Dabei werden die Vorteile genützt, die die Kombinationsmöglichkeiten des Systems bieten. Beispielsweise erfolgt die Einordnung der Farbe Rosa nach ihrer Lage innerhalb des Raumes zwischen Weiß und Rot. Die Modalitäten werden durch die Weiterführung über parallele Bahnen zu den nächsten Ebenen des Cortex beibehalten.

1.4.2 Signalverarbeitung in visuellen Sub-Systemen

Das visuelle System subsumiert – nach einigen Autoren – neben der klassischen Sehbahn mehrere Subsysteme, deren Anzahl auch verschieden angegeben wird; demnach stellt es sich nicht als eine Einheit dar.

Die Subsysteme (hier 1–5) und ihr jeweiliger Aufgabenbereich sind:

- *das retino-geniculo-corticale System (1)* entsprechend dem klassischen Sehsystem, das den bewußten Seheindruck vermittelt. Alle Subsysteme gehen jeweils vom CGL aus und führen Projektionen zu weiteren subcorticalen Strukturen wie: den
- Colliculi superiores im Hirnstamm (Verbindung über Tectum und Pulvinar des Thalamus), deren retinotope Karten die visuelle Lokalisation von Objekten und die räumliche Orientierung ermöglichen; als dem *retino-tectalen oder auch extra-genicularen System (2)*, das für Bewegungsanalyse und blickmotorische Steuerung zuständig ist und über die Verbindung mit parietalen visuellen Assoziations-Areae zur Integration von Blickbewegungen (Sakkaden) mit visueller Wahrnehmung („visueller Greifreflex") beiträgt; zur
- Area praetectalis, zum Nucleus praetectalis olivaris (NPO) und zum Nucleus Edinger-Westphal als *dem retino-prätectalen System (3)*, das Pupillen- und Akkomodationsreflexe vermittelt und somit für das Helligkeits-Sehen entscheidend ist; in den Nuclei der extraocularen Muskeln werden Augenbewegungen mit Blick- bzw. Aufmerksamkeitsänderungen koordiniert; zum
- Hypothalalmus als *dem retino-hypothalamischen System (4)*, das mit dem Corpus

---

7 Die Information wird erst danach zum motorischen Cortex auf der gegenüberliegenden Seite kreuzen (Hubel 1988).

pineale (zuständig für die Melatonin-Produktion) und deren Funktion als biologische Uhr den Teil eines endokrinen Schaltkreises darstellt und den circadianen Rhythmus sowie den Schlaf-Wach-Rhythmus steuert; Neurone im Nucleus suprachiasmaticus (NSC) sind Generatoren für die lichtabhängige Steuerung und den 24-Stunden-Rhythmus; zum

- Kern des optischen Traktes Nucleus opticus accessorius (NOT) als dem *akzessorisch optischen System (5),* das die Eigenbewegungen des Körpers steuert. Bei Vertebraten wird über dieses System der Blick stabilisiert.

Die Verarbeitung der Eingänge in Zwischenhirn und Cortex dient vorwiegend der Extraktion der Information, die, schrittweise von Schicht zu Schicht zum Cortex aufsteigend, über die räumlich-zeitlichen Merkmale des visuellen Reizes erfolgt. An der visuellen Signalverarbeitung im CGL sind jedoch nicht ausschließlich Axone des Sehnerven, sondern auch Synapsen von Axonen, die ursprünglich aus dem Hirnstamm und der Formatio reticularis kommen, beteiligt. Viele der Verbindungen sind Feedback-Verbindungen. Neben der Hauptverbindung zum visuellen Cortex gibt es eine weitere Verbindung zum *frontalen* Cortex, von wo die Willkürbewegungen der Augen gesteuert werden. Diese Verbindungen dürften die Verarbeitung über die Wachheit, räumliche Aufmerksamkeit und die damit in Zusammenhang stehenden Augenbewegungen beeinflussen. Außerdem wird davon ausgegangen, daß der Pulvinar, das thalamische Kerngebiet, zu allen Sub-Arealen von V1 projiziert.

1.4.3 Der occipitale Cortex – OC

Als visueller Cortex wird die Gesamtheit der neocorticalen Areale bezeichnet, die durch Lichtreiz aktiviert werden können. Seine Größe beträgt etwa 2.600 mm^3. Der visuelle Cortex befindet sich im Occipitallappen, dessen Schichten – eine ca. mit 3 mm Dicke – Signale aufnehmen, die sie intracortical verarbeiten und an andere Gebiete oder subcorticale Strukturen weitergeben.

Sowohl visueller Cortex als auch Corpus geniculatum laterale setzen sich aus sechs Schichten zusammen. Im Unterschied zu den subcorticalen Stationen gibt es hier Verbindungen zwischen den einzelnen Schichten. Die Schichten IV und VI sind für die sensorische Analyse zuständig. Schicht V ist durch große Pyramidenzellen charakterisiert. Daneben wird visuelle Information auch an unspezifischere Hirnregionen weitergeleitet, wo eine frühe Integration von Informationen aus anderen Sinnessystemen, die in Verbindung mit der Wahrnehmungsleistung stehen, stattfindet. Der primäre visuelle Cortex hat die am stärksten differenzierte laminäre Struktur aller Neocortex-Areale des Menschen. Es schlägt sich hier die hohe Differenzierung des visuellen Systems nieder. Die heute übliche Benennung der visuellen Areale ist *V1 bis V5.* Sie beruht auf einer Kombination von Cytoarchitektur, neueren neuroanatomischen Verfahren zur Bestimmung von Projektionsgebieten und auf funktionellen Erkenntnissen. Die Systematik deckt sich nur selten mit der älteren, cytoarchitektonischen Nomenklatur nach Brodmann (Areae 17, 18, 19, 20, 21).

Der *primär visuelle Cortex* ist das größte aller visuellen Areae. Aufgrund seiner Streifenform wird er auch Area striata (Area 17 nach Brodmann) genannt oder mit *V1* nach der neuen Nomenklatur bezeichnet. V1 liegt im Sulcus calcarinus und ist das spezielle Hirnareal, in der eine bedeutungsmäßige corticale Verarbeitung der sensorischen Information erfolgt. An V1 schließen der *sekundär visuelle Cortex, V2* (Area 18), und der tertiär visuelle Cortex, *V3* (Area 19), an. Beim Sehen spielt der *Temporallappen* (Mishkin et al. 1987), eine wesentliche Rolle; die Sehfelder des Schläfenlappens bilden quasi die Fortsetzung der Verarbeitungsbahn des striären Cortex. Die vollständige Abbildung (Repräsentation) eines Gegenstandes wird von den Zellen auf den letzten Stufen des unteren Schläfenlappens erstellt. Das primäre Sehfeld ist damit nicht als Endstation der Verarbeitung zu betrachten. Die Vermutung, daß dieses im Hinblick auf den Abstraktionsgrad eine eher frühe Station sein dürfte, liegt nahe. Der endgültige Seheindruck entsteht aus dem Zusammenspiel der Neuronen von V1, V2 (Area 18) und V3 (früher: Neuronen der sekundären und tertiären Sehrinde) und höherer Assoziations-Areae. In diesem *extrastriären visuellen Cortex* bestehen massive reziproke Verbindungen mit den Kernen des Pulvinar thalami. Im Gegensatz zu V1 stehen V2 und V3 beider Hemisphären miteinander über zahlreiche, durch das Splenium corporis callosi ziehende Kommissurenfasern in Verbindung. V1 ist retinotop organisiert, wobei die Fovea centralis stärker repräsentiert ist als die übrige Netzhaut. Retinotop bedeutet hier, daß das räumliche Muster der Retina – quasi abbildend – dem räumlichen Erregungszustand der corticalen Neuronen entspricht. V3, V4, MT (mediotemporal) ist V5 in Area 19 und IT-inferotemporal in den Areae 20 und 21 lokalisiert. Das frontale Augenfeld liegt in Area 8.

1.4.3.1 Die Cytoarchitektonik der Signalverarbeitung im primären visuellen Cortex (siehe Abb. 4)

Im visuellen Cortex werden die Informationen nach ähnlichen Prinzipien verarbeitet wie in der Retina und im CGL, nur auf höherem Niveau. Durch die Art der Verschaltung der retinalen Zellen kommt es zu *rezeptiven Feldern*.[8] Sie bestehen jeweils aus einem Zentrum und einem Umfeld, der Peripherie – angeordnet in konzentrischer Form –, die sich zueinander antagonistisch verhalten. Bei rezeptiven Feldern zweier benachbarter retinaler GZ kommt es gewöhnlich zu weitreichenden Überlappungen. Hier treten jedoch erstmals RF auf, die sich von retinalen und geniculären RF unterscheiden, sodaß Lichtpunkte nur einen geringen oder gar keinen Effekt mehr ausüben. Die meisten Neurone im Cortex weisen neben Kontrast-Empfindlichkeit (auf Farbe und Helligkeit) zusätzlich Orientierungs-Selektivität auf. Die Klassifizierung corticaler Neurone erfolgt entsprechend der Komplexität ihres Aufbaus als einfach und komplex. Dabei werden die folgenden Klassen von corticalen rezeptiven Zellen unterschieden:

---

[8] Ein rezeptives Feld (RF) ist der begrenzte Bereich der Retina, dessen Stimulation zu einer Aktivitätsänderung im Sinne einer Erregung (erhöhte Aktivität) oder Hemmung (herabgesetzte Aktivität, beispielsweise bei Belichtung der Umgebung) des Neurons führt.

1. Zellen mit einfachem (kleinen) rezeptiven Feld (simple fields/cells) der Schichten IV, VI und III, die am besten auf einen geeignet orientierten Reiz – z. B. vertikaler Lichtbalken – antworten. Es sind dies Neurone mit parallel angeordneten rezeptiven Feldern. „Eine simple-Zelle stellt strenge Anforderungen. Um optimal aktiviert zu werden, benötigt sie einen Lichtbalken, der eine bestimmte Breite besitzt, die zentrale Fläche ganz ausfüllt und der eine bestimmte Orientierung aufweist" (Nicholls 1995). Wesentlich dabei ist, daß der Reiz die gleiche Orientierung hat wie das RF der (Pyramiden-)Zelle (vor allem in der Input-Schicht 4C lokalisiert) und eine bestimmte Position innerhalb des RF aufweist. Das bedeutet, *Orientierungs- und Positionsspezifität* sind gleichermaßen wichtig. Zusätzlich gibt es On-/Off-Bereiche, die mit kleinen Lichtpunkten erregt werden können. Somit werden unter *einfachen Zellen* solche mit einfachem konzentrischen rezeptiven Feld verstanden, bei denen die On-/Off-Zone und die *Orientierung des Reizes mit bestimmter Position* eine Rolle spielt.

2. Zellen mit komplexem rezeptiven Feld (complex fields/cells) sind größer und globaler als die der einfachen Zellen. Die wirksamsten Reize dieser Zellen werden durch vertikale Lichtbalken und -kanten, durch Kontrast im Raum hervorgerufen. Das bedeutet, daß die *Orientierung des Reizes* wesentlich ist, *bei* relativ *beliebiger Position* innerhalb des rezeptiven Feldes. „Die Bedeutung der Signale der complex-Zellen unterscheidet sich jedoch signifikant von der der simple-Zellen. Die simple-Zelle lokalisiert einen orientierten Lichtbalken mit einer bestimmten Position innerhalb des rezeptiven Feldes, während die complex-Zelle das abstrakte Konzept der Orientierung ohne strikte Beziehung zur Position signalisiert. Obwohl das rezeptive Feld vergrößert wurde, ist die Auflösung nicht verloren gegangen, sondern in eine kompliziertere Anordnung eingebaut" (Nicholls 1995). Vorkommen vor allem in V1 in den Schichten II, III, V. Komplexe Zellen niederer Ordnung kommen auch in V2 vor. Die genaue Beziehung zur Position des Reizes ist hier weniger relevant. Jede der Kategorien enthält einige Untergruppen.

Neben der Orientierungsselektivität weisen viele Zellen des primären Cortex auch noch weitere spezifische Antwortverhalten auf, wie Richtungsselektivität (Richtung der Bewegung) und Endhibition, wobei der beste Reiz ein Balken o. ä. ist, der an einem bestimmten Ort ein Ende hat. Somit existieren noch:

3. andere *einfache und komplexe Zellen,* die sich weiter unterteilen lassen und durch ihre *Endhemmung* (End-stop) charakterisiert werden; frühere Bezeichnung: hyperkomplexe Zellen. Visuelle Reize weisen zusätzlich zu Orientierung (und Position) eine definierte Länge auf – *Längenspezifität.* Endinhibierte Zellen messen die *Länge einer Linie,* somit können sie den Rand eines Bildes signalisieren. Hiebei ist sowohl die *Orientierung* als auch die *Länge der Linie* bzw. eine Diskontinuität (wie ein Winkel oder eine Ecke) wichtig. Die Begrenzung kann in eine Richtung oder in beide Richtungen erfolgen. Diese Zellen niederer und höherer Ordnung kommen in unter oder über der vierten Schicht gelegenen Schichten von V3 (Areal 19) vor. Besonders häufig sind sie in den extrastriären Areae anzutreffen.

Zusammengefaßt: *Einfache und komplexe Zellen antworten im primären visuellen Cortex auf lineare Reize mit bestimmten Orientierungen,* wobei für komplexe Zellen die genaue Position des Reizes nicht relevant ist. Es ist daher anzunehmen, daß einfache und komplexe Zellen für das *Erkennen der Konturen und der Form eines visuellen Bildes* von Wichtigkeit sein könnten. Die diversen Zelltypen sind jedoch ihre Antworteigenschaften betreffend nicht zufällig verteilt; teilweise teilen sie funktionale Eigenschaften miteinander und sind dabei in Säulen angeordnet.

Wie bereits im allgemeinen Teil des Cortex besprochen (siehe 1.1.1), erfolgt die funktionelle Organisation des primären visuellen Cortex ebenfalls durch zwei Signalverarbeitungs-Prinzipien:

1. ein *vertikales Prinzip* für die Gliederung von Neuronen mit gleichen Antworteigenschaften in *Kolumnen* (Säulen) und

2. ein *horizontales Prinzip,* das für die Schichtengliederung der *Laminae* (I–VI) gilt (siehe Abb. 4). Dabei ist Lamina IV von entscheidender Bedeutung; sie ist die Eingangsschicht der Axone vom CGL und besteht aus drei unterscheidbaren Sub-Schichten: IVA, IVB und IVC, welche in IVC-α und IVC-β noch weiter unterteilt ist. Lamina IV enthält keine Pyramidenzellen, deren Axone über die weiße Substanz den Cortex verlassen, sondern ausschließlich Sternzellen, bei denen es sich um lokale Interneuronen handelt. Horizontale oder auch tangentiale Verbindungen treten erst nach der Geburt auf, sie sind von der Erfahrung abhängig. Bei Beanspruchung stabilisieren sich die entsprechenden Verbindungen.

In Lamina IV befinden sich alternierend *Zellsäulen* in gleichen Abständen der NZ, die spezifisch *auf Farbe* reagieren und Farbinformationen in separaten Clustern, den *Blobs* (tropfenförmige in Punktmustern geordnete Bereiche), verarbeiten. Funktionell stellen sie den Beginn corticaler Farbverarbeitung dar. Blobs sind durch einen hohen Gehalt an Cytochromoxidase gekennzeichnet und werden von solchen mit wenig bzw. ohne Cytochromoxidase, den *Interblobs,* die spezifisch für *Orientierung* (auch auf bewegte Kontraste) sind, abgelöst. Den Orientierungssäulen im primären visuellen Cortex, die vorzugsweise in eine Richtung weisen und sich in der Lamina IVC-β befinden, sind *okuläre Dominanz-Säulen* (OD), in denen jeweils Eingänge für das ipsilaterale und das kontralaterale Auge zusammengefaßt werden, übergeordnet. Dieses System von Augen-Dominanzsäulen ist für das binokulare Sehen und dessen Rolle bei der Tiefenwahrnehmung (Stereopsis) wichtig. Hier, im visuellen Cortex – und nicht im CGL –, erfährt die visuelle Information eine Transformation von der Monokularität zur Binokularität: die *binokulare Fusion.* Ein Teil des visuellen Cortex (1 x 1 mm) bildet ein regelmäßiges, über alle Schichten sich wiederholendes Muster und wird als *Hyperkolumne* bezeichnet. Sie wird als corticales Analyse-Modul definiert, das ein vollständiges Set an Orientierungssäulen sowie Bewegungsrichtungen für beide Augen vereint und aus den in diesem Bereich auftretenden Farbsäulen besteht. Im Cortex ist das gesamte Gesichtsfeld durch ein Muster aus Hyperkolumnen repräsentiert. Die Area V1 zeigt eine komplizierte, netzartige Verteilung von Neuronenpopulationen mit periodischer Anordnung auf, die der Farb- und Orientierungs-Wahrnehmung dienen. Dieses

Verknüpfungsmuster des neuronalen Netzwerkes ist informationstragend (siehe Abb. 4).

Die Organisation des primären visuellen Cortex erfolgt einerseits, indem alle Säulen mit gleichen Antworteigenschaften sich über Horizontalverbindungen miteinander verknüpfen, andererseits entstehen durch lokale Verbindungen zwischen den verschiedenen Schichten funktionale Säulen.

1.4.3.2 Parallelverarbeitung in den visuellen Arealen des OC (siehe Abb. 5)

Das visuelle System besteht aus dem rezeptiven Abschnitt, in dem die retinale Voranalyse erfolgt, und dem integrativen Abschnitt von der Retina zum Gehirn, in dem die corticale Analyse ausgeführt wird. Die bereits im *Vorfeld* (Retina, Corpus geniculatum laterale) getrennte Verschaltung findet hier nun ihre Fortsetzung. Es handelt sich dabei um die beiden unterschiedlichen Systeme des

- *Magno- oder Alpha-Systems,* dessen Neuronen große rezeptive Felder haben und des
- *Parvo- oder Beta-Systems,* dessen Neuronen kleine rezeptive Felder aufweisen.

Neuronen des Parvo-Systems sind für kleine Kontrastunterschiede kaum empfindlich und werden durch helle Muster und Formen optimal erregt. Neuronen des Magno-Systems sind für unterschiedliche Wellenlängen nicht sensititv, sie antworten auf bewegte Reize und erkennen kleine Kontrastveränderungen. Während das β-System für Farb- und Form-Analyse sowie für die räumliche Auflösung zuständig ist, ist das α-System für Kontrast- und Bewegungssehen geeignet. Diese Analyse wird in der Netzhaut des Auges als erster Informationsinstanz vorgenommen, und das bedeutet, daß die gesehene *Szene* zur weiteren Analyse in Aspekte von Form, Farbe und Bewegung *zerlegt und parallel weiterverarbeitet* wird – „feature extraction". Diesen Merkmalen entsprechen sogen. Detektoren im Cortex: Der Gesichtssinn ist *modular* strukturiert. Das Programm „Sehen“ umfaßt eine Anzahl von Programmunterteilungen, die völlig unabhängig voneinander arbeiten können.

Das Modell der Merkmalsanalyse arbeitet äußerst ökonomisch, da dieselben Merkmale sich in verschiedenen Mustern wie auch in ihren charakteristischen Beziehungen wiederholen. Ausgehend vom retinalen Bild zu den verschiedenen Ebenen des Cortex, finden mehrere Stufen codierter Informationsübertragung statt. D. h., daß die Merkmalsanalyse auf verschiedenen Analyse-Ebenen zustande kommt und mittels konvergenter bzw. divergenter Verschaltungen erklärt wird. Unter *Konvergenz* wird das Eintreffen vieler erregender und hemmender Signale verstanden. Die getrennte Verschaltung des Magno- und Parvo-Systems wird auch im CGL des Thalamus und im Colliculus beibehalten. In der Sehbahn erfolgt eine zunehmende Spezialisierung. Die getrennte Repräsentation wird in den Areae V1, V2 und in den Bereichen des extrastriären Cortex fortgesetzt. Intracorticale Verarbeitung führt zu höherer Komplexität und Spezifität der Zelleigenschaften. Parallelverarbeitung „passiert“ in speziellen Sub-Strukturen. Diesem Geschehen liegt die Annahme zugrunde, daß

Farb-, Form- und Bewegungsreize auch in den nachgeordneten Schichten und nachfolgenden visuellen Arealen im Cortex in *getrennten Strukturen repräsentiert werden.* Der endgültige Seheindruck entsteht aus einem weitgehenden Zusammenspiel der Neuronen von V1 mit den Neuronen von V2 und V3 sowie höherer Assoziations-Regionen der Hirnrinde.

Beim Sehen kommt es durch spezifische Analysatoren zu einer Zerlegung der Reize in Bestandteile und Eigenschaften, wobei in unmittelbar zeitlicher Folge die erhaltenen Einheiten durch nachgeschaltete Strukturen synthetisiert werden. Die Zusammensetzung aus Einzelkomponenten führt zum Gesamtbild – zur komplexen Wahrnehmung. Der informationstheoretische Erklärungsversuch ist jedenfalls neurophysiologisch nachweisbar, wobei zwei Prinzipien zur Anwendung gelangen: paralleler und serieller Organisation.

1.4.3.3 Das Modell der Hierarchie oder die serielle Informationsverarbeitung im visuellen System

Die Hypothese, daß Neurone einer Ebene der Hierarchie mehr „erkennen“ als Neurone der darunter liegenden und eine größere Abstraktionsfähigkeit haben, stammt von Hubel und Wiesel. In ihrem *Modell der hierarchisch-konvergenten Organisation* (1959 und 1978) lassen sich Antworttypen ableiten, wobei die *Komplexität und Spezifität visueller Zellen* von der Retina zu den visuellen Assoziations-Areae *zunimmt* und somit Zellen in den Assoziations-Areae des extrastriären Cortex komplexere Reize verarbeiten als solche im primären visuellen Cortex. Das bedeutet, daß in den Schaltkreisen des primären visuellen Cortex die Signale transformiert werden, sodaß die meisten Zellen damit auf wesentlich komplexere Reize antworten. Dabei werden komplexere rezeptive Felder durch zunehmende Integration einfacherer Felder – von vorangehender Verarbeitungsstufe stammend – aufgebaut. Andererseits bleibt aufgrund der Verschaltung verschiedener Ganglienzelltypen der Retina mit nachfolgenden Schaltstationen der Sehbahn und schließlich mit dem visuellen Cortex die Information erhalten, wodurch funktionelle Spezialisierung gewährleistet ist. Als voraussetzend ist anzunehmen, daß die rezeptiven Felder der einfachen Zellen das Verhalten von komplexen Zellen hervorbringen können und die rezeptiven Felder der komplexen Zellen das Verhalten noch komplexerer Zellen (siehe 1.4.3.1).

In den visuellen Integrations-Regionen des *inferotemporalen Cortex* reagieren Neuronen selektiv auf *hochkomplexe Muster und Gestalten,* wie Gesichter und Hände. Sie wurden auch als „gnostische“ Neurone bezeichnet (Konorski 1967 und Perett et al. 1987). Als Erklärung für die Entstehung der Antworteigenschaften von „Zellen höherer Ordnung“ wird die Integration der Antworteigenschaften von „Zellen niederer Ordnung“ angeführt. *Fortschreitende Konvergenz im primären visuellen Cortex* scheint *die Extraktion der linearen Anteile eines Bildes zu ermöglichen.* Entsprechend dem Hierarchie-Modell neuronaler Antworteigenschaften postulieren Hubel und Wiesel auch, daß die verschiedenen Areae des visuellen Cortex miteinander ebenfalls hierarchisch verknüpft sind – eine Vorstellung, die nicht länger haltbar ist. Die ausschließliche Gültigkeit dieses Modells, das in den 70er Jahren eine wichtige Rolle spielte, wird heute in Frage gestellt.

In dem dargestellten Entwurf wird also betont, daß komplexere rezeptive Felder durch die Synthese einfacherer Felder aufgebaut werden. Hiebei drängt sich die Frage auf, ob die Antworten nicht auch aufgrund von Parallelverarbeitung entstünden. Die Antworteigenschaften beteiligter Neurone stellen sich nach Young und Yamane (1993) bei Untersuchungen an Makaken als stark überlappend dar: Einerseits fanden sie Neurone, die bevorzugt auf physikalische Eigenschaften von Gesichtern, andererseits Neurone, die auf semantische Kategorien, wie Vertrautheit und Ausdruck, reagierten. Tanaka (1993) kommt zu dem Ergebnis, daß im visuellen System komplexe Objekte nicht durch eine Detektorzelle, sondern durch ein Ensemble von Zellen repräsentiert werden.

1.4.3.4 Vom Sehen zum Erinnern – neuronale Schaltkreise zur Gedächtnisbildung von MISHKIN und APPENZELLER (1987) (siehe auch 1.7.1)

Zur Gedächtnisbildung postulieren die Autoren zwei parallele Schaltkreise, wobei die entsprechenden Informationen auf den beiden neuronalen Bahnen schrittweise verarbeitet werden. Ursprünge der Schaltkreise liegen in *Amygdala* und *Hippocampus.* Als beteiligte Strukturen sind Thalamus und präfrontaler Cortex in die Schaltkreise eingebunden. Nach Vorstellung der Autoren werden die Sinnesdaten entlang der *Sehbahn zur Wahrnehmung zusammengefügt und als Gedächtnisinhalte gespeichert – vom Erlebnis zur Erinnerung.* Sie vertreten die Auffassung, daß die beschriebenen Schaltkreise des Gedächtnisses durch massive *Rückkoppelungen* mit dem Cortex in Verbindung treten.

1.4.3.5 Das Konzept komplexer visueller Wahrnehmung von UNGERLEIDER und MISHKIN (1979 und 1982) (Abb. siehe Seite 364)

Für die visuelle Informationsverarbeitung im Cortex, ausgehend von der primären visuellen Region, konnten – bei Untersuchungen an Affen von Ungerleider und Mishkin (1982) sowie Mishkin und Malamut (1984) – zwei Verschaltungswege, die zu unterschiedlichen Stationen im Assoziations-Cortex führen, nachgewiesen werden. Dieses Konzept komplexer visueller Wahrnehmung, das auf dem *Prinzip der Arbeitsteilung* verschiedener corticaler Areale für die „höheren" visuellen Leistungen des Neurologen Karl Kleist von 1934 beruhen dürfte, postuliert zwei parallele Verarbeitungswege bzw. -systeme:

- Ein *dorsales occipito-parietales (PP) System* zur visuellen Raumwahrnehmung und Visuo-Motorik, zur Bestimmung der Objektlokalisation (Frage: „*Wo* befindet sich das Objekt?"), dessen Verbindungen magnozelluläre Teile (MT und V3) umfassen und in *parietale* und präfrontale Assoziations-Gebiete münden – *PG.* Hiebei geht es in erster Linie um *räumliche Zuordnungen* (siehe Abb. 34, S. 364).

- Ein *ventrales occipito-temporales (IT) System* der Objekt- und Gestaltwahrnehmung, zur Analyse des Gesehenen, umfaßt parvozelluläre Teile (von V4) mit Verbindungen zu *temporalen* visuellen Assoziationsfeldern – *TEO,* Areale auf dem ventralen Temporallappen. Hier stellt sich die Frage nach der kategorialen Ordnung: „*Was* ist das für ein Gegenstand?" Die entsprechende temporale Bahn, in der es um *inhaltliche Zuordnungen* geht, wird auch als „Was"-Bahn bezeichnet, die parietale Bahn als „Wo"-Bahn. Zu diesen Verbindungen gibt es auch Rückkoppelungs-Schleifen. Die beiden visuellen Verarbeitungssysteme des „Wo" und „Was" finden bis in den präfrontalen Cortex hinein ihre Fortsetzung (Goldman-Rakic 1992) und durchziehen den gesamten assoziativen Cortex. Verbindungen aus dem parietalen Bereich in den präfrontalen Cortex dienen den visuell-gesteuerten Blick-, Greif- und Körperbewegungen (Frage: „Wohin richtet sich der Blick?") (siehe Abb. 35, S. 364).

Aus den oben erwähnten parietalen und temporalen Bereichen gibt es überdies visuelle *affektive Funktionen* durch Verbindungen mit dem limbischen System (Kleist 1934 zit. nach Grüsser 1995). Hier stellt sich die Frage nach der *emotionalen Bewertung:* „Wozu ist der Gegenstand gut?"

Es ist allerdings anzumerken, daß es in der Verarbeitung zu Wechselwirkungen beider Bahnen kommt, somit eine strikte Trennung der Wege nicht aufrechterhalten werden kann. Diese Vermischungen führen ebenfalls zu Interaktionen des Magno- und des Parvo-Systems.

1.4.3.6 Parallelverarbeitung in den extrastriären visuellen Arealen des OC

Der visuelle Cortex besteht aus einer großen Anzahl weiterer Areale, die untereinander durch getrennte Faserbahnen synaptisch verbunden sind und so ein System paralleler Informationsverarbeitung ermöglichen. Nach dem neuen Konzept werden die Regionen jenseits der Area striata extrastriär genannt. Diese sind allerdings kleiner als der primär visuelle Cortex. Zu diesen übergeordneten visuellen Feldern, die für das Sehen zuständig sind und teils noch komplexere Antworteigenschaften aufweisen, zählen: V2, V3, V3A, VP, V4 und V5 (= MT). Darstellung der funktionellen Arbeitsteilung, die auf das unterschiedliche Antwortverhalten der Neurone in den verschiedenen Arealen des visuellen Cortex zurückzuführen ist – teils nach Zilles und Rehkämper (1993):

Areal	*Funktion*
V1	Erzeugung von Richtungs-, Orientierungs- und Farbselektivität und Aufteilung auf getrennte Kanäle für die Weiterleitung
V2	Erzeugung von Richtungs-, Orientierungs- und Farbselektivität und Aufteilung auf getrennte Kanäle für die Weiterleitung
V3	Analyse der Form visueller Stimuli
V3A	Analyse der Form visueller Stimuli
VP	Analyse der Form visueller Stimuli
V4	Analyse von Informationen, die für die Wahrnehmung von Farbempfindung wichtig sind

V5 Analyse der Bewegungsrichtung visueller Stimuli
V6 Analyse des Raumes

Diese Spezialisierungen werden ebenfalls als visuelle Systeme, die unabhängig voneinander arbeiten, bezeichnet. Bisher sind ungefähr sechs bekannt. Insgesamt soll es etwa 32 Repräsentationen der Retina in den extrastriären Arealen bei Affen geben. Es ist daher anzunehmen, daß in den nächsten Jahren im menschlichen Cortex noch weitere visuelle Areale entdeckt werden.

Die drei – nach Zeki (1992) vier, zwei für Form und ein zusätzliches für die Analyse des Raums – separaten Systeme der parallelen Informationsverarbeitung, die ihren Urspung im CGL haben, sind:

1. das parvozelluläre „interblob"-System für ***Form***
2. das parvozelluläre „blob"-System für ***Farbe*** und *Kontrast*
3. das magnozelluläre System für ***Bewegung***
4. das magnozelluläre System für ***räumliche*** *Organisation bzw. Tiefe*

Im Verlauf des parvozellulären Systems erfolgt in V1 eine räumliche Trennung von Farb- und Formverarbeitung. Der primäre visuelle Cortex bildet immer die erste Stufe zum Cortex. Von V1 wird die visuelle Information in die verschiedenen extrastriären visuellen corticalen Areale übertragen.

1.4.3.6.1 Form-Sehen. Verarbeitungsstelle für das *Formsystem* ist die Area *V2,* die an V1 anschließt und eine zwar verzerrte, jedoch retinotope Abbildung der Retina enthält. Die rezeptiven Felder von V2-Neuronen sind wesentlich größer als die der V1-Neuronen. Das parvozelluläre System ist nicht für die Farbwahrnehmung, sondern auch für die Musteranalyse verantwortlich. Form-Sehen beruht auf der Analyse von Position, Farbe und Orientierung von Kontrastgrenzen. Die komplexeren Leistungen von *Form- und Musterdetails* werden im *inferiortemporalen Cortex* (IT, Areae 20, 21) verarbeitet. Somit findet hier die höchste Form der Form-Diskrimination statt. Im IT und im inferioren occipito-temporalen Übergangsgebiet befinden sich ausgedehnte Assoziations-Areae, die der Objekt-Wahrnehmung dienen. Diese sind allerdings nicht mehr retinotop organisiert. Objekt-Erkennung beschränkt sich nicht auf rezeptive Felder, Objekte können sich überall befinden. Die neuronalen Mechanismen dabei sind von früheren Erfahrungen und Lernprozessen abhängig. NZ – ca. 10 % des IT-Cortex – reagieren hier ziemlich selektiv auf Komponenten der Gestalt wie z. B. auf Hände und Gesichter (einige besser auf Frontalsicht, andere besser auf Profil), in Verbindung mit mimischen Ausdrucksbewegungen, also auf Signale averbaler sozialer Kommunikation. Nach Grüsser und Grüsser-Cornehls (1995) ist die Area V2 für die visuelle *Gestalterkennung* besonders wichtig. „Konturen bestimmter Orientierung sind visuelle Reizmuster, die besonders stark Neurone der Area V2 aktivieren." Neuronennetze der Area V2 nehmen nach den erwähnten Autoren auch *Gestaltergänzungen* vor – die für die Objektwahrnehmung wichtig sind – und reagieren auf Scheinkonturen. Peterhans und von der Heydt (1991) finden in V2 Zellen, die auf virtuelle Konturen komplexer Objekte antworten. Die Netzwerke zur Erkennung von Gesichtern lassen sich nach Churchland (1995) in zwei weitere Kategorien (weibliche und männliche Gesichter) unterteilen.

Parvo-Interblob-System – *Form-Analyse:*
vom CGL zu V1, *V2,* V4, *IT* (Area 20, 21) und deren Untergliederung
von TEO und TE im ventralen Temporallappen

Dieses System endet im inferiortemporalen Cortex, dessen *Läsion* zu Wahrnehmungs-Störungen von Gesichtern – der *Prosopagnosie* – führt, die sich als ein Defizit des Gesichtererkennens darstellt, wobei alle Gesichter ähnlich werden; Mund, Augen, Nase scheinen ohne Verbindung zu bestehen. Beim Nicht-Erkennen gezeichneter Objekte könnten Läsionsorte 18, 20, 21 rechts auftreten.

Neurone der Area *V3* und Area *VP* (ventral posterior) sind für die *dynamische Form* (Zeki 1992) zuständig; sie reagieren auf bewegte Konturen besonders empfindlich. Es dürfte sich dabei um die *Gestalterkennung bewegter Objekte* handeln. V3 verarbeitet vorwiegend Form, jedoch auch Tiefe.

1.4.3.6.2 Farb-Sehen. Verarbeitungsstelle für das *Farbsystem* (von V1 und von V2) sowie für die *Kombination* von *Farbe* und *Form* ist das Areal *V4* (Livingstone und Hubel, auch Zeki 1988). Das Farbensehen kann als Ergebnis einer Interaktion zwischen lokalen und globalen neuronalen Prozessen angesehen werden. Es zeigt eine eher grobe Retinotopie und ist zuständig für die Objekterkennung aufgrund von Farben und Farbkontrasten. Innerhalb der Blobs in V1 finden sich viele doppelantagonistische farbsensitive Zellen. Sie antworten auf Farbkontraste, z. B. rotes Zentrum und grüne Umgebung. Beim Menschen liegt die entsprechende Verarbeitung im Bereich des Gyrus fusiformis. V4 erhält somit eine Schlüsselfunktion für die Verarbeitung von Wellenlängen-Information. Durch neuronale Verbindungen mit dem limbischen System erhalten Farben ihre emotionale Bedeutung. Der inferotemporale Cortex projiziert zum perirhinalen Cortex (A35/36) im inneren Teil des Temporallappens, zum präfrontalen Cortex, zur Amygdala und zum Striatum. „Er wird als ein Zentrum für hochintegrative Verarbeitung corticaler wie auch subcorticaler Erregungen angesehen" (Roth 1995). Der IT dürfte am Erkennen komplexer visueller Reize und Situationen beteiligt sein.

Parvozelluläres System – *Musteranalyse:*
vom CGL: V1, *V2, V3, V3a* (Area 18), *V4* (Area 18), *IT* (Area 20, 21).
Auch dieses System endet im IT, wo *Form- und Farb*-Informationen gleichzeitig verarbeitet werden.

Bei einer Läsion von V4 kommt es aufgrund seiner Verbindungen mit dem Gyrus angularis des parieto-temporalen Bereiches zu einer Beeinträchtigung der Zuordnung von Farben und Objekten. Zu einer Unfähigkeit des Lesens führt seine Zerstörung in der linken Hemisphäre.

1.4.3.6.3 Bewegungs-Sehen. Elektrophysiologische Untersuchungen an Affen zeigen, daß das Bewegungs-Areal sich als von anderen extrastriären Arealen am weitesten entfernt darstellt. Zur Analyse von Bewegung verfügt das visuelle System über zwei Systeme: ein Bildbewegungs- (Augen werden nicht bewegt) und ein Augenbewegungs-System (Augen folgen dem Objekt).

Verarbeitungsstellen für das *Bewegungs-System* sind für die Bewegung im extrapersonalen Raum die Area *V5 oder MT* (für mediotemporal) um den Sulcus temporalis superior in der occipito-parietalen Übergangsregion des Cortex (Area 19) und im mediosuperior-temporalen Bereich das Areal *MST oder 5a* (Livingstone und Hubel, auch Zeki 1988), jeweils mit den wichtigsten Impulsen aus V1 und V2. MT ist im Hinblick auf Invarianzleistungen wichtig. Viele V5-Zellen antworten auf die Bewegung von Mustern oder ganzer Objekte. Einige V5-Zellen antworten selektiv auf Bewegungen in der Tiefe. MST-Neurone antworten selektiv auf rotierende Bewegungen oder auf Größenänderungen von Objekten.

Zur Wahrnehmung von Bewegung werden ein Kurzbereich- und ein Langbereichsystem unterschieden. Das Kurzbereichsystem extrahiert „Bewegung“, ohne zu wissen, was sich bewegt. Dieser Mechanismus setzt daher automatisch und ohne jegliche Beeinflussung durch Aufmerksamkeit ein. Während das Langbereichsystem die Bewegung von Objekten registriert. Dieses System wird durch Aufmerksamkeit beeinflußt. In den meisten Situationen sind beide Systeme aktiv.

Nach Kandel et al. (1995) wird Information über Bewegung bei drei verschiedenen Verhaltensweisen genutzt: „Wahrnehmung von bewegten Objekten, Aufrechterhaltung von Augenfolgebewegungen und Orientierung bei der Bewegung des Körpers in der Umwelt.“ Für die Wahrnehmung von bewegten Objekten läßt sich eine Zwei-Stufen-Hypothese formulieren. Demnach wird die Gesamtbewegung eines Objekts „durch die muster-richtungsselektiven Neuronen in MT auf der Grundlage der Eingangssignale der komponenten-richtungsselektiven Neuronen in V1 und MT berechnet. Die Gesamtbewegung stimmt mit unserer Wahrnehmung der Bewegung überein“. In PET-Untersuchungen (Posner und Raichle 1994) zeigt sich bei visueller Bewegungsstimulation eine Erhöhung der regionalen Hirndurchblutung, die auf eine Zunahme neuronaler Aktivität zurückzuführen sein dürfte. Es wird die Aktivität etwa derselben Areale erhöht, die auch an der passiven Wahrnehmung von Bewegung beteiligt sind. Diese Regionen im occipito-parietalen Cortex verfügen auch über Verbindungen mit den blickmotorischen Arealen des Hirnstamms und erhalten Einflüsse blickmotorischer cerebraler Regionen. Die Colliculi superiores tragen über das Pulvinar visuo-motorische Signale zur Area MT. Damit ist das Areal V5 durch eine Weiterverschaltung mit dem frontalen Augenfeld – FAF (Area 8) auch an der bewußten Steuerung von Augenfolgebewegungen und visueller Aufmerksamkeit beteiligt sowie für die Lokalisation und räumliche Organisation zuständig. In allen Stationen dieser Bahn werden Neurone gefunden, die richtungsspezifisch auf bewegte Reize antworten.

Magnozelluläres System – *Bewegungsanalyse:*
vom CGL: V1 (Area 17), V2 (Area 18), *V5 oder MT* (Area 19), *MST = 5a,* FAF

(Area 8); MT entsendet Fasern in andere Felder des parietalen Cortex, zuständig für visuell-räumliche Funktionen.

1.4.3.6.4 Räumliches Sehen und Tiefenwahrnehmung – Stereopsis. Das räumliche Sehen wird auch als dritte Dimension bezeichnet. Das Bild auf der Retina ist zweidimensional, Sehen jedoch erfolgt dreidimensional. Stereopsis bedeutet die eigenständige Fähigkeit, die es ermöglicht, die feinen Unterschiede zwischen zwei gleichzeitig wahrgenommenen Bildern desselben Gegenstandes auszuwerten bzw. Entfernungen zu berechnen. Die Objekte werden jedoch nicht doppelt, sondern einfach, d. h. räumlich gesehen. Dabei auftretende Deckungsabweichungen, d. h. mangelnde Korrespondenzen der Retinastellen werden als binokulare Disparität oder Querdisparation (seitliche Abweichung) bezeichnet. Weiters dient die Fähigkeit dazu, getarnte Objekte zu entdecken. Die von beiden Augen getrennt aufgenommene Information wird separiert weitergeleitet und in getrennten Areae des visuellen Cortex verarbeitet. Der Cortex errechnet durch die Disparation die Tiefe im Raum. Neuronale Grundlage des stereoskopischen Sehens, sind *binokulare Neurone* im visuellen Cortex (V1 und V2): 1. Tiefen-Zellen, die über einen engen Disparitätsbereich aktiviert oder gehemmt werden, weiters 2. Nah- und 3. Fern-Zellen. Diese Zellen reagieren auf Rechts-Links-Übereinstimmungen etwas vor oder hinter der Fixierungsebene. Tiefen-Zellen sind vermutlich für die Fusion von Disparitäten zuständig.

Tiefenwahrnehmung ist nur beim Vorliegen von farbunabhängigen Helligkeitsunterschieden möglich. Die Erklärung dieses Phänomens dürfte darin bestehen, daß Farbensehen sich wesentlich später als räumliches Sehen entwickelte.

Verarbeitungsstelle für die *Analyse des Raumes* ist das Areal *V6* (Zeki 1986 und Battaglini et al. 1990). Diese Region, die sich im medialen Bereich des parieto-occipitalen Sulcus befindet und die Areale 18, 19 und 7 miteinbezieht, kann als ein visuo-motorisches Integrationsfeld gelten, das eine Rolle bei der Raum-Repräsentation spielt. Dazu zählt auch das *posteriore parietale Feld – PP* (Area 7a), das sensorische räumlich-orientierte und motorische Informationen integriert und Eingänge von MT und V4 erhält. Verletzungen dieses Feldes führen zum Verlust der räumlichen Orientierung (in der rechten Hemisphäre), zum Unvermögen, nach Objekten zu greifen und eine Beziehung zwischen Objekten und eigenem Körper herzustellen (in der linken Hemisphäre). Für die Raum-Wahrnehmung beim Menschen ist vor allem die Area 39 zuständig. Der visuelle Neglect ist bei Läsionen im Bereich des rechten Parietallappens stärker ausgeprägt als im linken (siehe PC 1.3.2). Für die räumliche Orientierung ist die rechte Großhirnhälfte des Menschen wichtiger als die linke.

1.4.3.6.5 Zusammenfassung: Die visuellen Informationen werden aus den Elementarregionen (V1 und V2) in die visuellen Assoziations- und Integrations-Areae des Parietal- und Temporallappens (V3, V4, V5, V6) übertragen – wobei mit jedem Verarbeitungsschritt retinotope Organisation verlorengeht – und Verbindungen mit subcorticalen Regionen hergestellt. Zusätzlich wird ein Teil der Information zu den primären und sekundären visuellen Areae zurückprojiziert, wodurch Efferenzen möglich werden.

Edelman (1993) spricht von der Notwendigkeit paralleler Kanäle, die der Merkmals-Detektion bei der Objektdefinition dienen.[9] Nach Livingstone (1988) ist das Magno-System für die Fähigkeit verantwortlich, Teile einer Szene sinnvoll zu verbinden, Figur und Hintergrund zu unterscheiden und die exakte räumliche Beziehung zwischen Objekten wahrzunehmen. Sie vermutet, daß dieses System die visuellen Merkmale der Gegenstände derart kombiniert, daß es dadurch zur Wahrnehmung eines Gesamt-Bildes befähigt wird. Hingegen soll das Parvo-System für die Wahrnehmung feiner Details freigehalten werden.

Das Zusammenwirken all dieser voneinander unabhängigen visuellen Systeme trägt zur Wahrnehmung bei.

1.4.3.7 Blindsight

Auch bei Blinden ist das primäre Sehfeld des Gehirns aktiv, beispielsweise beim Ertasten der Blindenschrift. Blinde verneinen eine bewußte visuelle Wahrnehmung, können jedoch bei Versuchen mit Lichtblitzen deren Lokalisation zutreffend angeben, obwohl sie versichern, nicht zu sehen. Möglicherweise verhelfen subcorticale Regionen dazu. Es wird vermutet, daß der Ausfall der von den Sehnerven ausgehenden Bahnen bisher unbekannte Verknüpfungen im Gehirn aktiviert. Jedenfalls lernen Blinde, daß sie sich auf etwas verlassen können, was sie nicht bewußt wahrnehmen. Zur bewußten Wahrnehmung bedürfte es vermutlich des intakten corticalen Geschehens.

Die Grundverschaltung des Gehirns ist genetisch vorgegeben, kann jedoch noch nach der Geburt modifiziert werden. Hubel und Wiesel (1979) fanden bei Experimenten an Katzen, denen ein Lid nach der Geburt zugenäht wurde und das in den ersten Lebensmonaten verschlossen blieb, heraus, daß der Erfahrungsentzug sich ausschließlich auf die neuronale Organisation des primären Cortex auswirkte, also auf einen Teil der Sehbahn beschränkt blieb, während die Neuronen der Retina und des CGL weiterhin auf Licht reagierten. Die nicht benützten Zellstreifen, denen keine Erregung mehr zugeführt wird, verkümmern, und myelinhältige Gliazellen nehmen den leer gewordenen Platz ein. Die funktionell aktive Sehbahn ist somit nur in einer bestimmten (kritischen – 2. bis 5. Monat) Phase entwickelbar. Danach gelangen Defekte durch Erfahrungsentzug nicht mehr zur Auswirkung. Diesen strukturellen Veränderungen dürften nach Aoki und Siekevitz (1989) molekulare Veränderungen vorausgehen.

1.4.3.8 Zur Evolution des occipitalen Cortex

Bei den Primaten wird der Neocortex zum quantitativ dominierenden Hirnteil – Neocorticalisation. Evolutionsbiologisch ist die ausgeprägte Expansion des Neocortex beim

---

[9] In seiner „Theorie der Selektion neuronaler Gruppen“ stellt eine wesentliche Eigenschaft die Verbindung neuronaler Netzwerke mit sensorischen Arealen zur Durchführung lokaler Merkmals-Selektion dar.

Primaten und besonders beim Menschen einerseits als Folge der abnehmenden Spezialisierung der Sensorik (z. B. Verkümmerung des Geruchssinnes) aufzufassen, während andererseits das größere Gehirn und der *Neocortex* gleichzeitig durch eine *Ausdehnung der assoziativen Areae* entwickelt wurde. Bei den Primaten nimmt der assoziative Cortex im Verhältnis zum gesamten Neocortex überproportional zu. Die überlegenen Denk- und Lernleistungen des Menschen im Vergleich zu allen anderen Lebewesen sind auf die *quantitative Zunahme von informationsverarbeitenden Neuronen-Verbänden* (Faserverbindungen, vor allem synaptische Verbindungen, erhebliche Differenzierungen der Zelldichte) zurückzuführen; wobei der Neocortex besonders für die Erhöhung der Geschwindigkeit der Informationsverarbeitung verantwortlich zu sein scheint. In der Evolution zum Homo sapiens sind es vor allem Frontal- und Temporallappen, die hinsichtlich ihrer Bedeutung als assoziative Areale an Größe – *frontobasale Auffächerung* – enorm zugenommen haben; wobei die Funktionen eine zunehmende Lateralisierung erfahren könnten. Der basale Neocortex ist phylogenetisch und ontogenetisch ein junges Gebiet, gleichsam die letzte Etappe auf dem Wege zum Homo sapiens. Mit der Größe des Neocortex dürfte somit auch die Anzahl anatomischer und funktionaler Sub-Regionen zunehmen. Daher könnte eine Weiterentwicklung des Gehirns in einer fortgesetzten Entwicklung bereits vorhandener Regionen bestehen.

Die fossilen Funde der frühesten Primaten, die eine große Ähnlichkeit mit lebenden Primaten aufweisen, wurden aus 55 Millionen Jahren alten Fundstätten des Eozäns ausgegraben. Die großen Knochenringe und ausgedehnten occipitalen und temporalen Lappen bei den frühen Primaten waren wahrscheinlich Teile eines adaptiven Komplexes, der unter anderem frontal-gerichtete Augen, Greifhände, Auge-Hand-Koordination inkludierte. Untersuchungen an lebenden Primaten deuten darauf hin, daß der gesamte occipitale Lappen und ein Großteil des temporalen Lappens der visuellen Informationsverarbeitung gewidmet sind. Da die meisten Merkmale für alle lebenden Primaten charakteristisch sind, ist es wahrscheinlich, daß sie bei den jüngsten gemeinsamen Vorfahren der lebenden Primaten vorhanden waren. An der Stufenfolge der Primaten werden charakteristische Prozesse dieses Wandels sichtbar:

Die *frühen Primaten* waren *nacht- oder dämmerungsaktiv* und lebten daher in einer schwach-beleuchteten Umwelt. Während *späterer Evolutionsstufen* begannen Primaten Tagesnischen zu füllen und entwickelten die *Fähigkeit des Farbsehens.* Tagaktive Primaten haben üblicherweise auch komplexere Systeme der sozialen Organisation als nachtaktive Arten. Bei tagaktiven Primaten ist das visuelle System zum Teil in die Auffindung der komplexen sozialen Signale involviert, die durch Mimik, Körperhaltung und Gesten ausgedrückt werden.

Variationen der Organisation des visuellen Cortex bei Primaten (Allman 1988):

1. *V1* als das größte visuelle Feld expandiert flächenmäßig besonders bei Primaten durch Zunahme des fovealen Sehens. (Bei Makaken beträgt es 16 % des gesamten Neocortex, beim Menschen nur 5 %.) Die Repräsentation der Fovea ist ebenfalls überproportional.

2. Eine auffallende Variation in der Organisation des visuellen Cortex bei Primaten sind die unterschiedlichen Input-Muster zu Schicht IV des primären visuellen Cortex. Bei verschiedenen Affen, Schimpansen und Menschen sind die Inputs in Schicht IV, die die anatomische Basis von okularen Dominanzsäulen darstellt, horizontal aufgeteilt. Dieses *okulare Dominanz-System* ist jedoch nicht bei allen Affen (z. B. Neue-Welt-Affen im Gegensatz zu Alte-Welt-Affen) gut entwickelt bzw. vorhanden. Die Verteilung korreliert mit einer charakteristischen visuellen Verhaltensweise, nämlich dem „Aufrichten bzw. Heben des Kopfes" (Menzel 1980). Menschenaffen und Menschen bewegen selten den Kopf, wenn sie ein Objekt betrachten. Es ist eine faszinierende Möglichkeit, daß die *Kopfbewegung eine spezialisierte Form des visuellen Scannings repräsentiert, das in gewisser Weise mit dem okularen Dominanz-System des primären visuellen Cortex unvereinbar ist.*

3. Variationen der Organisation *höherer corticaler Areale:*

- Während das magnozelluläre System in der Evolution relativ konservativ zu sein scheint, ist dies bei parvozellulär-dominierten corticalen Arealen, wie z. B. *V4,* nicht der Fall. V4 zeichnet sich durch beträchtliche *Variabilität in der Organisation parvozellulärer Schichten* aus, und diese stehen mit phylogenetisch eher fortgeschrittenen Systemen von Farbe und Detail in Verbindung.
- Ein interessanter Unterschied in der Organisation von *MT* (mediotemporales visuelles Areal) oder *V5* zeigt sich, wenn die *visuo-optische Organisation* dieser Struktur auf das Sehfeld zurückprojiziert wird: Bei Makaken zeigt diese Rückprojektion eine auffallend *vergrößerte Repräsentation* des Sehfeldes im Vergleich mit anderen Arten. Diese Affen manipulieren Objekte mit einem Präzisionsgriff durch Gebrauch des Daumens und Zeigefingers, andere Affen tun dies nicht. Daher ist es möglich, daß die Spezialisierung in der visuo-optischen Organisation des MT bei Makaken mit der *visuellen Führung des Präzisionsgriffs bei Objekt-Manipulation* im Zusammenhang steht.

1.5 Zur Theorie der visuellen Wahrnehmung: Das Bindungsproblem und die Gestalt-Wahrnehmung (siehe auch 3.4)

Die Grundfunktionen des visuellen Systems bestehen:

1. in der *Merkmalsanalyse,* das ist das Auffinden elementarer Merkmale und deren räumlicher Relationen zueinander, und 2. in der *Segmentierung,* die zur Abgrenzung zusammengehörender Bereiche führt.

Der merkmals-spezifischen, lokalen Verarbeitung schlägt sich die globale Verarbeitung hinzu, in der Teile, Fragmente wieder zur perceptiven Einheit zusammengefügt werden. Liegen die Resultate beider Verarbeitungsschritte vor, kommt es zur Objekterkennung.

Wie nun lassen sich diese Vorgänge neurophysiologisch erklären?
Durch den zeitlichen Integrations-Mechanismus läßt sich das Bindungsproblem einer Lösung zuführen. Nach dem Konzept der Zeit-Codierung (Singer 1993) ist Sehen ein Vorgang der neuronalen Synchronisierung, wobei die Zusammengehörigkeit von Merkmalen zu gleichzeitigem Feuern von Zell-Ensemblen führt. Die zeitlichen Korrelationen

bilden dabei zusammengehörende Merkmale eines Objekts ab. Da die Bindung von Objektmerkmalen durch neuronale Synchronisation erfolgt, könnte ***Synchronisation*** *das* ***Bindungselement*** *zur* ***einheitlichen Wahrnehmung*** *darstellen.*

Demnach führt das *Zusammenwirken,* die Integration all dieser unterschiedlichen, voneinander unabhängigen und weit entfernt liegenden *visuellen Systeme* in Form von zeitlich-räumlichen Aktivitätsmustern im visuellen Cortex zur *einheitlichen Perception.* Die Weiterverarbeitung von Information findet nicht innerhalb eines einzigen Systems, sondern in mehreren visuellen Systemen statt, die miteinander *reziprok* verschaltet sind. Bis heute wurde im Gehirn noch keine Region gefunden, wo alle für eine einheitliche, bewußte visuelle Wahrnehmung erforderlichen Informationen zusammenlaufen. Das Erkennen und Erfassen eines Bildes setzt sich somit aus verschiedenen unterschiedlichen Aspekten zu einer ***Gestalt*** zusammen, wobei dieser Vorgang aus dem Wechselspiel verschiedener spezialisierter Regionen des Gehirns hervorgeht. Zeitliche Synchronisierungen korrelieren mit Wahrnehmungsleistungen, wobei Synchronisierungs-Phänomene das Korrelat für die spezifische Informationsverarbeitung wie das Sehen darstellen.

Zu einer umfassenden Theorie der Wahrnehmung sind jedoch weiterführende theoretische Betrachtungen von Bedeutung. Da es bei dem beschriebenen Ablauf zu einem Austausch mit anderen neuronalen Systemen kommt, ist Sehen nicht ausschließlich auf die Leistung des visuellen Systems zurückzuführen.

Für Zeki (1993) stellt die Informations-Integration der visuellen Wahrnehmung – aus teils paralleler, kombiniert mit konvergenter und divergenter Verarbeitung – einen *mehrstufigen Prozeß* und keine Synthese dar. Ein weiteres Postulat geht davon aus, daß die Bildung von Bindungen ein Vorgang ist, der Aufmerksamkeit fordert. Bewußtseinsgrade von Wahrnehmungen sind unterschiedlich. Bei erhöhten visuellen Aufmerksamkeitsforderungen kommt es zu erhöhten Feuerungsraten der beteiligten visuellen Neurone im visuellen Cortex.[10] Wie verschiedene Untersuchungen zeigen, passiert das Zusammenfügen verteilter Informationen unter der Kontrolle des Gedächtnisses, das *Aufmerksamkeit* benötigt (Treisman 1979). Somit fungiert neben der Aufmerksamkeit das *Gedächtnis* als eine Organisation zur Einheit der Wahrmnehmung.

Psychologisch ist der Wahrnehmungsvorgang Sehen das Ergebnis eines Vergleichs, und zwar eintreffender mit bereits vorhandener Information. Sehen wird sowohl vom Wissen als auch von Erwartungen geleitet. Die Augen liefern daher nicht immer ein eindeutiges Abbild der Umwelt an das Gehirn, sondern es kommt *auf dem Hintergrund von Erfahrung und Wissen zu einer Deutung.* Dieses Vorgehen bedeutet *nicht nur* das *Aufnehmen visueller Informationen,* sondern eine Hinzunahme von *Interpretation* und ist damit ein *Vorgang des Erkennens.* Siehe dazu auch 3.4.4 – Die Bedeutung des Sehens.

---

[10] Der Zustand des Bewußtseins – der Kognition zugehörig – wird dezentral durch komplex verschaltete neuronale Strukturen unter Beteiligung der Regionen, die für die Bewußtseinsbildung (reticuläres System z. B.) benötigt werden, ausgelöst.

1.6 Cerebrale Asymmetrie – Lateralisation

Hemisphären-Spezialisierung betrifft die Frage nach der *cerebralen Asymmetrie*, obzwar das NS grundsätzlich aus zwei beinahe spiegelbildlichen Hälften besteht – ein Faktum, das aus der prinzipiellen Organisation der Vertebraten als bilateral-symmetrische Organismen zu erklären ist. Das Gehirn ist also symmetrisch angelegt, und obwohl „links" mit „rechts" zusammenwirkt, finden sich bei den Großhirnhälften bezüglich der höchsten kognitiven Funktionen bedeutende funktionelle, jedoch auch strukturelle Asymmetrien. Asymmetrisch ist z. B. die Ausdehnung des *Planum temporale* im Assoziations-Cortex, das als Teil des Wernickeschen Sprachfeldes angesehen wird (Galaburda 1978) und für die Sprachproduktion von Wichtigkeit ist. Diese Asymmetrien, die nicht cortical, sondern auch subcortical bestehen (Thalamus), bedingen eine cerebrale Dominanz. Die Hirnhälfte, die das Verhalten bestimmt, ist cerebral dominant. Das *Konzept der Lateralität*[11] bezieht sich also auf die unterschiedliche Nutzung in der Verwendung der Hemisphären, Denken und Wahrnehmen betreffend, d. h. jede Hemisphäre ist mit bestimmten Fähigkeiten ausgestattet, die der anderen Hemisphäre fehlen oder nur mangelhaft ausgebildet sind.[12] Eine Behauptung, die es bereits seit der Antike gibt, wobei die Auffassung bestand, daß „Intellekt" und „Verstehen" von der linken, während „Sensus", die Wahrnehmung, von der rechten Hirnhälfte gesteuert würde. Zu einer Doktrin wurde dieser Dualismus, der konsequenterweise zu einer Dualität des Bewußtseins führt, erst im 19. Jahrhundert erhoben; dies sollte der Hirnforschung nicht gerade förderlich sein (siehe dazu auch die *Einführung*). Um 1860 erbrachte Broca (1824–1880) aufgrund seiner Aphasie-Forschung (Läsionen im Gyrus frontalis – motorische Aphasien, die das Sprachvermögen, die Sprachproduktion beeinträchtigen) empirische Daten für die Argumentation der Hemisphären-Spezialisierung. 1873 beschrieb Wernicke (1848–1905) Läsionen im Gyrus temporalis als sensorische Aphasien, die mit Beeinträchtigungen des Sprachverständnisses einhergehen. Damit war der Grundstein der Lokalisierung von Hirnfunktionen gelegt. Es folgte die Aufteilung des Cortex in „Zentren". Der Begriff der Hemisphären-Dominanz beruht auf Ausfällen nach Läsionen und gestattet Rückschlüsse auf die normale Funktion. Die Auswirkungen durch die Entdeckung der Sprach-Spezialisierung der linken Hemisphäre im 19. Jahrhundert mit dem daraus resultierenden Lateralisations-Modell reichen bis in die heutige Zeit, vermehrt um das Wissen, daß auch die rechte Hemisphäre an Sprachprozessen beteiligt ist (Millar und Whitaker 1983): Die Links-Lateralisation sprachlicher Funktionen ist demnach nicht absolut.

Gegenwärtig wird Asymmetrie als eine primäre Eigenschaft der Hemisphären angesehen. Die Hypothese der Hemisphären-Spezialisierung besagt, daß die Hemisphären auf die Bearbeitung und Repräsentation unterschiedlicher Informationen spezialisiert sind, d. h. daß sie unterschiedliche Informationen verarbeiten, die letztlich zur Zusam-

[11] Unter Lateralisation ist die Zuordnung von Funktionen zu einer Großhirnhälfte zu verstehen.

[12] Lateralisation ist nicht mit Spezialisierung gleichzusetzen!

menarbeit führen. Das herkömmliche Modell der Gehirnsymmetrie postuliert, daß die linke und dominante Hemisphäre eine Spezialisierung für die Sprache (Sprachverstehen und -produktion) entwickelte und eine parallele (gleichzeitige) Verarbeitung von Informationen vorsähe, während die rechte – meist nicht-dominante – Hemisphäre sich auf non-verbale Fähigkeiten spezialisierte und Informationen seriell (sequentiell) verarbeitete; das bedeutet, daß der linken Hemisphäre bei Rechtshändern eine besondere Rolle für Sprachfähigkeit zukommt und diese somit die dominante Hirnhälfte darstellt. Es wird auch als das Konzept der gemeinsamen Dominanz für Sprache und Händigkeit bezeichnet. Allerdings ist bei Linkshändern eine Umkehrung dieser Tatsache nicht unbedingt gegeben. Handpräferenz scheint demnach kein zuverlässiger Indikator der Hemisphären-Dominanz zu sein. Als ein solcher jedoch gilt die Ohrpräferenz bei dichotischen[13] Hörtests (Kolb und Whishaw 1990). Nach Birbaumer (1993) dürfte Übereinstimmung dahingehend bestehen, daß bei 75 % der Bevölkerung die „Bevorzugung der rechten Hand mit dem aufrechten Gang des Menschen zu tun hat". Neuroanatomisch scheinen insofern Unterschiede zu bestehen, als daß das Corpus callosum bei Links- und Beidhändern nach Witelson (1985) – meist etwas größer ist – um ca. 11 %. Als Erklärung der ausgeprägteren interhemisphärischen Verbindungen wird die stärkere bilaterale Organisation angeführt.

Das Verhältnis zwischen den Körperhälften (bzw. zwischen den motorischen und sensorischen Systemen) und den Hemisphären ist kontralateral,[14] d. h. die Nervenbahnen kreuzen sich auf ihrem Weg vom bzw. zum Großhirn. Die Ursachen der Kontralateralität sind nach wie vor nicht geklärt. Einige Forscher beschreiben den Umgang der Hemisphären mit Information als „analytisch" für die linke und „synthetisch", also ganzheitlich, für die rechte Hälfte. Die Kontrolle des Verhaltens war in erster Linie der linken Hirnhälfte zugedacht.

Eine Differenzierung zieht eine weitere Hypothese in Betracht, nämlich daß den unterschiedlich kognitiven Funktionen auch ein unterschiedlich anatomisches Korrelat zugrunde liegen müßte und daß die Arbeitsweise der linken Hemisphäre eher intra-, während die der rechten eher als interhemisphärisch anzusehen wäre.

Die einfachste und auch allgemein akzeptierte Theorie der Lateralisierung besagt, daß *asymmetrische* Muster vorwiegend *genetisch* bestimmt sind. Jedoch gäbe es auch viele außerhalb der Gene bestehende non-genetische Faktoren, die auf eine etwaige Änderung von Lateralisierungs-Mustern Einfluß nehmen könnten (Geschwind

---

[13] Gleichzeitige Vorgabe verschiedener Reize an jedem Ohr. Es wird angenommen (Kimura 1967), daß die kontralateralen Verbindungen vom Ohr zum Gehirn stärker sind als die ipsilateralen; d. h. jedes Ohr ist in der kontralateralen Hemisphäre besser repräsentiert.

[14] kontralateral – im Gegensatz zu ipsilateral, d. h. gleichseitig.
Eine Ausnahme bilden die olfaktorischen Bahnen. Eine mögliche Erklärung findet sich bei Kolb und Whishaw (1990) am Beispiel eines marinen Vertebraten (Amblystoma): Beim Wahrnehmen eines Geruches von einer Seite kann durch Kontraktion der Muskulatur dieser Seite des Körpers eine Hinbewegung zu der Nahrungsquelle erreicht werden.

und Galaburda 1987). Die wohl mächtigsten Faktoren lägen in Variationen der chemischen Umgebung während des fötalen Stadiums. Die die cerebrale Dominanz modifizierenden Faktoren beeinflussen auch die Entwicklung anderer Systeme, wie die an Immunreaktionen beteiligten Organe. Die Hypothese begründet folgende Annahmen:

(1) daß Linkshändigkeit bei Männern häufiger vorkommt (Oldfield 1971);
(2) ein gehäufteres Auftreten entwicklungsbedingter Störungen bei Sprache, Sprechen, Kognition u. a. (Stottern, Autismus) bei Männern (Taylor 1974);
(3) die Überlegenheit von Frauen gegenüber Männern im verbalen Bereich bzw. von Männern gegenüber Frauen bei räumlichen Funktionen (Macoby und Jacklin 1974);
(4) daß oft eine Überlegenheit rechtshemisphärischer Funktionen bei Linkshändern beider Geschlechter auftritt (Gordon 1980, 1983 etc.);
(5) ein häufigeres Auftreten bestimmter Erkrankungen bei Linkshändern (Geschwind und Behan 1982, 1984) etc.

Bereits im Stadium des Fötus ist das menschliche Gehirn asymmetrisch: gyrale und sulcale Muster entwickeln sich rechtshemisphärisch früher, und damit haben auch die visuell-räumlichen Funktionen des Gehirns einen Entwicklungsvorsprung. Für dieses Phänomen gibt es verschiedene Erklärungen. Eine Hypothese nach Birbaumer (1993) besagt, daß die bevorzugte Aktivierung der fetalen linken Vestibulärorgane und damit der rechten Hemisphäre während der Schwangerschaft entstehen. Einer der Einflüsse, die möglicherweise zu einem verzögerten Wachstum in bestimmten linkshemisphärischen Regionen führen, dürfte auf den Effekt von *Testosteron* oder anderen verwandten Faktoren zurückzuführen sein. Doch könnte auch verzögerte neuronale Migration, abnorme Ansammlung von Neuronen oder gestörte Zyto-Architektur in den Gebieten vorliegen. Das Risiko bezüglich der Störanfälligkeit der linken Hemisphäre ist über eine gewisse Zeit größer. Viele Neuronen im NS des Föten sterben bereits im Uterus. Es gibt jedoch auch den postnatalen Zelltod beim Menschen (Huttenlocher 1979). Es ist bekannt, daß ein Neuron, wenn es ihm nicht gelingt Verbindungen herzustellen, eher untergeht. Goldmann-Rakic konnte 1984 nachweisen, daß nach Entfernung eines corticalen Gebietes beim Affen in der intra-uterinen Phase andere corticale Regionen im späteren Leben größer als normal sind. Wahrscheinlich ist die Vergrößerung das Resultat des „Todes" weniger Neuronen. Das größere von zwei Gebieten ist nicht nur durch ein *Plus* überlebender *Zellen,* sondern durch ein *Mehr an bilateralen Verbindungen* – als Charakteristikum dominanter Regionen – zu erklären. Darin könnte auch ein Schlüssel zur Talentiertheit liegen, nämlich Defizite durch Überlegenheit zu kompensieren; als Beispiel sei das Vorhandensein von Talenten in Fällen von Autismus angeführt. Asymmetrische Entwicklung ist nicht nur eine Eigenschaft des Cortex, sondern auch anderer Teile des NS sowie anderer Organe.

Die Betrachtung der Hemisphären als getrennte kognitive Einheiten geht auf Studien zurück, in denen man bei getrennter Untersuchung der Hemisphären Unterschiede in der Repräsentation kognitiver Prozesse nachwies. Eine kurze Zusammenfassung der

Daten zur cerebralen Lateralisation nach Birbaumer und Schmidt (1993) und nach Kimura (1973):

Funktion (bei Rechtshändern)	LINKE Hemisphäre	RECHTE Hemisphäre
visuelles System	Buchstaben, Wörter	komplexe geometrische Muster, Gesichter, stereoskop. Tiefensehen, visuell-räumliche Reize
auditorisches System	sprachbezogene Laute	nichtsprachbezogene externe Geräusche, Musik
somatosensorisches System		taktiles Wiedererkennen von komplexen Mustern
Gedächtnis	verbales Gedächtnis	non-verbales Gedächtnis
Sprache	Sprechen, Lesen Schreiben, Rechnen	Prosodie (Sprachmelodie)
räumliche Prozesse		Geometrie, Richtungssinn, mentale Rotation, Analyse des Raums

Die unterschiedlichen Verarbeitungsstrategien der beiden Hemisphären (links – rechts) lassen sich an visuellen Diskriminations-Aufgaben besonders gut demonstrieren. Durch getrennte Darbietung der Inhalte ins linke und rechte visuelle Feld läßt sich eine Überlegenheit der rechten Hemisphäre bei der Analyse visuell-räumlicher Muster nachweisen. Weiters stellt sich die *rechte parietale Hemisphäre beim Erkennen von Gesichtern* als *überlegen* dar. Dies gilt jedoch nicht für Aufgaben, in denen Gesichter semantisch kategorisiert werden.

Die rechte Hemisphäre spielt auch im Ausdruck und der Annahme von Emotionen eine Rolle, und ist mit besonderen Leistungen der *Aufmerksamkeit* verbunden. Asymmetrien können auch das Ergebnis von Aufmerksamkeits-Leistungen sein. Ein diesbezüglicher Vorschlag kommt von Kinsbourne (1974): Asymmetrien vermögen eine einseitige Konzentration der Aufmerksamkeit widerzuspiegeln, die auf die Aktivierung einer Hemisphäre zurückzuführen ist. Aufmerksamkeits-Systeme beruhen sowohl auf räumlicher als auch auf emotionaler Orientierung. Für die Steuerung und das Erleben affektiver Vorgänge scheinen zwei neuronale Kontrollsysteme von Bedeutung zu sein: das linkslateralisierte dopaminerge und das rechtslaterialisierte noradrenerge System. Bis vor zwei Jahrzehnten schenkte man der rechten Hemisphäre keine Aufmerksamkeit, heute hingegen wird dieser von einigen Autoren „Kreativität", ja sogar „Genialität" zugeschrieben (Sinatra und Stahl-Gemake 1983).

Die angeführten Unterschiede sind nur als relativ zu betrachten; inter- und intraindividuelle Variationen und Unterschiede dagegen sind erheblich. Es sieht so aus, als ob die beiden Hemisphären jeweils bestimmten Strategien den Vorzug gäben.

1.6.1 Split-Brain(SB)-Forschung

In der Literatur findet sich klinische Relevanz durch Untersuchungen an den Patientengruppen aus der SBF, einer besonders wichtigen Untersuchungsgruppe aufgrund anatomischer Trennung der Hemisphären (Cortices) und der Kommissuren oder eines fehlenden Corpus callosum. In den frühen 50er Jahren wurden bei Patienten mit schweren epileptischen Erscheinungen neurochirurgische Eingriffe zur Durchtrennung oder Entfernung des Corpus callosum durchgeführt, damit bei einem Anfall dieser nicht auf die zweite Hirnhälfte übergreift. Die Patienten zeigten zwar nur geringe Einschränkungen im Alltag, oft auch bei genaueren Untersuchungen nur geringe Defizite der Wahrnehmungsfunktionen; manchmal jedoch wiesen sie zwar verborgene, doch dramatische Effekte auf. Bahnbrechende Arbeiten auf diesem Gebiet leisteten Ronald Myers und Roger Sperry (Nobelpreis 1981, 1994†). In den 70er Jahren wurden Arbeiten auf diesem Gebiet von Gazzaniga (1963), Levy-Agresti und Sperry (1968) fortgeführt. SB-Untersuchungen beschränken sich methodisch darauf, cerebrale Asymmetrie auf der Ebene hemisphärischer Organisation festzulegen und zu betrachten. Der Einsatz des Wada-Testes hat eine reversible Funktionsblockierung zur Folge. Er wird unmittelbar vor Hirnoperationen angewandt, um eine der Hemisphären auszuschalten.

Aufschlußreich waren und sind neuropsychologische Untersuchungen von Patienten mit lokalen corticalen *Hirnläsionen,* die Informationen über hemisphärische Asymmetrien zulassen. Untersuchungen an Hirnverletzten im Unterschied zu solchen an SB-Patienten können exaktere Datenanalysen dazu erbringen. Sie vermögen eher Aufschluß über die psychologischen Fähigkeiten der Hemisphären zu geben. Aufgrund der Möglichkeit, neuronale Zellgruppen zu identifizieren, die für die Differenzen verantwortlich sind. Die Modelle cerebraler Asymmetrie, die aus den SB-Studien entwickelt wurden, führten zu einer Interpretation der cerebralen Asymmetrie als Ausdruck einer allgemein unterschiedlichen Organisation der Hemisphären.

1.6.2 Methoden zur Untersuchung der cerebralen Asymmetrie

Weiters werden zur Überprüfung von Hypothesen und Fragestellungen für die Erforschung von Asymmetrien an Gesunden auf dem Gebiet der Neuroanatomie und -physiologie sowie der experimentellen Neuropsychologie unterschiedliche Methoden zur Lokalisation verschiedener Hirnfunktionen, also von deren Ort und Mechanismen, eingesetzt: elektrische Reizung; EEG – Elektro-Encephalographie (siehe EEG 4.1.2); EP – evozierte Potentiale; bildgebende Verfahren: MEG – Magnet-Encephalogramm; PET – Positronen-Emissions-Tomographie zur Messung des Glucoseverbrauchs[15]; rCBF[16] –

[15] PET – Trifft ein Proton mit einem anderen Teilchen – z. B. einem Elektron – zusammen, wird Energie in Form von Gamma-Strahlen in zwei entgegengesetzte Richtungen gesandt. Diese Gamma-Strahlen und die zeitliche Koinzidenz ihres Auftreffens auf Detektoren können gemessen werden. Mittels positronen-emittierender Substanzen werden genaue Aussagen über die Verteilung von Durchblutung und Stoffwechsel des Gehirns gemacht.

[16] rCBF – Durch Injektion einer radioaktiven Substanz in die Arteria carotis oder durch Inhalation eines radioaktiven Gases, z. B. Xenon-133, kann die Durchblutung des Gehirns bei bestimmten Aufgaben gemessen werden. Durch Kombination mit einem Tomographie-System, das Schnittbilder vom Gehirn anfertigt, sind auch dreidimensionale Darstellungen und somit Untersuchungen tieferliegender Hirnstrukturen möglich. Diese Methode wird als SPECT bezeichnet.

Verfahren zur regionalen Hirndurchblutung [Messung des cerebralen Blutflusses] mit der Xenon-Methode; SPECT – Single Photon Emission Computed Tomography; NMR – Nuclear Magnetic Resonance. Als Ergänzung bieten sich psychologische Testverfahren an für *dichotisches Hören,* wobei akustische Stimuli nur einem Ohr zugespielt werden, und die Technik der *tachistoskopischen Darbietung,* das ist die kurze Darbietung von Stimuli im rechten oder linken Gesichtsfeld, so daß der (lateralisierte) Reiz zuerst nur in eine Hemisphäre gelangt. Auch aus seitlichen Augenbewegungen (lateral eye movements – LEM) die bei kognitiven Vorgängen auftreten, kann auf eine Lateralisation geschlossen werden.

In der Hirnforschung wird zunehmend von der Leistungsaufteilung in bestimmten „Zentren" Abstand genommen zugunsten einer generalisierten Verteilung und eines Zusammenwirkens des gesamten Gehirns bei kognitiven Aufgaben. Heute geht man davon aus, daß auch bei speziellen Leistungen beide Hemisphären involviert sind, daß jedoch eine der Hemisphären in bezug auf eine bestimmte Leistung im allgemeinen stärker mitbeteiligt sein wird als die andere. Bei höheren Hirnfunktionen gibt es immer eine Kooperation von „links" und „rechts".

Dualismen wie Dichotomien (seriell vs. parallel; bewußt vs. unbewußt; analog vs. sequentiell; analytisch vs. gestalthaft etc.) entziehen sich einer empirischen Falsifizierbarkeit (siehe Karl R. Popper, Logik der Forschung) auch wegen eines zu großen Interpretationsraumes. Daher wird in der vorliegenden Arbeit von derartigen Zuordnungen Abstand genommen, nur die herkömmliche Auffassung zitiert – und mit funktionellen Zuordnungen wegen Ermangelung eines physiologischen Substrates eher vorsichtig umgegangen.

An dieser Stelle möchte ich auch auf geschlechtsspezifische Asymmetrien Bezug nehmen, weil ich diese Argumentation teils zur Erklärung der unterschiedlichen cerebralen Organisation von Künstlerinnen und Nicht-Künstlerinnen heranziehen werde, vor allem was den Einsatz verschiedener kognitiver Strategien betrifft (siehe Diskussion 5.7). Aufgrund hier getroffener Aussagen wird eine mögliche hemisphärische Spezialisierung bei Künstlerinnen plausibler und leichter verständlich.

1.6.3 Geschlechtsspezifische Asymmetrien

Es gibt Hinweise, daß geschlechtsspezifische Unterschiede bezüglich der Hemisphären-Asymmetrie bestehen, sich somit die *Muster der Hirn-Asymmetrie bei den Geschlechtern unterscheiden.* „Ähnlich wie bei der Entwicklung der präfrontalen corticalen Funktionen beim Affen unterscheiden sich die beiden Geschlechter möglicherweise auch hinsichtlich der Reifungsgeschwindigkeit der kognitiven Funktionen in den beiden Hemisphären" (Kandel et al. 1996). Da das weibliche Gehirn schneller reift, könnte davon auch die linke Hemisphäre der Mädchen betroffen sein, und langsame Reifung wiederum könnte zu einer stärkeren Lateralisation führen (Kolb und Whishaw 1995). Diese Aussagen sowie die Vermutung geschlechtsspezifischer Lateralisierungs-Muster werden teils durch elektrophysiologische Untersuchungen in den letzten Jahren, vor allem in den USA, vermehrt durch bildgebende Verfahren unterstützt. Die Ergebnisse sind jedoch manchmal widersprüchlich.

Eine Hypothese besagt, daß sprachliche, jedoch auch räumliche Fähigkeiten bei Frauen stärker bilateral – d. h. weniger stark lateralisiert – repräsentiert sind (McGlone 1978). Untersuchungen an Personen mit Schädigungen der linken oder rechten Hirnhälfte sprechen auch dafür, daß die linke Hemisphäre bei Frauen und Männern unterschiedlich organisiert ist und daß bei Frauen als Gruppe ein heterogenes Muster cerebraler Sprachverarbeitung vorliegen könnte, womit sie gegenüber Männern auf eine diesbezüglich größere Variabilität zu verweisen scheinen. Das weibliche Gehirn dürfte funktionell weniger asymmetrisch sein als das männliche.

Das Ehepaar Shaywitz (1995) untersuchte mittels FMRI-Schnittbilder die Gehirne von Frauen und Männern bei sprachlichen Aufgaben (Lesen unsinniger Wörter und Herausfinden, welche sich reimen). Während bei Frauen das Sprachvermögen auf beide Hemisphären im Stirnlappen verteilt war, erwies sich bei Männern vorwiegend die linke Seite als aktiviert.

In PET- und FMRI-Untersuchungen zeigen Frauen gegenüber Männern eine verringerte Durchblutung bei verbalen Aufgaben (Kolb und Whishaw 1995). Die Erklärung besagt, daß das entsprechende corticale Areal, das für eine Sprachleistung benötigt wird, umso kleiner sein wird, je besser eine Sprache beherrscht wird. Beim Erwerb einer Zweitsprache werden vergrößerte Durchblutungsanstiege rechts und links gemessen.

Untermauert werden die Untersuchungen mit gehirnanatomischen Fakten, wonach der hintere Teil des *Corpus callosum* bei Frauen signifikant größer ist als bei Männern (Galin et al. 1982), weshalb ein besserer Transfer zwischen den Hemisphären erfolgen könnte. Es besteht daher scheinbar eine größere Plastizität bei Frauen für sprachliche Funktionen. Weiters zeigte sich, daß $^1/_3$ der Männer, aber nur $^1/_4$ der Frauen eine Massa intermedia aufweisen, ein Gewebe, das die Thalami verbindet. Die Ergebnisse non-verbaler Aufgaben waren bei Männern, bei denen sich eine Massa intermedia nachweisen ließ, schlechter. Woraus geschlossen wurde, daß es zu einer Interferenz der Funktionen der Hemisphären gekommen sein könnte.

Eine Untersuchung verschiedener Schichten der sensorischen Sprachregion des Schläfenlappens der Kanadierin Sandra Witelson (1995) erbrachte ein Plus von 17 % an Neuronen bei Frauen im Vergleich mit Männern. Sie bringt die erhöhte Neuronendichte bei Frauen und damit deren Vorteil beim Erlernen von Sprachen und der Ausdrucksfähigkeit mit Leistungen dieser Regionen in Verbindung: Einerseits sind sie für die Analyse und Interpretation des Gehörten zuständig, andererseits steuern sie die Artikulation.

In Gehirnen von Ratten wurden in den letzten Jahren ungefähr 15 geschlechtsspezifische Abweichungen registriert. Die beim Menschen jedoch bis heute nachweisbaren *anatomischen geschlechtsspezifischen Unterschiede* sind: (1) Das *Corpus callosum* mit der Massa intermedia – siehe oben, (2) die *Kommissur* (kleiner bei den Männern) und (3) Regionen im Hypothalamus: der *suprachiasmatische Kern und die präoptische*

Region. Die geschlechtliche Differenzierung spiegelt sich somit bereits in der Struktur bestimmter Neuronen wider: Der Nucleus suprachiasmaticum ist bei Frauen länger. Als Taktgeber der inneren Uhr ist er für den Aktivitätszyklus zuständig und kontrolliert die Ovulation. Der Nucleus präopticus ist bei Männern doppelt so groß. Als vermutliches Steuerorgan für die Libido wird ihm eine Rolle beim männlichen Sexualverhalten zugeschrieben.

Die geringere Lateralisierung der Frauen für Sprache könnte den interhemisphärischen Informationsaustausch erhöhen, was zu einer stärkeren Ausprägung des posterioren Corpus callosum führt. *Weniger ausgeprägte Lateralisierung ermöglicht besseren und rascheren Informationsaustausch.* Das bedeutet, daß es für Frauen leichter wäre, Informationen aus beiden Hemisphären zu integrieren. Eine Erklärung für den besseren Austausch stellt die Annahme der verringerten kontralateralen Hemmung der gegenüberliegenden Hemisphäre dar.

In Anbetracht der angeführten Untersuchungen und Ergebnisse läßt sich annehmen, daß die Beziehung zwischen Lateralisation und der Fähigkeit bei verschiedenen Aufgaben eine unterschiedliche ist. Woraus zu folgern wäre, daß die VPn je nach Aufgabenstellung „begabt"/„nicht begabt" bzw. „weiblich"/„männlich" über einen unterschiedlichen Arbeitsmodus verfügen.

Darüber hinaus spielen auch *hormonelle Faktoren* eine Rolle. Es wird angenommen, daß Testosteron einen Einfluß auf das Wachstum auch vieler anderer Gewebe hat. Insbesondere verzögert es das Wachstum von Strukturen, die an der Immunität beteiligt sind. Somit bewirkt eine stärkere Ausbildung die funktionale Asymmetrie. Das verstärkte Auftreten von Lernstörungen und Dyslexie bei Jungen wird damit in einen Zusammenhang gebracht, wie das unterschiedliche Sprachverhalten bei Mädchen und Buben als Beleg für unterschiedliche cerebrale Organisation angeführt wird. Ein hoher Testosteronspiegel soll zu einer stärkeren Lateralisation führen (Witelson 1976).

„Es gibt zunehmend Hinweise auf geschlechtsspezifische Unterschiede hinsichtlich der Art des Denkens, die sich nicht einfach mit unterschiedlichen sozialen Erfahrungen in der Kindheit erklären lassen, sondern möglicherweise fundamentale Unterschiede innerhalb des Gehirns widerspiegeln. Diese Unterschiede äußern sich [...] eher bei ganz bestimmten intellektuellen Fertigkeiten. So schneiden Frauen bei Tests, die Sprachgewandtheit (verbal fluency), Wahrnehmungsgeschwindigkeit (die für das Erkennen eines Gesichts benötigte Zeit), arithmetische Berechnungen und manuelle Geschicklichkeit quantifizieren, durchschnittlich besser ab als Männer. Männer zeigen dagegen bessere Leistungen bei Tests des räumlichen Wahrnehmungsvermögens, beim mathematisch-logischen Denken und bei zielgerichteten motorischen Fertigkeiten" (Kandel et al. 1996).

Es ist heute klar, daß es enge Beziehungen zwischen Sexualhormonen, Immunität und Lateralität gibt (siehe Geschwind et al. 1992[17]).

---

[17] Bei räumlicher Vorstellung schnitten Männer mit niedrigerem Testosteron-Spiegel gegenüber ihrem Geschlecht besser ab, und Frauen mit höherem Testosteron-Spiegel waren ihren Geschlechtsgenossinnen gegenüber überlegen.

Bei Untersuchungen am Institut für Neurophysiologie der Universität Wien zum *Musik-Hören,* getrennt nach Geschlechtern (Petsche et al. 1988), fanden sich im Spontan-EEG folgende Unterscheidungen: musikalisch Vorgebildete, sowohl Frauen als auch Männer, zeigten im Beta-Bereich – unter der Bedingung *Augen geschlossen* – niedrigere Leistung; die lokalen Kohärenzen waren jedoch bei beiden Geschlechtern bei den Vorgebildeten im allgemeinen höher als bei den nicht Vorgebildeten. Auch interhemisphärisch zeigten sich Geschlechtsunterschiede. Das Spontan-EEG wies bei musikalisch vorgebildeten Frauen einen höheren Grad hemisphärischer Verkoppelung auf als bei nicht-vorgebildeten und einen geringeren Grad hemisphärischer Verkoppelung bei musikalisch vorgebildeten Männern.

Diese Untersuchung wird durch eine PET-Studie von Steinmetz bestätigt, der das Planum temporale, wo Töne und Melodien wahrgenommen werden, von 30 Berufsmusikern mit 30 nicht musikalisch Ausgebildeten verglich. Das linke Planum temporale in der Gruppe der Musiker erwies sich als deutlich größer als in der anderen Gruppe.

Zur Lateralisation von Vorstellungen – siehe Imagery 2.1 und vor allem 2.1.4

1.7 Netzwerk-Modell: Gedächtnis

Es gibt keine exakte Lokalisation des Gedächtnisses: es ist distributiv und bedarf eines Netzwerk-Modells entsprechend der neuronalen Aktivität des gesamten Gehirns. Gedächtnis ist als eine Funktion neuronaler Verbindungen bzw. Schaltkreise zu verstehen. Nach neueren Erkenntnissen ist Speichern und Abrufen an unterschiedliche Strukturen gebunden. Die Bildung des Gedächtnisses ist ein dynamischer (zeitlich dreiphasiger) Prozeß, die Organisation eine stufenförmige, wobei Neuerworbenes eher blockierbar scheint als Erinnerungen. Diese Aussage ist seit dem Jahre 1915 bekannt, als Lashley versuchte, neuronale Orte, an denen gelerntes Verhalten gespeichert sein könnte, zu identifizieren. Es ist anzunehmen, daß für Erinnerungs- und Gedächtnisprozesse die Beteiligung und Kooperation verschiedener und weit verstreuter neuronaler Netzwerke von Bedeutung ist. Allerdings gibt es auch lokalisierte Gedächtnisaktivierungen, wie elektrische Stimulierungen im temporalen Gebiet (Hippocampus) am freigelegten Gehirn beweisen. Vermutlich befinden sich sensorische Speicher im Bereich der primären sensorischen Projektionsfelder, während ein Niederschlag des Kurzzeit-Gedächtnisses (KZG) und Langzeit-Gedächtnisses (LZG) im Hippocampus beider Gedächtnisformen in den assoziativen Feldern zu finden ist. Die Einprägung im LZG läuft stets über das KZG. Was diese betrifft, so dürfte feststehen, daß nur einzelne Elemente eines gesamten Ereignisses gespeichert werden, aus denen sich dieses rekonstruiert. So wird die Unzuverlässigkeit bei Zeugenaussagen durch den Vorgang der *Rekonstruktion des Erinnerten* erklärt (siehe Bartlett 1932). Die Wiedergabe aus dem LZG bedarf des Arbeits- bzw. Kurzzeit-Gedächtnisses. Die *Hippocampus*-Formation und ihre Verbindungen zu verschiedenen Hirnstrukturen sind als eine Relaisstation für Einprägungs- (consolidation) und Rückführungsprozesse (retrieval processes) zu sehen. Vor allem im Hippocampus können die einer Reizung nachfolgenden Reize bis zu Stunden unverändert bestehen bleiben. Gedächtnis vollzieht sich als ein serieller Prozeß. Der Hippocampus verstand sich bis vor kurzem als Speicherungsort für Langzeit-Informationen. Heute wird dieser Struktur jedoch eine eher vermittelnde Funktion nachgesagt, wobei die Information nach einer Zwischenlagerung wieder zum Cortex transformiert wird, um danach erst in ein langzeitliches Depot aufgenommen zu werden. Der Hippocampus: ein Zwischenlager und/oder ein Hilfssystem des LZGses? „Die Lokalisation des stabilen Langzeit-Gedächtnisses hängt beim Menschen nicht nur von den beteiligten sensorischen und motorischen Systemen ab, sondern auch davon, ob sich die Lerninhalte auf bewußt werdende Inhalte oder auf automatisierte Bewegungs- und Wahrnehmungsleistungen beziehen" (Menzel 1996).

Eine Störung des Gedächtnisses wird als *Amnesie*,[18] jedoch auch als *Diskonnektions-Syndrom* bezeichnet; diese dürfte auf einer Unterbrechung der Schaltkreise oder auf einer Blockierung der Proteinsynthese beruhen. Für die Konsolidierung spielen Hippocampus und limbisches System eine wesentliche Rolle. Wichtig für den *Abruf (Erinnern)* von Inhalten aus dem Gedächtnis sind nach Markowitsch (1996) Stirnhirn und vordere Schläfenlappen verbunden mit dem Fasciculus unicinatus. Die meisten Gedächtnisstörungen blockieren zuerst das KZG, während das LZG relativ lange unbeeinflußt bleiben kann. Daraus läßt sich schließen, daß das KZG auf veränderbaren Mechanismen (Membranstruktur und Transmitter-Ausschüttung) beruht, während die im LZG gespeicherten Informationen sich auf das Vorhandensein eines genetischen Apparates begründen. „Die Zeitabhängigkeit des Gedächtnisses beruht auf unterschiedlichen Mechanismen der neuronalen Informationsspeicherung und des Gedächtnisabrufs" (Menzel 1996).

1.7.1 Das Sehsystem nach Mishkin und Appenzeller (1987)

Gedächtnisinhalte stammen häufig aus Sinneseindrücken. Die Verarbeitung visueller Informationen erfolgt über die Sehbahn. Mishkin und Appenzeller (1987) stellen die Theorie auf, daß visuelle Information auf zwei neuronalen Bahnen schrittweise verarbeitet wird (siehe dazu 1.4.3.4). Die klassische *Sehbahn* ist durch eine stufenweise Aufeinanderfolge aus Schaltzellen von der Netzhaut (Retina) zum Cortex charakterisiert. Nach Studien von Mishkin et al. (1987) spielt der *Temporallappen* beim Sehen eine wesentliche Rolle; die Sehfelder des Schläfenlappens bilden quasi die Fortsetzung der Verarbeitungsbahn des striären Cortex. Die vollständige Abbildung (Repräsentation) eines Gegenstandes wird von den Zellen auf den letzten Stufen des unteren Schläfenlappens erstellt. Das primäre Sehfeld ist damit, nicht als Endstation der Verarbeitung zu betrachten. Die Vermutung, daß dieses im Hinblick auf den Abstraktionsgrad eine eher frühe Station sein dürfte, liegt nahe.

Die Autoren vermochten am Tiermodell den Einfluß *des limbischen Systems für Lernvorgänge* nachzuweisen. Sie unterscheiden zwei neuronale *Schaltkreise,* die für verschiedene Arten kognitiven Lernens eine Schlüsselrolle spielen dürften: *Amygdala*

[18] retrograd: betrifft Zurückliegendes, anterograd: Künftiges.

und *Hippocampus* im Parietallappen beider Hemisphären; ihnen kommt eine Kontrollfunktion für *Speichervorgänge* zu. Beide Strukturen sollen im gleichen Ausmaß am visuellen Wiedererkennungs-Gedächtnis beteiligt sein; vermutlich auch beim Abruf aus dem Gedächtnis: bei der Erinnerung an eine Position und zur Bewertung der Bedeutung. Aufgrund von Läsionsstudien liegt die Annahme nahe, daß beide Strukturen sich in ihrer Bedeutung für das Wiedererkennungs-Gedächtnis wechselseitig ersetzen können, da erst ihre gemeinsame Entfernung zur Auswirkung kommt. Diese Schaltkreise sind durch Verbindungen in ein weitreichendes Projektionssystem miteinbezogen, was für eine *distributive Verteilung des Gedächtnisses* spricht. Amygdala und Hippocampus nehmen auch wesentlichen Anteil an der Verarbeitung der Wahrnehmung. Von dort laufen Signale zum basalen Vorderhirn und dürften somit den Kreis zum Cortex schließen. Unter anderem ergeben sich Verbindungen mit dem Zwischenhirn und der präfrontalen Großhirnrinde (siehe Sub-Systeme und Arbeits-Gedächtnis 3.6.1.1). Zum kognitiven System wird zusätzlich ein nicht-kognitives angenommen. Als Grundlage jedes Lernvorganges gilt hier die Reiz-Reaktions-Verknüpfung; diese geht automatisch vor sich. Bei mehrmaliger Wiederholung des Vorganges treten Veränderungen der Synapsen auf den letzten Stationen der Sehbahn auf, die für Informationsspeicherung zuständig sind. Wenn z. B. ein bereits abgespeichertes Muster wiedererkannt wird, bedeutet dies eine Aktivierung bereits gebahnter Verbindungen.

Das neuronale Substrat für einen bestimmten Gedächtnisinhalt besteht aus gleichzeitigen Veränderungen zahlreicher neuronaler Verbindungen in verteilten, doch miteinander in wechselseitiger Verbindung stehende Areale. Aktivitätsabhängige Veränderung synaptischer Verbindungen stellt die Grundlage von Lernprozessen dar (Singer 1994).

Zusammenfassend kann man sagen, daß das Gehirn entlang der *Sehbahn die Sinnesdaten zu einer Wahrnehmung zusammenfügt* und daß diese als *Gedächtnisinhalte gespeichert werden.* Orte der Gedächtnisspeicherung dürften somit mit Gebieten, in denen Sinneseindrücke (nach Mishkin und Appenzeller 1987) Gestalt annehmen, ident sein. Die Autoren vertreten die Auffassung, daß die beschriebenen Schaltkreise des Gedächtnisses aufgrund von massiven *Rückkoppelungen* mit dem Cortex in Verbindung treten. Erst durch diesen Mechanismus dürfte es vermutlich zu einer Verfestigung der Ereignisse und damit zu einer Speicherung kommen. Somit hängen Bewertungs- und Gedächtnissystem „untrennbar zusammen, denn Gedächtnis ist nicht ohne Bewertung möglich, und jede Bewertung geschieht aufgrund des Gedächtnisses, d. h. früherer Erfahrungen und Bewertungen" (Roth 1995). Amygdala und Hippocampus sind über den entorhinalen Cortex aufs engste miteinander verknüpft, womit gedächtnismäßige Inhalte unter Hinzufügung von Bewertungen zu einer Einheit verbunden werden. Bei hochkomplexen kognitiven Leistungen spielt jedoch auch das basale Vorderhirn mit dem Nucleus basalis Meynert eine wesentliche Rolle. Somit wird es als Schaltstelle zwischen limbischem System und Neocortex angesehen.

Entsprechend den neuronalen Schaltkreisen des Lernens werden folgende *Gedächtnis-Schaltkreise* von Markowitsch (1996) unterschieden: der *Papezsche Schalt-*

kreis und der *basolaterale limbische Kreis*. Beide Systeme beteiligen sich am Einspeichern episodischer Information. Während der Papez-Kreis eher für Information neutraleren Inhalts zuständig ist, ist dies für den limbischen Kreis (mit Amygdala, Thalamus und Area subcallosa) die eher emotional-affektiv gefärbte Information oder eine solche mit persönlicher Bedeutung, die rechtshemisphärisch verarbeitet wird. Durch Wiederholung oder nachfolgende Darbietung in anderen Kontexten könnte – nach Annahme von Markowitsch – solches Wissen verallgemeinert werden; „es verliert dabei die biographische Note, wird auf die linke Cortexhälfte übertragen".

Für die Eingabe von Fakten vermutet Markowitsch (1996) zwei Wege: Neben einem primären und schnellen, der über das limbische System führt und die Information mit eigenem Erleben belegt, „scheint eine trägere Aufnahme möglich zu sein, bei der lediglich die Hirnrinde vermittelt und in ihren integrierenden Gebieten – den [...] Assoziationsregionen – dann auch für deren Speicherung sorgt. Somit wären das episodische und das Faktengedächtnis einander hierarchisch zugeordnet: das übergeordnete, das Wissenssystem ginge daraus erst später, gewissermaßen durch Einschleifen, hervor".

1.7.2 Zur Engramm-Bildung

Informationen des KZG werden durch Wiederholen verfestigt und in das LZG übertragen, wo sie in Form einer „Gedächtnisspur" zur Verfügung stehen. Die „Gedächtnisspur" bzw. das Engramm stellt somit einen spezifischen Gedächtnisinhalt dar, der durch jeden Abruf verstärkt wird – wie z. B die Erinnerung an die Augen in einem bekannten Gesicht. Der Gedächtnisinhalt ist im Aktivitätsmuster des Ensembles codiert. Die Engrammverfestigung wird allgemein auch Konsolidierung genannt. Dies führt zur Theorie spezifischer Gedächtnisinhalte, dessen Begründer Hebb ist. Er postuliert funktionell miteinander in Verbindung tretende Neuronen-Ensembles, die für die Speicherung und die Wiedergabe von Engrammen notwendig sind (siehe Vorstellungs-Theorien 3.3.6). Die Grundlage seiner Gedächtnistheorie bilden reverberierende Erregungen, neuronale Schaltkreise – *Cell Assemblies*. Trifft Information auf erregende Synapsen in miteinander verbundenen Netzwerken, die nicht unbedingt nahe beieinander liegen, so bleibt das entstehende Erregungsmuster eine Zeitlang erhalten (KZG). Ob es nach Abklingen der Erregung zu einer Konsolidierung kommt, hängt nach Guttmann (1982) von einer spezifischen Steuerregion ab. „Ihre Aktivierung bewirkt, daß jedes unmittelbar vorausgegangene Verhalten verstärkt wird und künftig mit höherer Wahrscheinlichkeit auftritt" (Olds und Milner 1954 zit. nach Guttmann 1982). Die durch wiederholte Reizgabe ausgelösten Erregungen werden verfestigt, ebenso ihre synaptischen Verbindungen, wobei ausgebildete Konstellationen bestehen bleiben. Je komplexer das zu lernende Material ist, um so größer werden die Zell-Ensembles, um so länger wird die Erregung erhalten, bis es zu metabolischen Veränderungen kommen wird. In der Folge treten strukturelle und zelluläre langanhaltende Modifikationen auf, die zur Bildung des LZG beitragen. Die Voraussetzung dieser strukturellen Veränderung jedoch beinhaltet eine Zeit der relativen Ruhe (15 Minuten bis zu einer Stunde). Dieser Vorgang wird von Hebb als Konsolidierung bezeichnet.

Der Konnektionismus greift die Ideen von Hebb auf, und konnektionistische Gedächtnismodelle verwirklichen das *Prinzip der verteilten Speicherung von „Wissen"* – sie sind inhaltsadressiert. Die Einheiten eines Netzes arbeiten parallel und sind miteinander *ohne zentrale Steuerung* verknüpft. Die funktionellen Eigenschaften der Einheiten sind denen von Neuronen nachgebildet. Die Adaptation der Verknüpfung basiert auf den festen Regeln nach Hebb. Sie sind adaptive, lernfähige und sich entwickelnde Systeme. Eine Eigenheit der Hebbschen Synapsen ist es, bei Erregung die Verbindung zwischen Neuronen bzw. Hirnregionen zu stärken, wobei räumliche und zeitliche Nähe eine wesentliche Rolle spielen. Zeitliche Nähe oder Gleichzeitigkeit – Synchronizität tritt auch zwischen entfernten Neuronenverbänden auf. Was für einzelne Neurone gilt, trifft auch auf Zellverbände zu. Die Neuronenverbände entstehen dadurch, daß die Zellen sich gegenseitig miterregen und daß die erregenden Synapsen zwischen jenen Neuronen, die gleichzeitig aktiv sind, verstärkt werden und die Grundlage ihrer Assoziation bilden (Hernegger 1995). Diese Regeln stellen die neurophysiologische Grundlage zur Bildung von Assoziationen und damit allen Lernens dar. *Gedächtnisinhalte haben* – wie dies auch die vorliegende Arbeit zeigen wird – *in neuronalen Netzen oder Assemblies ihre Entsprechung.*

Im Rahmen des Vernetzungsmodells geht Klimesch (1995) davon aus, daß „im LZG nicht isolierte, sondern integrierte, d. h. intensiv vernetzte Codes gespeichert sind. Da die Bildung von Vernetzungen als ein langfristiger und lernabhängiger Vorgang anzusehen ist, scheint es plausibel anzunehmen, daß LZG-Codes um vieles komplexer und daher distribuierter sind als KZG-Codes. Diese Interpretation könnte dazu beitragen, die unterschiedliche Lokalisierbarkeit von KZG- und LZG-Prozessen zu erklären. Eine andere Interpretation könnte sich auf die Überlegung stützen, daß im KZG all jene Kontrollprozesse der Aufmerksamkeitssteuerung konvergieren, die auch bei der Initiierung von Suchprozessen im LZG benötigt werden. Demnach handelt es sich beim KZG um eine lebenswichtige Kontrollinstanz, in der strategisch wichtige Bahnen konvergieren, deren Störung (z. B. bei Läsionen) somit zu besonders auffälligen Symptomen führt und deswegen eine klare Lokalisierbarkeit suggeriert".

„Dabei ist zu beachten, daß die postulierten Vernetzungsprinzipien weitgehend dem bekannten Divergenz/Konvergenzprinzip entsprechen. [...] Divergente Verschaltungen gelten neuroanatomisch gesehen als Hinweis für Spezialisierung, konvergente Verschaltungen hingegen für Integration" (Zeki und Shipp 1988 zit. nach Klimesch 1995).

1.7.2.1 Neuronale Plastizität und Modifikation der Synapsen – (Hebb 1949; Kandel 1981 und Klimesch 1994)

Grundsätzlich wird angenommen, daß Langzeit-Erinnerungen in den neuronalen Verknüpfungen des Gehirns codiert sind, was zu der Vermutung führt, daß die strukturelle

Basis des Gedächtnisses in *Modifikationen von Synapsen* liegt. Als Grundlage des Lernens können die Hebbschen Synapsen gelten: Gleichzeitiges Aktivieren zweier Synapsen führt zu einer anatomischen Verstärkung der Verbindung (1949). Physiologische Konditionierungs-Experimente beweisen, daß es in an der Konditionierung beteiligten corticalen Strukturen zur Vermehrung von *„Spines"* kommt, also von dentritischen Fortsätzen auf Pyramiden-Zellen. Diese Spines könnten *durch ihre Plastizität form-verändernd* sein. Weiters wird vermutet, daß diese modifizierbaren Synapsen *exzitatorisch* sind, und daß sie auf den höheren Ebenen des Gehirns in Erscheinung treten (vgl. Eccles 1977 und Szentágothai 1989). Die Plastizität der Synapsen wird als Grundlage von Lernen und Gedächtnis angenommen. Werden diese Synapsen jedoch nicht ab und zu auf ihre Funktion geprüft, verkümmern sie wieder. Braitenberg (1989) stellt sogar die Behauptung auf, daß aufgrund der großen Zahl synaptischer Dornen im Cortex dieser einem „Gedächtnisspeicher" gleichkäme.

Nach Kandel besteht *Lernen in der Veränderung der Stärke bereits bestehender* neben der Bildung neuer *Synapsen,* auf denen langzeitliche Vorgänge beruhen. Wie Lernexperimente und Konditionierungsversuche mit Aplysia et al. zeigen, kommt es in der Folge von Lernprozessen zu gleichzeitigen Veränderungen auf der zellulären und molekularen Ebene sowie zur Verstärkung der Transmitterantwort beteiligter Neurone und neuronaler Verbindungen. Es kommt dabei 1. zu Veränderungen der Stärke synaptischer Verbindungen, 2. zur Zunahme synaptischer Stärke, die auf vermehrte Freisetzung von Transmittern zurückzuführen ist, 3. produziert Serotonin sowohl kurz- als auch langzeitliche Verstärkung, 4. ist an kurzzeitigen und langfristigen Veränderungen der Second-messenger-Botenstoff cAMP beteiligt. Kurzzeit- und Langzeitgedächtnis sind somit als Stufen eines Gedächtnisprozesses zu sehen. Bei langfristigen Veränderungen haben Gene und Proteine einen wesentlichen Anteil.

Einen Anschluß an die erwähnten Theorien findet Klimesch (1994), indem er die Auffassung vertritt, daß Gedächtnis nicht angeboren sein könne, sondern durch Training eine entsprechend neuronale Struktur erworben werde, wobei Vergessen in bezug auf das LZG eine „Architekturänderung" im Gehirn bedeutet, ausgehend von einer Abnahme der Struktur bis zu ihrem Verfall. Zunehmender Zerfall führt zu einer Abnahme der Verbindungen, während aus einem Lernvorgang vermehrtes Wachstum der Synapsen (siehe oben) – Größe und Zahl betreffend – sowie eine Zunahme der Verbindungen resultiert. Durch Quantifizierung der Gedächtnisleistung mittels EEG gelang ihm der Nachweis, daß Menschen, die über eine hohe Gedächtnisleistung verfügen, höhere Alpha-Frequenzen haben als solche mit einer schwächeren, die bei einer Gedächtnis-Leistung weniger gut abschnitten.

Diesen umgekehrten Vorgang des Vergessens, nämlich daß langfristige Speicherung auch mit einer *Verringerung synaptischer Kontakte und Verbindungen* einhergeht, konnte eine Forschungsgruppe der Universität Bielefeld (1995) an jungen Zebrafinken nachweisen. Wie erfolgt nun bei einem Lernvorgang statt der zu erwartenden Erweiterung die Reduktion eines vorhandenen Netzwerkes? Am Sexualverhalten der Vögel konnte dies beobachtet werden. Es stellte sich heraus, daß das Balzverhalten, eine *angeborene* Verhaltensweise, normalerweise erst dann funktioniert, wenn der entsprechende Auslöser *dazugelernt* wird. Der geschlechtsreife Zebrafink balzt auch Tiere an, die nicht seine Artgenossen, sondern diesen nur ähnlich sind; das Netzwerk erlangt so eine Erprobung, wodurch es zu einer Festlegung kommt: Merkmale, die nicht optimal erregt werden, reduzieren sich. In der Folge tritt auch eine dendritische Reduktion ein. Dabei ist der Lernvorgang dermaßen organisiert, daß die Prädisposition zu einer Einschränkung von Fehlverhalten führt und zu einer Fixierung von Lerninhalten.

Ein *Modell für Lernvorgänge* im Gehirn stellt die *Langzeitpotenzierung* oder -verstärkung (auch LTP oder long term potentation bzw. LTD oder long term depression) dar, das dem Modell des assoziativen Lernens in der Theorie neuronaler Netzwerke ähnlich ist. Ein Phänomen, das vorwiegend im Hippocampus (sowie auch in den Basalganglien) auftritt, einer Region, die an Gedächtnisfunktionen (Feld CA 1) bei langzeitlicher Speicherung beteiligt ist. Bei tetanischer, wiederholter Reizung – EPSP (bereits von einigen Milli-Sekunden) und einer Impulsfolge im Theta-Rhythmus (5 Hz), wird die ursprüngliche Information in eine langanhaltende Form überführt, wodurch die Wirksamkeit der Synapsen (z. B. über Stunden) verstärkt werden kann. Dieses Geschehen der strukturellen Veränderung wird als Konsolidierung verstanden (Hebb). Konsolidierung und LZ-Gedächtnis sind mit Änderungen des genetischen Apparates und der Proteinsynthese verbunden, die mit strukturellen Veränderungen der Synapsen einhergehen. Diese NMDA-Synapsen, die auf das synthetische Mittel N-M(ethyl)-D-A(spartat) reagieren, ermöglichen bereits kurzfristige Veränderungen in der neuronalen Verschaltung. Die Proteinsynthese besteht in der Freisetzung von Magnesium (1), im verstärktem Natrium- und zusätzlichem Calcium-Einstrom durch Aktivierung von Glutamat-Rezeptoren des NMDA-Typs und (2) im Zusammenspiel mit Second-messenger-Systemen (Stickstoff). Bei Langzeit-Depression ist der Natrium-Einstrom vermindert und es kommt zu einer Unterdrückung des non-NMDA-Typs. Die LTD ist als wesentlicher Mechanismus für das Vergessen anzusehen. *LTP ist somit Ausdruck synaptischer Plastizität.*

In Versuchen mit Mäusen wirkt sich das Eliminieren bzw. Ausschalten von Genen z. B. von *fyn* mit einer Dämpfung auf die Langzeitpotenzierung in der CA1-Region des Hippocampus und mit Beeinträchtigungen des räumlichen Lernens aus (Kandel et al. 1995).

Für die anatomische Veränderung ist nicht nur der Anstieg der Aktivität verantwortlich, sondern auch die durch synchrone Aktivität ausgelösten Veränderungen. Es kommt hiebei zu einer Ausweitung der topographischen neuronalen Repräsentation durch das Lernen (erworben) auf benachbarte Areale bzw. zu einer Reduktion, wenn diese nicht benützt werden, und schließlich zu einem Verkümmern von unbenutzten Synapsen. So dürften Phantomschmerzen auf ein „Remapping" zurückzuführen sein, eine Art Neu-Kartierung im somatosensorischen Cortex, d. h. auf eine Ausdehnung in das Nachbarfeld der ursprünglichen Repräsentation. Z. B. führt eine Hand-Amputation in der Folge zu einer Expansion der Gesichtsrepräsentation, weil Hand- und Gesichtsfeld sich auf dem Cortex in unmittelbarer Nachbarschaft befinden. Wobei die Größe der regionalen Verschiebung mit der Stärke des Phantomschmerzes korreliert ist (Elbert et al. 1994 – im Druck).

Nach Freeman ist es das *Chaos,* das das Gehirn lernfähig macht. Selbsterzeugtes Chaos ist seiner Auffassung nach ein wichtiges Funktionsprinzip des Gehirns und verhindert Starrheit. Gäbe es kein „Chaos" im Gehirn, würden neue Eindrücke nicht als neu erkannt und gelernt, sondern sie würden das neuronale Netzwerk in einen bereits gelernten Schwingungszustand fallen lassen – dies als ein Resultat aus Untersuchungen im Riechkolben von Kaninchen.

In konnektionistischen Modellen werden unterschiedliche kognitive Leistungen durch Unterschiede in der Struktur erklärt. Sie erheben damit den Anspruch, funktionelle Eigenschaften des Gehirns abzubilden. Neuronale Netzwerke leisten einen wesentlichen Beitrag zum Verständnis der Funktionsweise des Gehirns.

1.7.2.2 Synapsen als Populationen – (Edelman 1993)

Nach Edelman (1995) ist Gedächtnis unabhängig von der Form, die es annimmt, die *Fähigkeit,* „eine Leistung zu wiederholen. Die Art der Leistung hängt von der Struktur des Systems ab, in dem sich das Gedächtnis zeigt, denn das Gedächtnis ist eine Systemeigenschaft. Das Gedächtnis ist im Nervensystem auch eine dynamische Eigenschaft von Populationen neuronaler Gruppen". Während herkömmliche Gedächtnistheorien von einer Modifikation der Synapsenfunktion als deren Grundlage durch Aktivierung bestimmter Muster bedingter Veränderungen ausgehen, schlägt Edelman nun eine Modifikation im Hinblick auf das Auftreten gleichzeitiger und vielfacher synaptischer Modifikationen an verschiedenen Netzwerken vor und betrachtet somit *Synapsen als Populationen.*

Lernen erfolgt für ihn durch und über Selektion, damit sieht er das Gehirn als *selektives System. Gedächtnis* wird nach seiner Auffassung nicht mehr als Speicher (z. B. von Merkmalen), sondern als *dynamisches System* verstanden, das laufend *Neueinordnungen* in Form von Kopien vorhandener Merkmale vornimmt. Es ist dies die Fähigkeit des Gehirns zur *assoziativen Kategorisierung* und Generalisierung. Seine *Theorie der Selektion neuronaler Gruppen* geht von der Annahme aus, daß *Wahrnehmen im Kategorisieren von Wahrnehmungsinhalten besteht.*

„Unter einer neuronalen Gruppe ist eine Ansammlung von Zellen ähnlichen oder leicht variierenden Typus zu verstehen, welche untereinander stark verschaltet sind und deren dynamische Interaktion durch Erhöhung der synaptischen Effizienz noch gesteigert werden kann. [...] Variationen erfolgen durch Veränderungen erregender oder hemmender Synapsen. Es wird dabei von der Annahme ausgegangen, daß eine *neuronale Gruppe auf einen Input* mit einem charakteristischen *elektrischen Output und gleichzeitig mit einer chemischen Änderung* reagiert."

Während sich die meisten der Gedächtnistheorien auf Informationsverarbeitung beziehen und kognitiv orientiert sind, wird hier von einer engen Verknüpfung von Wahrnehmung, Kategorisierung und Gedächtnis ausgegangen, wobei Kategorisierung auf begrifflichem Niveau behandelt wird (siehe Konzept-Bildung 5.3). Voraussetzung dafür sind die Annahmen, daß das Gedächtnis auf Generalisierung und assoziativem Lernen beruht sowie daß die daran beteiligten neuronalen Formen selektiver Natur sind. Erforderlich dafür ist die *Globalkartierung* der Zusammenfassung sensorischer und motorischer Systeme. Speicherung erfolgt damit durch Veränderung der synaptischen Stärke und führt zu Verbindungen, internen Verknüpfungen neuronaler Netzwerke, die auf Merkmale reagieren.

Bestimmte Strukturen des Gehirns, nämlich Kleinhirn (zuständig für zeitlichen Ablauf und die reibungslose Folge von Bewegungen), Basalganglien (Ausführung einer Folge) und Hippocampus (Edelman bezeichnet sie als „Ablauforgane"), haben mit der zeitlichen Abstimmung zu tun und helfen das Gehirn aufzubauen.

Die massive Aktivierung der medialen temporalen Regionen (Hippocampus und Amygdala-Komplex) spielen eine Rolle in der Vermittlung des KZG und beim Aufbau des LZG, doch sprechen sie gegen eine Annahme von Edelman (1993), diese als Orte der Kategorisierung zu interpretieren. Obwohl es den Fakten entspricht, daß dem Hippocampus bei der Wahrnehmung eine Mitwirkung zukommt.

1.7.3 Die Gedächtnis-Systeme

Gedächtnis besteht aus zahlreichen Gedächtnis-Systemen, es ist – wie bereits eingangs erwähnt – nicht einheitlich. In den 50er Jahren kam Brenda Milner aufgrund von Untersuchungen an Patienten, denen der Hippocampus entfernt wurde, zu dem Ergebnis, daß die Inhalte des LZG in unterschiedlichen Regionen niedergelegt sein müßten. Das *Gedächtnis-System des medialen Temporallappens ist für die Herstellung von assoziativen Verbindungen bei deklarativem Lernen verantwortlich* (Birbaumer 1993). Das deklarative oder auch explizite Gedächtnis umfaßt episodische Informationen, wie autobiographische Ereignisse und semantische Gedächtnisinhalte, und erfordert ein waches Bewußtsein. Inhalte des deklarativen Gedächtnisses sind in den entsprechenden Cortex-Arealen (und nicht im Hippocampus, der möglicherweise nur einen kurzzeitigen Speicher für Inhalte des LZGes darstellt und Kontrollfunktionen ausübt), die mit der Wahrnehmung des Inhaltes zu tun haben, niedergelegt. Demnach ist beispielsweise das visuelle Gedächtnis im occipitalen Cortex „gespeichert". Läsionsstudien liefern Hinweise, daß das explizite Gedächtnis Informationen über das eigene Leben und Sachwissen unterschiedlich codiert. Nach Temporallappen-Verletzungen verlieren Patienten häufig die Fähigkeit, sich an persönliche Erlebnisse zu erinnern. Bei einigen von ihnen bleibt jedoch die Möglichkeit, auf ihr Wissens-Repertoire zurückgreifen zu können, erhalten. Wird – nach Herstellung einer assoziativen Verkettung – ein einzelnes Element präsentiert, führt dies zur Bildung der Gesamtheit eines Gedächtnisinhaltes. Die Gedächtnis-Psychologie versteht diese Art des Lernens als Beziehungslernen.

Im Vergleich zum deklarativen ist *prozedurales* (implizites oder nicht-deklaratives) *Lernen von der Funktion motorischer Systeme abhängig,* und aufgrund seines automatischen Ablaufs, das daher weniger von Bewußtsein begleitet ist, kommt es dabei zu einer Beteiligung subcorticaler Regionen wie Pons, Striatum und Cerebellum (Squire 1987). Das implizite Gedächtnis umfaßt Fertigkeiten, Gewohnheiten und Bewegungsfolgen sowie auch das Erlernen von Regeln, beispielsweise die Grammatik einer Sprache. Zu den Formen des impliziten Gedächtnisses zählen neben den motorischen Fertigkeiten bestimmte Fähigkeiten der Wahrnehmung. Es werden zwei Klassen impliziten Lernens unterschieden: assoziatives und nicht-assoziatives. Explizites und implizites Gedächtnis dürften demnach unterschiedlichen neuronalen Schaltkreisen angehören. Von dieser neuroanatomischen Auffassung abgesehen, vertritt Squire eine evolutionsbiologische, nämlich daß das deklarative Gedächtnis sich in der Ontogenese erst spät bildet, was mit der langsamen Entwicklung des Hippocampus korrespondieren dürfte.

Gegenwärtig werden insgesamt vier *Gedächtnis-Systeme* (Markowitsch 1996) diskutiert; zwei von diesen sind als deklarativ, die beiden anderen als nicht-deklarativ zu bezeichnen:

- das episodische oder *autobiographische Gedächtnis* für individuelle Ereignisse und Fakten,
- das Fakten-Gedächtnis oder *Wissenssystem* für Weltkenntnisse, semantisch-grammatikalische Kenntnisse,
- das *prozedurale Gedächtnis* für motorische Fertigkeiten und erlernte Handlungsabläufe,
- das *Priming* für erleichtertes Erinnern, Wiedererkennen.

Einspeichern und Konsolidieren erfolgt für das episodische und Wissens-Gedächtnis im limbischen System, Abspeichern im assoziativen Cortex und der Abruf im temporo-frontalen Cortex, allerdings für Autobiographisches rechts- und für Wissen linkshemisphärisch.

Die relevanten Strukturen für Einspeichern, Konsolidieren, Abspeichern und Abruf sind für das prozedurale Gedächtnis die Basalganglien und das Kleinhirn, und die entsprechende Struktur für das Priming bezüglich der genannten Funktionen stellt der cerebrale Cortex dar.

1.8 Neuroanatomie der Aufmerksamkeit

1.8.1 Das reticulo-thalamo-corticale Aktivierungssystem

Das reticulo-corticale System besteht aus zwei Bahnen:

- der reticulo-limbischen Bahn, die zum präfrontalen Cortex und
- der reticulo-thalamo-corticalen, die zu den sensorischen Feldern führt. Beim Ausfall des präfrontalen Endes von Bahn (1) wird diese von Bahn (2) ersetzt und ist somit nicht mit dem totalen Verlust der bewußten Tätigkeit verbunden.

1.8.2 Die Formatio reticularis (FR) des Hirnstamms

ist ein Koordinationsgebiet im Rhombencephalon. Es erstreckt sich vom Mesencephalon zur Medulla oblongata und besteht aus Anordnungen von Faserbündeln und Nuclei. Die FR kann in eine parvozelluläre und magnozelluläre Zone gegliedert werden. Die mediale, magnozelluläre Zone der FR ist das Ursprungsgebiet für auf- und absteigende Efferenzen.

Die FR besteht teils aus einem Netzwerk (reticulum – Netz) von kurzen Fasern, in dem alle Impulse der sensorischen Modalitäten zusammenlaufen. Es umfaßt zuführende, afferente und wegführende, efferente Bahnen, die motorische Funktionen beeinflussen. Aufgrund der Afferenzen und Efferenzen, die die FR erhält, kommt ihr *integrative* – den Verbindungen jedoch keine klar definierte – Funktion zu. Die Efferenzen ziehen in das gesamte Vorderhirn, wo das Fasersystem aktivierend wirkt. Durch dieses Auf und Ab an Bahnen weist die FR eine vertikal gerichtete neurophysiologische Struktur auf. Aktivierungen werden von peripheren Reizen durch die Kollateralen der spezifischen Bahnen der FR zugeführt. Die Struktur kann die Erregbarkeit sensorischer Neurone sowohl erhöhen als auch dämpfen. Aus fast allen Gehirnregionen werden Fasern zur FR geführt, besonders vom Thalamus und dem limbischen Cortex. In der medialen Zone der FR gibt es mehrere Kernkomplexe, die durch Verschaltungen spezielle und unterschiedliche Funktionen übernehmen.

Subcorticale Stimulierung der FR führt zu corticalen Erregungsänderungen, deren Auswirkungen im EEG als Desynchronisierung bezeichnet werden: Alpha-Wellen werden von schnellen, unregelmäßigen Schwankungen niedriger Amplitude, den Beta-Wellen abgelöst. Ein Vorgang, wie er auch bei einer Erhöhung des Aktivierungsniveaus zu beobachten ist. „Im Falle der phasischen (kurzdauernden) Weckreaktion splittern die Impulse aus der Formatio die thalamischen Schrittmacher auf, wodurch das Cortex-EEG desynchronisiert wird“ (Birbaumer und Schmidt 1990). Als eine Folge stellen sich Bereitschaft zur Aufnahme von Information und Orientierung ein.

Die FR und ihre Sub-Systeme sind wesentlich am Entstehen von *Bewußtsein und an der Bewußtseinsbildung* beteiligt; Verletzungen können zu Bewußtseinstrübung, oder zu Bewußtlosigkeit, auch zum Koma führen. Eines der Systeme ist Teil des NS, das mit Wachheit und Aufmerksamkeit in einem Zusammenhang steht. Bewußtsein erweist sich als komplexes Netz neuronal verschalteter Strukturen. Es wird als

1.8.3 System der aufsteigenden reticulären Aktivierung

ARAS (Alerting system) in den höher gelegenen Cortex von Lindsey und Magoun bereits 1949 beschrieben. Guttmann (1982) führt die Bedeutung der FR als „Steuersystem der Bewußtseinslage“ an. Neben der aszendierenden gibt es jedoch auch eine zum Rückenmark deszendierende reticuläre Aktivierung, die spinale motorische Funktionen regelt und z. B. die Vorder- und Hinterbeinmuskulatur aktiviert. Das ARAS ist als Kontrolle des allgemeinen Aktivitätszustandes des Neocortex zu betrachten und an Zuständen, die den Wach-Rhythmus regeln, beteiligt. Aufsteigende reticuläre Aktivierungs-Systeme stellen die anatomisch-physiologische Basis des Bewußtseins dar.

Für die *Aufmerksamkeitsprozesse* spielen vor allem die ***neurochemischen Systeme*** des reticulären Aktivierungs-Systems eine große Rolle. Diese Funktionen werden Kerngruppen zugesprochen, die durch ihre Transmitter charakterisiert sind. Dabei ist als reticuläres System die mediane Gruppe der

Raphe-Kerne anzusehen mit dem Transmitter *Serotonin*, als ***serotonerges System.*** Dieses System erhält Eingänge vom und zum limbischen System. „Seine enge rückläufige Verbindung mit dem limbischen System, dem Hippocampus und dem Neocortex weist dem medianen reticulären System eine Schlüsselrolle bei der Steuerung corticaler Prozesse bei der Verarbeitung von Sinnesreizen zu, und zwar im Kontext der im Gedächtnis niedergelegten früheren Erfahrung" (Nieuwenhuys et al. 1991 zit. nach Roth 1995). Neuronen der grauen Substanz um den Aquaeductus sind ein wesentlicher Bestandteil des reticulären Aktivierungssystems. Ein weiteres System, das sich in der lateralen FR befindet, ist der

- *Locus coeruleus* (blaue Kern) mit dem Transmitter *Noradrenalin*, als ***noradrenerges System.*** Noradrenerge Neurone feuern nur im Wachzustand. Während aktive Zellen ihre Feuerrate erhöhen bzw. beibehalten, werden benachbarte Zellen jedoch gehemmt. „Man nimmt an, daß Noradrenalin das Signal-Rauschen-Verhältnis der Gehirnregionen, in denen es freigesetzt wird, erhöht. Vermutlich führt seine Gegenwart zu einem *Zustand erhöhter Wachsamkeit*" (Posner und Raichle 1996). Noradrenalin (NA) kann auch die Arbeitsgeschwindigkeit und -effizienz eines Systems, z. B. die Mustererkennung, beeinflussen. Nach Posner und Raichle (1996) könnte NA aus dem Locus coeruleus bei folgenden Mechanismen eine Rolle spielen: „Der erste Mechanismus umfaßt die Operationen, welche die Verlagerung der Aufmerksamkeit bewerkstelligen, und der zweite moduliert die Effizienz des ersten." Im meso-cortico-limbischen System und im
- *Striatum* werden *dopamin*haltige Neuronengruppen aktiviert. Dieses ***dopaminerge System*** ist bei vielen kognitiven Funktionen involviert. Es wird auch als *Belohnungssystem* bezeichnet; dopaminerge Afferenzen stehen mit Motivationen in Verbindung. Dopamin (DA) wird für die Aufmerksamkeit selektiv-motorischer Aufgaben benötigt und ist wie Noradrenalin auch am Wachzustand beteiligt. Durch geringe Dosen von Amphetaminen können Aufmerksamkeits-Leistungen vorübergehend verbessert werden. Eine Störung des Systems führt auf die Dauer zum Verlust von Antrieb und Lust. Diese gewünschte therapeutische Wirkung bei psychotischen Zuständen wird durch den Einsatz von Neuroleptika und deren hemmender Wirkung auf dopaminerge Synapsen erzielt. Der gestörte Glutamat-Stoffwechsel wird mit Aufmerksamkeits-Störungen bei an Schizophrenie Erkrankten in Zusammenhang gebracht. (Aktivierung wird im allgemeinen mit Erregung gleichgesetzt, die Begriffe sollten jedoch geklärt und abgegrenzt werden.)
- Das ***cholinerge System*** des *basalen Vorderhirns* setzt sich aus zwei Bahnen, deren Ursprung reticulär sind, zusammen. Diese Bahnen schütten bei Reizung im Cortex den Transmitter Acetylcholin aus, um den Cortex in einen Zustand der unspezifischen Aktivierung zu versetzen. Dieser Botenstoff ist auch für die selektive Aufmerksamkeit von Wichtigkeit. Im Gegensatz dazu regeln die oben angeführten monoaminergen Systeme die phasisch-selektive Aktivierung. Das cholinerge System spielt bei hochkomplexen kognitiven Leistungen eine Rolle. Das basale Vorderhirn wird als Schaltstelle zwischen limbischem System und Neocortex angesehen. Bei der Demenz vom Alzheimer-Typ kommt es daher nicht nur zu einer Degeneration der Zellen im basalen Vorderhirn, sondern sie ist ebenfalls mit Zelluntergängen in Hippocampus und Neo-

cortex gekoppelt. Die Erkrankung stellt eine Beeinträchtigung des Bewertungs-, Gedächtnis- und Handlungssystems dar.

Weiters gibt es ein *rückwirkendes Informationssystem,* das über die *Basalganglien* läuft. Läsionen dieser Ganglien führen zu Bewußtlosigkeit und schwersten Aufmerksamkeits-Störungen, Teilausfälle in den Basalganglien (der Projektionen in der Substantia nigra zum Striatum) zur Parkinsonschen Erkrankung. Totalausfall des frontalen Cortex führt zu einer thalamischen Reizüberflutung. Einen weiteren Einfluß auf die Hirnrinde gibt es durch den nicht-spezifischen Thalamuskern, den Pulvinar, dem eine wichtige Rolle bezüglich der Aufmerksamkeits-Kontrolle obliegt.

An der *Steuerung gerichteter Aufmerksamkeit und Orientierung sind* jedoch noch weitere Systeme und Hirnstrukturen *beteiligt*: Dabei wird zwischen tonischer und physischer Aktivierung unterschieden. Tonische (anhaltende) Aktivierung stellt eine Funktion der FR dar, die phasische Aktivierung (Arousal) im Rahmen selektiver Aufmerksamkeitsprozesse eine Funktion des *Thalamus.* Der Nucleus reticularis des Thalamus ist für die selektive Aufmerksamkeit mitverantwortlich. Diese Strukturen arbeiten unter Beteiligung des *präfrontalen Cortex* als „Entscheidungsinstanz“ – der Informationen aus allen Bereichen des Neocortex erhält, zusätzlich aus dem limbischen System informiert wird – und des *parietalen Cortex* zusammen.

Von Lurija kam der erste Hinweis, daß sich die Frontallappen an der durch Instruktion herbeigeführten Aktivierung als Komponenten jenes Systems beteiligen, das die Prozesse der willkürlichen Aufmerksamkeit begleitet. Die Verbindung der Frontallappen mit der Formatio reticularis kann als morphologische und physiologische Basis ihrer Beteiligung an den höheren Formen der Aktivierung betrachtet werden.

1.8.4 Aufmerksamkeits-Netzwerke

Sich auf Aufmerksamkeit beziehende Effekte dürften nach Posner und Dehaene (1994) in einem gemeinsamen Prinzip, nämlich aufmerksamkeits-bezogener Verstärkung, zum Ausdruck kommen. Für deren Ursprünge postulieren die Autoren zwei spezialisierte Areale und bringen sie mit anatomischen Netzwerken in Verbindung:

- Das ***posteriore Aufmerksamkeits-Netzwerk*** im superioren *parietalen Cortex* interagiert mit dem *Pulvinar* des Thalamus und den *Colliculi superiores* im Mittelhirn. Es befaßt sich hauptsächlich mit der Auswahl eines Stimulus aus einer Vielzahl vorhandener Stimuli sowie mit der Umschaltung von einem Stimulus zum nächsten, also mit der Verschiebung von Aufmerksamkeit. Der Wechsel von einem Reiz zum anderen wird von Posner als Entkoppelung (disengagement) bezeichnet. Das System ist für die Aktivierung *räumlicher Position bzw. Lokalisation* zuständig in Hinblick auf Erwartungshaltungen. Dieses Netzwerk wird auch als ***Orientierungs****-Netzwerk* bezeichnet, das drei Funktionen zur Ausführung bringt. Der *Schaltkreis der visuellen Orientierung,* der aus verschiedenen anatomischen Arealen beruht, beginnt mit dem *1. (Los-)Lösen* der Aufmerksamkeit im hinteren Parietallappen; wird fortgesetzt *2.* mit dem *Verschieben* der Aufmerksamkeit zu einem anderen Ort – erfolgt im Colliculus superior und endet *3.* mit dem *Verstärken und Ankoppeln* der Aufmerksamkeit im Pulvinar.

• Das ***anteriore Aufmerksamkeits-Netzwerk*** im präfrontalen Cortex interagiert mit den vorderen Anteilen des *Gyrus cinguli* allein und zusammen mit den *Basalganglien.* Diesem System kommt somit eher ausführende Funktion zu, „attention for action", weshalb es auch als ***exekutives*** *Netzwerk* bezeichnet wird. Es ist in komplexe Aufgaben involviert, vor allem sobald die Aufmerksamkeit auf eine neue Position gelenkt wird und visuelle Inhalte übertragen werden. Das Netzwerk ist für die Auswahl bestimmter visueller Objekte – Detektion – zuständig, wenn die Anweisungen sich auf Eigenschaften dieses Objektes beziehen. Weiters ist es für die *Aktivierung von Farbe, Form* oder *Bewegungen* notwendig. Von Shallice (1988) wird das System als „supervisory attentional system" angesehen.

Außer der Aufmerksamkeit enthält der Gyrus cinguli des Affengehirns weitere exekutive Regionen, um die Entdeckung eines bedeutsamen Ereignisses anzuzeigen, wie Schmerz, emotionale Lautäußerungen und motorische Reaktionen (Posner und Raichle 1996). Dieses exekutive Aufmerksamkeits-Netzwerk hat mehrere Funktionen. Neben der Verarbeitung visueller Merkmale und visueller Orientierung kontrolliert es auch das Arbeits-Gedächtnis. Verbindungen vom vorderen Gyrus cinguli mit dem lateralen präfrontalen Cortex und dem posterior parietalen Cortex lassen darauf schließen, daß das exekutive Netzwerk sowohl visuelle räumliche Verarbeitung als auch semantische Verarbeitung beeinflussen kann. Der Defekt im exekutiven Aufmerksamkeits-System – als ein Ergebnis von abnormen DA-Mengen – könnte Symptome der Schizophrenie erklären.

Posner und Raichle (1996) fassen fünf Punkte zusammen, die die subjektive Wahrnehmung mit einer Aktivierung des exekutiven Aufmerksamkeits-Systems (EA) in Verbindung bringen:

1. Das exekutive Netzwerk zeigt bei semantischen Aufgaben stärkere Aktivierung, je größer die Zahl der Zielobjekte ist. Je größer der Übungseffekt jedoch für diese Aufgaben ist, um so geringer wird die Aktivität. Mit zunehmender Praxis bzw. Automatisierung nehmen Aufmerksamkeit und Anstrengung ab.
2. Teile des exekutiven Netzwerks scheinen aktiv zu sein, wenn die Versuchsperson gleichzeitig mehrere Attribute eines Zielobjekts, etwa Farbe, Form, Bewegung oder Semantik, bewerten muß.
3. Das exekutive Netzwerk wird aktiviert, wenn die Versuchspersonen passiv Wörter hören, nicht aber, wenn sie diese Wörter sehen.
4. Das EA ist aktiver bei Versuchen mit Stroop-Aufgaben, die im Verarbeiten eines gewissen Konflikts bestehen.
5. Zwischen vorderem Aufmerksamkeits-System und Bewußtsein besteht eine Beziehung.

Von ihren Funktionen her werden für selektive Aufmerksamkeit *drei* wesentliche Netzwerke unterschieden. Die Funktionen sind (1) visuelle Ordnung, (2) das Aufspüren von Ereignissen und (3) das Aufrechterhalten eines Zustandes der Wachsamkeit. Das dafür zuständige Netzwerk wird als

Wachsamkeits-*Netzwerk* postuliert, das *Regionen in Frontal- und Parietallappen*

betrifft, allerdings auf die *rechte Hemisphäre* beschränkt ist. Anatomisch ist dabei der Locus coeruleus eng mit dem PL verknüpft.

Der *Pulvinar,* ein Kern im Thalamus, ist neben dem Nucleus reticularis an visueller Aufmerksamkeit in Verbindung mit dem posterioren parietalen Cortex beteiligt. Er steht auch mit dem präfrontalen Cortex in Verbindung. Wenn die Zellen im Pulvinar feuern, setzen sich die Erregungen bis in die striären und extrastriären Regionen des visuellen Cortex fort. Die Auswirkung der beiden Systeme besteht in ihrer relativen Aktivitätsverstärkung und -ausweitung innerhalb der corticalen Gebiete, die für eine bestimmte Aufgabe relevant sind. Das für die Aufmerksamkeit relevante System im *Mittelhirn mit den Colliculi superiores* ist nach Posner und Raichle (1996) vermutlich Teil eines größeren Systems, das die für Neuorientierung der Aufmerksamkeit notwendigen Operationen durchführt.

Die Aktivität des PP wird bei Aufmerksamkeitszuwendung erhöht. „Richtet ein Tier seine Augen auf einen Gegenstand, um ihn näher zu untersuchen, feuern auch Zellen in anderen Hirnarealen stärker, die in die visuell-motorische Koordination einbezogen sind (im Colliculus superior und im primären visuellen Cortex). Die Aufmerksamkeit erhöht also selektiv die Aktivität von Zellen in einer Reihe von Cortexregionen, welche für die Verarbeitung von visuellen Informationen verantwortlich sind, die mit Bewegungen zusammenhängen" (Kandel et al. 1995). *Augenbewegungen,* die häufig mit Kopfbewegungen einhergehen, und zwar nicht nur bei Tieren, *stellen eine Form der visuellen Aufmerksamkeit dar.*

Im Schläfenlappen des Menschen konnte eine visuelle Region gefunden werden – ähnlich V5 oder MT in Versuchen mit Affen –, die eine starke Selektivität bewegten Objekten gegenüber aufwies. Als resistent gegenüber aufmerksamkeits-bezogenen Veränderungen erwies sich allerdings die primäre Sehrinde. Jedoch ließ sich auch zeigen, daß die relative Verstärkung bearbeiteter Stimuli möglicherweise in der Unterdrückung jener Aktivitäten bestehen, die durch nicht bearbeitete Stimuli hervorgerufen werden. Die Annahme, daß kognitive Effekte – wie Aufmerksamkeit – die Antworten von IT- und V4-Zellen beeinflussen und daß sie keine Wirkung auf V1-Zellen hätten, wurde in Untersuchungen von Kuniyoshi Sakai und Yasushi Miyashita (1994) widerlegt, in welchen sich deutlich *neuronale Korrelate der fokalen Aufmerksamkeit in V1-, V2- und V4-Zellen* zeigten. Bemerkenswert allerdings ist, daß diese merkmals-selektiven Effekte bei V1-Zellen geringer bzw. weniger gut sichtbar sind als bei V4-Zellen.

Diese Ergebnisse scheinen mit einer Hypothese von Crick (zit. nach Posner und Raichle 1996) in Einklang zu stehen. Diese besagt, daß der *Pulvinar* des Thalamus eine *Filterfunktion für irrelevante Reize* haben dürfte, wobei *hervorgehobene Informationen vom Thalamus verstärkt und nur diese in den extrastriären Regionen* (z. B. in V4) *weiterverarbeitet* werden.

Aus Ergebnissen von PET-Untersuchungen an gesunden Probanden geht hervor, daß parietale Gebiete Anteil am Vorgang der räumlichen Aufmerksamkeits-Umschaltung haben. Ebenso unterstützen diese Untersuchungen auch die klinische Beobachtung, daß die Aufmerksamkeits-Funktionen der beiden *Hemisphären nicht symmetrisch* sind. Der obere Anteil des Parietallappens der rechten Hemisphäre zeigt einen Anstieg der Durchblutung bei einem Wechsel der Aufmerksamkeit in beiden visuellen Feldern. Der linke Anteil hingegen reagiert nur auf Umschaltungen im rechten Sehfeld. Diese Befunde stellen eine mögliche Erklärung für das Phänomen dar, daß Läsionen in der rechten Hemisphäre größere Aufmerksamkeits-Defizite verursachen als solche in der linken. Im präfrontalen Bereich kommt es bei einem Wechsel der Aufmerksamkeit ebenfalls zu einem Durchblutungsanstieg. Dies bestätigt die *Bedeutung der Parietal- und Präfrontallappen* als Regionen, die *multisensorische Vergleiche* anstellen und durchführen.

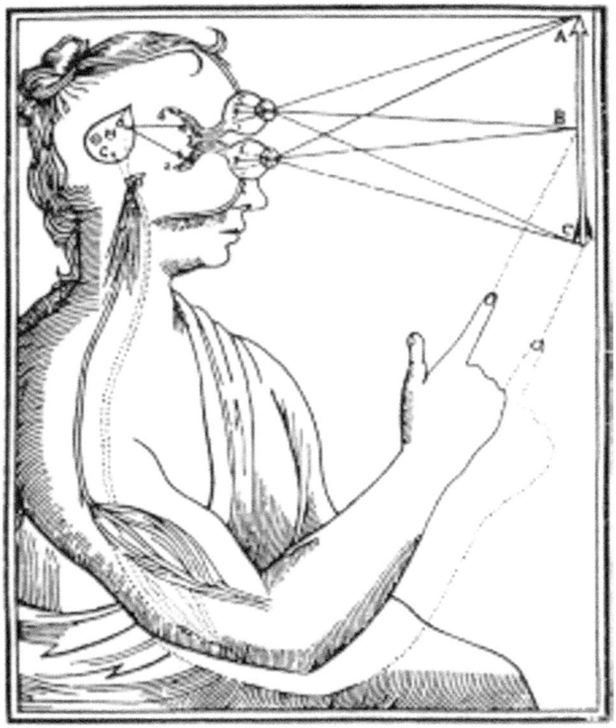

Abb. 6. Zeichnung aus dem „Traktat über den Menschen" von Descartes

2. Neuropsychologie der Vorstellung

2.1 Imagery – Bildliche Vorstellung und visuelle Repräsentation

Finkes (1989) Definition des Begriffs lautet folgendermaßen: „Mental imagery is defined as the mental invention or recreation of an experience that at least in some respects resembles the experience of actually perceiving an object or event, either in conjunction with, or in the absence of, direct *sensory* stimulation."

Diese Definition betrifft nicht eine bestimmte Sinnesmodalität und stellt keine Anforderung an die Art des sensorischen Reizes. Die vorliegende Arbeit jedoch bezieht sich ausschließlich auf das Bildhafte einer Erfahrung und beschränkt sich auf das visuelle System. Visuelles Vorstellungsvermögen beschreibt die Fähigkeit des Gehirns, Bilder aus dem Gedächtnis abzurufen und diese im KZG aufrechtzuerhalten. In dieser Arbeit ist Imagery ausschließlich visuell, und nicht sprachlich, evoziert. Beim Vorstellen findet sich der Gegenstand der Vorstellung nicht in der Umgebung – er ist abwesend, d. h. nicht präsent. Aus diesem Grund gibt es auch keine retinalen Repräsentationen des Vorgestellten. Ja, es werden sogar Zweifel angemeldet bezüglich der Existenz von Vorstellungen. Im Zusammenhang mit diesem Phänomen gibt es eine Anzahl von Kontroversen (siehe Imagery-Debatte 3.2.1.3). Bezüglich der möglichen Operationen von Imagery werden zwei Arten unterschieden: „holding operations" und „transformations operations. The holding function requires the formation of images, with stability and vividness as important imagery aspects. The transformation function concerns image manipulations involving subtraction or addition of information compared to what is given in the stimulus materials [...] In context of *attention and short-term memory holding operations* are of great importance [...] In the coding of information for *long-term storage transformation operations* are likely to be used" (Helstrup 1988). Die Fähigkeit, Bilder erstehen zu lassen, sie zu manipulieren, ist ein zentraler Punkt beim non-verbalen Denken und Problemlösen. Zur Erzeugung und Nutzung von Vorstellungen werden von VPn unterschiedliche Teilfunktionen eingesetzt. Da jedoch bei jeder Anforderung immer mehrere Komponente gleichzeitig eingesetzt werden und beteiligt sind, wird die Analyse einer Komponente erschwert. „Es liegt mittlerweile ausreichend Evidenz vor, daß die Flexibilität in der Nutzung von Vorstellungen als ein mehrdimensionales Phänomen sowohl durch die Kompetenz der Probanden als auch durch die Aufgabensituation bestimmt wird" (Hagendorf 1995).

Entwicklungsgeschichtlich betrachtet, geht im Laufe der Entwicklung der Wahrnehmung die Vorstellung dem verbalen analytischen Denken voraus (Piaget und Inhelder 1979). Die Geschichte der Wissenschaft dokumentiert viele Beispiele für die wichtige Rolle der Vorstellung in der wissenschaftlichen Kreativität.

Aus der Aufarbeitung neuropsychologischer Ergebnisse von Farah (1984) kann als wesentliche Erkenntnis gelten, daß das *Generieren einer Vorstellung* eine *Teilkomponente* darstellt und, als ein entsprechendes *Sub-System, linkshemisphärisch zu lokalisieren ist.* Nach Farah (1989) beziehen sich neuropsychologische Daten auf folgende *Themenschwerpunkte* und bieten entsprechende Informationen. Gleichzeitig jedoch stellen sie oft das Ergebnis der Kontroversen in den kognitiven Wissenschaften dar:

2.1.1 Die Beziehung zwischen Vorstellung und Wahrnehmung
2.1.2 Repräsentation und ihre neurale Basis
2.1.3 Cerebrale Lokalisation der Vorstellung
2.1.4 Lateralisierung verschiedener Komponenten des Vorstellungsprozesses
2.1.5 Transformation von Vorstellungen
2.1.6 Die interne Struktur des Vorstellungs-Systems

ad 2.1.1 Zur Beziehung zwischen Vorstellung und Wahrnehmung

Nach dem neuropsychologischen Modell der Vorstellung wird die Behauptung aufgestellt, daß Vorstellen, nämlich die Aktivierung von Repräsentationen durch höhere kognitive Prozesse, ein Vorgang ist, der durch „Top-down"-Systeme gesteuert wird und intern – in Abwesenheit eines visuellen Reizes – von einer Versuchsperson erzeugt wird. Während Wahrnehmen, wie das Sehen eines Objekts, infolge einer Stimulierung abläuft und „Bottom-up"-Charakter hat: Der Weg, den die visuelle Information nimmt, geht von der Peripherie zum Cortex; bei der Vorstellung läuft die Information in die umgekehrte Richtung und verweist damit auf eine „Top-down"-Bildung. Das bei der visuellen Wahrnehmung registrierte Bild wird als Percept bezeichnet (siehe Konzept zur visuellen Vorstellung 3.9).

ad 2.1.2 Repräsentation

Entspricht der Vorstellung ein bestimmtes Modul im Gehirn? Sind die Vorgänge zur Bildung von Vorstellungen von kognitiven Prozessen zur Bildung unanschaulicher (verbaler) Gedanken separiert? Die Begründung, daß non-verbales und verbales Denken unterschiedlich ist, versuchte Paivio (1971) objektiv zu erbringen. Dieser Beweis wurde jedoch von einigen Psychologen auf unterschiedliche Art und Weise interpretiert (siehe Vorstellungs-Theorien 3.3).

Die neurale Basis von Wahrnehmung und Vorstellung betrifft die Frage, ob diese Vorgänge zumindest teilweise gleiche oder unterschiedliche kognitive Mechanismen beanspruchen, woraus mögliche Überlappungen in den Abläufen resultieren. Diese Art der Betrachtung löste innerhalb der kognitiven Psychologie heftige Debatten aus; einige Forscher stellten dabei die empirische Basis für die Aussage, daß die Vorstellung Repräsentationen der Objekte mit dem visuellen System teilt, in Frage (siehe Pylyshyn 1973 – 3.3.2).

ad 2.1.3 Die cerebrale Lokalisation der Vorstellung

- Das betrifft die Beobachtung, *welche Regionen des Gehirns am Generieren von Vorstellungen beteiligt sind,* und schließt die Suche nach

ad 2.1.4 der Hemisphären-Beteiligung

sowie nach Hinweisen auf Spezialisierung und Lateralisierung mit ein, ergänzt durch die Frage, ob verschiedenen Komponenten der Vorstellung verschiedene neuronale Substrate zugrunde liegen.

ad 2.1.5 Vorstellungs-Transformationen

Hier geht es vor allem um die räumlichen Aspekte von Vorstellungen.

ad 2.1.6 Zur internen Struktur des Vorstellung-Systems

In Anlehnung an die Sub-Komponenten der Sprachverarbeitung, die mit verschiedenen neuralen Substraten in Beziehung stehen, scheint es möglich, Sub-Komponenten für die Verarbeitung von Vorstellungen und einer damit verbundenen internen Struktur zu postulieren.

2.1.1 Visuelles Wahrnehmen und bildliches Vorstellen

Die Beziehung zwischen visuellem Wahrnehmen und Vorstellen

Obwohl zwischen dem Vorstellen und dem Wahrnehmen Beziehungen bestehen, sind diese nicht völlig geklärt. Von Intons-Peterson und Mc Daniel (1991) werden theoretische Positionen zur Beziehung von Wahrnehmung und Vorstellung erfaßt: und zwar Gruppen, die (1) funktionale, die (2) strukturelle Entsprechungen in den zugrundeliegenden Repräsentationen oder (3) in Wechselwirkungen zwischen Wahrnehmungs- und Vorstellungsprozessen betrachten. Die Struktur von Vorstellungsbildern entspricht wahrgenommenen Objekten insofern, als sie zusammenhängend und gut organisiert ist, jedoch umorganisiert und -interpretiert werden können. „Da visuell-räumliche Repräsentationen als Simulation von Wahrnehmungserlebnissen begriffen werden, geben sie die Kontinuität von Bewegungen und Zeit in der physikalischen Welt wieder“ (Seel 1991 zit. nach Hagendorf 1995).

Ausgehend von einer Ähnlichkeit – der *Äquivalenz* zwischen Wahrnehmen und Vorstellen *„perceptual equivalence“* (nach Finke 1989) stellt sich die Frage nach dem Ausmaß des Zusammenhanges zwischen beiden Phänomenen, bzw. auch nach ihrer *Unterscheidbarkeit.* Zur Äquivalenz postulieren Finke (1987) und seine Mitarbeiter ein die Wahrnehmung unterstützendes Vorstellungs-Modell unter der Voraussetzung *gemeinsamer* neuronaler Mechanismen des visuellen Systems für Vorstellen und Wahrnehmen; diese Position ist als funktionale Äquivalenz zu verstehen. Dagegen ist allerdings kritisch einzuwenden, daß die Gemeinsamkeit nicht ausschließlich, sondern nur partiell und eingeschränkt sein kann, da retinale und präcorticale Verarbeitung für das Wahrnehmen, jedoch nicht für das Vorstellen gilt.

Verschiedene experimentelle Ergebnisse deuten darauf hin, daß es zu einer Vermischung von Vorstellung und realer Wahrnehmung kommen kann und daß beiden Phänomenen (teils) gleiche kognitive Phänomene zugrunde liegen: Perky (1910) führte ein Experiment durch, in dem die VPn über Vorstellungen berichteten, obwohl ihnen projizierte Gegenstände präsentiert wurden – *Perky-Effekt.*

In einer umfassenden experimentellen Untersuchung von Bagnara et al. (1988) wurde die Hypothese geprüft, ob visuelle Vorstellungen und Wahrnehmungs-Repräsentationen äquivalente strukturelle Eigenschaften aufzuweisen hätten bzw. äquivalente Vergleichsprozesse durchmachten. Die Resultate der Studie besagen, daß die *Beziehungen* zwischen wahrgenommenen Objekten *wirklichkeitsgetreu* abgebildet werden. (Während bei funktionaler Äquivalenz unter der Voraussetzung ähnlicher Funktionsweisen von Wahrnehmungs- und Vorstellungsprozessen diese nur teilweise abgebildet werden.) Sie unterstützen somit die Hypothese der *Struktur-Äquivalenz von Vorstellungen und Wahrnehmungen* bezüglich ihrer Eigenschaften und der ähnlich ausführenden Verarbeitung.

Eine Frage betrifft weitere *visuelle Eigenschaften von Vorstellungen.* In der Kognitionspsychologie gibt es zwei Zugänge, diese Fragestellungen zu beantworten:

(1) Durch den Nachweis selektiver *Interferenzen* zwischen visueller Vorstellung und Wahrnehmung:

• Einflüsse von Vorstellungen auf Wahrnehmungsprozesse. Etliche Experimente der Signalentdeckung sprechen dafür, daß visuelles Wahrnehmen durch bildhaftes Vorstellen erleichtert und unterstützt wird. Vorstellung wird damit gleichsam zur *Übung* eingesetzt. Verbesserung der Wahrnehmungsleistung durch Vorstellungen bezüglich der Genauigkeit der Wahrnehmungen wies Farah (1985) nach; bezüglich der Reaktionszeiten gibt es Studien von Frey und Finke (1984).

• Einflüsse von Wahrnehmungs- auf Vorstellungsprozesse demonstriert an Distraktoraufgaben (Brooks 1967 und Steiner 1980). Aufgrund gemeinsamer kognitiver Mechanismen kommt es zu *Beeinträchtigungen;* diese bedeuten, daß bei Modalitäts-Kongruenz dieselben Bearbeitungsressourcen beansprucht werden. Die Unterschiede laufen auf der Ebene des Gedächtnisses wie auch auf der Ebene der visuellen Perception ab. Detaillierte Darstellungen finden sich bei Jirasko (1985).

(2) Durch den Nachweis von *Analogien* bei Vorgängen des Vorstellens und Wahrnehmens: Sie beruhen auf der Begründung gemeinsamer Prozesse der kognitiven Verarbeitung von Wahrnehmen und Vorstellen. Nach Finke (1989) stellt der Nachweis das Prinzip „of *transformational equivalence*" dar, wobei auch die räumliche Information, *„spatial equivalence"*, gewahrt werden soll. „Mit der Annahme analoger Repräsentationen können für den visuell-räumlichen Bereich sehr elegant strukturelle Eigenschaften von mentalen Vorstellungen erklärt werden, wie sie sich in der Erhaltung zwei- und dreidimensionaler Distanzen, in einem spezifischen Auflösungsgrad und in einer maximalen Größe sowie in der schnelleren Verfügbarkeit räumlich weniger entfernter Informationen zeigen" (Lüer et al. 1995). Die räumliche Anordnung eines Vorstellungsbildes entspricht der von Objekten im physikalischen Raum. Mit dem Prinzip der Transformation können somit vergleichbare Eigenschaften erfaßt werden. Die wichtigste Gruppe von Experimenten stellen daher solche der *Transformation* dar: Rotations-

experimente im Raum und in der Ebene, mentale Faltexperimente, Experimente zum Image-scanning (Distanzeffekt), zum Zooming-in, etc. In all diesen Experimenten werden in der Vorstellung Prozesse vorgenommen, die tatsächlichen Handlungen am realen Objekt analog sind. Für die meisten Ansätze der Imagery-Forschung gelten analoge Repräsentationen als verarbeitungsspezifisch. Transformationen dürften auf einem Zusammenwirken zweier Systeme beruhen: dem System des bildhaften Vorstellens mit dem der Sensu-Motorik. Dies wird durch Versuche mit Blinden belegt (Millar 1990).

Zum Unterschied zwischen Wahrnehmen und Vorstellen ist beispielsweise anzuführen, daß vorstellungsmäßige Rotationen mehr Zeit als der Vergleich sichtbarer Objekte beanspruchen (Shepard und Cooper 1982). Das bedeutet, daß die Zeiten für Vorstellungen länger sind als solche für den Aufbau einer wahrnehmungsgebundenen Repräsentation. Insgesamt ist zu bemerken, daß Unterschiede eher bei der Anwendung bekannten als unbekannten Materials in Erscheinung treten dürften. Dies ist vermutlich auf eine Aktivierung des LZG zurückzuführen. Vorstellungen werden durch verbal-begriffliches Wissen mitbestimmt, sie sind daher kognitiv keine abgeschlossenen Einheiten.

Weitere Eigenschaften von Vorstellungsbildern:
- Sie können variierende Informationen repräsentieren.
- Sie sind komplex und können in einzelne Bestandteile untergliedert werden.
- Sie sind formbarer und flüchtiger als Bilder.
- Sie haben temporären Charakter.

Siehe dazu auch Vorstellungsdefinitionen unter 3.3.11.

Vorstellungsbilder stellen keine exakten Abbilder von Gegenständen, Objekten, Szenen etc. dar.

2.1.2 Repräsentationen – die Basis der Vorstellungen
(siehe auch Begriffserklärung 3.2)

„Does mental imagery involve the activation of representations in the visual system?“ (Farah 1988). Zur cerebralen Organisation des visuellen Vorstellungsvermögens gibt es im allgemeinen drei Hypothesen:

2.1.2.1 Die beiden Systeme der visuellen Vorstellung und der Wahrnehmung haben einen gemeinsamen Verarbeitungsort, d. h. die Verarbeitung findet in *geteilten* Systemen statt.

2.1.2.2 Die beiden Systeme der visuellen Vorstellung und der visuellen Wahrnehmung haben keinen gemeinsamen Verarbeitungsort, d. h. die Verarbeitung findet in *getrennten* Systemen statt.

2.1.2.3 Das visuelle *Vorstellungs-System* ist dem System der visuellen Wahrnehmung untergeordnet, d. h. daß es eine *Untereinheit (vs. Einheit)* des Wahrnehmungs-Systems darstellt.

Ein Thema der Auseinandersetzung in den Neurowissenschaften betrifft die Frage nach *Mitbeteiligung oder Unabhängigkeit der primären Sehregionen* bei einem Vorgang wie dem des *visuellen Vorstellens* bzw. die Frage nach ausschließlicher Abhängigkeit von extrastriären oder hierarchisch höheren visuellen Arealen. Diese Problematik stellt sich im Zusammenhang mit einer weiteren Frage nach einer möglichen gemeinsamen neuralen Basis für Wahrnehmen und Vorstellen.

Der visuelle Cortex ist ein modalitäts-spezifisches Wahrnehmungsgebiet und wird klassischerweise nicht als für die Kognition maßgebend betrachtet (Mesulam 1985). Zu einer Revision dieser Ansicht ruft Farah (1992) mit ihrer Studie über den „Sehwinkel" beim Vorstellen vor und nach einer einseitig occipitalen Lobektomie auf, in der sie der Hypothese nachgeht, ob Vorstellen in einem räumlich-dargestellten (analogen) Repräsentationsmedium entsteht, das vom *occipitalen* Cortex abhängig ist. „The visual representational medium of occipital cortex appears to play a dual role, supporting perceptual representations of stimuli during perception and mental images of absent stimuli during cognition" (Farah 1992). Die Auseinandersetzung mit dem Phänomen des visuellen Vorstellens scheint angetan zu sein, Kontroversen auszulösen (siehe auch Imagery-Debatte 3.2.1.3) und Kosslyn („Auf der Suche nach occipitaler Aktivierung", 1994).

Aufgrund experimenteller Ergebnisse an Menschen und Primaten repräsentieren nach Roland und Gulyas (1994) multiple Rindenfelder im parieto- und temporo-occipitalen Bereich Vorstellungen. Bezüglich zweier Punkte zeigten ihre Ergebnisse bemerkenswerte Konsistenz:

(1) Areale, die von den primären visuellen Regionen weit entfernt und die in parieto-occipitalen und temporo-occipitalen Regionen des Gehirns liegen, werden beim Vorgang des Vorstellens auffallend aktiv. Diese Gebiete sind mit hoher Wahrscheinlichkeit visuelle Assoziations-Areale, die beim Verarbeiten der visuellen Information aktiviert werden. Regionen, die während des Vorstellungsvollzugs aktiv werden, sind als Untereinheiten jener Gebiete aufzufassen, die mit der Wahrnehmung beim Sehen befaßt sind. Das bedeutet, daß das *Vorstellungs-System eine Untereinheit des Wahrnehmungs-Systems* darstellt.

(2) Beim Bearbeiten von Mustern in der Vorstellung werden multiple Rindenfelder unterschiedlicher Lokalisation innerhalb dieser parieto-occipitalen und temporo-occipitalen Gebiete gleichzeitig aktiv. Es wird davon ausgegangen, daß die aktivierten Felder zur Generierung visueller Vorstellungen zueinander in Beziehung stehen. Nach Auffassung der Autoren läßt sich der *Unterschied* im Mechanismus zur Generierung visueller Vorstellungen und visueller Wahrnehmungen in der unterschiedlichen *Aktivierung präfrontaler und occipitaler Cortex-Regionen* zeigen. Demnach finden sich die Gebiete zur Repräsentation visueller Muster in parieto-occipitalen und temporo-occipitalen Assoziationsgebieten.

Die zusammengefaßten Ergebnisse des Autorenteams Roland und Gulyas besagen, daß *visuelle Vorstellungen ausschließlich im sekundären* – und *nicht im primären – visuellen Cortex* repräsentiert, gespeichert und abgerufen werden. Visuell repräsentierende Netzwerke sind non-retinotopisch organisiert. Im Gegensatz dazu vertritt Kosslyn (1994) die Auffassung, daß die beiden *Systeme der Vorstellung und Wahrnehmung eine*

Einheit bilden, weshalb sie ein Makro-Netzwerk von miteinander in Verbindung stehenden corticalen visuellen Feldern annehmen. Diese sind in *parieto- und temporo-occipitalen Assoziations-Arealen lokalisiert.* Diese Auffassung stimmt mit der Annahme überein, daß visuellen Vorstellungen dieselben neuralen Mechanismen bezüglich des Gedächtnisabrufes wie dem Sehvorgang zugrunde liegen. Daraus läßt sich schließen, daß Verbindungen der neuronalen Netzwerke von temporalen und parietalen Assoziations-Arealen bestehen müßten. Weiters läßt sich folgern, daß visuelle Repräsentationen räumlich verteilt sind und mehrere neuronale Netzwerke, die makroskopisch in Feldern des Cortex organisiert sind, einschließen. (Eine Erklärung für dieses Ergebnis könnte darin liegen, daß die VPn sich bei Durchführung der gestellten Aufgaben nicht der visuellen Vorstellungsfähigkeit bedienten.)

2.1.2.1 Identität der neuralen Basis von Wahrnehmung und Vorstellung?

Gibt es Evidenz für die These, daß Vorstellen und Wahrnehmen teils gleichen neuronalen Prozessen zugrunde liegen, daß sie einander aufgrund gemeinsamer Komponenten in der kognitiven Verarbeitung wechselwirkend an einem gemeinsamen Ort der Wirksamkeit beeinflussen? Daß also eine funktionale Beziehung zwischen bildhaftem Vorstellen und visuellem Wahrnehmen besteht? Konkurrieren die beiden Operationen Wahrnehmen und Vorstellen um denselben internen Mechanismus? *Für ein gemeinsames neurales Substrat* von Vorstellung und Wahrnehmung sprechen folgende Untersuchungen:

Farah et al. (1988) wählten einen Zugang, um „Vorstellungen" mittels ERP-Methoden (event related potentials) zu lokalisieren. Ausgegangen wird von dem Postulat, daß Vorstellen in einem engen Zusammenhang mit der Reizrepräsentation steht und im visuellen System repräsentiert wird und damit Veränderungen des visuell evozierten Potentials verursacht. Die Argumentation, daß der Vorstellungs- und der durch den Reiz ausgelöste Wahrnehmungsprozeß einander gegenseitig an einem gemeinsamen Ort der Wirksamkeit beeinflussen können, wird vorausgesetzt. Zum Auftreten der Interaktion werden zwei Hypothesen aufgestellt: 1. Vorstellung teilt modalitätsspezifische Repräsentationen mit dem visuellen System (die geteilten Reizdarbietungsanteile sind visuell). Dies liegt dann vor, wenn bildhaftes Vorstellen die Reizverarbeitung zu früh beeinflußt. 2. Vorstellung teilt eher abstrakte, amodale Reizpräsentationen, es werden jedoch einige der räumlichen Charakteristika der visuellen Repräsentationen erhalten. Dies liegt dann vor, wenn bildhaftes Vorstellen die Reizverarbeitung zu spät beeinträchtigt. Die Überprüfung dieser beiden Hypothesen erfolgt durch ein Vorstellungs-Wahrnehmungs-Interaktionsexperiment. Methode: ERPs wurden registriert, während die VPn sich Buchstaben vorstellen sollten. Resultat: Die stärkste Interferenz ergab sich bei Identität von Vorstellung und Reizdarbietung, und zwar innerhalb der ersten 200 ms der Reizverarbeitung über *occipitalen und temporalen Regionen* des Gehirns. Der Akt, Vorstellungen zu generieren, zeigt wahrnehmbare Auswirkungen auf ERP.

Die Ergebnisse stützen somit die Theorie der *Interferenz von Vorstellung und*

Wahrnehmung im visuellen System. Das bedeutet, daß beide Systeme einige Komponenten der Verarbeitung an einem genau definierten Ort, wo der Inhalt des Bildes und des Reizes repräsentiert wird, miteinander teilen. Die Topographie und der frühe zeitliche Verlauf der Interaktion legen nahe, daß die Vorstellung im Bereich der Reizrepräsentation als dem eigentlich visuellen System Eintritt findet und von da an vorgestellte Bilder selbst visuelle Repräsentationen darstellen.

Bei der Untersuchung von Goldenberg et al. (1988, 1992) wurden die Muster der regionalen cerebralen Durchblutung (rCBF) unter zwei Bedingungen – visueller und nicht-visueller Vorstellung – miteinander verglichen. Während die „vorzustellende" Antwort zu einem signifikant stärkeren occipitalen Anstieg führte, war dies unter der „nicht-vorzustellenden" Antwort nicht der Fall. Die Ergebnisse der Analyse der beiden Varianten weisen auf occipitale Aktivität; zusätzliche Aktivität in posterior temporalen und parietalen visuellen Verarbeitungsgebieten, jedoch nur unter der „vorzustellenden" Bedingung hin.

Nach einer PET-Studie von Kosslyn (1988) zur visuellen Vorstellung erweisen sich die Aktivierungsmuster beim Vorstellen denen beim Wahrnehmen als ähnlich. Ein Beweis dafür, daß die am Erzeugen einer bildlichen Vorstellung und der an einem Percept beteiligten Regionen des Gehirns im wesentlichen ident sind.

Zusammenfassend läßt sich mit Goldenberg (1988), Kosslyn (1988) und Farah (1989) feststellen, daß *Vorstellungen* die Beteiligung von *occipitalen, temporalen und parietalen Cortex-Arealen* implizieren; es werden dabei dieselben Areale, die auch für visuelle *Wahrnehmungen* zuständig sind, aktiviert. Die Untersuchungen sprechen somit dafür, daß etliche an der Erzeugung eines Bildes in der Vorstellung beteiligten neuronalen Systeme auch für die Wahrnehmung tatsächlich vorhandener Objekte einfach notwendig sind (siehe dazu auch Goldenberg et al. unter Vorstellungs-Lateralisierung 2.1.4). So zeigt sich etwa, daß Beeinträchtigungen in der Farb-Wahrnehmung vergleichbare Defekte der Farb-Vorstellungen mit sich bringen (De Vreese 1991 und Farah 1989). Auf dieser Grundlage stellt Parkin (1996) die Frage, ob Vorstellungen den ebenfalls in diesen Regionen verarbeiteten Wahrnehmungen vergleichbare Eigenschaften aufweisen. „Dies wäre sicher eine mögliche Interpretation, allerdings kann man genauso gut annehmen, daß diese Aktivation den epiphänomenalen Aspekten mentaler Vorstellungen entspricht." Er sieht sie eher als ein Anzeichen für die Konsequenz der Durchführung einer vorstellungsbezogenen Aufgabe „als ein Hinweis darauf, daß die visuellen Regionen des Gehirns die neuronalen Substrate jener Prozesse sind, die zu den Antworten bei den vorstellungsbezogenen Aufgaben führen".

Die vorliegenden Ergebnisse, nämlich daß diese Regionen durch gezielte Aufmerksamkeit aktiviert werden, stimmen mit Auffassungen von Ryle (1949) und Neisser (1976) überein, die Vorstellen als einen Zustand der Aufmerksamkeit deklarieren. Dabei scheint der aktivierte Bereich größer als bei passiver Wahrnehmung eines Objektes zu sein (vgl. auch Posner und Raichle 1995).

Elektrophysiologische Untersuchungen stehen in Konsens mit Resultaten solch einer unterschiedlichen Methode, wie sie die regionale Hirndurchblutung (siehe Hemisphären-Spezialisierung: SPECT-Untersuchungen von Goldenberg et al. 1987 und Roland und Friberg 1985) bezüglich des gemeinsamen neuralen Substrats von Vorstellung und Wahrnehmung bei normalen VPn darstellt. Diese Resultalte werden zusätzlich durch Befunde aus der Neuropsychologie mit Daten von Patienten, die selektive Defizite von Vorstellungen parallel zu Wahrnehmungen aufweisen, bekräftigt und bestätigt.

2.1.3 Vorstellungs-Lokalisation

2.1.3.1 Vorstellungs-Generierung

Nach Farah (1989) lassen sich Vorstellungen als Reaktivierungen von Wahrnehmungs-Repräsentationen interpretieren. Das heißt, daß während des Sehvorganges Wahrnehmungs-Repräsentationen automatisch durch die Präsentation eines Reizes aktiviert werden. Anders ist die Situation jedoch bei Abwesenheit eines Stimulus. Bei der *Generierung von Vorstellungen* ist ein aktiver, konstruktiver, kognitiver Prozeß nötig, um die passende visuelle Repräsentation auf der Basis von visuellen LZG-Informationen zu aktivieren. Ein Prozeß, der als Vorstellungs-Erzeugung bezeichnet wird. Diesbezügliche Modelle von Kosslyn, Paivio etc. werden im Kapitel Vorstellung in der Theoriebildung 3.3 vorgestellt.

Prinzipiell läßt sich sagen, daß die Fähigkeit zur Generierung von Vorstellungen von anderen Formen des „Sich-ins-Gedächtnis-Rufens" zu trennen ist. Diese Aussage unterstützt die Hypothese, „that mental images comprises a distinct *module of memory*". Etliche Lateralisierungs-Ergebnisse zur Generierung von Vorstellungen verweisen im allgemeinen auf die ***linke** Hemisphäre* als Basis dieser Funktion. Vorstellungs-Generierung ist meist lateralisiert. Zu einer differenzierten Beschreibung siehe Hemisphären-Spezialisierung der visuellen Vorstellung (2.1.4).

Farah (1986) überprüfte in einem Experiment die Hypothese, ob Vorstellungs-Generierung eine links-hemisphärische Tätigkeit sein könnte. Methode: Sie präsentierte normalen VPn mittels eines Tachistoskops visuelle Diskriminations-Aufgaben. Die Grundidee des Experiments war das Vorhandensein eines „Erleichterungs"-Effektes bei der visuellen Entscheidungsaufgabe unter der Vorstellungs-Bedingung. Dieser Effekt wurde als ein Maß für die Qualität der Vorstellung verwendet. Ausgehend von der Annahme einer links-lateralisierten Vorstellungs-Erzeugung, sollte die vorstellungs-vermittelnde „Erleichterung" bei Überlappung der Vorstellung mit dem Reiz im rechten Hemifeld, also in der linken Hemisphäre, am ehesten eintreten. Die Hypothese, daß die *linke Hemisphäre* den Ort der *Vorstellungs-Generierung* darstellt, konnte aufgrund des empirischen Materials verifiziert werden. Daraus läßt sich ableiten, daß Vorstellungen zu einer möglichen weiteren Verarbeitung direkt in der linken Hemisphäre verfügbar sind; für die andere Hemisphäre allerdings nur indirekt, nämlich über den callosalen Transfer, und das bedeutet mit zeitlicher Verzögerung.

Das heißt jedoch auch, daß dieses Resultat in bezug auf frühere Untersuchungen, die eine rechts-hemisphärische Involvierung beim Vorstellen darlegten, inkonsistent ist, da diese Studien sich nur auf *bestimmte Aspekte der Vorstellung* und *nicht auf die Vorstellung per se* bezogen.

Das *Generieren von Vorstellungen* findet durch eine Reihe von Operationen statt. Die Organisation dieser *Operationen* faßt Kosslyn in einem Verarbeitungsmodell zur Erzeugung von bildhaften Vorstellungen zusammen:

Abbilden – (Picture-Modul)
erzeugt ein Muster in einem zeitlich begrenzten visuellen Speicher – VAS (visueller Arbeits- oder Zwischenspeicher). Das Output stellt ein visuelles Abbild bzw. ein Element dieses Abbilds dar.

Finden – (Find-Modul)
Input ist das Bild im visuellen Arbeitsspeicher. Als Operation ist die Suche nach dem Muster oder dem Bild-Code zu sehen, das einem bezeichneten Teil oder dem Ganzen entspricht. Nach dem *Finden* wird die Stelle des bezeichneten Bild-Teiles angezeigt.

Hinzufügen – (Put-Modul)
Bezeichnung des Teiles, der zu dem Bild im visuellen Arbeitsspeicher hinzugefügt werden soll. Als Operation ist wiederum die Suche nach dem Bild-Code des Teiles zu sehen. Nach der Lokalisation erfolgt die Beschreibung und aktiviert im Anschluß daran die *Finden*-Operation, um den Teil im Abbild zu lokalisieren. Output ist die Integration des Teiles in das Bild: an der korrekten Stelle und in der richtigen Größe.

Als weitere Operationen stellen sich das *Rotieren* – (Rotate-Modul), das *Abtasten* – (Scan-Modul) und das *Einstellen* – (Zoom-Modul) dar, um das Bild zu beschreiben, zu kopieren oder zu vergleichen.

Kosslyn (1988) führte eine Reihe von Experimenten zur Lateralität von Vorstellungsprozessen normaler VPn durch, indem er tachistoskopische Paradigmen verwendete. Seine Vermutung lautete, daß ausschließlich die linke Hemisphäre auf Vorstellungs-Erzeugung, basierend auf kategorialen Repräsentationen, spezialisiert sei. In diesen soll die Lage von Teilen des Vorstellungsbildes in bezug auf die Lage anderer Teile spezifiziert werden. Weiters nahm Kosslyn an, daß die rechte Hemisphäre der linken in bezug auf metrische räumliche Repräsentationen überlegen sein könnte. In diesen soll die genaue Lage jedes einzelnen Vorstellungsteiles bezüglich eines allgemeinen Rahmens angegeben sein. Die Hypothese wurde durch Variieren von Unterscheidungen geprüft. War geringe räumliche Präzision erforderlich, wurde die Aufgabe rascher im rechten Hemifeld, also in der linken Hemisphäre durchgeführt, jedoch bei größerer Genauigkeit reversierten die Asymmetrien des Gesichtsfeldes – in Übereinstimmung mit Kosslyns Voraussagen.

Als zusätzlicher Beweis für eine Links-Lateralisierung bei Vorstellungen können die unter Vorstellungs-Lateralisierung (2.1.4) und „gemeinsames neurales Substrat" (2.1.2.1) angeführten und beschriebenen Untersuchungen gelten; sowohl in den Experimenten von Goldenberg (1987 und 1988) als auch bei den Studien von Roland und Friberg (1985), die beide über verstärkt linkshemisphärische Durchblutung berichteten, und zwar occipital und posterior-temporal. In den ERP-Studien von Farah (1989) bezüglich der Erzeugung von Vorstellung gab es eine signifikante Asymmetrie der Aktivität linker und rechter occipito-temporaler Registrierstellen.

Die Übereinstimmung mehrerer Studien scheint doch einigermaßen befriedigend, auch wenn die statistische Zuverlässigkeit dieser Asymmetrien variiert.

2.1.4 Vorstellungs-Lateralisation

Es wird der Frage nachgegangen, ob Vorstellungsprozesse hemisphären-spezifisch lokalisierter und non-verbaler Wissensinformationen eher der rechten Hemisphäre zuzuordnen sind. Ehrlichmann und Barrett (1983) verwiesen auf eine verbreitete Annahme, nämlich daß Vorstellen eine Spezialisierung der rechten Hemisphäre sei und allgemein mit Kreativität in Verbindung gebracht würde (siehe Springer und Deutsch 1984). Allerdings fanden sie, wie sie in einem kritischen Artikel darstellten, dafür wenig Evidenz.

Farah nimmt an, daß möglicherweise verschiedene Komponenten der Vorstellung neuroanatomisch unterschiedlich zu lokalisieren seien und daß einige Komponenten der visuellen Vorstellungskraft auf die Aktivität der linken Hemisphäre zurückgehen könnten. Ihre Schlußfolgerung, daß das *Generieren mentaler Bilder* aus dem Gedächtnis mit occipitalen und hinteren Temporalregionen der *linken Hemisphäre* in Verbindung zu bringen sei – resultiert teils von Patienten mit entsprechenden Defiziten. Elektrische Aktivitäten in diesen Regionen nahmen linksseitig während der Visualisierung visuell präsentierter Wörter zu und erwiesen sich für den Akt, Bilder zu erzeugen, als spezifisch. Andererseits fanden sich bei Patienten mit Vorstellungsdefiziten Schädigungen in der linken hinteren Hemisphäre. Resultate aus Untersuchungen mit SB-Patienten bestätigen ebenfalls die Hemisphären-Spezialisierung. Eine Erklärung für diese Ergebnisse könnte in der Zusammenarbeit der linken Hemisphäre mit der Sprachverarbeitung liegen.

Rotation mentaler Bilder und das Wiedererkennen räumlicher Beziehungen von Strukturen hingegen werden mit der hinteren *rechten Hemisphäre* in einen Zusammenhang gebracht (siehe Vorstellungs-Transformation 2.1.5).

Es scheint jedoch kaum Evidenz dafür zu geben, daß das Entstehen und Bilden von Vorstellungen rechts-hemisphärisch lokalisiert sein könnte. Auch neuere Studien bestätigen, daß die Operation, Vorstellungen zu erzeugen, eine Funktion der linken Hemisphäre ist. Untersuchungen an normalen VPn unterstützen die Hypothese der linken Hemisphären-Spezialisierung zur Bild-Herstellung: Vorstellungen hatten auch einen stärkeren Effekt auf Wahrnehmungen in der rechten als in der linken Hemisphäre. Bild-Herstellung interferierte eher mit rechts- als mit linkshändisch-motorischer Ausübung und verursachte im EEG größere Unterdrückung des Alpha-Rhythmus über der linken als über der rechten Hemisphäre (Rugg und Venables 1980). Studien über laterale Differenzen an normalen VPn bewiesen die Bevorzugung der linken Hemisphäre zur Bildung von Bildern mit vielen visuellen Details (Farah 1986 und Kosslyn 1987; siehe auch Finke). Zusätzliche Evidenz der linkshemisphärischen Beteiligung beim Entstehen von Vorstellungen erbrachten die Resultate der Untersuchungen mit Splitbrain-Patienten.

Zur Wahrnehmung und Vorstellung mit langsamen Potentialen sei eine Studie von Franzen et al. (1990) erwähnt. Untersucht wurde die Hypothese, ob dem Vorgang des Vorstellens unterschiedliche neurale Systeme zur Verfügung stünden. Methode: Vorgabe von vier Aufgaben – Wahrnehmung eines Geräusches (Hundegebell), subvokale akustische Wiederholung dieses Geräusches, Wahrnehmung visueller Bilder und Vorstellungen dieser Bilder. Ergebnisse: Die beiden unterschiedlichen kognitiven Strategien standen mit unterschiedlichen Mustern langsamer negativer Potentiale in Verbindung. Sowohl beim Vorstellen als auch beim Wahrnehmen zeigte sich eine anterior-posteriore Aufteilung (parieto-temporo-occipital). Die definierbaren Unterschiede erwiesen sich für das Vorstellen durch eine linkshemisphärische Lateralisation, hingegen waren beim Wahrnehmen die Verschiebungen symmetrisch aufgeteilt.

Bei einigen Studien kristallisierte sich jedoch auch ein entgegengesetzter Trend heraus, nämlich stärkere Rechts- als Linksbeteiligung bei bildherstellenden Aufgaben. Farah versucht dieses Faktum durch zusätzliche Faktoren wie Training, individuelle Unterschiede und unterschiedliche Modulationsfähigkeit der Hemisphären zu erklären.

Die Hypothese, daß Bild-Vorstellung eine Spezialisierung der rechten Hemisphäre sei, ließ sich auch in einer SPECT-Studie von Goldenberg et al. (1987) nicht verifizieren. Resultate: Muster der cerebralen Durchblutung (bezogen auf Veränderungen der metabolischen Aktivität, d. h. der Glucose) beziehen sich auf das Gedächtnis von leicht- und schwer-vorstellbaren Wörtern und erbringen den Beweis, daß die Vorstellbarkeit von Wörtern unabhängig von ihrem Bekanntheitsgrad oder ihrer Bedeutsamkeit einen Einfluß auf die Gehirnaktivität ausübt. Methode: Die Aufgabenstellung für die VPn bestand darin, drei Arten (konkrete, abstrakte und bedeutungslose) von akustisch gebotenen Wörtern sich unter zwei verschiedenen Instruktionsbedingungen, vorzustellen: mit und ohne Anweisung zur bildlichen Vorstellung. Einige der VPn aus der Non-Vorstellungsgruppe gaben jedoch an, daß sie sich die Wörter vorgestellt hatten, weshalb sie zur Vorstellungsgruppe umgruppiert wurden. Das Erinnern war allgemein für die Vorstellungsgruppe stärker. Eine Interpretation beruht auf der Voraussetzung der Annahme, daß Vorstellen auf Zusammenarbeit verschiedener unterschiedlicher Prozesse beruhe, weshalb das neurophysiologische Korrelat in einem spezifischen Muster der Zusammenarbeit zwischen den Hirnregionen bestehe. Bei der Instruktion zur bildlichen Vorstellung kommt es zu einer Aktivierung des Arbeits-Gedächtnisses. Die statistische Analyse korrelierender Strukturen ergab, daß in beiden Fällen – mit und ohne Instruktion – vornehmlich die *linke Hemisphäre* mit der Aufgabenlösung beschäftigt war, und zwar in der Verarbeitung *verbal* evozierter Bild-Vorstellungen. Bei den beteiligten Arealen dürfte es sich um solche handeln, die Teil des semantischen Gedächtnisses sind, daher die Linkslokalisierung. Die Autoren fanden bei den gestellten Aufgabenlösungen eine Mitbeteiligung des Vorstellungs-Systems beider Hemisphären, insbesondere der links-occipitalen und inferior-temporalen Regionen. Jedoch führte die Bedingung der

Vorstellung zu einer stärkeren Linksverschiebung der hemisphärischen Aktivität, und zwar der *linken unteren occipitalen Region,* die möglicherweise eine Rolle in der Bild-Vorstellung spielt. Die hemisphärischen Asymmetrien müssen daher den verschiedenen Arten der interhemisphärischen Zusammenarbeit zugeschrieben werden.

Im Vergleich zu dem Unterschied in den Aktivierungsmustern der zuvor erwähnten Untersuchung (in der die Parietal-Regionen nicht aktiviert waren) sei eine Studie zur Gehirndurchblutung erwähnt, nämlich die Untersuchung des Blutflusses im Verlauf bildlicher Vorstellungen von Roland und Friberg (1985). Dabei führte das vorgestellte Spazieren auf einem Weg um mehrere Straßenecken und das gleichzeitige Betrachten von Objekten zu einer Aktivitätszunahme der occipitalen, inferior-temporalen und *links posterior-temporalen Bereiche.* Dieses Ergebnis dürfte, mit der unterschiedlichen Beteiligung zweier optischer Systeme, eines *medialen (*zur Erkennung einzelner Objekte) und eines *dorsalen* (zur Analyse räumlicher Beziehungen und Bewegungen), in einem Zusammenhang stehen. Bei der Vorstellung, einem bestimmten Weg zu folgen, wurden ausschließlich Regionen der Parietallappen aktiviert.

Eine Erklärung für die Verbindung occipitaler mit temporalen Arealen wäre, daß Bild-Vorstellung *occipitale* Areale in das funktionale System bezüglich der grundsätzlichen Aufgabenstellung einbezieht. Sowohl psychologische Erkenntnisse über die Interferenz bildlicher Wahrnehmung und Vorstellung als auch klinische Beobachtungen der Vorstellungsdefizite bei visuellen Agnosien belegen die *Annahme eines gemeinsamen neuralen Substrats für visuelle Wahrnehmung und bildliche Vorstellung.*

In dieser Studie zeigte der Ruhezustand eine Asymmetrie des rCBF zugunsten der rechten Hemisphäre. Was die Aufgabenlösung betrifft, kam es zu einem Anstieg der beiden oberen Frontallappen und des *linken* mittleren *Frontallappens,* deren kognitive Funktion die Organisation und Kontrolle des Verhaltens ist. Die erhöhte metabolische Aktivität wird eher dem *Ausmaß der visuellen Aufmerksamkeit* zugeschrieben werden können *als der Bildvorstellung per se.*

Die Hypothese, daß visuelles Vorstellen eine Spezialisierung der rechten Hemisphäre sei, läßt sich heute – wie auch die vorliegende experimentelle Studie beweisen wird – nicht mehr aufrechterhalten.

2.1.5 Vorstellungs-Transformation

Wesentliche Informationen über die psychologische Natur anschaulicher Vorstellungen erbrachten Untersuchungen ihrer internen Transformation, der mentalen Verlagerung bzw. Rotation, des Aufbaus von Figuren, des Gedächtnisvergleichs von Größen, Entfernungen sowie anderer faßbarer Objekteigenschaften. Die Fähigkeit, sich Rotation oder räumliche Verschiebung einer gesamten Konfiguration oder einzelner Teile, wobei es zwischen diesen zu einer Bewegung kommt, richtig vorstellen zu können, wird als *Visualisierung* bezeichnet. Mit dieser räumlichen Fähigkeit lassen sich Objekte im dreidimensionalen Raum manipulieren. Eine mit dieser eng in Verbindung stehende Fähigkeit ist die der Orientierung.

„Mental rotation is the imagery process by which we visualize what a stimulus presented at one orientation would look like at a different orientation" (Farah). Dies gilt als das Hauptaugenmerk sowohl in der kognitiven als auch in der Neuropsychologie. Möglicherweise ist es ein gutes Beispiel für einen non-verbalen „analogen" Prozeß. Die Rotation stellt einen externen, physikalischen Prozeß dar. Mentale Vorstellungen können in der gleichen Weise wie physikalische Objekte rotiert werden. Aus den Experimenten von Shepard und Metzler (1971) bei einem Vergleich von gezeichneten Figuren geht hervor, daß die VPn für ihre Reaktion um so mehr Zeit benötigten, je größer der Unterschied zwischen beiden Objekten hinsichtlich ihrer Rotation war. Experimente von Cooper und Shepard (1973) bewiesen, daß beim Durchführen von vermehrten Rotationen bezüglich der Entscheidung, ob Buchstaben normal oder spiegelverkehrt lagen, die VPn längere Zeit brauchten, um das Ziel zu erreichen.

Ornstein (1980) wertete EEG Amplituden-Asymmetrien aus, während VPn mentale Rotationsaufgaben nach Shepard und Metzler (1971) durchführten. Es fanden sich Beweise für eine stärkere Beteiligung der linken als der rechten Hemisphäre. Papanicolaou et al. (1987) verwendeten dieselbe Aufgabe und registrierten die Gehirn-Aktivität mittels regionaler Hirndurchblutung und evozierter Potentiale. Beide Methoden ergaben stärkere rechts- als linkshemisphärische Aktivität, besonders rechts parietal.

In einer Arbeit mittels der Multikanal-DC-EEG-Methodik zur Raumvorstellung von Vitouch (1994) zeigten sich für VG (good spatializer) und KG (poor spatializer) deutliche Unterschiede zwischen verbalanalytischem und räumlichem Material, wobei in der *verbalen* Bedingung *anterior-linkshemisphärische* Negativierung und in der *RV*-Bedingung Negativierung im *posterioren Cortex* vorherrschte. Hemisphären-Unterschiede zugunsten der rechten Hemisphäre in der KG waren aus den DC-Topographien ersichtlich. Als Interpretation einer stärkeren Lateralisierung bei Personen mit „RV-Handicap" – konträr zu den bestehenden Lateralisations-Theorien – führte Vitouch an, „daß prinzipiell keine Lateralisationsunterschiede zwischen den Gruppen bestehen und daß die rechtshemisphärische Dominanz in der Gruppe der offenbar *unterforderten* ‚RV-Spezialisten' schlicht nicht auftrat oder sich nicht abbilden ließ".

Ratcliff (1979) sowie Dittuno und Mann (1990) fanden die Fähigkeit zur Durchführung von Rotationsaufgaben bei Patienten mit rechtsseitigen Hirnschädigungen sehr beeinträchtigt, und Corballis und Sergent (1988) dokumentieren mentale Rotationsfähigkeit in der rechten, jedoch nicht in der linken Hemisphäre eines SB-Patienten. Hierher gehört auch der Großteil der Neglect-Patienten (Bisiach, Corball, Posner u. a.), mit rechts-parietalen Läsionen, wobei die Störungen sowohl beim Wahrnehmen als auch beim Vorstellen auftreten (siehe PL 1.3.2). Untersuchungen zur visuellen Wahrnehmung sprechen außerdem dafür, daß der parietale Cortex der rechten Hemisphäre auch bei räumlichen Verarbeitungsprozessen beteiligt ist. Die Bedeutung des – insbesondere rechten – parieto-occipitalen Cortex für die Ausführung mentaler räumlicher Operationen mittels DC-EEG (Vitouch 1994) und räumlicher Vorstellungen mittels EEG (Kriegelsteiner 1985) wurde dabei eindeutig bestätigt.

Die meisten Untersuchungen zur *mentalen Rotation* sowohl an normalen als auch an hirngeschädigten Personen scheinen Evidenz zu erbringen, daß diese Aufgabe eine Leistung der *rechten Hemisphäre* sein dürfte.

2.1.6 Struktur des Vorstellungs-Systems

Aus Paivios dualer Codierungs-Theorie ergibt sich die neuropsychologische Hypothese, daß das non-verbale System in der rechten Hemisphäre, die für visuospatiale Leistungen zuständig ist, lokalisiert sein könnte (Paivio 1979; Denis 1983). Diese Darstellung wurde 1986 von Paivio korrigiert, indem er die Hemisphären-Lokalisation vom Kontext der Aufgabe abhängig machte, weshalb er nach Goldenberg (1988) die Grundaussage der dualen Codierungs-Theorie, die darin besteht, daß verbales und non-verbales System getrennt sind und bildliche Vorstellungen nur vom non-verbalen System produziert werden, gefährdete. Im Verarbeitungsmodell von Kosslyn (siehe 2.1.3.1) ist der visuelle Puffer, der bei der Generierung von Vorstellungen das Resultat einer Aktivierung darstellt, als eine neurophysiologische Struktur zu verstehen.

2.1.6.1 Sub-Komponenten der Verarbeitung

Funktionale Architektur der Vorstellung: Die Trennung der Störungen bei Läsionen in solche, die verbales Denken, und solche, die averbales Denken wie Vorstellungen betreffen, bedeutet, daß Denken in Bildern sich von Denken in Sprache unterscheidet, da ihnen unterschiedliche neurale Substrate zugrunde liegen dürften. Hingegen läßt das Vorhandensein gemeinsamer neuraler Substrate für Vorstellen und Wahrnehmen den Schluß zu, daß Vorstellen eine Funktion des visuellen Systems ist; weshalb sich die Unterteilung des visuellen Systems auf eine Unterteilung des Vorstellungs-Systems übertragen läßt. Die beiden voneinander unabhängigen Sub-Systeme wären demnach ein *dorsales* und ein *ventrales* – zur Darstellung visueller Erscheinungen.

Mishkin (1979) und Ungerleider (1982 und 1984) vermochten die an visueller Diskrimination beteiligten Strukturen durch stufenweise Läsionen an Affen zu identifizieren. Bei Durchtrennung der vorderen Commissur kommt es zu erheblichen visuellen Defiziten, die Fähigkeit zum Erlernen visueller Diskriminations-Aufgaben fällt aus, ebenso die Verbindung von Affekt und visueller Information. Bei Durchtrennung des Balkens kommt es zu massiven visuellen Ausfällen, obwohl linker Occipital- und rechter inferiorer Temporalbereich intakt bleiben. 1982 fand Mishkin neuropsychologische Evidenz für die Existenz zweier visueller Systeme: das eine *ventral* verlaufend vom Occipitallappen in den *Temporallappen (TEO)*, zuständig für die *Objekterkennung;* das andere *dorsal* verlaufend, von der extrastriären Area in den *Parietallappen (PG)* übergehend, zuständig für die *Analyse* des *Raumes.* Läsionen des ersten Systems führen beim Menschen zur Agnosie: obzwar gesehen wird, wird nicht erkannt; die Patienten sind unfähig, die Merkmale eines Bildes oder einer Szene zu analysieren. Störungen sind jedoch bei rechtshemisphärischen Läsionen stärker ausgeprägt (siehe auch 1.4.3.5).

Ebenfalls eine Verbindung neurophysiologischer Erkenntnisse und kognitionspsychologischer Annahmen bietet das Modell von Kosslyn (1987) zur „High-level-vision“ an. Diesem liegt die Theorie zur Verarbeitung visueller und räumlicher Informationen zugrunde, vor allem bei Störungen. Das Modell beinhaltet Prozesse, die zur Vorstellungskonstruktion führen. Zur visuellen Verarbeitung werden ebenfalls die beiden oben genannten Sub-Systeme postuliert: das ventrale zur Encodierung von Objekteigenschaften und das dorsale zur Encodierung räumlicher Eigenschaften. Die *räumliche Verarbeitung* besteht in der Lokalisation und räumlichen Relation von Objekten sowie in der Ermittlung von Distanzen. Diese eher kontinuierliche Verarbeitung wird der *rechten Hirnhälfte* zugeordnet, während *kategoriale Verarbeitung* durch das ventrale System *linkshemisphärisch* vor sich geht, z. B. das Zusammensetzen von Bildern aus Einzelteilen.

Wender und Wagener (1990) berufen sich in ihrer Arbeit über Eigenschaften des psychologischen Raumes ebenfalls auf die Hypothese, daß Objekterkennung und Objektlokalisation aufgrund neuropsychologischer Untersuchungen zwei voneinander getrennte Prozesse darstellen. Unter bestimmten Umständen werden deren Ergebnisse ins LZG aufgenommen. Zur Objekterkennung gehört die Mustererkennung, die zur Identifikation von Objekt-Merkmalen führt, und die bildhafte Vorstellung. Damit stellt die Lokalisation eines erkannten Objektes kein weiteres Merkmal dar – deren Codierung erfolgt in einem getrennten System. Die Autoren postulieren zwei voneinander unabhängige Gedächtnis-Systeme: ein *Gedächtnis für Lokalisation* und ein *Gedächtnis für das Bildhafte.*

Feldmann (1985) stellt ein Modell vor, das er als neuronales Netz konzipiert, in dem alle Aspekte visueller Wahrnehmung integriert werden. Er differenziert zwischen vier Frames, wobei Environmental Frame das räumliche Wissen eines Organismus enthält.

2.1.7 Bild-Verarbeitung und EEG

In einer von Petsche et al. (1992) durchgeführten Amplituden- und Kohärenz-Studie zur Kreativität sollten 22 weibliche und 21 männliche VPn einen abstrakten Begriff visualisieren und ein Bild interpretieren. Amplituden-Änderungen – vorwiegend Abnahmen – im Vergleich zum Ruhe-EEG betrafen beide Gruppen von VPn im gleichen Ausmaß. Unter den Änderungen der lokalen Kohärenz-Zunahmen in den Beta-Bändern, besonders in Beta-2 links und Abnahmen im Theta- und Alpha-Band gegenüber der Ruhe-Tätigkeit – zeigten alle Frequenzbänder deutliche Geschlechtsunterschiede. Ferner kam es bei dieser Aufgabe der bildlichen Vorstellung eines abstrakten Begriffes auch zu einer Zunahme der interhemisphärischen Kohärenz; die Verkoppelung erwies sich im Beta-2-Band am ausgeprägtesten. Bei den weiblichen VPn hingegen kam es in den Frequenzbereichen von Theta und Beta-1 zu einer Abnahme der interhemisphärischen Verkoppelung. Insgesamt traten die meisten signifikanten EEG-Veränderungen im Frontallappen auf, wobei die intrahemisphärisch rechtsseitige frontale Kohärenz-Zunahme mit non-verbalem Denken, also bildlicher Vorstellung, in Verbindung gebracht wurde. Im Gegensatz dazu wurde die linksfrontale Beteiligung mit verbalem Denken in einen Zusammenhang gebracht. Die vorgefundenen lokalen und interhemisphärischen posterioren Kohärenz-Zunahmen der temporo-occipitalen Regionen in

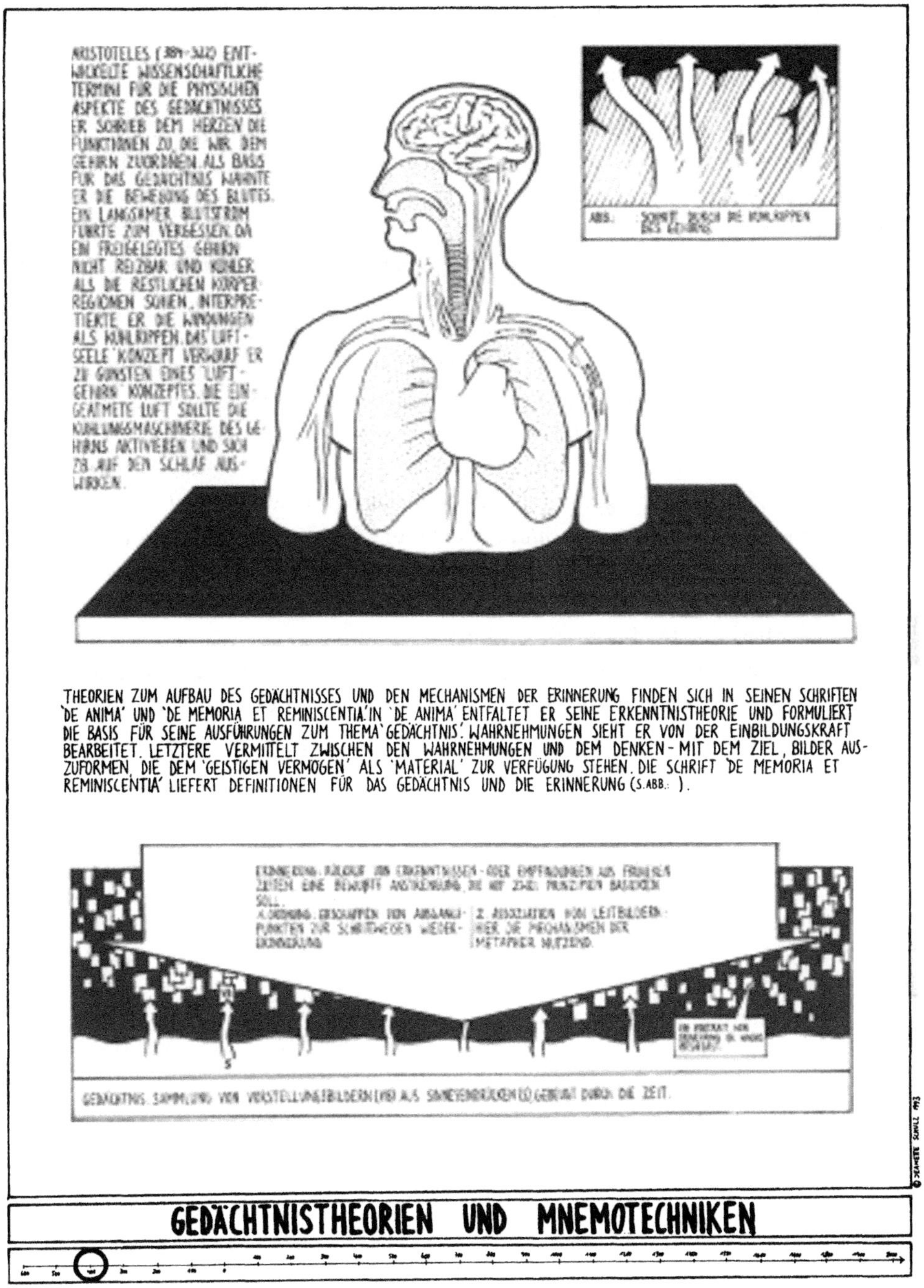

Abb. 7. Aus: Schulz, „Gedächtnistheorien und Mnemotechnik“

sämtlichen Beta-Bändern könnten als Gedächtnisabruf visuellen Materials interpretiert werden.

Konklusionen

1. Es scheint Evidenz dafür zu geben, daß bei der Durchführung von Aufgaben zur *visuellen Vorstellung* die dabei aktivierten Hirnregionen eng mit Regionen in Verbindung zu stehen scheinen, die *bei visueller Wahrnehmung aktiviert werden* – obwohl sie gewisse Differenzen in ihrer neuronalen Struktur aufweisen.

2. Nach vorliegenden Ergebnissen werden die aktivierten Regionen durch gezielte *Aufmerksamkeit* aktiviert.

3. Lokalisation: Am *Generieren von Vorstellungen* wird in den erwähnten Untersuchungen die Beteiligung von parieto-occipitalen und temporo-occipitalen Cortex-Arealen nachgewiesen, also vor allem – jedoch nicht ausschließlich – von *extrastriären Areae*. Zusätzlich kommt es zu *frontalen Aktivierungen*, möglicherweise bedingt durch die Beteiligung des Arbeits-Gedächtnisses.

4. Hemisphären-Beteiligung: Als einigermaßen gesichert scheint heute die Annahme, daß das *Generieren von Bildern* sowie die detaillierte Analyse eines Objekts eine *Fähigkeit der linken Hemisphäre* darstellen dürfte, während mentale Rotation und räumliches Vorstellen sowie die Analyse von globaleren Aspekten eines Objekts eine rechtshemisphärische Funktion sein dürfte.

Weiters scheinen an der *Hinzufügen*-Operation extrastriäre Bereiche der linken Hemisphäre beteiligt zu sein, während die *Abtasten*-Operation im rechten Parietallappen stattfindet.

3. Psychologische Aspekte

3.1 Zur philosophie-historischen Sicht der Vorstellungen – „Images“ als Bilder

Die Griechen verstehen unter „Phantasmata“ oder „Imagos“ Einbildungsprodukte; diese sind nach Platon subjektiv, haben damit keinen objektiven Gegenstandsbezug. Zusätzlich existieren jedoch solche mit einem Gegenstandsbezug, die damit über sich hinauswachsen (Phantasieprodukte oder Fiktionen z. B. das runde Dreieck). Der Begriff der „Phantasia“ im Sinne von Repräsentation erscheint zuerst bei Zeno von Citium (336–265 v. Chr.) und danach bei Epikur. In der Neuzeit wird der Begriff der Repräsentation oder Vorstellung bei Descartes dominant. In der Ästhetik spielt der Begriff der Repräsentation seit Platon eine Schlüsselrolle (siehe dazu besonders die Theorie der Imitation bei Platon und Aristoteles in seiner Theorie der Tragödie; in unserem Jahrhundert in der Logik bei Cassirer und Wittgenstein).

Die Frage nach der Form von Gedanken und die Vorstellung, daß diese auch in „Bildern“ Ausdruck finden, reicht bis zu den Anfängen unserer Kultur zurück. Sokrates spricht von einem Maler, der die Gespräche in Form von Bildern in die Seele zeichnet. Aristoteles Behauptung (347 v. Chr.): „It is impossible even to think without a mental picture“ (On Memory and Recollection – De Memoria et Reminiscentia) fand bei vielen der nachfolgenden Philosophen Widerhall und Anklang. Im Laufe der Jahrhunderte entspann sich ein Disput für und gegen den Wert bildhafter Vorstellungen innerhalb der Philosophie und der Wissenschaft, der bis in unser Jahrhundert fortgeführt werden und sogar seinen Höhepunkt erreichen sollte. – So setzte Hume Denken mit dem Vorhandensein mentaler Bilder („mental images“) gleich. Er vertrat die Auffassung, daß es von jedem Sinneseindruck eine Kopie im Geist gäbe, die dort zurückbliebe, auch nachdem der Eindruck verschwunden wäre. Diesen „Abdruck“ nannte er Idee oder Vorstellung (Treatise of Human Nature, Book I, Part I, sec. ii). Auch Hobbes vertrat Ähnliches und verstand Imagination als ein „Abnehmen der Sinne“ – eine Vorstellungsbeschreibung, die bis in die heutige Zeit reicht (siehe Rohracher 1963). Viele Philosophen akzeptierten die Existenz solcher mentaler Inhalte und betrachteten bildhafte Vorstellungen als „Kopien“ oder „Bilder“ der äußeren Welt. Erst Ryle greift diese allgemein akzeptierte Meinung in seinem „Concept of Mind“ auf und stellt diese im Geist existierenden Bilder, die von der Erfahrung mit der physikalischen Welt abhängig sind, in Frage. „Bilder“, wie sie von Hume und Hobbes verstanden werden, unterscheiden sich von den „eidola“ oder „simulacra“ der Epikureer, wie Lucretius sie versteht, als „Bilder von Dingen", nämlich als physikalische Objekte, deren Funktion es ist, die Wahrnehmungen ebenso wie bildhafte Vorstellungen zu erklären.

Eine kontroversielle Diskussion bezüglich der Erfahrungsabhängigkeit von Vorstellungen wird im 17. Jahrhundert geführt. Im 20. Jahrhundert sollte sie eine Fortführung erfahren – unter Verlagerung des Problems – zur inneren Repräsentation. Locke, ein Vertreter des Empirismus, steht mit seiner Ansicht der Erfahrung der Ideen oder Vorstellungen durch die Sinne[1] mit seinen Landsleuten Berkeley und Mill, die eine idealistische Postition vertreten, in Widerstreit.

Imagination – gilt generell als das Vermögen, bildhafte Vorstellungen oder andere Konzepte unter sensorischer Abwesenheit zu formen. In der Philosophie jedoch wurde dieser Begriff von Aristoteles bis Kant im Zusammenhang mit Wissen und Verstehen verwendet. Neben der Phantasie als Element des Wissens konnte sie jedoch auch als ein Hindernis des Wissens angesehen werden. So faßt Hume Vorstellungen einerseits „als für die Vernunft gefährliche Höhenflüge auf", andererseits hält er die Imagination als von essentieller Bedeutung für das Wissen. Diese zweite Betrachtungsweise erfuhr in Kants Kritik der reinen Vernunft ihre ausgeprägteste Entfaltung, in der Imagination als „schwer erkennbare aber unerläßliche Funktion der Seele, ohne die wir kein wie immer geartetes Wissen hätten, aber deren wir uns kaum jemals bewußt sind" erklärt wird. Anhand eines Beispiels weist Kant der Phantasie zwei Aufgaben beim Wissenserwerb zu. Beim Betrachten eines Kubus ist es nicht möglich, mehr als drei Seiten gleichzeitig zu sehen. Jedoch in der Vorstellung präsentiert sich der Kubus in seiner Gesamtheit. Die Komplettierung der Wahrnehmung bezeichnet er als „reproduktive", d. h. als von früheren Erfahrungen abhängige Imagination. Dieser stellt er die „produktive", die Erfahrung zu einem Ganzen verbindet, als die noch wichtigere gegenüber. Ohne eine derartige Synthese wäre keine zusammenhängende Erfahrung der Welt möglich. In der „Kritik der reinen Vernunft" nimmt die Imagination eine zentrale Stellung ein, wobei es schwierig ist, sie vom Verstehen zu trennen. „Die Einheit des Erfassens – Apperzeption – im Zusammenhang mit der Synthese der Imagination ist das Verstehen; und dieselbe Einheit in bezug auf die transzendentale Synthese der Imagination ist der reine Verstand."

Kant verweist zwar auf die produktive Natur der Imagination, doch wird in seinem Werk die normale Auffassung der Welt abgehandelt, weshalb er sie nicht mit Kunst in Verbindung bringt. Künstlern wird die Fähigkeit, besonders „imaginativ" zu sein, in dem Sinne zugesprochen, daß sie Szenen oder Ereignisse, die nicht stattfinden, visualisieren und dann durch ihre Kunst vermitteln. Im Humeschen Sinne wird „Phantasie" als das zuvor von den Sinnen erhaltene, aber neu kombinierte Material verstanden, das keine Reproduktion vorangegangener Erfahrung enthält. Das Ausmaß, bis zu welchem ein Künstler dies zu tun vermochte, war der Gradmesser seiner imaginativen Fähigkeiten.

Sir Francis Galton (1822–1911) versuchte als erster empirisch darzulegen, daß er

---

[1] „Nihil est in intellectu, quod non ante in sensu fuerit."

große Unterschiede in der Vorstellungsfähigkeit („Breakfast Imagery Test") verschiedener Individuen gäbe. Sein Interesse galt in erster Linie kreativen Persönlichkeiten. Das „Vorstellungsvermögen" tendiert dazu, bei wissenschaftlich Tätigen in nicht allzu großem Ausmaß, bei Personen mit künstlerischer Neigung jedoch ausgeprägter vorhanden zu sein. Auch Binet (1857–1911) versuchte, Typisierungen und statistische Testverfahren zu entwickeln.

Die Erfassung mentaler Inhalte wurde – jedoch von äußerst unterschiedlichen Annahmen ausgehend – durch die *Würzburger* und die *Leipziger Schulen* vertreten. Die Vertreter der *Leipziger Schule* mit Wundt (1832–1920) an der Spitze sehen Vorstellungen, da sie auf Empfindungen beruhen, als sensorisch an. Demnach entwickelt *anschauliches* Denken sich aus dem abstrakten. Titchener (1876–1927), ein weiterer Vertreter, betrachtet Vorstellungen als Elemente höherer Denkprozesse (1909). Seiner Ansicht nach werden sämtliche Denkvorgänge von Vorstellungen begleitet.

Die Untersuchungsmethodik der Leipziger Schule beruhte in erster Linie auf *Introspektion* – bei der die Analyse subjektiven Erlebens im Vordergrund steht. Sie wurde abgelöst von der Gegenströmung, dem *Behaviorismus,* der auf Verhaltensanalyse ausgerichtet ist und daher Nicht-Beobachtbares – wie Vorstellungsbilder – in Frage stellt. Watson (1878–1958), als deren Begründer, sah die Psychologie als objektiven und experimentellen Bereich der Naturwissenschaften.

Die *Würzburger Schule* – mit Külpe (1862–1915) als einem Vertreter – trat mit experimentell-psychologischen Untersuchungen den Beweis zum *„vorstellungslosen"* oder dem „Denken ohne Bilder" an. Aus deren Experimenten geht hervor, daß Denken häufig auch *nicht-anschaulich* geleitet wird. Zunehmend übte sie an der Methode der Introspektion Kritik und lehnte sie schließlich als eine zu subjektive und vage psychologische Forschungsmethode ab (siehe Imagery-Debatte 3.2.1.3). Zu diesem zählte auch der später nach Wien berufene Karl Bühler (1879–1963). Dieser bezeichnet unanschauliche Gedanken als Allgemeinvorstellungen, die von der Würzburger Schule in „Bewußtseinslagen" umbenannt wurden.

Unter *anschaulichem Denken* ist die *sinnliche Gebundenheit* des Denkens zu verstehen, wie z. B. der stechende Geruch von Essig. *Anschaulich* tritt allerdings meist in Verbindung mit *visuell* bzw. *bildhaft* auf, daher wird vom bildhaft-anschaulichen Denken gesprochen, und dieses der sprachlich-symbolischen oder -begrifflichen Form gegenübergestellt. Der sprachliche Ausdruck ist unabhängig von der Sinnesmodalität. Den einzelnen Sinnesgebieten entsprechend gibt es visuelle (optische), auditive (akustische), kinästhetische (motorische), taktile (Berührungs-)[2], olfaktorische (Geruchs-) und gustatorische (Geschmacks-)Vorstellungen. Die interindividuelle Unterschiedlichkeit bezüglich der Vorstellungstätigkeit führte zu „Vorstellungtypen" (visuell, auditiv,

---

2 Bei einem Vergleich von Normalsehenden mit von Geburt Blinden bei taktil ausgelösten Vorstellungs-Aufgaben zeigten sich, auch ohne Erfahrung mit der visuellen Modalität, vergleichbare Imagery-Effekte in den beiden Gruppen (Carpenter und Eisenberg 1978 – zit. in Lüer et al. 1995).

motorisch usw.), eine Einteilung, die von Charcot vorgenommen wurde. Rohracher (1963) fügt diesen noch Temperaturempfindung und Schmerz hinzu.

Der Begriff „Vorstellung“ findet prinzipiell unterschiedliche Verwendung: zur Beschreibung introspektiver Phänomene, zur Beschreibung operationaler Variablen (in deren Mittelpunkt die Frage nach der Funktion des Vorstellens bezüglich kognitiver Prozesse steht) und in bezug auf wissenschaftliche Konstrukte (Annahmen über Repräsentationsmerkmale des Vorstellens auf der Grundlage experimentell nachgewiesener Vorstellungsleistungen). In der Literatur beschäftigen sich die meisten Arbeiten auf dem Gebiet der Vorstellung mit der visuellen Modalität. Auf diese richtet sich auch das Hauptaugenmerk in der vorliegenden Arbeit: Bildhafte Vorstellungen als eine Strategie können bei der Lösung eines Problems hilfreich sein.

Die Möglichkeit, daß non-verbale Vorstellungen eine funktionale Rolle bei Denkprozessen spielen, wurde erst wieder von Paivio (1971) aufgenommen: eine für die Erforschung des Phänomens der Vorstellung entscheidende Wendung (siehe Vorstellungstheorien 3.3). Die Feststellung einer Überlegenheit des Bild-Gedächtnisses über das Wort-Gedächtnis geht bereits auf Kirkpatrick (1894) und Calkins (1898) und nicht auf Shepard (1967) oder Paivio (1971) zurück (zit. nach Klimesch 1988).

3.2 Begriffs-Bestimmung

3.2.1 Zur Frage der Repräsentation[3]

Ein Zugang zur cerebralen Repräsentation führt über die Physiologie. Das Postulat, von dem ich in dieser Arbeit ausgehe besagt, daß visuellen Wahrnehmungen und bildlichen Vorstellungen ein neurophysiologisches Korrelat zugrunde liegt. Die Zielsetzung lautet, ein meßbares Korrelat non-verbalen Denkens zu finden: die Repräsentation für Wahrnehmung und Vorstellung sowie für visuell-imaginative Begabung.

Ausgehend von Befunden, die eine Parallele zwischen Prozessen des Wahrnehmens und Vorstellens belegen, bedeutet dies, daß Aktivierungen neuraler Netze beim Wahrnehmen Aktivierungen teils derselben neuralen Verbände beim Vorstellen entsprechen. Diese Aktivierungs-Muster verweisen auf neuroanatomische Korrelate der Mustererkennung. Neuronale Verbände stellen die physiologische Grundlage von Wahrnehmungen und Vorstellungen dar (siehe mein Konzept zur visuellen Vorstellung 3.9). Informationen der Außenwelt, also externer Gegebenheiten werden durch kogni-

[3] Das vorliegende Problem und dessen empirischer Zugang ist Ausdruck der Gratwanderung der kognitiven Psychologie. Repräsentationen sind von außen her nicht beobachtbar, sie sind hypothetische Konstrukte. Introspektion und Phänomenologie haben sich als Sackgassen erwiesen. Eine Alternative stellt die Beobachtung durch Verhalten mittels psychophysiologischer Methoden dar. Das Ergebnis sind Verhaltensdaten, wie sie der Tradition der experimentellen Psychologie entsprechen. Eine Möglichkeit und vermutlich der Ausweg aus dem angesprochenen Dilemma wäre, die Position des reinen Behaviorismus zu verlassen, eine intervenierende (Organismus-)Variable einzuführen (die sich im Laufe der Zeit als „kognitives Element“ der sogenannten Repräsentation entwickelte), und – so der Versuch dieser Arbeit – auf experimentellem Wege gewonnene Verhaltensdaten mit neurophysiologischen Daten zu korrelieren.

tive Informationsverarbeitung im Sinne von „Abbildung" internen Gegebenheiten zugeordnet. Kognitive Vorgänge wie Informationsverarbeitung beruhen auf diesen neuronalen Prozessen.

Die Grundlagen- und Bedeutungserläuterung dieses Begriffs beinhaltet die Auseinandersetzung mit den Annahmen unterschiedlicher mentaler Modelle, deren Gegenstand interne Repräsentationen sind. Descartes (siehe Abb. 6, S. 73) versteht unter „Repräsentation" einen geistigen Akt, der in einem Zusammenhang von Wahrnehmungen und Vorstellungen steht und verbal interpretierbar ist. Eine andere Interpretation galt der „Repräsentation" als Wiederbelebung von Erinnerungen. Bei einer weiteren Möglichkeit der Begriffsverwendung steht die Korrespondenz zwischen Abbild und Abgebildetem im Vordergrund. Nach Rehkämper (1991) versteht die kognitive Psychologie unter „Repräsentation" nur einen Stellvertreter, wobei die Verbindung zwischen Repräsentat und Repräsentant zufällig ist (siehe Definitionen 3.2.1.1). In der psychologischen Informationsverarbeitung wird mit dem Begriff der mentalen Repräsentation einer Umschreibung zufolge, auf system-interne Zustände verwiesen, von denen angenommen wird, daß sie system-externe Zustände abbilden.

Um die zentrale Aussage der Untersuchung, nämlich die *Frage der Repräsentation,* d. h. *wie Information im Gedächtnis gespeichert und wieder abgerufen wird,* beantworten zu können, wird zuerst eine Annäherung in Form eines Streifzuges durch seine Verwendungsgeschichte und seiner verschiedenen Interpretationen erfolgen. Die Heterogenität des Begriffs-Systems trägt zu einer allgemeinen Begriffsverwirrung bei. Daher möchte ich versuchen, einen *Beitrag zur Klärung des verwendeten Begriffs-Vokabulars* zu leisten. Die Formulierung in der Kognitionspsychologie: „Welche Verarbeitungsprozesse die Voraussetzung dafür schaffen, daß über die Sinnesorgane aufgenommene Information erkannt, gespeichert und wieder abgerufen werden kann [...]" betrifft die Frage, was allgemein unter dem Encodierungs- oder Repräsentationsproblem verstanden wird. *„Encodierung oder Codierung ist der Vorgang der Transformation von Umweltreizen in ein bestimmtes Format einer Gedächtnis-Repräsentation.* Das Resultat dieses Vorgangs heißt ***Code.*** Form, Aufbau und Struktur der internen Repräsentation hingegen werden als Codierungsformat bezeichnet" (Klimesch 1988).

Im Anschluß an diesen Versuch werden in einem weiteren Schritt die verschiedenen Richtungen bezüglich der unterschiedlichen Auffassungen von Repräsentation und deren historische Entwicklung dar- und einander gegenübergestellt. Eine Entwicklung, die im Imagery-Disput – analoge versus propositionale Wissens-Repräsentation? – kumulierte und deren Auswirkungen bis in die gegenwärtige Zeit reichen. Oder ist es der ewige Streit zwischen *Modularismus* versus *Holismus, Teilbarkeit* versus *Ganzheit* oder *Serieller* versus *Paralleler* Verarbeitung oder auch *Sprache* versus *Denken*? Der Zugang zur Repräsentation erfolgt in der vorgelegten Arbeit über den Konnektionismus. Dies ist von außerordentlicher Relevanz, weil hier die Frage der Repräsentation eine entscheidende Wende erfährt, einen Paradigmenwechsel im Sinne Kuhns, und das Instrumentarium, um dies aufzuzeigen, ist die Methodik der Neurophysiologie. Durch den Ausweg, wie ich die Alternative bezeichnen möchte, kann diese endlos geführte wissenschaftstheoretische, philosophische, sprachanalytische (vgl. Fodor, Searle etc.) und kognitionspsychologische Debatte als historisch betrachtet, d. h. abgelegt werden. Diesen wesentlichen Aspekt möchte ich – neben meinem Konzept zur visuellen Wahrnehmung und Vorstellung – in den *theoretischen Mittelpunkt der Arbeit* stellen, die den Anspruch, zur „Lösung des Problems der Vorstellungs-Debatte" beizutragen, erheben möchte.

3.2.1.1 Definitionen

Zentralbegriff der Kognitionspsychologie und zentraler Begriff für die Informationsverarbeitung ist die ***Repräsentation.*** – Zur Erklärung von Konstrukten, wie visueller Wahrnehmung und bildhafter Vorstellung, wird von einer Ebene der Repräsentation ausgegangen. Eine kritische Reflexion zu seiner uneinheitlichen Konzeption sowie zu seinem bereits „inflationären" Gebrauch ist Tergan et al. (1993) zu entnehmen. „Repräsentationen werden üblicherweise auch als räumliche Vorstellungsbilder oder mentale (geistige) Bilder bezeichnet" (Anderson 1989). Manche Autoren setzen Vorstellungen einfach mit Repräsentationen gleich, siehe z. B. Süllwollt (1971).

Als Vorannahmen sollten zwei Aspekte auseinandergehalten werden, nämlich das, was repräsentiert wird – das *Repräsentandum,* die repräsentierte Welt, und die Repräsentation selber – das *Repräsentat,* die repräsentierende Welt.

Herrmann (1993) stellt zu einer begrifflichen Klärung folgende Minimalexplikation auf: Gegeben sind ein *Repräsentandum a* und ein *Repräsentat b,* die in einer *Repräsentations- oder Abbildungsrelation R* stehen: *aRb.* Diese Relation ist unumkehrbar: b steht für a – sonst wäre es keine Abbildrelation.

Repräsentationen können etwas abbilden: Der Begriff „Repräsentation" bezieht sich nach Steiner (1988) einerseits auf *äußere* Repräsentation, die für etwas steht, z. B. ein Stadtplan, andererseits auf *innere* Repräsentation, sowohl auf den Prozeß des Repräsentierens (eine Repräsentation aufbauen) als auch auf das Resultat (die Vorstellung, die man von etwas hat). D. h. „Repräsentation" vermag sowohl eine *externe Darstellung* (Plan), wie auch eine *interne Abbildung* bestimmter Aspekte der Umwelt zu bezeichnen. Es geht somit um das Verhältnis zwischen der äußeren, wahrnehmbaren und der inneren, der repräsentierten Welt, sowohl was die Gesamtheit als auch deren Teile sowie die entsprechenden Beziehungen zwischen diesen betrifft.

Funke (1992) definiert *„interne* Repräsentation" als ein System der *gedächtnismäßigen Abbildung* von Objekten der Außenwelt durch ein Individuum. Er setzt diese Repräsentation mit subjektiver Repräsentation gleich. „Diese besteht aus einer Reihe von Repräsentanten, zwischen denen bestimmte Relationen bestehen. Ein interner Repräsentant ist also ein einzelner Gedächtnisinhalt, die interne Repräsentation eine strukturierte Sammlung solcher Inhalte. Die interne Repräsentation enthält bestimmte Aspekte der Außenwelt, genauer: sie ist ein *Modell der Außenwelt."*

Nach Le Ny (1988) sind Interpretationen denkbar, die den Begriff der „Repräsentation" nicht verwenden. Die Existenz von Repräsentationen in analoger (Bilder, Photographien, Karten) und symbolischer Form (Sätze, Texte, Sprache, Repräsentation in Computern) liegt durch gegebene Beobachtung vor. Die Existenz der mentalen Repräsentation ist dagegen nicht nachweisbar. Trotzdem geht er von der Annahme aus, daß mentale *Repräsentationen mit neuralen Vorgängen identisch sind:* „Die mentale Repräsentation R, deren Existenz man unter bestimmten Verhaltensbedingungen als bestmögliche Interpretation annimmt, ist identisch mit dem zerebralen Ereignis E (für das physiologische Meßdaten vorliegen).“ Eine Annahme, die von der bewußten Repräsentation Abstand nimmt und die für *Repräsentation* ein *cerebrales Korrelat* postuliert.

Bei Tergan (1993) beziehen sich Repräsentationen „auf Informationen, die dem Bewußtsein des Informationsverarbeiters sowohl zugänglich als auch unzugänglich sind. Sie betreffen sowohl dauerhaft repräsentierte Informationen als auch flüchtige, für die kognitive Bewältigung bestimmter aktueller Situationen aktivierte bzw. generierte und dem *Arbeitsgedächtnis kurzzeitig verfügbare Gedächtnisinhalte“*.

Im Gegensatz zu Tergan argumentiert Shannon (1987), daß Repräsentation nicht die Grundlage kognitiver Aktivität, sondern deren Ergebnis sei. Er postuliert zwei Ebenen, die symbolisch-repräsentative und eine, die dieser vorgeordnet ist. *Handeln* ist für ihn die *Basis der Kognition* und vermag von konnektionistischen Modellen abgebildet zu werden.

Rumelhart und Norman (1988) beschreiben Grundformen eines Repräsentations-Systems, die mögliche Übereinstimmung finden könnten:

(1) „The propositionally based systems in which knowledge is assumed to be represented as a set of discrete symbols or propositions, so that concepts in the world are represented by formal statements.
(2) Analogical representational systems in which the correspondence between the represented world and the representing world is as direct as possible, traditionally using continuous variables to represent concepts that are continuous in the real world [...]
(3) Procedural representational systems in which knowledge is assumed to be represented in terms of an active process or procedure. Moreover, the representation is in a form directly interpretable by an action system [...]
(4) Distributed knowledge representational systems, in which knowledge in memory is not represented at any discrete place in memory, but instead is distributed over a large set of representing units – each unit representing a piece of a large amount of knowledge.“

Zwei Aspekte werden von den Autoren bei internen Repräsentationen unterschieden: 1. das *Format* der Repräsentation und 2. darauf *operierende Prozesse.*

„Mentale Repräsentation“ wird meist im Sinne von *„Abbild“* eingesetzt und in der Bedeutung von „in Relation zu etwas stehen“, verwendet. (Z. B. wird „mental“[4] nie

[4] Eingebürgerte Ausdrücke: „mental imagery“ und „mentales Bild“. Im Englischen wird meist von „mental imagery“ gesprochen – wobei „mental“ im Sinne eines Pleonasmus sich wohl erübrigen sollte. Beim „mentalen Bild“ ist nicht geklärt, was tatsächlich bildhaft ist. M.I. kann

definiert – ist es die „geistige“ Stellvertretung oder etwa die Ebene des psychologischen Modells? Warum wird das Wort überhaupt verwendet?) Aus einer „*abbild*-theoretischen“ Sicht werden Objekte entsprechend den realen Gegenständen der *externen* Welt abgebildet, bei der „mentalen *Repräsentation*“ Vorstellungen von der Welt – durch das kognitive *System mittels Symbolen;* Objekte werden durch Vorstellungen bzw. Wissenszustände konstituiert.

Analoge Repräsentationen sind Abbildungen, die die Eigenschaften eines abzubildenden Objektes beibehalten, da unter Analogie die *Übereinstimmung* von Gegenständen hinsichtlich bestimmter *Merkmale,* wie Struktur und Funktion etc., zu verstehen ist. In diesem Zusammenhang stellt sich als das nächste Problem die unterschiedliche Bedeutung des Begriffes „analog“. Zur Kennzeichnung unterschiedlicher Aspekte einer Beziehung zwischen Systemen:

a) die Struktur der äußeren Gegebenheit und deren Abbild in der Repräsentation kann analog sein, wie beim Vorliegen einer Korrespondenz zwischen Modell (Repräsentat) und Original (Repräsentandum);

b) sie kann sich auf die kognitiven Mechanismen des Wahrnehmens und des Vorstellens beziehen.

Rehkämper (1991) versteht unter analoger Repräsentation „das Bild[5] einer isomorphen Abbildung, die die inhärenten Eigenschaften des Originals bewahrt, d. h. die repräsentierenden Entitäten müssen diese Eigenschaften auch aufweisen“. Mentale Bilder sind seiner Meinung nach als das Ergebnis einer solchen Abbildung aufzufassen.

3.2.1.2 Mentale Modelle (MM)

MM sind hypothetische Konstrukte, mit denen Leistungen menschlicher Informationsverarbeitung beschrieben und nur indirekt erschlossen werden können. Nach Dutke (1994) werden sie als kognitive Konstrukte aufgefaßt, die auf einer Interaktion von Wahrnehmung und Gedächtnis beruhen. Ihre Funktion ist nicht auf Wissensspeicherung und -erwerb beschränkt, sondern sie ermöglichen es auch, Schlußfolgerungen zu treffen und Vorhersagen zu machen. Die Darstellung MM bezieht sich auf einer Vielzahl unterschiedlicher Ansätze. Allgemein dienen Modelle zur Ermittlung von Erkenntnis. Nach der generellen Modellbildung von Stachowiak (1973) sind Modelle immer Modelle von etwas, d. h. Abbildungen im Sinne von Zuordnung, Repräsentationen bzw. Rekonstruktionen von Originalen. (1) Modelle ersetzen Originale, (2) innerhalb bestimmter Zeitintervalle und (3) zu bestimmten Zwecken. Sie bilden Gegebenheiten aus der Umwelt ab, allerdings häufig in einer reduzierenden Art und Weise.

---

als geistige Konstruktion von Objekten und Situationen aufgrund von bereits vorhandenem Wissen verstanden werden.

5 Hier wird der Begriff „Bild“ in seiner mathematischen Bedeutung, d. h. als Resultat der Anwendung einer Funktion verwendet.

Mit dem Begriff der „mentalen Modelle" – eine Bezeichnung von Johnson-Laid (1983) für mentale Vorstellungsbilder, in denen räumliche Relationen zwischen Objekten und zeitliche Relationen zwischen Ereignissen repräsentiert sind – wird der Rahmen der analogen Repräsentations- in Abgrenzung zu propositionalen Repräsentations-Systemen erweitert und zur eigenständigen Form mentaler Repräsentation erhoben. Die Bedeutung MM liegt nach Lüer et al. (1995) „vorrangig im Stadium der aktuellen Verarbeitung, weniger jedoch in der langfristigen Speicherung".

Die *visuelle Vorstellung als eigene und eigenständige Repräsentationsart deklarieren* auch Shepard und Kosslyn. Sie vertreten die Meinung, daß bildliche Vorstellung sich als eine menschliche Fähigkeit zur Anpassung an die im steten Wandel sich befindende Umwelt entwickelte und daß dieses Wissen internalisiert sei. Die Anhänger dieser Richtung sprechen sich *gegen* sprachabhängige, propositionale Präsentationen aus. Analogien stellen den Spezialfall von MM dar. Nach Stephan Dutke (1994) beruht der Erkenntnisgewinn auf der Übertragung von Relationen und nicht auf der Ähnlichkeit der Elemente selbst. Die Konstruktion einer Analogie erfordert schematisches Wissen. Diese Schemata sind Strukturen allgemeinen Wissens, die typische Zusammenhänge eines Realitätsbereichs enthalten, also Repräsentationen konkreter Vorstellungsinhalte. MM dienen auch der *Veranschaulichung* von Funktionen in Form qualitativer Simulation.

Z. B. kann eine Zeichnung die Veranschaulichung eines Gerätes darstellen. Sie kommt somit einer externen Repräsentation gleich, wobei die räumlichen Relationen zwischen den Elementen analog dargestellt sind. Vermutlich kommt es in der Darstellung zu einer Reduktion der Merkmale auf ein Minimum. Die Aussage bezieht sich immer noch auf die Struktur und nicht die Funktion. Erst der Veranschaulichungsprozeß führt *von der Struktur zur Funktion* und wird in diesem Zusammenhang zu einem Problemlöseprozeß durch kausale Verknüpfungen. Der Veranschaulichungsprozeß hängt vom Aufbau des Komponentenwissens für das Wissen über kausale Zusammenhänge ab, um das Funktionieren des Gerätes zu verstehen. „Mit diesem Wissen, das sich aus der Gesamtheit des Komponentenwissens ergibt, wird der Struktur ein funktionales Wissen überlagert. Die topologischen Relationen erhalten eine zusätzliche kausale Bedeutung [...] Veranschaulichen bedeutet demnach, [...] daß auch andere als bloß räumliche Relationen, nämlich kausale oder zeitliche abgebildet werden [...] Auch beim Veranschaulichen von Geräten gibt es einen Augenblick, wo die Einsicht in die Ganzheit erreicht wird" (Steiner 1988). Dies zur Demonstration, wie ein mentales Modell, eine innere Repräsentation der Funktion über den Prozeß der Veranschaulichung aufgebaut wird. Die Überprüfung der Modellannahmen durch Computer-Simulation und empirische Untersuchungen stehen zum Teil noch aus.

Ausgehend von der Konstruktion MM lassen sich in der Literatur folgende Differenzierungen bezüglich der Zustandsformen treffen: Während bei den Perceptions-Modellen (Stachowiak 1973) die diesen zugrunde liegenden kognitiven Prozesse durch *externe Reize* ausgelöst werden, also *wahrnehmungs*-begründend sind, werden die Prozesse bei den kogitativen Modellen (Stachowiak 1973) durch *interne Reize,* d.h.

durch *Vorstellungen* ausgelöst. Sie stellen ein Produkt der kognitiven Selbstregulation dar.

Entsprechend den informationsverarbeitenden analytischen Prozessen werden zwei Modelle innerer Repräsentation unterschieden:

3.2.1.2.1 Das Standard- oder modale Modell. Der Wahrnehmungsprozeß deutet Gegenstände, Szenen, Bilder aus dem Netzhautbild mittels der *Bottom-up-Strategie,* wobei die Sinnesdaten eine *„aufsteigende" Rolle spielen. Datengesteuerte Vorgänge* beginnen mit der Analyse des Reizes zur Feststellung der strukturellen Beschreibung, die auf einen Input-Reiz paßt. Sie beziehen sich auf die durch den Reiz ausgelöste Aktivität, damit auf die aktuelle Situation. Der wahrnehmungsmäßige Input wird von den Sinnesorganen zum Gehirn weitergeleitet. Diese Vorgänge vollziehen sich meist automatisch und unbewußt. Die Informationsverarbeitung wird als sequentieller Prozeß, eine Operation nach der anderen, linear erklärt, und die komplexe Analyse findet zentral statt. Im Gegensatz dazu steht die Annahme einer parallelen Verarbeitung von Information, d. h. viele Zugänge an vielen Punkten.

Bei der Wahrnehmungs-Interpretation geht es auch darum, ob Sinneseindrücke auf strukturelle Schemata passen oder nicht. Merkmale in der Information suchen mögliche Deutungen in den vorhandenen begrifflichen Schemata. Eine Strategie der Begriffsbildung z. B. ist, vom Teil zum Ganzen zu kommen. Sobald ein Teil eines Schemas als Deutung angenommen ist, die Daten in eine Beschreibung sinnvoller Gegenstände in ein Bild integriert sind, liefern andere Einheiten eines Schemas Erwartungen, was noch zu sehen wäre. Die methodologische Perfektion ist durch dieses Modell gewährleistet, besonders wenn Untersuchungen sich mit molekularen Phänomenen beschäftigen, die zu quantitativen Ergebnissen führen.

3.2.1.2.2 Das molare Modell ist eine Reaktion auf das ursprünglich verwendete modale Modell, und der *Top-down-Ansatz* stellt somit einen Alternativansatz der Kognitionspsychologie dafür dar, wie der Organismus neu eintreffende Dateninformation manipuliert, reorganisiert oder umcodiert (z. B. in eine leichter zu merkende Form). *„Absteigende"*, auch *konzeptuell-gesteuerte Analysen* betreffen die zielgerichtete Aktivität. Diese Prozesse vollziehen sich bewußt und sind von Motivation und Erwartung gekennzeichnet.

Untersuchungen zu Geschichten, Schemata, Skripts, Verarbeitungstiefe und Prozessen des Organisierens, d. h. der Umgang mit Erfahrungen und Rahmenvorstellungen sowie Einflüsse des Kontexts sind im Aufnehmen und Verarbeiten von Neuem von Interesse. Theorien, die die Wahrnehmung als einen begriffs-gesteuerten Prozeß sehen, der nie abgeschlossen ist, richten ihre Aufmerksamkeit auf visuelle Merkmale (primitives, features) von Objekten der Umwelt. Bei Anwendung dieser Strategie bildet das *Wissen* der VP den Ausgang der Informationsverarbeitung. Es kommt zur Hypothesenbildung über die Erwartung des Kontextes. Diese Erwartungen leiten den gesamten Wahrnehmungs-Prozeß. Innerhalb der Psychologie bedeutet dies die Beschäftigung mit alltäglicheren und weniger labormäßigen Problemen.

3.2.1.2.3 Interaktion beider Modelle. Durch Computersimulation neuronaler Prozesse wird versucht, kognitive Leistungen nachzubilden und einen Zugang zu mentalen Repräsentationen zu erhalten. Dafür werden zwei Modelle vorausgesetzt: ein *mentales* (als Abbild der physikalischen Welt) und ein *psychologisches Modell* (Rekonstruktion, Formalisierung des mentalen Modells). Beide Programme müssen (sprachlich, numerisch oder meist) durch ein Computerprogramm realisiert werden. Zimmer (1993) unterstellt mentalem und neuronalem Zustand eine *Isomorphie.* Auf den möglichen Zusammenhang der Zustände kann nur mittels *Korrelation* geschlossen werden. Werden die vier Ebenen der Repräsentation (kognitiv, neural, mental, psychologisch) zusammengeführt, ergeben sich aufgrund der unterstellten Systeme folgende Realisierungen der Modelle: *das mentale Modell erfährt eine physiologische Realisierung, das psychologische Modell wird als solches realisiert.*

3.2.1.3 Analog- (pictorial-) oder Imagery-Debatte: *„Images versus propositions"* – analoge versus symbolische Modelle, Vorstellungen versus unanschauliche Gedanken

Die wissenschaftliche Auseinandersetzung über verschiedene Formen der Wissensrepräsentation endete letztlich in zwei einander gegenüberstehenden und inkompatibel erscheinenden Positionen, nämlich die Reduzierung der Problemstellung auf die Frage der Repräsentationsformate. Diese „analogue-propositional"-Debatte erbrachte den Vorteil, daß sie zumindest teilweise zu einer Begriffsklärung beitrug und entgegen der relativen Unbekümmertheit zu einer theoretischen Standortbestimmung führte.

In dieser Debatte geht es in erster Linie um die allgemeine Frage, ob menschliches Denken anschaulich, imaginal sei, wie dies Vertreter der Kognitions-Psychologie immer stärker betonen. Zu bemerken ist, daß diese Art der Betrachtungsweise auf Külpe (1923), jedoch auch auf Piaget zurückzuführen ist. Külpe, aus seinen „Vorlesungen über Logik": „Die Vorstellungsbilder einer früher gesehenen Landschaft [...] sind den Empfindungskomponenten, die in der Wahrnehmung dieser Gegenstände enthalten waren, ähnlich und werden zugleich auf die früheren Wahrnehmungen oder die in ihnen gegebenen Empfindungskomplexe zurückgeführt und bezogen." In dieser Diskussion, die zu einer Kontroverse ausartete, ging es einerseits um die Frage nach modalitäts-spezifischen Verarbeitungssystemen, andererseits um den Kategorienfehler der Vermischung zweier Bereiche, nämlich der neuralen Ebene mit der Ebene der Information.

3.2.1.3.1 Unterscheidung zweier Positionen bezüglich der Art der Repräsentation. Es geht um die Frage, welchem Repräsentations-***Format,*** dem propositionalen (das abstrakt ist) oder dem analogen (der annähernd originalgetreuen Wiedergabe, der „Abbildung"), bzw. welcher *Form der Codierung* der Vorzug zu geben ist, d. h., ob ein Repräsentations-Modell, dem nur ein Format bzw. ein *einheitlicher Code* für die Repräsentation des Wissens zur Verfügung steht, angemessen ist oder eher eines, das über mehrere Formate, *duale Codes* oder pluralistische Zugänge verfügt. Herrmann (1993) schlägt vor, den Ausdruck des Repräsentationsformats, da dieser oft „fehlleitend" wäre, mit „Informationsformat" zu ersetzen. „Theorien über [...] Codes [...] können unabhängig davon entwickelt und geprüft werden, wie es mit dem Verhältnis R von Abbildung und Abgebildeten steht".

1. Die *Bild-Position* besagt, daß Vorstellen über das Absuchen von Kopien des ursprünglichen Wahrnehmungsreizes zustandekommt. Dieses System der *analogen Repräsentation,* das mit mentalen Bildern oder Vorstellungen operiert, verwendet für die Codierung von Gegenständen das *ikonische Symbolsystem.* Nach Lüer (1995) wird die Frage der analogen Repräsentation fast ausschließlich auf der Ebene des Arbeits-Gedächtnisses gestellt.

2. Die andere, die *propositionale Position* betrachtet *symbolische* Beschreibungen als Grundlage von Vorstellungen. Die gespeicherten Informationseinheiten (Symbole) sind *semantisch* interpretierbar und entsprechen dem verarbeitenden Ereignis. Die Einheiten werden meist in Begriffen von Propositionen beschrieben. Bei *propositionalen Repräsentationen* geht es bei den Relationen um räumliche Anordnung, Farbe, Größe; die Informationsgrößen sind strukturelle Einheiten: Punkt, Würfel.

Proposition ist ein der Logik entnommener Begriff (Definition – siehe Vorstellungstheorien 3.3.2) und wird hier als Bestandteil von Wissensstrukturen postuliert. In der Linguistik bezeichnet er den deklarativen Gehalt einer Äußerung, das ist der Bedeutungsgehalt. Beispiele propositionaler Repräsentations-Modelle: Frames, Skripts, semantische Netzwerk-Modelle.

Die Auseinandersetzung bezieht sich hier nur auf einen Teilaspekt aus gedächtnispsychologischer Sicht bezüglich der Verarbeitung und Repräsentation von Information. Während eine Position erklärt, daß Vorstellungen spezifische Codierungs-Charakteristika haben, vor allem spezifische Funktionen im Ablauf kognitiver Prozesse aufweisen, also *modalitätsspezifisch* sind, sieht die andere Position Vorstellungen nicht als erklärende Konstrukte für kognitive Prozesse und versucht sie, auf *modalitätsunabhängige – amodale Codierung* von Information in einem propositionalen Einheitssystem zurückzuführen (siehe Pylyshyn 1981).

Aus *kognitionspsychologischer* Sicht kommt jedoch einem weiteren Aspekt bezüglich des Repräsentations-Formats zunehmende Bedeutung zu: der Frage nach *inhaltlichen* und *relationalen* Eigenschaften (z. B. Abbildungs-Beziehungen), womit der Zugang zu Fragen der *individuellen* Repräsentation erleichtert wird. Zieht man ein Fazit bezüglich des derzeitigen Erkenntnisstandes zur Frage des *Formats* mentaler Repräsentationen, läßt sich mit Tergan (1993) feststellen, „daß die mentale Repräsentation von Informationen in unterschiedlichem Format erfolgen kann. Das Repräsentations-Format kann – muß aber nicht – mit jenem Format korrespondieren, in dem die entsprechenden Informationen tatsächlich gedächtnismäßig gespeichert sind". Mit Zimmer (1993) ist das Repräsentationsproblem dann „adäquat gelöst, wenn die gewählte Repräsentation informationserhaltend ist".

3.2.1.3.2 Ein weiterer Diskussionspunkt in der Imagery-Diskussion betrifft die *Notationssysteme von Wissensrepräsentationen.* Nach Anderson (1978) ist sowohl das duale Repräsentations-Modell („wahrnehmungsbasierte") zur Rekonstruktion des bildhaftanschaulich umschriebenen Wissens, als auch das propositionale („bedeutungsbasierte“) Repräsentations-Modell gleichermaßen in der Lage, psychologische Prozesse adäquat abzubilden.

3.2.1.4 Wissens-Repräsentation – Zur Repräsentation von Wissen im LZG

Das Wissen ist die Voraussetzung kognitiver Informationsverarbeitung, die Wissensbasis notwendige Bedingung. Für das Verständnis von Wissen möchte ich drei Axiome von An der Heiden (1985) vorbringen: (1) daß die Welt ein strukturiertes Ganzes ist, bestehend aus Teilsystemen zur Informationsverarbeitung, den kognitiven Systemen; (2) diese Systeme bringen kognitive Phänomene hervor, Produkte wie: Wahrnehmen, Vorstellen, Denken; (3) während kognitive Phänomene immer real sind, können ihre Inhalte auch fiktiv sein.

Bei der Wissensrepräsentation handelt es sich um die Codierung mentaler Modelle, es wird nur die *Interpretation* und kein Abbild sensorischer Erfahrungen gespeichert. Nach Perrig (1988) ist „unter Interpretation eine Codierung zu verstehen, in der ein sensorisch-perzeptuelles Ereignis Beziehungen zu schon bestehenden konzeptuellen Strukturen herstellt und durch diesen Vorgang selbst bedeutungsvoll integriert wird“. Als *Wissen* wird die Summe von Erfahrungen und kognitiver Fertigkeiten umschrieben, gekennzeichnet durch Prozesse, die die Aufnahme von Informationen, deren Verarbeitung und Speicherung im Gedächtnis, deren Aktivierung und Nutzung betreffen.

Zur Klassifikation von Wissen werden verwirrend unterschiedliche Gesichtspunkte gewählt, woraus teils ziemliche Abgrenzungsprobleme resultieren. Mögliche Lösungen der Unterscheidung gibt es nach Wissensinhalten, Funktionen von Wissen, der Speicherung etc. Eine Konzeption im Zusammenhang mit der Grundstruktur von Repräsentation der Wissensarten zur Erklärung von Informationsverarbeitung soll hervorgehoben sein:

3.2.1.4.1 Deklaratives und prozedurales Wissen – Diese Kriterien gehen auf den Philosophen Ryle (1949) in seinem „Concept of Mind“ zurück, jedoch nicht in der heute verwendeten Weise zweier Wissensformen. Sein „knowing that“ und „knowing how“ wird quasi dem „Wissen, was“ und „Wissen, wie“, dem „Können“, gegenübergestellt und von Forschungsrichtungen wie Artifical Intelligence (AI) und kognitiver Psychologie diskutiert. Als *deklarativ* (auch explizit) wird Wissen in Form von Datenstrukturen, *Fakten und Ereignissen* verstanden (Objekte, Situationen); als *prozedural* (implizit und nicht-deklarativ) wird Wissen in Form von *Handlungen* bzw. auszuführenden *Prozeduren, Fertigkeiten* und Gewohnheiten aufgenommen. Es ist dies die Modifikation von Verhalten beim Erlernen einer Fertigkeit. Deklaratives Wissen besteht in sprachlich codierten Regeln, prozedurales Wissen in Aktionen. Diese Art von Wissenserwerb ist bewußt im Gegensatz zum prozeduralen Wissen. Der Erwerb prozeduralen Wissens erfolgt meist, indem zunächst deklaratives Wissen erworben und danach praktiziert wird. Dabei werden drei Phasen unterschieden: 1. die kognitive, wobei das Wissen gedächtnismäßig gespeichert wird; 2. die assoziative, die durch allmähliches Üben entsteht;

3. die autonome, in der die Tätigkeit sich automatisiert. Beim Durchlaufen der Phasen wird gelernte Aktivität zunehmend effektiver und mit weniger Anstrengung ausgeführt. Zu diesen kann zusätzlich noch Kontroll- und Steuerungswissen, „Wissen, wann“-Strategien zur Steuerung des Zusammenwirkens von deklarativen und prozeduralen Wissensbeständen, deklariert werden (Opwis 1992).

Wissensrepräsentation nach der ihr zugrundeliegenden Repräsentations-Form wird verstanden als:

- das System der analogen Repräsentation und
- das System der propositionalen Repräsentation.

Darüber hinaus gibt es noch

- Wissensrepräsentation in mentalen Modellen und
- Schemata als Repräsentationsstrukturen.

Schemata sind Wissensstrukturen und -systeme, in denen Wissen nach Zusammenhängen organisiert und beschrieben wird. Sie werden beim Verstehen von Geschichten und zur Aktivierung von Kontextinformation verwendet. Auch bei der konzeptgesteuerten Verarbeitung von Wahrnehmung werden sie eingesetzt. Um Wissen über visuelle Wahrnehmungsinhalte darstellen zu können, entwickelte Minsky (1975) das Konzept der Rahmen („frames“).

3.2.1.5 Die Repräsentation von Wahrnehmung und Vorstellung in neuronalen Netzwerken

Im *Konnektionismus* (auch als biologische Informationsverarbeitung und Parallel distributed processing bezeichnet) wird von neuronalen Netzwerken (NN) und der *Hebbschen Lernregel* (1959) ausgegangen – und *nicht mehr von einer Codierung.* Diese Regel besagt, daß die Verbindung zwischen zwei Neuronen immer dann gestärkt wird, wenn diese gemeinsam zum gleichen Zeitpunkt aktiviert werden. Die Konzeption der Informationsverarbeitung konnektionistischer Modelle, insbesondere die Kognition, basiert nicht auf der Manipulation von Symbolen. Die Grundidee ist das Netz (network) mit seinen Verarbeitungseinheiten (units), die erregende oder hemmende Aktivierungen aufweisen und miteinander in Verbindung stehen (connected). Veränderung ist dabei durch neuronale Aktivität in Netzwerken bedingt und durch deren Beziehungen zueinander charakterisiert.

Diese neuronalen Systeme können nach Peschl (1994) als Repräsentations-Systeme verstanden werden, die ohne symbolische Operationen bzw. Propositionen auskommen. Minimale Voraussetzungen für ein derartiges System sind Input (direkte Stimuli aus der Umwelt) und Output (Verhalten), wobei es zu einem Interagieren dieser Vorgänge kommt, d. h. zu neuronalen Aktivierungen. Wenn Neuronen wiederholt gemeinsam aktiviert bzw. inaktiviert werden, wird ihre Verbindung – die auch von der Art der Aufgabe abhängig ist – und damit ihre Konnektivität verstärkt bzw. vermindert: *Alles Wissen ist in den Verbindungen enthalten.* Die so entstehenden Verknüpfungen, interaktive Veränderungen in neuronalen Netzwerken, zeigen übergreifende Eigenschaften. Netzwerke sind eben durch Prozesse zwischen zwei oder auch mehreren Verbänden gekennzeichnet. Leistungen wie Denken, Wahrnehmen etc. sind Folge von Veränderungen der Stärke bzw. der *Gewichtung von Verbindungen* zwischen diesen Verbänden. *Die Struktur wird somit fortwährend modifiziert.* Aufgrund der gegebenen Eigendynamik bedarf ein solches System keiner zentralen Verarbeitungseinheit mehr. Wird einem aus Neuronen bestehenden System eine Folge von Mustern dargeboten, vermag sich dieses – durch Änderung seiner Verknüpfungen, d. h. nach dem Hebbschen Prinzip – jeweils *neu zu organisieren,* in dem Sinne, daß die Verknüpfungen der aktivierten *Muster sich verstärken.* Bei einer Wiederholung der Darbietung des Musters nach erfolgter Lernphase kommt es zu einem Wiedererkennen, quasi zu einem assoziativen Erinnern oder zu einem inneren Identifizieren[6] dadurch, daß das gelernte Muster innerlich repräsentiert ist. Die Eigenschaft der Muster-Vervollständigung beim Erkennen und Wiedererkennen eines früheren Musters besteht in der parallelen Aktivierung von Einheiten, bedingt durch gleichzeitige Aktivierung von Einheiten der repräsentierten Merkmale, die mit Merkmalen des Musters gemeinsam auftreten, ohne daß jedoch das Muster aktiviert werden muß (siehe Physiologische Aspekte des Gedächtnisses 1.7.2).

„Die Repräsentation der Umwelt resp. die Produktion des Verhaltens entsteht aus einem [...] Zusammenspiel von Aktivierungen, [...] Plastizität des Nervensystems und aktuellem Input. Die neuronale Architektur des kognitiven Systems ist rekursiv: Beim resultierenden Verhalten handelt es sich nicht um ein simples stimulus response oder Reaktionsverhalten. Das durch neuronale Dynamik generierte Verhalten hängt also nicht nur vom aktuellen input (= Stimulus), sondern auch in hohem Maße vom aktuellen inneren Aktivierungszustand ab“ (Peschl 1994).

Entsprechen die im konnektionistischen Ansatz eines künstlichen oder natürlichen Organismus deklarierten „Aktivierungen“ den Kohärenz-Änderungen auf der Ebene des EEGs bei kognitiven Aufgaben? Läßt sich die „Gewichtung von Verbindungen“ in einem künstlichen oder natürlichen Organismus mit dem „Grad der Kopplung zwischen Neuronen-Verbänden“ im EEG gleichsetzen? *Es liegt nahe anzunehmen, daß Kohärenz-Änderungen Aktivierungen neuronaler Netzwerke reflektieren.*

Anschließend werde ich auf die unterschiedliche Verwendung des Begriffs der Repräsentation (die Repräsentation visueller Vorstellungen wird in den neuropsychologischen Aspekten 2.1.2 referiert) in der Theorienbildung von Wahrnehmung und Vorstellung eingehen, um danach innerhalb des theoretischen Rahmens ein Konzept zur visuellen Wahrnehmung und Vorstellung vorzustellen. Für eine konnektionistische Umsetzung bietet sich im nächsten Kapitel das zu behandelnde Modell von Kosslyn an. Das *Medium, in dem Repräsentationen aufbewahrt werden, ist das Gedächtnis* (siehe dazu auch Neuroanatomie und Neurophysiologie des Gedächtnisses 1.6);

---

[6] Selbst bei einer teilweise eingetretenen Störung des Systems.

Repräsentationen sind Gegenstand des Gedächtnisses, deren Besprechung bei der Aufmerksamkeit folgt.

3.3 Die VORSTELLUNG in der psychologischen Theoriebildung

3.3.1 Die duale Codierungs-Theorie von PAIVIO

3.3.1.1 Bildliche versus sprachliche Informationen

Ausgehend von der Thematik, warum konkretes sprachliches Material anders verarbeitet wird als abstraktes, handelt es sich – informationstheoretisch betrachtet – bei der bildlichen und sprachlichen Darstellung von Informationen um unterschiedliche Codierformen. Abstrakte Begriffe lassen sich bildlich nur schlecht darstellen, und für diesen Fall wird es nötig sein, das Dargestellte sprachlich zu erläutern. Für konkrete Objekte jedoch gilt sowohl die bildliche als auch die sprachliche Darstellung. Aufgrund der Analogie repräsentieren ein Objekt und sein Abbild die gleiche Realitätsebene. Dies verhält sich allerdings im Falle der Sprache anders. Sprachliche Zeichen repräsentieren im Unterschied zu nicht-sprachlichen eine andere Realitätsebene. Dies wird als Symbolfunktion der Sprache bezeichnet (Bühler 1934), bekannt geworden durch Cassirer mit seiner „Philosophie der symbolischen Formen“ (1923).[7]

Hierzu sei jedoch folgende Anmerkung gemacht: Bei der Beschreibung eines Objektes erfährt dieses eine Merkmalsreduktion. Das Beschriebene wird durch die Beschreibung Mitglied einer Klasse, wodurch es einen Verlust an Individualität erfährt. Beim Bild jedoch verhält sich dieser Sachverhalt anders: Das Abgebildete fungiert als spezieller Vertreter einer allgemeinen Klasse. Daraus resultiert, daß bildliche und sprachliche Repräsentationen als ergänzende und nicht alternierende Darstellungsformen aufgefaßt werden sollten. Bildliche Vieldeutigkeit erfährt durch sprachliche Einengung eine Vereindeutigung. Duale Information – bildlich-analoge und verbal-kategoriale Form – bietet somit einen Lern-Vorteil. Es ist daher anzunehmen, daß die im Gedächtnis gespeicherten Wissensbestände ebenfalls in dualer Form repräsentiert sind. Diese Annahme wird vor allem von Paivio vertreten.

3.3.1.2 ***„Imagery“*** („bildhafte Vorstellung“) in der Lern- und Gedächtnispsychologie geht auf den kanadischen Psychologen Allan Paivio zurück. Sein theoretischer und experimenteller Ansatz ist heute noch die Grundlage dafür, das Konstrukt „Vorstellung“ mittels objektiver Methoden in der kognitiven Psychologie zu untersuchen. „Images may be visual, auditory, or haptic or any combinations of these“ (Paivio 1975); visuelle Informationen werden bevorzugt, jedoch nicht ausschließlich in der Imagery-Forschung untersucht.

---

[7] „Seit E. Cassirers ‚Philosophie der symbolischen Formen‘, seit S. K. Langers ‚Philosophy in a New Key‘ und seit J. Piagets ‚La formation du symbole chez l'enfant‘ hat sich unter Anthropologen der Gedanke weitgehend durchsetzen können, daß der Mensch sich vom Tier durch seine Fähigkeit der Symbolbildung unterscheide“ (Hernegger 1985).

Ausgang für seine duale Codierungs-Theorie war der Versuch einer Erklärung des sog. *Bildhaftigkeits-Effekts.* Mit zunehmendem Konkretheitsgehalt der zu verarbeitenden Informationen erhöht sich die Wahrscheinlichkeit dualer Codierung. Paivio (1971) versuchte die Vorstellbarkeit von Wörtern zu messen und entwickelte ein *Maß für Imagery,* den Index (I), der dem Grad der Bildhaftigkeit eines Wortes entspricht.

Unter experimentellen Lernbedingungen stellte sich heraus, daß bei Vorgabe von Bildern, konkreten Namen und abstrakten Begriffen Bilder am besten, abstrakte Begriffe am wenigsten gut erinnert werden (Wippich und Bredenkamp 1979). Wird nun Paivios Theorie auf dieses Phänomen angewandt, ergibt sich für Bilder und konkrete Begriffe imaginale und verbale Codierung, für abstrakte Begriffe ausschließlich verbale Codierung. Die Wahrscheinlichkeit einer *dualen Codierung* ist bei *Bildern am größten.* Das *Prinzip der Code-Redundanz* nach Paivio besagt, daß Effekte der Konkretheit auf die Speicherung zusätzlicher imaginaler Bedeutung zurückzuführen sind und sich die Wirkungen der beiden Codierungen addieren. Somit ist besseres Lernen gewährleistet.

Bezüglich der Informationsverarbeitung von Vorstellungsinhalten, der Art der „inneren Repräsentation" bzw. der Codierung, unterscheidet die Vorstellungsforschung mindestens zwei Positionen: die einfache und die doppelte Form der Repräsentation.

3.3.1.3 Codierungs-Systeme: Die *Theorie der dualen* [imaginal versus verbal] *Codierung* (1969, 1971, 1978, 1986) differenziert zwei kognitive Sub-Systeme, die sich hinsichtlich ihrer Verarbeitungs-Modi unterscheiden: einem verbalen System steht ein non-verbales Vorstellungs-System gegenüber, verantwortlich für Codierung, Speicherung, Organisation, Transformation. Zwischen beiden Systemen bestehen Verbindungen im Sinne von „symbolic transformations" (1971, p. 8). Mit dieser Strukturtheorie lieferte Paivio eine erstmalige Erklärung der Rolle von Sprache und Bild bei der Verarbeitung der jeweils anderen Modalität.

• Das *Imagery-System* der *bildhaft-analogen* Verarbeitung – das von Paivio auch als imaginativ bezeichnet wird – ist auf den Umgang mit non-verbalen Informationen in Form von gespeicherten Bildern ausgerichtet, die *parallel,* d. h. räumlich-synchron verarbeitet werden. Es handelt sich um Gedächtnis-Repräsentationen, die konkreten Objekten entsprechen. Wissen wird dabei parallel abgebildet. Unter analoger Darstellung, wie sie dem non-verbalen System entspricht, ist die originalgetreue Wiedergabe des Vorbildes unter Entsprechung der Sinnesqualität zu verstehen.[8] Es wird angenommen, daß diese Repräsentationen der nicht-verbalen Information ganzheitlich und *wahrnehmungs-analog* sind, d. h. den Vorstellungen wahrnehmungsmäßig entsprechen. Dies ist als ein Hinweis auf die direkte Ähnlichkeit von Wahrnehmungs-Erfahrungen zu werten. Diesem Code wird integrative Funktion zugestanden, Einzelinformationen werden zu einem „image" zusammengefaßt.

• Das *symbolisch-sequentielle* System – das von Paivio auch als verbal bezeichnet wird, da es Sprache verarbeitet – enthält konzeptuelle Informationen und dient der Dar-

---

8 Analog-Codierung gilt für alle Sinnesmodalitäten.

stellung linguistischer Einheiten. Seine Spezialisierung liegt in der Verarbeitung abstrakter Informationen. Die Organisation erfolgt hier in genauer Analogie zur Sprache sukzessiv: kleinere werden in größeren Einheiten organisiert (Silbe – Wort – Satz). Aufgrund dieser *sequentiellen* (diskreten), d. h. nicht-synchronen Verarbeitungsweise verfügt es über geringere Speicherkapazität, dafür vermag es Informationen zeitlich aufzuteilen, logisch miteinander zu verknüpfen und, der codierten Reihenfolge entsprechend, wieder abzurufen. Verbale Repräsentationen weisen keine Ähnlichkeit zu konkreten Objekten auf.

Wird Paivios Theorie auf die Gedächtnispsychologie und die Unterscheidung zwischen KZG und LZG bezogen, ist anzumerken, daß es sich sowohl beim bildlichen als auch beim verbalen Gedächtnis um Systeme des *Langzeit-Gedächtnisses* handelt. Sie enthalten visuelle und verbale *Wissensbestände,* die im Laufe eines Lebens erworben wurden und durch entsprechenden Input sowohl kurz- als auch längerfristig aktiviert werden können.

Die Unterscheidung der Sub-Systeme bezieht sich sowohl auf die strukturelle Ebene als auch auf das funktionale Niveau. Die Codierungs-Systeme sind als nichtstatisch aufzufassen, wobei dem non-verbalen System höhere Flexibilität und größere Effizienz als dem verbalen bezüglich Transformationen, Manipulationen, Organisationen zukommt. Transformationen und Reorganisationen visueller und räumlicher Eigenschaften des non-verbalen Systems beziehen sich auf Farbe, Form, Größe, Helligkeit, Lokalisation, Schatten etc. von vorgestellten Objekten. Transformationen und Reorganisationen des verbalen Systems beziehen sich auf Wörter, Sätze, linguistische Einheiten etc.

3.3.1.4 Stufen der Informationsverarbeitung

In der Interaktion der beiden Systeme gibt es mehrere Ebenen; jedes System ist als Hierarchie von vier Stufen organisiert:

- Die erste Stufe stellt die *sensorische Spur,* das *Ikon,* dar. Hier geht es um eine kurzfristige Aufrechterhaltung, die sich relativ rasch wieder verflüchtigt – im Sinne des „ikonischen Gedächtnisses" von Neisser.
- Die eigentliche Verarbeitung setzt auf der *repräsentationalen Stufe* ein. Je nach System werden in spezifischer Weise Langzeit-Repräsentationen aktiviert; z. B. Bilder *(Imagene)* im Vorstellungsbereich oder Wort-Repräsentationen *(Logogene)* im sprachlichen Bereich.
- Auf der nächsten Stufe, der *referentiellen Bedeutungsebene,* kommt es zur dualen Codierung. Hier werden nun Verbindungen und Wechselwirkungen zwischen den beiden kognitiven Systemen hergestellt, die Interaktion zwischen verbal und non-verbal. Z. B. kann ein Wort mit einem Bild assoziiert sein und vice versa.
- Den Abschluß bildet die *assoziative Verarbeitungsstufe.* Auf dieser Ebene kommt es zur Assoziation und Elaboration, hier erfolgen Transformationen und Verknüpfungen der beiden Verarbeitungs-Systeme, jedoch nicht durch Außenreize. Es sind

Kontrollprozesse notwendig, die den Informationsfluß zwischen den Systemen regeln und reorganisieren. Abstrakte Informationen erlangen hier ihre Bedeutung.

Die beiden Systeme implizieren einerseits Unabhängigkeit, andererseits teilweise Verbundenheit. Unabhängigkeit bedeutet, der Inhalt des einen Systems hängt nicht vom Inhalt des anderen ab. Verbale Prozesse und bildhafte Vorstellungen sind alternative Repräsentationen, sie können gleichzeitig aktiv sein, verarbeiten jedoch nicht dieselbe Information. Verknüpftheit bedeutet, ein direktes – ohne eine vorgesehene „interlingua" – In-Verbindung-Treten, „Interagieren" bei Speicher-, Repräsentations- oder Codierungs-Vorgängen, die an der Encodierung, Speicherung, Organisation, an der Transformation und an der Reproduktion von Informationen mitbeteiligt sind. Die mnemotechnische Methode der Orte stellt ein Beispiel für die Verbindung von Vorstellung, verbalem System und dem Gedächtnis dar. Oder das Gedächtnis für verbales Material wird durch non-verbale Vorstellungsbilder vermittelt und vice versa. Durch diese beiden Implikationen gilt für die Verarbeitung von Bildern, daß diese das System der bildhaften Verarbeitung direkt aktivieren, wobei es dabei indirekt auch zu einer verbalen Codierung kommt. Das verbale System hingegen wird direkt von Wörtern und Sätzen angesprochen.

Zur Begründung seines Standpunktes führt Paivio differentialpsychologische und neuropsychologische Evidenz an, die verbale Fähigkeiten der linken Hemisphäre zuordnet und non-verbale in der rechten Hemisphäre vermutet. Diese Hypothese beschäftigte jahrelang die neuropsychologische Forschung, konnte allerdings empirisch nicht bestätigt werden (vgl. auch Klimesch 1980), weshalb Paivio (1982 und 1986) eine Revision versuchte, mit der er die Kernaussage seiner dualen Codierungs-Theorie bezüglich der dargestellten Unabhängigkeit des verbalen und non-verbalen Systems gefährdete. In späteren Arbeiten führt Paivio einen weiteren *abstrakten Code* zur Verarbeitung *gemeinsamer verbaler und non-verbaler Informationen* ein.

3.3.2 Das Konzept der Proposition und Tacit-Knowledge-Theorie von Pylyshyn

Gegen die Annahme eines Analog-Systems und für die Annahme eines Gedächtnis-Systems in sprachlich-symbolischer Form, also eines einzigen Wiedergabe-Systems konzeptueller Art (1973, 1978, 1980) – quasi als Alternative zur dualen Codierungs-Theorie –, tritt Pylyshyn, Computerwissenschaftler und vehementer Kritiker der Vorstellungsforschung ein. Eine adäquate theoretische Beschreibung müsse Erklärungswert „explanatory adequacy"[9] haben, diesen vermisse er jedoch bezüglich des Konstrukts *Vorstellung*. Vorstellungen hätten demnach den Status von Epi-Phänomenen, das sind Erfahrungen, die als Resultat und nicht als Grundlage geistiger Aktivität verstanden werden sollten, also Begleiterscheinungen kognitiver Vorgänge. Auch kritisiert er die Bild-Metaphorik (Theorie der Bildmetapher) beim Erklären und Definieren bildlicher Vorstellung als eine Arbeitshypothese. Er greift Kosslyns Auffassung von

---

9 Vorstellungen sind ein Phänomen, das nichts erklärt, sondern seinerseits der Erklärung bedarf.

Vorstellungen an, vor allem jedoch den klassischen Ansatz, der sich auf die Metapher eines „Bildes im Kopf, im Geiste“ beschränkt, und er will das angegriffene „geistige Auge“ als verarbeitende Instanz verstanden wissen, das in der Lage ist, „erinnerte“ Wahrnehmungs-Informationen zu interpretieren – ein Prozeß, der dem des Vorstellens gleichzusetzen ist. Vorstellungen hätten demnach den Charakter semantisch interpretierter Wahrnehmungen.

Eine seiner Argumentationen, die duale Codierung betreffend, ist, daß sie ohne die Übernahme eines dritten Repräsentations-Codes, der amodal und propositional (abstrakt) sein müßte, inkohärent sei. „But the need to postulate a more abstract representation – one which resembles neither pictures nor words and is not accessible to subjective experience – is unavoidable. As long as we recognize that people can go from mental pictures to mental words or vice versa, we are forced to conclude that there must be a representation (which is more abstract and not available to conscious experience) which encompasses both. There must, in other words, be some common format or interlingua“ (Pylyshyn 1973; What the mind's eye tells the mind's brain: A critique of mental imagery.)

In diesem Zusammenhang führt er das *Konzept der Proposition* ein. Proposition stellt die kleinste abstrakte Bedeutungseinheit dar, die entweder „wahr“ oder „falsch“ sein kann (siehe z. B. Stegmüller). Sie wird als symbolische Repräsentation aufgefaßt und als ein Bestandteil von Wissensstrukturen. Somit postuliert Pylyshyn abstrakte (nicht-räumliche, nicht-sprachliche) Wissensrepräsentationen als dritte Repräsentationsform. Propositionen gelten als Bausteine eines Netzwerkes. Der Autor vertritt die Anschauung, daß Input in Propositionen codiert werde, aber auch jeder Output auf Propositionen beruhe (Jirasko 1985). Das Konzept der Proposition überträgt Pylyshyn auf Vorstellungen und legt ihnen ein sprachunabhängiges (nicht-räumliches), abstrakt-propositionales Format zugrunde. Bildhafte Vorstellungen sind für ihn ein Produkt symbolisch codierter Regeln, Strategien und Propositionen, die mit semantisch interpretierten Propositions-Einheiten arbeiten. Propositionen sind somit geeignet, bildlich dargestellte Bedeutungs-Strukturen zu beschreiben, und Bilder sind demnach analysierte Einheiten, die vermutlich geringe Ähnlichkeiten mit den von ihnen repräsentierten Objekten haben. Es liegt daher nahe, ein *einheitliches, semantisches Gedächtnis* anzunehmen, in welchem die Wissensbestände in propositionaler Form repräsentiert sind (Kintsch 1974). Die wesentliche Implikation propositionaler Theorien jedoch ist, daß non-verbale und verbale Repräsentationen beim Zugrundeliegen derselben Strukturen voneinander nicht unabhängig sein können. Der Ansatz vertritt einen ökonomischen Aspekt, mit wenigen Regeln viele Tatbestände abzudecken, und er bietet eine mögliche Erklärung für die Fähigkeit, Detail- und Faktenwissen umzusetzen und zu verwerten.

Tacit-Knowledge-Theorie – oder die Vorstellung als ein durch Wissen gewichteter Prozeß

Eine nützliche Methode, propositionale Systeme darzustellen, ist das *Netzwerk-*

Modell[10] (siehe auch: Neuronale Netzwerke). Nach Pylyshyn sind Vorstellungen Netzwerke diskursiver quasi-linguistischer Repräsentationen in einem mit Computer zu bearbeitenden Arbeitsbereich. Dieses Modell teilt im Prinzip die Grundannahmen der strukturellen Sicht, Vorstellung sei auf die Aktivierung von Gedächtnis-Komponenten angewiesen, also auf Informationen aus dem Langzeit-Gedächtnis. Die Mittel, die es hier gestatten, Ähnlichkeiten zwischen Vorstellung und Wahrnehmung zu erklären, sind Netzwerke aus dem LZG. Der Inhalt des LZG beschränkt den Inhalt von Kurzwerk-Netzwerken. Verfügt das LZG über keinerlei Information der Erscheinung des 4-dimensionalen Raumes, vermag auch keine Beschreibung dieses Raums konstruiert zu werden. Möglicherweise ist die Verbindung eine gewohnheitsmäßige, dann führt sie zu seinem Vorschlag von „tacit knowledge". In dieser Theorie (1973, 1981) des unausgesprochenen, „stillschweigenden Wissens"[11] vertritt Pylyshyn die Auffassung, daß wir, auch wenn wir nur schweigen, viel über die Welt wissen. So wie er es sieht, ist dieses Wissen – in Form von Repräsentationen und Regeln – auch in die Vorstellung kritisch involviert. Zusammenhänge von Vorstellen und Wahrnehmen sowie alle daraus resultierenden Effekte werden durch unbewußte Annahmen erklärt. Ergebnisse von Experimenten (1984) wären so zu interpretieren, daß nicht die Eigenschaften der Repräsentation für die Ergebnisse verantwortlich sind, sondern das implizite Wissen, über das eine VP in bezug auf physikalische Zusammenhänge verfügt sowie kognitive Beeinflussung durch Faktoren wie Einstellungen und Wünsche.

Die Ähnlichkeit von Wahrnehmung und Vorstellung könnte dadurch zustande kommen, daß Eigenschaften des Wahrnehmens in Vorstellungen aufgenommen werden aufgrund eines *latenten* Wissens, ohne daß eine gemeinsame Grundlage zwischen Wahrnehmung und Vorstellung bestehen müßte. Empirische Fakten sprechen gegen diese Ansicht. Implizites Wissen um die Gegebenheiten in der Umwelt ist als „Theorie" sowie deren Erklärungswert keinesfalls haltbar.

Im Gegensatz zur dualen Codierungs-Theorie gibt es beim Konzept der Proposition keinen Unterschied in der Repräsentation von bildhafter und verbaler Information. Während die Modellvorstellung von Paivio zwei funktional voneinander *unabhängige Gedächtnis-Systeme* – für verbale und non-verbale Informationen – vorsieht, wird im Modell von Pylyshyn davon ausgegangen, daß die beiden Systeme funktional voneinander *abhängen,* weil sie in *ein und demselben Gedächtnis-System* gespeichert sind. Ein weiterer Unterschied der beiden Modelle besteht darin, daß nach der dualen Codierungs-Theorie verbale und non-verbale Informationen nur indirekt miteinander interagieren, während dies beim einheitlichen Gedächtnis-System direkt, ohne zusätzliche Transformationen, vor sich geht.

Die Ausschließlichkeit eines einzigen, und zwar abstrakten Codes, in dem das gesamte Wissen niedergelegt ist, ist jedoch anzuzweifeln, da es genügend Evidenz moda-

---

[10] Ein Netzwerk besteht aus Elementen, diese werden auch als „Knoten" bezeichnet, die miteinander verknüpft sind. Die Elemente repräsentieren Konzepte bzw. Begriffe, und die Verbindungen repräsentieren die Beziehungen zwischen den Konzepten.

[11] Pylyshyn bezeichnet als Theorie, was bestenfalls eine Idee sein kann!

litäts-spezifischer Speicherung von Informationen gibt. Um über spezifische Charakteristika von Vorstellungen Aufschluß zu geben, erscheint das Konzept der Proposition auch als zu allgemein. Es ist viel mehr anzunehmen, daß analoge und propositionale Repräsentationen sich möglicherweise konträr zueinander verhalten und daß ihr Einsatz von den jeweiligen Bedingungen abhängig sein könnte.

3.3.3 Das Computer-Modell der Vorstellung von Kosslyn

Auf dem Hintergrund der eingangs erwähnten unterschiedlichen theoretischen Positionen in der kognitiven Psychologie, der Kontroverse bezüglich der Art der inneren Repräsentation, stellt Kosslyn seine Theorie des Vorstellungs-Systems als ein eigenes, unabhängiges Repräsentations-Medium (1973, 1981) vor, welches er mit einem Computer-Simulations-Modell in Verbindung bringt. Seine grundlegende Idee war, eine Basis-Metapher der Vorstellung zu entwickeln: ein *räumliches Display* auf einer Kathoden-Strahlröhre (CRT) eines Computerschirmes. „Visual images might be like spatial displays provided on a cathode ray tube by a computer programme operating on stored data. That is we hypothesized that images are temporary spatial displays in activative memory that are generated from more abstract representations in long term memory" (Kosslyn et al. 1979).

In seinem Modell vereint er Aussagen über *Strukturen* (zum Speichern von Information) *und Prozesse* (zur Bearbeitung von Strukturen) *auf verschiedenen Ebenen.* Prozeß-Module ermöglichen den Abruf von Informationen über visuelle Eigenschaften von Objekten. Was die strukturellen Aussagen betrifft, unterscheidet er zwischen Oberflächen- („surface representation") und Tiefendarstellung („deep representation") und hiebei zwei Formen der Repräsentation: die propositionale (konzeptuelle) und die literale (perceptuell-sprachliche). Seiner Ansicht nach beruhen Vorstellungen auf im Langzeit-Gedächtnis repräsentierten Tiefenstrukturen, die die Informationen der Oberflächenstruktur hervorbringen. Das Modell postuliert somit drei Ebenen:

(1) Das Oberflächen-Display, das *Bild* selbst, den
(2) *Langzeit-Speicher,* die Information, durch welche das Display erzeugt wird,
(3) Ein *Set von Prozessen* zur Bild-Erzeugung und Transformation.

Das Medium des Oberflächen-Displays ist ein sog. Puffer *„visual buffer"*, vergleichbar einem „Bildschirm". Er entspricht dem visuellen Arbeits-Speicher (*VAS*). Durch Wahrnehmung aufgenommene visuelle Informationen gelangen zuerst in diesen Teil des KZG. *Dieses ist weitgehend dem visuo-spatialen Skizzenblock in Baddeleys Modell des Arbeits-Gedächtnisses gleichzusetzen.* Das kurzfristig verfügbare und aufrechterhaltene Bild kann sowohl durch äußere visuelle Wahrnehmungs-Prozesse als auch durch Verarbeitung schon gespeicherter Bild-Datenstrukturen aktiviert werden. In Anlehnung an ein Computer-Modell entspricht die Oberflächenstruktur einer Matrix, auf der eine bildhafte Repräsentation durch Anordnung von Punkten erzeugt wird. Das Display beinhaltet eine Anzahl wichtiger Merkmale:

- Dem Puffer kommt die Funktion einer Koordinationsstelle zu.

- Das Medium übt gewissermaßen Einschränkungen auf die zugeführte Information aus. Da der visuelle Puffer feinkörnig ist, hat jedes Bild eine limitierte Auflösung. Diese ist nicht uniform; am höchsten ist sie im Zentrum, und gegen die Peripherie hin nimmt sie ab. Unmittelbar nach der Generierung beginnt der Zerfall. Repräsentationen sind im Medium des Puffers flüchtig. Die Punktmuster werden daher – wie auf einem Bildschirm – ständig regeneriert, damit die Vorstellung nicht ganz verblaßt.

- Es gibt auch gewisse semantische Beschränkungen auf diesem Display in der Wirksamkeit ihrer Rolle als Bilder. Vorstellungen stellen Abbildungen von Objekten und Szenen dar („depicted" und nicht „described"). Es kommt ihnen eine quasi-bildliche Funktion zu. Daher sind Vorstellungen Oberflächen-Repräsentationen in einem analog-räumlichen Medium, d. h. Original und Repräsentation weisen die gleiche Struktur der Beziehung auf.

- Visuelle Information wird aus dem VAS mittels entsprechender Interpretations-Prozesse dem LZG vermittelt. Der Langzeit-Speicher ist in zwei unterschiedliche, jedoch miteinander in Wechselbeziehung stehende Systeme unterteilt.

- Eines der beiden Systeme im Langzeit-Speicher encodiert „literale" Erscheinungen von Objekten und Szenen. Das Wissen über das Aussehen, Angaben, wie ein bestimmtes Bild oder Teile dieses Bildes erzeugt werden können, ist in *Bild-Dateien,* sog. „data files" repräsentiert. Grundstruktur-Dateien (skeletal files) beschreiben dabei die grobe Gestalt eines Objektes.

- In der Tiefen-Präsentation der propositionalen Encodierung wird das Wissen über Objekte, das Faktenwissen, repräsentiert. Es ist an keine bestimmte Modalität gebunden. *Propositionale Dateien* beinhalten Informationen, die Aspekte der Bedeutung betreffen.

Aufgrund dieser Listen ist es möglich, aus verschiedenen Objekten wieder ein Bild zu generieren oder erstehen zu lassen.

- Es werden vier Gruppen von Prozessen unterschieden: Bild-Erzeugung, -Inspektion (z. B. Größenvergleich), -Transformation und Gebrauch der Vorstellung, um Information hervorzuholen.

Der visuelle Puffer ist sozusagen das Herz des Systems, das visueller Wahrnehmung und Vorstellung gemeinsam ist. Werden nun Informationen im LZG aufgrund literaler und propositionaler Encodierungen aktiviert und im VAS ein Bild geformt, dann beruht dieses Bild nicht auf einem visuellen Input; trotzdem vermag es, wie eine Repräsentation auch, einer Inspektion unterzogen zu werden.

Vorstellen heißt demnach, *Material aus dem LZG abzurufen und es im VAS zu bearbeiten.* Durch den Bearbeitungsvorgang erhält die Vorstellung ihre räumliche Struktur. Im Unterschied zu Vorstellungen kommen *Wahrnehmungen* jedoch *un-interpretiert in das VAS,* woraus manchmal Schwierigkeiten resultieren (z. B. optische Täuschungen). Bei Vorstellungen können sich derartige Schwierigkeiten nicht ergeben, da sie sich aus interpretierten Einheiten zusammensetzen. Zusätzlich ist für *Vorstellungen* die Möglichkeit nicht nur der Rekonstruktion, sondern vor allem auch der *Neu-Interpretation* vorgesehen und gegeben. Kosslyns Auffassung zufolge sind Vorstellungen in einem amodalen (verbalen) Code gespeichert.

In einer überarbeiteten Version des Modells (Kosslyn et al. 1990) im Rahmen einer Theorie höherer visueller Prozesse betrifft eine wesentliche Neuerung den visuellen Puffer, der Ähnlichkeit mit Marrs 2 1/2-D-Skizze aufweist. Als Teil des Arbeits-Gedächtnisses erfüllt er „seine Funktion sowohl bei der visuellen Wahrnehmung als auch bei visuellen Vorstellungen. Der visuelle Puffer wird somit als funktionale Struktur interpretiert, die sich aus mehreren unterschiedlichen, die visuelle Information topographisch repräsentierenden neurophysiologischen Strukturen (retinotopic maps) zusammensetzt" (zit. nach Lüer et al. 1995).

Das Konzept umfaßt wesentliche funktionale Eigenschaften von Vorstellungen, wie daß einzelne Teile eines Bildes mit einzelnen Teilen des Originals gleichzusetzen sind und daß Original und Repräsentation die gleiche Struktur der Beziehungen aufweisen. Das Zusammensetzen eines Bildes aus Einzelteilen legt Kosslyn in den Verantwortungsbereich der *linken* Hemisphäre (1985). Seine diesbezügliche Argumentation lautet, daß eine Läsion der Bild-Generierung eher links- als rechtshemisphärisch erfolgt (Farah, Kosslyn 1985).

In seinem Modell stellt Kosslyn verschiedene, an der Generierung von Vorstellungen beteiligte *Operationen bzw. Transformations-Prozesse* (3.3.3.3) vor. Nach dem Aufbau eines Bildes kann es zum Gegenstand zahlreicher Verarbeitungsvorgänge werden. Prozesse dieser Art – in einigen experimentellen Befunden überprüft – geben Aufschluß über Änderungen von Bildern, und diese sind: *Zooming* – die Größe betreffend; *Rotation* – die Orientierung betreffend; *Scanning* – über die Erhaltung räumlicher Information beim Bild-Abtasten und Durchmustern; das *Generieren* – die Konstruktion von Vorstellungsbildern. Der Vorgang *Picture* bezeichnet das Abbilden als Teil oder Ganzes einer Wahrnehmung im LZG, und *Find* zeigt die gesuchte Stelle des Bildes an. Bei all diesen Veränderungen finden kognitive Prozesse statt, die tatsächlichen Bewegungen *analog* sind. Die Annahme der Codierung auf zwei verschiedenen Ebenen (Oberflächen- und Tiefenstruktur) stellt bereits unter Hinzunahme bildhafter Bedeutungs-Komponenten zu den abstrakten Repräsentationen (die Tiefen-Repräsentation ist propositional) den Übergang zu einer multiplen Theorie der Codierung dar.

Ein spezielles *Modell zur mentalen Rotation* entwickelte Funt (1983), dessen Ergebnisse als Resultat einer parallelen Informationsverarbeitung vieler Prozessoren zu verstehen ist. Dieses Modell basiert auf einer dreidimensionalen kugelförmigen Struktur, die aus 482 individuellen Prozessoren besteht. „Mentale Rotation wird in diesem Modell als lokale Berechnung kleiner inkrementeller Aktivationsveränderungen zwischen einem Prozessor und seinem Nachbarn erreicht. Das Modell ähnelt in seiner Grundstruktur dem visuellen Puffer aus Kosslyns Modell (siehe oben). Allerdings ist Funts Medium dreidimensional konzipiert und besteht, im Gegensatz zu Kosslyns Puffer, aus eigenständig operierenden Prozessoren. – In der heutigen Terminologie würde Funts Modell als konnektionistisch bezeichnet werden können. [...] Von seiner Struktur her ist das Modell analog" (Lüer et al. 1995).

Die zahlreichen Untersuchungs-Ergebnisse bei Kosslyn verweisen eindeutig auf die Existenz von Vorstellungen und deren analoger Repräsentation. Jedoch ließen sie sich auch auf Aufforderungsmerkmale der experimentellen Verfahren zurückführen. Damit könnten sie auf den Einfluß der Versuchsleiter zurückgehen. Zur Kritik seines Modells wäre eine Reklamation der dritten Dimension anzuführen und die Frage zu stellen, wo wohl Repräsentationen dreidimensionaler Szenen wie Rotationen stattfinden. Dazu bestünde eine Möglichkeit im LZG. Aufgrund des zeitlichen Aufwandes, den Rotationen beispielsweise in Anspruch nehmen, dürfte dieses jedoch dafür nicht vorgesehen sein.

Kosslyns Modell beinhaltet Techniken zur Generierung und Interpretation von Vorstellungsbildern. Es erklärt, wie Informationen aus dem LZG zur Generierung von Vorstellungen beitragen, und auch deren kognitiven Einsatz. Somit trägt es zur Vorhersage und Interpretation eines Teiles der empirischen Daten der vorliegenden Studie bei. In ihren Untersuchungen zur bildlichen Vorstellung bezieht sich Farah ebenfalls häufig auf dieses Modell.

3.3.4 Das Drei-Komponenten-Modell von Baddeley

betrifft das Arbeitsgedächtnis (AG); die meisten Gedächtnis-Modelle geben dem Arbeits-Gedächtnis keine Chance. Definition des AG von Baddeley (1992) „*Working Memory* refers to a brain system that provides *temporary storage* and manipulation of the information necessary for such complex cognitive tasks as language comprehension, learning and reasoning. This definition has evolved from the concept of a unitary short-term memory system." Somit stellt sich Kurzzeit-Speicherung als ein komplexes System dar, in dem verschiedene Komponenten unterschiedliche Aufgaben übernehmen. Beispielsweise ist das AG für die fortlaufende Verhaltenskontrolle zuständig (Menzel 1996). Die Unterscheidung der Sub-Systeme erfolgt in einer zentralen Verarbeitungs-Exekutive (1) von modalitäts-spezifischen Teilsystemen, die auf die Verarbeitung von Sprache (2) und visueller Information (3) spezialisiert sind. Baddeleys Auffassung nach hat der Mensch „viele Gedächtnisse". Sein Modell eines Arbeits-Gedächtnisses legt er als ein Drei-Komponenten-Modell an:

• Die *zentrale Koordinationsstelle* ist als eine Funktion der gerichteten Aufmerksamkeit für Planung und Ausführung bestimmter Fertigkeiten wichtig, wird jedoch bei automatisierten Handlungen nicht benötigt. Untersuchungen zufolge steht diese zentrale Exekutive auch mit Komponenten der Lesefähigkeit in Verbindung (Baddeley et al. 1985).

• Die *artikulatorische* oder *verbale Schleife* ist bei der Aneignung des Wortschatzes sowohl der Muttersprache als auch beim Erlernen einer weiteren Sprache wesentlich. Sie spielt jedoch nicht nur bei der Sprachentwicklung, sondern auch beim Verstehen komplexen linguistischen Materials eine Rolle.

• Der *visuo* und *spatiale Skizzenblock* zum Festhalten getrennt visueller und räumlicher Informationen (revidierte Auffassung – früher: visuo-spatial sketch-pad, VSSP für bildhaftes *oder* räumliches Material). Hier werden Bilder temporär gespeichert und Vorstellungen bearbeitet.

Zweck des Arbeits-Gedächtnisses ist es, Informationen in einem Zwischenspeicher zu bearbeiten und abrufbereit zu halten. AG und kontrollierte Prozesse sind nach Engelmann (1993) als synonyme Konstrukte aufzufassen. Nach seiner Auslegung sind Charakteristika eines arbeitenden Gedächtnisses 1. Kapazitätsbegrenzung – „die Kapazitätsbegrenzung und die Möglichkeit, die Kapazität in gewissen Grenzen willentlich bestimmten Informationen zuzuwenden", und 2. Modalitätsunabhängigkeit. Während Engelmann das AG nicht als „Ort" einer Speicherung, sondern als Zustand der Bearbeitung betrachtet, sieht Baddeley dessen vordringliche Aufgabe in der *Übergangs-Speicherung.* „Working memory stands at the crossroads between memory, attention, and perception." Den *Recency-* oder den Effekt der Neu-Aufnahme führt er auf erhöhte Reaktivierungsbereitschaft der zuletzt prozessierten Information zurück.

Aus Studien, in denen bei Vorstellungsaufgaben visuelle Wahrnehmung mit bildlicher Vorstellung interferiert, gewinnt Baddeley (1986) die Einsicht vom Vorhandensein mindestens *zweier Sub-Systeme, in denen visuelle Vorstellungen bearbeitet werden.* Er bezeichnet diese als von einander getrennte visuelle und räumliche Komponenten. In früheren Arbeiten spricht er von einem visuo-spatialen Skizzenblock, dem weitgehend die Matrix aus Kosslyns Computer-Modell entspricht, in welcher Vorstellungen generiert werden und perceptuelle Eigenschaften erhalten. Ein Verweis auf die Ähnlichkeit von visueller Wahrnehmung und Vorstellung (vgl. Finke 1986 und Kosslyn 1987) bzw. daß beiden Vorgängen dieselbe neurale Basis zugrundeläge (siehe Farah 1988). In Unterscheidung zur Vorstellung kommt das Wahrnehmen von Bildern einem Ablesen externer Information bzw. einem Ablesen von im visuo-spatialen Skizzenblock gespeicherter Information gleich. Vor allem über das visuelle Sub-System dürfte eine enge Verbindung zwischen optischer Wahrnehmung, visuellem Gedächtnis und Handlungskontrolle bestehen.

Mehrere Autoren, unter diesen auch Baddeley und Farah, führen die zentrale Kontrolle des *Arbeits-Gedächtnisses* auf eine *Funktion des präfrontalen Cortex* zurück und diskutieren – damit in einem Zusammenhang – die Funktion visueller Vorstellungen. Für die Funktion des visuellen und räumlichen Arbeits-Gedächtnisses dürfte insbesondere die Region des Sulcus principalis – als Modellsystem beim Affen – entscheidend sein. Neuronen des Sulcus principalis könnten das Substrat des AGes darstellen (siehe Der präfrontale Cortex 1.3.1.2). Ein Beleg dafür könnte darin bestehen, daß Signale, die in dieser Region eintreffen, aus dem hinteren Parietallappen kommen, wo der Cortex räumliches Sehen erarbeitet. Farah unterscheidet zwei Imagery-Komponenten, wobei eine räumliche Komponente vom Parietallappen abhängig zu sein scheint. Läsionen im Bereich des präfrontalen Cortex oder des Hippocampus führen zum Zusammenbruch des Arbeits-Gedächtnisses (Menzel 1996).

Ebenso wie das Modell von Kosslyn wird dieses zur Interpretation der empirischen Daten in der vorliegenden Studie herangezogen.

3.3.5 Komponenten-Theorie der Vorstellungen von Gerhard STEINER *(1980)*

Die Voraussetzung für Steiners Zwei-Komponenten-Theorie ist die funktionale und strukturelle Entsprechung der beiden Prozesse Vorstellen und Wahrnehmen bzw. die Annahme, daß neurophysiologische und neuroanatomische Grundlagen des Wahrnehmens auch für das Vorstellen gelten. Daraus folgt, daß beim Herstellen visueller Vorstellungen das primäre und sekundäre Wahrnehmungs-System zumindest partiell aktiviert sein könnten. Steiner geht ebenso wie Neisser von einer Theorie der Wahrnehmung aus und postuliert mögliche Parallelen zur Vorstellung. Die Theorie von bildhafter Vorstellung wird durch Prozeßmerkmale beschrieben und durch deren Verhältnisse zueinander. Zusätzlich vermag der Wahrnehmungsprozeß, bedingt durch die räumliche Information, Augenbewegungen, also motorische Mikroprozesse, zu bewirken. In der Vorstellung kommt Augenbewegungen integrative Bedeutung zu, eine Beobachtung, die bereits auf Hebb (1968) und auf Neisser (1974) zurückzuführen ist.

Die beiden Komponenten seiner Theorie, die *räumlich-visuelle* und die *begriffliche*, die an Sprache gebunden ist, kommen bei der Wahrnehmung wie auch bei der Vorstellung gemeinsam zum Tragen. Unter räumlich-visuellem Vorstellen versteht Steiner, „begrifflich bestimmbare Elemente visuell zu kodieren und unter bestimmten räumlichen Relationen betreffend Position, Orientierung, Ausdehnung, Entfernung usw. zu repräsentieren“ (Bischof 1987). Die begrifflich-verbale Komponente setzt sich ebenfalls aus zwei Aspekten zusammen, und zwar aus der semantischen Bedeutung der Gegenstände und aus der Codierung dieser Bedeutung. Bischof deutet die räumlich-visuelle Komponente als das „Wo“, die begrifflich-verbale hingegen als das „Was“ der Vorstellung. Beide Komponenten stellen Prozeßmerkmale dar. Damit gibt es für Steiner – in Übereinstimmung mit Paivio – zwei Arten der Codierung. Die Aussage des Interagierens dieser Komponenten bezeichnet er als *multimodale Interaktions-Hypothese* (1980). Er definiert Vorstellen somit als Interaktion multimodaler Prozesse.

Für diese Interaktion und als Weiterführung seiner Vorstellungstheorie postuliert er *Makro- und Mikroprozesse,* deren Vollzug automatisch erfolgt. Er betrachtet Makroprozesse als Routinen, denen Mikroprozesse, wie das *Vorstellen,* als *Subroutinen* untergeordnet sind. Das Vorstellungs-Bild ist für ihn das begriffliche Ergebnis von Mikroprozessen, und dieser Vorgang wird durch multimodale Komponenten begründet. Steiner (1980) vertritt die These einer *multimodalen Codierung:* Verschiedene mediale Prozesse oder Codierungsformen laufen gleichzeitig ab.

Die empirische Evidenz seiner Theorie findet in Interferenz-Experimenten ihren Ausdruck und im Versuch, Vorstellungen zu operationalisieren (1982). Den Ergebnissen zufolge sind die Reaktionsmuster bei guten und schlechten Visualisierern aufgrund unterschiedlicher Aktivierung der Mikroprozesse zu verstehen. Durch die empirischen Befunde ist es nun möglich, das Konstrukt der „Vorstellungslebendigkeit“ mittels der Interaktions-Hypothese in dem Sinne zu erklären, daß bei hoher Vorstellungslebendigkeit eine hohe Vorstellungsaktivität entwickelt wird. Das bedeutet: Schemata[12] aufzufächern, Sub-Schemata abzurufen, visuell zu codieren und räumliche Beziehungen zwischen diesen herzustellen. Damit wird Vorstellungslebendigkeit von mehreren Faktoren abhängig.

Steiner will *Vorstellung als verinnerlichtes Handeln* verstehen, ein Schema im Sinne von Piaget (1937). Vorstellung beinhaltet hier etwas Dynamisches, etwas, was konstruiert, aufgebaut wird, ähnlich wie das Entwickeln sensu-motorischer Schemata beim Kleinkind. Für das Denken wird dabei die innerliche symbolische Repräsentation nicht-gegenwärtiger Objekte – *erst mit ca. 18 bis 23 Monaten möglich; dabei verläuft die Entwicklung der Vorstellung von enaktiven (handlungsmäßigen) über ikonische (bildhafte) zu symbolischen (sprachlichen) Stufen* – voraussetzend. In der Genese der Vorstellungen lenkt Steiner die Aufmerksamkeit auf zwei Aspekte, die verinnerlicht werden sollen: auf den motorischen Aspekt, dargestellt durch Handlungen, und auf die Wahrnehmungen, die die Handlungen begleiten und sie auch steuern. Dem verinnerlichten Handeln lägen räumliche Mikroprozesse zugrunde. Er findet „den räumlichen Charakter der Handlungen" begründet aus der „sensomotorischen Vergangenheit jedes Individuums in der räumlichen Komponente des Vorstellens".[13]

3.3.6 Die neuronale (und konstruktive Interpretation der) Vorstellungstheorie von Hebb

Der Psychologe Hebb, Begründer der physiologischen Gedächtnistheorien, war nicht nur brillant, sondern auch seiner Zeit voraus.[14] Mit seinem Denkansatz und seiner Interpretation bezüglich des Vorstellungsprozesses als „physiologisch"[15] setzte Hebb sich von der herkömmlichen und vorherrschenden Auffassung des Behaviorismus ab, ohne dabei auf die Methode der Introspektion zurückzugreifen. Er ging von einem Ansatz der Verbindung von Hirnforschung mit Kognitionswissenschaft als Grundlage seiner neuronalen Modelle bezüglich Wahrnehmung und Lernen aus. Seine Konzeption der Zell-Ensembles (cell assemblies), die als geschlossenes System wirken – über die Verbindung von Zellverbänden, Neuronen-Gruppen, die sich zu einem einheitlichen System verbinden, würde nach und nach visuelle Wahrnehmung aufgebaut –, ist bis heute grundlegend und war für eine Forscher-Generation richtungsweisend; sie gilt als *Prinzip der assoziativen Lerntheorie.* Er legte die Basis der Neuro-Sciences, und seine neuronalen Netze waren Vorbild für Computermodelle, die Eingang in das Gebiet der künstlichen Intelligenz fanden. Weiters gelten diese *neuronalen Netzwerke als Grundlage der Hebbschen Lernregel* und stellen ein Charakteristikum (neo)-konnektionisti-

---

[12] Unter kognitiven Schemata ist nach Anderson (1989) die Bildung abstrakter kognitiver Strukturen und als Folge die Organisation von Informationen zu verstehen. Sie werden als zusammenhängende Einheiten höherer Ordnung, als komplexe Wisseneinheiten definiert.

[13] Ein Schüler Steiners, Bischof (1987), macht es sich zur Aufgabe, diese Ansätze weiterzuführen.

[14] Der Terminus Neuropsychologie findet sich zum ersten Mal in Hebbs (1949) erschienenem – zu einem Klassiker gewordenen – Buch: „The Organization of Behavior: A Neuropsychological Theory", und zwar auf der Titelseite.

[15] Es wird von einer physiologischen Wende gesprochen.

scher Modelle dar, auf die sich auch die vorliegende Arbeit bezieht, weshalb diese Theorie ausführlich behandelt wird.

Hebb interpretiert *somästhetische Vorstellungen* anhand von Phantom-Schmerzen[16] in amputierten Körpergliedern insofern, als das Auslösen neuronaler Aktivität, die Schmerzempfindung, bei Fehlen eines entsprechenden Reizes im Phantomglied durch Aktivierung eines inneren Auslösers erfolgt; sie stellen somit quasi gehirninterne Repräsentanten dar. Der zentrale Prozeß oder „phase sequence" würde beim Vorstellen „assoziativ" ausgelöst, d. h. zum Aufbau des Netzwerkes werden *Assoziationen – das sind Konnektionen* – gebildet, indem Zell-Ensembles anstelle afferenter Neuronen von anderen ähnlichen Zellverbänden erregt würden. Vorstellung wird hier als ein nach „außen" und nicht nach „innen" gerichteter Prozeß, somit Wahrnehmen und Vorstellen als *gleich*gerichtet gesehen – mit dem Unterschied der Art der Erregung corticaler Prozesse.

Grundlage und -annahme für Hebbs *Theorie der Zell-Ensembles* waren die Arbeiten von Lorente de Nó (1933), dem Entdecker neuronaler Erregungs- und Rückkoppelungsbahnen – „feedbacks" – des Gehirns. Wie aus der Lerntheorie bekannt ist, wirkt das Output des Organismus (Reaktion) auf den Input (sensorische Information) zurück und wird damit selbst wieder zum Auslöser einer neuen Reaktion.[17]

Hebb (1949): „When an axon of cell A is near enough to excite a cell B an repeatedly of persistently takes part in firing it, some growth process of metabolic change takes place in one or both cells such that A's efficiency, as one of the cells firing B, is increased." Wenn ein Neuron A erregt wird, erregt es B, daher wird B durch A erregt, das dann wiederum zur neuerlichen Erregung von A führt, usw. Die Erregung „reverberiert"[18]. Ein afferentes Neuron erregt Neurone, die wiederum Impulse in andere Systeme senden. Viele dieser Neurone bilden selbst-erregende „Kreise", die zu geschlossenen neuronalen Schaltkreisen führen. Auch Schleifen bauen solche selbst-erregenden Systeme auf. Die Erregungen bleiben in den Verläufen als Reverbaratory circuits erhalten, ein Miniatur-Netzwerk, in dem spezifische Gedächtnis-Inhalte gespeichert werden. Die Hebbsche Regel konnte durch Bliss und Lömo (1973) experimentell bestätigt werden.

Hebbs Theorie bildet die Basis der neuronalen Erregungsbahnen. Die Aktivität der Rezeptoren, die afferenten Bahnen bzw. Erregungen des corticalen sensorischen Bereichs werden von Hebb mit dem Begriff „sensations" umfaßt. Diese sind von den „perceptions", die die zentrale Aktivität durch „sensations" hervorruft, zu unterscheiden. Durch wiederholtes Aktivieren einer Erregungsschleife wird die Erregung „eingeschliffen". Bei repetitivem Eintreffen von Impulsen im Zielneuron würden vermutlich

---

[16] Dem heutigen Kenntnisstand nach sind Phantom-Schmerzen als plastische neuronale Prozesse zu interpretieren, die aufgrund eines Remappings der Ausweitung corticaler somatotopischer Repräsentation zustande kommen (siehe Seite 64).

[17] Eine Art der Konditionierung, wie auch bei der Epilepsie, der Vorgang des Kindlings.

[18] Reverberiert – „wird zurückgeführt".

Wachstumsprozesse ausgelöst, d. h. neue Zellfortsätze sowie synaptische Verbindungen gebildet, bzw. auch metabolische Veränderungen etc. vor sich gehen. Derart *veränderte Schaltstellen* zwischen Axon und Neuron wurden später als *Hebbsche Synapsen* bezeichnet und stellen das Kernstück dieser Lerntheorie dar. Hebb postuliert Netzknoten, an denen verschiedene Eingänge von Nervenzellen zusammenlaufen. Bei jeder Erregung, ausgelöst durch das Auftreten eines bestimmten Reizes, kommt es zu einer Verfestigung, wodurch die Verbindungen zwischen *gleichzeitig feuernden* prä- und postsynaptischen Elementen des Netzes *immer stärker* würden, so daß sie einander selbst dann erregen könnten, wenn gar kein auslösender Reiz mehr vorhanden ist. Es kommt zu einer *internen Repräsentation des Stimulus* (des Output); die involvierten Neuronen bilden das Zell-Ensemble, die Sub-Struktur eines neuronalen Netzwerks. Dieses präsentiert sich als ein selbstauslösendes autogenetisches System, das imstande ist, seine Aktivität nach Beendigung der Stimulation fortzuführen – wie dies bei der Vorstellung der Fall ist. Das *Prinzip neuronaler Aktivität* wird auch als *Hebb-Lernregel* bezeichnet. Diese besagt, daß für anatomische Veränderungen nicht nur der quantitative Anstieg der Aktivität, sondern vor allem die durch *synchrone* Aktivität ausgelösten Veränderungen verantwortlich sind, wobei wiederholte Erregungen oder Hemmungen auch zu Änderungen der synaptischen Transmission (Wachstum bei Erregung bzw. Schwächung bei Hemmungen) bzw. zu Änderungen im Stoffwechsel führen. Mit der Konzeption der Informationsspeicherung ließe sich nach Hebb das Phänomen des Kurz- und Langzeit-Gedächtnisses erklären. Demnach wäre die neuronale Realisierung des KZGs als die wiederholte Erregung der Rückkoppelungsbahnen des Zell-Ensembles, somit als ein aktiver Prozeß von *begrenzter* Dauer, zu verstehen und das LZG eher als eine strukturell und damit *anhaltende* Modifikation der synaptischen Verbindungen vorstellbar. Die getroffenen Annahmen von getrennten Substraten für Lang- und Kurzzeit-Gedächtnis wurden zwischenzeitlich mehrfach bestätigt.

Die Annahme Hebbs, daß die Erregung von Zellverbänden durch andere Verbände vollzogen wird, bildet auch den Ausgang seiner Vorstellungstheorie. Es ist dies eine Erregung ohne Reizauslösung oder nur durch das Vorhandensein eines Aspektes des früheren Reizes. Die physiologische Erklärung besteht darin, daß *Vorstellung in Abwesenheit des Reizes durch assoziatives Geschehen* – quasi automatisch und spontan – eintreten kann. Wenn Vorstellen ein Wiederherstellen von Wahrnehmungen als eine Form der Erinnerung – mit Verlust einiger Details – sein sollte, müßten demnach Vorstellungen von Augenbewegungen begleitet sein, „als eine integrierende Rolle bei Vorstellungen“: „ein Teilbild [...] erregt das motorische System, das nun seinerseits das nächste Teilbild hervorruft“ (Hebb 1968). Das Erinnerungsbild enthält die motorischen Verknüpfungen.

Zur Erklärung einer einheitlichen Wahrnehmung geht Hebb von einer hierarchischen Organisation der Zellverbände aus. Vorstellungen unterscheiden sich von Wahrnehmungen, die über mehrere Fixationen erfolgen, nach Hebb dadurch, daß an der Produktion von Vorstellungen ausschließlich Zellverbände höherer Ordnung und keine Verbände erster Ordnung (Erregungen des sensorischen Cortex) beteiligt sind. Die zentrale Erregung soll für die Unvollständigkeit und daher weniger für Detailhaftigkeit verantwortlich sein.

Neben der physiologischen führt Hebb noch eine *konstruktive Interpretation der Vorstellung* an. Für das Generieren von Vorstellungen, also der zentralen Aktivität, spielt nämlich *Erfahrung* eine wesentliche Rolle. Um einen vertrauten Gegenstand in seiner Gesamtheit zu erfassen, genügt es, bereits einen Teil des Gegenstandes stellvertretend für seine Gesamtheit wahrzunehmen. Die Konstruktion erfolgt aufgrund einer Teilinformation. Die mit dem Sehen korrespondierende organisierte zentrale Aktivität oder *Phasensequenz* vermag nur durch extensive visuelle Erfahrung ermöglicht zu werden. In der Periode der Erfahrung folgt die Fixation auf einen Bereich der Fixation auf einen anderen Bereich – nach der Augenbewegung usw. „the various sets of assemblies (of neurons which correspond to various retinal patterns) would gradually acquire an interfacilitation – if sight of the object from one angle is often allowed by sight of it from another. Arousing one set would then mean arousing the others, and essentially the same total activity would be aroused in each case“ (Hebb 1949).

Den *empirischen* Beleg der Theorie der Zell-Ensembles fand Hebb in Untersuchungen (in denen mittels einer speziellen Apparatur eine geometrische Figur auf das Auge projiziert wird) über die *retinale Ermüdung,* wodurch Bilder allmählich aufgrund einer Ermüdung der Rezeptoren in der Netzhaut verblassen. Zuerst fallen einzelne Linien, danach die Konturen weg, das Bild beginnt sich langsam aufzulösen, bis die Figur schließlich völlig verschwindet. Hebbs Erklärung: Jede Linie im Gehirn sei durch eine neuronale Rückkopplungs-Schleife repräsentiert. Die Aktivität dauere noch an, wenn auch die von der Netzhaut kommenden Impulse schon schwach wären. Erst beim Unterschreiten eines kritischen Wertes werde die Linie nicht mehr wahrgenommen. Den intendierten Beweis für das Existieren von Zell-Ensembles scheint das Experiment nicht zu erbringen, es spricht jedoch den Beleg für das Anhalten von neuronaler Aktivität bei Reiz-Abwesenheit.

Der Vorteil dieser Theorie ist der Versuch, psychologische Ereignisse durch physiologische Eigenschaften des NS zu erklären. Auch nach 30 Jahren ist es Hebbs Verdienst, die Prinzipien psychologischer Realität mit den Fakten der Neurowissenschaft zu verbinden. In einer Zusammenfassung fand Goddard (1980), daß die Theorie der Zell-Ensembles – von geringen Modifizierungen abgesehen – nach wie vor ihre Gültigkeit hätte, ja sogar Ausgangspunkt der gegenwärtigen Überlegungen wäre, besonders im Hinblick auf die unterscheidbaren Substrate von KZG und LZG. Als physiologisches Korrelat des Hebbschen Lernens kann heute die *Longterm-Potentiation* (LTP), das *simultane Feuern prä- und postsynaptischer Neurone* gelten, die zu einer langanhaltenden Verbesserung der synaptischen Übertragung führt (siehe dazu 1.6.2). Dies sind doch wesentliche Indizien, die für Hebbs Theorien und Überlegungen anzuführen sind.

Die Auswirkungen seines Denkens reichen also bis in die Gegenwart und finden ihren Niederschlag z. B. in rekurrenten Netzwerken: „Man nimmt an, daß Synapsen – vermutlich Dornensynapsen – stärker werden, wenn die Neuronen, die sie verbinden, oft gleichzeitig (oder kurz nacheinander) aktiv waren. Auf diese Weise werden Zusammenhänge in der Welt (z. B. die immer gleichzeitig auftretenden Eigenschaften eines bestimmten Objekts) im Hirn als Zusammenhänge zwischen Neuronenaktivitäten dargestellt" (Braitenberg und Schüz 1993).

3.3.7 Wahrnehmen und Vorstellen als visuelle Synthese von Neisser

Einer *Theorie des Vorstellens geht eine Theorie des Wahrnehmens voraus;* die Vorstellung als Wahrnehmungs-Antizipation (siehe auch Wahrnehmungstheorien 3.4).

Da die Theorie bereits eine Brücke zur Wahrnehmung darstellt, soll sie an dieser Stelle, und zwar zuletzt besprochen werden. In der Theorie von Neisser (1976) hat die visuelle Vorstellung eine andere Funktion, da sie als Teil des Wahrnehmungs-Prozesses betrachtet wird. Demnach ist Wahrnehmen (1) eine Art von Informationsverarbeitung; diese besteht (2) im Formulieren von Hypothesen über die Umwelt und (3) im Aufnehmen von Information aus den Lichtmustern, die in einer zeitlichen Abfolge auf das Auge treffen. Wahrnehmen ist somit das Ergebnis einer Integration von Informationen in der Zeit. Die Umwelt wird in „visual snapshots" – Fixationen des Auges[19] – wahrgenommen, die zu Wahrnehmungen synthetisiert oder integriert werden. Die visuelle Wahrnehmung wird dabei als konstruktiver Akt betrachtet. Für die Integration dieser *„Schnappschüsse"* wird ein *visuelles Gedächtnis* postuliert. Wahrnehmen ist ein Prozeß, wobei jeder „Schnappschuß" verwertet und in den Prozeß integriert wird, „ein sich ständig entwickelndes schematisches Modell, zu welchem jede neue Fixation neue Information beiträgt" (Neisser 1974).

Die integrierten Wahrnehmungen werden im visuellen Gedächtnis gespeichert und zu einem späteren Zeitpunkt möglicherweise als „schematisch" visuelle Objekte rekonstruiert, um danach visuellen Vorstellungen zu entsprechen. Vorstellungen werden wie Wahrnehmungen als visuelle Synthese behandelt. Wie das Wahrnehmen wird auch Vorstellen als ein konstruktiver Prozeß betrachtet. „Bei Vorstellungen geht es nicht darum, alte Schubladen zu öffnen, sondern darum, neue Modelle aufzubauen" (1974). In diesem Modell wird Gedächtnis als aktive Ordnungsstruktur für die Organisation des Wissens aufgefaßt. Es stellt das Schema für die Wahrnehmung bereit. „Weil wir nur sehen können, wonach wir zu suchen vermögen, bestimmen diese Schemata [...], was wahrgenommen wird."

Nach Meinung Neissers ist das Spektrum der Vorstellung ein breites: Es reicht von unlokalisiert bis zu dem sehr lokalisierten der *Eidetiker.* Dieses Phänomen wurde erstmals 1907 von dem Wiener Arzt Urbantschitsch beschrieben.

Nach Jaensch (1930) werden Vorstellungen als „eidetisch" bezeichnet, wenn die VP 1. sie als ähnlich klar und abgegrenzt wie äußere Objekte beschreibt; 2. diese Vorstellungen „projiziert", d.h. sie so sieht, als nähmen sie einen bestimmten Platz im Raum ein; 3. die Vorstellungen „untersuchen" kann, wie das mit einem wirklichen Bild möglich wäre; 4. die Vorstellungen, deren Position bei Augenbewegungen nicht verändert, wie das bei einem Nachbild der Fall wäre. Ein Ergebnis bei Untersuchungen an eidetischen Kindern (Haber und Haber 1964) erbrachte, daß

---

[19] Fixation – das gesehene Objekt wird symmetrisch auf jede Netzhaut abgebildet.

diese ihre Vorstellungen durchmusterten, was nicht-eidetische Kinder nie taten (tritt allerdings auch bei Träumenden auf). „Eidetic images are merely the more vived end of a continuum of visual imagery" (Gray und Gummerman 1975 und Roberts-Gray 1979) „... or is eidetic imagery a discrete ability possessed by only a few?" (Haber und Haber 1988). Es wird angenommen, daß das Verschwinden dieser Fähigkeit mit dem Eintritt ins Erwachsenenalter – aber nicht in jeder Kultur – in diesem Raum kulturell begründet sein müßte.

Die Funktion von Vorstellungen sieht er weniger als Reproduktionen früherer Erfahrungen noch als Information zur Zeit der Erinnerung, sondern eher als eine Art von „kognitivem Luxus", er schreibt Vorstellungen (wie auch Wachträumen) „symbolische" Funktion zu.

Piaget führt den Begriff des „Schemas" ein, der auf Barlett (1932) zurückgeht. Er wird von Neisser, der in der *Schema-Bildung* die Grundlage des Wahrnehmens sieht, übernommen. „A schema is internal to the perceiver, modifiable by experience, and somehow specific to what is being perceived" (Neisser 1976). Das Schema nimmt Informationen auf und wird durch jede neu eintreffende Information in das ursprüngliche Schema modifiziert. Schemata verändern sich dauernd. Das modifizierte Schema stellt das Ergebnis eines Zyklus dar, der aus drei zyklischen Phasen besteht: dem Aktivieren eines Schemas, dem Explorieren der Umwelt und der möglichen Modifizierung des Schemas. Wahrnehmen ist somit ein zyklischer (ununterbrechbarer) „Top-down"-Prozeß, der sich als eine Auseinandersetzung mit der Umwelt versteht. In diesem Schema spielen die Bewegungen desjenigen, der wahrnimmt, eine wichtige Rolle. Visuellem Vorstellen liegt ebenfalls ein Aktivieren von Schemata zugrunde.

Das perceptive Schema – als zentrales Element und Teil des Wahrnehmungszyklus – stellt auch einen Plan zum Auffinden von Gegenständen und Ereignissen dar. Da Wahrnehmen und Handeln verwandt sind, stellen sie Pläne dar und zeitigen ihren Vollzug. Erweiterung des Schemas ist die *kognitive Landkarte* (cognitive map) zur leichteren Orientierung und Auseinandersetzung mit der Umwelt. Schemata, kognitive Landkarten sind *Antizipationen,* jedoch keine Wahrnehmungen, sondern Vorwegnahmen, was wahrnehmungsmäßig zugänglich *sein wird,* deshalb sind sie ständigen Änderungen unterworfen. Trotz der strukturellen Ähnlichkeit zwischen Schemata und kognitiver Karten gibt es den Unterschied in der Zeit. Die kognitive Landkarte ist auch eine Form *räumlicher* Information. Hier setzt Neisser den Terminus „Vorstellung" ein. Vorstellungen repräsentieren für ihn die Anordnungen eines wahrgenommenen dreidimensionalen Raumes (spatial layout).

Neisser definiert somit *Vorstellungen als Antizipationen räumlicher Informationen,* die auch von fiktiver Art sein können. „Imagery is the inner aspect of perceptual anticipations, of readiness to perceive" (Neisser 1978). Damit wird Vorstellung zu einem Entwurf, zu einem Plan, was gesehen wurde (Erfahrungswert) und was zu sehen sein wird (der künftige Aspekt), bzw. was zu sehen *erwartet* wird. Die Vorstellung entspricht nicht mehr dem Bild von der Welt, ist also kein Abbild mehr im eigenen Kopf, sondern eine *Erwartung.* Erwartungen, Antizipationen sind grundlegend für räumliche Vorstellungen in einem kognitiven Plan. Bleiben Pläne oder Schemata unerfüllt, d. h. ohne zusätzliche Informationen, um ein Schema zu modifizieren, wird von Vorstellungen gesprochen. Unterschied zwischen Wahrnehmung und Vorstellung: Wahrnehmen ist ein vollständiger perceptiver Zyklus, Vorstellen bezieht sich nur auf einen Ausschnitt des Zyklus. Unter Vorstellungslebendigkeit versteht Neisser (1976) die Fähigkeit, Sub-Schemata bis auf ein Niveau hervorzurufen, auf dem sensorische Information antizipiert werden kann.

Damit läßt sich zusammenfassen, daß bezüglich der zur Verfügung stehenden Information Erwartungen geformt werden. Schemata werden mit der verfügbaren Information verglichen. Es erfolgt die Suche nach weiterer Information. Diese wird durch die bereits vorhandene geleitet. Information, die vom Schema nicht ausgewählt wird, wird auch nicht aufgenommen. Informationen können zu einer Schema-Veränderung führen. Wahrnehmung verläuft sowohl „Bottom-up“ als auch „Top-down“. Mit dieser Darstellung vom Vorstellen als Antizipieren geht Neisser über bisher beschriebene Theorien bildhafter Vorstellung hinaus – im Sinne einer Alternativdefinition.

Es scheint eine Parallele zu geben zu Hebbs nicht-kognitiver Interpretation: die „Außensicht“ der Vorstellung. In seiner Theorie berücksichtigt Neisser den *prozessualen Aspekt;* im Gegensatz zu anderen Theoretikern *sagt er jedoch nichts über eine mögliche Repräsentation von Vorstellungen aus.* Es ist als ein Faktum zu betrachten, daß Daten zur Erstellung einer Theorie des Gedächtnisses, also Aussagen über mögliche Repräsentations-Strukturen der Vorstellung nach wie vor ausstehen.

Neisser bietet eine Verbindung bzw. eine Vermittlung zwischen den extremen Positionen, und zwar durch neue, aktuelle Arbeiten (1976). Von der Kognitions-Psychologie (1967) zur ökologischen Wende, von „Bottom-up“ zu „Top-down“. Heute gilt er als Vertreter einer Richtung, der dieser „ökologischen Wende“ zu einer Weiterführung verhilft. Es geht ihm um die Realisierung eines Zusammentreffens von kognitionswissenschaftlichen mit ökologischen Ansätzen, und damit um eine menschen-gerechtere Wissenschaft.

3.3.8 Integratives Modell von Hänggi (1989)

Hänggi geht – wie Steiner (1980) schon vor ihm – davon aus, daß visuelles *Vorstellen* sich *aus* einer Reihe von *Sub-Komponenten zusammensetzt.* Auch die vorliegende Arbeit wird darauf Bezug nehmen. Sein Konzept lehnt sich an das Informationsverarbeitungs-Modell an. Der Organismus als offene Struktur nimmt Information auf, verarbeitet sie, um sie danach wieder abzugeben. Gedächtnisstrukturen stellen die Elemente dar, zwischen denen Information ausgetauscht wird. Dafür wird ein Modell konstruiert, das begriffliche und visuelle Codierungen repräsentiert. Bei Bedarf können diese Inhalte in einem kurzfristigen Verarbeitungsraum – dem Vorstellungsraum – aktualisiert und sowohl verbal als auch visuell bearbeitet und differenziert werden. Dabei kommt es zu einem Zusammenwirken von Repräsentationen des Kurzzeit- und Langzeit-Gedächtnisses.

3.3.9 Vorstellen und Problemlösen – ein Modell von Kaufmann (1987)

In diesem Modell wird die besondere Rolle von Imagery als Unterstützung für linguistisch-propositionale Repräsentationen gesehen. Hiebei nimmt das Vorstellungs-System gegenüber dem generellen Sprach-System eine eher untergeordnete Stelle ein. Das Modell kommt zum Einsatz bei 1. einer neuen Aufgabe, wenn diese 2. zusätzlich komplex und schwierig zu lösen ist und 3. wenn zu deren Anwendung nicht auf herkömmliche Erfahrungen zurückgegriffen werden kann. Dabei werden Vorstellungen als mentale Modelle beschrieben, die es ermöglichen, Verrechnungsprozesse in wahrnehmungsähnliche Prozesse zu transferieren. Bei diesem Vorgehen werden deduktive und induktive Operationen in perceptuelle Vergleiche und Antizipationen übersetzt.

3.3.10 Farbvorstellung

Eine neue Theorie der Farbwahrnehmung – *Retinex*theorie – geht davon aus, daß die Wahrnehmung von Farben auf gemeinsamen Leistungen von *Retina* und *Cortex* zurückzuführen seien. „*Why does imagery hurt color memory?*" (Reisberg et al. 1986)

Hier stellt sich die Frage, ob es Personen mit guter Vorstellungsfähigkeit wie Malerinnen, eher gelingt, Farb-Vorstellungen zu generieren, als Nicht-Malerinnen. Des weiteren, ob die Vorstellungsfähigkeit Einfluß auf die Farbvorstellung bzw. auf die -erinnerung hat. In der Literatur finden sich zu dieser Thematik widersprüchliche Aussagen.

Karis (1979) vertritt die Auffassung, daß Personen mit guter Vorstellungsfähigkeit ein besseres Gedächtnis für Farben hätten, weil sie besser auf Farben ansprechen.

In einer von Reisberg et al. (1986) vorgelegten Untersuchung wurde die Hypothese, ob gute Vorstellungsfähigkeit das Gedächtnis für Farbe beeinträchtige, überprüft. Nach einer Trennung in Gruppen mit guter und weniger guter Vorstellungsfähigkeit wurden den VPn Alltagsgegenstände genannt, zu denen sie sich Farben vorzustellen hatten. Nach jedem Item wurden fünf Farben zur Auswahl vorgelegt, aus denen die VP die vorgestellte Farbe auswählen konnte. Das Ergebnis erbrachte ein besseres Abschneiden in der Gruppe der schlechten Vorsteller. Zur Erklärung dieses Phänomens führten die Autoren an:

1. daß Personen mit lebhaften Vorstellungen sich durch die Fülle und Lebendigkeit ihrer Vorstellungen selbst behinderten. Da sie sich ja alle Farben gleich gut vorstellen können und es für sie keine Rolle spiele, welche der Farben sie sich vorstellten, wählten sie möglicherweise aus diesem Grund die falsche Farbe;

2. daß Personen mit guter Vorstellungsfähigkeit ein größeres Reservoir an gespeicherten Farben hätten, es daher für sie schwieriger sein könnte, den richtigen Farbton zu wählen.

3.3.11 Vorstellungs-Definitionen – (Jirasko 1993)

Zusammenfassend läßt sich das Phänomen *Vorstellung* folgendermaßen charakterisieren:

(1) Vorstellungen sind eine Form *innerer* Repräsentation von Gegenständen und Vorgängen, die in ihrer Erlebnisform *wahrnehmungsähnlichen* Charakter in unterschiedlicher Graduierung besitzen.

(2) Vorstellungen beruhen in der Realisierung ihrer Inhalte auf *früheren Wahrnehmungen,* d. h. es ist nichts vorstellbar, das auf noch nie wahrgenommenen Elementen beruht.

(3) Vorstellungen sind gekennzeichnet durch die *Abwesenheit* von den Vorstellungsinhalten vollkommen entsprechenden Sinnesreizen, wobei sie durch verschiedene Reize ausgelöst werden können.

(4) Vorstellungen im engeren Sinn werden mit dem Bewußtsein der nicht vollständig oder überhaupt nicht entsprechenden Sinnesreize in der Außenwelt erlebt.

(5) Vorstellungen können einer kognitiven Kontrolle bei ihrer Entstehung und in ihrem Ablauf unterliegen, sie können aber auch unkontrolliert bzw. unkontrollierbar ablaufen.

(6) Vorstellungen können *absichtlich* hervorgerufen werden; zumindest die absichtlich generierten Vorstellungen können konstruktive Anteile in ihrer Entstehung und in ihrem Ablauf enthalten.

(7) Visuelle Vorstellungen sind entsprechend der obigen Punkte definierte Phänomene, die als im visuellen Sinnesbereich stattfindend erlebt werden.

3.4 Die Wahrnehmung in der psychologischen Theoriebildung

Nach Flade (1980) wird der Begriff Wahrnehmung in zweifacher Hinsicht gebraucht, zum einen um den Prozeß des Wahrnehmens, zum anderen um das Ergebnis dieses Prozesses zu bezeichnen. Wahrnehmung kommt durch Reizung der Sinnesorgane zustande. Die Hauptfunktion des visuellen Systems besteht darin, Gegenstände und Ereignisse der Umwelt wahrzunehmen. „Wahrnehmen, das heißt Auswertung einer großen Menge von Daten zur Rekonstruktion jenes kleinen Weltausschnittes, in dem Entscheiden notwendig und Handeln geboten ist“ (Klix 1992). Das Auge nimmt Information aus der Umwelt auf und führt diese – unter Voraussetzung ihrer Relevanz – dem Gehirn zu, wo sie einer entsprechenden Interpretation insofern unterzogen wird, als das aktuell Ablaufende in der Gegenwart mit dem, was in der Vergangenheit vor sich gegangen ist, verglichen wird. D. h. die aufgenommene sensorische Information (Reiz in Komponenten zerlegt) wird organisiert, interpretiert und klassifiziert. Zum Beispiel werden bei der Mustererkennung externe Signale mit den bereits vorliegenden internen Schablonen so lange verglichen, bis die auf das Muster genau passende Schablone „erkannt“ und identifiziert wird. Das *Konzept wird zu einem Percept.* Unter Percept wird das Wahrnehmungsergebnis verstanden, das durch das Zusammenwirken von Reizen (sowie einzelner Komponenten dieser Reize) und im Langzeit-Gedächtnis gespeicherten Erfahrungen zustande kommt. Die Wahrnehmung wird heute als ein konstruktiver Prozeß aufgefaßt, der mit der Struktur des Wahrnehmenden in einem Zusammenhang steht. Visuelles Wahrnehmen zu einem schöpferischen Vorgang zu erklären ist vermutlich ein

Wagnis; vielmehr treffen Wahrnehmungen Hypothesen. „Wahrnehmungsbilder bereichern, verfeinern, bestätigen oder korrigieren das vorhandene Wissen. Sie können dank der Speicherkapazität des Nervensystems ihrerseits zu Gedächtnisbildern werden. So wächst sich das individuelle Gedächtnis im Laufe eines Lebens aus zu einer zweiten, verhaltenssteuernden Informationsquelle neben der Umwelt". Die „bis zu einer fertigen Wahrnehmung stattfindenden, sehr schnellen Prozesse der Bilderzeugung werden nicht nur von den Sinneseindrücken her bestimmt" (Klix 1992), auch das Gedächtnis greift – neben der Motivation und Emotion – in den Aufbau eines Wahrnehmungs-Bildes ein. Verschiedene Gedächtnis-Systeme sind an der Wahrnehmung beteiligt, die Mitwirkung des LZG jedoch ist Voraussetzung. Durch den Kreislauf von Wahrnehmen, Planen und Handeln ist die Wahrnehmung in allen Bereichen menschlicher Tätigkeit von Bedeutung. Ein wesentlicher Bestandteil jedes kognitiven Verarbeitungsprozesses ist das *Verstehen seiner Bedeutung.* Wahrnehmung ist eine der Grundlagen menschlichen Erkennens. In diesem Zusammenhang stellt sich die Frage nach dem Bindungs-Mechanismus und dessen Beitrag zu einer einheitlichen Wahrnehmung.

3.4.1 Die Konstruktion eines visuellen Bildes

behandelt die Rolle der visuellen Wahrnehmung im Rahmen kognitiver Prozesse.

3.4.1.1 Mustererkennung

ist eine Aufgabe des sensorischen Gedächtnisses. Für die Mustererkennung ist eine von Wittgenstein (1971) vorgenommene Differenzierung bei der Verwendung des Wortes „sehen" bedeutsam: das „Sehen von etwas" und das Sehen von „etwas als Etwas". „Sehen als" kann dabei als eine Verbindung von „sehen" und „wissen" verstanden werden.

Zum Problem der Mustererkennung lassen sich zwei Ansätze unterscheiden: der Schablonen-Vergleich und die Merkmals-Analyse.

3.4.1.1.1 Der Schablonenvergleich

ist ein datengesteuertes Verfahren zum Erkennen von Mustern. Die Wahrnehmungstheorie des Schablonenvergleichs beruht auf der Annahme, daß bei Darbietung eines Gegenstandes ein entsprechendes Abbild auf der Retina entsteht, das dem Hirn übermittelt wird, wo es dann zu Überprüfung mit gespeicherten Mustern, den Schablonen kommt: Hiebei werden externe Signale mit den bereits vorliegenden internen Schablonen so lange verglichen, bis die auf das Muster genau passende Schablone „erkannt" und identifiziert wird. Schablonen sind jedoch nicht in der Lage, neue Muster-Versionen zu erkennen.

3.4.1.2 Merkmalsanalyse oder lokale und globale Verarbeitung

Heute wird eher die Auffassung vertreten, daß Mustererkennen auf einer *Merkmals- oder Feature-Analyse* beruht. Entscheidend bei diesem Vorgehen ist das Vorhandensein bestimmter *Eigenschaften.* Den Aspekt der Codierung, „durch den bestimmte

Merkmale des Reizes selektiv detektiert und hervorgehoben werden, bezeichnet man als Merkmalsextraktion“ (Kandel et al. 1995). Die Feature-Analyse weist gegenüber dem Schablonenvergleich einige Vorteile auf. Abgesehen davon, daß die Merkmale Winkel, Bewegungen, Farben, Kontraste, Raumlagen gegenüber Schablonen einfacher sind, verringern sie die Anzahl der Schablonen, da dieselben Merkmale in vielen Mustern auftreten. Ein anderer Vorteil resultiert in der Angabe über die Beziehung zwischen den Merkmalen, die für ein Muster charakteristisch sind. Beim H z. B. werden zwei gleich große, parallel zueinander verlaufend vertikale Linien durch einen Querstrich, eine kurze horizontale Linie, verbunden.

Die Informationsverarbeitung beim Betrachten von Bildern und visuellen Szenen ist äußerst komplex und vielschichtig. Die Analyse setzt sich aus Einzelteilen zu einem komplexen und durch die räumliche Anordnung bzw. die räumlichen Relationen zwischen den Objekten gegebenem Ganzen zusammen. D. h. Bilder werden einerseits als Einheit, Einzelteile zu einem Gesamten integriert, andererseits als in Bestandteile zerlegt wahrgenommen. Integrale Merkmale, wie Farbton und Helligkeit eines Bildes werden als Einheit verarbeitet. Mustererkennen setzt die Erkenntnis voraus, daß das Entdecken der Merkmale eines Musters zum Erkennen eines Musters beiträgt (Lindsay und Norman 1972).

3.4.1.3 Einige Auswertungsschritte im visuellen System

Klix (1992, S. 155) beschreibt diese folgendermaßen:

> „In der Netzhaut findet der Übergang statt von jenem physikalischen Trägerprozeß, der die Umweltinformation enthält, in ein körpereigenes, vom Sehnerven zum Gehirn laufendes Erregungsgeschehen. Die Aufgabe der in diesen Übertragungsprozeß zwischengeschalteten Nervenzellgruppen besteht darin, den Informationsgehalt des ehemals physikalischen Signals zu entschlüsseln, d. h. aus ihm Eigenschaften der Umwelt an seinem Entstehungsort zu rekonstruieren. Dieser Vorgang durchläuft schon in der Netzhaut verschiedene Etappen [...] Die verschiedenen Zellagen und Zelltypen veranlassen also verschiedene Arten von Vorsortierungen der Signaleigenschaften. Energiesprünge spielen dabei eine besondere Rolle. Sie informieren über Grenzlinien, Ecken oder Kanten am Ursprungsort. Frequenzunterschiede signalisieren Helligkeitsdifferenzen und Oberflächenbeschaffenheiten [...] Die so zerlegte Bildinformation wird in Nervenfaserbündeln dem ZNS zugeleitet. Aber nicht nur. Ein Teil der Information gelangt in subkortikale Abschnitte [...] Die visuelle Datenauswertung und Bildkonstruktion erfolgt etappenweise in verschiedenen Abschnitten der NS [...] In den retinalen Ganglienzellen bilden sich rezeptive Felder [...] Nach der teilweisen Kreuzung der Sehbahnen ist der seitliche Kniehöcker die nächste große Umschaltstation. Hier gibt es andere Zellgruppen. Ein kleinzelliges (parvozelluläres) System spricht auf Farbwerte und Farbübergänge an [...] Ein großzelliges, magnozelluläres System spricht auf Konturen mit Helligkeitssprüngen an [...] Area 17 ist die primäre Sehrinde am Hinterhauptpol des Großhirns. Hier finden sich Zellen, die auf längserstreckte Gebiete oder auch auf Konturen ansprechen, die sich in bestimmter Richtung bewegen ...“

Die eingegangene Information erfährt in den Rezeptoren eine Um-Codierung, die in einer Zerlegung der Reize besteht. Danach werden die Wahrnehmungsinhalte vom Gehirn durch Kombination, Ergänzung etc. erzeugt. Das bedeutet, daß das Reizgeschehen sich nicht eindeutig darstellt, sondern daß es intern und subjektiv interpretiert wird.

„Es ist nicht so, wie Hubel und Wiesel zunächst annahmen, daß die jeweils elementarere Erkennungsstufe die Eingangsgröße für die nächst höhere liefert. Es gibt auch unmittelbare Zugänge von der retinalen Registrierung in die höchstintegrative Ebene der Rekonstruktion des vorliegenden Weltausschnittes. Damit muß das schöne Bild von der Kaskade aufsteigender Informationsverarbeitungsstufen als durchgehend gültiges Verarbeitsungsprinzip im Nervensystem aufgegeben werden“ (Klix 1992).

Je nach Betrachtungsweise vermögen Teile oder das Ganze bevorzugt verarbeitet zu werden – entsprechend den individuell unterschiedlichen Verarbeitungsstrategien. Muster zu erkennen involviert zahlreiche Prozesse, die gleichzeitig und/oder in einer kontinuierlichen Abfolge fortschreitend erfolgen.

Zum *Erkennen visueller Muster* ist zu sagen:

(1) daß Muster als eine Gruppe unabhängiger *einzelner Merkmale,* die in einer bestimmten Konfiguration zueinander stehen, betrachtet werden können; gilt als *lokale Verarbeitung.*

(2) Mustererkennen kann jedoch auch im Erfassen ganzheitlicher, integrierter Strukturen im Sinne der *Gestalt*-Psychologie[20] bestehen; wird als *integrale oder globale Verarbeitung* verstanden.

Muster dürfen sowohl aus größeren Einheiten als auch aus kleinen Merkmalen bestehen.

Daß die Verarbeitungsmechanismen aufgrund der Gegebenheiten variieren können, somit flexibel sind, bewies Hoffman (1980): „Wenn beispielsweise ein großes Buchstabenformat gezeigt wird, dann werden die kleinen Buchstaben auf der Fovea, dem Gebiet mit der größten Sehschärfe, abgebildet, während der globale Buchstabe die peripheren Bereiche der Retina stimuliert. Aufgrund dieser Sehschärfendifferenz“ ist es möglich, kleine Buchstaben schneller auszumachen als große (zit. nach Wessells 1994).

Der visuellen Wahrnehmung liegen einige Prinzipien zugrunde. Phänomene (z. B. Tiefenwahrnehmung), Gesetzmäßigkeiten und Organisationsprozesse, die Wahrnehmungsvorgänge unterstützen und erleichtern. Diese können auf Gleichheit und Ähnlichkeit, Nähe bzw. Nachbarschaft, geschlossener Gestalt beruhen; dazu zählen Konstanzleistungen wie Form- und Größenkonstanz. Ein Prinzip visueller Wahrnehmung verlegt die Aufmerksamkeit in den Vordergrund, wobei alles andere auf einem Bild in den Hintergrund rückt (Figur-Grund-Differenzierung). In der Regel ist die Figur schärfer umrissen. Für Wahrnehmungs- wie für Gedächtnisvorgänge (siehe unten) ist dabei von Relevanz, daß Sinneserfahrungen nicht isoliert wahrgenommen, sondern auch als *zeitlich-räumlicher Ausschnitt* der Umwelt betrachtet werden.

Merkmalsanalyse ist das Auffinden elementarer Merkmale, das ein Aufspüren von

---

[20] Die Gestalt-Psychologen, wie Wertheimer (1880–1943), Koffka (1886–1941), vertraten die Auffassung der Wahrnehmung von Figuren-Gruppierungen als ein zusammengehörendes Ganzes, die Gestalt.

Komponenten bedeutet. Dieser merkmals-spezifischen Verarbeitung schlägt sich eine globale hinzu. Demnach dürfte der Vorgang des Mustererkennens sowohl aus merkmals-spezifischer als auch aus globaler Verarbeitung resultieren, wobei Teile und Fragmente wieder zu einer Einheit zusammengefügt, zu einem Ganzen geführt werden. Möglicherweise laufen beide Analysearten hintereinander und alternierend, möglicherweise gleichzeitig ab. Welcher Art der Vorzug gegeben wird, könnte situations-, d. h. reizspezifisch und individuell, daher erfahrungsspezifisch sein.

Haken (1992) fand bei Simulation der menschlichen Fähigkeit zur Wahrnehmung von Bildern durch synergetische Computer als hervorstechendes Merkmal die *Analogie zwischen Mustererkennung und Musterbildung*. Gestützt durch die Erkenntnis der Synergetik,[21] setzt er diese Vorgänge einander gleich. Einem neuronalen Netzwerk ist es möglich, einen Satz von Mustern, der durch äußere Reize abgerufen werden kann, zu speichern. Jedoch vermag es auch, unvollständige Daten zu vervollständigen. Nach Haken wird beim *Erkennen* das *Konzept des assoziativen Gedächtnisses* eingesetzt. Es erfolgt eine innere Rekonstruktion, indem vom System des Erkennens das Fehlende bereitgestellt wird. Gestalt wird aufgrund von Invarianzen erkannt (siehe Gibson, 3.4.5.1). Bezüglich Vorstellungen bietet Haken folgende Interpretation an: Von quantitativen Unterschieden abgesehen, seien äußerliche Bilder innerlich hervorgerufenen Bildern, also Wahrnehmungen mit Vorstellungen gleichzusetzen – mit der Einschränkung, daß sie von „unterschiedlichen Schlüsselreizen" ausgelöst würden. Innere Bilder müßten vermutlich zusätzliche Ergänzungen erfahren.

Unter *Mustererkennung*, die auf einer *Merkmalsanalyse* beruht, wird der Vorgang verstanden, bei dem Informationen beim Versuch der Übereinstimmung eingehender Muster mit im LZG bereits gespeicherten kategorisiert werden. Es ist dies sowohl ein Vorgang der Bewertung, der *Interpretation*, als auch der *Zuordnung durch Vergleich* von und zu bereits vorhandenem Wissen: Deuten (Konzeptualisierung) und Verstehen. Mustererkennen wird durch *Erwartungen und Erfahrungen* früher erworbenen Wissens beeinflußt. Paßt die Information, der Reiz, in vorhandene Muster, wird die Reaktion ohne zusätzlichen Aufwand, ohne Erhöhung der Erregung in den beteiligten Netzwerken, automatisch ausgelöst. Aus dieser Analyse ergibt sich selektive Aufmerksamkeits-Zuwendung. Als physiologischer Beleg der Mustererkennung sind die Detektoren zu betrachten. Mustererkennen ist ein aktiver, interpretativer Prozeß. In der Computertechnologie wird das Problem als „Zeichen-Erkennung" verstanden. Während Wahrnehmungen Hypothesen des Gehirns sind, werden Täuschungen als falsche Hypothesen interpretiert.

Zusammenfassend läßt sich sagen:

Mit Neisser (1976) und Broadbent (1977) stellt Informationsverarbeitung beim Wahrnehmen ein zyklisches Geschehen dar. Kognitionspsychologisch ist diese einerseits ein Bottom-up-, andererseits ein Top-down-Prozeß. Der Vorgang der Selektion, der von der direkten Erfahrung der sensorischen Information geleitet ist, wird als

[21] Von Haken begründete Lehre vom Zusammenwirken.

datengesteuerte Verarbeitung bezeichnet. Diese beginnt im sensorischen Speicher mit dem Extrahieren einzelner elementarer Merkmale (physikalische Eigenschaften wie Helligkeit, Farbe, Form etc.), ein Entscheidungsvorgang, der unter Aufmerksamkeitszuwendung erfolgt. In der *konzeptuell gesteuerten Verarbeitung,* die immer *vom Gehirn her* ihren Ausgang nimmt, wird die vom Gedächtnis bereitgestellte Information mit der aus den sensorischen Daten erhaltenen kombiniert. Diese Art der Verarbeitung beginnt beim allgemeinen Wissen im Zusammehang mit den Erwartungen, die „Hypothesen über die Art der antizipierten sensorischen Signale" sind (Lindsay 1981). Zur möglichen *Interpretation* eines Gegenstandes, zur Deutung der Daten wird auf ein *begriffliches Konzept* oder auf *Vorwissen* zurückgegriffen. Die Interpretation steht mit den Erfahrungen und dem Wissen von der Welt im Einklang. Die Verarbeitung ist dann beendet, wenn die Kombination der Information eine Interpretation findet.

Aufgrund der Zusammenarbeit von daten- und konzeptgesteuerten Prozessen resultiert ein Interagieren auf diesen beiden Verarbeitungsebenen, wobei Teil-Analysen zu einer Gesamt-Analyse geführt werden. Das System der Mustererkennung erbringt die Fähigkeit, Hypothesen gleichzeitig auf verschiedenen Ebenen zu konstruieren und zu überprüfen. Der Vorteil dieser *synthetisierenden* Zusammenarbeit gestattet eine Auswahl nach der entsprechenden Wichtigkeit wie nach den wesentlichen Merkmalen eines Musters. Mustererkennung und Aufmerksamkeit bedürfen daher der Kombination aller Verarbeitungsstufen, Bedeutung inkludiert. Wahrnehmen ist stark mit *Aufmerksamkeit,* die bei der Selektion der Information für die weitere Verarbeitung eine ziemliche Rolle spielt, und *Gedächtnis* verbunden, insofern als das Wissen eine wesentliche Rolle spielt. Auf höheren Stufen der Verarbeitung wird vermehrt auf Gedächtnisinhalte und Kenntnisse zurückgegriffen. Wahrnehmen ohne Gedächtnis ist nicht möglich, abgesehen davon, daß durch dieses erst die Ordnung in den Wahrnehmungsvorgang eingebracht wird. Auch Emotion und Motivation steuern den Prozeß der Wahrnehmung. Aufmerksamkeit ist teils durch ihre Einschränkung definiert, da gleichzeitiges Interesse für andere Ereignisse zum Ausschluß führt. Dies schlägt sich in der Schwierigkeit nieder, zwei Abläufe etc. gleichzeitig zu verfolgen. Die Aufmerksamkeit hat nur eine äußerst begrenzte Kapazität. Sie ist vor allem bei kontrollierten, jedoch auch bei automatisierten Prozessen erforderlich.

3.4.2 Zur Einheit der Wahrnehmung

„Das Erkennen eines Gegenstandes und erst recht einer komplexen Szene besteht zum einen aus dem Erfassen einer großen Anzahl von elementaren Merkmalen und zum anderen aus der Zusammenfassung solcher Elementarmerkmale zu bedeutungsvollen Einheiten und schließlich zu Gegenständen und Szenen" (Roth 1995). Am Beispiel des Objekts „Stuhl" (Sessel) führt der Autor die Integration der Wahrnehmung vor. Die folgenden Aspekte werden in den angeführten corticalen Gebieten getrennt verarbeitet und führen zum Wahrnehmungsinhalt *Stuhl*:

- Ort (V1)

- Kantenorientierung (V1 und V2)
- Umrisse (V2, V4 und IT)
- Farbe (V4)
- räumliche Tiefe (V2, V4, V5, V6)
- Kontrast (V1)
- Bewegung (MT, MST)
- Relation zu anderen Objekten und zum eigenen Körper (7a)
- „Lehne" (IT)
- „Sitzfläche" (IT)
- „Beine" (IT)
- „Stuhl" (IT)

Die beteiligten corticalen Areale konstituieren die Teile des Gegenstandes und führen zur Identifizierung des Gesamtgegenstandes. Das Objekt „Stuhl" „ist danach die Zusammenfassung aller Einzelmerkmale, die innerhalb einer gewissen Schwankungsbreite ein gemeinsames raum-zeitliches Schicksal haben. Auf der Zellebene gelten die Regeln der prä-postsynaptischen Erregungskoinzidenz. Welche Regeln auf der Netzwerkebene gelten, ist weniger gut bekannt" (Dudel et al. 1996).

Bedarf es, um die visuellen Informationen – die in den verschiedenen Regionen des Gehirns getrennt verarbeitet werden – zusammenzuführen, eines eigenen (Bindungs-) Mechanismus? Oder: Wie werden die unterschiedlichen neuronalen Systeme verbunden, damit es zu einer *integrierten Wahrnehmung* kommt? Wahrnehmen erfordert Aktivitäten einer Reihe von Zellverbänden, die über das gesamte Gehirn verteilt sind. Es gibt keinen Ort, an dem alle Informationen zusammenlaufen.

Unter Voraussetzung der neuronalen Gegebenheit, die in der Verschaltung des visuellen Systems besteht, macht das Gehirn Annahmen, die teils auf Erfahrungen beruhen – das Gesehene wird gedeutet und bewertet –, wobei das visuelle Gedächtnis eine wesentliche Rolle spielt. Für die „Bindung" wird jedenfalls auch Aufmerksamkeit benötigt.[22] „Im Erfolgsfall wird die als ‚richtig' bewertete Wahrnehmung im Gedächtnis verankert und dient als Grundlage für neue Wahrnehmungen und neues Verhalten" (Dudel et al. 1996). Somit zeigt sich das Gedächtnis als „das Bindungssystem für die Einheit der Wahrnehmung, und zwar für alle diejenigen Wahrnehmungsinhalte, die nicht bereits durch die Konstruktion der Sinnesorgane und der phylogenetisch erworbenen Mechanismen zusammengefügt werden [...], sondern deren Zusammengehören frühkindlich oder im Erwachsenenalter erlernt werden muß [...] Das Gedächtnis ist damit unser wichtigstes *Sinnesorgan*" (Roth 1995). *Neben der Aufmerksamkeit fungiert somit das Gedächtnis als eine Organisation zur Einheit der Wahrnehmung.*

---

[22] Für die neuronalen Mechanismen der Aufmerksamkeit und des Bewußtseins dürften Aktivitäten des präfrontalen und parietalen Cortex sowie sub-corticaler Strukturen (Pulvinar, Colliculi superiores) verantwortlich und zuständig sein.

3.4.3 Wahrnehmung und Aufmerksamkeit

Aufmerksamkeit erleichtert die Koordination bei der Wahrnehmung. Für die Bewegungs-Wahrnehmung siehe Bewegungs-Sehen, Seite 43.

3.4.3.1 Wahrnehmungs-Konzept von NEISSER (siehe auch Wahrnehmungs-Zyklus 7.2)

Nach Neisser (1974) ist das Problem der Mustererkennung ein *Kategorisierungs*-Problem. Wahrnehmen stellt dabei ein aktives Konstruieren dar. Es geht darum zu klären, wie die Zuordnung verschiedener Reize zu einer Kategorie zustande kommt. Ein eintreffendes neues Muster wird mit einem im Gedächtnis gespeicherten Muster verglichen und aufgrund von Ähnlichkeit oder Gleichheit einem bereits vorhandenen Muster zugeordnet. Von diesem Autor stammt die vorausgehende Analyse des Reizes, das Konzept einer *präattentativen* Ebene vor-aufmerksamer Prozesse bei der visuellen Verarbeitung, wobei die Trennung einer Szene in verschiedene inhaltliche Bereiche dem Identifizieren von Gegenständen mittels Aufmerksamkeits-Zuwendung vorausgeht. Auf der ersten Stufe der Wahrnehmung findet eine Analyse von Bestandteilen statt. Auf der zweiten Stufe wird versucht, das Neue mit inneren Konstrukten in Übereinstimmung zu bringen. Diese zusätzlichen Operationen führen zur Identifizierung von Objekten. Dabei werden nur bestimmte Inhalte aufgenommen und die restlichen nicht weiterverarbeitet. Die rezipierende Person versucht dabei aktiv zu verstehen, indem sie Konstrukte mit der eingehenden Information zur Deckung bringt.

3.4.3.2 Wahrnehmungs-Modell von TREISMAN

Auch Treisman (1979) schlägt ein zweistufiges Modell zur visuellen Informationsverarbeitung bezüglich der Wahrnehmung vor und geht von folgenden Ebenen der Verarbeitung aus: (1) bestimmte Komponenten der Verarbeitung scheinen schnell und gleichzeitig – synchron und automatisch vor sich zu gehen, d. h. nicht aufmerksamkeitsgesteuert und damit ohne Vorwissen. Sie sind für das Erkennen der Umrisse der Hauptmerkmale und zur Gesamtschau eines Bildes notwendig, während (2) andere, aufmerksamkeits-gesteuerte Komponenten als attentiver Prozeß, der visuelle Merkmale fokussiert, vollzogen werden. Dabei wird das Faktum vorausgesetzt, daß Wahrnehmen einer Adaptation unterliegt und nicht so ganz wahrheitsgetreu vor sich geht. Das bedeutet, daß physikalische Welt und Wahrgenommenes nicht ident ist. Weitere Annahmen dabei sind, daß perceptuelle Kategorisierung kontextabhängig ist und Generalisierung aufgrund von Lernprozessen stattfindet.

Experimentell fundiert, läßt sich folgendes Stufenmodell zur visuellen Wahrnehmung von Treisman (1990) skizzieren:

Auf der untersten Stufe des Sehens vollziehen sich unbewußt mehrere Verarbeitungsschritte. Auf der ersten Stufe der Wahrnehmung wird die Bildszene zerlegt; Eigenschaften der Szene werden in Form von Karten codiert. Auf der nächsten Stufe kommt gerichtete Aufmerksamkeit zum Einsatz, jedoch steht keine räumliche Information zur Verfügung. Die Aufmerksamkeit wählt danach wesentliche Merkmale (Farbe, Größe, räumliche Entfernung usw.) und Details aus und fügt sie durch eine sog. *Positionskarte* (master map) zu einer geschlossenen Bildszene zusammen. Diese Karte stellt einen Beitrag zur Lösung des Bindungsproblems dar. Auf einer späteren, höheren Stufe werden Akten über Wahrnehmungsgegenstände angelegt. Die Inhalte dieser Akten, die sowohl die Merkmale als auch die strukturellen Beziehungen erfassen, werden mit Beschreibungen, die in einem Wiedererkennungs-Netzwerk im extrastriären Cortex gespeichert sind, verglichen.

Treisman erbringt den Nachweis, daß auf den *höheren Stufen des Sehens gerichtete Aufmerksamkeit* notwendig ist, um Merkmale in einer Bildszene zusammenzufügen. Dabei stellt sich heraus, daß der Vorgang, *Merkmale zu kombinieren* (das Verbinden von Merkmalen zu einem Verbund, also beim Vorhandensein mehrerer Dimensionen), ein eindeutig *höheres Maß an Aufmerksamkeit* erforderlich machen. Es bestätigt sich auch, daß sowohl erworbenes Wissen bzw. raum-zeitlicher Kontext als auch Erwartungen dazu beitragen, Aufmerksamkeit zum Verknüpfen von Merkmalen einzusetzen. Die meisten psychologischen Theorien bezüglich der Aufmerksamkeit gehen davon aus, daß bei geübten und automatisierten Vorgängen Aufmerksamkeit nicht erforderlich ist. Treismans Theorie der Merkmalsintegration jedoch besagt, daß Objekte außerhalb des Aufmerksamkeitsbereiches gar nicht vorhanden sind. Auch die vorliegende EEG-Untersuchung beweist, daß Aufmerksamkeitszuwendung bei automatisierten Vorgängen unumgänglich ist.

Wie sich zeigen läßt, stehen *Phänomene der Aufmerksamkeit in enger Beziehung zu Wahrnehmungs-Vorgängen,* weshalb eine exakte Trennung der Begriffe nicht immer möglich sein dürfte (siehe auch Psychologie der Aufmerksamkeit 3.7). Ähnliches gilt auch für Wahrnehmung und Gedächtnis, weil jede Wahrnehmung einer kurzen Präsenthaltung der durch den Reiz evozierten Erregung bedarf.

Bezüglich einer *„Bindung"* sind die neuronalen Mechanismen, um die getrennt verarbeiteten visuellen Informationen zusammenzufügen, und das Zustandekommen einer *integrierten Wahrnehmung* von Relevanz. Wie verschiedene Untersuchungen zeigen, erfolgt das Zusammenfügen verteilter Informationen einerseits *unter Kontrolle des Gedächtnisses,* das jedoch andererseits auch *Aufmerksamkeit* benötigt. Zu einem Interagieren zwischen den verschiedenen visuellen Systemen kommt es demnach auf allen corticalen Ebenen. Für Zeki (1993) ist die Informations-Integration (teils paralleler, kombiniert mit konvergenter und divergenter Verarbeitung) der visuellen Wahrnehmung ein *mehrstufiger Prozeß* und keine Synthese.

3.4.4 Ist Sehen ausschließlich Informationsverarbeitung? Zur Bedeutung des Sehens

Psychologisch bedeutet Sehen, eine *Auswahl zu treffen,* Ereignisse herauszufiltern, d. h. aufmerksam zu sein. *Neurophysiologisch* betrachtet ist Sehen ein *Vorgang der Synchronisierung,* gleichzeitiges Feuern – einem Feuerwerk gleich – der Zellen, bei dem

Sehen und Erkennen gleichermaßen als Produkt hervorgehen. Somit könnte ***Synchronizität** das Bindungselement zur einheitlichen Wahrnehmung* darstellen (siehe auch Singer). Ein raum-zeitliches Muster entsteht durch „synchrone Oszillationen lokaler neuronaler Aktivität oder durch die ‚überzufällige' zeitliche Koinzidenz einzelner Aktionspotentiale von Neuronen (oder beides)" (Dudel et al. 1996).

Was passiert beim Betrachten eines Gemäldes? Ein Gemälde kann nicht auf einen Blick erfaßt werden. Die Komplexität eines Bildes ist dermaßen, daß es unmöglich ist, gleichzeitig alle Elemente und Details wahrzunehmen. Bei solch einem Prozeß, wie das Sehen einer ist, wird das Gehirn veranlaßt, komplexe Aktivitäten auszuführen. Das Hirn trifft die Entscheidung und nicht das Auge, welche dargestellten Objekte eines Bildes von Interesse und daher sehenswert sind und welche nicht. Unter anderem erfolgt eine Auslese verschiedener – für jedes Individuum sind dies andere – relevanter Ausschnitte, und zwar nacheinander. Es ist dies ein Entscheidungsprozeß, wobei unter Aufmerksamkeits-Zuwendung die Qualität der Wahrnehmung – unter Vernachlässigung der Quantität – eine Aufwertung erfährt. Der Wahrnehmungsvorgang Sehen ist das Ergebnis eines Vergleichs, und zwar eintreffender mit bereits vorhandener Information. Die Anwendung dieser Strategie bildet das Wissen einer Person als Ausgang der Informationsverarbeitung. Es kommt daher zur Hypothesenbildung über die Erwartung eines Kontextes, wie Neisser schon feststellte. Sehen wird auch davon geleitet, „was zu sehen erwartet wird". Die Augen liefern daher nicht immer ein eindeutiges Abbild der Umwelt an das Gehirn, sondern es kommt *auf dem Hintergrund von Erfahrung und Wissen zu einer Deutung*. Dieses Vorgehen bedeutet *nicht nur* das *Aufnehmen visueller Informationen,* sondern eine Hinzunahme von *Interpretation* und ist damit ein *Vorgang des Erkennens.*

Sehen** – wie beispielsweise das Betrachten eines Bildes – ist das **Resultat** einer **Bewertung** durch die **Retina und das Gehirn** in **Abhängigkeit** von **Aufmerksamkeits-Vorgängen.

Zeki: „Es gibt kein einzelnes zentrales Areal [...]"

Aufmerksamkeit beim Sehen ist ein Vorgang, bei dem bestimmte Objekte des Gesichtsfeldes eine größere Bedeutung erhalten als andere. Offensichtlich gibt es enge Beziehungen zwischen Augenbewegungen und der Ausrichtung der Aufmerksamkeit. *Augenbewegung* ist eine Form der visuellen Aufmerksamkeit, oft durch eine Bewegung des Kopfes unterstützt (vor allem bei Tieren). Beim Erfassen eines Bildes kommt es zu einer Abfolge von *Fixationen* oder Fixierungen durch das Auge. Die in einer Fixierung verfügbare Information beschränkt sich auf einen kleinen Bereich, dessen Zentrum auf der Fovea (Sehgrube) ausgebildet ist. Die Mitte des gelben Flecks, wie die Fovea auch bezeichnet wird, kann ein Lichtmuster feiner analysieren als die Peripherie der Netzhaut. Visuelle Reizaufnahme erfolgt nicht etwa zufällig. Dies läßt sich daraus entnehmen, daß die durch das Auge ausgeführten Fixationen nicht gleichmäßig über das Blickfeld verteilt, sondern an einigen Stellen zentriert sind. Nach Wurtz et al. (1982) „springt der Blick ruckartig von" einem Element zum anderen, „damit die Abbildung immer auf die Sehgrube trifft. Jede dieser ruckartigen Bewegungen nennt man eine Sakkade".

Daher scheint Fixierung mit dem Reizmaterial, das den höchsten Informationsgehalt beinhaltet, in einem Zusammenhang zu stehen. Die Selektionsauswahl dürfte gleichermaßen von merkmals- und persönlichkeitsbedingten Faktoren abhängig sein. Die Beteiligung von Augenbewegungen bei visueller Wahrnehmung könnte nach Crick (1992) als neuronale Grundlage der aufmerksamen Hinwendung gelten. In Untersuchungen zu möglichen Verbindungen von Wahrnehmungselementen untereinander, wurde von Norton und Stark (1971) nachgewiesen, daß die Augen solchen bestimmten, besonders hervortretenden Merkmalen eines Bildes folgen. Dabei entstehen *Muster visueller Aufmerksamkeit,* die von den Autoren als *„scan path"* bezeichnet werden. Die Resultate besagen, daß die VPn für unterschiedliche Bilder unterschiedliche Blickpfade verwenden, ein Effekt, der sich auch bei wiederholtem Betrachten ein und desselben Bildes herausstellt – jedoch lassen sich keine diesen Bildern gemeinsame Charakteristika erkennen. Allerdings gibt es auch Bilder, bei denen sich kein Blickpfad bemerkbar macht. Eine Bedeutung der Augenbewegungen läßt sich möglicherweise in einer Funktion für die Speicherung der Wahrnehmungsinhalte sehen. Loftus (1972) konnte nachweisen, daß die Zahl der Fixationen einen Indikator für die Gedächtnisleistung darstellte.

3.4.5 Theorien des Sehens

Prinzipiell lassen sich zwei Arten der Wahrnehmungs-Theorien unterscheiden: die indirekte und die direkte, eine immer noch kontrovers diskutierte Thematik.

(1) Die *indirekte – vom Wissen abhängige* Theorie stellt die kognitive Theorie der Wahrnehmung dar; sie wird durch Wissen, Erfahrung, Erwartung vermittelt nach dem Motto: „Wissen bestimmt Wahrnehmung"; ihr Begründer ist Helmholtz, als heutige Vertreterin sei Rock genannt. Wahrnehmen wird hier als konstruktiver Prozeß[23] erklärt – analog zum Problemlösen. Helmholtz bezog zu seiner Zeit eine Gegenposition zu Kants Ansicht, daß räumliches Wissen angeboren sei, und versuchte, seine These experimentell (mittels Prismengläser) zu unterstützen. Beim Wahrnehmen wird (unbewußt) Wissen eingesetzt, um das Wahrgenommene richtig zu interpretieren. Im Prozeß des Wahrnehmens des Gegenwärtigen wird Erfahrung aus dem Vergangenen hinzugefügt. Daraus entwickelte er seine heute noch gültige Idee des unbewußten Schließens (1866). Ihn interessierte die Frage nach der dritten Dimension, wie das Gehirn wohl aus einer zweidimensionalen Repräsentation auf der Retina eine dreidimensionale Abbildung der Welt konstruiere. Helmholtz' Anteil zu einer kognitionswissenschaftlichen Auffassung bestand im Beitrag des Wahrnehmenden zur Wahrnehmung.

Bezüglich Anpassung und Lernen in der Wahrnehmung sollten die von Erismann und Kohler durchgeführten experimentellen „Brillenversuche" der 60er Jahre in Innsbruck erwähnt werden. Aus ihren Ergebnissen resultieren wichtige Erkenntnisse für die Wahrnehmungsforschung:

---

[23] Vertreter dieser Auffassung werden Konstruktivisten genannt.

a) Plastizität, Adaption und Lernfähigkeit des visuellen Wahrnehmungs-Systems, wie die Veränderung der Form-Wahrnehmung durch Lernen.

b) Aktive motorische Auseinandersetzung mit der Umwelt bei Lernvorgängen. Rückmeldungen über das eigene motorische Handeln scheinen für den Umgang mit der Wahrnehmung entscheidend zu sein.

(2) Die *direkte – vom Wissen unabhängige* Theorie: Zur gleichen Zeit der experimentellen Sicht aktuell-psychologischer Problemstellungen gab es jedoch auch eine Annäherung an diese aus einem anderen Blickwinkel, vertreten durch Franz Brentano. Seine Sicht der Dinge ist eine phänomenologische, d. h. eine durch eigenes Erfahren bedingte, der eine Art von innerem Wahrnehmen zugrunde liegt (Bewußtsein als Phänomen). Er lehnt die molekulare Vorstellung ab, daß Bewußtseinselemente isoliert untersucht werden könnten, und vertritt einen molaren Standpunkt, die Untersuchung des mentalen Aktes.

Für die Annahme einer direkten Theorie der Wahrnehmung, nämlich daß Wahrnehmung unabhängig von Wissen ist, läßt sich die „Mondtäuschung" anführen. Sie entsteht durch eine Übertragung der geometrischen Charakteristika der Bewegung in erdnahen Bahnen auf diejenige von Himmelskörpern in erdfernen Bahnen: der Mond wird – trotz des Wissens der Größenkonstanz – als groß erlebt. Vertreter dieser Richtung sind die Vorläufer des 19. Jahrhunderts: Hering und Mach. Eine theoretische Weiterentwicklung erfolgte durch Gibson.

3.4.5.1 Gibsons Theorie des Sehens

Nach seiner Auffassung können Wahrnehmungs-Systeme Außenreize einholen, da die zum Leben benötigten Informationen in der Welt bereit liegen und *direkt* durch die Sinnesorgane aufgenommen werden, wobei das Individuum unmittelbar auf diese Information reagiert. Umwelt wird zur Reizquelle – Lebensraum trifft sich hier weitgehend mit Ökologie. Gibsons Wahrnehmung steht für die Empfänglichkeit von Information, geleitet nach dem Prinzip, daß die in den Reizen gelegene *Information unmittelbar die Wahrnehmung bestimmt.* Seine Theorie ist daher eine auf Information basierende Wahrnehmung, die ohne Vermittlung durch kognitive Prozesse zu verstehen ist; im Gegensatz zu auf Empfindungen basierender Wahrnehmung: hier wird Wahrnehmung als ein *datengesteuerter* Prozeß aufgefaßt, während die konzeptuellgesteuerte Auffassung Erwartungen in den Vordergrund stellt[24] und auch plausibel macht, daß Vorstellungen ohne auslösenden Reiz erlebt werden können.

Wahrnehmungs-Systeme stehen auch mit aktiven *Aufmerksamkeitsrichtungen* eines Organismus in Verbindung und arbeiten mit diesen zusammen. Wie auch die vorliegende Untersuchung zeigen wird, ist *visuelle Aufmerksamkeit eines der zentralen*

---

[24] Die Beteiligung einer konzeptuell geleiteten „Verarbeitungskomponente macht außerdem plausibel, daß Menschen lebhafte Vorstellungen ohne Reizgrundlage erleben können. Damit können Wahrnehmungserlebnisse allein durch kognitive Komponenten hervorgerufen werden" (Lüer et al. 1995).

Merkmale der Wahrnehmung. Den fünf Sinnen entsprechend werden fünf Arten von Aufmerksamkeit unterschieden. Wahrnehmungs-Systeme können auch durch *Übung* eine Art von Fertigkeit erlangen und somit durch Lernen modifiziert werden.

Zur Aktivität eines Organismus zählen alle Arten von Bewegungsausrichtungen zur Erkundung der Umwelt, wie z. B. Augen- und Kopfbewegungen, die in einem hohen Ausmaß vom visuellen System geleitet werden. Veränderungen der optischen Situation sind an Körperbewegungen und Steuerung von Handlungen gebunden. Wesentlich dabei ist die visuo-motorische Koordination. Ziel der Bewegungsvollzüge ist, Informationen über äußere Reize zu gewinnen.

Dabei stellt sich die bedeutsame Frage nach der *Konstanz der Wahrnehmung* (z. B. Größen- und Farbkonstanz etc.) trotz ständig wechselnder Sinneseindrücke. In diesem Zusammenhang verweist Gibson auf Parameter höherer Ordnung, die Invarianten[25] (z. B. Intensitäts-Verhältnisse und Reizproportionen) im Prozeß der Reizänderungen. Beim *Problem der Invarianz* handelt es sich um charakteristische Beziehungen, die trotz Veränderung durch die Bewegung von Objekten konstant bleiben. Die Umwelt wird stabil und konstant wahrgenommen und erlebt, obwohl Variabilität und Inkonstanz beim Aufnehmen von Information gegeben ist. *Invarianz ist also das Gleichbleibende im Wechsel trotz Transformation.*

Auch die *Gestalt* wird aufgrund der Invarianz erkannt. Künstler aller Zeiten machten sich optische Konstanzphänomene wie z. B. die Perspektive zunutze, insbesondere die Maler der Renaissance. Kunst und deren Produkte betrachtet Gibson als Überträger der Wahrnehmung; die künstlerische Fähigkeit bestünde darin, „dem Licht Struktur zu verleihen". Das *„Bild"* ist für ihn ein Gefüge von Beziehungen, die invariante Struktur einer Gegebenheit. Im Zeichnen sieht er eine Gelegenheit, visuelle Aufmerksamkeit zu üben und dabei auch neue Arten von Wahrnehmung kennenzulernen.

Wahrnehmung ist nach Gibson auch auf das Erfassen von handlungsrelevanten Informationen ausgerichtet. Besondere Aufmerksamkeit widmet er dem Lernen, wozu Dinge zu gebrauchen sind. Das *Konzept zur Handlungsaufforderung – Affordanz*[26] – läßt eine Analyse zu, wie effektiv ein Organismus in seiner Umgebung ist. Das Angebot bezüglich Nützlichkeit eines Gegenstandes hängt von seinen physikalischen Eigenschaften ab, die unabhängig davon, ob sie wahrgenommen werden, existieren. Konstante Eigenschaften wie Form, Größe, Farbe, Bewegung, Helligkeit, Lokalisation, werden „durch Benützen wahrgenommen", Wert und Bedeutung somit von konstanten Objekten „gelernt". Gibsons ökologischer Ansatz erklärt, wie ein Organismus die Umwelt begreift, und die Steuerung dessen Handelns bezüglich der Umwelt.

Gibsons Werk trug zur Klärung grundlegender Fragen der Wahrnehmungsforschung sowie der Wahrnehmungsphänomene bei, für die jeder Wahrnehmungsapparat

---

[25] Auch für Bewegungen im dreidimensionalen Raum liegen Invarianten vor; sie können für die Generierung von Vorstellungen genutzt werden.

[26] Unter Affordanz wird der Aufforderungscharakter eines Gegenstandes oder einer Szene verstanden.

empfänglich sein sollte. Jedoch schließt er interne Verarbeitungsmechanismen und repräsentationale Konstrukte theoretisch aus und verwirft somit die Konzepte der mentalen Repräsentation und ihrer Operationen. Die Organismus-Umwelt-Beziehungen sind für ihn zentral, was dagegen im Kopf eines Organismus vorgehen könnte, vernachlässigt er. Diesbezügliche Auseinandersetzungen sind wissenschaftstheoretischer Art und ohne die Kenntnis ihrer Grundlagen schwierig nachzuvollziehen.

Die Frage, ob zur Erforschung von Organismen und ihrer Umwelt eine zusätzliche Analyseebene erforderlich wird, ist noch nicht gelöst. Bis heute gibt es keine Theorie des Sehens, die diesen komplexen Vorgang adäquat beschreibt, weil das visuelle Bewußtsein kaum Berücksichtigung findet. Marr und sein Team gehen davon aus, Wahrnehmung sei nur durch eine explizite Analyse mittels Logik und Mathematik zu verstehen und umzusetzen (David Marrs „Vision").

3.4.5.2 MARRS algorithmische Theorie des Sehens

Marr, Mathematiker und Vertreter der interdisziplinären Kognitionswissenschaft[27] konzipierte ein Programm zur Erforschung visueller Wahrnehmung, indem er – im Gegensatz zu den Theoretikern der direkten Wahrnehmung – von einer *symbolischen* Bild-Beschreibung für jedes Bild-Element ausgeht. Er formuliert seine Theorie im Rahmen der Informationsverarbeitung, wobei visuelle Merkmale (features) eine konstituierende Rolle spielen. Um Bilder entsprechend zu analysieren, setzt er Computerprogramme ein. Für die Informationsverarbeitung postuliert er mehrere *Ebenen der Bild- und Szenen-Analyse:*

1. Die Ebene der abstrakten algorithmischen Theorie *(computational theory)* versucht Eigenschaften der Welt aus ihren Bildern abzuleiten. Durch sie wird die Interpretation eines Bildes festgelegt, z. B. räumliches Wahrnehmen.
2. Die konkret algorithmische Ebene *(representation and algorithm)*[28] gibt an, wie eine Operation durch- und ausgeführt werden kann und auf welche Art ein Mechanismus Funktionen des Sehens repräsentiert.
3. Die Ebene der Implementierung *(hardware implementation)* betrifft die Technologie, in der der Prozeß realisiert werden soll. Auf der Ebene der Hardware, die den neuronalen Prozessen entspricht, werden neurophysiologische Mechanismen angenommen.

Die Probleme, die bei der Bild-Verarbeitung auftreten, sind typisch für die Probleme bei der Verarbeitung des Netzhautbildes. Eine der wesentlichen Aufgaben der visuellen Informationsverarbeitung besteht im Identifizieren von Begrenzungs-Linien[29]

---

[27] Er dissertierte mit einer Arbeit über eine Theorie des Cerebellums und entwickelte Theorien zur Funktionsweise von Hippocampus und visuellem Cortex (im Forschungslabor von Cambridge).

[28] Unter *Algorithmus* ist ein formales Verfahren zur Symbolmanipulation zu verstehen.

[29] Problem des Wahrnehmungs-Kontrastes: Hell-Dunkel-Grenzen erscheinen verstärkt – Machsche Bänder.

eines abgebildeten Objektes. Verantwortlich hiefür sind bereits die in der Retina bestehenden neuronalen Verschaltungen. Wie Informationen der On- und Off-Zellen für eine Analyse des Netzhautbildes herangezogen werden können, erwies Marr mit einem Computer-Modell. Die als *Skizzen* (sketches) oder Entwürfe bezeichneten Repräsentationen sind jedem Mechanismus innewohnend und damit zur Interpretation eines Bildes, einer Szene zwingend. Um *Form*-Informationen aus Bildern abzuleiten, wird ein repräsentionales System eingesetzt. Gegenüber der Form betrachtet er Farbe und Helligkeit als sekundär. Die visuelle Verarbeitung basiert auf drei unterschiedlichen Repräsentationsklassen. Sie werden nacheinander durchlaufen und inkludieren jeweils die vorausgegangenen Verarbeitungsschritte. Die Elemente („primitives“) sind auf den drei Ebenen der Repräsentation unterschiedliche:

Die periphere Ebene ist das retinale Bild. Durch das Erstellen der *primären Skizze,* deren Verlauf in mehreren Phasen erfolgt, treten die wesentlichen Eigenschaften des Bildes als Rohmaterial, von dem ausgegangen wird, deutlicher hervor – von Intensitäts-Veränderungen des sogenannten Image bis zur zweidimensionalen Anordnung des Bildes. Die Beschreibung erfolgt mittels verschiedener Merkmale, wie Punkte, Kleckse, Linien, durch Licht bedingte Konturen, Schatten, Helligkeit, Farbe, Textur und Tiefe – ähnlich den corticalen Detektoren, die als relativ unabhängige *Module* operieren. Kanten und Balken werden aus der retinalen Lichtverteilung und ihren Diskontinuitäten errechnet. Die primäre Skizze stellt eine *erste symbolische Repräsentation der Helligkeits-Unterschiede* eines Bildes – *Image* – dar. Die Beschreibung des Helligkeits-Unterschiedes an jedem Meßpunkt repräsentiert ein Grundelement der primären Skizze. Wahrnehmung wird somit als eine Serie vereinfachter Skizzen verstanden, unabhängig vom Wissen über sie und die Welt. Die Repräsentation – hier auf einem niedrigen Verarbeitungsniveau – erfolgt hierarchisch.

An diesen Vorgang schließt eine Analyse der primären Skizze aus der Sicht des Betrachters durch symbolische Prozesse an, die *2.5-D(imensional)-Skizze.* Das retinale Abbild wird hier durch zusätzliche Annahmen über die Welt interpretiert. Grundelemente werden zu einem Verbund zusammengefaßt. Diese Skizze liefert eine *perspektivisch getreue Repräsentation eines Gegenstandes,* in der die Entfernung vom Betrachter und die räumliche Anordnung Berücksichtigung findet; sie ist beobachterzentriert. Die objektive Form jedoch muß errechnet werden.

Der letzte Schritt der visuellen Verarbeitung, die *3-D-Repräsentation,* dient der Konstruktion *dreidimensionaler* Objekte (beispielsweise Zylinder) im Raum (3-D-Modell). Hier vollzieht sich die Wahrnehmung zur *Objekterkennung.* In dieser Phase erfolgt die Zusammensetzung von Komponenten und Sub-Komponenten zur eindeutigen Bestimmung eines Gegenstandes, d. h. die *komplette Analyse der Form.* Hier erst, auf der höchsten Stufe des Abstraktionsniveaus, wird das Wissen um Gegenstände, das der Interpretation eines Bildes dienlich sein könnte, eingeführt. Durch den Vergleich der Struktur mit allen bekannten Objektstrukturen kommt es zur Identifikation. Die betrachterzentrierte wird zugunsten einer objektzentrierten Repräsentation aufgegeben.

Die Repräsentation enthält daher nicht mehr die Position des Betrachters; vermutlich dient sie der *langfristigen Speicherung* von Information über räumliche Beziehungen.

Als zentralen Bestandteil bilden alle Repräsentations-Stufen räumliche Informationen ab. „Eine wichtige, gedächtnispsychologische Implikation besteht darin, daß eine langfristige Speicherung von visueller Information in Form von [...] objektorientierten dreidimensionalen Modellen bestehen muß und sich nicht in der Speicherung von zweidimensionalen Bildern erschöpfen kann" (Lüer et al. 1995).

Das Bildverarbeitungs-System von Marr hat sich beim Problem der Mustererkennung bewährt. Dieses Modell, dessen erster Schritt durch Simulationsmodelle analysiert wird, stellt auf der Ebene der primären Skizze einen Bezug zur Neurophysiologie her, beispielsweise, daß Neuronen in der Sehrinde, die Signale von Balken etc. verarbeiten. Es gibt jedoch einen wesentlichen Ansatz zur Kritik des Modells von Rehkämper (1992): „Objektzentrierte Ansichten sind in der Ontogenese wesentlich früher nachzuweisen als perspektivische. Daher kann Marrs Ansatz noch keine zutreffende Beschreibung der Vorgänge sein, die Menschen visuelle Wahrnehmung ermöglichen."

Marrs Erklärungsansatz der visuellen Wahrnehmung vertritt die Auffassung, daß das Wahrnehmungs-System – durch die Zerlegbarkeit in Komponenten – aus vielen spezifischen Mechanismen bestehe, um bestimmte Analysen durchzuführen. Es ist jedoch anzunehmen, daß bei der visuellen Verarbeitung mehr als drei Stufen, die auch miteinander interagieren, Berücksichtigung finden. Marr geht von einer „Bottom-up"-Information der visuellen Verarbeitung aus. *Symbolische Repräsentation* findet – im Gegensatz zu Gibsons Auffassung eines automatischen Ablaufs der Wahrnehmung – bereits in einem *Frühstadium* der Verarbeitung statt, und *Wissen* über die Gegenstände kommt in einem *späteren* Stadium hinzu.

3.4.5.3 MPPS – massive parallelverarbeitende Systeme

Eine Alternative zum Forschungsprogramm der Symbol-Verarbeitung stellen neue Ansätze dar, entstanden durch die Kritik der herkömmlichen; es sind dies MPPS, wobei Symbole im herkömmlichen Sinne keine Rolle mehr zu spielen scheinen: sie werden durch numerische Operationen ersetzt. Zu dieser alternativen Orientierung zählen Neo-Assoziationismus und *-Konnektionismus* (siehe Begriffs-Bestimmung 3.2.1.5), Selbstorganisation, Netzwerk-Dynamik – sie stellen eine Erweiterung des Marrschen Konzepts dar. MPPS vertritt eine Auffassung von Wahrnehmung, die der Neurophysiologie nahesteht, anzusiedeln zwischen dem kognitionswissenschaftlichen, mit Konzepten der Repräsentation und symbolischen Operationen, und dem ökologischen Gibson, der die psychophysische Tradition vertritt. Die vorgelegte Arbeit ist dieser Richtung zuzuordnen.

Muster- bzw. Objekterkennung und auch Begriffs-Bildung stehen in engem Zusammenhang mit der Wahrnehmung. Objekterkennung sowie Zuordnung konkreter Objekte erfolgen aufgrund deren Eigenschaften zu bestimmten Kategorien. Da Wahrnehmen Kategorisieren beinhaltet, wird die Darstellung der perceptuellen Kategorisierung im folgenden Kapitel behandelt.

3.5 Perceptuelle Kategorisierung und Konzeptbildung

Es wird hier die Auffassung vertreten, daß Wahrnehmungs-Kategorisierung, Gedächtnis und Lernen eng miteinander verknüpft sind (siehe auch 1.7.2.2). Begriffsbildung beruht auf dieser Triade. Kategorisierung wird hiebei auf der Ebene der Wahrnehmung behandelt, sie kann jedoch auch auf einer begrifflichen Ebene stattfinden.

Um einlaufende Sinnesdaten einordnen zu können, benötigt das Gehirn ein Konzept. Das *Deuten der Daten* wird als *Konzeptualisierung* bezeichnet. Bekannte Gesichter werden als vertraut erlebt, weil sie bereits als Muster im Gehirn vorliegen und das Erkennen im Abruf von bereits Bekanntem vorgegeben ist. Bild-Informationen werden ausgewertet, indem das Gehirn aufgrund der Vorlage von Konzepten Annahmen trifft und daraus logische Schlüsse zieht – Wahrnehmungen sind Hypothesen des Gehirns; Hypothesen, die Aussagen treffen, worum es sich handeln könnte. Wahrnehmungs-Täuschungen lassen sich somit als falsche Hypothesen interpretieren. Sind Informationen jedoch mehrdeutig, so wechselt nach R. und D. Wolf (1990) die Deutung zwischen möglichen Alternativen, ohne daß das „Bewußtsein" davon erfährt. Die Bildung von Begriffen ist für jeden auf Erkenntnis ausgerichteten Prozeß grundlegend. Das *Erkennen muß eine Beziehung herstellen:* „Es muß eine Wahrnehmungskategorisierung mit einer anderen anscheinend nicht darauf bezogenen auch dann verbinden können, wenn die Reize fehlen, die jene Kategorisierungen auslösten" (Edelman 1995). Die Fähigkeit zur Begriffsbildung entwickelt sich in der Evolution nach Edelman lange vor der Sprache. „Tiere verallgemeinern und klassifizieren Beziehungen – sowohl zwischen Dingen wie zwischen Handlungen". Die Fähigkeit zur Verarbeitung von Information auf der Grundlage von Begriffen ist beim Menschen am höchsten entwickelt. Nach Eckes (1991) ist es wichtig, auf eine terminologische Trennung zwischen „Begriffen" als grundlegende Wissenseinheiten und „Konzepten" als Instrumente der Forschung zu achten.

Zur Einführung in die wissenschaftstheoretische Problematik und zum besseren Verständnis der Thematik möchte ich einige Grundbegriffe zur Theorie der Begriffsformen nach Stegmüller (1970) definieren und erläutern. Als einfachste Begriffsform führt er *qualitative oder klassifikatorische Begriffe* an. Diese bilden den Inhalt von Klassen-Namen oder -Bezeichnungen, z. B. „Mensch", „blau", etc. Der Zweck dieser Begriffe besteht darin, *Gegenstände eines Bereiches in verschiedene Klassen zu unterteilen.* Daraus lassen sich zwei Bedingungen für wissenschaftliche klassifikatorische Begriffe ableiten:

(1) Die durch die einzelnen Begriffe festgelegten Klassen müssen gegeneinander scharf abgegrenzt sein. Diese Klassen werden auch als Begriffs- Extensionen bezeichnet. Die einzelnen Klassen müssen sich *wechselseitig ausschließen.*

(2) Die Klassen-Einteilung muß *erschöpfend* sein. Jedes Objekt des Bereiches fällt damit unter eine der begrifflich festgelegten Klassen.

Die meisten Begriffe des Alltags lassen sich unter die Kategorie der qualitativen Begriffe subsumieren. Die hier getroffenen Aussagen haben natürlich allgemeine Gültigkeit, treffen jedoch auf bestimmte Teile dieser Arbeit im besonderen zu, wie die Erstellung des Kategorien- bzw. des Signierungs-Systems.

Als Beispiel für eine logische Definitionsmöglichkeit zweier Prädikate möchte ich, da sie in Roschs Arbeit – die im Anschluß an diese Einführung zitiert wird – die wichtigste Arbeits-Hypothese darstellt, die Klassifikation der Farben von „bunt" und „unbunt" anführen. Unter der Voraussetzung der Definition von „unbunt" als „nicht bunt", weist jede Farbe genau eines dieser beiden Merkmale auf. Damit sind die Arbeitsbedingungen von (1) und (2) erfüllt. Durch den Heringschen Farbkreis sind als „bunt" folgende Farben definiert: Rot, Grün, Blau, Gelb sowie alle Zwischenfarben. Als „unbunte" Farben gelten die Farben aus der Schwarz-Weiß-Reihe. Von der Hypothese ausgehend, was passieren könnte, wenn Menschen von nun an „neue Farben" sähen, führt Stegmüller folgende Überlegungen an: Diese „neuen" Farben wären, da sie nicht in den Heringschen Farbkreis paßten, per definitionem unbunt. Ausgehend von der Annahme, daß alle Farben entweder bunte Farben sind oder in die Schwarz-Weiß-Reihe passen, wird diese Annahme jetzt widerlegt. Wie könnte dabei vorgegangen werden? Es ließe sich eine dritte Klasse, die weder bunt noch unbunt ist, einführen oder die Klasse der bunten um eine erweitern. – Diese Überlegungen führen zu der Feststellung, daß Begriffs-Systeme auf Festsetzungen beruhen, daß jedoch nicht nur Konventionen bei der Errichtung begrifflicher Systeme entscheidend sind.

Das Kategorisieren von Wahrnehmungseinheiten ist ein zentrales Problem in den Neurowissenschaften: *Wahrnehmen schließt Kategorisieren bzw. Klassifizieren ein.* Edelman (1993) definiert eine *Kategorie* in Anlehnung an Epstein (1982) als eine Gruppe von *nicht-identischen* Objekten oder Vorgängen, die von einem Individuum als gleichbedeutend, *äquivalent,* betrachtet wird. Unter Wahrnehmen versteht er die durch Sinnesmodalitäten vorgenommene Unterscheidung eines Objekts oder Ereignisses von anderen Objekten oder Ereignissen. Nach Roth und Menzel (1996) geht es beim kategorialen Wahrnehmen um „das Zuordnen von Wahrnehmungsinhalten zu Klassen von Entitäten, die eine bestimmte Anzahl von Merkmalen besitzen, seien dies physikalische Eigenschaften, Tätigkeiten, Funktionen oder Werte, und in einem Begriff zusammengefaßt sind „Stuhl", „Melodie", [...] *Kategoriale Wahrnehmung ist eines der wesentlichen Hilfsmittel des kognitiven Systems bei der Herstellung einer geordneten, stabilen Wahrnehmung"* (siehe dazu 3.4.1). Ein Problem, das sich in diesem Zusammenhang stellt, betrifft die Frage, ob Kategorisierung auf der Ebene der Wahrnehmung oder auf einer begrifflichen Ebene erfolgt.

Bezüglich der Organisation von Repräsentationen innerhalb des Gedächtnisses gibt es neben der Erklärung durch Repräsentations-Theorien noch eine andere Sichtweise, nämlich, daß Objekte und Ereignisse der Welt in *Kategorien,* die durch Eigenschaften definiert sind,[30] eingeteilt werden.

---

30 Diese Vorstellung geht auf den griechischen Philosophen Aristoteles zurück.

3.5.1 *Die klassische Konzept-Theorie*

Zur Konzeption der Begriffsbildung existieren mehrere Theorien. Kriterien der klassischen Konzept-Theorie[31] (siehe Smith und Medin 1981):

(1) *Kategorien sind nicht vorgegeben,* sie werden willkürlich gesetzt. Nicht das Nervensystem bestimmt, was wahrgenommen wird, dies bleibt der Kultur und der Sprache vorbehalten. Menschen lernen Kategorien zu bilden und mit den Kategorien, die ihre Kultur festgelegt hat, umzugehen.

(2) Kategorien weisen Definitions-Merkmale auf, d. h. eine Menge definierter Eigenschaften, die *allen Vertretern einer Kategorie gemeinsam sind.*

(3) Die Intension einer Kategorie bestimmt ihre Extension: die Zugehörigkeit zu einer Kategorie ist davon abhängig, ob *alle* definierenden Eigenschaften nachgewiesen werden, d. h. die Grenzziehung ist klar und eindeutig. Das Kriterium der Kategoriezugehörigkeit wird als abgegrenzt, abstrakt, hinreichend und notwendig betrachtet.

Behauptungen, die diese Theorie erschütterten, kamen von Ludwig Wittgenstein und experimentelle Beweise von Leonor Rosch. Was die Zugehörigkeit zu einer Kategorie betrifft, entspricht sie eher einer familiären Ähnlichkeit. Spätestens seit Wittgensteins Erörterung in seinen „Philosophischen Untersuchungen" (1953) ist bekannt, daß sie ein schlecht-definiertes Konzept darstellt. Nach Rosch vermischen sich Kategorien und haben keine festen Grenzen. Für das Kategorisieren ist möglicherweise das Zusammenwirken mehrerer Faktoren verantwortlich. Es besteht die Neigung, ähnlich wahrgenommene Objekte als eine Kategorie zusammenzufassen.

3.5.2 *Kategorienbildung von Eleonor Rosch*

Rosch, eine Kognitionsforscherin, kam 1970 durch die Ergebnisse von Untersuchungen zur Farb-Benennung bei einem Steinzeitvolk in Neu-Guinea zu einem Urteil, das einer Kritik der klassischen Theorie gleichkam. In ihrem gemeinsam mit Lloyd (1978) herausgebrachten Buch „Cognition and Categorization", vertritt sie die Ansicht, daß Kategorien weder völlig „natürlich" noch völlig „künstlich" wären, vielmehr eine Wechselwirkung repräsentierten zwischen der strukturierten Natur der Gegenstände und Ereignisse in der Welt und zwischen kulturellen und sozialen Faktoren, die bei der Entstehung des Wissens einer Person nötig sind. Für die Bildung von Kategorien schlägt sie zwei Prinzipien vor:

1. Aus der Struktur der Welt wird aufgrund *kognitiver Ökonomie*[32] ein Vorteil durch das *Auffinden von Gemeinsamkeiten* gesehen, z. B. daß Wesen, die fliegen, gemeinsame Merkmale aufweisen (wie Flügel), auch dann, wenn sie unterschiedlich aussehen oder funktionieren sollten.

---

[31] Die „klassische" Sicht versagt in der Welt natürlicher Objekte, z. B. in der Tierwelt.

[32] Ohne das ökonomische Prinzip der Kategorisierung wäre das Informations-System des Gehirns vermutlich völlig überlastet.

2. So wie die Welt aufgenommen wird, geht sie mit *Strukturen* einher. Einiges der aufgenommenen Strukturen ist *innerlich,* ein Resultat des menschlichen Verarbeitungs-Systems. Es werden nur gewisse physikalische Inputs wahrgenommen, und oft wird Struktur dem Wahrgenommenen hinzugefügt. Z. B. werden Spektralfarben als Farbkreis aufgenommen, während sie in der Natur linear sind.

Diesen Grundprinzipien wird von Freyd (1983) noch ein drittes Prinzip hinzugefügt, nämlich *Grenzen der Überlappungen* („shareability constraints"). Obwohl es einerseits Strukturen gibt, die Menschen miteinander teilen, somit die Notwendigkeit einer gemeinsamen vereinfachenden Struktur besteht, z. B. in verwandtschaftlichen Beziehungen, gibt es andererseits Beschränkungen. Verschiedene Kulturen teilen generell akzeptierte Strukturen, damit sind Kategorisierungen in verschiedenen Kulturen unterschiedlich. Diese drei Grundprinzipien der Kategorisierung kontrollieren die Arten von Wissensstrukturen, die Menschen entwickeln.

Rosch testete das Verhalten dieses Steinzeit-Volkes, das nur zwei Termini für Farben kennt. Es stellte sich heraus, daß es Farben in einer uns ähnlichen Art und Weise wiedererkannte. Die ursprüngliche Annahme, daß eine Grenzziehung zwischen Farben kulturell bedingt, damit beliebig sei (wo eine Farbe beginnt und eine andere im Kontinuum endet), wurde widerlegt und mußte zugunsten einer universielleren Betrachtung revidiert werden. Rosch kam nun zu dem Schluß, daß Farb-Erinnerung allgemein auf die Organisation unseres Nervensystems, nicht jedoch auf die Struktur eines bestimmten Wortschatzes zurückzuführen sei. D. h. unterschiedliche Strukturen des Benennens fänden keine Entsprechung in der Art und Weise, wie Farben im Gedächtnis gespeichert und abgerufen würden (Heider 1972; Rosch 1973). Nach Rosch ist das Farbspektrum ein Beispiel dafür, wie zugrundeliegende kognitive Faktoren Form und Inhalt sprachlicher Kategorien beeinflussen. Ein weiterer Zugang zur menschlichen Kategorisierung – neben der Merkmals-Auflistung und den konzeptuellen Hierarchien – ist die Annahme eines Prototyps:

3.5.3 Das Prototyp-Modell von Rosch

In diesem Modell werden die Kategorien um ein zentrales Element – den *Prototyp* – gebildet, als ein Beispiel der Klasse, das mit anderen Elementen der Kategoric die meisten Merkmale gemeinsam hat. Prototypen sind nach Rosch und Mervis (1975) und Rosch (1978) „die klarsten Fälle von Kategorien-Zugehörigkeit". Rosch nimmt an, daß Prototypen gebildet werden, indem die Ähnlichkeit zu Angehörigen der Kategorie als auch die Unterschiedlichkeit von Prototypen anderer Kategorien maximiert würden. Prototypen vermögen bei der Zuordnung von Kategorien-Zugehörigkeit neue Erfahrungen zu klassifizieren, um danach bei der Bildung einer neuen Codierung behilflich zu sein. Der Prototyp, der der Instanz am ähnlichsten ist, legt die Kategorisierung fest. Oft wird die gleiche Instanz in Abhängigkeit von Umständen und Kontext unterschiedlich kategorisiert.

Die Ergebnisse der Farb- und diverser anderer Untersuchungen von Rosch lassen sich durch die Annahme der Bildung von Prototypen (wie: ein Spatz ist als Vogel prototypischer als ein Geier) durch die VPn sinnvoller interpretieren als nach Listen von Merkmalen. Damit läßt sich um die traditionelle Sichtweise der Konzept-Repräsentation zu hinterfragen, zusammenfassend folgendes aufzeigen:

(1) *Kategorien* werden *im Inneren* in Abhängigkeit von den typischen Eigenschaften ihrer Mitglieder *strukturiert.*

(2) Typische Kategorien-Mitglieder lassen sich schneller als a-typische zuordnen. Rosch schloss daraus, daß die *Spezifität* von fundamentaler Bedeutung für die Art der Repräsentation dieser Kategorie ist.

(3) Für die Kategorisierung ist der *Zusammenhang* (Kontext) wesentlich.

(4) *Gemeinsame Eigenschaften* werden eher *für typische* als für a-typische *Kategorien* aufgelistet. Für a-typische Mitglieder gibt es eine Überlappung oder Überschneidung mit den Eigenschaften, die für Angehörige von gegensätzlichen Kategorien aufgelistet werden. Rosch folgerte, daß solche Kategorien nicht in Begriffen von notwendigen und ausreichenden Definitions-Eigenschaften repräsentiert sind.

3.5.4 Modell der konzeptuellen Hierarchie

Rosch geht davon aus, daß Menschen Hierarchien benutzen, um die Beziehungen der Klassen-Zugehörigkeit zwischen Kategorien zu repräsentieren. Die Kategorien auf jedem Niveau innerhalb einer Hierarchie werden durch Attribute oder Merkmale, die mit ihnen verbunden sind, unterschieden.

In zahlreichen Studien konnte Rosch nachweisen, daß es innerhalb jeder Hierarchie eine Ebene gibt, die wesentliche Eigenschaften von Repräsentationen beinhaltet. Dieses erste Niveau, auf welchem ein Objekt identifiziert wird, kann als das Grund- oder *Basisniveau* betrachtet werden. Als *Basisniveau-Kategorisierungen* gelten jene, die *Ähnlichkeit innerhalb einer Kategorie maximieren,* und diejenigen, die Ähnlichkeit zwischen Kategorien minimieren oder Unterschiede maximieren. Z. B. wäre im Bereich der Möbel ein Stuhl ein Objekt auf Basis-Niveau. Rosch argumentiert, daß Grundkategorien festgelegt werden können durch Attribute, die Gegenstände gemeinsam haben, oder die sie voneinander unterscheiden. Das Grundniveau wird als das *höchste* innerhalb einer Hierarchie definiert, in welcher Kategorien einerseits viele Merkmale und andererseits wenige Merkmale mit entgegengesetzten Kategorien gemeinsam haben. Weiters schlägt sie vor, daß Kategorien am Grundniveau Hauptrollen in der Verarbeitung und Organisation von Wissen spielen. Sie sind daher für die Kultur und die Sprache von größter Bedeutung. Die allgemeine Implikation dieser Befunde ist, daß ein Basisniveau innerhalb konzeptueller Hierarchien das einfachste für kognitive Aktivitäten, wie Gedächtnis, Wahrnehmung etc., darstellt. Grundniveau-Kategorien sind per definitionem weniger schlecht definiert und weniger verschwommen als die anderen.

Das Ergebnis beim Farb-Benennen brachte eine völlig neue Sicht der Konzeptbildung, und löste die herkömmliche durch die „natürliche“ (naturalistische) und auf Hierarchien erweiterte Konzept-Theorie ab.

3.5.5 Die Generalisierung

Eine allgegenwärtige Tendenz des menschlichen Denkens ist die Generalisierung, nämlich sich so zu verhalten, als ob allgemeine Wahrheiten auf der Basis von Erfahrungen mit einer begrenzten Anzahl von Beispielen existierten. Generalisierungsfähigkeit gilt auch im averbalen Bereich, wie dies Cerella (1977) und Herrnstein (1982) eindrucksvoll in Experimenten mit Tauben belegen konnten. Schon innerhalb kurzer Zeit vermochten diese Tiere, Eichenblätter einerseits trotz ihrer unterschiedlichen Muster zu generalisieren und andererseits von anderen Blättern zu differenzieren. Diese Generalisierungsfähigkeit konnte jedoch auch auf Bilder mit Darstellungen von Frauen, Fischen, Bäumen etc. übertragen werden (Herrnstein). Edelman vertritt die Auffassung, daß die Tiere, um sowohl Klassenzugehörigkeit als auch Neuartiges erkennen zu können, noch über andere Fähigkeiten verfügen müßten – nicht nur durch die Gegebenheit des assoziativen Lernens. Aufgrund dieser Beobachtungen der *Kontextabhängigkeit* beim wahrnehmungsmäßigen Kategorisieren und der Fähigkeit zur *Generalisierung* stellt er die allgemeine Erklärung mittels des Informationsverarbeitungs-Modells in Frage. Eine entsprechende Theorie hätte für ihn die Organisation neuronaler Netze zu berücksichtigen (siehe: Theorie der neuronalen Gruppen-Selektion 1.7.2.2).

Als Möglichkeiten der Generalisierung werden diskutiert:

a) Generalisierung durch die Bildung von *Schemata.* Generalisierung von Konzepten findet immer dann statt, wenn verschiedenen Konzepten eine genügend große Anzahl von Attributen gemeinsam ist. Es kommt zur Bildung eines neuen Schemas, das generalisierte Schema, das den zu generalisierenden Instanzen übergeordnet ist. Dadurch wird eine neue Klasse von Elementen gebildet, eine Kategorie, die die generalisierten Merkmale automatisch übernimmt. Dieses Modell stellt das prototypische Modell der Generalisierung dar.

b) Generalisierung ohne spezifisch generalisierte Konzepte. Grundsätzlich entspricht der Unterschied zwischen der Methode der Generalisierungs-Bildung und der vorhergehenden Methode genau dem Unterschied zwischen deklarativen und prozeduralen Repräsentationen.

3.6 Psychologie des Gedächtnisses

Für diese Untersuchung ist von Relevanz, daß manche Autoren die Parallelität von Wahrnehmungs- und Gedächtnis-Vorgängen betonen: Beide setzen die Integration früheren Wissens, bestehend aus deklarativen und prozeduralen Elementen sowie Informationen der aktuellen Situation voraus. Die wesentliche Unterscheidung liegt darin, daß die Datenquelle bei der Wahrnehmung extern und beim Gedächtnis intern ist. Die Erfassung der Bild-Semantik ist ohne ein Gedächtnis nicht möglich. *Diese Arbeit versteht sich auch als ein Beitrag zur Klärung von Wechselwirkungen zwischen Vorgängen des Wahrnehmens und des Gedächtnisses.*

Die Kognitionspsychologie versucht, die Architektur des menschlichen Gedächtnisses mittels der Informationstheorie zu modellieren. Die Neuro- und Psychophysiologie hat teils Konzepte über informationsverarbeitende Prozesse zur Beschreibung und Erklärung ihrer Beobachtungen übernommen.

Gedächtnis (memory) ist eine Sammelbezeichnung für verschiedene Funktionen wie Einprägen (encoding), Behalten (retention), Abrufen (Wiedererkennen – recognition bzw. Erinnern – recall). Was die Unterscheidung von Gedächtnis-Systemen – siehe dazu auch 1.7.3, Seite 66 – betrifft, sind diese beinahe als unübersichtlich zu bezeichnen. Um einige aufzuzählen: episodisches und semantisches[33] nach Tulving (1972, 1983), implizites und explizites nach Schacter (1987), prozedurales und deklaratives Gedächtnis (siehe Begriffs-Bestimmung 3.2). Obwohl die bekannteste und die häufigste Unterscheidung Kurzzeit- und Langzeit-Gedächtnis betrifft, erscheint diese Engelman (1993) als problematisch. In seinem Modell der multimodalen Gedächtnistheorie (MMTG) legt er der Informationsverarbeitung, die in vielen Modellen unberücksichtigt bleibt, folgende Rahmenbedingungen zugrunde:

(1) eine Unterscheidung von sprachlicher und nicht-sprachlicher Informationsverarbeitung;
(2) daß Wahrnehmungen häufig im Kontext motorischer Handlungen stattfinden;
(3) die wesentliche Unterscheidung zwischen automatischen und kontrollierten Prozessen in der Informationsverarbeitung.

Mit der MMTG verfolgt er einen prozeßtheoretischen Erklärungsansatz, indem er automatische modalitäts-spezifische Prozesse, die er als Grundlage für kontrollierte Prozesse betrachtet, postuliert. Unter der Annahme *multipler Codierung,* nämlich *verbaler* (für Texte), *non-verbaler* (für Bilder) und zusätzlich *motorischer Codes* (für Bewegungsabläufe und Handlungen) für verschiedene Verarbeitungs-Prozesse, bietet er Möglichkeiten zur Erklärung modalitäts-abhängiger Gedächtniseffekte. Seine Theorie bezieht sich darauf, daß non-verbale Marken (Einheiten des sensorischen Wissens) und Programme (Einheiten des motorischen Wissens) Konzepte (Einheiten des kategorischen Wissens) begründen, während verbale Marken auf Konzepte verweisen.

3.6.1 Annahmen zur Struktur der Informationsverarbeitung (IV)

Hier wird auf das herkömmliche Stufen-Modell der Informationsverarbeitung Bezug genommen. Die elementarste Struktur eines kognitiven Systems bilden kognitive Elemente, die durch komplexe Verbindungen wie Netzwerke miteinander verbunden sind und jederzeit aktiviert werden können. Die Gesamtheit der Verbindungen oder Verknüpfungen wird als LZG bezeichnet.

Ein Schema der Gedächtnisprozesse skizzieren Atkinson und Shiffrin (1968, 1980) in einem *Multi-Speicher-Modell.* Sie postulieren mehrere Strukturen als funktionale Einheiten des Gedächtnisses: den sensorischen Speicher, den Langzeit- und den Kurz-

---

[33] Mit semantischer Information ist die der Wortbedeutung zugrundeliegende begriffliche Information gemeint (Kintsch 1980).

zeit-Speicher. Klinische Befunde, besonders bei Patienten mit Korsakow-Syndrom, bestätigen die Vermutung, daß Menschen über zwei separate Speicher-Systeme verfügen. Dem KZG vorausgehend, wird heute ein Immediat-Gedächtnis oder die Spanne bezüglich der Aufmerksamkeit postuliert, die sich über einige Sekunden erstreckt.

3.6.1.1 Das sensorische Gedächtnis – SG (Ultra shortterm memory)

ist eine Form des Kurzzeit-Gedächtnisses, eine Gedächtnisform von sehr kurzer Dauer. Das SG ist ein transitorisches Medium, das nur der kurzfristigen Aufbewahrung der eingehenden Information dient, die nicht durch Wiederholungstechniken aufrechterhalten werden kann. D. h. Information, die vom menschlichen Verarbeitungs-System aufgenommen wird, gelangt zuerst in dieses sensorische Medium, in dem die erste Stufe der Informationsverarbeitung stattfindet. Es trifft somit vorbereitende Maßnahmen zum Mustererkennen. Das sensorische Gedächtnis ermöglicht die simultane Analyse von Stimuli-Eigenschaften, bzw. auch deren Weiterverarbeitung. Im *visuellen* Bereich spricht man vom *ikonischen (bildlichen) Gedächtnis*[34]; dieses beruht auf der Vorstellung einer Momentaufnahme bzw. eines „Schnappschusses" nach Neisser (1967) und stellt somit eine Variante eines extrem kurzen visuellen Gedächtnisses dar.

Die klassischen Experimente von Sperling (1960) mittels Buchstaben, deren Zerfallszeit mit der Helligkeit, die das visuelle Feld vor und nach der Präsentation der Buchstaben hat, sprechen für die Existenz des SG. Die Zerfallszeit ist bei einem helleren Feld kürzer. Der Effekt des Hintergrundfeldes wird als Maskierung bezeichnet. Helligkeits-Maskierung tritt bereits bei der retinalen Verarbeitung auf. In diesem Zusammenhang sind die Untersuchungen von Sakitt und Long (1979) anzuführen. Ihnen gelang der Nachweis eines unterschiedlichen Beitrages von Stäbchen und Zäpfchen in der Retina zum ikonischen Gedächtnis. Dieser betrifft die Wahrnehmung von Punktpositionen auf der Basis von Helligkeitsunterschieden: Aufgrund der Stäbchen-Funktion bleiben Sinneseindrücke länger in Erinnerung. Somit ist das *System der Stäbchen* gegenüber dem der Zäpfchen *für eine ikonische Speicherung* über ein etwas längeres Intervall (über 200 ms) *verantwortlich.* Dies legt die Vermutung nahe, daß das ikonische Gedächtnis von Ereignissen auf dem peripheren und nicht auf dem cerebralen Niveau der Rezeptoren gesteuert wird.

Die wesentliche Funktion des sensorischen Gedächtnisses dürfte darin bestehen, daß es als *Datenbasis für die Merkmals-Gewinnung* fungiert. Dem sensorischen Speicher wird *hohe Speicherkapazität* im *primären Sinnessystem* nachgesagt, der sensorische Reize für Bruchteile von Sekunden bis zu mehr als einer Sekunde stabil hält, um Codierungs-Prozesse zu ermöglichen, d. h. extrem *kurze Speicherdauer.* Die Zeitdauer im visuellen Bereich liegt nach Sperling bei ca. 250 bis 500 ms, im akustischen Bereich dürfte die Dauer von 250 ms bis zu 4 Sekunden betragen (Kintsch 1982). Für entsprechende visuelle Informationsverarbeitung ist eine gewisse Mindestzeit nötig. Die auftretenden Muster werden schnell und auf wichtige Elemente hin analysiert. Der Codie-

---

[34] Im akustischen Bereich wird vom echoischen Gedächtnis gesprochen.

rungs-Prozeß bereitet die Information in zeitlichen Sequenzen, räumlichen Konfigurationen oder semantischen Relationen auf. Die Art der Codierung ist reiz-spezifisch: visuelle Reize werden in räumliche Muster zusammgenfaßt[35]. Bei der akustischen Wahrnehmung dürfte die räumliche Komponente fehlen, jedenfalls muß sie codiert werden, dafür ist die zeitliche Komponente von Wichtigkeit.

Prozesse der *Merkmals-Extraktion,* bei der eine Zerlegung des Musters in Einzelteile erfolgt, die im Anschluß an diesen Vorgang wieder zu einer Einheit zusammengesetzt werden, sind Bestandteile der Codierungs-Prozesse. Auf dieser Stufe der Informationsverarbeitung werden zwischengespeicherte mit bereits gespeicherten Informationen der nachgeschalteten Stufen mittels Mustererkennung verglichen und ausgewählt. Sie bleiben für anschließende Erkennungsprozesse verfügbar. Es handelt sich dabei um eine Aussonderung von Merkmalen, wobei einerseits visuelle, andererseits semantische Aspekte miteinbezogen werden. Im Falle eines positiven „pattern-matching" tritt Wiedererkennen ein. Das bedeutet, daß bereits hier – und nicht erst im KZG – kognitive Elemente mit solchen des LZG in Kontakt treten. Die Identifikation eines Reizes erfolgt in der Interaktion des sensorischen Speichers mit dem LZG. Das sensorische Gedächtnis stellt dem LZG ein „selektives Fenster" zur Verfügung, indem es relevante von nicht relevanter Information selektiert, somit von Redundanz befreit.

Das sensorische Gedächtnis beinhaltet Grundelemente visueller Daten, die das System der Mustererkennung zur Bildung von Items heranzieht. Früher wurde die Auffassung vertreten, daß, um diese Items, die aus dem ikonischen Medium eingelesen werden, festzuhalten, ein weiteres System, das Kurzzeit-Gedächtnis, benötigt wird. Jedoch werden die diversen Speicher heute nicht mehr als voneinander getrennt betrachtet. Das sensorische Gedächtnis ist demnach vielmehr eine *frühe Phase der Informationsverarbeitung,* in der bereits die *Bedeutung mitberücksichtigt* wird. Nach Crick (1994) steht insbesondere das ikonische Gedächtnis mit Mechanismen des visuellen Bewußtseins in einem Zusammenhang.

3.6.1.2 Kurzzeit-Gedächtnis – KZG (Short term memory)

Nach Klimesch (1988) ist dieses durch vier Eigenschaften gekennzeichnet: (1) beschränkte inhaltliche Kapazität (die Speicher-Kapazität erfaßt 5–9 Einheiten [chunks] und ist gegenüber dem sensorischen Gedächtnis begrenzt);[36] (2) serielle Verarbeitungsweise; (3) Bedeutung als temporärer Arbeits-Speicher für spätere Verarbeitungsschritte und (4) die von ihm durchgeführten Kontrollprozesse (vgl. Baddeley und siehe seinen „visuellen Skizzenblock"). Weiters unterscheidet sich das visuelle KZG vom SG dadurch, daß es von gleichzeitig ablaufenden informationsverarbeitenden Prozessen beeinflußt wird und daß es für Muster-Maskierungen nicht anfällig ist. Wesentliche Funktion des KZG ist die Wiederholung (erhaltende und elaborierende oder analysierende), wobei jeweils eine Einheit in das LZG transferiert wird. Das *Wiederholen* von Infor-

---

35 Akustische Reize in „chunks"(-Ketten).

36 Auch Gedächtnis-Künstler sollen keine größere Kapazität besitzen, jedoch besser „chunken".

mation wird als *Konsolidieren* verstanden. Zum längeren Verbleib der Inhalte im KZG ist kontrollierte Verarbeitung und Zuweisung von Aufmerksamkeits-Ressourcen notwendig. Die Speicherdauer hier ist jedoch viel länger als die des SG und kann etliche Minuten betragen, z. B. beim Daten-Memorieren; somit geht es eindeutig über die Beständigkeit des Ikons hinaus. Unter elaboriertem Memorieren ist fortgeschrittene Reiz-Analyse – bei einem Bild von der physikalischen Beschaffenheit zur Analyse seiner Bedeutung – zu verstehen. Je elaborierter die Codierung, um so stabiler wird die Information behalten. Je mehr Beziehungen (zeitliche, räumliche und semantische) zwischen den Inhalten bestehen, um so größer wird die Wahrscheinlichkeit der Übertragung ins LZG.

Ausgehend von der Kapazitäts-Begrenzung kommt dem KZG die Funktion zu, dem LZG einen Arbeitsplatz für die Verarbeitung neu eintreffender Informationen anzubieten, wodurch sie abrufbereit gehalten werden. Das *KZG* wird daher auch als *aktiviertes Gedächtnis* – die Fähigkeit, Informationen in einer aktivierten Verfassung zu halten – bezeichnet und stellt nach Ashcraft (1989) einen zeitlich begrenzten Zustand kognitiver Elemente des LZG dar. Dieser Vorgang ist auch als Neu-Codierung der Informationen zu bezeichnen. Informationen aus dem LZG müssen zunächst abgerufen werden, und dieser Abruf dauert eine gewisse Zeit. „Die Inhalte des Bewußtseins in einem Augenblick entsprechen einem Teil der aktivierten gespeicherten Informationen [...] Das Kurzzeitgedächtnis in einem bestimmten Augenblick umfaßt mehr, als dem Bewußtsein in diesem Augenblick entspricht [...] Der Umfang des Bewußtseins ist also enger als der des aktivierten Gedächtnisses [...] Aktivierung ist eine Voraussetzung dafür, daß etwas zum Inhalt des Bewußtseins werden kann [...] Die Inhalte des Bewußtseins sind einer Teilmenge der Inhalte des Kurzzeitgedächtnisses zuordenbar" (Gadenne 1996)[37].

„Die Arbeit von Kosslyn et al. (1984) hat wahrscheinlich gemacht, daß es einen visuellen Puffer im Sinne eines Speichers gibt, der in höheren visuellen Prozessen ebenso wie bei der Erzeugung und Erhaltung von Vorstellungen eine Funktion hat" (Hagendorf 1995).

Im Gedächtnis-Modell von Atkinson und Shiffrin (1980) sind für das KZG folgende Kontrollprozesse kennzeichnend: innere Wiederholung, Codierung und Recodierung, Entscheidungsfindung, Selektion von Behaltens-Strategien. Im Kurzzeit- oder Arbeits-Gedächtnis werden jedoch auch Suchprozesse initiiert. „Ihre Ausbreitung erfolgt im kortikalen Netzwerk automatisch und ohne Kapazitätsbegrenzung. Die Rückmeldung unterliegt – ebenso wie die Initiierung des Suchprozesses – den Kapazitätsbegrenzungen des Kurzzeit- bzw. Arbeitsgedächtnisses. [...] Neurophysiologisch gesehen sind KZG-Funktionen primär mit der Tätigkeit des Hippocampus und anderer

---

37 „Bewußtsein ist die Gesamtheit der Erlebnisse, d. h. der erlebten psychischen Zustände und Aktivitäten einer Person" (Gadenne 1996). Die Bewußtseins-Hypothese von Flohr (1991) geht von Hebbs Theorie aus, daß dann erst Bewußtsein auftrete, wenn durch gleichzeitige Erregungen ein gewisser Schwellenwert überschritten wird. Für die Entstehung von Bewußtsein macht er die NMDA-Synapsen verantwortlich.

Regionen des limbischen Systems assoziiert, wohingegen Aufmerksamkeitsfunktionen primär mit der Tätigkeit thalamischer Kerne in Zusammenhang gebracht werden" (Klimesch 1995). Nach Sternberg (1966) wird der Kurzzeit-Speicher seriell und vollständig abgesucht. Inneres Wiederholen erfüllt die Funktion der „Verbalscheife", um die Informationen im KZG aufrechtzuerhalten, bevor sie ins LZG überführt werden. Den *Übergang vom KZG in das LZG bietet die Konsolidierung,* Informationen aus dem KZ-Speicher sollten durch Wiederholen von Informationen in den LZ-Speicher übernommen werden. Die in den Neuronen-Verbänden enthaltenen Informationen werden der fortgesetzten Aktivität in neuronalen Schaltkreisen zugeschrieben, die die Erinnerung in einem dynamischen Muster „circulierender" Impulse so lange hält, bis sie durch neue Informationen überschrieben oder durch Inhibition mittels inhibitorischer Synapsen gelöscht werden. Die Begrenzung des Gedächtnisses wird im Zusammenhang mit Mechanismen wie Konsolidierung und Rückführung diskutiert. Zur Kategorie des LZG zählen z. B. die transienten Gedächtnisphasen, die bei bestimmten Fliegen (Drosophila) auftreten und als eine Art von Mittel-Gedächtnis verstanden werden.

KZG und LZG sind zwei kontinuierlich ineinander übergehende Informationsverarbeitungs-Prozesse. Z. B. ergeben sich bereits in Bruchteilen von Sekunden nach Eintreffen eines visuellen Reizes räumlich-zeitliche Erregungsmuster, die für die zu speichernde Information spezifisch sind. Dieses zum LZG führende Gedächtnis wird auch als Inter-Mediärzeit-Gedächtnis bezeichnet. Es wird durch wiederholte synaptische Aktivierungen der KZ-Erinnerung induziert, und es benützt den gleichen Hippocampus-Regelkreis wie das LZG. Für das Behalten visueller Items über längere Zeiträume steht das visuelle Langzeit-Gedächtnis zur Verfügung. Es gibt Anhaltspunkte, daß das Arbeits-Gedächtnis für das Bewußtsein notwendig ist (Crick 1994).

3.6.1.3 Langzeit-Gedächtnis (Long term memory)

Im LZG, das möglicherweise aus weiteren Unterteilungen besteht, befinden sich die Informationen normalerweise in keinem aktivierten Zustand; zum Gebrauch müssen sie erst aktiviert werden. Das LZG stellt ein nicht-limitiertes Verarbeitungs-System dar, das resistent gegen Störeinflüsse ist. Der Abruf ist daher als Aktivierung zu verstehen, womit dessen Informationen als Teil des KZG behandelt werden. Damit stehen die Prozesse des KZG in eindeutiger Wechselwirkung mit Informations-Einheiten des LZG, das ein Interagieren von operativen mit gespeicherten Strukturen bedeutet. Im LZG gespeicherte Strukturen werden jedoch auch dazu verwendet, um sensorische Information zu identifizieren. Diese Wechselwirkung wurde experimentell, z. B. bei mentalen Rotationsaufgaben, wiederholt bestätigt (Shephard 1978; Finke 1980 und 1986; vgl. dazu auch Klimesch 1988). Als die drei wichtigsten Funktionen des LZG gelten das Identifizieren, das Reproduzieren und das Generieren von Informationen.

Das LZG ist in der gesteigerten Wirksamkeit von Synapsen codiert, die während und nach der ursprünglichen Episode, die erinnert wird, hyperaktiv waren. Zur Verfestigung im LZG wird eine Zeit von ca. 30 Minuten bis zu drei Stunden für Synapsenwachstum und metabolische Vorgänge benötigt.

Im Unterschied zum KZG enthält das LZG das gesamte Wissen eines Menschen. Informations-Repräsentation geht vor allem semantisch, jedoch auch ikonisch, akustisch und begrifflich vor sich. Speichern und Abrufen ist jedoch an spezifische Strategien gebunden, somit an große individuelle Unterschiede. Ein Beispiel dafür stellen im visuellen Bereich die *Eidetiker* dar. Man sagt diesen Personen ein „photographisches" Gedächtnis nach. Das ikonische Gedächtnis bleibt an die Dimension des entsprechenden Wahrnehmungs-Systems geknüpft. Es verfügt jedoch nicht über alle Details, die im unmittelbaren Wahrnehmungsprozeß gegeben sind. Eidetisches Vorstellungsvermögen soll auch die Basis des Idiot-savant-Phänomens darstellen. Dieses findet sich häufig bei Personen von unterdurchschnittlicher Intelligenz bei gleichzeitig ungewöhnlicher Fähigkeit in einem ganz bestimmten Bereich. „Pathologische Fälle von *Supergedächtnis* beim Menschen entstehen durch zwanghaftes Einfügen von Gedächtnisinhalten in eidetischen Raumvorstellungen [...] Die Verknüpfung von Sinneseindrücken und die Einordnung in ein *Bildgedächtnis* ist ein Vorgang, der die Gedächtnisbildung fördert und den Gedächtnisabruf erleichtert [...] Der Umfang des bildhaften Gedächtnisses erweist sich auch dann als ganz außerordentlich groß. Die Struktur und die Eigenschaften der Neurone des Hippokampus und anderer kortikaler Felder legen nahe, daß die Gedächtnisspeicherung von Raumrepräsentation in der Art eines *autoassoziativen Netzwerkes*[38] erfolgt" (Dudel et al. 1996).

Entsprechend dem prozeduralen und deklarativen Wissen wird von zwei Formen bzw. Speicherinhalten (nicht-verbalisierte und verbalisierte Informationen) des LZG ausgegangen.

Kognitive Aspekte des Lernens

Für die Speicherung ist die Organisation im LZG wichtig: Wörter, die derselben Kategorie angehören, tendieren dazu, einander beim Abruf zu folgen. Die Codierung der Information im LZG ist *kontextabhängig,* das bedeutet, daß beim Abruf in der Vorstellung die ursprüngliche Umgebung – durch Erinnerung – miteinbezogen wird. Dieser Mechanismus kann als eine Bild-Wieder(her)holung bezeichnet werden. Der *Wiedergabe* kann auch eine *Muster-Vervollständigung* zugrunde liegen: Passen einige Elemente des Musters, wird das *gesamte Muster* abgerufen. Die Wiedergabe erfordert ein Zurückführen auf den sich dazwischen befindlichen Speicher des KZG. Es ist dies ein konstruktiver Vorgang, der in einem aktiven Prozeß aufrechterhalten wird. „Neue Gedächtnisinhalte werden kontextrichtig dem vorhandenen Gedächtnis hinzugefügt; dies führt zu spezifischen Erwartungen" (Dudel et al. 1996).

Beim Abruf von Gedächtnisinhalten treten neben (1) der Vervollständigung noch andere Eigenschaften zutage: (2) die *Generalisierung,* wobei es zu einer Aktivierung des Gedächtnisses kommt, obwohl nur Ähnlichkeiten bestehen und (3) eine *Fehler-*

---

[38] Bei der Verschaltung eines autoassoziativen Netzwerkes – als Modellvorstellung für den Cortex – wirken rekurrente Kollateralen der parallel angeordneten Neurone auf alle Neurone zurück.

toleranz. Der Gedächtnisinhalt ist auch bei fehlerhafter Verschaltung von Synapsen oder beim Ausfall von Neuronen verfügbar.

Das Wiedererkennen ist aufgrund der zahlreich vorhandenen Hinweisreize leichter als das Wiedergeben. Während dem Wiedererkennen nur ein Vorgang zugrunde liegt, setzt sich die Wiedergabe aus dem Generieren und dem Wiedererkennen zusammen. Der Informationsabruf für das Wiedererkennen von Bildern erfolgt häufig rekonstruktiv. Wobei für das richtige Wiedererkennen eines Bildes Kontext und Erwartungen sowie die *Bedeutung* des Erkennens von Zusammenhängen, besonders für Erwachsene, wichtig sind. Das Faktum, daß beim Vorgang des Reproduzierens Verzerrungen in Richtung der Erwartung einer Person auftreten können, sollte bei Berichten von Augenzeugen vor Gericht Berücksichtigung finden. Beim Abruf von Bildern scheinen nach Goldstein und Chance (1971) zwei Faktoren eine Rolle zu spielen: Um ein Bild von einem anderen zu unterscheiden, reicht bereits *ein* differenzierendes Merkmal. Der Einsatz des visuellen Gedächtnisses wird vor allem bei der Reproduktion visueller Items zusätzlich durch verbale Codierung erweitert.

Erkennen und Verstehen erfolgt durch eine Verbindung zwischen kognitiven Elementen durch sensorische Eindrücke und solchen, die in Form von Assoziationen im LZG bereits vorliegen.

3.6.2 Visuelles Gedächtnis bei non-verbalem Material

Das LZG bildet die Voraussetzung für jeden Wahrnehmungs- bzw. Erkennungsvorgang, weil auf die gespeicherten Erfahrungen zurückgegriffen wird. Waldmann und Weinert (1990) nehmen an, daß bei bildhaften Vorstellungen jedoch auch ein Kurzzeitspeicher-Medium benutzt werden müßte. Gleichzeitig verweisen sie jedoch darauf, daß die meisten Modelle keine diesbezüglichen Komponenten enthalten.

Etliche Untersuchungen zur dualen Codierungs-Theorie zeigen, daß die Behaltensleistung unter Berücksichtigung von gleichermaßen visuellen und verbalen Komponenten optimal ist. Siehe dazu auch Paivio, 3.3.1, Seite 108. Unter verbaler Beschreibung kann es zum Aufbau eines visuell-verbal kombinierten Codes kommen, der, den Bildinhalt betreffend, längerfristig gespeichert wird (Klimesch 1980).

3.6.2.1 Bedeutungs-Hypothese

Experimente zum Gedächtnis für Bilder bezüglich ihres Bedeutungs- bzw. Sinngehalts belegen, daß Bilder besser als Wörter und Interpretationen besser als visuelle Details im Gedächtnis behalten werden. Der Behauptung, daß sowohl die Behaltens- als auch die Wiedererkennungsleistung für Nonsens-Bilder eine schlechtere sei, gingen Bower et al. (1975) nach. Das Ergebnis zeigte, daß Bild-Verstehen durch sprachliche Erläuterung die Erinnerungsleistung an Bilder erhöhte – eine Bestätigung dafür, daß Sprache die Verständlichkeit von Bildern verbessert.

Mit der Bedeutungs-Hypothese bezüglich der wahrnehmungsmäßigen Organisation visuellen Wiedererkennens setzten sich Wiseman und Neisser (1974) auseinander. Aus dem „Faces Closure Test" von Mooney legten sie VPn zweideutig auszulegende

Schwarz-weiß-Darstellungen zur Wiedererkennung vor. Die Resultate beweisen, daß die Wahrnehmungsfähigkeit des Individuums und die Gestaltung der inneren Repräsentation durch eingehende Beschäftigung und aufgrund einer möglichen Umstrukturierung bzw. Neuorganisierung des vorgegebenen Materials sich ändert sowie daß aufgrund einer *Reorganisierung* der Wahrnehmung die Darstellungen leichter wiedererkannt werden.

Zusammenfassend läßt sich sagen, „daß die Arbeiten zur Objekt- und Szenenerkennung die Existenz einer temporären Repräsentation wahrscheinlich machen, die konstruktiven Charakter trägt, durch aktive Prozesse wie Wiederholung aufrechterhalten werden muß und kategorisierte sowie unkategorisierte Information enthält. Daran beteiligte Sub-Komponenten können eine Funktion bei der Erzeugung und Aufrechterhaltung von Vorstellungen übernehmen“ (Hagendorf 1995).

3.7 Psychologie der Aufmerksamkeit

Aufmerksamkeit läßt sich als „Kamera-Führung des Wahrnehmungsprozesses“ betrachten, wobei sich die Frage nach dem Regisseur stellt, der die Festlegung des Ausschnitts wählt. Neueste Daten von Posner und Dehaene (1994) über die Neurophysiologie des Gehirns geben Hinweise, daß Aufmerksamkeit weder eine Eigenschaft eines spezifischen Gebiets noch des Gehirns in seiner Gesamtheit ist. Die Tatsache der Auswahl sensorischer Stimuli ist noch kein Beweis für die Lokalisation von Aufmerksamkeit, da alle Systeme des Gehirns sich an der Auswahl beteiligen. Seit dem Einsatz neuer Darstellungsmethoden lassen sich in verschiedenen Hirnregionen Netzwerke beobachten, die beim Ausführen komplexer Tätigkeiten, wie visueller Orientierungs-, Selektions- und Transformations-Aufgaben, aktiv werden. In vielen psychologischen Modellen werden derartige Leistungen als aufmerksamkeits-fordernd beschrieben.

Annahmen zur *Funktionsweise der Informationsverarbeitung.*

Es werden nur Bruchteile der ankommenden Reize bewußt. Auch Reizaufnahme, Repräsentation des Reizes, Musterextraktion, -erkennung und -vergleich gegenwärtiger Reizmuster mit bereits vorhandenen Mustern im LZG, Auswahl und Ausführung der Reaktion und Rückmeldung aus der Peripherie sind nicht bewußt. Der bewußtseinserzeugende Aktivierungsprozeß tritt frühestens 250 ms nach Reizung der Rezeptoren ein. Aufmerksamkeits-Prozesse beeinflussen Potentiale bereits ab 30 ms.

Die Aussagen bezüglich der Aufmerksamkeit in Wahrnehmungs-Prozessen sind nicht einheitlich. Einige Modelle gehen kategorisch davon aus, daß automatische oder automatisierte Prozesse *keine* Aufmerksamkeit erfordern. Meiner Meinung nach bedarf diese Auffassung einer Korrektur. Aufmerksamkeit spielt bei der Auswahl von Information für die weitere Verarbeitung eine große Rolle. Ich gehe davon aus, daß während eines Wahrnehmungs-Vorganges, rein hypothetisch durch die angeführten Faktoren bedingt, bei folgenden Verarbeitungsschritten eine Zuwendung an Aufmerksamkeit erforderlich sein könnte:

(1) beim Herauslösen von Merkmalen, aus denen die perceptive Konfigurations-Beschreibung aufgebaut wird;

(2) beim Zusammensetzen von Merkmalen zu einem Ganzen, der *Merkmals-Kombination,* die zur Identifikation einer visuellen Szene führt;

(3) beim zu erfolgenden *Vergleich* von eintreffenden Reiz-Mustern mit im Gedächtnis gespeicherten Mustern und Modellen;

(4) aus den vorangehenden Aufzählungen ist abzuleiten, daß die Art der Aufmerksamkeit auch in einem Zusammenhang mit der *Komplexität* des vorgegebenen Materials und mit dem *Kontext,* in dem das Muster erscheint, für das Erkennen zu stehen vermag. (Innerhalb einer geordneten Szene wird ein Objekt rascher und genauer identifiziert als in einer ungeordneten.) Experimente erwiesen, je geläufiger ein Muster, desto weniger Aufmerksamkeit wird benötigt. In der vorliegenden Untersuchung mit Bildern ist die Beanspruchung des Verarbeitungs-Systems derartig, daß Grenzen der Aufmerksamkeit auch beim Prozeß der Perception – also während des Betrachtens eines Bildes – sichtbar werden: Merkmale werden falsch kombiniert, beispielsweise das Auftreten von Fehlern bei Farbnennungen;

(5) weiters ist zu bedenken, daß kontrollierte Prozesse sich durch *Übung bzw. Training* automatisieren lassen und damit hoch-geübt sind – auch sie werden nicht ohne den Einsatz selektiver Aufmerksamkeit auskommen; während einfache, vor allem motorische Aufgaben, vermutlich ohne Aufmerksamkeits-Zuwendung ablaufen können.

Es gibt Reize, die die Aufmerksamkeit auf sich ziehen und daher beachtet werden müssen. Sie werden als *Orientierungsreaktion* (OR) beschrieben und als passive Aufmerksamkeit verstanden. Diese steht im Gegensatz zur aktiven Aufmerksamkeit, die auch als Konzentration bezeichnet wird. Die Grundform der selektiven Orientierung ist in der OR zu sehen, sie geht auf Pawlow zurück.

Abweichungen (mismatch) eintreffender von eingetroffenen Signalen lösen nach Birbaumer (1996) eine OR aus, die aus vier nacheinander ablaufenden Prozessen besteht:

1. dem Vergleich des eintreffenden mit dem erwarteten, das ist das gespeicherte Modell;
2. darauf findet bezüglich des „mismatch" eine Orientierung statt;
3. das vorhandene KZG-Modell erfährt eine mögliche Revision;
4. das im LZG gespeicherte Modell wird danach modifiziert, damit die Erwartung verändert, da Orientierung eng mit der Bindung von Erwartung verbunden ist.

Als Beispiel für eine OR lassen sich die vier Mechanismen der *Raum-Orientierung* bei Tieren anführen (zit. nach Roth und Menzel 1996): (1) Die Wegintegration – ist ein Mechanismus des egozentrischen Orientierungs-Systems; (2) zielgerichtetes Pilotieren – das ferne Ziel ist durch eine Landmarke gekennzeichnet; (3) am Ziel wird ein *Bild-Gedächtnis* der Landmarken eingespeichert. Der Weg erfolgt, indem die Abweichung zwischen dem aktuell wahrgenommenen Bild und dem gespeicherten Bild fortlaufend korrigiert, d. h. minimiert wird. (4) *Kognitive Karte* – geographisches Gedächtnis für die Lage der Landmarken. Die Raumorientierung stellt einen speziellen Fall von Problemlöseverhalten dar. Dafür sind Neurone in der CA1-Region des Hippocampus zuständig.

OR ist damit durch den vorzunehmenden *Vergleich* gekennzeichnet, bei zusätzlichem Bedarf können jedoch noch andere Prozesse auftreten. Liegt keine Abweichung vor, erfährt das gespeicherte Modell eine Bestätigung. *Identifikation* tritt durch den Vorgang des *Erkennens* ein. Wahrnehmung ist dabei nicht das ausschließliche Ergebnis einer Selektion, sondern eines Konstruktionsprozesses unter Verwendung von bereits im Gedächtnis gespeicherten Inhalten.

3.7.1 Aufmerksamkeitsmodelle in der kognitiven Psychologie

3.7.1.1 Begrenzte Verarbeitungs-Kapazität

Aufmerksamkeit wird hier als begrenzte Ressource (Kapazität) verstanden. Die Begriffe Anstrengung, Ressource und Kapazität werden in vielen Theorien der Aufmerksamkeit synonym verwendet. Die Begrenzung der Verarbeitungskapazität bei bewußter Aufmerksamkeit beinhaltet die Geschwindigkeit der Informationsverarbeitung, die Fähigkeit zu paralleler versus geteilter Informationsverarbeitung, die Fähigkeit zu automatisierter und kontrollierter Verarbeitung.

Bezüglich der Aufmerksamkeits-Fähigkeit werden zwei aufeinanderfolgende Schritte der Informationsverarbeitung unterschieden:

Durch die *initiale* Interpretation erfolgt eine *ganzheitliche* Erfassung der Information, und zwar für viele verschiedene Eingänge gleichzeitig und *parallel* (hierher gehören Neissers prä-attentive Prozesse).

Durch die kognitive Interpretation ist eine *sequentielle* Bearbeitung der Information, die zu einer detaillierten *Bewertung* und Beantwortung führt, vorgesehen. Zu deren Durchführung werden meist Daten aus dem Gedächtnis abgerufen. Dieser Schritt dauert mehrere Sekunden, also länger als der initiale, der ca. 300 ms nach der Informationsdarbietung erfolgt.

Zur Realisierung dieser beiden Verarbeitungsschritte stehen zwei *Verarbeitungs-Modi* zur Verfügung:

1. Der ***automatische** Modus* ermöglicht bei gelernten, geübten Aufgaben eine *parallele* oder simultane, schnelle, nicht willentlich steuerbare, von der Aufmerksamkeit (mehr oder weniger) unabhängige Informationsverarbeitung, bei der kaum Kapazität beansprucht wird. Einige Autoren vertreten in den Theorien zur automatischen Informationsverarbeitung die Auffassung, daß automatische Prozesse durch Aufmerksamkeits-Zuwendung nicht beeinflußbar wären, weshalb sie nicht gelernt werden müßten und damit auch durch Übung nicht veränderbar wären (Shiffrin und Schneider 1977; Posner und Snyder 1975). „Weil diese Form der Informationsverarbeitung keine Steuerung der Aufmerksamkeit verlangt, unterliegt sie auch nicht den Kapazitätsbeschrän-

kungen des Kurzzeitgedächtnisses" (Kluwe und Haider 1995). Einmal gestartet, scheint der Ablauf automatischer Prozesse schwer zu beeinträchtigen zu sein, wobei die Verarbeitung im allgemeinen mit einer höheren Geschwindigkeit erfolgt. Der automatische Modus wird für die initiale Interpretation benötigt sowie für die Verarbeitung von bereits bekannten Reizkonstellationen. Physiologisch bedeutet automatische Verarbeitung, daß keine wesentliche Erhöhung von Erregung in den beteiligten Netzwerken stattfindet. Nach dem Vergleich eingegangener Information mit bereits vorhandenen Mustern, dem kurzen Verweilen im sensorischen Speicher, vollzogener Mustererkennung und Identifikation erfolgt die automatische Verarbeitung. Da bei geübten Aufgaben z. B. Klavierspielen, Maschinschreiben die Ausführung vermutlich ohne größere Aufmerksamkeits-Zuwendung vor sich geht, können andere beteiligte Systeme gleichzeitig und ohne jedwede Behinderung funktionieren. Der Einsatz von Effort-Systemen wird somit minimiert. Durch die Automatisierung soll eine Optimierung der Informationsverarbeitung erreicht werden. Eine Aufmerksamkeitsreduktion? „Der verringerte Bedarf an Aufmerksamkeit kann als eine Konsequenz der Schnelligkeit der Verarbeitung und nicht als eine Konsequenz zunehmender Automatisierung interpretiert werden" (Kluwe und Haider 1995).

Mein Einwand an diesem Modell: Ließe sich aus dem oben Beschriebenen ableiten, daß bei einem Wahrnehmungsvorgang, wie beispielsweise dem Sehen, keine Aufmerksamkeits-Zuwendung erforderlich wäre? Oder ist Sehen etwa kein „automatisierter" Vorgang? Es ist doch eher anzunehmen, daß das Betrachten eines Bildes kein ausschließlich automatischer Vorgang ist, sondern daß dabei automatische und kontrollierte Prozesse gemeinsam auftreten könnten.

Kognitive Prozesse der IV sind: Vorverarbeitung – Merkmals-Extraktion – Mustererkennung – Auswahl durch Vergleich – Verarbeitung (physiologische, sensorische, motorische) – *Konstruktion.*

2. Der ***kontrollierte*** *Verarbeitungs-Modus* verfügt über begrenzte Kapazität und benötigt kognitive Ressourcen, daher die niedrige Verarbeitungsgeschwindigkeit, „da eine schrittweise Aktivierung einzelner Knoten im Langzeitgedächtnis notwendig ist" (Kluwe und Haider 1995). Dieser Modus wird vor allem in neuen und komplexen sowie nicht eindeutigen Situationen (vgl. Orientierungs-Reaktion) eingesetzt und ermöglicht eine *sequentielle,* steuer- und modifizierbare Informationsverarbeitung. Jedenfalls findet eine Aktivierung des KZG statt. Die Grenzen der kognitiven Ressourcen spiegeln sich in dem begrenzten Vermögen des KZG wider. Kontrollierte Prozesse sind *aufmerksamkeits-abhängig*, weiters störanfällig und können durch zusätzlich kontrollierte Prozesse beeinträchtigt werden. Diese Beeinträchtigung resultiert aus der Annahme der begrenzten Aufmerksamkeits-Kapazität. Kontrollierte Prozesse lassen sich durch *Übung* bzw. Training mehr oder weniger *automatisieren,* wobei es zur Ausbildung von Mustern assoziativer Verknüpfungen im Gedächtnis kommt. Das bedeutet, daß kontrollierte Verarbeitung automatischer Verarbeitung immer vorausgeht. Doch finden sich in der Literatur wenige Hinweise auf dieses Faktum. Informationsverarbeitende Systeme werden erregt, die nicht-beteiligten Systeme gehemmt. Dieser Vorgang, der

einer willentlichen Anstrengung bedarf, ist nicht nur bewußt, sondern vor allem mit verstärktem Energieverbrauch (z. B. mit Glucose-Verbrauch – vgl. Untersuchungen von Goldenberg und Friberg) verbunden. Weiters geht kontrollierte Aufmerksamkeit mit Änderungen langsamer Hirn-Potentiale einher. Außerdem mag das Individuum bei dieser Vorgehensweise zusätzliche Informationen, wie Kontext, miteinzubeziehen und zu berücksichtigen. So kommt es zu einem Vergleich von KZG- und LZG-Inhalten und daraus resultierenden Aktivierungen sensorischer und motorischer Systeme bei der kontrollierten Suche. Die Aktivierung sensorischer Systeme führt zu Arousal.

Beide Modi erleichtern die Anpassung an eine sich ändernde Umgebung, wobei der Vorteil kontrollierter Verarbeitung „in deren potentieller Flexibilität besteht, mit der Verarbeitungssequenzen gebildet, geändert und auf neue Situationen angewendet werden können" (Kluwe und Haider 1995).

Aus dieser Gegenüberstellung resultiert, daß eine Tätigkeit umso mehr Aufmerksamkeit und damit Kapazität des Arbeits-Gedächtnisses beansprucht, je weniger automatisiert sie ist. Durch Wiederholen bzw. Üben kognitiver Tätigkeiten bilden sich Schemata. Diese steuern den automatischen Ablauf eines Vorganges und entlasten damit die bewußte Aufmerksamkeit (siehe Barlett, siehe Neisser, siehe Norman).

Was das Bewußtsein betrifft, ist dieses „stärker durch die Eigenschaften der kontrollierten als der automatischen Informationsverarbeitung charakterisiert" (Gadenne 1996).

Die beiden Verarbeitungs-Modi *„automatisch"* und *„kontrolliert"* entsprechen den in der informationstheoretischen Literatur als *„Bottom-up"*- und *„Top-down"-Prozesse* bezeichneten. Die Aufgabe der Kognition besteht im Interpretieren der Umwelt.

Ausgehend von der Annahme, daß Aufmerksamkeit einer begrenzten Ressource unterliegt (Kahnemann), läßt sich deren eindeutige Zuordnung in bezug auf das Begriffs-Paar automatische vs. kontrollierte IV nicht aufrechterhalten, nämlich daß automatische IV aufmerksamkeits-unabhängig (siehe Engelmann) und kontrollierte IV aufmerksamkeits-abhängig ablaufen soll.

Es ist auch ein Bemühen dieser Arbeit, zu zeigen, daß diese theoretischen Annahmen insofern nicht ganz stichhaltig sein dürften, als bei automatischer IV, wie beim Sehen, Aufmerksamkeits-Prozesse eine wesentliche Rolle spielen. Eindeutig hingegen ist, daß kontrollierte Prozesse Aufmerksamkeit benötigen. Allerdings mit der Einschränkung, daß sie sich – und auch dies geht aus herkömmlichen Modellen kaum hervor – durch Übung automatisieren lassen.

3.7.1.2 Selektive Aufmerksamkeit

Die Beschäftigung mit dem Phänomen der Aufmerksamkeit reicht bis in die Antike zurück, ebenso Bemühungen um einen diesbezüglichen Konsens. Aufmerksamkeit *scheint Bewußtsein zu implizieren* – jedoch hat die Umkehrung in der Aussage keine Gültigkeit. Obzwar die Stärke der Aufmerksamkeit mit dem bewußteren Erleben verbunden ist, ist Aufmerksamkeit mit Bewußtsein nicht ident. Nicht alles Bewußte muß

Gegenstand der Aufmerksamkeit sein. Bewußtsein hat nach Meinung einiger Theoretiker eine Kontrollfunktion des kognitiven Geschehens. Aufmerksamkeit und Kurzzeit-Gedächtnis jedenfalls stehen in engster Beziehung zum Bewußtsein, es gibt daher Überschneidungen, jedoch keine Deckungsgleichheit. Die nicht hinreichende Abgrenzung bzw. die Gleichsetzung von Aufmerksamkeit und Bewußtsein scheint mir problematisch zu sein und wäre meines Erachtens einem Kategorienfehler gleichzusetzen. Der Terminus „Aufmerksamkeit" wird nicht nur für unterschiedliche Phänomene verwendet, sondern in der Literatur auch unterschiedlich definiert.

In Anlehnung an ein Konzept von Kahnemann (1973) und Neisser (1976) zur selektiven Aufmerksamkeit schreibt Navon (1985) „To attend is to select for processing". Das entscheidende Merkmal von „Aufmerksamkeit" ist die Selektivität, das ist die Trennung von relevanter und irrelevanter Information. Aufmerksamkeit äußert sich somit in der Nutzung kognitiver Elemente unter Rückstellung solcher, die aus dem individuellen Bedeutungszusammenhang fallen. Die Verarbeitung erfolgt unter Annahme der begrenzten Kapazität (limited capacity), daß nämlich im Organismus eine Limitierung hinsichtlich der Verarbeitungsmöglichkeit besteht, anders ausgedrückt: daß die der *„inneren Anstrengung"* zur Verfügung stehenden Ressourcen limitiert sind – *Modell der Ressourcen-Allokation:* Aufmerksamkeit wird hier zur Verteilung und Zuweisung der Verarbeitungskapazität auf die Informationen verstanden und betrifft die Frage nach den Aufmerksamkeits-Ressourcen. Unter Ressource wird dabei die erhöhte neuronale Energie verstanden. Bedarf die Lösung einer Aufgabe gleicher Ressourcen, wird Interferenz (Störung) zwischen den beiden Aufgaben eintreten. Das Ausmaß der Anstrengung wird einerseits durch die *Ähnlichkeit,* andererseits durch die *Aufgaben-Schwierigkeit* bestimmt: mit zunehmender Schwierigkeit oder bei zu ähnlichen Aufgaben und somit zusätzlicher Aktivierung erhöht sich die Anzahl der Aufmerksamkeits-Ressourcen, die zur Lösung und Bewältigung einer Aufgabe eingesetzt werden. Eine Aufgabe gilt als ressourcen-limitiert, wenn eine Zunahme zugewiesener Verarbeitungs-Ressourcen keine Verbesserung der Leistung bewirkt.

Begrenzte Aufmerksamkeits-Ressourcen lassen sich auf nur *eine* schwierige Aufgabe zentrieren – *selektive* Aufmerksamkeit. Das Vermögen, zwei Aufgaben simultan zu erledigen, wird als *distributive* Aufmerksamkeit bezeichnet. Eine strategische Verteilung von Aufmerksamkeits-Ressourcen durch perceptive Organisation kann deren Nutzung optimieren.

Kahnemanns Auffassung zufolge ist selektive Aufmerksamkeit ein Akt der Selektion und der Anstrengung, wobei jedoch auch die *Motivation* eines Individuums zu berücksichtigen ist. Charakteristikum dieser Theorien ist 1. die Betonung aktiver Anstrengungen und 2. die Begrenztheit des gesamten „Ressourcen-Pools" bezüglich der kognitiven Prozesse; alle Theorien der Aufmerksamkeit gehen von dieser „Limitation" aus. Ich sehe allerdings das Postulat eines einheitlichen Ressourcen-Pools für verschiedene Aufgaben als problematisch an, abgesehen von der Schwierigkeit bei der Definition von Umfang und Inhalt eines solchen.

In den dargestellten Ressourcen-Theorien kommt es zu einer Teilung der vorhandenen Verarbeitungs-Ressourcen, was zu Leistungseinbußen bei den Aufgaben führt. Es gibt jedoch auch eine andere Sichtweise, vertreten von den Strukturtheorien, in denen zwei Aufgaben um gemeinsame Verarbeitungs-Strukturen konkurrieren, wobei Interferenzen auftreten können.

Die Theorienbildung der kognitiven Theorie geht auf Broadbents (1958) Filter- oder Engpaß-Theorie zurück. Dieser Ansatz ist heute mit dem Aufkommen parallelverarbeitender Systeme als überholt zu betrachten. Nachfolgende Theorien vertreten die Auffassung – im Gegensatz zu Broadbents früher Stufe der Verarbeitung, d. h. vor der Mustererkennung – der *späten Selektion,* die auf der Stufe des KZG vor sich geht. Alle eingehenden, sämtliche wahrgenommenen Informationen werden hier *parallel* analysiert bis zur Stufe der vollständigen Identifikation – *danach* erst erfolgt die Selektion. Das Aufmerksamkeits-System wendet sich einem Objekt oder einer geringen Anzahl von Objekten zu, jedenfalls nicht allen Objekten auf einmal. Die Verarbeitung erfolgt hiebei *seriell.* Aufmerksamkeit wird als aktiver Prozeß in Abhängigkeit von der Informationsverarbeitung des Individuums verstanden, d. h. es erfolgt eine Hypothesenbildung und -findung bei der Auswahl sensorischer Daten durch das Individuum.

Für diese Arbeit von Interesse sind Strategien zur Aufmerksamkeitsverteilung und die Bedeutung der selektiven Aufmerksamkeit im Zusammenhang mit den informationsverarbeitenden Prozessen im Gehirn. Es wird nachgewiesen, daß visuelle Reizaufnahme keineswegs zufallsbedingt ist, sondern daß die Fixierung von Reizen für ein Individuum vom beinhalteten Informationsgehalt abhängig ist.

Im Zusammenhang mit der Aufmerksamkeitssteuerung sollte noch Berlynes (1971, 1974) Psychologie der Ästhetik erwähnt werden. Ein Kunstwerk kann den Betrachtenden stimulieren, angenehm (wenn es dessen Aktivationsniveau in Richtung auf das Optimum verändert) oder unangenehm wirken. Jedoch kann es dem Betrachtenden z. B. auch als zu komplex erscheinen. Bei zu langer Konfrontation kann eine ursprünglich negative Reaktion sich ins Positive verkehren, wie z. B. beim oftmaligen Hören eines fremdartig klingenden Musikstückes. Bei zu großer Vertrautheit ist auch der umgekehrte Vorgang eines gewissen Abstumpfens möglich, wenn Neuartiges oder Unerwartetes beispielsweise nicht mehr zulässig ist, weil die aktivierende Funktion verloren gegangen ist.

Hirnelektrische Korrelate stellen mögliche *Indikatoren für Aufmerksamkeits-Vorgänge* und -Prozesse zur Erklärung des Phänomens der „selektiven Aufmerksamkeit" dar.

Rösler (1976) stellt einen Zusammenhang zwischen Aufmerksamkeits-Prozessen bei der Informationsverarbeitung und Parametern des evozierten Potentials in den späten Komponenten des evozierten Potentials auf aufgaben-relevante Reize her. In einer weiteren Arbeit (1975) führt er die P3 als einen Indikator für selektive Aufmerksamkeits-Prozesse an. Die P300 ist als eine von den Aktivations-Zentren ausgehende Aktivierung des Cortex anzusehen. Für die Aktivation findet er unterschiedliche Ursachen: In einem Fall legt er sie als eine aktive Hinwendung auf aufgaben-relevante Reize aus und weist damit auf einen selektiven Aufmerksamkeits-Prozeß. Im anderen Fall ist sie durch passive selektive Beachtung nicht erwarteter, vom kognitiven Muster abweichender Reize bedingt.

Diverse Untersuchungen weisen dem *Parietallappen* eine wesentliche Funktion bei der *Aufmerksamkeits-Orientierung* zu (Münte et al. 1993). Auch Wurtz et al. (1982) unterstützen diese Behauptung in experimentellen Untersuchungen an Affen mit der Ergänzung, daß NZ im Colliculus superior und NZ des frontalen Augenfeldes an der Steuerung visueller Aufmerksamkeit nicht beteiligt wären, obwohl verstärkte Entladungen der Zellen nachzuweisen seien.

PET-Untersuchungen zufolge „aktiviert die Verschiebung der Aufmerksamkeit innerhalb einer Gesichtshälfte den rechten Parietallappen – unabhängig davon, um welche Seite des Gesichtsfelds es sich handelt. Der linke Parietallappen wird nur dann aktiv, wenn die Aufmerksamkeit auf die rechte Hälfte des Gesichtsfeldes gerichtet ist. Wenn Versuchspersonen einen wachsamen Zustand aufrechterhalten müssen, zeigen ihre PET-Aufnahmen eine steigende Aktivität im rechten Frontal- und Parietallappen, wo wahrscheinlich das Wachsamkeitsnetzwerk lokalisiert ist" (Posner 1996).

3.7.1.3 Vigilanz

Zur Abgrenzung von Aufmerksamkeit, die gezielt auf bestimmte Ereignisse gerichtet ist, sei noch der Begriff der Vigilanz (Daueraufmerksamkeit, „alertness") erwähnt und kurz erläutert. Wachsamkeit ist ein allgemeiner Zustand. Unter Vigilanz hingegen wird die Fähigkeit verstanden, Aufmerksamkeit für Aufgaben über längere Zeit aufrechtzuerhalten sowie die Fähigkeit, sich durch Hinweisreize auf die Verarbeitung eines neuen Reizes einzustellen. Diesbezügliche Untersuchungen werden mittels EEG durchgeführt, dessen Ausdruck das „Bereitschaftspotential" darstellt, das als Folge eines Warnreizes registriert wird.

Psychologische Aspekte der Vigilanz

Der Ausdruck „Vigilanz" geht auf Head (1923) zurück, der ihn als eine „neurodynamische" (psychophysiologische) Variable definiert, wobei er deren adaptativen Aspekt, also die Verhaltensebene, hervorhebt. Die Wendung zum Psychologischen erfährt die Bezeichnung „Vigilanz" durch Mackworth (1948) als die Fähigkeit und die Bereitschaft einer Person zum dauerhaften aufmerksamen Beobachten. Dieses Konzept beinhaltet eine Verschiebung in die Richtung der Aktivierung/Wachheit und Aufmerksamkeit. Für Scharfetter (1976) ist Vigilanz ein Synonym für Wachheit, damit Voraussetzung für klares Bewußtsein, das wechselndem Geschehen unterliegt.

Während „Vigilanz" von einem psychologischen Standpunkt aus als „Verhalten" und „Leistung" definiert wird, beruht die neurophysiologische Betrachtung auf dem zentralnervösen Zustand und der Signalübermittlung, deren Interpretation teils über das EEG erfolgt. Psychologische und neurophysiologische Ansätze gehen jedoch konform, unter Vigilanz ein Merkmal mit unterschiedlichen Ausprägungen auf einem Kontinuum zu verstehen (von Erregungszuständen zum Tiefschlaf, von selektiver Aufmerksamkeit bis zum Bewußtseinsverlust, zum Koma).

Das Hauptergebnis der Vigilanz-Forschung zeigt ein ständiges Absinken der Leistung während der ersten 15–30 Minuten. Anschließend bleibt die Leistung eher konstant, ist aber schlechter als am Beginn.

3.8 Der selbstzündende Funke – Kreativität und Begabung

Bereits in der Antike wurde die Rolle kreativer Kraft gepriesen und von namhaften Philosophen, beispielsweise Platon und Aristoteles, als göttlich betrachtet. Die Anrufung der (neun) unsterblichen Musen[39] als Schutz-Göttinnen der Künste zu Beginn eines Werkes gehörte zur damaligen Tradition. In der Renaissance wird Kreativität als selbstzündender Funke bezeichnet. Im 19. Jahrhundert wird Genialität und Wahnsinn als miteinander assoziiert betrachtet (Lombroso); eine Ansicht, die sich bis ins 20. Jahrhundert hielt. Siehe auch Prinzhorns (1922) „Bildnerei der Geisteskranken". Zu den ersten, die Kreativität wissenschaftlich zu erforschen versuchten, zählt Galton (1869), ein Vetter Darwins. Er beschäftigte sich mit Biographien berühmter Persönlichkeiten und fand einen Zusammenhang zwischen Begabung und Vererbung. Der Niederschlag seiner Forschung findet sich in seinem Buch „Hereditary Genius".

Bedeutende Denkanstöße in diese Richtung kamen aus Amerika von Guilford und Torrance, die die Forschung auf dem Gebiet der Kreativität und deren Förderung äußerst befürworteten. Kreativitätsforschung war zunächst von wirtschaftlichen und politischen Interessen geprägt. Es ist vermutlich kaum bekannt, daß die US-Airforce das Unternehmen war, das die Entwicklung von Innovation seit ca. 1950 als Voraussetzung für den technologischen Fortschritt förderte, und zwar initiativ, ideologisch und finanziell.

In den 60er Jahren stellt der britische Historiker Arnold Toynbee fest: „Die Kreativität ist der wichtigste Aktivposten im Kapital der Menschheit." Die Erforschung der Kreativität jedoch stand lange Zeit im Schatten der Intelligenzforschung. Derzeit gibt es keine allgemein akzeptierte Definition; Versuche, Kreativität zu definieren, sind zahlreich. „Kreativ" leitet sich vom aus dem Französischen kommenden Substantiv création (Schöpfung) ab. Sei sie nun künstlerisch, literarisch oder wissenschaftlich – die Kreation ist die „Schaffung eines neuen, freien, unabhängigen Wertes eines Werkes der menschlichen Vorstellungskraft, und ihre Vollendung ist die ‚Genialität'", so die Bildhauerin Bourgeois (1990). Kunstwerke spiegeln Ideen, Gefühle und vor allem Vorstellungen, sie sind jedoch nach Gardner (1996) nicht als Versuche zur Problemlösung oder zur Generierung neuer Denkmodelle zu bezeichnen. Dies steht im Gegensatz zu anderen Auffassungen, nämlich daß der schöpferische Akt eine Sache des Problemlösens sei (Guilford).

Von der Entwicklung her war der Begriff „Kreativität" mit Exklusivität belegt und

---

[39] Die neun Musen sind: Kalliope (Dichtung), Melpomene (Tragödie), Thalia (Komödie), Terpsichore (Lyra), Euterpe (Lyrik), Erato (Liebesdichtung), Urania (Sternkunde), Clio (Geschichtsschreibung), Polyhymnia (Tanz).

dem Genie unterstellt, bis die Auffassung eines möglichen kreativen, nur zu entfaltenden Potentials in jedem Menschen als allgemein akzeptiert betrachtet werden konnte. Kreativität jedenfalls ist Voraussetzung für Begabung. Der wissenschaftliche Disput, inwieweit Anlage oder Umwelt an dieser Fähigkeit beteiligt sind, ist immer noch nicht ausgestanden. Die Frage nach der angeborenen Disposition bleibt Dauerthema. Jedoch liegt die Annahme nahe, daß *Anlagefaktoren* (überdurchschnittliche Intelligenz, Kreativität und Aufgaben-Zuwendung – kognitive und nicht-kognitive Voraussetzungen) in Abhängigkeit von Außenzuwendung durch Familie, Schule und Freundeskreis gefördert (bzw. auch gehemmt) werden können und daß *soziale Faktoren* zur Realisierung von Begabungen beitragen. Die Wechselwirkung von Individuum und Umwelt beschreibt Mönks (1990) in einem *interaktionalen Modell der Hochbegabung.*

Wie nun zeigt sich Begabung? „Begabung ist [...] stärker lokal wirksam. Sie tritt uns in der raschen und differenzierten Ausbildung von spezifischem, eben für die Begabung charakteristischen Wissensbesitz sowie im neuartigen, sprich originären Umgang mit ihm entgegen. Die Frage ist, wie kommt diese Spezifik zustande?“ (Klix 1992). Beim Blick auf das Begabungsphänomen reicht die Beachtung kognitiver Strukturen und Prozeduren allein nicht mehr aus. Die *Persönlichkeit* rückt zunehmend ins Blickfeld, „und dabei vor allem die motivationale Basis ihres Wollens und Handelns [...] Deren biologische Verankerung liegt tief, phylogenetisch alte Hirnregionen speisen Dynamik und Spannung und die psychische Kraft des Durchhaltens. Der Drang zur Vervollkommnung von ohnehin oft schon großartigen Leistungen spiegelt ein großes energetisches Reservoir wider“ (Klix 1992).

Zur Kreativität gibt es unterschiedliche Zugangsweisen mit daraus resultierenden Ansätzen: die denkpsychologischen Ansätze (umfassen den kreativen Prozeß und das kreative Produkt); den physiologischen Ansatz (siehe dazu auch Vorstellungs-Lateralisierung 2.1.4); die persönlichkeitsorientierten Sichtweisen und den motivationsorientierten Ansatz sowie die umweltorientierte Sichtweise.

3.8.1 Der denkpsychologische Ansatz[40]

Guilford unterscheidet kognitives, bewertendes und produktives „Denken“. Dieses ist für den kreativen Prozeß von Wichtigkeit; wobei ergänzt werden sollte, daß hiebei dem Denkprodukt Relevanz zukommt. Eine Voraussetzung, um kreative Leistungen zu vollbringen, ist die Intelligenz. Prinzipiell werden Intelligenz und Kreativität als voneinander unabhängig betrachtet. Kreativität wird nicht durch eine einzige Spezialbegabung verursacht, sondern läßt sich aus einer Vielzahl von Faktoren zusammensetzen, die in unterschiedlicher Stärke wirksam werden.

---

[40] Entstammt einer der beiden Hauptströmungen zur Kreativitätsforschung, nämlich der kognitiven Richtung, die faktorenanalytisch ausgerichtet ist und von Guilford und Torrance vertreten wird. Die zweite Richtung ist die persönlichkeitstheoretische; ihre Anhänger sind Barron, McKinnon und Rogers.

Weiters ist davon auszugehen, daß für die Kreativität neben dem konvergenten Denken (*die* richtige Lösung zu finden), divergentes Denken – auch laterales Denken genannt – von Bedeutung zu sein scheint (Guilford 1964), und das heißt, daß für den kreativen Prozeß sowohl konvergentes als auch divergentes Denken erforderlich ist. In seinem Modell interagieren die beiden Denkprozesse. Divergierendes Denken heißt, beim Problemlösen die Richtung zu wechseln, sobald dies erforderlich sein sollte, um somit zu einer Mannigfaltigkeit von Antworten zu kommen, die *alle* richtig sind. Während beim konvergenten Denken nur *eine einzige* Lösungsmöglichkeit zulässig ist. Bei kreativen Leistungen werden nach Guilford Flüssigkeit, Flexibilität, Originalität, Elaboration und Problemsensitivität als kognitive Fähigkeiten eingesetzt.

Der kreative Prozeß läßt sich nach Poincaré (1850–1912) in heute allgemein akzeptierte Phasen unterteilen: in eine Vorbereitungs-, Inkubations- (bewußte und unbewußte Verarbeitungsprozesse), Illuminations- (Aha-Erlebnis, auch Geistesblitz) und eine Verifikationsphase mit Bewertung und Überprüfung.

Kreativität inkludiert kombinatorische Elemente: Bekanntes wird in neue Zusammenhänge und neue Beziehungen gebracht. Der Inhalt der Metapher von der Kopernikanischen Wende in Kunst oder Wissenschaft nach Klix (1992) besagt: „Je fremdartiger die zusammengebrachten Teile im alten Denken waren, um so kreativer mutet der Lösungsvorschlag an. [...] Allerdings ist der Denkvorgang, der dies hervorbringt, zumeist nicht ‚ein Ruck'. Plötzliche Einsichten stehen oft am Ende langer Ketten von geordneten und immer wieder umgeordneten Denkabläufen" (Klix 1992, vgl. auch Weisberg 1989). „Kreatives Denken beruht [...] auf der variantenreichen Kombinatorik von modular verfügbaren Operationen. Sie erzeugt das, was man im Phänomenbereich Phantasie nennt. Die Gestaltpsychologen hatten dafür den [...] Begriff des „Neu"- oder „Umsehens"; nur, daß hier der Wahrnehmung zugeschrieben ist, was sich in Wahrheit im begrifflichen Hinterland kognitiver Operationen über Gedächtnisinhalten abspielt" (Klix 1992). Bei der Konstruktion kreativer Problemlösungen spielt die Abbildungsoperation eine besondere Rolle. „Sie liegt sowohl der Bildung von Metaphern als auch der Konstruktion von Analogien zugrunde" (Klix 1992).

Für den allgemeinen Wissensstand ist somit das *Gedächtnis* ein wesentlicher Faktor und damit eine *Voraussetzung für Kreativität.* Zwischen Kreativität, Intelligenz und Gedächtnis bestehen Wechselwirkungen; es bedarf daher eines Zusammenwirkens dieser Faktoren. In der vorliegenden Arbeit erweist sich die Untersuchung des visuellen Gedächtnisses, vor allem der Malerinnen, als entscheidend (siehe dazu auch die Modelle von Waterhouse und Rosenblatt in der Diskussion 5.7). Mednick und Mednick wiesen bereits 1964 auf dieses Faktum hin. Bei der Herstellung von Beziehungen spielen neben der Verfügbarkeit von Information auch Antizipation und Planung eine wesentliche Rolle. Landau (1990) führt unter „Denkfähigkeiten" begabter Kinder Imagination, Assoziation, gutes Gedächtnis, Originalität, Kombination etc. an. Weisberg sieht Begabung gekennzeichnet durch „eine Verflechtung wahrnehmungs- und wissensbasierter Prozesse, sowohl im Hinblick auf den Abruf von Informationen aus dem Gedächtnis als auch auf die Veränderung früherer Lösungen aufgrund von bildhafter Vorstellung [Visualisierung] und verbalem Schlußfolgern". Vorstellungsfähigkeit scheint mit kreativem Denken sich in inniger Umarmung zu befinden.

3.8.1.1 Kreativität und visuelle Vorstellungsfähigkeit

Inwiefern hängen visuelle Vorstellungsfähigkeit und Kreativität miteinander zusammen? Es wäre anzunehmen, daß visuelle Vorstellungsfähigkeit im Vergleich zur Kreativität eine spezielle Begabung darstellte und damit Ausdruck kreativer Möglichkeiten sein könnte. Spezielle Fähigkeiten, wie visuelle Begabung, gehen in die Beurteilung allgemeiner Fähigkeiten, wie der Ermittlung von Kreativität und Intelligenz, ein, sind an diesen beteiligt. Doch scheint es nicht gerechtfertigt zu sagen, daß die Beteiligung derselben Hirnregion bei Kreativitäts- und Vorstellungs-Aufgaben auf einen Zusammenhang schließen läßt. Möglicherweise ist bildhaftes Vorstellen als individuelle Strategie zu verstehen. Kreativität jedoch müßte die Intelligenz überflügeln.

Als *plastische Imagination* beschreiben Munsterberg und Mussen in Seiffge-Krenke (1974) die Flüssigkeit von Ideen im Zusammenhang mit Abrufen und Kombinieren von gespeicherten Elementen. Schaefer und Anastasi (1968) fanden in einer Untersuchung von perceptiven Fähigkeiten bei Kreativen eine ausgeprägte eidetische Begabung.

3.8.2 Der physiologische Ansatz – Hemisphären-Spezialisierung

Während konvergentes Denken in der Literatur eine linkshemisphärische Zuordnung erfährt, wird bei kreativen Denkprozessen und Faktoren wie Originalität oft von rechtshemisphärischer Spezialisierung ausgegangen (vgl. Katz 1978; Gowan 1979; siehe dazu auch Imagery 2.1.4).

Einen völlig anderen Zugang bezüglich Kreativität zeigte Dacey (1989) in einer Untersuchung an 100 VPn aus 56 kreativen Familien. Er bezog die Seitendominanz der untersuchten Personen durch Eruierung der Linkshändigkeit mit ein. Erstaunlich genug: 20% (und bei einer Unterscheidung zwischen hoch- und niedrig-kreativen waren es 8%) Linkshänder zu 5–10% im normalen Bevölkerungsdurchschnitt. Eine Studie zur Hemisphären-„Dominanz" führte Katz (1986) an kreativen Wissenschaftlern (Mathematikern, Architekten etc.) durch, die unter anderem auch Patente angemeldet hatten. Er fand rechtshemisphärisch gesteigerte EEG-Aktivitäten, jedoch keinen Zusammenhang mit allgemeiner Intelligenz.

Torrance (1978) unterzog seine VPn einem Kreativitäts-Training zur Steigerung visueller Vorstellung und fand nach beendetem Training eine rechtshemisphärische Verlagerung.

Während die meisten Split-Brain-Untersuchungen auf hemisphärische Spezialisation verweisen, beschäftigen sich auch einige Studien mit dem *inter*hemisphärischen Austausch von Informationen. G. und J. Bogen vertreten die Auffassung, „daß künstlerische Schöpferkraft im allgemeinen von der Zusammenarbeit zwischen den beiden Hirnhälften profitiere". Seinen Studien zufolge seien die beiden Hirnhälften nicht nur in der Lage, verschiedene Ansichten hervorzubringen, sondern sogar unabhängig voneinander zu funktionieren; also einzeln wahrzunehmen, zu betrachten etc. und damit zwei Denkweisen zu entwickeln. Zum appositionalen Denken – das er dem propositionalen Denken entgegenhält –, welches er der rechten Hemisphäre zuweist, gehöre das Vergleichen zwischen einer Palette von Wahrnehmungen, Ideen und Erinnerungen. Kreativität sei die Verarbeitung zweier unterschiedlicher Informationsprozesse, die jedoch am Ergebnis gleichermaßen teilhätten.

„Seltsamerweise scheint ein Experiment von [...] D. W. Zaidel Verwirrung bezüglich der Frage zu stiften, welche Rolle die Hemisphären für den schöpferischen Prozeß spielen. Gegen Ende der 80er Jahre führte Zaidel, damals Mitarbeiterin von Roger Sperry am Caltech, Untersuchungen durch, bei denen sie mit Hilfe spezieller visueller Techniken die rechte und linke Hirnhälfte von Normalpersonen mit einer Reihe realistischer und surrealistischer Gemälde konfrontierte. Entgegen den Erwartungen stellt sie fest, daß die angeblich stärker räumlich wahrnehmende rechte Hirnhälfte lediglich fähig war, sich der realistischen Bilder zu erinnern, während die mutmaßlich analytischere linke sowohl auf die realistischen als auch auf die surrealistischen zurückgreifen konnte. Wenn man Kreativität als die Fähigkeit definiere, sich über traditionelle Maßstäbe hinwegzusetzen und das Ungewöhnliche zu dulden, so interpretiert Zaidel die Frage in jüngerer Zeit, dann übernehme das linke Hirn eine Schlüsselfunktion. Sie räumte jedoch ein, daß Kreativität letzten Endes auf dem Informationsaustausch zwischen beiden Hirnhälften beruhen müsse" (1994).

Nach einer Hypothese zur Hemisphären-Interaktion – sollen bei Personen, die ein größeres kreatives Potential besitzen, schon schwache Stimuli zu einer stärkeren interhemisphärischen Aktivierung führen. Arieti (1966) belegt dies durch vermehrte Produktion ihrer Assoziationen, was als eine Quasi-Bestätigung für die Assoziations-Theorie von Mednick (siehe unten) gelten könnte.

Martindale fand heraus, daß bei Vorgabe kreativer Tests sich Schöpferische von Nicht-Schöpferischen aufgrund stärkerer Alpha-Aktivität unterschieden. Seine Deutung: Kreative wären bei der Lösung höherer geistiger Leistungen einfach entspannter als eine Kontroll-Gruppe; obwohl sie dazu neigen, in der rechten Hemisphäre höhere Aktivität zu entfalten, sei ihr gesamtes Gehirn ständig mit der Lösung von Problemen beschäftigt.

3.8.3 Der persönlichkeitsorientierte Ansatz

„In einer repräsentativen Untersuchung des Berkeley Institute of Personality Assessment ließen ‚kreative Architekten' im Unterschied zu ihren weniger ideenreichen Kollegen häufiger bestimmte Persönlichkeitszüge erkennen: Unabhängigkeit, Selbstvertrauen, unkonventionelles Vorgehen und Verhalten, Scharfsinn, Sensibilität für unbewußt ablaufende Prozesse, Ehrgeiz und Arbeitseifer. Derartige Korrelationsstudien lassen jedoch die kausalen Abhängigkeiten ungeklärt: Ist Kreativität eine Funktion solcher Persönlichkeitsmerkmale, oder entwickelt sich ein positiv gefärbtes Persönlichkeitsbild erst infolge der Anerkennung kreativer Leistungen?" (Gardner 1996).

3.8.4 Die umweltorientierte Sichtweise

Die Umwelt kann sich auf die Kreativität sowohl fördernd als auch hemmend auswirken. Leeper et al. (1973) untersuchten Kinder, die einen Kindergarten besuchten, und ihr Interesse am Malen: Bei Kindern, die für diese Tätigkeit eine Belohnung erwarteten oder erhielten, nahm das Interesse am Malen ab, d. h. ihre Motivation sank sichtbar. Nach Preiser (1976) können Gruppeneinflüsse den kreativen Prozeß fördern oder hemmen. Dabei spielen Arbeitsklima, Konflikte, Kommunikations- und Kooperationsmöglichkeiten eine wesentliche Rolle.

3.8.5 Kreativität in der Kunst – eine Entwicklung?

Weisberg (1989): „Die kreative Leistung entwickelt sich aus der Veränderung und Bearbeitung früherer Arbeiten, und zwar in vielen kleinen Schritten, die allmählich immer weiter vom früheren Produkt wegführen". Er demonstriert dies an Beispielen aus Werken von Picasso und Calder.

Eine Studie von Getzels und Csikszentmihalyi (1976) mit 31 männlichen Kunststudenten des Chicago Art Institute bestätigt, daß Kunstwerke sich allmählich, erst im Verlauf eines künstlerischen Arbeitsprozesses herausbildeten. Eine Anzahl von Gegenständen, die in das zu entstehende Bild aufgenommen werden sollten, waren zum Malen eines Bildes den Studenten vorgegeben. Die Entstehung der Bilder (Stilleben) und alle damit in einem Zusammenhang stehende Aktionen wurden genau festgehalten, protokolliert und in bestimmten Zeitabständen photographiert. Bei der Beurteilung durch Kunstkritiker über die fertiggestellten Produkte spielten die Anzahl der in die Hand genommenen Gegenstände (d. h. dazu angestellte Überlegungen), deren Ausgefallenheit und Abstraktheit eine wesentliche Rolle. Die Ergebnisse zeigten, daß zeitaufwendiges Planen und Vorarbeiten beim Entstehen eines Bildes für das Ergebnis von Bedeutung sind. Das Herausbilden einer Gestalt bedarf vorangehender Entwürfe, vielfältiger Modifikationen, auch inhaltlicher Art, und beträchtlicher Zeit. Zusätzlich bedürfen sie auch einer kritischen Eigenanalyse und Bewertung durch den Künstler.

3.8.6 Die Bedeutung von Assoziationen für Kreativität und bildliches Vorstellen

Einerseits wird bei kreativen Vorgängen vorhandenes Wissen eingesetzt, andererseits wird dieses nach Belieben variiert und neue Anwendungsmöglichkeiten probiert. Nach Mednick (1962) ist ein wesentliches Kriterium kreativer Prozesse die Assoziation und die durch diese Prozesse hergestellten assoziativen Verbindungen. Für Bruner (1962) liegt das Merkmal kreativer Prozesse in der kombinatorischen Fähigkeit. Diese ist als der assoziativen Auffassung gleichbedeutend anzusehen. Da assoziatives Geschehen ein Grundelement kreativer Leistung sein dürfte und dieses auch für bildliches Vorstellen von Bedeutung ist, läge es nahe anzunehmen, daß beiden Vorgängen gemeinsame Mechanismen zugrunde liegen. Eine Methode, die dem kreativen Denken förderlich sein soll, ist das *Brainstorming,* wobei Assoziationen freier Lauf gegeben wird.

Mednick und Mednick (1967) entwickelten ein Testverfahren (RAT – „remote associates Test") zur Prüfung von (neuen und ungewöhnlichen – selten im statistischen Sinne) Assoziationen, in dem von den Test-Personen bei Vorgabe bestimmter Begriffe Beziehungen zwischen Wörtern gefunden und hergestellt werden sollen. Die Autoren sehen in der *Assoziationsfähigkeit die Voraussetzung für Kreativität.* Das Verfahren erwies seine Validität bezüglich der Unterscheidung von bildenden Künstlern und Nicht-Künstlern, und überdies korrelierte das Ergebnis mit der Originalität der Bilder, die durch Urteilsbildung ermittelt wurde. Die Autoren nehmen an, daß Kreative sich von Nicht-Kreativen hinsichtlich der Assoziations-Hierarchie – die beim Kreativen „weit" ist, d. h. die Produktion zahlreicher Ideen erfolgt in kürzester Zeit – und der Assoziations-Stärke – viele ungewöhnliche Ideen unter großer Flexibilität – unterscheiden.

Mednicks (1962) Theorie besagt, daß der kreative Denkprozeß durch „assoziative Verarbeitung zu neuen Kombinationen" gekennzeichnet ist. Die Autoren bewerten die Leistung bei verstärktem Auftreten von Assoziationen als die kreativere. Als Einflußfaktoren für das Zustandekommen von Kombinationen werden räumliche, zeitliche oder strukturelle Ähnlichkeiten kognitiver Elemente vermutet. Der Zeit-Faktor soll dabei eine besondere Rolle spielen. Die Erwartung geht dahin, daß mit voranschreitender Zeit sowohl die Produktion als auch die Originalität für Assoziationen zunimmt. In diesem Zusammenhang stellen Wallach und Kogan (1965) einen Gradienten für Assoziationen auf. Während dieser bei Kreativen relativ flach und kontinuierlich ist, fällt er bei Nicht-Kreativen rasch ab. Das bedeutet, daß Nicht-Kreative schnell und viel, vor allem anfänglich, jedoch auch stereotyper produzieren, während der Verlauf in der anderen Gruppe stetig abnimmt und mit zunehmender Zeit die Assoziationen ungewöhnlicher werden. Somit konstruierten die Autoren eine auf assoziations-theoretischer Grundlage beruhende Testbatterie.

Koestler (1964) vertritt in seiner Bisoziationstheorie die Auffassung, daß unbewußte Prozesse die Suche fortsetzten, wenn bewußte Prozesse zur Lösung eines Problems nicht ausreichten. Im Gegensatz zu Assoziationen stellen Bisoziationen neue Verknüpfungen dar.

Assoziative Elemente sind jedoch auch in verschiedenen Vorstellungstheorien von Relevanz (siehe Paivio, Steiner). Im Modell von Paivio kommt es auf der vierten Stufe der Verarbeitung von Information zur Assoziation und Elaboration von Repräsentationen innerhalb der Systeme. Vorstellungsfähigkeit hängt dabei vom Ausmaß der Stimuli ab, jedoch auch von der zur Verfügung stehenden Zeit (Paivio und Foth 1970).

Der Kreativität liegen mit Sicherheit verschiedene Denkprozesse zugrunde. Neben bei jedem Menschen ähnlichen Denkprozessen, verschiedenen Fähigkeiten und Fertigkeiten, scheinen zusätzlich auch persönlichkeitsspezifische Faktoren ausschlaggebend zu sein, beispielsweise Motivation und Konzentration. Das bedeutet, daß Kreativität nicht auf eine einzige Fähigkeit zurückzuführen ist. Somit ist sie kein singuläres Merkmal, und schöpferische Arbeit scheint bei der Befassung mit Künstler-Biographien durch Produktion, Anstrengung und Arbeitsintensität gekennzeichnet zu sein. Eine

Theorie der Kreativität, die das Zusammenwirken von genetischem Material und Lernprozessen, Wissen und Können, welche die Grundlagen für kreative Leistungen darstellen könnte, berücksichtigt, ist nach Weisberg (1989) immer noch ausständig.

3.9 Der theoretische Rahmen für ein Konzept des visuellen Vorstellens

Als Grundlage für das methodische Vorgehen dient ein allgemeines Informationsverarbeitungs-Modell. Es ist dies ein *kognitives* ***Gedächtnis-Modell*** *zur* ***visuellen Wahrnehmung*** *und* ***bildlichen Vorstellung*** und beschreibt die damit in Verbindung stehenden Vorgänge und Prozesse. Hiebei wird von einer Aufgliederung des visuellen Vorstellens in Sub-Komponenten visueller Vorstellung und Sub-Komponenten visueller Vorstellungs-Prozesse ausgegangen.

3.9.1 Sub-Komponenten visueller Vorstellungs-Prozesse

Grundsätzlich wird Information in den verschiedenen Gedächtnis-Speichern (SG, KG und LZG) mit unterschiedlicher Kapazität und unterschiedlichen Eigenschaften des Abrufs verarbeitet (siehe 3.6). Informationen im KZG können dort gehalten werden, wo sie zur weiteren Verarbeitung zur Verfügung stehen. Informationen des LZG müssen, um verbalisierbar zu sein, zuerst ins KZG übertragen werden. Als Produkte interaktiver Codierungs-Prozesse sind visuelle Vorstellungen im Arbeits-Gedächtnis bewußt zugänglich. Dieses kognitive Modell läßt sich neuronal realisieren, d. h. es besteht eine gewisse *Korrespondenz zwischen kognitivem und neuronalem System.*

Die differentielle Erfassung visuellen Vorstellens bei Malerinnen und Nicht-Malerinnen und damit im Zusammenhang stehende KZG- und LZG-Leistungen bedürfen der Einbeziehung verschiedener theoretischer Annahmen innerhalb einer gemeinsamen Konzeption. Beim visuellen Vorstellen werden auch semantische Beziehungen zwischen LZG-Repräsentationen aktiviert und organisiert. Begrifflich-verbale Codierungen werden verschiedenen Vorstellungstheorien zufolge visuell *um-codiert* und damit als visuelle Vorstellung erlebt. Unter dieser differentiellen Perspektive stellt sich nun die Frage der Unterscheidbarkeit von Malerinnen und Nicht-Malerinnen bezüglich ihrer *Codierungs-Strategien.* Aufgrund der Ergebnisse von Hänggi (1989) bei guten und schwachen Vorstellern von konkreten und abstrakten Wörtern wäre zu erwarten, daß Malerinnen Bilder eher visuell, Nicht-Malerinnen diese jedoch eher verbal codieren. Das Interesse gilt den visuellen Merkmalen, die im Arbeits-Gedächtnis quasi als perceptuelle Erfahrung zugänglich sind. Als Indikator dafür werden verbale Protokolle von beiden Personengruppen erhoben.

Eine weitere Erwartung betrifft das Verarbeitungs-Niveau und damit die Frage, ob die beiden Gruppen sich auf der Ebene der Vorstellung oder bereits auf der Wahrnehmungs-Ebene bezüglich der cerebralen Verarbeitung unterscheiden. Zusätzlich wird eine Aufgliederung des Konstrukts der „visuellen Vorstellungsfähigkeit“ in:

3.9.2 Sub-Komponenten visueller Vorstellung

vorgeschlagen, d. h. es wird davon ausgegangen, daß einer allgemeinen Grundfähigkeit, wie visuelle Vorstellung oder visuelles Gedächtnis (1) qualitativ unterschiedlichen Teilfähigkeiten, die (2) voneinander unabhängig sind, zugrunde liegen (Kosslyn et al. 1984; Lorenz und Neisser 1985). Ein differentielles Verständnis visueller Vorstellungsfähigkeit erfordert die Aufgliederung visueller Sub-Komponenten (Kosslyn et al. 1984 und Engelmann 1991).

Meine Arbeit geht damit von der Hypothese aus, daß visuelles Gedächtnis bzw. Vorstellungsfähigkeit auf der Zusammenarbeit von unabhängigen Sub-Systemen für die Verarbeitung und Speicherung non-verbaler Information basieren. Die Operationalisierung des theoretischen Konstrukts visueller Vorstellungsfähigkeit erfolgt in der vorliegenden Arbeit durch inhaltsanalytisches Auswerten von – während des EEGs erstellten – Verbal-Protokollen visueller Vorstellungen. Dafür ist die Entwicklung und Erstellung eines eigenen *Kategorien-Systems,* das den Rahmen für die Aussagefähigkeit der inhaltsanalytischen Untersuchung bildet, von grundlegender Bedeutung. Aus diesen subjektiven Verbal-Protokollen werden zwei Leistungs-Parameter, einer für visuelles Gedächtnis (bzw. visuelle Vorstellungsfähigkeit) und einer für Phantasie, erhoben (siehe 5.2).

3.9.3 Modell-Beschreibung (siehe Abb. 8)

Im vorgeschlagenen Modell werden verschiedene Stadien der Informationsverarbeitung, die bezüglich des Gedächtnisses interagierend ablaufen, unterschieden. Der Ablauf von Codierungs-, Speicherungs- und Kontroll-Prozessen des Gedächtnisses sowie die Beziehung der Prozesse untereinander stehen im Zentrum des Interesses, wobei eine parallele Betrachtungsweise der verschiedenen Prozesse der visuellen Informationsverarbeitung nahegelegt wird. Es ist z. B. anzunehmen, daß beim Vorstellen verschiedene Speicher- und Verarbeitungs-Systeme gleichzeitig aktiv sind.

Das Modell, auf das ich mich beziehe, wird von den Autoren Kuniyoshi Sakai und Yasushi Miyashita (1994) als kognitives ***Gedächtnis-Modell** zur **Wahrnehmung** und **Vorstellung*** bezeichnet (siehe Abb. 8). Es verbindet 1. Vorstellung mit Wahrnehmung und stellt 2. eine Beziehung zwischen Gedächtnis und Aufmerksamkeit her. Dabei gehen die Autoren von der Annahme aus, daß Vorstellen durch dieselben neuronalen Mechanismen vollzogen wird, die den Gedächtnis-Abruf beim Sehen unterstützen.

Die Annahme, daß temporo-occipitale visuelle Assoziations-Areae (extrastriäre Areae) beim Vorstellen involviert sein können, steht im Einklang mit Untersuchungsergebnissen z. B. von Roland und Gulyás (1994). Zur Aufnahme und zum Abruf von Inhalten ins und aus dem Gedächtnis werden zwei Arten der Informationsverarbeitung unterschieden: Der *Codierungs-Prozeß zur Aufnahme von Inhalten ins Gedächtnis* bzw. beim Gedächtnis-Erwerb erfolgt mittels *„Bottom-up"-Strategie,* ausgehend von der visuellen Reiz-Analyse zu quasi höheren Stufen der Verarbeitung der Gedächtnis-

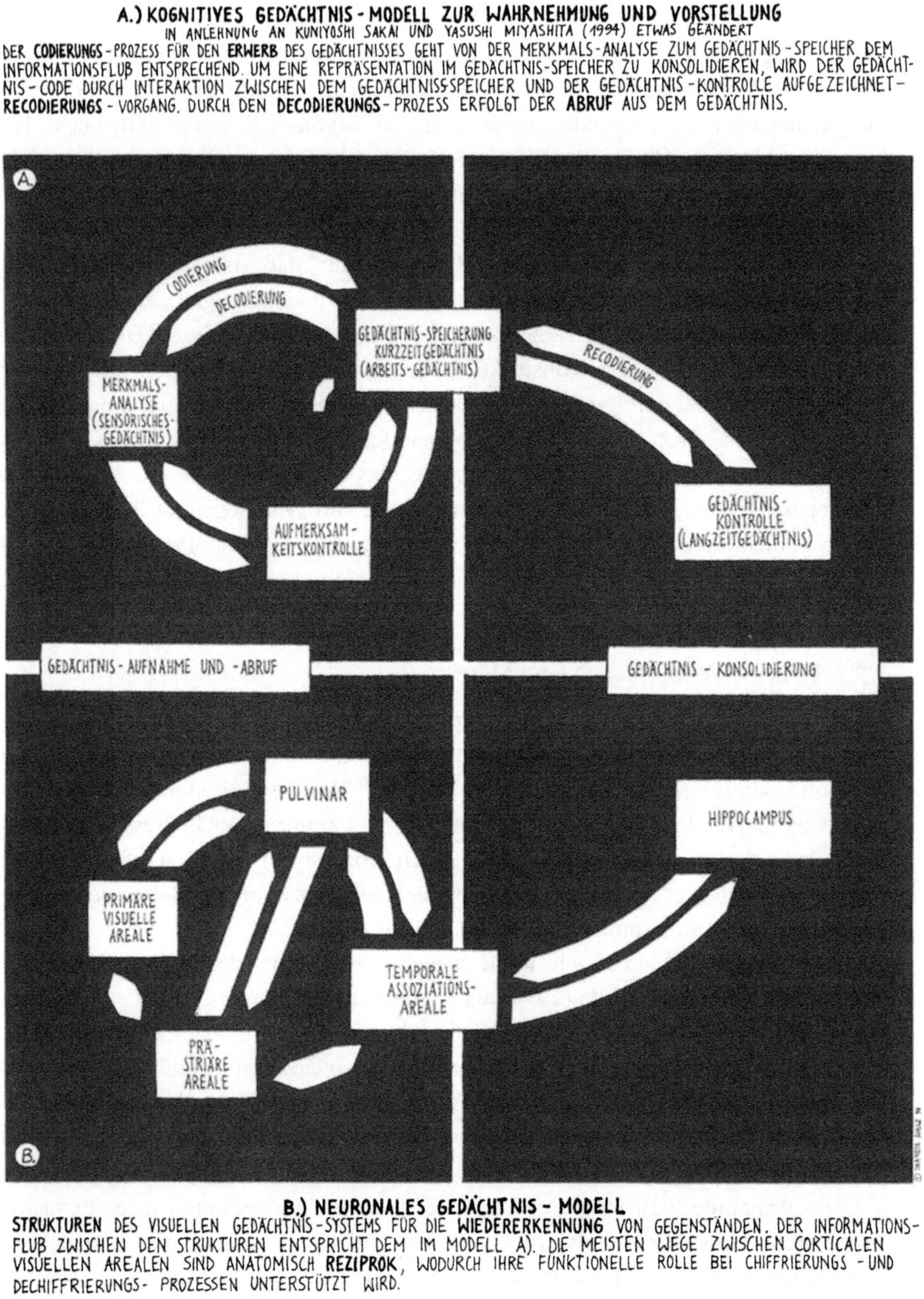

Abb. 8. Kognitives und neuronales *Gedächtnis-Modell* zur visuellen Wahrnehmung und bildlichen Vorstellung (in Anlehnung an K. Sakai u. Y. Miyashita, 1994; Darstellung von J. Schulz)

Speicherung führend. Als wahrscheinlicher Kandidat zum Vollzug einer derartigen Gedächtnis-Speicherung können die *temporalen Assoziations-Areae* angesehen werden. Die Selektion und Lokalisation besonderer Merkmale beim Vorgang des Wahrnehmens vollzieht sich unter Hinzunahme von Aufmerksamkeits-Prozessen, für die der *Pulvinar* entscheidend und mitverantwortlich ist. Hingegen werden beim *Abruf aus dem Gedächtnis* Codes, die im Gedächtnis aufbewahrt sind, durch *„Feature extraction"* mittels eines zurück-projizierenden Weges in elementare Eigenschaften aufgesplittert. Die Aktivierung von Wahrnehmungs-Repräsentationen erfolgt durch eine *„Top-down"-Strategie.*

Die beiden von den Autoren aufgestellten Hypothesen lauten:

3.9.3.1 Hypothese I

Visuelle Wahrnehmung kommt durch eine *Interaktion von* ***Gedächtnis-Aufnahme*** *und fokalen Aufmerksamkeits-Mechanismen zustande.* Dieser Vorgang wird als Codierung bezeichnet, d. h., visuelle Muster induzieren primär datengesteuerte, visuelle „Bottom-up"-Verarbeitungsprozesse. Visuelle Stimuli werden kurzfristig im sensorischen Gedächtnis-Speicher unter Zuwendung von Aufmerksamkeit in Form der Merkmalsanalyse visuell registriert, bevor sie einer weiteren Verarbeitung unterzogen werden (siehe Neisser 1967; Sperling 1960 sowie Psychologie des Gedächtnisses 3.6). Demnach kommt visuelle Information uninterpretiert in das SG. Sensorische Speicherung wird jedoch zusätzlich von Langzeit-Konzepten mitbestimmt.[41]

3.9.3.2 Hypothese II

Visuelle Vorstellung kommt durch eine *Interaktion von* ***Gedächtnis-Abruf*** *und fokalen Aufmerksamkeits-Mechanismen* als Decodierungs-Prozeß zustande. Diese Hypothese möchte ich jedoch noch insofern präzisieren, als es beim bildlichen Vorstellen zu einem *Interagieren* langfristig gespeicherter, bereits interpretierter und kurzfristig aufrechterhaltener Gedächtnisinhalte kommt (siehe Baddeley), d. h. daß aufgrund vorhandener Daten im LZG eine Vorstellung im visuellen Arbeits-Gedächtnis (VAS)[42] des KZG bearbeitet und geformt wird; sie ist damit von einem visuellen Input unabhängig. Während des Prozesses der Gedächtnis-*Konsolidierung,* die den Übergang vom Percept zum Konzept darstellt, wird der Gedächtnis-Code dynamisch reorganisiert. Dieser Recodierungs-Vorgang erfolgt durch eine weitere Interaktion zwischen Gedächtnis-Speicher, Arbeits-Gedächtnis und Gedächtnis-Kontrolle, dem LZG – unter vorwiegender Beteiligung des Hippocampus, wobei es zu einer Stabilisierung neuronaler Verbände kommt.

Es besteht die Wahrscheinlichkeit, daß der „Top-down"-Informationsfluß von der Aufmerksamkeits-Kontrolle in Richtung primärer visueller Areale führt, die eine wich-

---

[41] Allerdings könnten sich hier auch Interpretations-Schwierigkeiten ergeben. Solche sind z. B. optische Täuschungen, wie sie die Illustrationen von M. C. Escher darstellen.

[42] Wie Kosslyn es bezeichnet.

tige Funktion im Decodierungs-Prozeß innehaben. Dieses Modell sagt voraus, daß die Ausbreitung visueller Areae, die mit der Decodierung bildhafter Vorstellung befaßt sind, durch *Aufmerksamkeit* dynamisch kontrolliert wird.

Ich gehe davon aus, daß beim bildlichen Vorstellen 1. das Arbeits-Gedächtnis mit visuellen Repräsentationen im LZG in Beziehung gesetzt wird, wodurch Informationen im *LZG aktiviert* und abgerufen werden und 2. auch *das Arbeits-Gedächtnis aktualisiert wird.*

Das Modell von Kosslyn postuliert verschiedene *Module* für den Abruf aus dem LZG. Die Aktivierung im LZG zur Bearbeitung im AG erfolgt durch das *Picture*-Modul und fixiert die generelle Form. Durch das *Put*-Modul werden im visuellen Zwischenspeicher verschiedene Teil-Elemente zu einer gesamten Vorstellung zusammengesetzt. Dieses Modul könnte somit als „Kreativitäts-Modul" bezeichnet werden. Das *Find*-Modul findet den Ort, an dem die Vorstellung zu integrieren ist.

Was den Eigen-Entwurf, das Imaginieren eines eigenen Bildes betrifft, würde ich annehmen, daß diese zu generierende Vorstellung noch keinerlei Interpretation aufweist, damit neu- oder möglicherweise auch uminterpretiert werden kann.

3.9.3.3 Hypothese III

Es ist zu erwarten, daß das *Memorieren* von visuellen Mustern bzw. *Bildern* vorwiegend über Kontroll-Prozesse im *visuellen Arbeits-Gedächtnis* und *fokalen Aufmerksamkeits-Mechanismen* aufrechterhalten wird, daß die Codierung über visuelle (und vermutlich auch verbale) Wiederholungs-Prozesse erfolgt. Das bedeutet, daß die den VPn präsentierten Bilder (siehe Versuchsplanung 5.2.2) zu einem späteren Zeitpunkt (konkret nach einigen Minuten) in der Vorstellung regeneriert und damit im AG aktualisiert und bearbeitet werden. Es ist daher nicht anzunehmen, daß während der Codierung von Merkmalen visueller Szenen Langzeit-Gedächtnis-Repräsentationen aktiviert werden. In diesem Zusammenhang sprechen Kosslyn et al. (1984) von einem *Regenerate*-Modul, das zur Realisierung der Operation, die ein Bild als Input benötigt, eingesetzt wird.

Kognitiv betrachtet ist das Memorieren von Bildern eine Tätigkeit, die bewußt – unter willentlichem Aufwand und mit Anstrengung verbunden – abläuft und der Kapazitäts-Begrenzung unterliegt; sie benötigt einen beträchtlichen Zeitaufwand und ist somit hoch-spezifisch. Das Halten einer Information im AG ist ein aktiver Prozeß, der Aufmerksamkeit erfordert. Zusätzlich enthaltene Komponenten sind Intention und Motivation. Da es sich um die Bearbeitung neuer, unerwarteter und nicht-semantischer Information im Gedächtnis handelt, ist sie dem episodischen KZG zuzuschreiben.

Differentielle Auswirkungen in der Bearbeitung visueller Muster wären auf unterschiedliche Strategien von Malerinnen und Nicht-Malerinnen zurückzuführen.

3.9.4 Protokolle verbaler Daten

Die vorliegende Untersuchung bezieht sich auch auf die Erfassung spezifischer Komponenten des visuellen Vorstellens. Das Erfassen erfolgt auf drei unterschiedlichen Ebenen: der Wahrnehmungs-, der Vorstellungs- und der Ebene der Ausführung in der Vorstellung für den Eigen-Entwurf.

Das Aufnehmen von Verbaldaten während Vorstellungs-Prozessen soll über subjektive Vorstellungs-Qualitäten von Malerinnen und Nicht-Malerinnen Aufschluß geben. Die Protokolle enthalten Erinnerungs-Leistungen von Bildern.

Nach Auffassung von Erricsson und Simon (1980, 1984) basieren Verbal-Protokolle über kognitive Prozesse auf Informationen aus dem KZ- und LZ-Speicher. Einer Annahme zufolge müssen Informationen, die in einer non-verbalen Form repräsentiert werden, beim Verbalisieren umcodiert werden. Bei einer experimentellen Überprüfung dieser Aussagen durch Deffner (1984) fand sich eine hohe Übereinstimmung von Verbalisierungen und den Inhalten im KZG, die durch *Blick-Bewegungen* angezeigt wurden. Baddeley (1986) vertritt die Auffassung, daß Augenbewegungen am Generieren von Vorstellungen mitbeteiligt sind, vermutlich sogar den visuellen Wiederholungsprozeß indizieren. Die Befunde sprechen für die Verwendbarkeit verbaler Daten zur Analyse kognitiver Prozesse.

Die Verbal-Protokolle des visuellen Vorstellens stellen Aussagen dar, die vor allem das Arbeits-Gedächtnis beanspruchen (Kosslyn 1980; Kosslyn et al. 1984).

Unter einer differentiellen Perspektive ist die Frage relevant, ob Malerinnen sich von Nicht-Malerinnen auf einer konzeptgesteuerten Verarbeitungs-Ebene, wie beim Bild-Memorieren (BM) und dem Eigen-Entwurf (EI), oder bereits auf einer datengesteuerten Verarbeitungs-Ebene, dem Bild-Betrachten (BB), unterscheiden lassen. Das Stimulus-Material besteht aus vier Gemälden der Kunstgeschichte (siehe Versuchsplanung 5.2.2).

BB – bezieht sich auf eine kurzfristige Speicherung.

Es wird angenommen, daß visuelles Wahrnehmen datengesteuert verarbeitet wird. Der Codierungs-Prozeß für die Aufnahme ins Gedächtnis führt von der Merkmalsanalyse unter Inanspruchnahme von Aufmerksamkeits-Mechanismen und einer kurzfristigen sensorischen Speicherung über visuelle Wiederholungs-Prozesse ins Arbeits-Gedächtnis. Zur Interpretation stehen Langzeit-Schemata zur Verfügung.

BM – bezieht sich auf das Behalten bildlicher Merkmale.

Das Memorieren von Bildern ist ein Vorgang, bei dem dem visuellen KZG besondere Bedeutung zukommen könnte (Kosslyn 1980 und 1984). Das visuelle AG dient der Speicherung sowie der Manipulation visueller Information im Laufe der Informationsverarbeitung. Es ist ein Vorgang, bei dem kontrollierte Verarbeitung und Zuweisung von Aufmerksamkeit erforderlich ist.

EI – bezieht sich auf das Entwerfen eines Bildes in der Vorstellung.

Beim Konstruieren oder Entwerfen einer komplexen visuellen Vorstellung werden

Langzeit-Konzepte, die Faktenwissen und Wissen über räumliche Anordnung solcher Szenen beinhalten, in Verbindung mit vielfältigen Prozessen aktiviert, vor allem solchen, die Transformieren und Kombinieren von Repräsentationen unter Aktualisierung des Arbeits-Gedächtnisses miteinbeziehen. Hier spielt der schöpferische Aspekt mit; aus früheren Bildern oder aus deren Elementen werden neue Bilder entworfen. Der Vorgang ist daher nicht mehr ein einfaches Abrufen gespeicherter Bilder, sondern er ist als aktiver Konstruktions- oder Kompositionsprozeß zu betrachten, wobei vielfältiges Interagieren verschiedenartiger Prozesse und Teilprozesse eine Rolle spielt.

Diese Berichte oder Protokolle werden als individuelle Indikatoren visuellen Vorstellens erhoben und zu objektivierenden experimentellen Daten aus der EEG-Analyse in Beziehung gesetzt.

4. Methodische Aspekte

4.1 Psychophysiologische Methode

4.1.1 Zur Genese des EEGs

Was die Generatoren betrifft, wird heute ein Modell nahegelegt, das zwischen neuronalen und nicht-neuronalen Ursprüngen von Gleichspannungsänderungen unterscheidet. Dem etwas unterschätzten Glia-System dürfte somit ein erheblicher Beitrag zur räumlich-zeitlichen Ausbreitung eher langsamer Potentiale zukommen.

In der Großhirnrinde *(Cortex Cerebri)* der Oberfläche der beiden Hemisphären, die zur grauen Substanz gehört, befinden sich Nervenzellen (NZ) oder Neuronen (10^{10}), zu deren Aufgaben die Erregungsleitung und deren Verarbeitung bzw. die Weitergabe dieses Resultats an Endorgane zählt. Funktionale Bestandteile einer NZ: Ein Neuron besteht aus einem Zellkörper – der ankommende Signale integriert – und den Fortsätzen unterschiedlicher Struktur und Funktion: dem Axon (es gibt immer nur eines), auch Neurit genannt, und mehreren Dendriten, die ankommende Signale aufnehmen. Der Cortex besteht aus Projektions-Neuronen. Diese sind oft exzitatorisch, häufig mit einem sehr langen Axon ausgestattet (auch über 1 Meter), dem die Aufgabe der Informationsleitung und des axonalen Transports zufällt; weiters einer riesigen Anzahl von *Interneuronen,* das sind NZ, deren Fortsätze sich innerhalb des Cortex verzweigen und die der internen Datenverarbeitung im Cortex dienen (Braitenberg 1990). Nervenfasern, die von anderen Nervenzellen kommen, enden an Synapsen. Interneuronale Verbindungen stellen das Grundelement interneuronaler Kommunikation dar.

4.1.1.1 Synaptische Erregungsübertragung (Abb. 9, Seite 210)

Synapsen sind Schaltstellen zwischen den Neuronen mit Signal-, Übertragungs- und Aufnahmestrukturen. Sie haben einen unterschiedlichen Aufbau, einen synaptischen Spalt und bestehen aus einem präsynaptischen (axonalen) und einem post-, auch subsynaptischen (dendritischen) Anteil. Je nachdem, wo der synaptische Kontakt hergestellt wird, werden die Synapsen in axosomatische und axodendritische gegliedert. Insgesamt modulieren sie die elektrische Aktivität eines Neurons und bewirken die Freigabe eines chemischen Überträgerstoffes, des Neurotransmitters. Die Zahl der Synapsen übertrifft die der Neuronen um das 1000- bis 10.000fache.

Die elektrische Erregung wird über den (chemischen) Transmitter auf das nachfolgende Neuron übertragen, vom Axon zum Dendriten. (Es gibt auch elektrische Synapsen, wobei die Erregung nur elektrisch abläuft.) Die in den Synapsen übertragenen Signale können auf die NZ *erregend oder exzitatorisch* (*Gray*-I-Synapsen) – bei einer Ansammlung von hellen runden Vesikeln auf ihrer präsynaptischen Seite, wobei eine dunkel gefärbte Substanz an der postsynaptischen Membran angelagert ist – bzw. *hemmend oder inhibitorisch* (*Gray*-II-Synapsen) – bei einer Ansammlung von ovalen Vesikeln und Fehlen der Substanz – wirken. Da an jeder Synapse ein Neuron vor- und ein anderes nachgeschaltet ist (prä- und postsynaptische Anordnung), errechnet sich daraus, daß jedes corticale Neuron für ca. 8.000 Synapsen prä- sowie für ebenso viele postsynaptisch ist, insgesamt also Axone und Dendriten einer NZ im Durchschnitt 16.000 Synapsen tragen. Nach Dudel (1993) stellen sie Rechenelemente des Computers NS dar. Die meisten Schaltzellen im Cortex befinden sich auf Dendriten von Pyramidenzellen.

Die Erregungsleitung bei Rezeption des Reizes durch eine Sinneszelle erfolgt in Form von Signalen durch afferente Nervenfasern bzw. durch deren Membrane. Die Verarbeitung von Reizen findet in neuronalen Netzwerken statt, wobei divergierende (Übertragung von einem auf viele Neurone) von konvergierender Erregungsausbreitung (die Informationsaufnahme eines Neurons von vielen) im Neuronenverband unterschieden wird. Mittels dieser beiden Grundschaltungen wird Information im ZNS in neuronalen Netzwerken übertragen. Die ins Gehirn eintretenden Nervenfasern sind hochgradig verzweigt.

Die Gesamtzahl der Neurone im Cortex wird auf über 10 Mrd. geschätzt. 85 % davon gehören dem Typus der *Pyramidenzellen* an. Der Rest betrifft *Sternzellen.* Es gibt jedoch noch einen dritten Zellentyp, die Spindelzellen. Jede Pyramidenzelle ist mit -zig anderen durch exzitatorische Synapsen verbunden. Zwischen diesen Zellen findet der stärkste Informationsfluß statt. Durch Untersuchungen mit dem Elektronenmikroskop lassen sich Pyramiden- und Sternzellen wie folgt unterscheiden: An den Dendriten der Pyramidenzellen befinden sich ausschließlich erregende Synapsen (Typ I), an ihren Zellkörpern jedoch nur hemmende (Typ II). Pyramidenzellen überwiegen in allen Schichten. Alle Axone, die die Hirnrinde verlassen, stammen von Pyramidenzellen. Während diese sowohl Nah- als auch Fernverbindungen ausmachen, dienen Sternzellen ausschließlich Nahverbindungen. Im Gegensatz zu den Sternzellen weisen die Dendriten der Pyramidenzellen viele Dornen (spines) auf.

Braitenberg und Schüz (1991) unterscheiden aufgrund der Verbindungen von Pyramidenzellen zwei unterschiedliche Systeme: Das *A-System* (Fern-System), bestehend aus *apikalen* Dendriten und vor allem aus Axonen von Pyramidenzellen mit weitreichenden Verzweigungen zu anderen in größerer Distanz befindlichen Pyramidenzellen, wie cortico-corticalen Faser-Verbindungen, und das *B-System* (Nah-System), bestehend aus *basalen* Dendriten und Axonen benachbarter Pyramidenzellen.

Es scheint noch einen weiteren Zelltyp, die Martinotti-Zelle, zu geben, deren Axone zur Oberfläche der Hirnrinde ziehen. Je nach dem Gebiet der Großhirnrinde können die Zellarten – auch innerhalb eines Typus – verschieden gestaltet sein. Es existieren Formvarianten von diesen Zellen, die suggerieren, daß solche mit verschiedenen Verbindungsmustern zusammenhängen, die in verschiedenen Rindengebieten verschiedene Funktionen widerspiegeln.

Der klassischen Auffassung zufolge führt der Weg der elektrischen Aktivität in einem Neuron von den Dendriten – *Input* zur Signalaufnahme – zum Zellkörper hin *(afferent),* im Axon vom Zellkörper weg *(efferent)* – *Output* zur Signalabgabe. Das Axon, das sich anders verzweigt sowie einen geringeren Durchmesser als der Dendrit hat, besitzt meist Kollateralen (Seitenzweige) und kann ziemliche Längen erreichen. Während die eintreffenden Signale aufsummiert werden, müssen die an der Zelle aufsummierten Signale, um weitergeleitet zu werden, einen gewissen Schwellenwert überschreiten – Depolarisation oder Entladung –, damit ein *Aktionspotential* (AP) ausgelöst wird, welches dem Alles-oder-Nichts-Prinzip folgt. AP ist also eine kurzfristige positive Potentialänderung mit raschem Anstieg und Abfall auf das Niveau des Ruhepotentials. Aktionspotentiale entstehen am Initialsegment, durchlaufen die Länge des Axons und enden am synaptischen Spalt. Bei intrazellulären Ableitungen von Pyramidenzellen betragen die Amplituden der Aktionspotentiale bei einer Dauer von 0.5–2 ms 60–100 mV. Die Impulsübertragung findet über die synaptische Membran statt und führt zur Ausschüttung von Transmittersubstanz. *Die synaptischen Aktionen sind Grundlage der rhythmischen Potentialbildung im EEG* und werden durch Ionenströme hervorgebracht. Veränderungen im EEG sind häufig auf Störungen der Synapsen- oder Transmitterfunktion zurückzuführen.

Die ***Ionen****-Theorie der Erregung* von Hodgkin und Huxley (1949) bildet das theoretische Fundament der Elektrophysiologie und erklärt die Erregungsbildung durch die Verteilung der Ionen. Eigenschaften der Membrane lebender Systeme bedingen unterschiedliche Ionenverteilungen, die als Ursache elektrischer Potentialdifferenzen zwischen dem Inneren und dem Äußeren einer Zelle – Membranpotentiale – gesehen werden können. Signale entstehen im NS, indem Ionen, das sind Träger elektrischer Ladungen, durch Membrane, bestehend aus einer Doppelschicht von Lipiden mit eingelagerten Eiweißmolekülen, strömen, die das Cytoplasma der Zelle umhüllen. Durch ungleiche Verteilung von Ionen innerhalb und außerhalb der Zelle und durch selektive Permeabilität der Membrane wird ein *Membranpotential* (MP) erzeugt: Die in der Zelle befindlichen K+ fundieren hinaus, mit ihnen die positiven Ladungen, weshalb das Zellinnere gegenüber dem Äußeren negativ aufgeladen wird. Diese Aufladung wirkt der Diffusion der K+ entlang des Konzentrationsgradienten entgegen. Das elektrochemische Gleichgewicht tritt dann ein, wenn der Diffusionsdruck des Konzentrationsgradienten für K+ sich aufhebt. Das Ruhemembranpotential liegt bei ca. –90 –70 mV an der Innenseite. (Es ist etwas positiver als das Kaliumgleichgewichts-Potential.) Dieses stellt sich ein, weil die K+-Kanäle geöffnet sind, sie sind selektiv permeabel für K+, während die Na+-Permeabilität äußerst gering ist. Der Gleichgewichtszustand der Ionenkonzentration (K+-Aus- und Na+-Einstrom) wird durch die *Ionen-Pumpe* erreicht.

4.1.1.2 Postsynaptische Potentiale

Während das Aktionspotential in der Depolarisationsphase – im Zustand der Erregung

– ansteigt, kommt es zu einem Öffnen der Na+-Kanäle. Durch die positiv elektrische Ladung und den nachfolgenden Na+-Einstrom wird die Depolarisation weitergeführt, das MP steigt auf Null und wird letztlich positiv. Die Beendigung des Vorgangs erfolgt, indem sich die Na-Kanäle schließen und die K+-Kanäle öffnen und gleichfalls positiv geladene K+-Ionen nach außen strömen, sodaß während der absteigenden Phase des Aktionspotentials das Potential zu negativen Werten und damit zum Ruhepotential zurückkehrt. Der Abfall wird als Inaktivation oder Refraktärität bezeichnet.

Die chemisch-synaptische Übertragung erfolgt duch präsynaptische Depolarisation und über Calcium+-Einstrom sowie erhöhte intrazelluläre Ca^{2+}-Konzentration, wodurch es zu einer Freisetzung der Transmittersubstanz in den synaptischen Spalt kommt. Diese wird danach an der postsynaptischen Membran einer Zelle gebunden, wodurch eine Öffnung von Membrankanälen nach Bindung des Überträgerstoffes an den Rezeptor, eine Veränderung des Membranpotentials, ein postsynaptisches Potential, bewirkt wird. Das Ruhepotential wird vermindert, d. h. die Membran wird depolarisiert.

(a) *Die Erregung einer exzitatorischen Synapse* führt durch eine elektropositive Veränderung des Membranpotentials zu einer Anhebung des Erregungsniveaus, zu einer *Depolarisation.* Dies erhöht die Wahrscheinlichkeit der Produktion zu fortgeleiteten AP. Im anschließenden Neuron kommt es dadurch zu einem exzitatorisch postsynaptischen Potential (EPSP). Durch die Transmittersubstanz der exzitatorischen Synapse werden Ionenströme ausgelöst und damit eine Veränderung der Permeabilität der Membran verursacht. (Einstrom von Na- und Ausstrom von K-Ionen.) Der wichtigste erregende Neurotransmitter ist die Aminosäure *Glutamat,* diese ist häufig in Pyramidenzellen zu finden. EPSPs im A-System bewirken Oberflächennegativität im EEG, während es im B-System eher zu positiven Potentialverschiebungen kommt.

(b) Die *Erregung einer inhibitorischen Synapse* führt durch eine elektronegative Änderung des MPs zu einem herabgesetzten Erregungsniveau, und es wird ein inhibitorisch postsynaptisches Potential ausgelöst (wenn entweder Cl ein- oder K ausströmt), das im nachfolgenden Neuron eine *Hyperpolarisation* bewirkt, damit kommt es zu einem inhibitorisch postsynaptischen Potential (IPSP). Das Ruhepotential wird erhöht, d. h. „hyper-polarisiert". Durch die Summation mehrerer IPSPs kann das Auftreten von Aktionspotentialen unterdrückt werden. Während des IPSP nimmt der Membranwiderstand stark ab. Inhibitorische Potentiale tragen kaum zur Genese von Feldpotentialen bei, da die fließenden Ströme pro Zeiteinheit viel kleiner sind als die für EPSPs erforderlichen Ströme.

Funktionsprinzip eines Neurons: „Nach der neurochemischen Auslösung des synaptischen Potentials erfolgt zunächst eine rein passive elektrotonische Ausbreitung des postsynaptischen Potentials über die Nervenzelle hinweg und erst am Axonabgang schließlich die elektrische (spannungsabhängige) Auslösung und Fortleitung des Aktionspotentials" (Zschocke 1995).

Die wichtigsten hemmenden Überträgerstoffe im NS sind die Gamma-Aminobuttersäure (GABA) und Glycin. Sie reagieren meist mit Rezeptoren, die an den Ionenkanal gekoppelt sind. Neben den klassischen Überträgerstoffen (Amine, Aminosäuren) gibt es heute zahlreiche andere Wirkstoffe wie z. B. die Peptide (Enkephaline, die an den Morphin-Rezeptor binden) oder Stickstoffmonoxid (NO). Eine Vielzahl von Einwirkungsmöglichkeiten auf die Synapsen werden in der Pharmakotherapie genutzt. Hemmende postsynaptische Potentiale sind im spontan aktiven Cortex seltener als erregende. Für die Bildung von EPSPs und IPSPs sind Transmitter notwendig, die Fortleitung von Spannungsänderungen und Aktionspotential erfolgt elektrisch, also unabhängig von chemischen Substanzen.

Die Freisetzung des Überträgerstoffes aus den Vesikeln ist in den postsynaptischen Strömen oder Potentialen (EPSC) als Quantelung sichtbar. Während das erste EPSC ein Quant enthält, enthält das zweite bereits 3 Quanten, d. h. daß die Überträgerstoffausschüttung nach der zweiten Aktivierung meist größer als nach der ersten ist; es tritt – durch das Ca bedingt – *synaptische Bahnung* ein. Aufeinanderfolgende, beinahe gleichzeitig eintreffende EPSPs einer Synapse werden addiert und führen zur *zeitlichen Summation.* Die zeitliche Summation ist ein postsynaptischer, die ausgelöste Bahnung ein präsynaptischer Prozeß. Bei der *räumlichen Summation* werden gleichzeitig eintreffende EPSPs an mindestens zwei, d. h. meist vielen verschiedenen Synapsen einer NZ addiert. Wichtig ist das Zusammenspiel zwischen EPSP und IPSP, die in gleicher Weise bahnen und summieren. Bei der präsynaptischen Hemmung reduziert eine hemmende Synapse die Ausschüttung des Überträgerstoffes der Nervenendigung. Räumliche und zeitliche Summation steigern die Erregbarkeit der NZ, sodaß möglicherweise ein Reiz genügt, um postsynaptisch eine Entladung herbeizuführen.

4.1.1.3 Corticale Feldpotentiale und Dipole

Die corticalen Feldpotentiale sind Grundlage des ableitbaren Oberflächen-EEGs. Die elektrische Wirkung eines postsynaptischen Potentials verteilt sich „extrazellulär auf einen weiträumigen Bereich, und man kann innerhalb der Hirnrinde in bezug zu einem bestimmten Neuron ein ganzes Feld allmählich abnehmender Potentialdifferenzen messen" (Zschocke 1995). Dieses Spannungsfeld wird als *corticales Feldpotential* bezeichnet. Die Entwicklung eines Dipols kommt durch Aktivierung exzitatorischer Synapsen im Bereich der Dendriten zustande, wobei die *polare Struktur* eines elektrischen Feldes einem *elektrischen Dipol* entspricht: Positive Ionen, wie Natrium und Kalium, bewegen sich in Richtung des Minuspols, im Gegensatz zu negativen Ionen wie Cl. Corticale Feldpotentiale sind somit komplexe elektrische Dipole.

4.1.1.4 Das Glia-System

Es gibt zwei Gruppen von Neuroglia: Mikro- und Makroglia. Zur *Makroglia* gehören die *Astrozyten,* deren Fortsätze in alle Strukturen des NS reichen und die für die Ausbreitung der corticalen Feldpotentiale von besonderer Bedeutung sind, und die Oligodendrozyten. Oligodendro-Glia bildet Markscheiden. *Mikroglia* verfügt über eine ausgeprägte phagozytäre Funktion und ist daher an der Reparatur erkrankter Zellen beteiligt. Die Markscheiden des peripheren NS werden von Schwann-Zellen erzeugt.

Die Markscheiden-Entwicklung konnte in jüngster Zeit durch molekulargenetische Studien weitgehend aufgeklärt werden. „Als molekuläre Bausteine sind das PLP (proteolipid protein) der überwiegende und für das ‚Assembling' der Myelinbausteine hauptverantwortliche Anteil ..." (Seitelberger 1995).

Das Gehirn wird auch als ein Neuronen-Glia-System bezeichnet. Die Aufklärung neuronaler Besonderheiten sowie neuronaler Netze und Neuronen-Ensembles betrifft keineswegs die Gesamtqualität des Gehirns. Neben den NZ, also den neuronalen Generatoren der grauen Substanz, spielen auch *Gliazellen* der weißen Substanz eine große Rolle. „Grau" (Neuropil = Nervenfilz) und „weiß" ist durch die unterschiedliche Verteilung der NZ-Fortsätze bedingt. „Der Ort, wo Signale verschiedener NZ miteinander verrechnet werden, ist die graue Substanz. Die weiße Substanz stellt die Verkabelung zwischen entfernt liegenden Gebieten grauer Substanz her" (Braitenberg). Den Gliazellen kommt einerseits Hilfs-, Stütz- und Versorgungsfunktion zu, andererseits sind sie an neuronalen Regulationen wie Ionenaustausch, Stoffwechselprozessen, Transmitteraktionen beteiligt. Aufgrund brückenartiger Verbindungen und Verbände breitet sich in Gliazellen die Erregung elektrotonisch auf korrespondierende Gliazellen aus.

NZ und Gliazellen stehen in vielfacher und enger Wechselwirkung miteinander. Diese sollen ca. das halbe Hirnvolumen einnehmen; in der grauen Substanz umfassen sie ca. 30% der Masse. Das multifunktionale Zellelement (Seitelberger 1995), die Neuroglia, hat auch bei der Homöostase des Gehirns, deren Aufrechterhaltung eine Voraussetzung für normale Hirntätigkeit ist, eine entscheidende Funktion. Vor allem halten Gliazellen, die über permanent permeable Kalium-Kanäle verfügen, die Kalium-Konzentration und das extrazelluläre Ionenmilieu konstant. Neuroglia dürfte als sog. Amplifier neuronaler Aktivität fungieren, und vermutlich werden erst durch die gliären Effekte langsame Oberflächenpotentiale registrierbar. Ransom (1988) zeigte, daß Gliazellen bei der Erkrankung an Parkinson wesentlich beteiligt sein können. Roitbak (1983): „... einige ihrer höheren Funktionen beruhen auf den plastischen Veränderungen, die sich in den neuronal-glialen Wechselbeziehungen abspielen" – gemeint ist ihre mögliche Beteiligung an Vorgängen des Speicherns und Lernens. Einige neurophysiologische Hypothesen gehen von einer Beteiligung und von einer Verbindung dieser Vörgänge bei den angeführten Prozessen aus. Müller (1992) stellt beispielsweise ein Modell vor, in dem er die Glia für die *Steuerung der aktivitätsabhängigen Plastizität des ZNS* – als Grundlage von Lernen und Gedächtnis – verantwortlich macht.

Zusammenfassend betrachtet, spielen die Gliazellen bei der Entstehung und Weiterleitung von Potentialen im Cortex (Somjen et al. 1979) in enger Wechselwirkung mit den Neuronen eine unterstützende Rolle, wie z. B. beim Kalium-Transport aus dem extrazellulären Raum. Auch wird eine Beteiligung beim Generieren langsamer Potentiale angenommen. Sie sind allerdings nicht direkt in die Erregungsleitung involviert, und sie bilden auch keine Aktionspotentiale und Synapsen aus. Membranpotential-Änderungen werden durch interzelluläre chemische Vorgänge hervorgerufen.

4.1.1.5 Nichtsynaptische Erregungsübertragung

Während bei der chemischen Synapse ein chemischer Überträgerstoff Information über den synaptischen Spalt von der prä- zur postsynaptischen Struktur vermittelt und die Änderung der Leitfähigkeit zu Veränderungen des MPs führt, erfolgt bei der *elektrischen Synapse* die Erregungsübertragung über eine Kontaktstruktur durch Strom. Prä- und postsynaptische Anteile können über *Gap Junctions,* das sind Membrankontakte mit geringem Widerstand, verknüpft sein. Konnexone (Halbkanäle) sind dabei in beide Richtungen leitend. Eine Depolarisation betrifft dann auch die zweite Zelle. Gap Junctions kommen in der glatten Muskulatur und im Herzmuskel vor.

Versuch einer Definition: Das *EEG* widerspiegelt die organisierte Aktivität des Gehirns und gibt *Auskunft über Synchronisations-Prozesse neuronaler Verbände im Cortex und kann als Summe corticaler Feldpotentiale* betrachtet werden. Für die *Generierung des EEGs* im Cortex sind in erster Linie *EPSP* der großen senkrecht angeordneten *Pyramidenzellen,* und zwar ihrer *apikalen Dendriten* in der fünften Zellschicht, verantwortlich. Diese Dendriten ziehen senkrecht vom Zellsoma (Schicht III, V, VI) nach oben und verzweigen sich in den obersten Schichten des Cortex. Zur Genese corticaler Potentiale tragen jedoch auch Gliazellen bei, vor allem im DC- und Delta-Potentialbereich (Caspers et al. 1984).

Allen EEG-Phänomenen soll aufgrund der einheitlichen Cyto-Architektur des Cortex – nämlich vertikaler Ausrichtung corticaler Module – ein einheitlicher neuronaler Schaltkreis zugrunde liegen. Soll es zur zeitlichen Synchronisation afferenter Impuls-Salven durch corticale und subcorticale Strukturen kommen, werden in der Regel zahlreiche Module gleichzeitig aktiviert, da Feldpotentiale einzelner Zellen einfach zu schwach sind, um als EEG-Potentiale von der Kopfhaut abgenommen werden zu können.

Langsame corticale Potentiale beim Gleichspannungs(DC)-EEG – im Unterschied zum hier verwendeten Wechselspannungs(AC)-EEG – sind Ausdruck von Aktivität bzw. Inaktivität der Hirnrinde. Vielfältige Untersuchungen sprechen für die Annahme, daß bei einer Beanspruchung des Gehirns, also unter „workload", eine globale Negativierung – die mit einem verstärkten Feuern und mit synchroner Aktivität einhergeht – auftritt, während Phasen von Entspannung zu einer weitgehenden Positivierung führen.

Die *Synchronisation postsynaptischer Potentiale von EPSP* sind die *Grundlagen der Informationsverarbeitung* bzw. -integration und somit als primär *für die Generierung des EEGs* anzusehen.

Das *EEG,* dem selbst-organisierende Prozesse zugrunde liegen, ist daher nach Petsche (1991) als ein *kooperativer Prozeß* (vom Chaos zur Ordnung und vice versa) zu verstehen, der imstande ist, Oszillationen zu generieren.

4.1.1.6 Entstehung der EEG-Rhythmen

Funktion und Beteiligung subcorticaler Strukturen an der Generierung der EEG-Aktivität des Cortex: Die Rolle des *Thalamus* sowie thalamischer Projektionskerne an der

Beteiligung bzw. als Generator für EEG-Rhythmen wird häufig diskutiert. Thalamische Kerne sind quasi als „Tor“ zum Cortex zu betrachten, da die meisten aller sensorischer Afferenzen in den sensorischen Relaisstationen vor ihrer Weiterleitung zum Cortex umgeschaltet werden.

Alpha-Aktivität wird in erster Linie auf synchronisierte thalamische Afferenzen zurückgeführt (Lopes da Silva et al. 1973 und Verzeano 1959). Schon 1949 wird von Morison und Dempsey über einen im Bereich der medialen Thalamus-Kerne gelegenen Schrittmacher berichtet, der für die rhythmischen Wellen verantwortlich sein soll. Zur Erklärung der Entstehung von Alphatätigkeit führt (Nunez et al. 1981) Modell-Merkmale eines *dualen Alpha-Generator-Modells* an. Thalamischen Neuronen werden zwei Funktionsformen, die auch für das EEG von Bedeutung sind, zugeschrieben:

1. Transfermodus: Durch den Zusammenschluß von Relaiszellen kommt es zu einer Informationsverarbeitung. Die peripheren Impulszuflüsse werden „nach Integration verschiedener Sinnesmodalitäten und -qualitäten mit einem modifizierten Impulsmuster enkodiert in den Kortex weitergeleitet. Im EEG entspricht dieser Funktionsmodus dem Zustand einer Beschleunigung und Desynchronisierung, der vor allem durch visuelle Sinnesreize ausgelöst wird.

2. Oszillatormodus: „Bei Reduktion der sensorischen Afferenz entwickelt ein Großteil der Neuronen im Thalamus eine synchronisierte rhythmische Aktivität [...] Die Rhythmen der EEG-Grundaktivität zeigen sich im Oszillatormodus der Relaiszellen des Thalamus“ (Zschocke 1995).

Intrathalamische Ableitungen weisen auf thalamische Schrittmacher – fakultative Pacemaker-Theorie (Anderson und Anderson 1968) –, die durch erregende und hemmende Verknüpfungen rhythmische Aktivität induzieren. Vor allem *reticuläre* Strukturen haben auf die Oszillation Einfluß und wirken einerseits *rhythmus-bildend,* d. h. *synchronisierend* (Synchronisierung wird durch ein neuronales Netzwerk gebildet), und andererseits *rhythmus-hemmend, desynchronisierend* (Desynchronisierung basiert auf der Tätigkeit des ARAS) auf den Thalamus; insgesamt kommt es dabei zu einer Verschaltung thalamischer Schrittmacher-Areae mit dem Cortex. Anderson und Anderson (1968) verweisen im besonderen auf die inhibitorische Rückkopplung aus dem N. reticularis thalami. Zusätzlich existieren jedoch noch hemmende Interneurone der anderen Thalamuskerne. Für die Bildung des Rhythmus sind *rückkoppelnde Verbindungen* vom Cortex zum Thalamus von besonderer Bedeutung. „Daneben sind für die Entstehung des Alpha-Grundrhythmus auch Verschaltungen innerhalb der Hinrinde maßgebend. Dem EEG liegt kein umschriebener Schrittmacher zugrunde“ (Zschocke 1995). Die postulierten Generatoren wurden nach Petsche (1970) nie gefunden. Der einzige Pacemaker, der an Kaninchen verifiziert werden konnte, liegt im Brocaschen Kern des Septums und steuert den Hippocampus-Theta-Rhythmus (Petsche et al. 1962). Die häufige Synchronisierung der Rhythmen zwischen den verschiedenen Hirnarealen spricht dafür, daß diese Neuronenverbände im Thalamus und im Cortex auch weiträumig koordiniert werden könnten (Petsche 1989). Von allen untersuchten thalamischen Kerngebieten scheint der *Pulvinar,* den stärksten *Einfluß auf die Alpha-Aktivität* des Cortex zu haben (Lopes da Silva et al. 1980; Steriade et al. 1990).

In den beiden Systemen der Synchronisation und Desynchronisation wird nicht nur unterschiedliche, sondern stark divergierende Beteiligung von Transmittersubstanzen angetroffen: Serotonin im Synchronisations-System, das zur Entspannung und letztlich zum Schlaf-, und Acetylcholin im Desynchronisations-System, das zu Aufmerksamkeit und Wachheit führt (Verzeano 1972).

4.1.2 EEG – Einführung

Obwohl allen Arbeiten, die sich auf das EEG oder auf evozierte Potentiale beziehen zumindest ein historischer Abriß beigefügt ist, wird hier bewußt darauf verzichtet. Jedoch sollte Hubert Rohracher, der bereits 1933 EEG-Untersuchungen in Österreich durchführte, erwähnt werden sowie sein Versuch nachzuweisen, daß die elektrische Hirnaktivität vom Sauerstoffwechsel der NZ abhängig ist. Sein besonderes Interesse galt der psychologischen Bedeutung von Hirnströmen. Heute ist bereits Allgemeingut, daß die im EEG erkennbaren Phänomene mit psychologischen Variablen in Zusammenhang stehen.

Bereits bei einer ersten Annäherung an das Thema – die einführende EEG-Literatur betreffend – darf man sich auf der Suche nach begrifflichen Eindeutigkeiten und Klarheiten nicht sofort entmutigen lassen. Schon unter der Begriffs-Bestimmung EEG wird Unterschiedliches verstanden: Die methodische Aufzeichnung, das Muster der elektrischen Potentialschwankungen und das Gerät. Zur Genese des EEGs gibt es auch verschiedene Auffassungen.

Allgemeine Übereinstimmungen scheint es jedoch bezüglich folgender Fakten zu geben:

- Das EEG ist eine billige und schnell durchführbare Methode zur objektiven und quantitativen Untersuchung;
- es wird *non-invasiv* von der Kopfhaut der Schädeldecke abgeleitet mittels Elektroden;
- wobei es zwischen diesen zu (in einem Stromfeld auftretenden) veränderlichen Potentialdifferenzen, also *elektrischen Spannungsschwankungen* (aus der Summation von Depolarisationen und Hyperpolarisationen) kommt;
- die Schwankungen sind *zeitabhängig* und erfolgen zumeist mehr oder weniger *rhythmisch* – das EEG entsteht in der Großhirnrinde und wird subcortical gesteuert; somit fungiert der *Cortex als EEG-Generator* unter indirekter Einflußnahme des *Thalamus.* Diesem kommt eine mögliche Schrittmacher-Funktion für das Zustandekommen rhythmischer Aktivität zu.

Korrelate der Hirnaktivität sind also elektrische Veränderungen, die ein in Raum und Zeit veränderliches Potentialfeld bilden. Im Vergleich mit anderen Registrierverfahren hat das EEG den Vorteil der sehr guten zeitlichen Auflösung, während die räumliche Auflösung aufgrund des elektrischen Volumsleitungseffektes (Gewebe,

Schädelknochen, Hirnhäute etc.) begrenzt ist. Ein weiterer Vorteil des EEGs ist die Erfassung radialer Anteile neben tangentialen. Je nach Autor wird die Einteilung und Klassifikation hirnelektrischer Aktivitäten (äußerst verwirrend) unterschiedlich gehandhabt. Nach Guttmann (1981) und Birbaumer (1988) lassen sich elektrische Aktivitäten des Gehirns in (1) Spontan-Aktivitäten und in (2) ereignis-bezogene oder Synchron-Aktivitäten unterteilen.

Zur Spontan-Aktivität gehören Prozesse spontaner Generierung endogenen Ursprungs; sie sind vom jeweiligen Aktivierungsniveau des Individuums abhängig. Dazu zählen langsame Gleichspannungs- (z. B. DC-Potentiale) und höherfrequente Potential-Schwankungen, das sind Wellen mit Frequenzen zwischen ca. 1 und 32 Hz.

Bei reizabhängigen Potentialen erfolgt die Zuordnung zu einem Reiz, bei ereigniskorrelierenden zu einem internen oder externen Ereignis – sie treten synchron mit einer Reizdarbietung auf, daher sind sie als reizabhängige Reaktionen der Spontan-Aktivität überlagert. Ist das auszulösende Ereignis ein simpler Reiz, wird das Potential als evoziertes (EP) bezeichnet. EPs stellen die gemittelten lokalen EEG-Antworten dar, die auf wiederholte sensorische Reize auftreten. Nach Guttmann (1982) sind evozierte Potentiale: „hirnelektrische Prozesse, die über bestimmten kortikalen Regionen in einem konstanten und charakteristischen Verlaufsmuster als spezifisches Korrelat des Erlebens oder Verhaltens auftreten“.

Zusammenfassend kann man sagen, daß ein niedriges Aktivierungsniveau durch das Vorhandensein von langsamen und großen Wellen gekennzeichnet ist, während sich ein ansteigendes Aktivierungsniveau hingegen durch das Erscheinen von rascheren, kleineren Wellen auszeichnet. *Spontan-* und Synchron-*Aktivitäten* sind die EEG-Summen-Aktivitäten aus einer Vielzahl elektrischer Prozesse corticaler und subcorticaler Neuronenverbände; sie bilden ein geordnetes komplexes Muster elektrischer Potentiale ab, das mit psychischen Vorgängen zusammenhängen kann.

Die Analyse oszillatorischer Muster des EEGs ist in den über 60 Jahren seit ihrer Entdeckung durch Berger (1929) ein Verfahren im Forschungsbereich der Neuro-Psychophysiologie. Den Durchbruch zur Erforschung der Zusammenhänge zwischen Hirnaktivität und kognitiven Vorgängen erlebte dieses Verfahren jedoch erst durch die Entwicklung der Mittelungstechnik, des sog. *Averaging*. Beim Erfassen kognitiver Vorgänge durch das EEG entsteht ein Problem, nämlich die zu untersuchende Tätigkeit von spontaner EEG-Aktivität abzuheben. Spezifische, psychologisch relevante Vorgänge werden von simultan ablaufender Hirnaktivität, dem „Hintergrund-Rauschen“, überdeckt. Erst durch die Computer-Analyse wurde es möglich, „Rauschen“, d. h. zufällige von nicht-zufälliger Hirnaktivität abzutrennen. Die Mittelung erfolgt durch die zunehmende Anzahl von Einzeldurchgängen, von denen sich spezifische Vorgänge fortschreitend abheben und damit herausfiltern. Zur Darstellung der Zusammenhänge zwischen kognitiven Vorgängen und der ihnen zugrundeliegenden Hirnaktivität eignet sich die Methode ereigniskorrelierter Potentiale besonders durch die relativ gute räumliche und sehr gute zeitliche Auflösung. Dies führte zu einem Aufschwung in der Forschung neurophysiologischer Korrelate sensorischer und kognitiver Vorgänge. Gleichermaßen nahm jedoch das Interesse an der Analyse von spontan auftretenden Feldpotentialen, der herkömmlichen EEG-Analyse, ab.

EKP (ereigniskorrelierte Potentiale) reflektieren Prozesse der Informationsverarbeitung und auch Teil-Schritte davon durch ihr charakteristisches Auftreten. Jedoch kann man kognitive Prozesse mittels EKP und EP nur unter gewissen Einschränkungen untersuchen, nämlich:

1. auf die Dauer eines Reaktionspotentials und
2. auf eine ganz bestimmte Region durch die wiederholte Vorgabe ein und desselben Reizes,
3. durch eine geringere Zahl von Elektroden.

Daher können zur Analyse von kognitiven Prozessen beim Verarbeiten von Informationen aus komplexen Gestalten Interpretationen von Einzelzell-Entladungen und evozierten Potentialen nur bedingt herangezogen werden. Der Makro- (spontaner Aktivität) gegenüber der Mikro-Analyse, die nur „eine Schnittlinie des Geschehens" darstellt, ist hier der Vorzug zu geben schon aufgrund der größeren, vielfältigeren Menge an Information. Bei komplexen Vorgängen unter Beteiligung höherer Hirnfunktionen und unter Bezugnahme auf Vorgänge, die das *gesamte Gehirn* betreffen, ist daher der Einsatz einer *topographischen Methode* zum besseren *Überblick räumlicher Verteilungen* corticaler Aktivitäts-Veränderungen über ein größeres Gebiet und daran beteiligter Netzwerke angebracht. Guttmann (1982): „Diese topographischen Methoden wurden im besonderen in Wien von Petsche perfektioniert, der über die Ausbreitung physiologischer und pathologischer Makrorhythmen wegweisende Arbeiten durchführte."

Bei diesem Höchsteinsatz an Aufmerksamkeit und äußerster Konzentration – wie dies aus den komplexen Aufgabenstellungen in der vorgelegten Untersuchung resultiert – müßte zur Beobachtung neuronaler Gesamtaktivität eine zeitlich längere Exposition Bedingung sein.

In seiner Hypothese zur temporalen Codierung setzt Singer (1993) *Zeit als eine Dimension für Codierung* voraus, die die Unterscheidung synchroner von asynchronen Zuständen mit hoher zeitlicher Auflösung erlaubt und die die Etablierung von Synchronizität über große Entfernungen postuliert. Soviel zur Begründung der Entscheidung für das in dieser Arbeit angewandte Verfahren zur Analyse oszillatorischer Muster im EEG, das eingesetzt wurde, um topographische EEG-Aspekte während visuell-kognitiver Tätigkeit registrieren zu können. Das Interesse an den zeitlichen Aspekten neuronaler Aktivität liegt auch der vorliegenden Studie zugrunde, die jedoch nicht auf neuronalen Daten beruht, sondern sich auf *makroskopische Aspekte* (das EEG) erstreckt.

Ein interessantes Phänomen, auf das bereits Berger (1929)[1] verwies, ist der Nach-

---

[1] Der italienische Physiologe Galvani (1737–1798) gilt als Entdecker der Beziehung zwischen Elektrizität und Nervenleitung durch den Nachweis am Froschschenkel. 1875 veröffentlichte Caton Berichte über elektrische Potentiale am Gehirn von Ratten und Affen. Erst 50 Jahre später wurden durch Berger Ableitungen am menschlichen Schädel beschrieben.

weis, daß sich im Wachzustand zwei unterschiedliche Aktivitätsbereiche in Abhängigkeit von der Frequenz im EEG zeigen: die Unterscheidung von Alpha- und Beta-Wellen. Beim Schließen der Augen setzt ein langsamerer Rhythmus ein, der als Alpha-Rhythmus bezeichnet wird und der beim Öffnen der Augen wieder verschwindet und durch niedrigere, raschere Tätigkeit (Beta-Aktivität) ersetzt wird. Dieser Vorgang wird auch als Desynchronisierung des EEGs bezeichnet (Abnahme der Amplitude bei Zunahme der Frequenz). Die Alpha-Tätigkeit ist in der occipitalen Region des Gehirns besonders deutlich ausgeprägt. Sie wird reduziert beim Öffnen der Augen, bei geistiger Tätigkeit oder als Folge eines Ereignisses, was als *Alpha-Blockade oder Arousal-Reaktion* bezeichnet wird (auch Berger-Effekt genannt). Das Alpha-Muster ist charakteristisch für eine bestimmte Person und bildet zugleich das Grundmuster des Hirnstrombildes. Die Alpha-Aktivität wird wahrscheinlich vom Thalamus über thalamo-corticale Bahnen gesteuert; sie könnte durch die Interaktion von thalamo-corticalen und cortico-corticalen Systemen generiert werden (Steriade et al. 1990). Es gibt zwei thalamo-coricale (vom Thalamus zur Großhirnrinde führende) Projektionssysteme: (1) Das spezifische für die sensorische Informationsleitung und das (2) unspezifische. Die unspezifische Leitungsbahn wird vom ascendierenden reticulären Aktivierungssystem (Formatio reticularis) und den intralaminären Thalamuskernen kontrolliert und reguliert somit das Erregungsniveau in der Großhirnrinde (Bewußtseinsniveau, EEG-Muster und dessen Rhythmus). Reticuläre Strukturen wirken dadurch rhythmusbildend auf den Thalamus (siehe oben). Aber auch physiologische Faktoren humoraler und neuronaler Art beeinflussen die EEG-Tätigkeit.

4.1.3 Das Elektro-Encephalogramm

4.1.3.1 EEG-Parameter

Die wichtigsten allgemeinen Parameter im EEG sind *Frequenz,* Anzahl der Schwingungen pro Zeiteinheit oder die Anzahl von Cyclen aufeinanderfolgender Wellen, gemessen in Hertz (1 Hz = 1 Schwingung pro Sekunde[2]), *Amplitude* (die Höhe der Welle vom Tal zum Gipfel[3], in der Größenordnung von unter hundert Mikrovolt bis mehrere hundert Mikrovolt – μV) und *Phase.* Die Amplitude wird teils von extra-cerebralen Faktoren beeinflußt, z. B. Schädelknochen (schlechte Leitfähigkeit und größerer Widerstand verursachen Spannungsabfall), Kopfhaut, Elektroden.

„Die Bezeichnung *Grundaktivität* gilt allgemein für jede Hirnregion. Geprägt wird das EEG durch die Grundaktivität der sensorischen hinteren Hälfte des Hirns, die vorwiegend durch das visuelle System beeinflußt wird." „Die Grundaktivität der okzipitoparietalen Hirnregion definiert den *EEG-Typ.* Und nur die EEG-Anteile, die mit dieser Grundaktivität in Zusammenhang stehen", werden als *Grundrhythmus* bezeichnet (Zschocke 1995).

---

[2] Gemessen wird der Abstand von Tal zu Tal einer Welle.

[3] Höhendifferenz vom Tal zum Scheitelpunkt der einzelnen Welle.

Von Berger stammt nicht nur die Namensgebung EEG, sondern es wurde auch seine Einteilung der rhythmischen Zeitverläufe der Potentiale in verschiedene „Bänder" bis heute beibehalten.

4.1.3.2 Frequenzbänder und Bedeutung der EEG-Rhythmen

In den angeführten Untersuchungen, die als Beispiele für den jeweiligen Frequenzbereich gelten, wird der EEG-Parameter *Amplitude bzw. Leistung* beschrieben. In der Klinik werden folgende Frequenzbereiche oder auch Frequenzbänder im EEG unterschieden:

Delta-Wellen (δ = 0,5–4 Hz) sind die langsamsten Wellen mit unterschiedlichen, manchmal hohen Amplituden; sie treten bei Müdigkeit und im Schlaf auf, wo sie relativ gut erforscht sind; somit können sie als Ausdruck eines niedrigen Aktivierungsniveaus und als Indikator verringerter corticaler Aktivität gelten. Bei Vigilanzminderungen kommt es zum Auftreten von flachen Delta-Wellen, die im EEG von Neugeborenen und Kindern vorherrschen. Im EEG von Erwachsenen sind sie ein Hinweis auf pathologische Veränderungen wie Herdbefund, epileptische Zustandsbilder, Stoffwechselstörungen, Koma. Ihre Bedeutung und Entstehung ist nach wie vor unklar.

Bezüglich der *Delta-Aktivität* wurde 1929 von Golla die Vermutung geäußert, daß Veränderungen der elektrischen Rhythmen des Gehirns diagnostischen Wert hätten. Dies trug zur Entdeckung der langsamen Delta-Wellen bei (weniger als 3–4 Schwingungen pro Sekunde), die in Beziehung und Verbindung zu *D*-isease (Krankheit), *D*-egeneration, *D*-eath (Tod) und *D*-efence (Abwehr), gebracht werden. Mit „Delta" wurden zuerst alle Wellen unterhalb der Alpha-Aktivität bezeichnet. 1936 wurden sie dann von Walter als Wellen mit unter 8 Schwingungen pro Sekunde beschrieben; Theta-Wellen wurden erst später von ihnen geschieden. Nach Steriade et al. (1990) spiegeln Delta-Wellen exzitatorische und inhibitorische Prozesse corticaler Neurone wider.

Auch in der neuesten Literatur lassen sich kaum EEG-Untersuchungen finden, die das Delta-Band miteinbeziehen bzw. diesem verstärkte Aufmerksamkeit zuwenden. An einem Wahrnehmungsexperiment von Parnefford und Basar (1993) nahmen 10 VPn teil. Die akustische Reizung erfolgte über Kopfhörer in Form von reinen Tönen, und die VPn hatten zwischen gehörten und nicht-gehörten Tönen zu unterscheiden. Im Anschluß an die EEG-EP-Aufzeichnungen wurden nach gehörten und nicht-gehörten Tönen zwei Gruppen gebildet. Die Reaktion als Korrelat für korrekt gehörte Töne an der Hörschwelle zeigte sich in Form einer *Delta-Oszillation.* Diese wird als *multifunktionale kognitive Komponente* interpretiert, evoziert durch selektive Aufmerksamkeit und sensorische Schwellenwahrnehmung.

Flexer (1994), der eine neue Technik zur Verarbeitung von Elektro-Encephalogrammen mittels *Kohonen-Netzwerken* – also künstlich neuronaler Netzwerke – vorstellt, kommt dabei zu folgendem Resultat: Mittels dieser speziellen Netzwerke konnten bei verschiedenen Aufgaben zur *Raumvorstellung* typische Veränderungen der Kohärenz, vor allem für die beiden Frequenzbereiche von *Delta und Beta-I,* registriert und in Form von Prototypen dargestellt werden. „Dieses Ergebnis weist auf die hohe Bedeutung der beiden Frequenzbänder für kognitive Prozesse hin."

Theta-Wellen ($\theta = 4 - 8$ Hz), auch RSA (rhythmic slow activity), ebenfalls langsame Wellen mit höheren Amplituden – im Kinder-EEG normal –, treten im Zusammenhang mit emotionalen Belastungen (fronto-central) verstärkt auf und könnten Ausdruck subcorticaler Erregungseinflüsse sein. Bei Erwachsenen sind sie im Schlaf oder tiefem Entspannungszustand zu beobachten und überwiegen im limbischen System. Zschocke (1995): „Theta-Wellen haben möglicherweise einen besonderen Bezug zum limbischen System im frontalen und temporalen Hirnbereich." Es gibt Arbeiten, die auf einen *Zusammenhang mit Gedächtnis-Prozessen* hinweisen (siehe Klimesch 1993).

Über Theta-Wellen im EEG wurde erstmals von Walter (1943) und Walter und Dovey (1944) berichtet. Die *Theta-Aktivität* wurde in der Nähe des Thalamus registriert und „Theta" genannt und danach mit der „Gemütslage", vor allem als Reaktion von „Theta" auf „Lust" und „Unlust", also mit Gemütsschwankungen, in Verbindung gebracht. Walter zeigte auf, daß diese Aktivität besonders bei kleineren Kindern mit Gefühlen der Enttäuschung und Frustration einhergeht, jedoch auch im Anschluß an einen positiven Stimulus aufzutreten vermag. Nach Walter soll es einen Zusammenhang zwischen dem Reifungsgrad des Individuums und seinem Theta-Wellen-Anteil im EEG geben, wahrscheinlich über die Verschaltung von Cortex, Thalamus und Hypothalamus. Erhöhte Theta-Aktivität über der vorderen Schädelhälfte tritt bei Kindern in Zusammenhang mit erhöhter Anspannung auf. Bei Erwachsenen sind Theta-Wellen im Stadium I nach Einsetzen des Schlafes mit einer Frequenz zwischen 4–8 Hz pro Sekunde und einer Amplitude von 50–100 µV zu finden, weshalb sie lange Zeit mit verminderter Aktiviertheit assoziiert schienen. Während bei Kindern Theta-Wellen noch generalisiert auftreten, sind sie bei Erwachsenen eher auf die temporalen Regionen lokalisiert. Bei Personen jedoch, die zu aggressivem Verhalten neigen, werden oft im EEG verbreitet und überwiegend Theta-Wellen registriert.

In EEG-Befunden von geistig abnormen Rechtsbrechern (Justizanstalt Wien-Mittersteig) finden sich bei 50% der Untersuchten vermehrt Theta-Einstreuungen, wobei das EEG nicht unbedingt pathologisch sein muß. Statistisch gesehen liegt bei jedem zweiten ein pathologischer Befund vor. Ca. 20% aller EEGs weisen lokalisierte Störungen im Temporallappen-Bereich (meist linkshemisphärisch) auf.

Untersuchungen an Astronauten berichten über *erhöhte Theta-Aktivitäten* während des Starts und der ersten Stunden des Raumfluges. Diese Aktivität wurde einerseits als *psycho-emotionelle Reaktion,* andererseits im Zusammenhang mit *Aufmerksamkeit und Orientierung* als ein den EEG-Änderungen zugrundeliegendes physiologisches Substrat interpretiert.

Von Vogel et al. (1968) stammt die Hypothese der *Theta-Aktivität als Ausdruck cerebraler Hemmungsphänomene,* in der zwei Arten von Hemmungs-Typen unterschieden werden:

(1) Globale Inaktivierung eines corticalen Erregungssystems, die einerseits zu Zu-

ständen wie Schlaf und Entspannung, andererseits auch zur Hemmung gerade erlernter Inhalte führt.

(2) Selektive Inaktivierung einzelner Verhaltensreaktionen mit der Folge eines kontinuierlichen corticalen Erregungszustandes zur Erleichterung der Einübung von Verhaltensstrukturen.

Für das Auftreten von Theta-Aktivitäten sind Alter, ontogenetische Prozesse und genetische Faktoren mitverantwortlich. In der neueren EEG-Forschung wird verstärktes Auftreten von *Theta-Aktivität bei kognitiven Aufgaben* und Problemlösungen, besonders bei solchen, die die Perception betreffen, oft frontal-central, registriert.

Mundy-Castle (1957) unternahm eine großangelegte Studie, um EEG-Änderungen während verschiedener kognitiver Tätigkeiten (wie Kopfrechnen, visueller, auditiver, kinästhetischer Vorstellung) mit und ohne Photo-Stimulation an Europäern, Afrikanern und einer klinischen Gruppe mit Personen von instabiler Emotionalität im Hinblick auf eine mögliche Klassifikation zu registrieren. Es kristallisierten sich drei Typen bezüglich ihres Theta-Rhythmus heraus: Theta I – vermochte Theta-Aktivität beim Öffnen der Augen und/oder kognitiver Tätigkeit zu unterdrücken; Theta II – nahm während perceptiver und imaginativer Tätigkeiten zu ohne Bezug auf emotionale Änderung; Theta III – zeigte, bezogen auf emotionale Aktivität, Schwankungen. Die Resultate der dritten klinischen Gruppe bestätigten den Trend, Theta-Rhythmus mit emotionaler und corticaler Unreife zu assoziieren und mit thalamo-corticalen Strukturen in Beziehung zu setzen. Mundy-Castle fand mit zunehmendem Alter eine Abnahme von Theta-Wellen und berichtete überdies, daß sie bei Personen, „who had bad temper", auffälliger wären. „Unreife" scheint das Persönlichkeits-Korrelat der Theta-Aktivität zu sein.

In einer Untersuchung zur Raumvorstellung von Krieglsteiner (1985) mit 16 männlichen Jugendlichen wurden nach einer Vortestung als über- und unterdurchschnittliche Raumvorsteller klassifizierten VPn zwei visuelle Aufgabenstellungen während einer EEG-Ableitung mit 19 Elektroden vorgegeben: Würfeltest-Aufgaben von Amthauer und Betrachtung einer optisch-räumlichen Täuschung von Escher. Bei den spektralanalytisch ermittelten Absolut-Leistungen in fünf Frequenzbändern erwies sich, daß räumliches Vorstellen, das Lösen von Würfeltest-Aufgaben mit signifikanten posterioren Leistungszunahmen im Theta- und Beta-Band einherging. Diese Leistungs-Zunahmen werden als Hinweis erhöhter corticaler Aktivität beim Lösen visuell-räumlicher Aufgaben interpretiert – Bestätigung dafür, daß bei einer weiteren Aufgabe, „impossible figure", die im Vergleich dazu als weniger anstrengend galt, die Leistungen in den entsprechenden Frequenzbändern niedriger ausfielen.

In den meisten Studien *erhöhter Theta-Aktivität* ging diese mit *erhöhter Aufgabenschwierigkeit* einher, und zwar zeigte sich bei konzeptueller Beanspruchung eine Erhöhung der frontalen Aktivität; bei erhöhter perceptiver Inanspruchnahme drückte sich dies in den entsprechenden parieto-occipitalen Bereichen aus. In visuellen Suchprozessen von Zeller und Bente (1983) sehen die Autoren die auftretenden Veränderungen im

Theta-Bereich als neurophysiologisches Korrelat einer Angleichung an die veränderte perceptuelle Kondition.

Beim Auftreten von Theta-Aktivität bei Erwachsenen dürfte einerseits der *Wachheitszustand* – wie auch die Involvierung bei der Lösung einer bestimmten Aufgabe, *Aufgabenschwierigkeit* und -Spezifität – eine Rolle spielen, andererseits – nach der Theta-Theorie von Walter (1953) – ein Zusammenhang mit *Emotionen* bestehen, die eine Art von Unlustcharakter aufweisen, wie dies bei Aggressionen der Fall ist. Nach Machleidt (1989) treten sie jedoch auch bei anderen Emotionen vermehrt in Erscheinung. Seit den Untersuchungen von Mundy-Castle (1951 und 1957) ist bekannt, daß sich *perceptuelle und kognitive Tätigkeiten in einer Zunahme der Theta-Aktivität* äußern.

Anstrengung versus (negative/positive) Erregung? *Theta-Aktivität scheint im Wechsel von differenzierter kognitiver Leistung, Konzentration und Entspannung affektiver Art aufzutreten bzw. zu interpretieren sein.*

Alpha-Wellen (α = 8–13 Hz) stellen die markanteste Komponente der hirnelektrischen Spontanaktivität dar:

a) *Frequenz* der Alpha-Wellen von 8–12/s interindividuell annähernd einer Gaußschen Häufigkeitsverteilung mit einem Maximum bei 10/s. Im Alter fällt die durchschnittliche Frequenz leicht ab.
b) Die *Amplitude* zeigt meist „spindelförmige" Schwankungen. Diese Amplitudenmodulation der Alpha-Aktivität soll Ausdruck minimaler Fluktuationen des Vigilanzpegels sein.
c) Die *Potentialform* der Alpha-Wellen kann sehr regelmäßig sein und sinusoidalen Charakter annehmen.
d) Die Alpha-*Ausprägung* ist als Häufigkeit der Alpha-Wellen pro Zeiteinheit definiert. Sie ist entscheidend von der Vigilanz abhängig (Zschocke 1995).

Die Alpha-Aktivität wurde 1924 von Hans Berger entdeckt. Die Analyse der Alpha-Aktivität nahm und nimmt in der EEG-Forschung eine zentrale Stelle ein. Alpha-Aktivität gilt als Grundrhythmus, in dem sich neuronale Netze grundsätzlich einstellen. Der Alpha-Grundrhythmus ist die häufigste Form des Ruhe-Grundrhythmus des Gehirns.

„Alpha-Wellen sind wahrscheinlich Ausdruck einer weitgehend synchronisierten synaptischen Aktivierung corticaler Nervenzellen. Dieses EEG-Muster wird daher auch als ‚synchronisiertes EEG' bezeichnet" (Creutzfeldt 1983). Unter *Alpha-Blockade* (siehe dazu auch 4.1.2, Seite 190) ist die Veränderung des Alpha-Rhythmus im Sinne einer Frequenz-Zunahme auf höhere Werte bei gleichzeitiger Abnahme der Amplitude zu verstehen (Creutzfeldt 1969). Eine vollständige Blockierung des Alpha-Rhythmus erfolgt auf visuelle Reize durch das Öffnen der Augen. Der Alpha-Rhythmus ist somit eindeutig mit dem visuellen System verknüpft. „Der visuelle Apparat ist das einzige Sinnessystem, das beliebig (durch Augenschluß) abgeschaltet werden kann. [...] Die visuelle Blockade des Grundrhythmus ist ein aktiver Vorgang der Wahrnehmung. [...] Dieser Ruhegrundrhythmus garantiert auch bei geschlossenen Augen sofortige Reaktionsbereitschaft auf äußere, alarmierende (z. B. akustische) Reize" (Zschocke 1995). Der Effekt des Augenschlusses ist dem der kognitiven Leistung, die Konzentration erforderlich macht, ähnlich. Das bedeutet, daß der Alpha-Rhythmus auch bei geistigen Tätigkeiten, wie z. B. Kopfrechnen, etwas im Gedächtnis nachzuvollziehen, blockiert wird (Petsche 1987). Der Alpha-Anteil des EEGs wird als Indikator der Aktiviertheit betrachtet. Nach Creutzfeldt et al. (1969) können Alpha-Wellen sich bei Tätigkeiten, die erhöhte Aufmerksamkeit erfordern, verstärken. Variationen der Alpha-Aktivität werden in Beziehung zum Aktiviertheitszustand des Organismus gesetzt. Z. B. weist niedrige Alpha-Aktivität über dem fronto-centralen Bereich und gleichzeitiges Fehlen von Alpha-Aktivität über dem occipitalen Cortex auf Schläfrigkeit hin. Auch läßt sich zwischen der Hirndurchblutung und der Frequenz der Alpha-Aktivität ein deutlicher Zusammenhang herstellen. Der Alpha-Aktivität entspricht also ein Zustand der Entspannung, des Assoziierens der nicht-gerichteten Aufmerksamkeit bei gleichzeitiger Aufrechterhaltung der Vigilanz. *Alpha-Wellen treten einerseits im entspannten Zustand, andererseits bei Aktiviertheit auf.* Jedenfalls scheinen sie mit dem *Grad der Aktiviertheit* zu fluktuieren.

Es gibt Hinweise, daß Alpha-Blockade und Abschwächung der Alpha-Aktivität außer mit visueller Aufmerksamkeit auch mit Vorgängen wie Akkommodation, Orientierungsreaktion (Sokolov 1963), Prozessen der Fixierung, Pupillen-Dilation, Augenbewegungen („präattentiven" Prozessen nach Neisser) in Verbindung zu bringen ist und oft im Vordergrund stehen (Mulholland und Peper 1971; Trimmel 1989).

Der Alpha-Rhythmus gibt jedoch nicht nur Aufschluß über den Wachzustand, sondern auch über die *Affektivität* einer Person. In von Machleidt et al. (1989) durchgeführten Studien ließ sich eine Korrelation zwischen Alpha-Zunahmen und chronischen Ängsten finden. Das Ergebnis lautet, daß ängstliche Personen ihren Alpha-Rhythmus weniger gut blockieren können.

Zur *topographischen Verteilung:* Alpha-Wellen dominieren in den occipito-parieto-temporalen Regionen, also vorwiegend posterior, und nehmen nach frontal – bei 70% der Erwachsenen und 95% aller Kinder – ab. Am deutlichsten treten sie bei geschlossenen Augen auf. In diesem Zusammenhang ist ein Mechanismus interessant, auf den 1953 schon Walter verweist, nämlich, daß das Öffnen der Augen im Gehirn mit Mechanismen verknüpft ist, die Aufmerksamkeit und Bewußtsein aufrechterhalten. „Visuelle Vorstellungen sind gewöhnlich ohne die Mitwirkung wirklicher Reize lebendiger." Er interpretiert das Fehlen von Alpha-Wellen bei Erwachsenen als ein Anzeichen lebhafter visueller Vorstellungen und verweist auf die persönlichkeitsbedingten Unterschiede. Walter (1943) unterscheidet nach Vorhandensein und Funktionseigenheit des Alpha-Rhythmus drei Persönlichkeits-Typen:

P-Typ (persistent) – zeigt beständige Alpha-Aktivität, auch beim Öffnen der Augen

R-Typ (responsive) – zeigt im Zustand der Entspannung Alpha-Wellen, die blockiert werden können
M-Typ (minus) – zeigt auch im Zustand höchster Entspannung keine Alpha-Aktivität.

In der Gruppe des P-Typs finden sich nach Walter Personen, die zu auditiven, kinästhetischen oder Berührungsempfindungen neigen. Im Gegensatz zur Gruppe des M-Typs, die aus Personen besteht, deren Art zu denken vorwiegend in Begriffen visueller Vorstellungen verläuft und deren EEG keinen wesentlichen Anteil an Alpha-Wellen zeigen. Um diese Aussagen treffen zu können, wurden mehrere Erhebungen durchgeführt und mehr als 600 Personen untersucht. Aufgrund dieser Erhebungen *schließen einander visuelle Vorstellungen und Alpha-Wellen aus.*

Die Verbindung vom occipitalen Alpha-Rhythmus und der visuellen Wahrnehmung ist seit frühesten Untersuchungen bekannt. Bei visueller Aufmerksamkeit wird der Alpha-Rhythmus abgeschwächt. Die Desynchronisierung im Alpha-Band ist bei visueller Informationsverarbeitung am stärksten occipital erkennbar. Bei visuellen Vorstellungen führt diese geistige Aktivität „bei geschlossenen Augen zu einer Unterdrückung der Alpha-Tätigkeit" (Zschocke 1995).

Die Alpha-Aktivität ist eine individuelle Ausprägung und genetisch bedingt, wie Zwillingsuntersuchungen beweisen. Somit ist sie ein Merkmal der Persönlichkeit, das allerdings 25% der Erwachsenen fehlt. Guttmann (1982) postuliert aufgrund einer Analyse der EEG-Makrorhythmen, unabhängig von der sichtbaren Alpha-Aktivität, für jede Person eine deutlich ausgeprägte „individuelle Vorzugsfrequenz".

Das typische Alpha-Bild stellt sich erst um das 11. Lebensjahr ein. Die Alpha-Frequenz ändert sich mit dem Alter – sie dürfte vom 60. Lebensjahr an abnehmen – oder durch krankheitsbedingte Einflüsse. Bei gesunden Personen ist sie einigermaßen stabil und zeigt auch keine tageszeitlichen Schwankungen. Bei Frauen vermag sie, möglicherweise zur Zeit der Menstruation, etwas anzusteigen. Zu einer Abnahme des Alpha-Rhythmus kommt es durch Senkung des Blutzuckers und bei Körpertemperatur.

In der bereits angeführten Untersuchung von Krieglsteiner (1985) über Raumvorstellung zeigten sich in beiden Aufgabenstellungen, Würfeltest und „Impossible figure", Abnahmen der Alpha-Leistung über dem gesamten posterioren Cortex – während sich in allen anderen Frequenzbereichen in Relation zu den Kontroll-Bedingungen Leistungs-Zunahmen erwiesen. Das Ergebnis ist die wiederholte Bestätigung von in der Literatur erhobenen Befunden, daß visuell-kognitive Inanspruchnahme Alpha-Reduktion zur Folge hat.

Da sich in der Literatur wiederholt Hinweise auf eine mögliche funktionell unterschiedliche Bedeutung des oberen und unteren Bereiches des Alpha-Bandes fanden, wurden diese Überlegungen auch in die vorliegende Untersuchung miteinbezogen und eine Aufteilung – unter fixer Vorgabe – des herkömmlichen Alpha-Bandes, angewandt. Allerdings erfolgte die Durchführung unter Vernachlässigung einer vorausgehend individuellen Berücksichtigung der Trennung des Alpha-Bandes, wie dies Schimke et al.

(1990) berichten. Es wurde nur auf inter-, nicht intra-individuelle Schwankungen Bezug genommen. Von mehreren Autoren (z. B. Herrmann et al. 1980) wird das Alpha-Band mittels Faktorenanalyse übereinstimmend in zwei voneinander unabhängige Komponenten zerlegt, in ein *langsames oder unteres (7,5–9 Hz) Alpha-1-Band* und ein *schnelles oder oberes (9,5–12,5 HZ) Alpha-2-Band.* Diese Überlegung wurde in der vorliegenden Arbeit realisiert.

Von Klimesch gibt es verschiedene Studien über die Signifikanz von Alpha für Gedächtnis-Vorgänge, wie z. B. die Geschwindigkeit, mit welcher Information aus dem Gedächtnis abgerufen werden kann. Durch Festlegung der individuellen durchschnittlichen Alpha-Frequenz (IAF) versuchten die Autoren Klimesch et al. (1993) nachzuweisen, daß bei Personen mit guter Gedächtnisleistung IAF größer ist als bei solchen mit schlechter Leistung. Unter gedächtnismäßiger Mehrleistung kommt es bei diesen zu einer Abnahme des IAF, in der anderen Gruppe zu einer Zunahme.

Der Zusammenhang von geistiger Beanspruchung mit einem erhöhten corticalen Aktivierungsniveau geht aus verschiedensten Experimenten hervor (siehe Neuper und Pfurtscheller 1992; Schimke et al. 1990). Es erwies sich, daß die unterteilten Frequenzbänder unterschiedliche kognitive Prozesse widerspiegeln und ihnen damit unterschiedliche funktionale Bedeutung zukommt: Während sie im *unteren* Frequenzbereich Erwartungs- und *Aufmerksamkeits-Prozesse* darstellen, also keine aufgabenbezogenen Prozesse, eher unspezifische Veränderungen des Arousals sind (gesteigerte Aufmerksamkeit mit Verminderung der Alpha-Amplitude – des Alpha-1-Bandes von Klimesch et al. 1990), sind es im *oberen* Frequenzbereich eher stimulus-bezogene, spezifische und *aufgaben-relevante Aktivierungsprozesse.*

Das größte Problem stellt sich dadurch, daß das Alpha-Band keine funktionale Einheit darzustellen scheint, sondern zumindest in zwei Komponenten zu unterteilen ist. Das bedeutet, daß zu dieser Zeit noch viel zu wenige Resultate vorliegen, die miteinander verglichen werden könnten, um valide und exakte Aussagen zur Bedeutung des getrennt analysierten Alpha-Bandes hinsichtlich der Informationsverarbeitung treffen zu können.

Außer dem occipitalen Alpha-Rhythmus gibt es noch andere Alpha-Aktivitäten, z. B. Kappa- und Lambda-Wellen. Der *My-Rhythmus* („motorisch") ist eine centrale Aktivität, begrenzt auf die prä- und centrale Region beider Hemisphären, verschwindet jedoch unter Zunahme der Vigilanz und bleibt unter visueller Reizung unbeeinflußt; er kann jedoch durch Bewegung bzw. bereits durch deren Intention – wie Vorstellung – blockiert werden. „Die My-Aktivität ist die Ruhegrundaktivität der motorischen Hirnregion" (Zschocke 1995).

Die *Lambda-Wellen* von Evans (1949), auch als „Kasperl-Wellen" bezeichnet (Kugler 1981), weil sie in der Literatur den Kindern zugeschrieben werden, sind kleine, unregelmäßige Wellen, variieren inter-individuell sehr und treten occipital auf, meist wenn die Augen auf ein Muster gerichtet sind und dieses aufmerksam betrachtet wird. Beim Fixieren eines Punktes und beim Schließen der Augen verschwinden sie jedoch.

Diese Aktivität wird häufig in visuellen Untersuchungen beobachtet, wie auch in der vorliegenden Arbeit bei den Malerinnen. Für das Entstehen dieser Wellen werden sakkadische Augenbewegungen vorausgesetzt und eine Verbindung mit dem okulomotorischen System, das diese kontrolliert, angenommen.

Beta-Wellen (β = 13–30 Hz) sind niedrig und unregelmäßig, weiters sind sie durch klein-amplitudige Schwankungen und durch Frequenzen oberhalb von 13 Hz charakterisiert. Ihre Begrenzung in der vorliegenden Untersuchung liegt bei 31,5 Hz. (Frequenzen über diesem Bereich dürften eine andere Bedeutung zukommen; sie werden als Gamma-Aktivität bezeichnet – siehe unten –, die in olfaktorischen Gebieten dominiert.) Ihr verstärktes Auftreten ist meist ein *Hinweis auf geistige Aktivität,* jedoch auch auf einen Streßzustand. Sie werden als Ausdruck *desynchronisierter,* erhöhter corticaler neuronaler Aktivität angesehen – im Gegensatz zu den synchronisierten Alpha-Wellen. Was ihre topographische Verteilung betrifft, treten sie über den präcentralen und frontalen Regionen am ausgeprägtesten auf.

Die *Beta-Aktivität* wurde 1930 von Berger erstmals beschrieben. Beta, der zweite Buchstabe des griechischen Alphabets, wurde von ihm gewählt, um den zweiten entdeckten EEG-Rhythmus zu beschreiben. Es können drei Unterteilungen des Beta-Rhythmus getroffen werden: 1) ein centraler (auch fronto-centraler) Rhythmus mit einer Frequenz von über 30 Hz, der durch kontralaterale Bewegung blockiert werden kann. Dieser Rhythmus dürfte mit den Funktionen des senso-motorischen Cortex in Verbindung stehen; 2) ein diffuser Beta-Rhythmus mit einer Frequenz von 20–25 Hz; 3) ein posteriorer Beta-Rhythmus von 14–19 Hz, der selektiv durch visuelle Stimuli und kognitive Tätigkeiten blockiert werden kann.

Gilt der Alpha-Rhythmus als Ausdruck des Wachzustandes, dann ist die Beta-Aktivität *Ausdruck einer höheren Aktiviertheit,* aktiver Aufmerksamkeit und erhöhter Konzentration. Diese wird durch Schläfrigkeit abgeschwächt, tritt jedoch auch im entspannten Zustand als ein die Alpha-Aktivität überlagernder Prozeß auf sowie im Stadium des Einschlafens und auch in den REM-Phasen, in denen sie etwas erhöht ist.

Es soll Hinweise dafür geben, daß Beta-Aktivität eine multifaktorielle genetische Ursache hat. Was die Beziehungen zwischen Alter und Auftreten betrifft, ist ihre Aktivität bei Früh- und Neugeborenen erhöht, auch manchmal bei Frauen ab dem 35. Lebensjahr über der präcentralen Region (Vogel und Götze 1962). Bei älteren Menschen, besonders bei Männern, ist die Beta-Amplitude eher niedrig. Bei einer erhöhten Beta-Aktivität (im Frequenz-Band von 18–25/s) sollte immer auch an die mögliche Einnahme von Benzodiazepinen, Antikonvulsiva und Barbituraten gedacht werden.

Die Beta-Aktivität spielt in neurophysiologischen Aktivierungs-Modellen als *Parameter des Erregungsniveaus* eine Rolle. Bei der sogenannten „Weck-Reaktion" oder beim *„Arousal"* kommt es zu einem Verschwinden der Alpha-Wellen und zu einem verstärkten Auftreten von Beta-Wellen als Ausdruck zunehmender Aktivierung von Aufmerksamkeit und Konzentration in Verbindung mit der Formatio reticularis des Zwischenhirns.

EEG-Untersuchungen: Von Stein (1994) konnte zeigen, daß *visuelles Vorstellen* im EEG sich folgendermaßen niederschlägt: (1) durch *occipitale* Veränderungen, nämlich beidseitig occipito-temporo-parietale *Beta-Amplituden-Zunahmen* sowie eine rechtsbetonte occipito-parietale Beta-Kohärenz-Abnahme; (2) durch *frontale* Veränderungen, nämlich durch eine globale *Zunahme* der frontalen Kohärenzen im *Beta-Bereich* mit Linksbetonung.

In der Untersuchung von Krieglsteiner (1985) geht *Raumvorstellung* mit signifikanten posterioren *Leistungs-Zunahmen im Theta- und Beta-*, besonders im Beta-3-Band einher. Sie werden als Hinweis auf erhöhte corticale Aktivität während der Bearbeitung von optisch-räumlichen Aufgaben bewertet.

Gamma-Wellen (γ >30 Hz; 40 Hz-Komponente) werden mit Lern- und Aufmerksamkeits-Prozessen in Verbindung gebracht. Angeblich stellt der 40-Hz-Rhythmus einen Index für zentrierte Aufmerksamkeit motorischer Programme dar. Im visuellen Cortex von Katzen wurden derartige Oszillationen auf sich bewegende Lichtbalken registriert (Gray et al. 1989). Diese Wellen werden „mit lokalen Verbindungen von sogenannten Zell-Assemblies oder Zell Ensembles [...] zu synchron feuernden Nervennetzen in Verbindung gebracht“ (Birbaumer und Schmidt 1996).

Die Entstehung von Potentialschwankungen basiert auf synchronen Entladungen afferenter Fasern größerer Zellgruppen in extrazellulär erregenden postsynaptischen Potentialen der Pyramidenzellen und ihrer Dendriten (die vom Zellkörper weg in Richtung Oberfläche abzweigen), wobei auch die inhibitorisch postsynaptischen Potentiale eine Rolle spielen. Die EEG-Tätigkeit wird durch die vom Thalamus geregelte Synchronisation/Desynchronisation der EPSP und IPSP hervorgerufen.

4.1.3.3 Der Klinische Einsatz des EEGs

Der Grundrhythmus des Gehirns ändert sich mit physiologischen Zuständen wie Schlaf, Koma, Medikamenteneinfluß oder pathologischen Veränderungen (Tumore, Stoffwechselstörungen). Spezifische EEG-Veränderungen zeigen sich bei der Epilepsie. Somit läßt das EEG verschiedene Grade des Bewußtseins- bzw. Akitiviertheitszustandes erkennen, die häufig vom Auftreten bestimmter EEG-Frequenzen begleitet sind. Abgesehen von Bewußtheit und vom Wachheitsgrad zeigt das EEG eine deutliche Abhängigkeit vom Lebensalter. Die endgültige Ausprägung erhält es erst im Reifealter und es ändert sich auch wieder im späteren Lebensalter, gekennzeichnet durch eine Abnahme der Alpha-Frequenz. Abgesehen davon gibt es erhebliche Geschlechterdifferenzen. Dieser Aspekt ist von einem gewissen theoretischen Interesse. Doppelt so viele Frauen wie Männer haben ein EEG vom Beta-Typ (Vogel und Götze 1962; Petsche 1984). D. h. Männer haben häufiger ein Alpha-EEG als Frauen (auch treten bei ihnen Theta-Wellen gehäufter auf (Friedl 1977). Die größten Unterschiede im EEG wurden im occipitalen Bereich registriert. Jeder Mensch hat eine individuelle Grundaktivität (EEG vom Alpha- bzw. Beta-Typ).

Dysrhythmien sind bei Frauen häufiger zu beobachten, Herdbefunde treten der Häufigkeit nach eher links als rechts auf, unabhängig vom Geschlecht. Ein interessanter Befund allerdings zeigt, daß Herdbefunde und Dysrhythmien in Alpha-EEGs bis doppelt so häufig vorkommen. Eine mögliche Deutung wäre das Vorliegen einer hirnelektrisch geringeren Reagibilität beim Beta-EEG (Schliack und Hopf 1988).

Nach Saletu (1996) schlägt normales Altern sich im EEG „mit einer Verlangsamung der Alphafrequenz, Abnahme der Alpha-Amplitude und Alpha-Reaktivität [...], weiters mit einer Abnahme der Gesamtleistung (Total power), Abnahme der absoluten und relativen Delta-, Theta- und Alpha-Power, Zunahme der absoluten und relativen Beta-Power und Beschleunigung des Centroids des gesamten Power-Spektrums“ nieder. All diese Veränderungen sind im Sinne einer Desynchronisierung zu verstehen, während das pathologische Altern mit einer Zunahme der „absoluten Delta-, Theta-Power, Zunahme der relativen Delta-Theta-Power und Abnahme der relativen Alpha- und Beta-Power [...] einhergeht“.

Der klinische Einsatz des EEGs liegt in seinem Vorteil als nicht-invasive Methode, besonders bei der Diagnose von Anfallsleiden, zur Bestimmung des Hirntods, bei cerebralen, cerebrovaskulären und metabolischen Störungen, raumfordernden Prozessen und zur Operationsüberwachung. Seine Anwendung in der Forschung liegt vor allem in der Schlafforschung und in der Beurteilung der Wirkung von Psychopharmaka und Medikamenten. Beispielsweise bewirken Nootropika eine Abnahme der Delta- und Theta- und eine Zunahme der Alpha- und Beta-Aktivitäten (Saletu 1996). In der Forschung wird das EEG ferner zur Untersuchung hirnelektrischer Antworten auf sensorische Reize benützt: das evozierte Potential und das ereigniskorrelierte Potential. Diagnostisch wird EP zur Prüfung der Funktion von Leitungsbahnen bei Läsionen der Nerven benützt sowie zur Diagnose und Verlaufskontrolle bei multipler Sklerose. Zusammengefaßt läßt sich sagen, daß das EEG heute einen Beitrag zur psychologisch-psychiatrischen Differentialdiagnostik – der neurologische steht ja außer Frage – sowie mögliche Hinweise über deren Ätiologie und die Wirkung von Psychopharmaka leistet. Man ist derzeit bemüht, die im EEG enthaltene komplexe Information in objektiven Parametern abzubilden und hirnelektrische Aktivität mittels mathematischer und statistischer Analyseverfahren zu quantifizieren (siehe Machleidt 1989).

4.1.4 EEG-Spektralanalyse

Theoretische Grundlagen (nach Rappelsberger 1977)

Die *Spektral- oder Frequenzanalyse* ist eine spezielle Form der Signalanalyse und beruht in einer *Aufspaltung der EEG-Signale in einzelne Frequenz- oder Schwingungskomponenten.* Signal ist dabei die Potentialdifferenz, die Information enthält. Das EEG ist demnach ein elektrisches Signal, das über den Funktionszustand des Gehirns informiert. „The EEG is a continuous voltage-time set, in effect a multivariate time series“ (Flor-Henry 1988).

Mittels Spektralanalyse wird das Original-EEG, dessen Amplitude eine Funktion der Zeit ist, in ein *Spektrum* – als Darstellungsform – umgewandelt, dessen Amplitude eine Funktion der Frequenz ist. *Die Betrachtung der EEG-Amplitude erfolgt im Zeitbereich, während das Spektrum im Frequenzbereich definiert ist.*

Die Methode der Spektralanalyse basiert auf einer mathematischen Technik digitaler Art, der *Fourier-Transformation.* Der für die Spektralanalyse am häufigsten verwendete Algorithmus ist die „Fast-Fourier-Transformation" (FFT). Diese vermag komplexe Funktionen auf eine Seite einfacher Sinus-Wellen zu reduzieren. Nach Fourier[4] läßt sich jede Wellenform durch eine Anzahl sinusförmiger Komponenten verschiedener Frequenz darstellen. Der *Übergang vom Zeit- in den Frequenzbereich* bedeutet, daß eine kontinuierlich zeitliche Folge in ein diskontinuierliches Frequenzspektrum umgesetzt wird. D. h. hier erfolgt die Umwandlung der zeitabhängigen EEG-Amplituden-Schwankungen in Amplituden-Schwankungen als Funktion der Frequenz. Der Vorteil ist die Möglichkeit der Quantifizierung eines Signals über einen bestimmten Zeitbereich und damit der Vergleich des Signals mit anderen Signalen. Das *Ergebnis einer FFT* ist das *Leistungs- oder Powerspektrum.* Für die Berechnung des Leistungsspektrums ist jedoch auch das Phasenspektrum (Zeitbeziehungen) erforderlich, wobei die Phase als eine Funktion der Frequenz ausgedrückt werden kann.

Die Teil-Amplituden einer Fourier-Analyse werden oft in einfachen Quadratzahlen ausgedrückt: ***Power** ist das Quadrat der Amplitude* im Frequenzbereich μV^2 Hz. Die Summe der Amplitudenwerte des Leistungsspektrums entspricht der Gesamtleistung. *Die graphische Darstellung wird Leistungs- oder Powerspektrum genannt.* Dieses repräsentiert nur ein Segment einer EEG-Aufnahme. Um jedoch Aussagen über einen längeren Zeitraum hinweg zu erhalten, wird in der Praxis die Methode der spektralen Anordnung eingesetzt zur graphischen Darstellung einer größeren Anzahl vergleichbarer Leistungsspektren: Dabei werden mehrere aufeinander folgende Abschnitte von, wie in dieser Arbeit, 2-s-Abschnitten transformiert und ihre Spektren ermittelt, um eine statistische Schätzung spektraler Anteile eines Signalabschnittes von längerer Dauer zu erhalten. Die Länge der EEG-Abschnitte ist zur Bestimmung der Grundfrequenz bei der FFT entscheidend. Dem Analyse-Intervall von 2 s entspricht eine Grundfrequenz von $1/2 = 0{,}5$ Hz. Das zu analysierende Signal wird in Frequenzkomponenten von 0,5 Hz, 1 Hz, 1,5 Hz usw. zerlegt. Die Größe des Frequenzschrittes und somit die Auflösung des Spektrums wird durch das Analyseintervall bestimmt.

Kontinuierliche, rhythmische Signale, wie EEG-Signale sie darstellen, sind stochastischer Art, deren Analyse nur in einer statistischen Abschätzung bestehen kann. Das erhaltene Leistungsspektrum gibt an, wie die Leistung im analysierten EEG verteilt ist.

Ebenso wie bei der Leistungsverteilung eines *einzelnen* EEG-Signals, dem *Autospektrum,* läßt sich auch die Leistungsverteilung zwischen *zwei* oder mehreren EEG-Kurven berechnen, die von verschiedenen Orten abgeleitet werden, z. B. bei der Untersuchung von Hemisphärendifferenzen das *Kreuzleistungsspektrum* (cross-spectrum). Es betrifft die Aussage, welche Schwingungskomponenten beiden Signalen gemeinsam

---

[4] J. B. Fourier (1768–1830), französischer Physiker und Mathematiker.

sind, dient der topographischen Analyse und damit der Ermittlung eines *Signal-Zusammenhanges.*

Das Kreuzleistungsspektrum wird in normierter Form, als *Kohärenzspektrum,* dargestellt. Jeder Kohärenzwert bezieht sich immer auf eine bestimmte Frequenz. Das Kohärenzspektrum ist einer *Korrelationsfunktion* gleichzusetzen: „cross-correlation is a measure of the similarity of wave shape which is, in turn, dependent on the relative amplitude and phase of the frequency components present in each signal. Correlation may be measured as a function of frequency und displayed as a spectrum. It is then usually called a coherence function or a coherence spectrum. [...] A more efficient method of measuring a correlation spectrum uses the Fourier transform components derived from the discrete Fourier transform of each signal to compute the cross-spectrum" (Cooper 1980).

„In neuerer Zeit wird neben der Frequenzverteilung an verschiedenen Hirnarealen *(Brain Mapping)* das Ausmaß der Komplexität (im Gegensatz zur Vorhersagbarkeit) mit Methoden der nichtlinearen Systemtheorie untersucht", wobei deren Darstellung in sog. *Chaos-Hirnkarten* erfolgt (Birbaumer und Schmidt 1996).

Die digitale Rechentechnik

Die EEG-Registrierung – Verstärkung und Aufzeichnung von EEG-Signalen – ist eine analoge Darstellung des EEGs. Zur computermäßigen Verarbeitung müssen die kontinuierlich veränderlichen Kurven jedoch digitalisiert werden. Die Abtastung und Umwandlung eines Signals erfolgt mittels eines analogen digitalen Converters (ADC). Dabei werden die in Dezimalzahlen ausgedrückten Werte in Werte des dualen Zahlensystems – Darstellung von 0 oder 1 – umgesetzt. Diese Einheit stellt die *elementare digitale Recheneinheit* dar und wird als *„bit"* bezeichnet.

Bits werden zu Einheiten zusammengefaßt, den „bytes" (8 bit = 1 byte). Im Anschluß an die Datenspeicherung muß „das Rechenergebnis, wenn es lesbar sein soll, aus dem binären Zahlensystem wieder in das Dezimalsystem rückgewandelt werden. Es läßt sich dann z. B. tabellarisch ausdrucken. [...] Der kritische Punkt in der Digitalisierung des EEG ist seine Abtastung bei der Analog-Digital-Wandlung" (Zschocke 1995). Durch die Abtastfrequenz wird die höchste Frequenzkomponente bestimmt. Dabei gilt allgemein, daß das Abtastintervall nicht länger sein darf als die halbe Periode der höchsten vorkommenden Frequenzkomponenten im Signal.

4.1.4.1 Kohärenzanalyse

Kohärenzspektren setzen sich also aus dem *Kreuzspektrum* Cxy (f) zwischen zwei Signalen x und y sowie aus den dazugehörigen *Autospektren* Cxx(f) und Cyy(f) zusammen. Für die quadrierte Kohärenz gilt folgende Formel:

$K^2(f) = Cxy(f)^2) / Cxx(f).Cyy(f)$

„Die Kohärenzfunktion gibt Auskunft über eine lineare Synchronizität zweier Ableitungen in Abhängigkeit vom jeweiligen Frequenzbereich" (Lutzenberger et al. 1985).

Sie trifft eine Aussage bezüglich der gemeinsamen Leistung zweier EEG-Signale an einer Frequenz. Jeder Kohärenzwert bezieht sich auf eine bestimmte Frequenz.

Beide EEGs werden Fourier-transformiert und danach miteinander multipliziert. Das erhaltene rohe Kreuzspektrum wird geglättet. Für die Berechnung der Kohärenz sind auch die beiden Autospektren erforderlich. Die Gesamtheit aller Kohärenzwerte ergibt das Kohärenzspektrum.

Somit erhält man durch Normierung des Kreuzleistungsspektrums mit Hilfe der beiden Autospektren das Kohärenzspektrum, und zwar ergibt es sich aus der Gesamtheit aller Kohärenzwerte. Bei normaler Hirntätigkeit liegen die einzelnen Kohärenzwerte zwischen Null und Eins. Sie stellen den Grad der Ähnlichkeit zwischen zwei EEG-Signalen dar. *Null* heißt, daß zwischen den analysierten EEG-Signalen bei dieser Frequenz keinerlei Abhängigkeit besteht. *Eins* heißt, daß die beiden Signale identisch sind. Durch die Anwendung statistischer Verfahren wird es möglich, über Spektralanalyse die im EEG enthaltene Information zu extrahieren.

4.1.4.1.1 Bedeutung der Kohärenz (siehe auch Diskussion 5.7). Das Phänomen der EEG-Synchronisation mittels Kreuzkorrelation wurde erstmals von Livanov (1977) untersucht. Aus diesen Untersuchungen ging hervor, daß der Korrelation corticaler elektrophysiologischer Prozesse eine funktionelle Bedeutung zukommen dürfte.

Kohärenz ist ein Maß für den Grad der statistischen Abhängigkeit (Verläßlichkeit) einer Serie von Ereignissen im Hinblick auf eine andere Serie von Ereignissen. Es stellt ein *Maß der funktionellen Beziehungen* dar, der *Koppelung zwischen den Hirn-Regionen,* von denen abgeleitet wird. Die Interpretation der Kohärenz-Änderungen – deren Untersuchung den Schwerpunkt dieser Arbeit darstellt – hängt von der Position der Elektroden, deren Entfernung und der jeweiligen Aufgabe ab. Die Berechnung der Kohärenzfunktion ist insofern von Bedeutung, als damit Korrelationen zwischen Signalen verschiedener Hirnregionen innerhalb einer Frequenz gewonnen werden können. *Kohärenzanalysen* informieren daher über die Synchronisierung zwischen verschiedenen Regionen, und dadurch daß sie erlauben, die Beziehung von Signalen zu untersuchen, sind sie Analysen von Amplituden überlegen. Als Evidenz für die größere Aussagekraft von Kohärenz- gegenüber Amplitudenanalysen läßt sich eine von Rappelsberger et al. (1994) publizierte Studie bei medikamentenfreien Schizophrenen anführen, die den Informationsgewinn durch Kohärenzanalysen beweist. Außerdem wird hiebei angeführt, daß Kohärenz- zu Ergebnissen von Amplitudenanalysen konträr sein können. Darauf wurde bereits in anderen Untersuchungen hingewiesen. Die Studie erbrachte deutlich niedrigere Kohärenzen bei Schizophrenen im Vergleich mit einer gesunden Kontrollgruppe. Ein Hauptsymptom dieser Erkrankung stellt die reduzierte Kommunikationsfähigkeit dar. Wenn Kohärenz – wie bereits erwähnt – als Maß für funktionelle Beziehungen gilt, deuten die Ergebnisse bei schizophrenen Patienten auf verminderte funktionelle Beziehungen verschiedener Hirnregionen hin.

Auch Busk und Galbraith (1975) vertreten die Auffassung, daß die Kohärenz zwischen elektrophysiologischen Signalen verschiedener Gebiete des Gehirns von der strukturellen Verbindung oder funktionellen Kopplung dieser Teile abhängt. Etliche Arbeiten weisen darauf hin, daß höhere Kohärenzen zwischen Arealen mit dichteren Faserverbindungen bestehen (Tucker und Thatcher 1986).

Kohärenz-Zunahmen werden nach Petsche (1987) als eine *zunehmende funktionelle Verkoppelung* und damit auch zunehmende funktionelle Kooperation von Hirnregionen interpretiert. Diese Aussage konnte durch Untersuchungen des Instituts für Neurophysiologie der Universität Wien an über 400 VPn gestützt werden.

Die Interpretation für *Kohärenz-Abnahmen* ist weitaus schwieriger. Wenn Kohärenz-Zunahmen als zunehmende Verkoppelung zu interpretieren sind, kommt den Abnahmen demnach eine abnehmende Entkoppelung verschiedener Regionen zu – und damit eine funktionelle Isolierung zweier Regionen. Eine mögliche Erklärung für das Abnehmen der Kohärenz im Vergleich zum Ruhe-EEG könnte in der *Abnahme des Informationsflusses* über größere Bereiche zugunsten kleinerer liegen.

Frühere Untersuchungen

In einer Studie zum Nachweis von EEG-Unterschieden bei *Musik-Rezeption* zwischen musikalisch vorgebildeten und nicht vorgebildeten Hörern (insgesamt 30 Frauen und Männer, von denen 13 über mehrere Jahre im Spielen eines Instrumentes unterrichtet wurden), ließen sich in den interhemisphärischen Kohärenzen Vorgebildeter beim Musik-Hören häufiger Abnahmen nachweisen. Das bedeutet, daß in dieser Gruppe mehr Hirnregionen funktionell entkoppelt werden als in der Gruppe von Nichtvorgebildeten. Außerdem konnte bei den Vorgebildeten eine temporale Kohärenz-Abnahme beider Hemisphären registriert werden (Petsche et al. 1985).

Spezifische Kohärenz-Muster in Abhängigkeit vom musikalischen Stil fanden sich bei 19 männlichen Musikern (Richter et al. 1993). Es ließen sich deutliche Unterschiede zwischen vier Klavier-Kompositionen von Bach, Beethoven, Schönberg und Jazz im Beta-2-Bereich finden: Bei den intra-hemisphärischen Kohärenz-Änderungen zeigte der linke Temporallappen Kohärenz-Zunahmen zu unterschiedlichen corticalen Regionen in Abhängigkeit vom Musikstück, wogegen der rechte Temporallappen nur bei Bach und Jazz beteiligt war. Interhemisphärische Zunahmen der Kohärenz waren bei allen vier Stücken zwischen rechter posteriorer Schädelhälfte und linken Frontalregionen zu beobachten. Die Ergebnisse erweisen für das jeweilige Musikstück spezifische cerebrale Verarbeitungsmuster. In Abhängigkeit von den musikalischen Elementen einer Komposition scheinen verschiedene Hirn-Strukturen an der Verarbeitung beteiligt zu sein.

Weiss et al. (1993) fanden bei 15 weiblichen VPn beim *Memorieren konkreter Begriffe* bilaterale Kohärenz-Zunahmen zwischen temporo-parietalen und temporo-occipitalen Regionen, während die Konstruktion einer bildlichen Vorstellung zu signifikanten Kohärenz-Zunahmen der linken Hemisphäre führte. Die Resultate scheinen die Annahme zu unterstützen, daß zwischen Imagery als semantischer Charakteristik eines Begriffs und dem kontrollierten analytischen Prozeß, bildliche Vorstellungen zu konstruieren, unterschieden werden müßte.

Ein erster Hinweis auf Beziehungen zwischen EEG-Veränderungen bei *mentalen Würfelaufgaben und Begabung* der VPn wurde von Rappelsberger et al. (1984, 1987) registriert.

31 VPn (18 weibliche und 13 männliche) sollten zwei Reihen von je vier Würfel in bezug auf deren Symbolik miteinander vergleichen. Während die VPn versuchten, die Würfel in der Vorstellung zu rotieren, wurde das EEG aufgezeichnet und Kohärenzwerte errechnet. Davon unabhängig wurden zusätzlich Test-Scores für räumliches Vorstellen ermittelt und Rangkorrelationen zwischen Scores und Kohärenzwerten berechnet. Während für weibliche VPn über parietalen Regionen die Korrelationen signifikant negativ waren, zeigten sich für die männlichen VPn in den analogen Regionen signifikant positive Korrelationen.

Weitere Untersuchungen folgten: EEG-Veränderungen bei der *Visualisierung von abstrakten Begriffen* (bei 18 Frauen und 20 Männern), wobei Korrelationen von EEG-Parametern, nämlich Kohärenz und Amplitude sowie Test-Scores durchgeführt wurden, mit dem IST-70 – Intelligenz-Struktur-Test. Es erwiesen sich 1. signifikante Korrelationen zwischen den Scores von Sub-Tests des IST und dem Grad der Kohärenz-Änderungen und 2. erhebliche Geschlechtsunterschiede (Schmidt-Henrich 1990, 1991). Bezugnehmend auf diese Studie erweiterten Richter et al. (1993) das methodische Verfahren, wodurch eine aussagekräftigere topographische Darstellung möglich war. 18 weibliche und 20 männliche VPn wurden während einer EEG-Restrierung einem Kreativitäts-Test zur Messung von Einfallskraft und Gestaltungsvermögen unterzogen. Die Test-Ergebnisse wurden wiederum mit EEG-Daten korreliert. Signifikante Rangkorrelationen zwischen EEG-Parametern mit den Test-Scores konnten nur für Kohärenzen erbracht werden. Bei den Amplituden des EEGs ließ sich kein signifikanter Zusammenhang aufzeigen. Geschlechtsunterschiede zeigten sich insofern, als die Scores nach dem Kreativitäts-Test mit Kohärenzwerten bei Frauen überwiegend negativ, bei Männern dagegen eher positiv korrelierten. D. h. während Männer kreative Aufgaben bei stärkerer Verkoppelung der Hemisphären besser lösen, führt bei Frauen eine Entkoppelung der Hemisphären zu kreativeren Lösungen. Die Ergebnisse zeigen Parallelen zu früheren Untersuchungen von räumlicher Vorstellung und der Beziehung zu EEG-Kohärenzwerten (siehe auch Krieglsteiner 1985).

4.2 Psychologische Methode

4.2.1 Inhaltsanalyse (I.A.) aus Verbalprotokollen

Definitions-Versuche: Die I.A. stellt eine Methode zur Erfassung und Auswertung sprachlicher Äußerungen dar. Es ist ein Datenerhebungs-Modell, das eine Zerlegung des zur Verfügung stehenden Materials – verbaler Protokolle – in Einheiten und damit quantitatives Erfassen von Inhalten gestattet.

Ursprünglich wurde darunter eine Technik zur Beschreibung von Kommunikationsinhalten verstanden (Janis 1943; Kaplan 1943; Berelson und Lazarsfeld 1948). Die „klassische“ Definition der I.A., diese wird auch nach ihrem Ursprung als Content-Analysis bezeichnet, stammt von Berelson (1952): „Inhaltsanalyse ist eine Forschungstechnik zur objektiven, systematischen und quantitativen Beschreibung des manifesten Gehalts der Kommunikation." Holsti (1969): „Inhaltsanalyse ist jede Technik, mit deren Hilfe sich Schlußfolgerungen auf der Grundlage einer objektiven systematischen Einordnung spezifischer Charakteristika von Mitteilungen ziehen lassen". Anastasi (1973) definiert I.A. als „Verfahren zur Klassifikation des bedeutungsvollen Inhalts des Verbalverhaltens", ähnlich Strupp (1971), für den die I.A. auf „die Quantifizierung der Bedeutungen menschlicher Kommunikation gerichtet ist".

Ein wesentlicher Aspekt inhaltsanalytischen Arbeitens ist, daß im Prozeß der Datenerhebung Informationen über manifeste Merkmale in einem Text gesammelt werden. Diese Merkmale sind es, die unter Bezugnahme einer zuvor festgelegten Systematik Aufschluß über Persönlichkeit und Motive des Autors geben, der für den Inhalt des Textes verantwortlich ist. Der Zugang zur Persönlichkeit erfolgt über den Text. Der Text ist die „message".

Rust (1983) stellt die Inhaltsanalyse demnach als „eine Methode dar, die mit Hilfe gezielter Beobachtungen die psycholinguistische Grundannahme nutzt, daß an der Sprache oder an den sonstigen Äußerungen eines Menschen, seine Motive, seine Erfahrungen, seine biographische Situation und seine Fähigkeit zur Kommunikation abgelesen werden können".

Die Voraussetzung wissenschaftlichen Vorgehens ist die qualitative Analyse nach bestimmten Merkmalen, das ist die Zerlegung, Strukturierung des Textes in Einheiten, die nacheinander bearbeitet werden. Damit wird sie für andere nachvollziehbar und inter-subjektiv überprüfbar. Die Abfolge der Analyseschritte sieht meist so aus, daß ein qualitativer (Fragestellung, Begriffs-Apparat und Kategorienfindung) von einem quantitativen (Anwendung des Analyse-Instrumentariums, Skalen-Niveau) Analyseschritt abgelöst und mit einem qualitativen – der Interpretation – beendet wird. Qualitative Analyse ist somit die Voraussetzung wissenschaftlichen Vorgehens. Eine kurze allgemeine Darstellung des Ablaufs einer Inhaltsanalyse nach Krippendorf (1981):

1. Raw observations – Überlegungen zum methodischen Zugang, Abklärung des Bezugsrahmens
2. Formulierung der Hypothese
3. Unitization – Festlegung der Untersuchungs-Objekte, der Einheiten, die als für eine Erhebung relevant gelten können
4. Sampling – Auswahl einer bezüglich der Fragestellung repräsentativen Stichprobe
5. Recording – Aufbereitung des Materials für die inhaltsanalytische Untersuchung, z. B. Aufteilung in inhalsanalytische Untersuchungs-Einheiten wie Wörter
6. Data reduction – Operationalisierung: Bearbeitung der Untersuchungs-Einheiten mittels eines Kategorien-Systems (KS), das zur Bestimmung der Regeln für inhaltsanalytische Beobachtungen entwickelt wird. Kategorien sind die letzten inhaltlichen Bezugspunkte der Analyse. Sie stellen die inhaltliche Auswahl dar. Zur Erarbeitung

der Informationen müssen alle Text-Elemente in eine quantitative Ordnung überführt werden. Ziel der Interpretation stellt die Ergründung der Bedeutung dar.
7. Analysis – Auswertung der quantitativen Ergebnisse
8. Inferences – Schlußfolgerungen, Hypothesenprüfung bzw. Interpretation und Diskussion der Ergebnisse
9. Validierung: Überprüfung der Gültigkeit der benutzten Kategorien
10. Reliabilität: Überprüfung der Verläßlichkeit.

Ziel der I.A. sollte die systematische Analyse, die Herleitung eines KS und das quantitative Erfassen sprachlichen Materials, also sprachlicher Äußerungen nach den Kriterien der Theoriegeleitetheit (Fragestellung, Interpretation der Ergebnisse, Analyseschritte), Regelgeleitetheit (intersubjektive Nachprüfbarkeit) und der mathematischen Kontrolliertheit sein. „Regelgeleitetheit ermöglicht dabei ein Nachvollziehen für andere, die Theoriegeleitetheit stellt sicher, daß bei den angestrebten Aussagen an das bisherige Wissen über den jeweiligen Gegenstand angeknüpft wird“ (Mayring 1985).

Die I.A. besticht in erster Linie durch die Systematik, die in der Analysemöglichkeit sprachlichen Materials liegt. Datenquelle in dieser Untersuchung sind Verbaldaten aus Protokollen, das sind die gesammelten Äußerungen einer VP zu Bild-Vorstellungen während einer EEG-Aufnahme. Jede Äußerung hat einen repräsentativen Aspekt.

Allgemeines Vorgehen für die I.A. (für das spezielle Vorgehen siehe empirischen Teil 5.4.2): Zur inhaltsanalytischen Interpretation eines bestimmten Gegenstands- oder Themenbereichs sollte je nach Fragestellung und erfolgter Abklärung des Bezugsrahmens eine explizite Theorie vorliegen. Die Theorie wird durch die Formulierung von Hypothesen konkretisiert und die relevanten Variablen operationalisiert. Die Operationalisierung manifestiert sich in den inhaltsanalytischen Kategorien. Der Inhaltsschlüssel des Kategorien-Systems bildet den Rahmen für die Aussagefähigkeit dieser inhaltsanalytischen Untersuchung. Aus dem gesamten Material wird unter Berücksichtigung sowohl inhaltlicher als auch statistischer Aspekte eine Stichprobe ausgewählt. Im Anschluß daran erfolgt eine Häufigkeitsauszählung der inhaltsanalytischen Kategorien. Zur praktischen Durchführung der inhaltsanalytischen Untersuchung werden EDV-Programme und das SPSS verwendet. Die Reliabilität des KS wird nach einer genauen Einführung der Codierer in das Signierungs-System überprüft.

Bestimmung der *Analyse-Einheiten:* Die Segmentierung der Protokolle in Texteinheiten erfolgt unter folgenden Gesichtspunkten: Die Kontexteinheit dient der näheren Bestimmung der Untersuchungseinheit. Sie läßt eine in zwei Richtungen führende Hierarchie erkennen, eine minimale (ein Wort) und eine maximale (das Protokoll):

1. Häufigster Textbestandteil und gleichzeitig kleinste Untersuchungseinheit, die unter eine Kategorie fällt, ist das einzelne Wort. Wörter: Substantiva, Verben, Adjektiva etc.
2. Auch untergeordnete Nebensätze zählen als Einheiten.
3. Maximale Untersuchungseinheit stellt das gesamte Protokoll dar.

4.2.2 Kategoriensystem (KS)

Die Protokolle visueller Vorstellungsprozesse werden einer Inhaltsanalyse einzelner Merkmale unterzogen. Im Mittelpunkt der Inhaltsanalyse steht das theoriegeleitete reliable KS. Es ist für die Auswertung von grundlegender Bedeutung. Ziel sollte das Herausfiltern einer bestimmten Struktur aus dem Material sein. „Diese Struktur wird in Form eines Kategoriensystems an das Material herangetragen“ (Mayring 1985). Durch Extraktion nach festgelegten Ordnungskriterien kommt es zu einer Reduktion des Materials. Die Kategorienbildung erfolgt aufgrund theoretischer Annahmen und stellt den ersten qualitativen Ordnungsversuch dar. Mit der Festlegung von Kategorien erfolgt ein entscheidender Schritt zur Erkenntnisstruktur einer Untersuchung. Zwei wesentliche Erfordernisse sollten damit erfüllt sein: Die im Text gebotene Realität adäquat zu erfassen und eine Reduktion der Datenmenge im Hinblick auf die für die Forschungsfrage relevante Information, die durch die Kategorienbildung erfolgt. Die Klassifikation oder Strukturierung der Texte zu dem vorgegebenen Inhaltsbereich erfolgt aufgrund expliziter Zuordnungsregeln. Es betrifft die *Zuordnung* bestimmter sprachlicher Äußerungen zu theoretischen Begriffen, den Kategorien. *Kategorien sind die operationale Definition der Variablen* und lassen sich auf keinen anderen Begriff mehr zurückführen. An die Bildung der Kategorien werden nach Holsti (1969) sechs Forderungen gestellt:

1. Das KS soll theoretisch abgeleitet sein. Es soll mit den Zielen der Untersuchung korrespondieren.
2. Das KS muß erschöpfend sein; alle relevanten Texteinheiten sollen einer Kategorie zuzuordnen sein.
3. Alle Kategorien müssen sich auf dieselbe durch die Fragestellung festgelegte Bedeutungs-Dimension beziehen.
4. Das KS muß eindeutig, d. h. die Zuordnung muß eindeutig definiert sein.
5. Die Unabhängigkeit der einzelnen Kategorien muß gewährleistet sein, d. h. die Zuordnung einer Texteinheit zu einer Kategorie muß die gleichzeitige Zuordnung zu einer anderen ausschließen.

Das Kategoriensystem bildet den Rahmen für die Aussagefähigkeit einer inhaltsanalytischen Untersuchung. Das Kategorisieren, die Beschreibung des Textes nach bestimmten Merkmalen, ist die Basis einer inhaltsanalytischen Auswertung zur Herleitung eines entsprechenden Kategorien-Schemas. Berelson, der das Standardwerk zum Thema I.A. in den 60er Jahren verfaßte, meinte: „Content analysis stands or falls by its categories.“ Anhand dieses Systems wird jede sprachliche Äußerung aus den Wort-Protokollen einer bestimmten Kategorie zugeordnet. Die Auftretenshäufigkeit von Verbal-Äußerungen der inhaltsanalytischen Kategorien wird somit quantitativ analysiert. Zusammengefaßt besteht die Grundannahme der I.A. darin, durch die gebildeten Kategorien, durch das Auftreten (bzw. Nichtauftreten) von Merkmalen sowie durch deren Häufigkeit, Rückschlüsse auf eine mögliche zugrundegelegte Bedeutung zu ziehen. Dabei wird nach Merten (1983) von Merkmalen eines manifesten Textes auf Merkmale eines nicht-manifesten Kontextes geschlossen. *In der vorgelegten Arbeit allerdings wird weder eine Projektion, noch eine zugrundegelegte latente Dimension gemessen. Erfaßt wird lediglich das aufgrund der Bildvorlage gegebene manifeste Verbal-Verhalten im unter KS (5.4.2.5) definierten Sinn.*

Vorgangsweise bei Häufigkeitsanalysen:
1. Definieren der Kategorien – Formulieren von Definitionen und Unterstützung durch Ankerbeispiele (konkrete Textstellen) zu den einzelnen Kategorien
2. Bildung von Analyse-Einheiten: (a) Kodiereinheit – der minimale Text, der unter eine Kategorie fallen kann; (b) Kontexteinheit – legt den größten Textbestandteil fest; (c) Auswertungseinheit – Textteile, die nacheinander ausgewertet werden. Auswahl der Analyse-Einheiten und -Segmente (Fundstellen-Bezeichnung)
3. Codierung nach dem KS: Zuordnung zu einer durch die Kategorien ausgedrückten Dimension der Fragestellung. Jede Analyse-Einheit muß codiert werden. Wo Abgrenzungsprobleme bestehen, werden Codierregeln formuliert, um eindeutige Zuordnung zu ermöglichen
4. Verrechnung: Festlegung und Vergleichen der Häufigkeiten
5. Interpretation der Ergebnisse vom Theoriehintergrund her

Im Rahmen der klassischen Testtheorie gibt es bestimmte Kontrollkriterien für die Güte eines Meßinstrumentes. Sowohl für die Operationalisierung als auch für die Bildung der Kategorien müssen Reliabilität (Zuverläßlichkeit) und Validität (Gültigkeit) gegeben sein. D.h. einerseits sollen Messungen und Zählungen zuverlässig durchgeführt werden, andererseits müssen sie so beschaffen sein, daß das, was gemessen werden soll, gemessen wird (Friedrichs 1973).

Reliabilität bedeutet den Nachweis einer einheitlichen Handhabung des KS bzw. dessen Reproduzierbarkeit – Objektivität. Zentral ist dabei der Grad der Übereinstimmung bezüglich der Analyse-Ergebnisse in bezug auf die vorliegenden Protokolle zwischen verschiedenen Auswertern: Verschiedene Auswerter sollten zu gleichen Ergebnissen kommen – Inter-Rater-Reliabilität; gleiche Auswerter sollen zu verschiedenen Zeiten gleiche Ergebnisse erhalten – Intra-Rating-Reliabilität. Außer dem Kriterium, daß die Untersuchung wiederholbar (Retest) und von anderen Forschern überprüfbar ist, beinhaltet Reliabilität Stabilität – nochmalige Anwendung des Instrumentes mit gleichen Ergebnissen und Exaktheit – die Regelgeleitetheit der Analyse. Reliabilität ist durch genaue Definition der Kategorien und optimale Codier-Anweisungen gewährleistet.

Sie ist auch die Voraussetzung für die *Validität.* Unter Validität ist die Gültigkeit der Untersuchung zu verstehen; sie beinhaltet die Übereinstimmung von Ergebnissen mit dem durch die Untersuchung vorgegebenen, theoretisch-begrifflich zu erfassenden Sachverhalt. Validität bedeutet auch die Konsistenz mit den theoretischen Konstrukten, die Theoriegeleitetheit der Analyse betreffend. *Die Messung der Validität erübrigt sich in der vorgelegten Arbeit, da dem KS keine latente Dimension zugrunde liegt.*

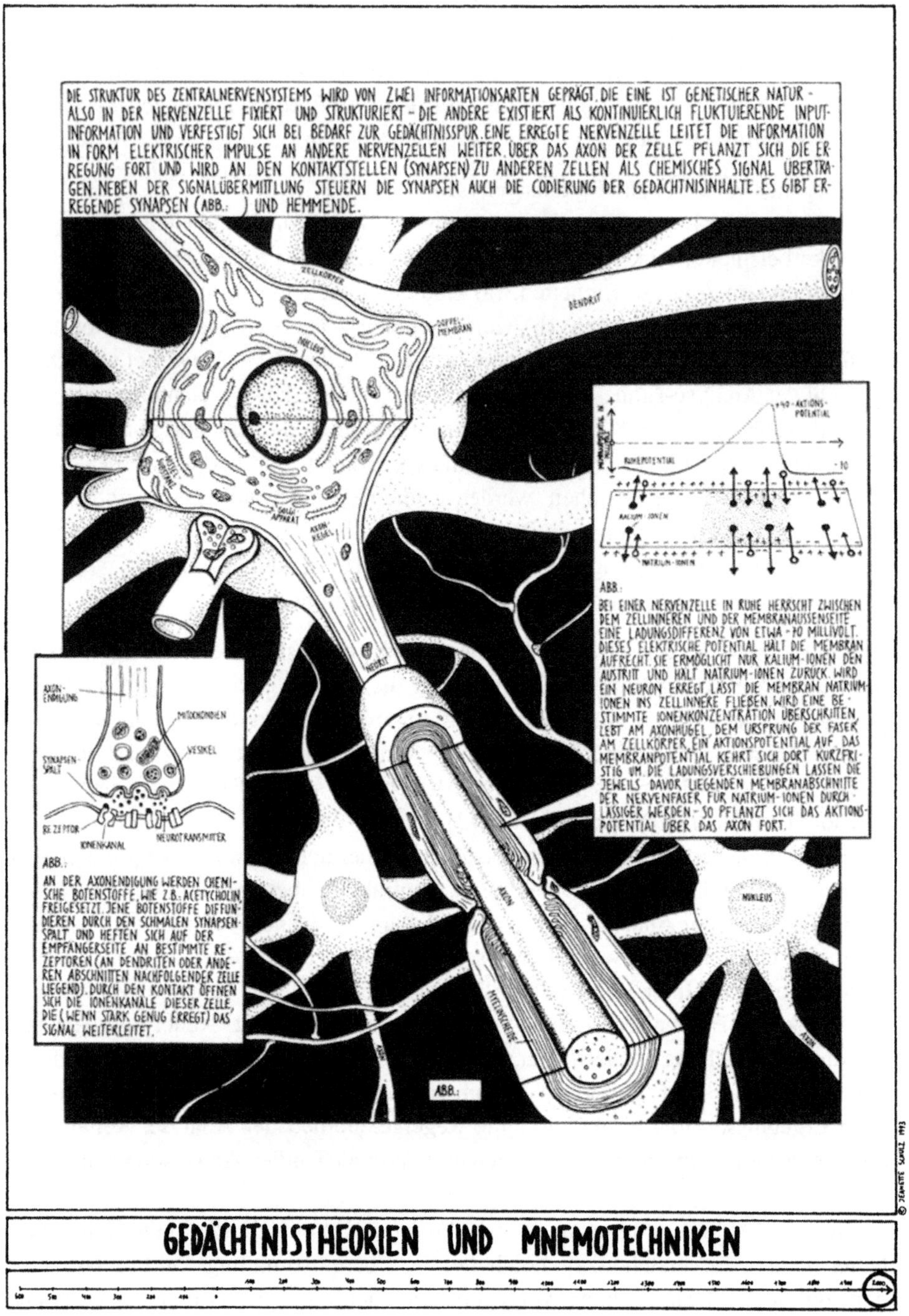

Abb. 9. Aus: Schultz, „Gedächtnistheorien und Mnemotechnik“

Empirischer Teil – Die Untersuchung

5. Hypothesen

Die hier angeführten Hypothesen sind nicht vollständig und keinesfalls endgültig. Sie stellen einen formalisierten inhaltlichen Umriß des zu Untersuchenden dar und bieten einen Rahmen für die Analyse der gewonnenen Daten. Zu den statistischen Hypothesen lassen sich zusätzlich *inhaltliche Hypothesen* formulieren (siehe Fragestellungen).

H0-01: Es gibt keinen signifikanten Unterschied in der corticalen Aktivierung in der *Gesamt-Gruppe:*
a) auf der Wahrnehmungs-
b) auf der Vorstellungs-
c) auf der imaginativen Ausführungs-Ebene
(d. h. bei BB, BM und EI) bezüglich ihrer ***Amplituden***.

H0-02: Es gibt keinen signifikanten Unterschied in der corticalen Aktivierung in der *Gesamt-Gruppe:*
a) auf der Wahrnehmungs-
b) auf der Vorstellungs-
c) auf der imaginativen Ausführungs-Ebene
(d. h. bei BB, BM und EI) bezüglich ihrer ***Kohärenzen.***

H0-03: Es gibt keinen signifikanten Unterschied in der corticalen Aktivierung in der *Gesamt-Gruppe* beim *Betrachten* einzelner Bilder von:
a) Jordaens
b) Rembrandt
c) Kandinksy
d) Holbein
bezüglich ihrer ***Kohärenzen.***

H0-04: Es gibt keinen signifikanten Unterschied in der corticalen Aktivierung in der *Gesamt-Gruppe* beim *Memorieren* einzelner Bilder von:
a) Jordaens
b) Rembrandt
c) Kandinksy
d) Holbein
bezüglich ihrer ***Kohärenzen.***

H0-05: Es gibt keinen signifikanten Unterschied in der corticalen Aktivierung zwischen den *Gruppen* der Künstlerinnen und Nicht-Künstlerinnen:

a) auf der Wahrnehmungs-
b) auf der Vorstellungs-
c) auf der imaginativen Ausführungs-Ebene
(d. h. bei BB, BM und EI) bezüglich ihrer ***Amplituden.***

H0-06: Es gibt keinen signifikanten Unterschied in der corticalen Aktivierung zwischen den *Gruppen* der Künstlerinnen und Nicht-Künstlerinnen:
a) auf der Wahrnehmungs-
b) auf der Vorstellungs-
c) auf der imaginativen Ausführungs-Ebene
(d. h. bei BB, BM und EI) bezüglich ihrer ***Kohärenzen.***

H0-07: Es gibt keinen signifikanten Unterschied in der corticalen Aktivierung beim *Betrachten* einzelner Bilder in den *Gruppen* der Künstlerinnen und Nicht-Künstlerinnen für:
a) Jordaens
b) Rembrandt
c) Kandinsky
d) Holbein
bezüglich ihrer ***Kohärenzen.***

H0-08: Es gibt keinen signifikanten Unterschied in der corticalen Aktivierung beim *Memorieren* einzelner Bilder in den *Gruppen* der Künstlerinnen und Nicht-Künstlerinnen für:
a) Jordaens
b) Rembrandt
c) Kandinksy
d) Holbein
bezüglich ihrer ***Kohärenzen.***

H0-09: Es gibt keinen signifikanten Unterschied in der corticalen Aktivierung zwischen dem *Spontan-EEG* der *Gruppen* von Künstlerinnen und Nicht-Künstlerinnen bezüglich der ***Amplituden.***

H0-10: Es gibt keinen signifikanten Unterschied in der corticalen Aktivierung zwischen dem *Spontan-EEG* der *Gruppen* von Künstlerinnen und Nicht-Künstlerinnen bezüglich der ***Kohärenzen.***

H0-11: Es gibt keine signifikanten *Rangkorrelationen* der *Gruppen* von Künstlerinnen und Nicht-Künstlerinnen zwischen dem ***Gedächtnis-****Score und den* ***Amplituden.***

H0-12: Es gibt keine signifikanten *Rangkorrelationen* der *Gruppen* von Künstlerinnen und Nicht-Künstlerinnen zwischen dem ***Gedächtnis-****Score und den* ***Kohärenzen.***

H0-13: Es gibt keine signifikanten *Rangkorrelationen* der *Gruppen* von Künstlerinnen und Nicht-Künstlerinnen zwischen dem ***Phantasie-****Score und den* ***Amplituden.***

H0-14: Es gibt keine signifikanten *Rangkorrelationen* der *Gruppen* von Künstlerinnen und Nicht-Künstlerinnen zwischen dem ***Phantasie-****Score und den* ***Kohärenzen.***

H0-15: Es gibt keinen signifikanten Unterschied im *T-Test* zwischen den Künstlerinnen und der Kontroll-Gruppe bezüglich der *EEG-Variablen: Amplitude und Kohärenz.*

Bei den unter H0-01 bis H0-10 und H0-15 angeführten Hypothesen handelt es sich ausschließlich um EEG-Aspekte, die Hypothesen H0-11 bis H0-14 betreffen sowohl EEG- als auch psychologische Aspekte.

Während in der Darstellung der Ergebnisse (5.5) und deren Interpretation (5.6) auf die eben angeführten statistischen Hypothesen exakt Bezug genommen wird, werde ich mich in der *Diskussion* (5.7) eher auf die *inhaltlichen Ergebnisse,* die aus dem übergeordneten *theoretischen Gebäude* resultieren (siehe zusätzliche Fragestellungen), beziehen und sehen, inwieweit sich statistische und inhaltliche Ergebnisse der Untersuchung im Vergleich mit anderen Arbeiten auf dem Gebiet der Hirnforschung verifizieren bzw. falsifizieren lassen.

Es wird davon ausgegegangen, daß neben materialspezifischen (unterschiedliche corticale Verarbeitungsmuster für die vier einzelnen Bilder) und gruppenspezifischen (Künstlerinnen : Nicht-Künstlerinnen) sich vor allem unterschiedliche Aktivierungsmuster für unterschiedliche geistige Vorgänge, wie Wahrnehmen, Memorieren und imaginatives Ausführen, ergeben – und sich somit eindeutig voneinander unterscheiden. Wie jedoch sieht es mit der Spontan-Aktivität bezüglich der beiden Gruppen aus, lassen sich hiebei Vorhersagen treffen? Aufgrund diverser Untersuchungen im Institut für Neurophysiologie bezüglich des Spontan-EEGs, z. B. Ableitung vor nachfolgendem Komponieren von Komponisten im Vergleich zu Nicht-Komponisten, ist auch hier während der Ruhetätigkeit mit unterschiedlichen EEG-Mustern in den beiden Gruppen zu rechnen.

5.0.1 Arbeits-Hypothese

Gibt es Evidenz für eine *Lokalisation der Repräsentation von Wahrnehmungen und Vorstellungen* sowie auch des schöpferischen Eigen-Entwurfes, also für non-verbale, bildliche Verarbeitung, anhand der beiden EEG-Parameter Amplitude und Kohärenz?

Ziel der Untersuchung ist die Beantwortung der Frage, ob den oben genannten Vorgängen, nämlich Wahrnehmen, Vorstellen, schöpferischer Eigen-Entwurf, neuronale Korrelate, die den verschiedenen Theorien zufolge im Cortex unterschiedlich lokalisiert und auch funktionell teils asymmetrisch organisiert sind, zugrunde liegen. Damit verbunden ist die Frage, ob Unterschiede zwischen Malerinnen und Nicht-Malerinnen hinsichtlich der Topographie ihrer corticalen Aktivierungslage (von Kohärenz und Amplitude) und der hemisphärischen Verarbeitung bestehen.

5.0.1.1 Zusammenfassung bisheriger Forschungsergebnisse zur experimentellen Untersuchung

Etliche Arbeiten aus neuropsychologischen, klinischen und elektrophysiologischen Untersuchungen weisen darauf hin, daß es topographische bzw. hemisphärische Unterschiede bezüglich des Phänomens der visuellen Vorstellung gibt. Als VPn wurden dazu entweder Gesunde oder Patienten mit diesbezüglichen Ausfallserscheinungen (Läsionen) herangezogen. Es liegt jedoch bisher keine Aussage über Künstlerinnen, nämlich Malerinnen, und deren Unterschiedlichkeit zu einer Kontroll-Gruppe von Nicht-Künstlerinnen vor. Zu bildlichen Vorstellungen gibt es einige wenige spektralanalytische EEG-Untersuchungen, kaum Kohärenzanalysen (Petsche et al. 1992), von den Untersuchungen zur Raumvorstellung (Rappelsberger et al.) abgesehen.

In der neuropsychologischen Literatur findet sich im Gegensatz zu früheren Annahmen heute die Tendenz, das Generieren von Vorstellungen mit einigen Differenzierungen der linken Hemisphäre zuzuschreiben, während Wahrnehmung, eher rechtshemisphärisch oder bilateralisiert in Erscheinung zu treten scheint. Theorien zur *Vorstellungs-Generierung* seien hier aufgezählt, kurz zusammengefaßt, und ihre hemisphärische Präferenz sei hervorgehoben:

Nach der kognitiven Wende in der Psychologie gelang es Paivio (1969), mit seiner dualen Codierungs-Theorie die Diskussion über „Vorstellungs-Bilder“ anzuregen. In dieser vertrat er die Annahme, daß Informationen auf zwei verschiedene Arten codier- und speicherbar seien: verbal und non-verbal. Das non-verbale System ist für visuo-spatiale, visuo-konstruktive (m. E.) und visuo-perceptive Fähigkeiten zuständig. Seine im Laufe der Zeit etwas modifizierten Aussagen ordnen nun Vorstellungen der rechten und verbale Inhalte der linken Hemisphäre zu aufgrund des in Erscheinung tretenden und die Vorstellung begleitenden *verbalen oder non-verbalen Kontextes.* Mit dieser Revision wird allerdings eine Trennung der beiden Systeme in Frage gestellt. Baddeley (1986) postuliert zwei voneinander getrennte Sub-Systeme zur visuellen und räumlichen Bearbeitung von Vorstellungen. Aufgrund verschiedener Studien trennt er die Vorstellbarkeit als semantische Eigenschaft eines Wortes vom bildlichen Vorstellen als einen kontrollierten Prozeß.

Farah (1989) unterscheidet zwei Imagery-Komponenten: eine, die hauptsächlich die Repräsentation der Muster-Information betrifft und den Occipitallappen involviert, von einer weiteren, mehr räumlichen Komponente, deren Funktion vom Parietallappen abhängig zu sein scheint. Als Evidenz stellt sie Ergebnisse aus Läsionsstudien vor. Bei Beeinträchtigung der linken occipitalen Hemisphäre kommt es zu einer Störung der Bild-Generierung im visuellen Langzeit-Speicher. Sie sieht Bild-Generierung als eine Fähigkeit der linken Hemisphäre, während sie die Rotation mentaler Bilder mit der rechten occipitalen Hemisphäre in Verbindung bringt.

Nach Kosslyn (1988) besteht Vorstellungs-Generierung in der Beteiligung verschiedener unabhängiger Prozesse und Sub-Prozesse. Ein Bild in der Vorstellung zu erzeugen, bedeutet dabei konkret, Informationen aus dem LZG abzurufen und diese im visuellen Arbeits-Gedächtnis[1] zu bearbeiten. Den Akt des Vorstellens versteht er als eine (Re-)Konstruktion. Im Anschluß erfolgt die räumliche Manipulation bzw. Bearbeitung. Er betrachtet die beiden Vorgänge des Bild-Generierens und der Bild-Inspektion bzw. -Bewertung als voneinander getrennt. Kosslyn nimmt einer revidierten Auffassung zufolge eine Überlegenheit der rechten Hemisphäre im Umgang mit räumlicher Information an und eine Überlegenheit der linken bezüglich der Vorstellungs-Bildung, die aus einer Zusammensetzung einzelner Elemente resultiert. Zur Lösung des „Problems" Vorstellung tragen für ihn aufgrund einer revidierten Auffassung – wie für Farah auch – zwei voneinander unabhängige Komponenten bei: *Bildliches Vorstellen* und *visuo-spatiale Fertigkeiten.* Das Postulat der unterschiedlichen neurologischen Substrate wird in der klinischen Forschung durch Läsionsstudien unterstützt.

Auch Goldenberg bestätigt in seiner Untersuchung (1987), daß diesen Komponenten getrennte neurologische Substrate zugrunde liegen. In einer Studie mittels Messung der regionalen Hirndurchblutung ging er von der Annahme einer Spezialisierung der rechten Hemisphäre für bildliches Vorstellen aus; konnte diese jedoch nicht verifizieren. Für willentliches Vorstellen zeigte sich erhöhte Aktivierung (d. h. stärkere Durchblutung) der occipitalen Region in der linken Hemisphäre. Bildliches Vorstellen ist somit seiner Untersuchung nach nicht an die rechte Hemisphäre gebunden.

Was die regionale Beteiligung von *Vorstellungen* betrifft, spielen einerseits *occipitale Regionen* (Goldenberg 1989, Kosslyn, 1994) – also der *primär visuelle Cortex* – eine Rolle, andererseits kommt es beim Vorstellen zu Involvierungen parietaler und temporaler Assoziations-Gebiete; was für eine *Beteiligung des sekundären und tertiären bzw. des extrastriären visuellen Cortex beim bildlichen Vorstellen* nach Farah (1988, 1992), Baddeley (1986), Kosslyn (1994) spricht. D. h. es gibt gewisse Übereinstimmungen zwischen Wahrnehmen und Vorstellen bezüglich ihrer Lokalisation. Es existieren auch anders lautende Auffassungen (Mesulam 1985; Roland und Gulyás 1994), daß nämlich im Unterschied zu Wahrnehmungen Vorstellungen an occipitalen Regionen nicht beteiligt wären. Eine wesentliche Voraussage der vorliegenden Arbeit scheint mir zu sein, daß Wahrnehmungen und Vorstellungen sowohl primäre als auch exstrastriäre visuelle Cortex-Gebiete miteinbeziehen. Während Vorstellen eine Lateralisierung der linken Hemisphäre bedingt, dürfte Wahrnehmen eher symmetrische Auswirkungen zeigen (Franzen et al. 1990).

Goldenberg et al. kommen zu dem Schluß, daß cerebrale Lokalisation beim Vorgang des Vorstellens 1. von der Information, die diese beinhaltet, und 2. von der Aufgaben-Spezifität abhängig ist. Die Lateralisierung ist nach Meinung der Autoren durch die Art der Aufgaben und die angewandten individuellen Lösungen bzw. Strategien bedingt (vgl. Farah).

Aufgrund dieser Überlegungen würde ich von einem „Vorstellungs-Zentrum" und einer spezifischen bzw. übergeordneten Region der Vorstellung Abstand nehmen und

---

[1] Nach Kosslyns Aussagen werden bildliche Vorstellungen in einer „perceptuellen Matrix" konstituiert, die er als VAS bezeichnet. Diese Matrix entspricht dem visuellen Arbeits-Gedächtnis von Baddeley.

vielmehr von einer räumlichen Verteilung, also interagierender neuronaler Netzwerke beim Vorgang des Vorstellens, ausgehen. Die Annahme eines gemeinsamen neuronalen Substrats für Wahrnehmen und Vorstellen möchte ich – unter Voraussetzung der occipitalen Beteiligung beim Wahrnehmen und Vorstellen – als wahrscheinlich ansehen. Weiters gehe ich von Sub-Komponenten zur Verarbeitung von Vorstellungen für die vorliegende Arbeit aus.

So ergeben sich aufgrund bisheriger Forschungs-Ergebnisse auf dem Gebiet der Imagery-Forschung zusätzliche Fragestellungen bzw. Arbeitsziele für die durchzuführende Untersuchung:

5.0.2 Zusätzliche Fragestellungen

- Ist die neurale Basis für Wahrnehmen und Vorstellungen ident? Oder gibt es (topographische) Unterschiede im Aktivieren der Regionen beim Vorstellen und Wahrnehmen?
- Welche Regionen sind am Generieren von Vorstellungen (primäre und/oder extrastriäre visuelle Areae) beteiligt?
- Lassen sich *Lateralisierungs-Hinweise* bezüglich visueller Vorstellungen (räumlicher und nicht-räumlicher Art) treffen?
- Eine weitere Frage bezieht sich auf topographische und hemisphärische Unterschiede (nonverbale respektive verbale Verarbeitung) in der corticalen Aktivierung für die beiden Gruppen. Das umstrittene Konstrukt der Hemisphären-Asymmetrie soll in dieser Untersuchung einer Überprüfung unterzogen werden, um ein (allgemeines?) Modell zur unterschiedlichen cerebralen Verarbeitung bei Malerinnen und Nicht-Malerinnen zu formulieren.
- Gibt es Aussagen bezüglich eines möglichen Zusammenhanges homologer Areale beider Hemisphären?

5.1 Arbeitsziele

- *Gibt es neuroanatomische und -physiologische Gegebenheiten zur visuellen Vorstellungsfähigkeit, der Fähigkeit, Bilder zu generieren, oder: Imagination als Voraussetzung für malerische Begabung und malerisches Talent?*
- *Läßt sich ein Zusammenhang zwischen Variablen des EEGs und des visuellen Vorstellungsvermögens als Voraussetzung für malerische Begabung postulieren?*
- Gibt es Anhaltspunkte zu Beziehungen zwischen Kreativität und visueller Vorstellungsfähigkeit?
- Läßt sich die Fähigkeit zu zeichnen aus neuroanatomischer und wahrnehmungspsychologischer Sicht ab- bzw. herleiten?

Abschließend sollen die Ergebnisse der statistischen Einzelprüfung – in die oben formulierten zusätzlichen Fragestellungen zur Beantwortung der übergeordneten Frage nach der cerebral-bildlichen Verarbeitung und der hemisphärischen Integration bei visuellen Künstlerinnen im Vergleich mit einer Kontroll-Gruppe – integriert werden.

5.2 Versuchsplanung

5.2.1 Allgemeine Aspekte des Versuchsplans

5.2.1.1 Stichprobe

Die Stichprobe aus verbliebenen 38 weiblichen Erwachsenen (einige mußten wegen zu starker Artefakte ausgeschieden werden) setzte sich aus zwei Gruppen zusammen: der Versuchs-Gruppe (VG), den Künstlerinnen bzw. Malerinnen (MA) und der Vergleichs- bzw. Kontroll-Gruppe (KG), den Nicht-Künstlerinnen.

Da sowohl in der Literatur als auch im Rahmen mehrerer am Institut durchgeführter Studien wiederholt geschlechtsspezifische Unterschiede im EEG (Petsche et al. 1988; Richter et al. 1993), besonders den Occipitalbereich betreffend registriert wurden, sollte die Störvariable des Geschlechts eliminiert und damit verbunden eine mögliche Fehlinterpretation ausgeschlossen werden. Die für die Malerinnen geforderten klar definierten Selektionskriterien waren:

(1) Eine einschlägig akademische Ausbildung mit entsprechendem Abschluß, meist Hochschule für Angewandte Kunst oder Akademie für Bildende Kunst.
(2) Aufgrund dieser Ausbildung sollten sie ausschließlich künstlerisch tätig sein und ihren Lebensunterhalt von ihrer Kunst bestreiten.
(3) VG und KG waren hinsichtlich Alter (im Durchschnitt 39 Jahre) und Ausbildung ziemlich homogen. Abgesehen davon befanden sich in der KG auch etliche zwar nicht haupt- doch nebenberuflich künstlerisch, z. B. schriftstellerisch Tätige. Die Stichprobe war auch
(4) die Händigkeit betreffend homogen (deutliche Rechtshändigkeit, da Wechselwirkungen zwischen Händigkeit und Hemisphärendominanz aus der Literatur bekannt sind). Die Händigkeit wurde mit einem Fragebogen nach Benton erfaßt.
(5) Von einer Ausnahme (Italienerin, Jahrzehnte schon in Wien lebend) abgesehen, war die Muttersprache der übrigen VPn Deutsch.

Noch eine ergänzende Bemerkung zur Auswahl der VPn. Ursprünglich war ich zwar an geschlechtspezifischen Unterschieden interessiert und hatte eine gemischte Gruppe erwogen. Diese Überlegungen mußte ich wegen des gegenwärtigen Wissensstandes (siehe oben), jedoch auch wegen des übermäßig zeitlichen Aufwandes, vor allem wegen der erforderlichen Größe der Stichproben, ad acta legen. Die meisten Untersuchungen zur Vorstellung beziehen sich auf das „räumliche Vorstellungsvermögen" mit männlichen Probanden. Die „Abweichung von der Norm", weibliche VPn heranzuziehen, war daher ohnedies sehr verlockend.

5.2.1.2 Kontrolle der Variablen

Im Kontext empirischer Untersuchungen kommt den Variablen unterschiedliche funktionale Bedeutung zu. Im Experiment werden verursachende Variablen systematisch variiert, um daraus entstehende Wirkungen auf abhängige Variablen, auf deren Ausprägung Forschende keinerlei Einfluß haben, zu beobachten. Nach Kerlinger (1986; zit. in Bortz und Döring 1995) kommt der Unterscheidung von unabhängigen und abhängigen Variablen das wichtigste Gruppierungskriterium für (sozial)wissenschaftliche Variablen zu.

Abhängige Variable sind in diesem Versuch die physiologische Reaktion und die visuelle Vorstellungsfähigkeit, erhoben durch psychologische und physiologische Parameter. Die *unabhängigen Variablen* stellen das Stimulus-Material der vier vorgegebenen *Bild-Variationen* dar. Veränderungen der abhängigen Variablen müssen auf die unabhängigen zurückführbar sein und durch den Einfluß der unabhängigen Variablen erklärbar werden. Mögliche Faktoren, die eine Erhebung psychophysiologischer Reaktionen beeinflussen könnten, sind bei Persönlichkeits- und Sozialdaten etc. zu vermuten – *intervenierende Variablen,* die auch als subjektive Parameter bezeichnet werden können.

Die experimentellen und äußeren Bedingungen wurden streng kontrolliert; die situativen Bedingungen (Umgebung, Raumtemperatur, Lärmeinfluß, Zeit, Körperhaltung der VPn) waren relativ konstant. Die Art der Instruktionsdarbietung war für jede VP gleich und wurde verlesen. Geschlecht und Alter als Störvariablen wurde ausgeschaltet, „tageszeitabhängige Müdigkeit" als Störgröße minimalisiert. Die Einflußgröße „Motivation" wurde auch einigermaßen konstant gehalten, da alle VPn Freiwillige waren und ihr Interesse an der Untersuchung zum Ausdruck brachten. Eine unter Psychopharmaka stehende Malerin konnte an der Untersuchung nicht teilnehmen. Der Störfaktor „Linkshändigkeit" wurde mittels Fragebogen kontrolliert.

Problematischer war es, interne Variable zu erheben. Es gibt eine Anzahl intervenierender Variablen, die bei der Erhebung psychophysiologischer Daten – wie aus der Literatur bekannt – eine erhebliche Rolle spielen. Das Bemühen, diese zu berücksichtigen, war groß. Einstellung, Erwartungshaltung, Motiviertheit und Wahrnehmung haben einen Einfluß auf die Veränderung physiologischer Größen. Da nur ein Teil der Aspekte kontrolliert werden kann, fand im Anschluß an jede Untersuchung, abgesehen von einer Datenerhebung zur Person, eine post-experimentelle Befragung und eine Selbstbeurteilung der VPn bezüglich der eigenen Einschätzung während des Versuches zur Überprüfung etwaiger Einflüsse statt. Wie oft erhoben, geht das Erleben der VPn als unbekannte Größe in das Ergebnis einer Untersuchung ein. Dabei sind auch Lebensgewohnheiten nicht zu vernachlässigen, z. B. das Rauchen bei Raucherinnen. Es konnte nachgewiesen werden (Birbaumer 1985), daß Raucher auf Bedingungen von Streß sowohl auf der Verhaltensebene als auch in autonomen und zentralnervösen Systemen reagieren.

Eine intervenierende Variable, die meist vernachlässigt wird, jedoch äußerst wichtig ist, ist die *vorbewußte Informationsverarbeitung.* Nach den Beispielen, von denen Dixon (1981) berichtet, müßte der Einfluß vorbewußter Wahrnehmung auf Aspekte der Informationsverarbeitung, wie Aufmerksamkeit und Konzentration, angenommen und berücksichtigt werden. Er postuliert zwei Systeme: das ARAS als Substrat bewußter Wahrnehmung und neuronale Verbindungen für Informationsvermittlung als Substrat für vorbewußte Wahrnehmung. Seiner Meinung nach setzt die bewußte Wahrnehmung von Reizen im Prozeß der Informationsverarbeitung erst spät ein.

Eine weitere Problematik stellt sich ein mit der Frage: Wie verhält sich das Erinnerungsvermögen zum Erinnerten? Auch auf das Gedächtnis müßten vorbewußte Prozesse wirken, auf die Art der Assoziationen. Was ist die Beziehung vom Gegenstand der unmittelbaren Wahrnehmung einerseits zur Beziehung des erinnerten Gegenstandes andererseits? Der Vorgang des Betrachtens vermag mit dem EEG relativ gut untersucht zu werden, jedoch gehen Gemütszustand, die Verfassung, in welcher eine VP sich befindet, also *emotionale Aspekte,* als Auswirkung in die Untersuchung ein. Hinzu kommt die *Problematik des Vorwissens.* Die Reaktion auf ein bekanntes Bild müßte von der Reaktion auf ein noch nie gesehenes, neues Bild unterscheidbar sein. VPn könnten durch ihr Vorwissen präjudiziert sein. Das bedeutet, daß der Ausgangszustand für jede einzelne VP unterschiedlich wäre, was zu falschen Schlußfolgerungen führen könnte. Am besten wäre es, den VPn Bilder zu zeigen, die sie auf keinen Fall kennen könnten.

Dies ist ein kritischer Einwand, der miteinbezogen werden sollte – wenn auch erst durch den Versuch einer Korrektur im nachhinein. Denn Personen, denen diese Bilder bereits bekannt sind, haben eine voreingenommene Einstellung, die in der Betrachtungsweise sehr wohl zur Auswirkung kommen bzw. eine Veränderung und einen entsprechenden Niederschlag im EEG finden könnte – im Gegensatz zur Einstellung von VPn, die diese Bilder noch nie gesehen haben. Vorwissen und Erwartung mögen die richtige Sicht eines Bildes zu verändern, zu entstellen und zu blockieren. Damit das Vorwissen nicht zur Auswirkung gelangt, hätte dieses in einem Vortest kontrolliert werden müssen (siehe dazu auch: Kritische Betrachtungen 5.8). Perception hängt nicht nur vom jeweiligen Wissensstand ab, sondern auch von der *Reflexion* über das schon einmal Betrachtete. Was noch einmal – nach einem zeitlichen Abstand – gesehen wird, wird aufgrund vermehrten Wissens und größerer Erkenntnis ganz anders wahrgenommen, als es zuerst gesehen wurde. Veränderungen dieser Art könnten sich bei solch komplexen Bildern, wie den vier ausgewählten, einstellen.

Der allgemeine Aktivierungszustand ist auch im EEG direkt erkenntlich, z. B. durch vermehrtes Auftreten von Alpha-Wellen bei Müdigkeit.

Eine weitere Einflußgröße, die ebenfalls erhoben wurde, dürfte die Phase innerhalb des Zyklus der Frau sein. Andere mögliche Einflüsse stellen Medikamenteneinnahme und Alkohol dar, weshalb die VPn gebeten wurden, am Abend vor der Untersuchung weder Alkohol noch Medikamente zu sich zu nehmen. Auch zurückliegende Erkrankungen, besonders neurologischer Art, sollten ermittelt und ausgeschlossen werden. Z. B. wies eine VP ein pathologisches EEG auf, weshalb sie ausgeschieden wurde. Zu einem späteren Zeitpunkt und durch Zufall konnte herausgefunden werden, daß ihr Bruder Absencen (Epilepsieform, die manchmal im kindlichen Alter auftritt) habe. Somit war die diesbezügliche Veranlagung geklärt, die allerdings in ihrem Fall latent blieb.

Ein weiteres Problem stellt der Ausgangswert dar, der als erste Reaktion in die Untersuchung eingeht. Nach Schandry (1981) gilt: Je höher ein System schon erregt ist, desto geringer ist seine Ansprechbarkeit für erregungsfördernde Reize und desto größer für hemmende Impulse.

Birbaumer (1985) empfiehlt die Anwendung eines Drei-Ebenen-Meßkonzepts, das die Psychophysiologie vor den Irrtümern der Psychologie und Physiologie zu bewahren vermag, nämlich daß psychophysiologische Meßgrößen durch sprachliche und verhaltensbezogene Maße ergänzt werden sollten.

Die *Standardisierung* (Versuchsbedingungen, Elektrodenpositionen, Ablauf des Versuchs) ist eine wesentliche Voraussetzung zur Reproduzierbarkeit eines Versuches.

5.2.2 Spezielle Aspekte des Versuchsplans

5.2.2.1 Versuchsmaterial (Abb. 10 a–d, Seiten 223 und 224)

Die *empirische Grundlage* dieses Versuchs ist das *Bild.* Ob das Bild selbst ein Abbild, Vorbild, Abstraktum oder eine gegenständliche Abbildung ist, ist sekundär. Das Bild ist als Bild in dieser Kultur verstanden, es ist ein in sich geschlossenes fertiges (Kunst-)Werk und muß nicht als solches deklariert oder erst „erklärt" werden, d. h. die Konventionen der üblichen Bild-Betrachtung sind hier vorausgesetzt und damit als verstanden betrachtet. Das Bild wird ab initio als Bild gesehen von Personen, die eine gemeinsame kulturelle Grundlage haben, d. h. diese sind alle kulturell relativ homogen.

Die Grundvoraussetzung besteht also in einer relativen Homogenität der 38 VPn. Bei Betrachtung eines Bildes gehen die Kategorien, unter der eine Person aufgewachsen ist und zum Sehen erzogen wurde, mit ein. Denn etwas als Bild zu sehen bedeutet, aufgrund von Erziehung zwischen Vorbild und Abbild zu unterscheiden – und diese könnte für jedes Land anders sein. Optimale kulturelle Homogenität ist nicht garantiert, doch vom Bildungsstand abgesehen, wurde versucht, diese zu erreichen. Auch setzt die KG sich aus Personen zusammen, die an bildender Kunst interessiert sind (siehe dazu auch Perceptuelle Kategorisierung 3.5).

Unter diesen Voraussetzungen wurde folgendes Experiment durchgeführt: (die EEG-Registrierung erfolgte – die narrative Phase ausgenommen – während des gesamten Versuchsdurchganges):

Zu Beginn und am Ende des Versuches sowie am Beginn jedes Teilversuches (TV) wurde ein Spontan-EEG mit geöffneten Augen (AA) als Kontroll-Bedingung aufgenommen. Diese EEG-Abschnitte (je 5 min zu Beginn und am Ende und bei jedem erneuten TV 2 min) wurden gemittelt und dienten als Bezugs- und Vergleichsbasis für die Abschnitte während der jeweiligen Aufgabenstellungen.

Die empirische Grundlage bzw. das Stimulusmaterial bestand aus vier Bildern in Form von Dias (siehe Abb. 10 a–d):

> *JORDAENS* (1593 – 1678), Das Fest des Bohnenkönigs – eine bewegte Gruppierung;
> *REMBRANDT* (1641), Die Windmühle – ein schwarz-weißes Landschaftsbild;
> *KANDINSKY* (1931), Aquarelle et encre rouge – ein abstraktes Farbbild;
> *HOLBEIN* (1536), Jane Seymour – eine Portrait-Darstellung

Eine kurze Erläuterung zu den Bildern: Konkrete Gegenstände wie sie die Inhalte der Bilder von Holbein, Jordaens und Rembrandt darstellen, sind sinnlich wahrnehmbar. Mit dem Bild von Kandinsky verhält es sich etwas anders, da der Inhalt nicht gegenständlich ist; die Abstraktion ist nicht-sinnlich, unanschaulich und kann daher nur „gedacht“ sein. Dies könnte bedeuten, daß die cerebrale Verarbeitung bei diesem Bild sich von der Verarbeitung der anderen Bilder unterscheiden ließe: Es geht hier um die grundlegende Unterscheidung von Wahrnehmen und Denken. Dabei wäre anzunehmen, daß sich beim Kandinsky-Bild zum Vorgang des Sehens der Vorgang des verbalen Denkens quasi hinzufügte, wobei semantische Aufgliederungs- und Übersetzungs-Prozesse eine Rolle spielen könnten und somit bei diesem Bild zu einer aufwendigeren cerebralen Verarbeitung führten. Diese Annahme könnte das EEG reflektieren.

Die Präsentation der Bilder erfolgte nicht in derselben Sequenz, weshalb erhaltene Effekte keineswegs auf die Folge der Reihung zurückzuführen sind, sondern aufgrund der Randomisierung[2] echte Effekte der Bilder darstellen. Damit ist ein durch die Reihung bedingter Effekt, als ein entscheidender Faktor auszuschließen (siehe auch Kritische Betrachtungen 5.8).

Diese vier Bilder wurden jeder VP der VG und KG 2 min lang gezeigt. Der Versuch umfaßte insgesamt 5 TV (I–V); siehe dazu auch das Schema des Versuchsplanes – Abb. S. 230. In vier Durchgängen wurde jeweils ein Bild gezeigt, im letzten, dem 5., bestand die Aufgabe darin, ein eigenes Bild zu „komponieren“. Der Versuch begann mit einer Ruhe-EEG-Aufnahme, und zwar mit Offenhalten der Augen (AA) von 5 min. Danach wurde das erste Bild an die Wand projiziert, das die VP 2 min zu betrachten hatte (BB). Im Anschluß an diesen Vorgang sollte die VP 1 min lang einen Text lesen (von Veza Canetti). Darauf folgte die Phase der Erinnerung des Bildes mit offen gehaltenen Augen 2 min (BM); wobei der Projektor eingeschaltet blieb. In der narrativen Phase sollte die VP ihre Bild-Vorstellung beschreiben. In der letzten Phase (TV:V) war die Aufgabenstellung der Eigen-Entwurf (EI) – von einer Zeitbegrenzung wurde Abstand genommen. Mit einer weiteren Aufnahme in Ruhe (AA6) wurde der Versuch abgeschlossen.

Während der narrativen Phase wurden die VPn auch nach persönlichen Strategien und Eindrücken befragt. So war es möglich, Rückmeldungen über Befinden und Schwierigkeiten zu erhalten. Mehrere VPn hatten z. B. Probleme mit der Ruhe-Bedingung und beanstandeten das „stille Nur-da-Sitzen“, ohne etwas tun zu können. Oft verschwanden die aufgetretenen Artefakte mit einer Tätigkeit wie Bild-Betrachten etc. So berichteten etliche VPn übereinstimmend, Schwierigkeiten mit dem abstrakten Kandinsky-Bild gehabt zu haben. Einige assoziierten quasi als Gedächtnisstütze ein anderes Bild, um sich das abstrakt Dargestellte besser zu merken. Manche der VPn brachten ihre Emotionen zum Ausdruck, Freude oder Verärgerung über den Inhalt eines präsentierten Bildes; jedoch auch über sich selbst. Nach dem letzten Durchgang

---

2 *Randomisierung* bedeutet Zufallsauswahl; sie gewährleistet damit innerhalb statistischer Zufallsschwankungen eine von systematischen Fehlern freie Merkmalsverteilung.

a

b

Abb. 10. Versuchsmaterial; (a) Jordaens, (b) Rembrandt, (c) Kandinsky, (d) Holbein

bemerkten einige – trotz eines diesbezüglichen Hinweises in der Instruktion –, nicht gut „abgeschnitten“ zu haben. Auch Irritationen wurden berichtet, z. B. beim Offenhalten der Augen. Manchen gefiel der gelesene Text nicht. Prinzipell hatten die VPn keine besonderen Schwierigkeiten mit den Vorstellungen, sie beschrieben sie als bild-getreu, perspektivisch und farbig. Alle waren äußerst motiviert und am Ergebnis interessiert.

Nach Beendigung der EEG-Aufzeichnung wurden die VPn gebeten, ihren in der Vorstellung konstruierten Eigen-Entwurf auf Papier zu bringen, quasi eine Demonstration ihres zeichnerischen Talents abzugeben. Die Künstlerinnen hatten mit dieser Aufgabenstellung keine Schwierigkeit, die Nicht-Künstlerinnen waren in den meisten Fällen nicht in der Lage, Strichzeichnungen anzufertigen.

Während einer EEG-Aufzeichnung treten bei Vorgängen des Sprechens, lauten Lesens, Schreibens oder der körperlichen Bewegungen verschiedene Artefakte auf (bei Lid- und Augenbulbus-Bewegungen kommt es zu Artefakten im Theta- und Delta-Bereich, bei Muskelanspannungen treten Artefakte im Beta-Bereich auf), sodaß die EEG-Kurven durch Artefaktüberlagerungen nicht mehr auswertbar wären bzw. wertvolle Information verloren ginge, weshalb in der narrativen Phase der Bild- und Vorstellungsbeschreibung das EEG nicht registriert werden kann. Die Interferenzaufgabe, das Lesen, war als Vorgang der Ablenkung gedacht. Mögliches inneres Wiederholen des Bildes in der Vorstellung sollte damit gestört werden.

Ziel der Versuchsanordnung war, zu ermitteln, ob Vorstellungsvermögen und zeichnerische Begabung bei Künstlerinnen im Vergleich mit einer KG im EEG zur Auswirkung kommen.

In Zusammenhang mit dem dargestellten Versuchsmaterial lassen sich zwei Fragen formulieren:

(1) Wie läßt sich Vorstellungsvermögen vom Zeichenvermögen (Begabung) unterscheiden?
(2) Wie läßt sich Vorstellungsvermögen vom verbalen Beschreibungsvermögen unterscheiden?

Es gilt, zwei Ausdrucksformen der Vorstellung zu untersuchen: verbales Beschreibungsvermögen und nicht-verbales Zeichen- oder Bezeichnungsvermögen; Beschreibung des Erinnerungsvorganges im Sinne von verbaler Schilderung und Beschreibung im Sinne von zeichnerischer Darstellung. Denn einerseits wird die Vorstellung beschrieben und andererseits wird sie im letzten Durchgang bezeichnet. Damit werden zwei Formen der Repräsentation des Vorstellungsvermögens gesucht. Beides sind symbolische Formen der Darstellung, aber nicht im psychologischen Sinn, sondern im Sinne von Cassirer und Gadol (1982), die den Symbolbegriff eindeutig und klar aufgrund einer langen Kenntnis und Rezitation der Geschichte der Semantik präsentieren.

5.2.2.2 Vorbereitende Maßnahmen

5.2.2.2.1 Elektroden, Elektrodenschema und Applikation. *Anordnung:* Zur besseren und internationalen Vergleichsmöglichkeit in Klinik und Forschung erfolgte die Ableitung mittels 19 Goldelektroden gemäß dem international genormten und standardisierten 10-20-System (Jasper 1958) gegenüber gemittelten Ohr-Elektroden als gemeinsame Referenz. Dazu werden die Positionen der Elektroden über dem gesamten Schädel sorgfältig ausgemessen und markiert. Ausgegangen wird von vier Fixpunkten am Schädel, die zuverlässig definiert sind: Nasion (Nasenwurzel), Inion (Nacken) und den beiden präaurikulären Punkten (Vertiefungen unterhalb des Jochbeins). Anweisungen zum Auffinden der exakten Standard-Positionen finden sich bei Schandry (1988). Die Bedeutung des Systems liegt in der Zuordnung der EEG-Aktivität zu entsprechenden Regionen des Gehirns.

Das verwendete *Elektrodenschema:*

		Fp1			*Fp2*			
F7		*F3*		*Fz*		*F4*		*F8*
T3		*C3*		*Cz*		*C4*		*T4*
T5		*P3*		*Pz*		*P4*		*T6*
		01			*02*			

Bezüglich der Anordnung der Elektroden gibt es nach Ebe und Homma (1992) folgende Kriterien:

1. Die Elektroden sind beidseits symmetrisch in gleichen Abständen plaziert.
2. Die Abstände zwischen den einzelnen Elektroden betragen 5 – 7 cm.
3. Die Bezeichnungen der Elektrodenpositionen (Ableitungspunkte) stimmen mit entsprechenden anatomischen Bezeichnungen überein.
4. Die auf dieser Meßmethode basierende Elektrodenanordnung garantiert eine gute Reproduzierbarkeit.

Elektroden-Applikation: Bei länger währenden Untersuchungen, wie dies in der EEG-Forschung üblich ist, werden die Elektroden mit einer elektrolythaltigen Elektrodenpaste (zum Transport der elektrischen Ladungen) auf die zuvor mit Alkohol gründlich gesäuberte und präparierte Haut der Kopfoberfläche – die oberste Epithelschicht der Haut wird aufgerauht – *einzeln und händisch* angebracht. Sorgfältiges Auftragen des Elektrolyts ist deshalb wichtig, weil an der Elektrode Spannungsänderungen entstehen könnten, die in der Registrierung als Elektroden-Artefakte auftreten. In der Klinik findet meist eine Elektrodenhaube Verwendung, die zwar Zeitersparnis bedeutet, jedoch leicht verrutscht – und damit die Vergleichbarkeit gefährdet. Die Applikation der Elektroden ist ein nicht zu unterschätzendes Vorgehen, da Verunreinigungen wie z. B. Fett, Haarspray – die VPn wurden auch gebeten, sich am Abend davor das Haar zu waschen – sich ungünstig auf den Übergangswiderstand der Elektroden, der möglichst unter 10 kOhm, also klein und für alle Elektroden gleich gehalten werden soll, zwischen Haut und Elektroden auszuwirken vermögen. (Der Klebestoff läßt sich nach Beendigung der Untersuchung unter Verwendung von warmem Wasser leicht entfernen.)

5.2.2.2.2 EEG-Verstärker

Da hirnelektrische Aktivität, somit das EEG-Signal, an der Schädeloberfläche relativ schwach ist, bedarf es einer entsprechenden Signal-Verstärkung am Eingang des Systems, erhältlich am Ausgang zur Sicherung und Speicherung der Signale. Unter Verstärkung wird das Verhältnis der Ausgangsspannung zur Eingangsspannung eines EEG-Kanals bezeichnet und in einer logarithmischen Einheit ausgedrückt. Der Verstärker eines Elektro-Encephalographen ist nach dem *Differenzprinzip* konstruiert. Der wesentliche Vorteil liegt in der Unterdrückung von Störsignalen, die dem Biosignal überlagert sind. Differenzverstärkung besagt, daß nur die Potentialdifferenz verstärkt wird, weshalb Gleichtaktsignale wegfallen, während Gegentaktsignale erhalten bleiben. Die Verstärkung läßt sich in allen Kanälen einstellen, muß jedoch für alle Kanäle gleich sein, was durch die Eichung dokumentiert wird.

Wesentlich ist die auch Kalibrierung bezeichnete *Eichung* des Systems (Verstärker und Filter) zur Registrierung auftretender Abweichungen durch einen Eichspannungserzeuger vor und nach der EEG-Ableitung. Die Kalibrierung erfolgt durch Rechteckimpulse und durch ein Sinussignal, das an die Verstärkereingänge gelegt wird.

5.2.2.3 Artefakte

Definition: Unter Artefakt werden all jene von der Verstärkungseinheit registrierten Potentialdifferenzen verstanden, die nicht-cephalen Ursprungs sind. Es werden Artefakte technischer und biologischer Art unterschieden. Zu den Artefakten *biologischer* Art zählen: Einstreuungen durch das EKG, Lidschlag- und Augenbewegungen der VP (betrifft vorwiegend Delta- und Theta-Bänder), die zu einer Lageänderung des Gleichstromfeldes führen, das zwischen Cornea und Retina besteht. Durch die Polarisation der Retina bildet der Augapfel selbst einen Dipol. Das Dipolfeld wandert mit Drehung des Augapfels; dadurch können starke Potentialveränderungen in den EEG-Ableitungen auftreten. Augenbewegungen werden meist von den frontalen Elektroden (Fp1, Fp2) registriert. Der Einfluß dieser Bewegungen kann durch Fixierung des Blickes reduziert werden.

Nach ihrem Vorkommen am häufigsten sind die Muskel- und Bewegungs-, auch Schluckartefakte. Ihr Maximum wird von den temporalen Kanälen (T3, T4 – vorwiegend in den Beta-Bändern) aufgenommen. Sie entstehen durch Anspannung der Kau- und Kiefermuskulatur oder auch bei Verspannung der Nackenmuskulatur und rufen Veränderungen in der elektrischen Feldverteilung hervor. Eine entspannte Ruhelage der VP wäre daher erstes Gebot. Eine mögliche Korrektur ist durch leichte Kiefersenkung und Mundöffnung zu erreichen. Die VPn sollten daher während des Versuches nach Möglichkeit nicht sprechen.

Durch Schweißabsonderung bedingte Artefakte können ebenfalls auftreten. Dabei kommt es zu einer Veränderung des Übergangswiderstandes an den Elektroden. Die Abschnitte, in denen es zum Auftreten dieser Potentiale kommt, werden bei der Auswertung eliminiert. Ermüdungs-Erscheinungen sind durch Auftreten von Alpha-Rhythmen über der parieto-occipitalen Region gekennzeichnet.

Jede Potentialänderung, die sich nicht auf die Hirntätigkeit bezieht, ist ein Artefakt. Da Artefakte bioelektrische Aktivität verdecken, kann dies zu einem erheblichen Informationsverlust führen. Daraus wiederum kann eine Fehlervarianz der EEG-Daten resultieren. Es ist daher wichtig, Artefakte zu erkennen, zu versuchen sie zu korrigieren, und ihre Ursachen zu beseitigen.

5.3 Versuchsdurchführung

5.3.1 EEG-Registrierung

Das EEG wurde mit einem 21-Kanal-Nihon-Kohden-Gerät registriert. Die Kanäle wurden vor Beginn der Ableitung durch Kalibrierung auf die gleiche Verstärkung angeglichen. Die Ableitung erfolgte mit einer Zeitkonstante von 0.3 s [entspricht einer „cut-off"-Frequenz f (Hz) = 0.53] und einem Tiefpaß-Filter von 35 Hz. Die analogen Signale wurden on-line mit einer Abtastfrequenz von 128 Hz/s digitalisiert und für die Off-line-Verarbeitung zu einem späteren Zeitpunkt gespeichert. Zur Kontrolle wurde das EEG gleichzeitig auf Papier mit 3 cm/sec registriert. Die Verbindung zwischen der Elektroden-Anschlußbox und dem EEG-Gerät erfolgt über eine Lichtleiter zwischen den beiden Räumen. „Schon in dieser Anschlußbox werden die stetigen (analogen) Spannungsänderungen des EEG durch Analog-Digital-Konverter (ADC) in digitale Daten umgewandelt" (Zschocke 1995).

Während der gesamten Untersuchung wurden die Daten einerseits auf Papier aufgezeichnet, andererseits in digitalisierter Form (128/s) auf einer Festplatte gespeichert. An die beendete EEG-Aufzeichnung erfolgte die Sicherung der Daten mittels eines Erfassungssystems und eines Speichersystems auf PC-Basis – Wechselplatte zur Archivierung auf einem *Worm*-Laufwerk.

Im Anschluß an den Vorgang der Ableitung wurde das EEG auf einem Monitor visuell auf Artefakte (Augen-, Muskel-, Bewegungs-Störungen) geprüft und diese eliminiert. Die artefaktfrei verbliebenen 2s-Abschnitte (mindestens 15 EEG-Abschnitte pro TV, zuverlässige Kohärenz-Schätzungen erfordern mindestens 10) wurden markiert und als Grundlage für die anschließende Analyse verwendet.

Die Durchführung des Versuchs erfolgte im Labor des Neurophysiologischen Institutes der Medizinischen Universität Wien, in einem kleinen, dafür vorgesehenen Raum, der eher nüchtern wirkte. Die VPn wurden im Vorraum empfangen, in den Aufnahmeraum geführt und zum Abbau einer möglichen ängstlichen Erwartungshaltung über den Inhalt der Untersuchung aufgeklärt sowie mit der Methode der Ableitung vertraut gemacht. Es wurde auch ausdrücklich darauf hingewiesen, daß mit dem EEG weder Leistung noch Intelligenz erhoben werden könnten. In diesem Raum befanden sich ein Lehnstuhl mit Armstützen und verstellbaren Elementen, ein hinter dem Lehnstuhl aufgestellter Projektor und an der Wand vor dem Lehnstuhl ein Rahmen, in den die Dias projiziert wurden. Die Entfernung der VP zum Rahmen betrug etwa 2 m. Die Lichtquelle war gedämpft. Unmittelbar hinter dem Lehnstuhl befand sich die „Brause" mit dem Übergangs-Widerstandsmesser. – Hier nun wurden die VPn zur entsprechenden Untersuchung vorbereitet. Die Verbindung zwischen Aufnahme- und Nebenraum (mit dem EEG-Gerät) war mittels einer Gegen-Sprechanlage mit Monitor-Überwachung gewährleistet.

Nach der Prozedur der Elektroden-Applizierung, die etwa eine 3/4 Stunde in Anspruch nahm, wurden die VPn in den Nebenraum gebracht und gebeten, auf dem Lehnstuhl eine möglichst bequeme Lage einzunehmen. Danach wurden die Elektroden an eine Elektrodenbox (die sogenannte „Brause") angeschlossen, zuvor jedoch noch die Übergangswiderstände mittels des Elektroden-Widerstandsmeßgerätes überprüft. Somit werden beispielsweise mangelhaft angebrachte Elektroden ausfindig gemacht und nochmals frisch geklebt. Die Impedanz betrug durchschnittlich 8 kOhm. Die Elektrodenbox ist mit einem Verstärker verbunden.

Während die VP versuchte, sich völlig zu entspannen und einen Punkt außerhalb des Rahmens mit nach unten gerichtetem Blick zu fixieren, erfolgte die Eichung des EEG-Geräts. Die VPn wurden angehalten, während der EEG-Ableitung ruhig und entspannt zu bleiben. Bei einigen VPn war die Entspannung ein Problem. Beherrschten die Test-Personen allerdings eine Entspannungsmethode, wie Autogenes Training, war das Problem rasch beseitigt. Die Türe zum Aufnahmeraum wurde geschlossen.

Die eigentliche EEG-Ableitung – abhängig von den „verbalen Pausen", die je nach VP unterschiedlich waren – dauerte ca. 60 min. Damit gewährleistet war, daß alle VPn auch gleiche Instruktionen erhielten, wurden diese verlesen. Für jeden Versuch erfolgte eine exakte Protokollierung. Vor Beginn eines Versuchsdurchganges (TV I–V, siehe nachfolgendes Schema des Versuchsplans, 5.3.3, Seite 230) mit EEG-Ableitung wurde eine Kontroll-Ableitung durchgeführt, in der die VPn im entspannten Zustand und mit offenen Augen einen Punkt fixieren sollten. Diese Bedingung der Ruhe und Entspannung wurde mit „Augen auf" (AA) registriert. Nach jedem Durchgang, also während der Ruheperioden, hatte die VP die Möglichkeit einer kurzen Entspannung (Änderung der Haltung, der Bewegung, Möglichkeit des Sprechens oder des Vermittelns von Eindrücken etc.), womit auch möglichen Ermüdungserscheinungen entgegengewirkt werden konnte. Zu Beginn der Aufnahme und auch am Ende wurde jeweils 5 min lang mit „offenen Augen" ohne Informationsdarbietung das sogenannte„Ruhe"-EEG, die *Null-Bedingung* – als *Baseline* –, abgeleitet. Insgesamt wurden 6 Kontroll-Aufzeichnungen und 17 Versuchsbedingungen vorgenommen.

5.3.2 Schriftliche Instruktionen zum Versuch

Es wird keine Leistung von Ihnen verlangt im Hinblick darauf, wie gut oder wie schlecht Sie Ihrer Meinung nach eine Aufgabe durchführen – es gibt keine Wertung!

Eine Voraussetzung in dieser Situation ist, daß Sie sich wohl fühlen, machen Sie es sich so gemütlich wie irgend möglich. Der Versuch wird ca. eine Stunde in Anspruch nehmen.

Sie sehen insgesamt vier Bilder, die Sie genau betrachten möchten, da Sie nach jedem Bild-Durchgang versuchen sollen, sich das jeweilige Bild aus dem Gedächtnis vorzustellen. Für jede Bild-Betrachtung und für jede Bild-Vorstellung haben Sie zwei Minuten Zeit. Zur Ablenkung und Entspannung erhalten Sie zwischen diesen beiden Aufgaben einen Text zum Lesen. Vor jeder Aufgaben-Durchführung werden genaue Anleitungen gegeben. Es ist wesentlich, sich auf die vorgegebenen Aufgaben zu konzentrieren. Ferner ist es wegen der aufzutretenden Artefakte wichtig, daß Sie sich während der Ableitungen nach Möglichkeit nicht bewegen und nicht sprechen sowie versuchen, Lidschläge zu vermeiden.

Für die personen-spezifische Vorbereitung wird etwas Zeit zur Einstellung des Gerätes benötigt. Es wird Ihnen gesagt, wann der Versuch beginnt.

I. Durchgang

1) EEG-Ruhebedingung bzw. Kontrollaufnahme – „Augen auf" (AA)
Zuerst wird eine „Ruhe-Aufnahme" mit dem EEG gemacht, die 5 Minuten dauern wird. Sie brauchen jetzt gar nichts zu tun. Bitte konzentrieren Sie sich auf einen Punkt und versuchen Sie, die Augen ruhig zu halten. Über die Sprechanlage erfahren Sie, wann die Aufnahme beginnt und wann sie endet. Auch zwischen den einzelnen Aufgaben, in den Ruhephasen, wird das EEG abgeleitet werden.

2) Bild 1 – Betrachten
Sie werden jetzt das erste Bild sehen. Sie haben zwei Minuten Zeit, es zu betrachten und es sich einzuprägen.

3) Text lesen (stumm)
Lesen Sie bitte diesen Text innerlich für sich. Achten Sie auf den Inhalt. Sie haben eine Minute Zeit.

4a) Bild-Vorstellung 1
Versuchen Sie jetzt bitte, das von Ihnen zuerst betrachtete Bild aus dem Gedächtnis, sich möglichst lebhaft vorzustellen. Sie werden jetzt nur den Rahmen ohne Bild sehen. Bitte beginnen Sie mit ihrer Vorstellung innerhalb des Rahmens. Sie haben zwei Minuten Zeit dafür.

4 b) Narrative Pause – Bild-Beschreibung 1
Können Sie bitte beschreiben, was Sie gesehen bzw. was Sie sich vorgestellt haben. Auch welchen Eindruck Sie von dem Bild haben. War die Aufgabe schwierig für Sie?

Das war der erste Versuchs-Durchgang (I). Die Durchgänge wiederholen sich insgesamt noch dreimal.

II. 5) AA 2, 6) Bild 2, 7) Lesen 2, 8) BM 2, 9) Bild-Beschreibung 2, etc. (siehe Abb. 9)

III. und IV. Durchgang

V. Eigen-Entwurf: Leer-Bild durch den Projektor für die Ausführung in der Vorstellung:

Bitte bemühen Sie sich, in Ihrer Vorstellung mit offenen Augen in diesen vorgegebenen Rahmen ein eigenes Bild zu „komponieren", zu entwerfen. Sie können es zeichnen, malen, in Farbe oder schwarz-weiß, wie es Ihnen beliebt. Das Motiv bleibt ihrer Wahl überlassen. Bitte sagen Sie, wenn Sie Ihr Bild beendet haben, damit der EEG-Versuch abgeschlossen werden kann.

5.3.3 Schematisierter Versuchsplan

VERSUCHSPLAN

I.
1) Ruhe-EEG AA 1 – 5'
2) Bild-Betrachten BB1 – 2'
3) Lesen LE 1 – 1'
4) Bild-Memorieren BM 1 – 2'
Verbal-Protokoll – BB 1

II.
5) AA 2 – 2'
6) BB 2 – 2'
7) LE 2 – 1'
8) BM 2 – 2'
Bildbeschreibung 2

III.
9) AA 3 – 2'
10) BB 3 – 2'
11) LE 3 – 1'
12) BM 3 – 2'
Bildbeschreibung 3

IV.
13) AA 4 – 2'
14) BB 4 – 2'
15) LE 4 – 1'
16) BM 4 – 2'
Bildbeschreibung 4

V.
17) AA 5 – 2'
18) Eigen-Entwurf
19) AA 6 – 5'
Bildbeschreibung EI

VI.
20) Ausführung des Entwurfs
21) Rangordnung der Bilder

Nach Beendigung des Versuches wurden die Elektroden entfernt, die Kopfhaut der VP gereinigt und nach erfolgter Ausführung des imaginativen Entwurfs durch die Probanden mit diesen noch ein abschließendes Gespräch geführt. Zu Motivation, Einstellung und Inhalt des Versuchs, auch um mögliche Kritik unterzubringen, wurde den VPn ein explorativer Fragebogen und die Händigkeitserfassung nach Benton vorgelegt sowie Daten und zusätzliche Angaben zur Person registriert.

Es ist erstaunlich, wie motiviert jede der VPn war und welches Interesse jede von ihnen an der Auswertung hatte. Dies sollte schon betont werden. Insgesamt dauerte ein Versuch ca. 3 Stunden, manchmal bis zu 4 Stunden, vor allem bei den Künstlerinnen wegen eines aufwendigeren und damit ergiebigen Gesprächs (Ausmessen der Elektrodenpositionen, Aufkleben der Elektroden, Ableiten, Abnehmen, Gesprächsführung incl. Fragebögen, Skizzierung des Entwurfs).

5.4 Auswertungsverfahren

5.4.1 Zur Quantifizierung der EEG-Aktivität

In der vorliegenden Arbeit erfolgt die Frequenzband-Einteilung aufgrund faktorenanalytischer Berechnungen in Anlehnung an Herrmann et al. (1980). Sie geht also mit den klassisch-klinischen EEG-Frequenzbändern nicht ganz konform. Folgende Frequenzbänder und -bereiche finden in der vorgelegten Untersuchung Verwendung: *das Delta-Band (1,5 – 3,5 Hz); das Theta-Band (4 – 7 Hz); das Alpha-1-Band (7,5 – 9 Hz); das Alpha-2-Band (9,5 – 12,5 Hz); das Beta-1-Band (13 – 18 Hz) und das Beta-2-Band (18,5 – 31,5 Hz).*

Im Zusammenhang mit der Frequenzeinteilung ergibt sich die Problematik differierender Bandbreiten. Die Begründung für die Unterschiede liegt in den verschiedenen Theorien bezüglich der Definition der Frequenzbänder wie z. B. für das Alpha-Band. Es stellt sich die Frage, „ob die Frequenzbänder in sich als geschlossene Funktionsbereiche angesehen werden dürfen“ (Kubicki 1980). Weiters gilt für alle Frequenzbänder, daß es keine anerkannte und einheitliche Meinung über deren psychologische Bedeutung gibt. Die Erfassung der gesamten Frequenzbreite sowie die Darstellung sämtlicher Frequenzbänder als Grundlage für Interpretation und Diskussion hat sich aufgrund der umfassenden und vielfältigen Ergebnisse als unbedingt erforderlich herausgestellt.

Die computergestützte Verarbeitung und Auswertung zur Ermittlung von *Parametern* im Frequenzbereich erfolgte über die *Spektralanalyse* in mehreren Verarbeitungs-Schritten:

(1) Erstellung der Files:

Durchführung der Fourier-*Transformation* aller nach einer visuell durchgeführten *Artefakt-Eliminierung* im Roh-EEG verbliebenen 15–30 Segmente zu je 2s-Abschnitten jedes Versuchsblocks (die durch Artefakte beeinträchtigten EEG-Abschnitte wurden bei visueller Durchsicht markiert und von der weiteren Analyse eliminiert; somit ist eine artefaktmäßige Beeinträchtigung der EEG-Topographie beinahe ausgeschlossen) mit anschließender Speicherung der Daten in „Fourier-Files“. Im Anschluß daran erfolgte.

(2) die Berechnung der gemittelten (Power- oder) *Leistungs-* und *Kreuzleistungsspektren* mit einer Frequenzauflösung von 0.5 Hz. Die absolute Leistung wurde an jedem Ableiteort und für jedes Frequenzband ermittelt. Gemittelte Leistungs- (Auto) und Kreuzleistungs-Spektren wurden von allen bei 19 Elektroden möglichen, d. h. 171 Paaren berechnet. Auf diese Weise wurden in der Studie pro Versuchsblock 19 Leistungsspektren und 171 Kreuzleistungs-Spektren mit einer Frequenzauflösung von 0.5 Hz ermittelt.

(3) Zur Datenreduktion wurde über benachbarte Spektrallinien gemittelt, was zu folgenden *Frequenzbändern* führte:

1. Delta-Band:	1,5 – 3,5 Hz
2. Theta-Band:	4,0 – 6,5 Hz
3. Alpha-1-Band:	7,0 – 9,0 Hz
4. Alpha-2-Band:	9,5 – 12,5 Hz
5. Beta-1-Band:	13,0 – 18,0 Hz
6. Beta-2-Band:	18,5 – 31,5 Hz

(4) Im Anschluß fand eine *Berechnung der Breitband-Parameter: Amplitude* und *Kohärenz* für die 6 Frequenzbänder statt.

Das Alpha-Band wurde aufgrund entsprechender Hinweise in der Literatur bezüglich der Bedeutung des oberen und unteren Alpha-Bandes bei kognitiven Prozessen geteilt (vgl. Klimesch, Pfurtscheller, etc.). Es gibt bisher noch kaum Studien, die das Alpha-Band getrennt analysieren (siehe auch Mecklinger 1992).

(5) Schließlich wurden all diese durch das EEG ermittelten, inklusive der während des Versuchs erhobenen, personen-bezogenen Daten jeder VP (Geschlecht, Händigkeit etc.) in einer *Datenbank* für einen jederzeit möglichen Abruf gespeichert.

Die absoluten Spektralkoeffizienten („Frequenzschätzer") wurden an der Gesamt-Power zur Kontrolle der intraindividuellen Varianz relativiert. Da dem EEG kein deterministisches Prinzip zugrunde liegt, ist sein Verlauf nicht vorhersagbar. Aufgrund der stochastischen Gegebenheit der Signale werden die Spektren nach einer vorausgegangenen Mittelung bzw. „Glättung", die als Beitrag zur Verbesserung der Schätzung betrachtet werden kann, geschätzt (Rappelsberger 1977; siehe auch Lutzenberger et al. 1986). „Vor einer Quantifizierung der Powerkoeffizienten und/oder Bandvariablen anhand parametrischer Verfahren sollten die Variablen auf Normalverteilung geprüft und gegebenenfalls transformiert werden [...] Eine Vielzahl von EEG-Variablen, insbesondere die absoluten Powerkoeffizienten, erfüllen diese Verteilungseigenschaften nicht" (Mecklinger 1992).

Amplituden-Werte: Ausgangsdaten für die statistische Analyse waren die absoluten 19 Amplituden-Werte.

Kohärenz-Werte: Die berechneten Kreuzleistungen wurden normiert; das ergab 171 intra- und interhemisphärische Kohärenzwerte pro Frequenzband und Aufgaben- bzw. Ruhephase.

Zusätzlich wurde – allerdings zu einem späteren Zeitpunkt – das Roh-EEG mit einem automatischen Artefakterkennungs-Programm (Rappelsberger et al. 1986) überprüft. Die Eliminierung beschränkte sich auf individuelle Frequenzbänder und -kanäle. Ein Vergleich mit den EEG-Befunden vor der Eliminierung ergab jedoch keine gravierenden, sondern zu vernachlässigende Unterschiede.

5.4.1.1 Statistische Testverfahren

Im Anschuß an die Verarbeitung der EEG-Daten und zu deren Beurteilung fanden folgende statistische Testverfahren Anwendung:

1. Die Spontan-EEG-Aufnahmen (AA), die die Kontrollbedingungen darstellen, wurden zusammengefaßt, um über alle zeitlichen Schwankungen einen Bezugsparameter errechnen zu können (siehe dazu Versuchsplan AA1 – AA6, Seite 230).

a) Einzelpersonen-Untersuchung: Um normalverteilte Schätzungen zu erhalten, wurden die Kohärenzen vor einer statistischen Weiterverarbeitung einer Fisher-z-Transformation unterzogen. Danach sind alle über 0 gehenden Werte auf dem 5- oder 1 %-Niveau signifikant. Die statistisch signifikanten *Unterschiede zwischen Aufgaben-* (BB, BM, EI) *und Kontrollsituationen* (AA) wurden für die Untersuchung von Einzelpersonen mittels *Konfidenz-Intervallen* berechnet.

b) Gruppen-Untersuchungen: Für alle drei Gruppen (a) Gesamt-Gruppe, (b) Malerinnen, (c) Nicht-Künstlerinnen wurden die *Mittelwerte der Unterschiede* sowohl für die absoluten Leistungen als auch für die Kohärenzen aller Frequenzbereiche errechnet.

Zur Bestimmung statistisch signifikanter Veränderungen bzw. Unterschiede wurde der Wilcoxon-Test verwendet, ein parameterfreier Test zum Vergleich der Verteilungen zweier abhängiger oder unabhängiger Stichproben (für eher kleine, nicht normalverteilte Stichproben). Die Signifikanzprüfung erfolgte nach einer z-Transformation über die Normalverteilung.

aa) Wilcoxon matched pairs signed-rank-test (Vorzeichen-Rangtest) wird für zwei abhängige Stichproben bei nicht normalverteilten Differenzen eingesetzt; wie z. B. beim Vergleich des EEGs während einer Aufgabe mit dem Spontan-EEG (AA) innerhalb einer Gruppe (Paarvergleich). Wenn positive und negative Vorzeichen gleich wahrscheinlich sind, ist die H0-Hypothese gültig.

bb) Der Wilcoxon rank-sum-test berücksichtigt die Größe der Differenzen, und zwar die Meßpaardifferenz $di = xi - yi$ zwischen den beiden Stichproben (xi) und (yi). Es geht hier um den Vergleich zweier Personen-Gruppen (Gruppenvergleich: Versuchs-Gruppe mit Kontroll-Gruppe) bei derselben Aufgabenstellung (Paar-Differenzen). Der Test prüft die Unterschiede in der zentralen Tendenz auf ihre Übereinstimmung oder Nicht-Übereinstimmung. Bei Übereinstimmung der zentralen Tendenz ist die H0-Hypothese gültig (H0=0).

cc) Die *Rangkorrelation* nach Spearman für den Grad des Zusammenhanges von Merkmalen wurde mittels EDV (am EDV-Zentrum der Universität Wien) durchgeführt (siehe auch 5.4.1.2). Die Frage nach der Stärke des Zusammenhanges, d. h. der Übereinstimmung psychologischer Scores (für Gedächtnis und Phantasie) mit EEG-Daten (Amplitude und gemittelter Kohärenz), wurde mittels *Korrelations-Analyse* geprüft. Zur Ermittlung des Rangkorrelations-Koeffizienten (Spearman-Rho), der auf Signifikanz direkt prüfbar ist, wurden Rangkorrelationen nach Spearman durchgeführt. Voraussetzung dafür ist das Vorliegen einer zweidimensionalen Normalverteilung. Rho kann einen Wert zwischen – 1 und + 1 für den optimalen Zusammenhang (0 – es besteht kein Zusammenhang) annehmen.

5.4.1.2 Topographisches Mapping

Dabei geht es um das „Herzstück" der Auswertung. Die erhaltenen Rangsummen wurden in Irrtumswahrscheinlichkeiten umgerechnet und die Daten bzw. Ergebnisse zur besseren Übersicht in Karten (*„probability maps")* dargestellt. Diese Mappings dienen der *Darstellung funktioneller corticaler Topographien.* Die Darstellung statistisch signifikanter Ergebnisse erfolgte für Amplituden- und Kohärenz-Änderungen getrennt. Die signifikanten Irrtumswahrscheinlichkeiten wurden für alle Frequenzbänder eingetragen.

Signifikante Änderungen oder *Unterschiede der **Amplituden*** während einer Aufgabe gegenüber dem Durchschnitts-Ruhe-EEG (Kontrolle AA) für sechs Frequenzbänder werden als Quadrate in schematisierten Schädelkarten an dem entsprechenden Elektrodenort dargestellt. Dabei bedeuten volle Quadrate (schwarz) signifikante Zunahmen, d. h. daß die Amplituden während der Aufgabe signifikant höher waren, und leere Quadrate (weiß) signifikante Abnahmen, d. h. daß die Amplituden signifikant niedriger waren. In Abhängigkeit vom Signifikanzniveau wurden die Quadrate unterschiedlich groß gezeichnet, d. h. die Größe der Quadrate entspricht dem Grad der Signifikanz ($p < 0.01, 0.02, 0.05$).

Zur Interpretation der Unterschiede zwischen Malerinnen und Kontroll-Gruppe: Schwarze bzw. weiße Quadrate bezeichnen in den entsprechenden Abbildungen signifikante Unterschiede von KG gegenüber MA.

Signifikante Änderungen oder *Unterschiede der **Kohärenz*** werden in schematischen Darstellungen der Elektrodenorte für jedes Frequenzband als Verbindungslinien zwischen den jeweiligen Elektroden dargestellt, und zwar getrennt für jede der beiden Hemisphären (RH, LH) und für die interhemisphärischen Beziehungen (IH). Zunahmen der Kohärenz sind mit ausgezogenen Linien symbolisiert, Abnahmen mit strichlierten Linien. Die Stärke der Linien ist proportional dem Grad der Signifikanz ($p < 0.01, 0.02, 0.05$). Zur Interpretation der Abbildungen von Gruppen-Vergleichen: ausgezogene Verbindungslinien bedeuten höhere Kohärenzen bei MA, strichlierte Linien höhere Kohärenzen bei der KG.

Aufgrund der Materialfülle ist eine Diskussion der Daten im vorgegebenen Rahmen dieser Arbeit schwer möglich. Es wird daher nur eine Auswahl der Ergebnisse vorgestellt, wobei die topographischen Darstellungen zu einem besseren Verständnis bezüglich der Verteilung von Amplitude und Kohärenz beitragen mögen.

5.4.1.3 EDV-mäßiges Vorgehen zur Verarbeitung der psychologischen Daten

Es wurden insgesamt drei Files erzeugt:
1) PSYCHO DATA = Daten-File
2) PSYCHO SPSS = SPSS-File
3) LISTENING File = List File (mit Ergebnissen)

Die *Data-List*-Anweisung dient dazu, die einzulösenden Variablen zu definieren sowie die Lage der entsprechenden Werte auf den Eingabe-Zeilen festzulegen. Das Daten-File enthält pro Person 120 Zeilen (records), die sich aus den psychologischen und den EEG-Daten zusammensetzen.

Daten-Standardisierung der interindividuellen Unterschiede: das ist die Ermittelung der ***Extremwert-****Standardisierung,* nämlich des individuellen Minimum/Maximum. Da die Leistungen der einzelnen VPn unterschiedlich sind, müssen sie, um vergleichbar zu sein, standardisiert werden, und zwar alle Daten aller psychologischen Variablen aller VPn – ohne Gruppentrennung, wodurch sich ein *globales* Min./Max. ergibt. Ermittelt wird die *Range-Correctur,* ein Prozentwert zwischen 0–1, der ausdrückt, wieviel von dem verfügbaren Wertebereich eine VP erbracht hatte. Dieser Wert ist direkt interpretierbar. Unter Rangreihe wird die Ordnung der Daten entsprechend ihrer Größe verstanden. Jede VP erhält einen Rangplatz, d. h. eine Position innerhalb einer Rangreihe.

Zur Überprüfung auf Zufälligkeit der Ergebnisse bzw. zur Prüfung auf Verallgemeinerung, damit Bestätigung der Theorie, wird ein Signifikanz-Test durchgeführt, d. h. ein Signifikanz-Niveau gefordert, das bei Alpha < .05 liegt.

Um eine Annahme über die Verteilung der Daten treffen zu können, wird der nonparametrische Kolmogorov-Smirnov-Test für zwei unabhängige Stichproben durchgeführt. Das ist ein Test zur Prüfung auf Normalverteilung.

U-Test von Wilcoxon, Mann und Whitney ist ein Signifikanz-Test zur Prüfung zweier *unabhängiger* Stichproben, die Rangreihen auf Unterschiede in der zentralen Tendenz bilden. Unterscheiden sich die Variablen in den beiden Gruppen?

H0 – Verteilungsfunktion ist in beiden Grundgesamtheiten gleich – die Variablen unterscheiden sich nicht.

H1 – Es kommt zu einer Verschiebung der zentralen Tendenz – die Variablen unterscheiden sich.

T-Test (Mittelwert-Vergleich) für *unabhängige* Stichproben – MA : KG

Unter Voraussetzung der Normalverteilung wird ein Mittelwert-Vergleich zweier unabhängiger Stichproben, nämlich der Malerinnen und ihrer Kontroll-Gruppe durchgeführt. Diese beiden Gruppen werden auf Unterschiede der jeweiligen EEG-Variablen Amplitude und Kohärenz in den 6 Frequenzbereichen hin untersucht. Die Varianzen der beiden Stichproben sollten homogen sein. Zur Homogenitäts-Prüfung der Varianzen wird der F-Test von Fisher eingesetzt. Danach wird die Gleichheit der Mittelwerte geprüft. Unterscheiden sich die MW signifikant voneinander, unterscheiden sich damit die Variablen. Die Signifikanz-Niveaus sind $p < 0.05$ und $p < 0.01$.

Durch die Auswertung wird eine Aussage darüber getroffen, ob sich signifikante Unterschiede der Amplitude bzw. der Kohärenz zwischen Malerinnen und ihrer Kontroll-Gruppe ergeben.

Die Ergebnisse (signifikante Amplituden- und Kohärenz-Unterschiede zwischen den beiden Versuchs-Gruppen: MA – KG) werden in schematisierte Schädelkarten an den entsprechenden Elektroden-Positionen händisch eingezeichnet und dargestellt.

Rangkorrelationen – EEG mit Gedächtnis- und Phantasie-Scores
Um einen möglichen Zusammenhang zwischen visuellem Vorstellungsvermögen und EEG-Variablen (insgesamt 684) festzustellen, wurden Rangkorrelationen gerechnet. Es wurde so verfahren, daß einerseits die Amplituden und die gemittelten Kohärenzen, andererseits der Score für die Gedächtnis- und Phantasie-Leistung in eine Rangreihe gebracht wurden. Die Rangreihen: Gedächtnis-Score und Amplituden, Gedächtnis-Score und Kohärenzen, Phantasie-Score und Amplituden, Phantasie-Score und Kohärenzen – wurden miteinander korreliert und auf ihre Signifikanz hin überprüft.

K-S-Test zur Überprüfung der Normalverteilung in bezug auf die Variablen: für den Phantasie-Score ergab sich keine Normalverteilung (non-parametrisch), weshalb sich keine exakte Aussage über das Signifikanz-Niveau treffen läßt. Als statistisch signifikant wurden Werte unter $p < 0.05$ % angenommen.

5.4.2 ***Kategoriensystem*** *– Darstellung des Signierungs-Systems zur Erfassung visueller Vorstellungsfähigkeit*

5.4.2.1 Definitionen

Dem hier zur Erfassung der visuellen Vorstellung bzw. des visuellen Gedächtnisses und der Phantasie entwickelten Kategorien-System liegen folgende Definitionen zugrunde:

- Unter ***visueller Vorstellung*** ist eine wahrnehmungsähnliche innere Vergegenwärtigung eines unmittelbar *vor* dem Zeitpunkt der inneren Repräsentanz real Gegebenen zu verstehen, das *zum* Zeitpunkt der inneren Repräsentanz real abwesend ist.
- Unter ***Phantasie-****Vorstellung* ist eine wahrnehmungsähnliche innere Repräsentanz von einer Gegebenheit zu verstehen, die in dieser Art von der betreffenden Person zu keinem (vorausgehenden) Zeitpunkt Gegenstand ihrer Wahrnehmung war. Die innere Repräsentanz stellt vielmehr eine *Kombination* aus zu verschiedenen (beliebigen) Zeitpunkten wahrgenommenen Elementen dar, die sich zu einem neuen „inneren Bild“ verbinden.

5.4.2.2 Grundgerüst des Signierungs-Systems

Das Grundgerüst des Signierungs-Systems konstituiert sich aus 9 Klassifikations-Variablen bzw. Merkmalen (und 29 Kategorien):

Kohärenz
Ausgangsmodus
Objekt-Differenzierung
numerischer Aspekt
visuelle Aspekte
Relationsangaben
Räumlichkeit
Phantasie-Aspekte
Bildungs-Aspekte

Die Merkmale sind zwei-kategoriell (z.B. Ausgangsmodus) bis sieben-kategoriell (z. B. visuelle Aspekte) konzipiert und auf zwei verschiedenen Ebenen festgelegt:

a) *Ebene der Elemente:* Das *Wort* bzw. die Einzelaussage eines Protokolls – als kleinste thematische Einheit – bildet die Analyseeinheit, die nach zwei oder mehreren Aspekten klassifiziert wird. Dies trifft zu für Objekt-Differenzierung, numerischen Aspekt, visuelle Aspekte, Relationsangaben, Räumlichkeit und Phantasie-Aspekte.

b) *Bild-Ebene:* Das *gesamte* zum jeweiligen Bild erhaltene *Protokoll* einer Person bildet die Analyseeinheit, die nach zwei oder mehreren Aspekten eingestuft wird. Dies trifft für die drei übergreifenden Merkmale zu: Ausgangsmodus, Kohärenz und Bildungs-Aspekte.

5.4.2.3 Darstellung des **Signierungs-Systems**

5.4.2.3.1 Kohärenz

wird hier auf der Ebene des Bildes definiert, d. h. sie betrifft das jeweils gesamte auf ein Bild bezogene Verhalten. Hiemit wird das gesamte für das jeweilige Bild erhaltene Protokoll im Hinblick auf das Bestehen bzw. Nicht-Bestehen eines thematischen Zusammenhanges als kohärent bzw. inkohärent eingestuft.

Signierungs-Modus:

Als „kohärent" (KO) gilt ein Protokoll, dessen Aussagen mehrere Bild-Elemente (Objekte, Merkmale und Handlungen) aufgreifen, d. h. einen „übergeordneten" (gesamt-inhaltlichen) Zusammenhang herstellen.

Als „inkohärent" (IK) gilt ein Protokoll, dessen einzelne Aussagen jeweils für sich isolierte Bild-Elemente thematisieren. (Es entsteht kein übergeordneter Zusammenhang.)

5.4.2.3.2 Der Ausgangsmodus

wird gleichfalls auf der Ebene des jeweiligen Bildes definiert. Erfaßt wird die Art und Weise des im Gesamt-Protokoll sich abzeichnenden Vorstellungsverlaufs. Das Merkmal ist zwei-kategoriell angelegt.

Signierungs-Modus:

Für die Gesamt-Betrachtung (AG): Der Beschreibungsverlauf des vergegenwärtigten Bildes geht *vom Gesamten* aus und gelangt zu Teilen des Dargestellten.

Für die Teil-Betrachtung (AT): Der Beschreibungsverlauf des vergegenwärtigten

Bildes beginnt an einem beliebigen Teil und geht zu beliebig anderen Teilen des Dargestellten über.

Beispiel für 5.4.2.3.1.2 (Inkohärenz) und 5.4.2.3.2.2 (Teilbetrachtung):

Das Bild – Jordaens – ist interessant vom Licht her. Der Lichteinfall ist wie ein X, das am linken Fuß verkürzt ist. Komisch war, im ersten Moment hab ich geglaubt, die Aufnahme ist unscharf, und hatte das Gefühl, es wäre ein abstraktes Bild. Erst langsam hab ich bemerkt, daß das Figuren sind von üppiger Art und in der Diagonale drei Frauen. Links hinter dem männlich Sitzenden – eine; dann noch eine neben dem Mann mit dem Glas, der trinkt, und rechts, fast in der Ecke, eine Kauernde, daneben ein Hund links von der Frau. Im Mittelfeld, fast im Mittelpunkt des Lichts ist noch eine Frau, die sich einem Mann, der auch im Licht steht, zuneigt. Im Hintergrund befinden sich einander mit Gläsern Zuprostende. Ich fand's degoutant. Interessant noch der Obergang, da war so eine geometrische Form der Architektur. Das Bild ist in eher gedämpften Farben gemalt, in Braun- und Ockertönen, vom Licht her heller, und Blautöne sind noch drin.

5.4.2.3.3 Objekt-Differenzierung

wird auf der Ebene der Elemente definiert. Es werden nach bestimmten Charakteristika definierte Gruppen von Objekten und Details unterschieden:

OO – Objekte: Nennungen konkreter Objekte (z. B. Haus)
*Jeder hat ein **Glas** in der Hand.*
– zutreffend
– nicht zutreffend

OP – Personen-Nennungen (z. B. König, Kind etc.)
*Das Bild stellt eine **Dame** aus dem Mittelalter dar.*
– zutreffend
– nicht zutreffend

OG – Geometrische Figuren: Nennung von ebenen Gebilden (z. B. Flächen)
*Im oberen Bereich befanden sich **Rechtecke.***
– zutreffend
– nicht zutreffend

OK – Kennzeichen (signifikante Details): Nennungen, die sich auf einen zur Identifikation relevanten Teil eines Objektes beziehen.
*Die Windmühle war durch **zwei Flügelpaare** bestimmt.*
– zutreffend
– nicht zutreffend

OD – Detail (nicht signifikantes Detail): Nennungen, die sich auf einzelne Bestandteile von Objekten beziehen.
*Das **Gesicht** zeigte dunkle Augen.*
– zutreffend
– nicht zutreffend

5.4.2.3.4 Numerischer Aspekt

NM – Mengen: Nennungen einer bestimmten Anzahl von Objekten.
*Es waren **zwei** Personen zu sehen.*
– zutreffend
– nicht zutreffend

5.4.2.3.5 Visuelle Aspekte

Aussagen, die sich auf (eine) Eigenschaft(en) – meist Adjektivum(a) – des vorgestellten Objektes beziehen.

VO – Form: (ein- bzw. zwei-dimensional) Gegenstandsumriß oder Gestalt, in der etwas erscheint. (Z. B. schneckenförmig – zwei-, spiralenförmig – dreidimensional)

Das Glas war ***schneckenförmig.***
- zutreffend
- nicht zutreffend

VG – Größe: Größen- (und Längen-)Angaben zur flächenhaften Ausdehnung

Zur Türe führte eine ***kleine*** *Holztreppe.*
- zutreffend
- nicht zutreffend

VF – Farbe: Farb-Nennungen – Adjektiva

Das Kleid besteht aus einem ***rostbraunen*** *Samtstoff.*
- zutreffend
- nicht zutreffend

VHD – Helligkeit/Dunkelheit: Angaben, die das Hell- bzw. Dunkelsein betreffen

Um das Haus herum befand sich sehr viel ***Dunkles.***
- zutreffend
- nicht zutreffend

VK – Kontrast: Abgehobenheit des Gegenstandes vom Grund, z. B. bei Farben

Die Figur war deutlich vom ***Hintergrund*** *abgehoben.*
- zutreffend
- nicht zutreffend

5.4.2.3.6 Relationsangaben

Aussagen, die ein In-Beziehung-Setzen von jeweils zwei Bild-Elementen thematisieren – Beziehungen zwischen einer handelnden Person und einem Objekt.

HR – Handlungsrelation

Der Mann, der aus dem Glas trinkt.
- zutreffend
- nicht zutreffend

5.4.2.3.7 Räumlichkeit

Aussagen, welche Raum-Aspekte des vergegenwärtigten Bildes thematisieren.

RL – Lokalisation: Aussagen über die räumliche Zuordnung der Objekte (z. B. oben – unten, rechts – links, Mitte, horizontal – vertikal)

Links *vor dem Haus befindet sich eine Windmühle.*
- zutreffend
- nicht zutreffend

RF – Fläche: Aussagen über die Flächen-Beschaffenheit im Raum.

Hier ist der Boden ***holprig.***
– zutreffend
– nicht zutreffend

RP – Plastizität: Aussagen, die den Raum bzw. einen Körper im Raum (z. B. Würfel), jedoch nicht die Fläche im Raum betreffen.
Eine ***bauschige Bronzekanne.***
– zutreffend
– nicht zutreffend

RB – Bewegung: Aussagen über Bewegungen
Die gesamte Darstellung ***schwebt*** *im Raum.*
– zutreffend
– nicht zutreffend

RD – Distanz: Aussagen, die sich auf die Entfernung/Nähe von Objekten beziehen.
Die Mühle und das Haus stehen ***ganz nahe,*** *sie kleben fast aneinander.*
– zutreffend
– nicht zutreffend

RS – Schatten: Aussagen, die Erhebungen oder Vertiefungen einer Struktur aufnehmen.
Hinter dem dargestellten Portrait war sein ***Schatten*** *zu sehen.*
– zutreffend
– nicht zutreffend

5.4.2.3.8 Phantasie-Aspekte

Auf das Bild oder einzelne Bild-Elemente bezogene Deutungen, die Hyothesen oder „Geschichten" thematisieren, d. h. Deutungen, die über das real gegebene Bild hinausgehen. Aussagen, die sich zeitlich auf etwas vor oder nach dem im Bild dargestellten Geschehen beziehen. Es wird gleichsam eine dem Bildgeschehen vorausgehende und/oder eine diese fortführende „Geschichte" thematisiert.

- Hypothesen: Interpretationen, Annahmen bzw. Vermutungen über das Bild als Ganzes oder einzelne Bild-Elemente.
  Er ruft einen Trinkspruch aus: Ein Hoch auf den König oder nein, auf seine Tochter.
- Assoziationen: Auf das Bild oder einzelne Bild-Elemente bezogenen Einfälle bzw. Vorstellungen zu im Bild nicht Gegebenem.
  Das Bild erinnert mich an die Silhouette einer Stadt.

5.4.2.3.9 Bildungs-Aspekte

Äußerungen zum Bild bzw. einzelner Bild-Elemente, welche Bildungs-Aspekte enthalten und z. B. die Maltechnik (Methode der Ausführung), den Bildaufbau (Struktur des Bildes) oder das Allgemeinwissen betreffen.

- Wissen: *Das Portrait war von Holbein.*

- Technik: *Im Gegensatz zu dem vorausgehenden, einem Gemälde, war dies eine Radierung.*
- Bildaufbau: *Der Hauptanteil der Zeichnung liegt im linken Drittel, wodurch eine Diagonale entsteht.*

5.4.2.4 Das vorgestellte Kategorien-System im Überblick

Merkmal	Kategorien	Abk.
Objekt-Differenzierung	Objekte	OO
	Personen	OP
	geometrische Figuren	OG
	Kennzeichen	OK
	Detail	OD
Numerischer Aspekt	Mengen	NM
Visuelle Aspekte	Form	VO
	Größe	VG
	Farbe	VF
	Helligkeit/Dunkelheit	VHD
	Kontrast	VK
Relationsangaben	Handlungsrelation	HR
Räumlichkeit	Lokalisation	RL
	Fläche	RF
	Plastizität	RP
	Bewegung	RB
	Distanz	RD
	Schatten	RS
Phantasie-Aspekte	Hypothesen-Bildung	PH
	Assoziationen	PA
übergeordnete Merkmale:		
Kohärenz	kohärent	KO
	inkohärent	IK
Ausgangsmodus	Gesamt-Betrachtung	AG
	Teil-Betrachtung	AT

Bildungsaspekte	Wissen	BW
	Technik	BT
	Bildaufbau	BA

5.4.2.5 Auswertung

5.4.2.5.1 Gedächtnis und Phantasie

Visuelles Gedächtnis gilt als die Summe aller Objekt-Differenzierungen + visueller und numerischer Aspekte + Relationsangaben + Räumlichkeit.

Phantasie gilt als die Summe aller Hypothesen + Assoziationen

5.4.2.5.2 Inhaltsanalytische Auswertung – Datenerhebung und -Analyse

Die von 38 VPn während der EEG-Registrierung aufgenommenen Verbal-Protokolle wurden transkribiert und im Anschluß daran einer Inhaltsanalyse unterzogen. Die Erhebung der Daten erfolgte mittels des Signierungs-Systems – siehe oben (5.4.2.3). Die registrierten Häufigkeiten wurden in extra dafür konstruierte Tabellen aufgenommen und eingetragen (siehe exemplarisches Beispiel und Tabelle im *Anhang).* Zur Überprüfung der Reliabilität des Kategorien-Systems wurden die Beurteilungen von zwei Codierern eingeholt. Die Übereinstimmung in % wurde durch einen Index nach Ritsert (1975) erstellt. Von den Protokollen wurden 20 nach dem Zufall gewählt. Die beiden Codierer stimmten zu 80% überein, womit die Reliabilität für die Auswertung von Verbal-Protokollen als zufriedenstellend beurteilt werden kann.

Zur Darstellung der Ergebnisse mußten die erhobenen Daten einer statistischen Analyse unterzogen werden. Deren Vorstufe bildete die Häufigkeits-Auszählung der inhaltsanalytischen Kategorien; wobei das Zuordnen einer Verbal-Äußerung zu einer bestimmten Kategorie jeweils mit „1" protokolliert wurde. Die Weiterverarbeitung des durch Inhaltsanalyse gewonnenen Datenmaterials erfolgte mittels EDV am Rechenzentrum der Universität Wien. Als EDV-Software stand das SPSS – Statistical Package for the Social Sciences zur Verfügung. Die Summe der Häufigkeiten wurde zuerst für jede Kategorie über ein Bild und im Anschluß daran für jedes Merkmal über sämtliche Bilder aller Personen einer Gruppe errechnet. Für die weiteren Auswertungsschritte und die Anwendung multi-variater Verfahren siehe EDV-mäßiges Vorgehen 5.4.1.2.[3]

5.5 Darstellung der Ergebnisse

Ergebnisse der EEG-Parameter

Lassen sich im EEG, entsprechend der Formulierung der Hypothesen H0-01 und H0-02, charakteristische Unterschiede für das Betrachten von Bildern, für das Erinnern von Bildern und für das Imaginieren eines eigenen Bildes finden? Weiters: Läßt sich ein Unterschied beim Betrachten und Memorieren einzelner Bilder (Jordaens, Rem-

[3] Herrn R. Wytek (EDV-Zentrum der Universität Wien) bin ich für die Organisation und den mühelosen Ablauf der Auswertung zu Dank verpflichtet.

brandt, Kandinsky und Holbein) entsprechend der Hypothesen H1-03 und H1-04 nachweisen?

Zur Untersuchung dieser grundlegenden Fragestellungen wurden beide Gruppen – ohne Bezugnahme auf ihre Unterschiedlichkeit – zu einer *Gesamt*-Gruppe zusammengefaßt (N = 38). Die EEG-Registrierung bezieht sich somit für diese Fragestellung bei 38 VPn auf eine Gesamtzeit von je 6 Stunden für die Aufgabenstellungen BB und BM, 1 Stunde und 16 Minuten für das Entwerfen eines eigenen Bildes und 3 Stunden und 48 Minuten für das Spontan-EEG.

5.5.1 Signifikante EEG-Änderungen in der Gesamt-Gruppe

5.5.1.1 Amplituden-Änderungen in der Gesamt-Gruppe (N = 38) ***während*** der Tätigkeiten Bild-Betrachten – ***BB*** (1. Spalte), Bild-Memorieren – ***BM*** (2. Spalte) ***und*** dem

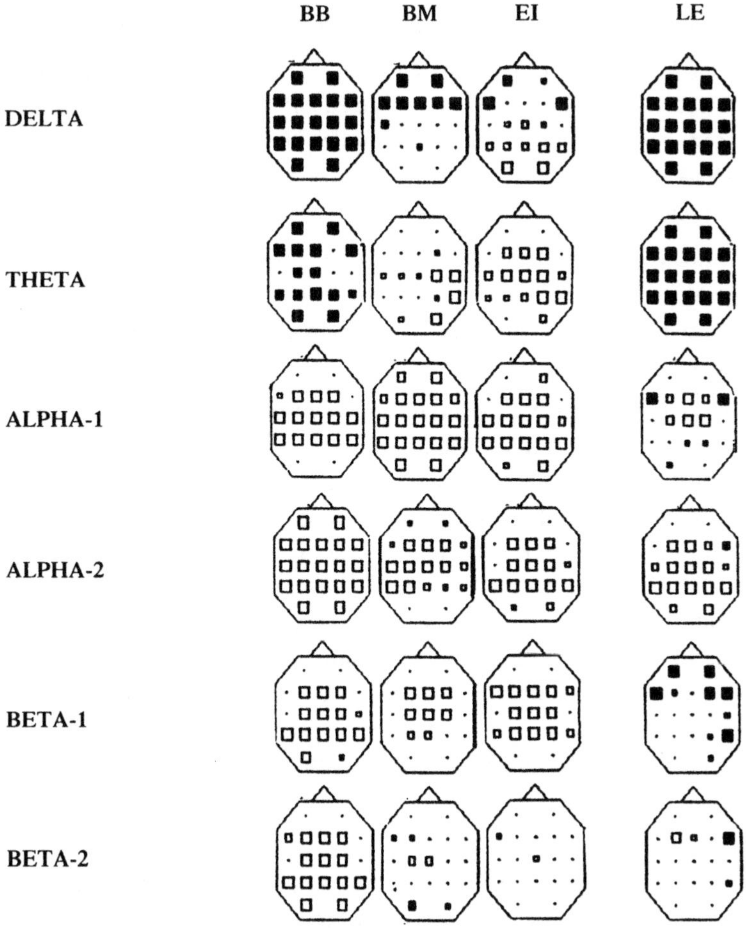

Abb. 11. Signifikante Amplituden-Änderungen in der Gesamt-Gruppe (N = 38) beim Bild-Betrachten – BB, Bild-Memorieren – BM und dem Eigen-Entwurf – EI gegenüber dem gemittelten Ruhe-EEG

Eigen-Entwurf – ***EI*** (3. Spalte) gegenüber dem gemittelten Ruhe-EEG für 6 Frequenzbänder.

In Abb. 11 bedeuten bezüglich Amplituden-Änderungen ausgefüllte Quadrate signifikante Amplituden-Zunahmen bzw. leere Quadrate Abnahmen. Die Höhe der Signifikanz $p < 0.05$ und $p < 0.01$ wird durch unterschiedliche Größe der Quadrate symbolisiert.

Für den 1. Parameter, die *Amplitude,* lassen sich folgende Aussagen bezüglich aller VPn und aller Bilder treffen:

5.5.1.1.1 Während der Bild-Betrachtung kommt es zu generalisierten Zunahmen im Delta-Bereich. Die Zunahmen im Theta-Band beschränken sich vorwiegend auf frontal und occipital. In den Alpha- und Beta-Bändern gibt es generalisierte signifikante Abnahmen der Amplituden. Ausgenommen davon sind jedoch die frontopolaren Regionen in Alpha-1 und in den Beta-Bändern sowie die occipitalen Regionen in Alpha-1.

5.5.1.1.2 Während der Bild-Erinnerung reduzieren sich sowohl Zunahmen als auch Abnahmen der Amplituden insgesamt. Im Unterschied zu BB treten im Theta-Band nur signifikante Abnahmen, parieto-temporo-occipital, und zwar rechts wesentlich stärker als links, auf. Im Delta-Band zeigen sich die Zunahmen nur noch frontal und im Beta-2-Band nimmt die Amplitude beidseitig occipital zu.

5.5.1.1.3 Der Eigen-Entwurf zeigt starke Ähnlichkeit bezüglich des Amplituden-Musters mit BM. Amplituden-Zunahmen- und -Abnahmen reduzieren sich insgesamt noch etwas mehr, im Theta-Band dehnen sich die Abnahmen im Gegensatz zu BM auch auf die linke Hemisphäre aus.

5.5.1.2 Kohärenz-Änderungen in der Gesamtgruppe ***während*** der Tätigkeiten ***BB, BM, EI*** gegenüber dem gemittelten Ruhe-EEG.

Abbildungen 12–14: In diesen Darstellungen von Kohärenz-Änderungen gegenüber dem Ruhe-EEG für BB (Abb. 12), BM (Abb. 13) und EI (Abb. 14) – [Vertikale Reihen: 1. linke Hemisphäre (LH), 2. rechte Hemisphäre (RH), 3. interhemisphärische Verbindungen (IH) und horizontale Reihen: Frequenzbereiche] – bedeuten ausgezogene Linien signifikante Kohärenz-Zunahmen, während strichlierte die entsprechenden Abnahmen anzeigen. Die Höhe der Signifikanz wird durch die Stärke der Linien symbolisiert. Wegen der Fülle des Datenmaterials beschränken sich die Abbildungen auf einige charakteristische Ergebnisse.

Für den 2. Parameter *Kohärenz* lassen sich bei Betrachtung der Frequenzbänder folgende Aussagen aller VPn und Bilder treffen:

5.5.1.2.1 Delta-Band

Intrahemisphärisch: Das dargestellte Kohärenz-Muster präsentiert sich für jede der drei Aufgaben äußerst verschieden. Der größte Unterschied bezüglich der Kohärenzen besteht zwischen BB und BM. Als auffälligstes Muster erweist sich BB. Dabei zeigen sich – im Gegensatz zu EI und vor allem zu BM, von den Kohärenz-Zunahmen der temporalen Elektroden T3 und T4 abgesehen – Kohärenz-Abnahmen; besonders ausgeprägt

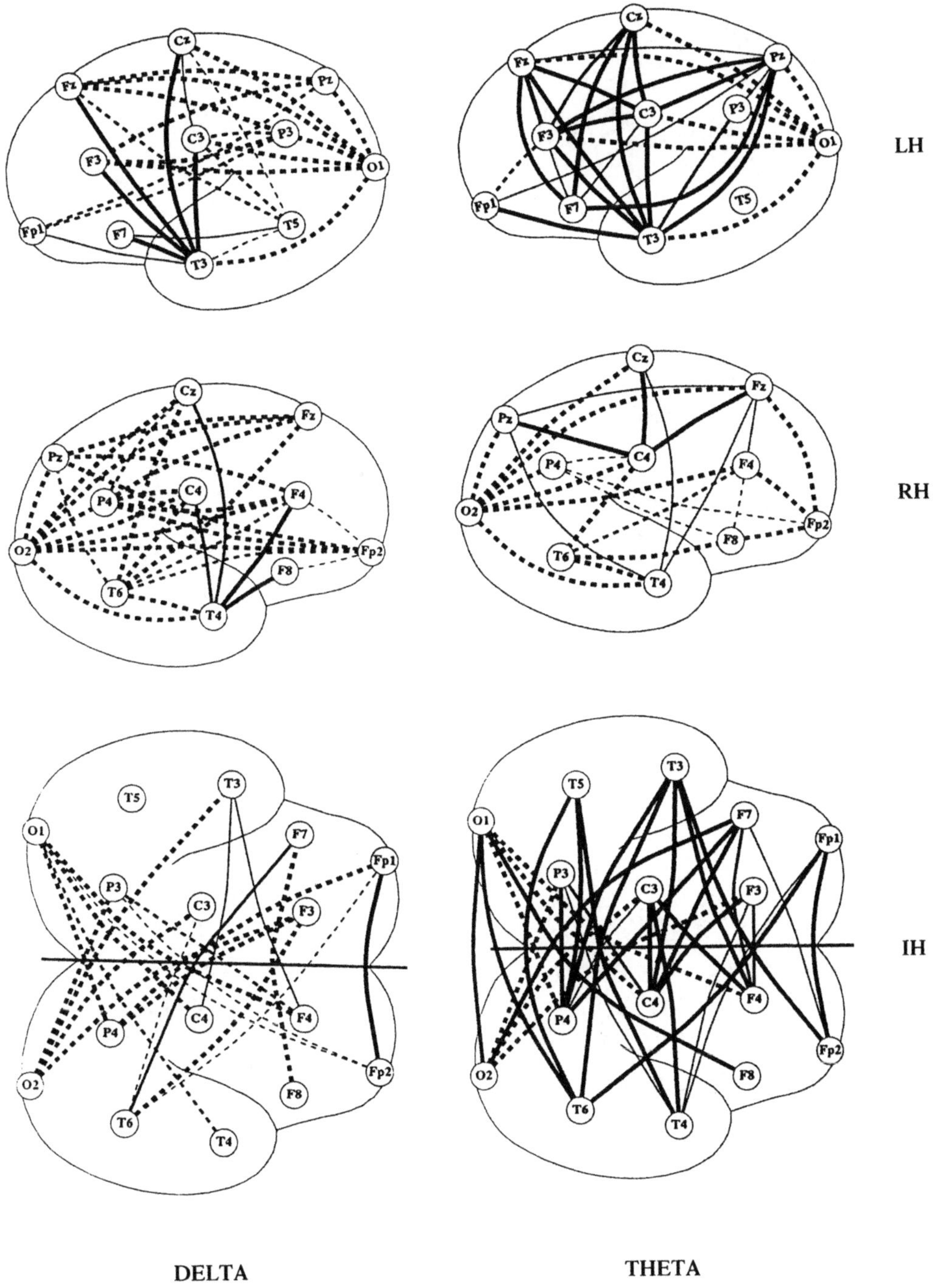

Abb. 12. Signifikante Kohärenz-Änderungen gegenüber Ruhe für Bild-Betrachten N = 38

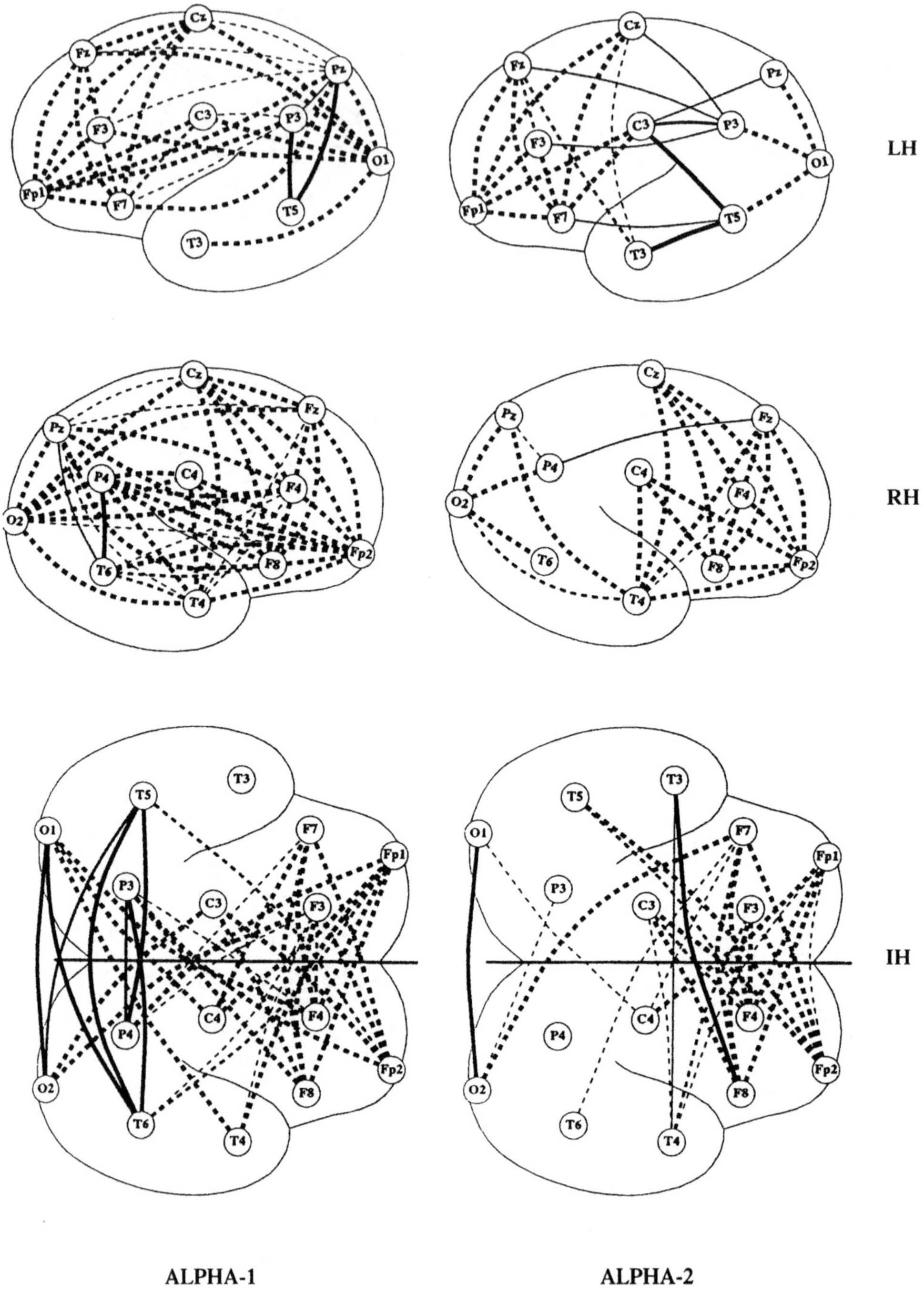

Abb. 12.

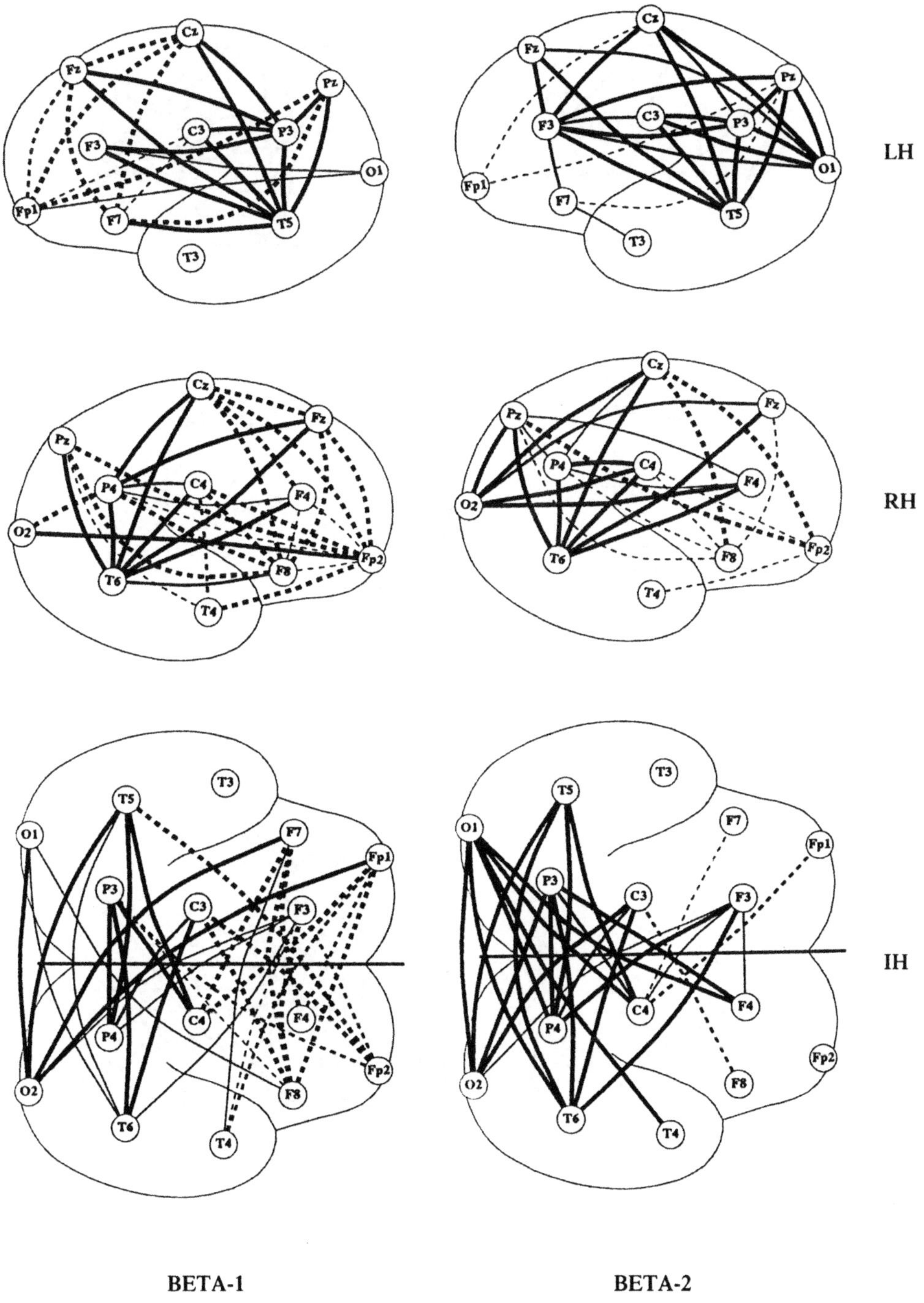

Abb. 12.

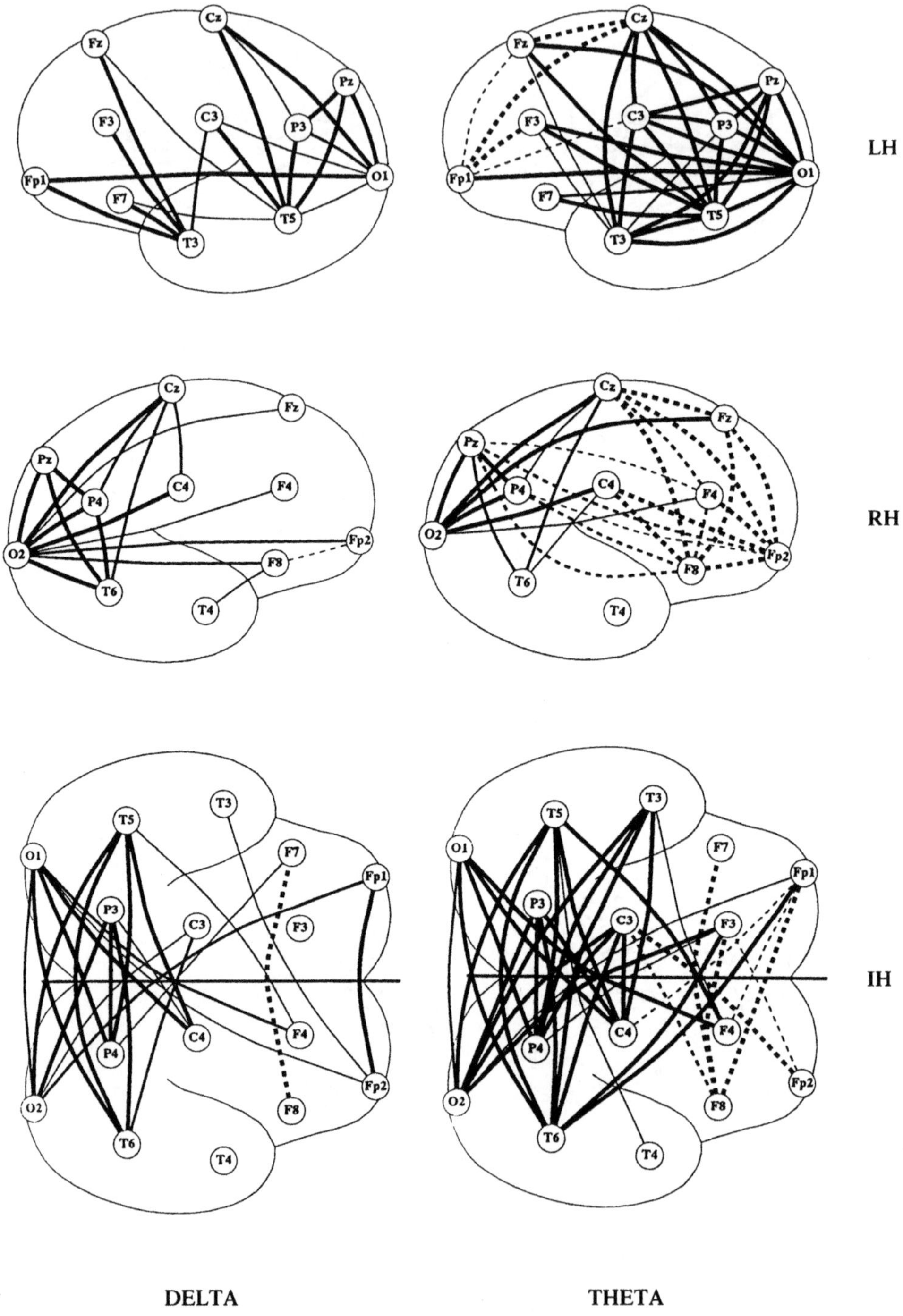

Abb. 13. Signifikante Kohärenz-Änderungen gegenüber Ruhe für Bild-Memorieren N = 38

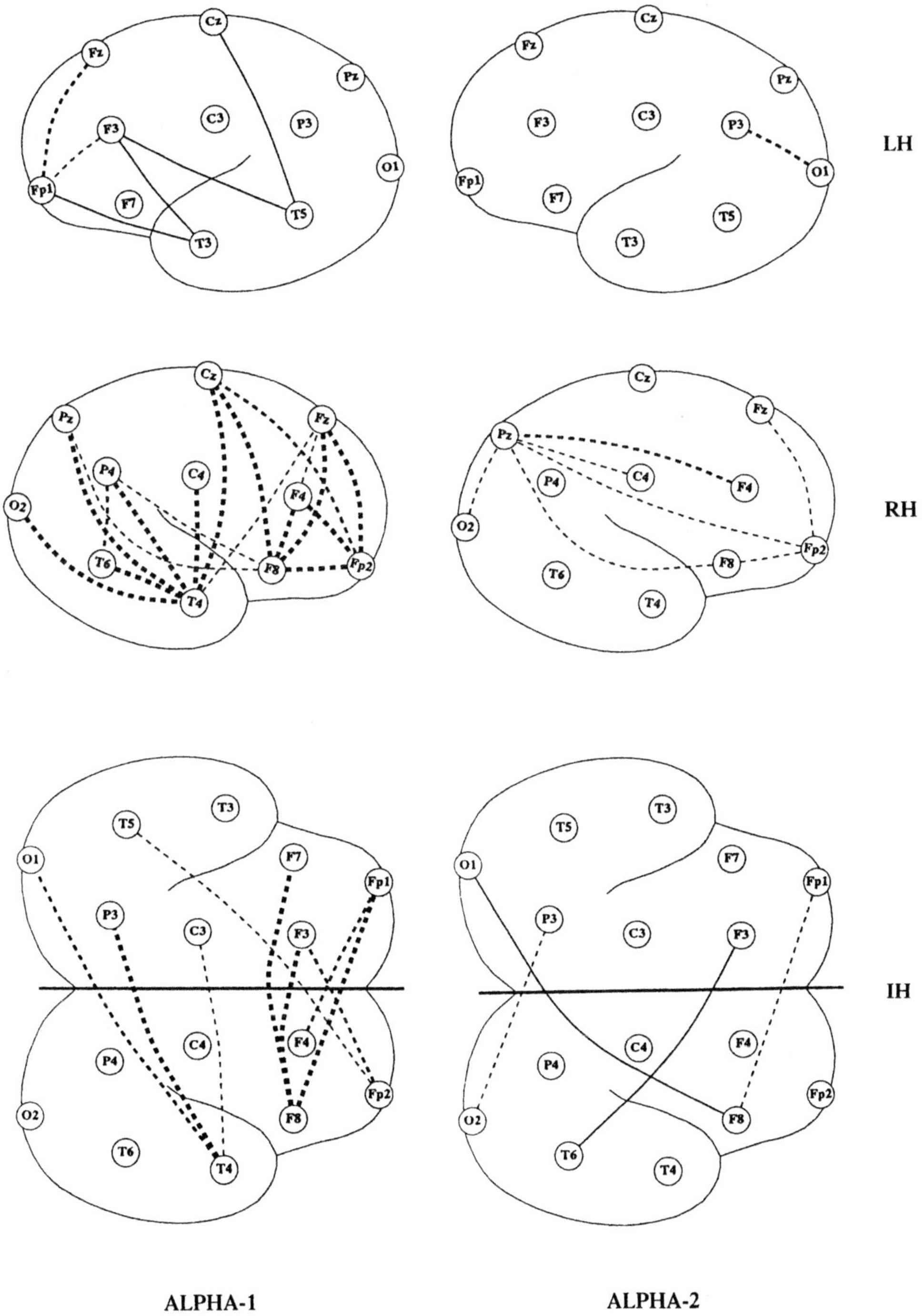
LH
RH
IH
ALPHA-1
ALPHA-2
Cz
Fz
Pz
F3
C3
P3
O1
Fp1
F7
T5
T3
P4
C4
F4
O2
T6
F8
Fp2
T4

Abb. 13.

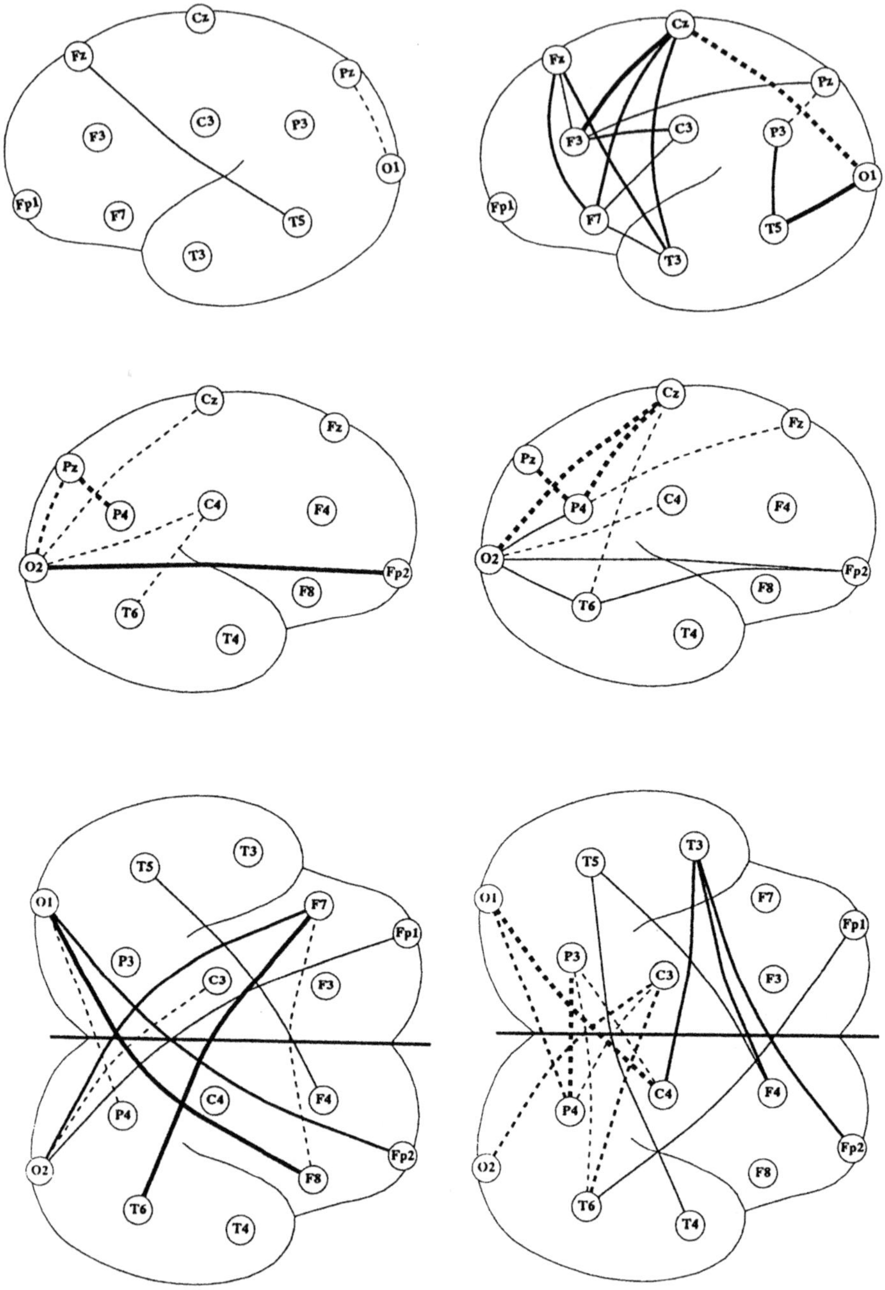

LH

RH

IH

BETA-1 BETA-2

Abb. 13.

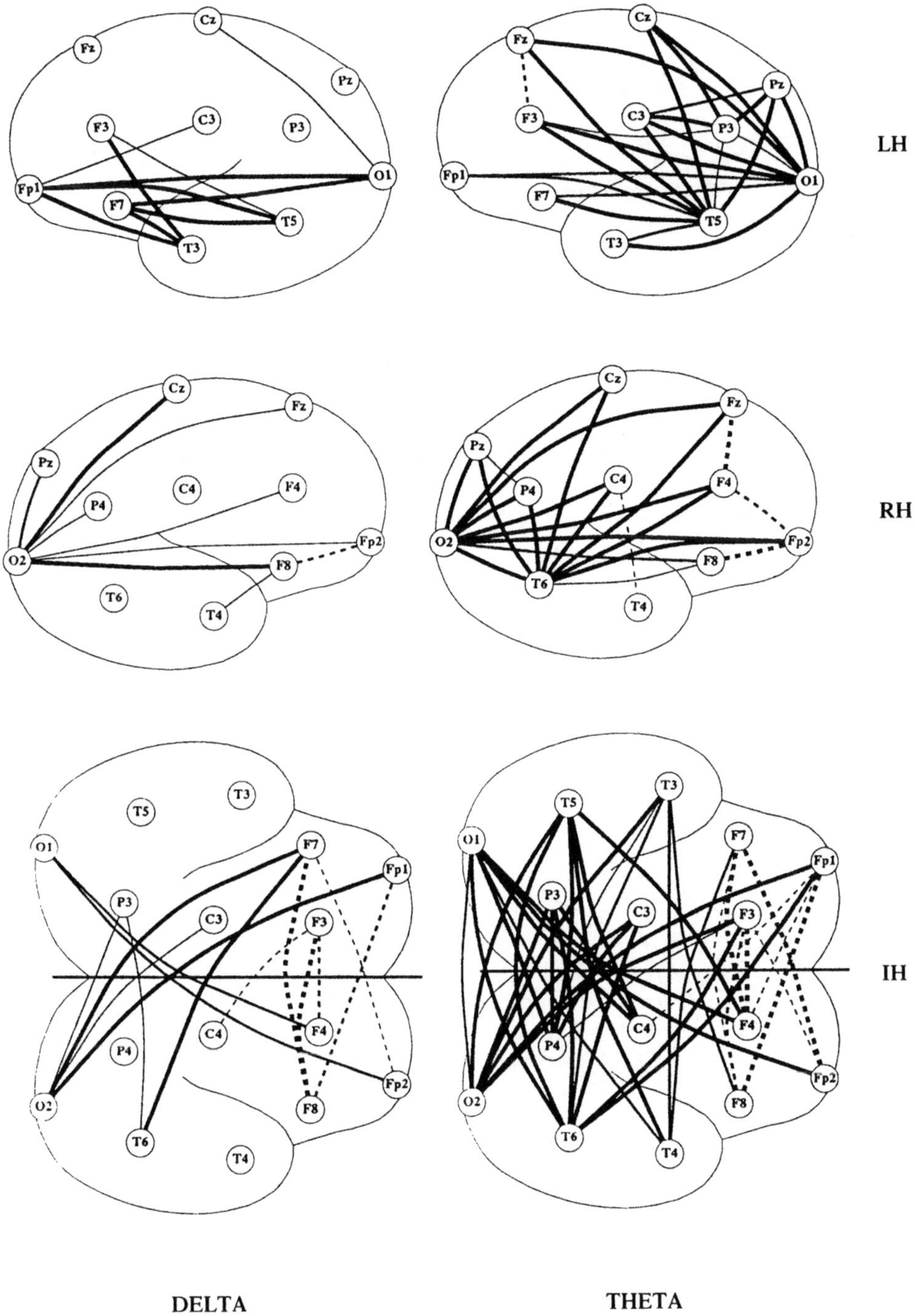

Abb. 14. Signifikante Kohärenz-Änderungen gegenüber Ruhe für Bild-Entwerfen N = 38

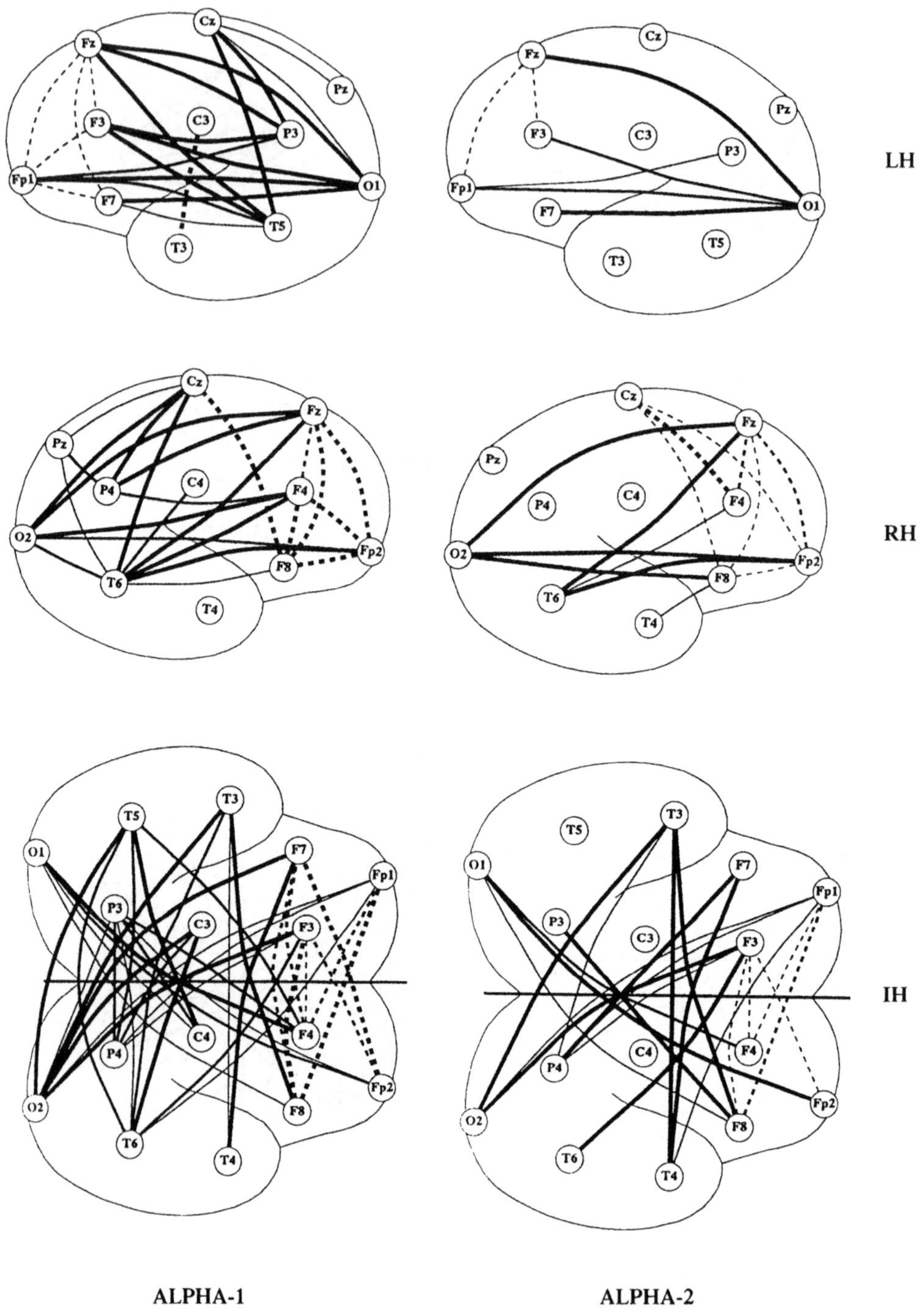
LH
RH
IH
ALPHA-1
ALPHA-2
Fz
Cz
Pz
F3
C3
P3
Fp1
F7
O1
T5
T3
F4
C4
P4
Fp2
F8
O2
T6
T4

Abb. 14.

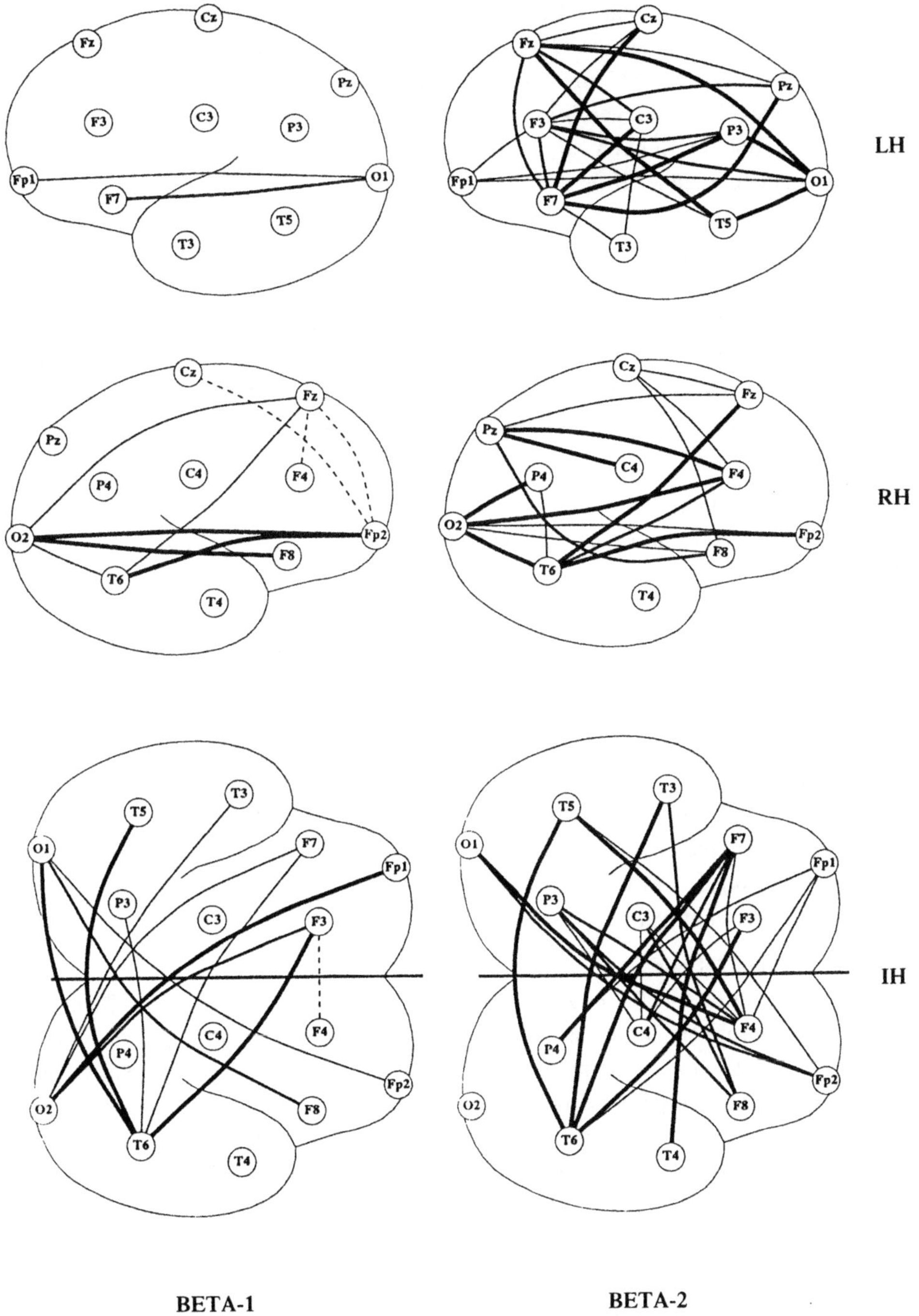
LH
RH
IH
BETA-1
BETA-2
Cz
Fz
Pz
F3
C3
P3
Fp1
O1
F7
T5
T3
P4
C4
F4
O2
Fp2
F8
T6
T4

Abb. 14.

sind diese in den occipitalen Regionen. Bei BM finden sich beiderseits occipitale Schwerpunkte von Zunahmen, die nach frontal ziehen. Insgesamt betrachtet erweisen sich die Zunahmen bei BM am stärksten. Für BM und EI fallen beidseitig ipsilaterale weitreichende Verbindungen signifikant zunehmender Kohärenz von occipital bis in den frontopolaren Bereich auf, während bei BB sich eine weitreichende Verbindung signifikant abnehmender Kohärenz RH darstellt.

Interhemisphärisch (IH) finden sich Verkoppelungen im hinteren Schädelbereich bei BM parieto-temporo-occipital lokalisiert am stärksten, während bei BB posteriore Regionen entkoppelt werden. Die frontopolaren Regionen arbeiten sowohl bei BB als auch bei BM – im Unterschied zu EI – zusammen. Verkoppelungen über den posterioren Bereich treten ausschließlich bei BM auf. Insgesamt stehen kontralaterale Verbindungen bei BB, jedoch auch bei EI im Vordergrund. Während diese Verbindungen bei EI Zunahmen der Kohärenz betreffen, stellen sich diese bei BB als Abnahmen der Kohärenz dar.

5.5.1.2.2 Theta-Band

Intrahemisphärisch: Im Theta-Band herrschen bei allen Aufgaben vor allem linkshemisphärisch Kohärenz-Zunahmen vor, besonders um die temporalen Elektroden, und, von BB abgesehen, vor allem im occipitalen Bereich. Bei den Aufgaben kommt es in den frontalen Regionen zu Abnahmen, bei BB auch zusätzlich im occipitalen Bereich. Bei einem Vergleich mit dem Delta-Band zeigt sich, daß die Kohärenzen bei allen Aufgaben, vor allem jedoch bei EI im Theta-Band zugenommen haben.

Was die *interhemisphärischen* Aktivitäten betrifft, zeigen die Kohärenz-Muster von BM und EI starke Ähnlichkeit. Die ausgeprägtesten interhemisphärischen Kohärenz-Zunahmen finden sich bei BB, bei EI vor allem starke kontralaterale Zunahmen zwischen occipital und frontal, jedoch auch temporal. Frontale Entkoppelungen finden sich bei BM und EI, im Gegensatz zu BB, wo ebenfalls parieto-occipitale Bereiche voneinander getrennt werden.

5.5.1.2.3 Alpha-1-Band

Hier kommt es für den imaginativen Entwurf im Vergleich mit dem Theta-Band kaum zu Änderungen, immer noch herrschen die gekreuzten und ungekreuzten Verbindungen vor. Die Kohärenzmuster vor allem für BM und BB gegenüber Theta ändern sich grundsätzlich. Folgende Unterschiede treten auf: Bei BB überwiegen nun sowohl intra- als auch interhemisphärische Kohärenz-Abnahmen. Die Entkoppelungen sind rechtshemisphärisch besonders stark. Auch bei BM zeigen sich Kohärenz-Abnahmen, jedoch völlig unterschiedlich zu BB; rechtshemisphärisch sind sie ebenfalls stärker als links.

IH: Die stärksten interhemisphärischen Veränderungen betreffen BM; es gibt ausschließlich Kohärenz-Abnahmen, diese vorwiegend frontal. Massive Entkoppelungen über alle Bereiche – auch frontopolar-occipital – zeigen sich bei BB, bei gleichermaßen lokalisierter, zunehmender Kohärenz über den posterioren Regionen. Das Kohärenz-Muster für Alpha-1 bei EI unterscheidet sich hingegen kaum von dem Theta-Muster.

5.5.1.2.4 Alpha-2-Band

Insgesamt betrachtet sind die Änderungen in Alpha-2 bei allen Aufgaben etwas geringer als in Alpha-1. BB ist vor allem wiederum durch Abnahmen gekennzeichnet. Bei BM gibt es nur zwei Abnahmen, eine Beteiligung für diese Aufgabe ist kaum mehr gegeben. Bei EI sind immer noch laterale und kontralaterale Verbindungen zunehmender Kohärenz vorhanden, die auf starke Zusammenarbeit der Hemisphären verweisen.

IH liegen bei BB frontale Entkoppelungen vor und bei EI Zunahmen zwischen occipitalen und frontalen Regionen.

5.5.1.2.5 Beta-1-Band

In diesem Band fällt die Aufgabe BB einerseits durch ihre Unterschiedlichkeit im Vergleich mit BM und EI auf, andererseits durch massive Veränderungen heraus; es ist durch zahlreiche intra- und interhemisphärische Kohärenz-Zunahmen und frontale -Abnahmen charakterisiert. Zusätzlich und im Vergleich zu den vorangegangenen Frequenzbereichen treten jetzt bei BB intra- und interhemisphärisch *temporale Zunahmen* auf, dabei sind die Kohärenz-Muster der linken und rechten Hemisphäre einander ähnlich, somit ausgewogen. Auffallend für alle drei Aufgaben sind beidseitig ausgedehnte Kohärenz-Zunahmen (ausgenommen BM, LH) zwischen occipital und frontopolar.

5.5.1.2.6 Beta-2-Band

Während bei EI und BB eine gewisse Übereinstimmung der Muster gegeben ist, stellt sich dieses für BM völlig anders dar. Im Vergleich zu Beta-1 gibt es bei EI einige Veränderungen. Bei BB und EI finden sich überwiegend Kohärenz-Zunahmen. Keine einzige Kohärenz-Abnahme bei EI und im Vergleich zu den Zunahmen wenige Abnahmen bei BB und BM. Für BB ist das Kohärenz-Muster einigermaßen stabil geblieben und gleicht intrahemisphärisch dem Beta-1-Band. Zusätzlich werden die Abnahmen insgesamt weniger, und es kommt parieto-occipital zu einer noch stärkeren Zusammenarbeit.

IH verstärkt sich bei BB die Verkoppelung in den parieto-occipitalen Bereichen, und die Zunahmen dehnen sich bis in den frontalen Bereich hinaus aus. Bei EI kommt es zur Kooperation frontaler und temporaler Regionen.

Zusammengefaßt läßt sich feststellen, daß Bild-Betrachten, Bild-Memorieren und Entwerfen eines eigenen Bildes in der Vorstellung sich in ihren Kohärenz-Mustern einerseits wesentlich vom Ruhe-EEG und andererseits auch untereinander unterscheiden.

Bei Betrachtung aller Frequenzbänder ist für den Eigen-Entwurf zu bemerken, daß *weitreichende Verbindungen* signifikant zunehmender Kohärenz sowohl ipsi- als auch kontralateral sich in *allen* Frequenzbändern zeigen. Es ist daher anzunehmen, daß das Auftreten dieser *Invarianz für den schöpferischen Vorgang* typisch und daher von Bedeutung sein könnte.

5.5.1.3 Kohärenz-Änderungen in der Gesamt-Gruppe (N = 38) beim ***Betrachten der einzelnen Bilder*** von *Jordaens, Rembrandt, Kandinsky und Holbein.*

JORDAENS REMBRANDT

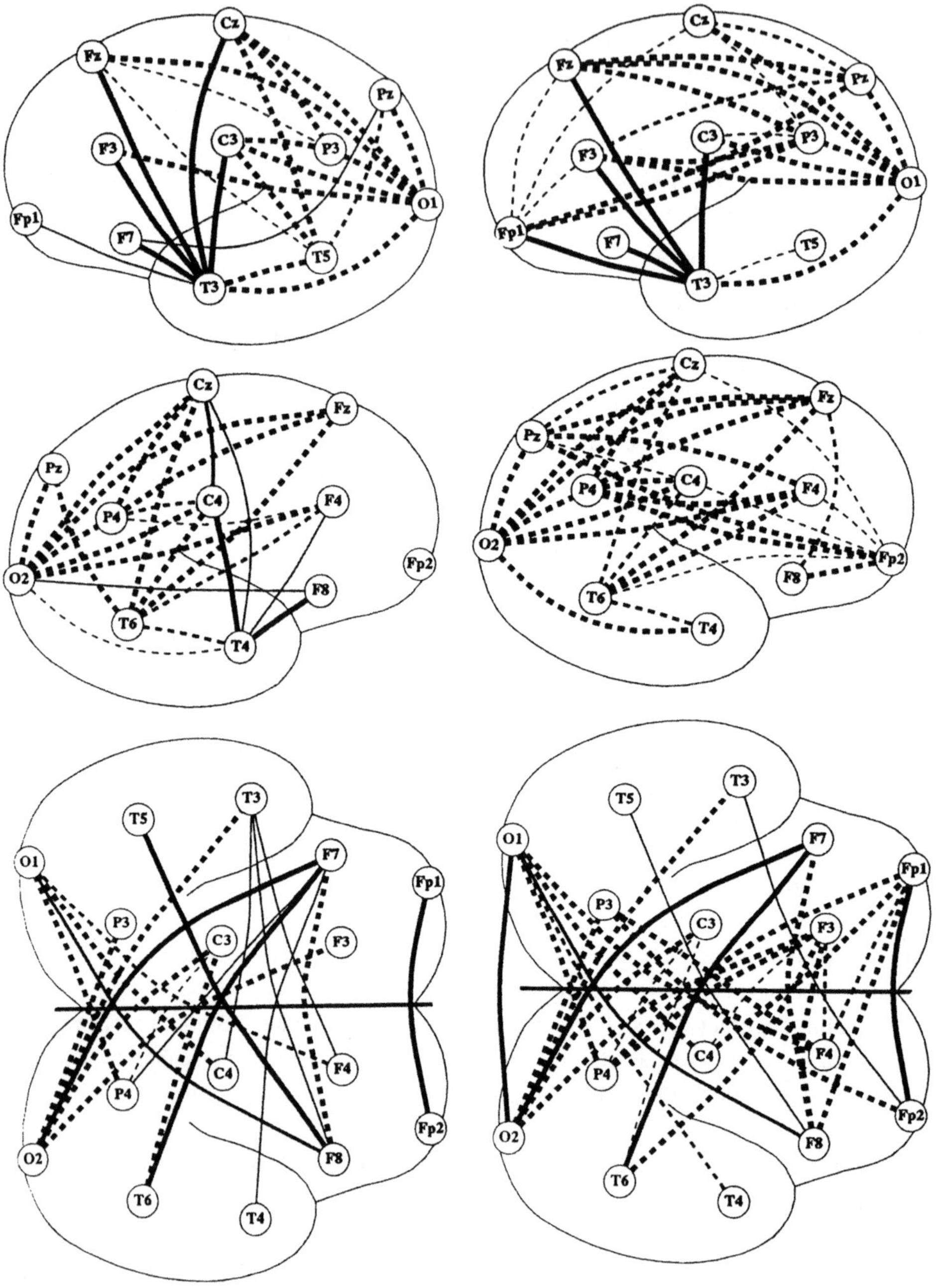

Abb. 15. Signifikante Kohärenz-Änderungen gegenüber Ruhe für Bild-Betrachten im Delta-Band N = 38

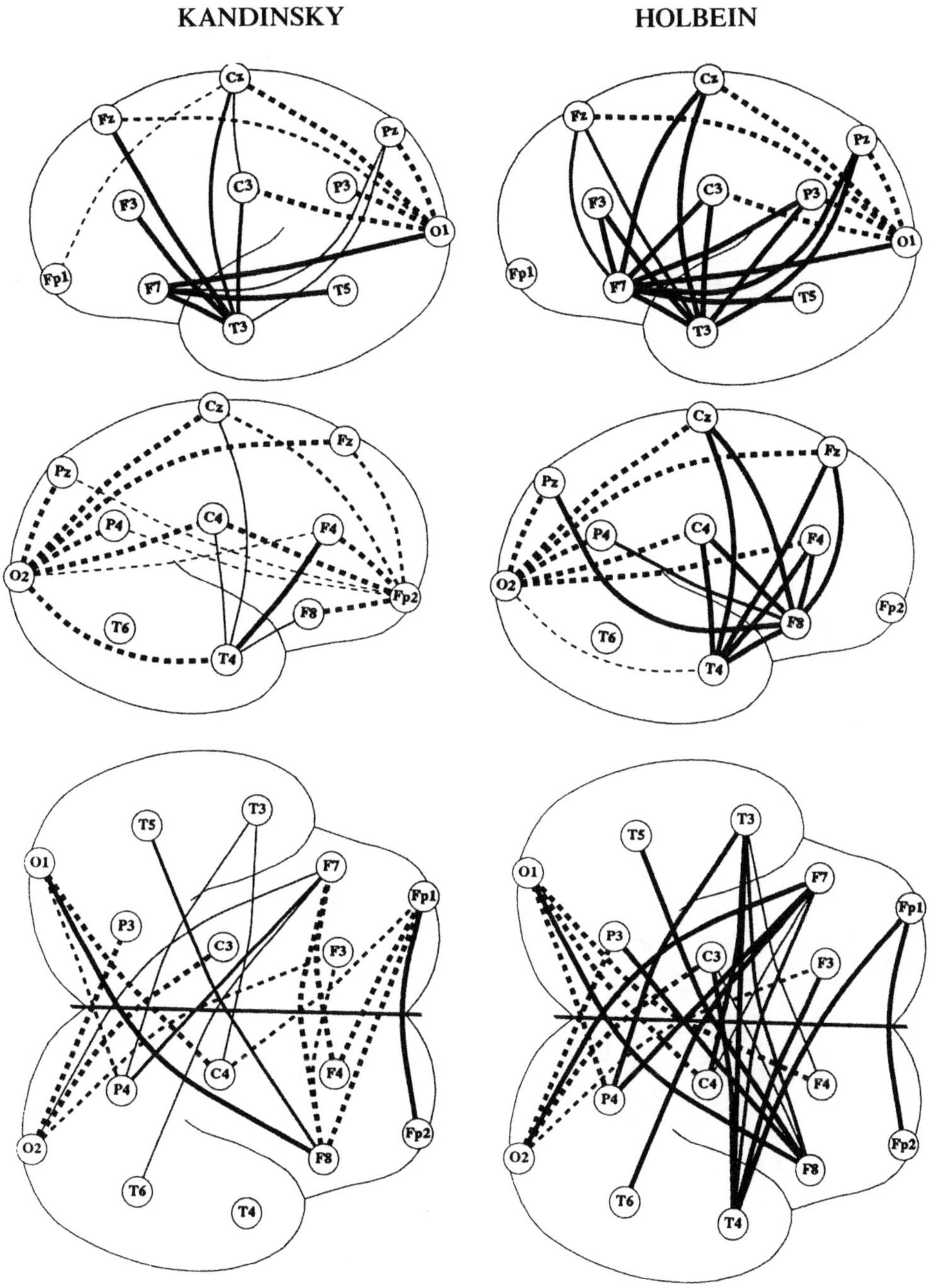
KANDINSKY
HOLBEIN
Cz
Fz
Pz
C3
P3
F3
O1
Fp1
F7
T5
T3
Cz
Fz
Pz
C3
P3
F3
O1
Fp1
F7
T5
T3
Cz
Fz
Pz
P4
C4
F4
O2
Fp2
F8
T6
T4
Cz
Fz
Pz
P4
C4
F4
O2
Fp2
F8
T6
T4
T5
T3
O1
F7
Fp1
P3
C3
F3
C4
F4
P4
O2
F8
Fp2
T6
T4
T5
T3
O1
F7
Fp1
P3
C3
F3
C4
F4
P4
O2
F8
Fp2
T6
T4

Abb. 15.

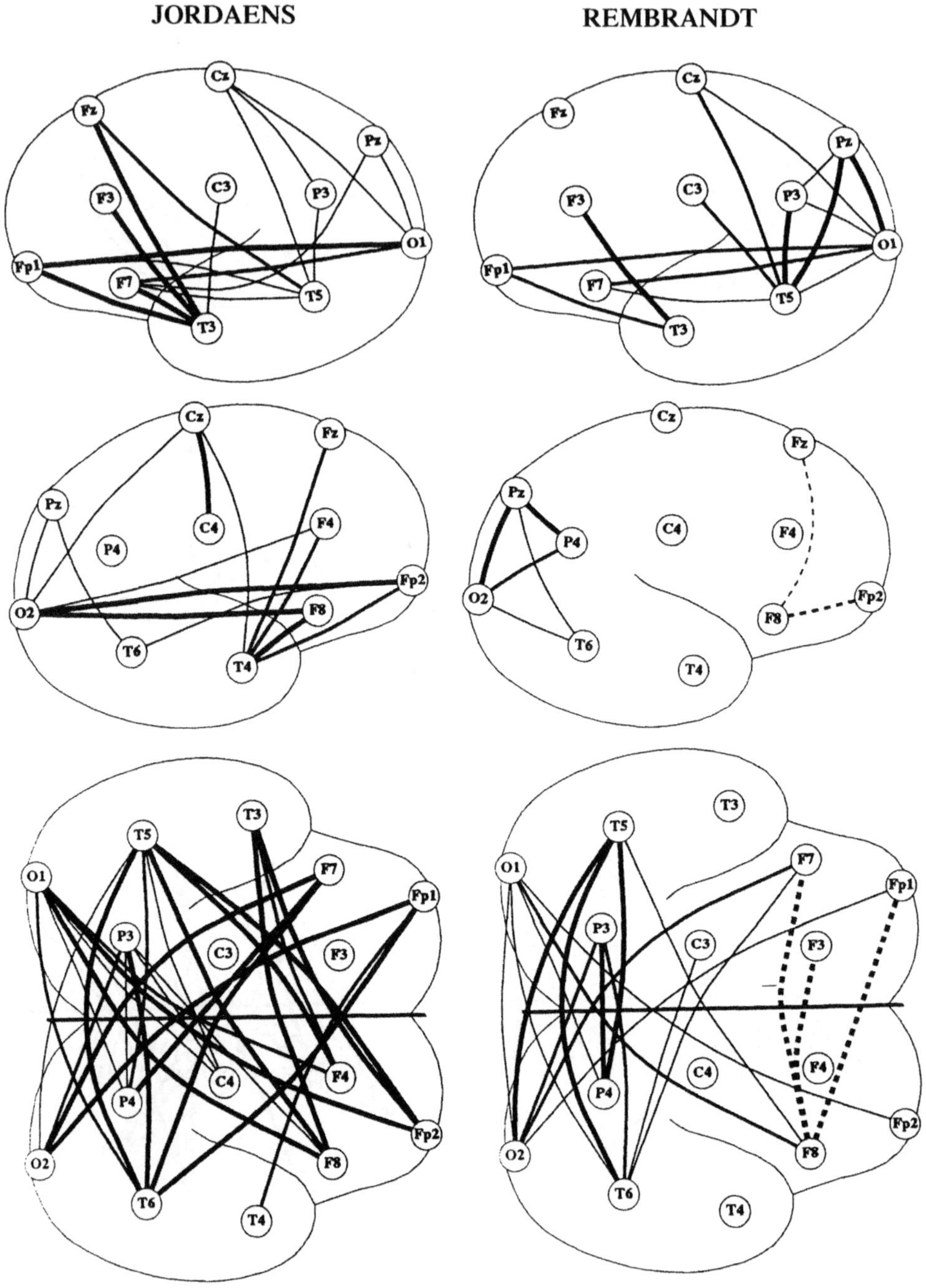

Abb. 16. Signifikante Kohärenz-Änderungen gegenüber Ruhe für Bild-Memorieren im Delta-Band N = 38

KANDINSKY HOLBEIN

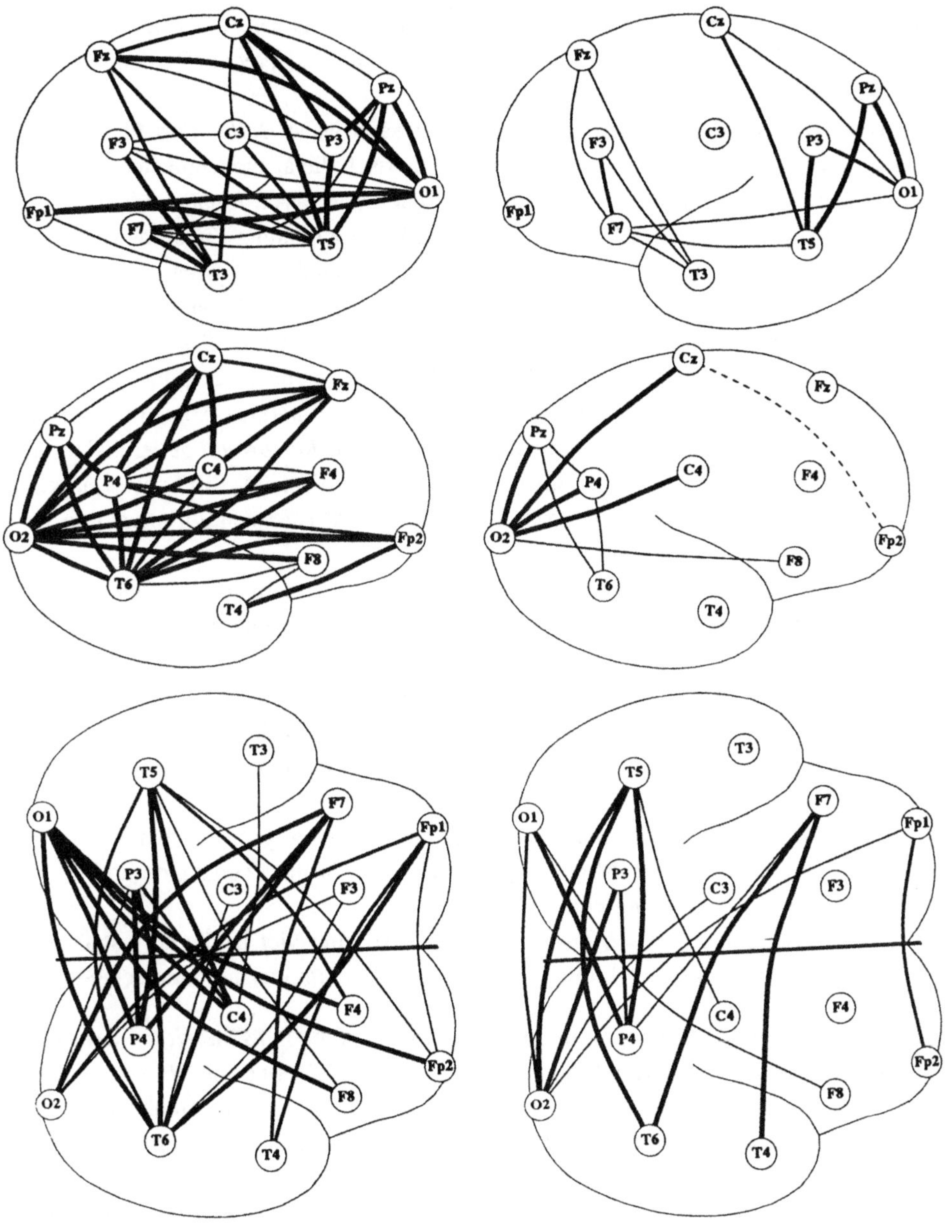

Abb. 16.

Da eine detaillierte Beschreibung jedes der vier Bilder den Rahmen der Arbeit derzeit überschreiten würde, wird die Betrachtung des *Delta-Frequenzbandes* zur eingehenden Erläuterung herausgenommen und vertikal nach den Malern sowie horizontal nach den Darstellungs-Modi (linke Hemisphäre – LH, rechte Hemisphäre – RH, interhemisphärisch – IH) gegliedert (Abb. 15).

Bei Betrachtung der Kohärenz-Muster insgesamt weist *Holbein* im Vergleich mit den anderen sowohl intra- als auch interhemisphärisch die ausgedehntesten Kohärenz-Zunahmen – und damit das abweichendste Ergebnis, RH von *Rembrandt* abgesehen, auf. Auch für die LH fällt *Holbein* mit den stärksten Kohärenz-Zunahmen und *Rembrandt* als einzige Schwarz-weiß-Graphik mit den weitläufigsten Kohärenz-Abnahmen unter den Bildern heraus. Als Schwerpunkt von Kohärenz-Zunahmen bei allen Bildern können T3 und T4 – *Rembrandt* RH ausgenommen – gelten, bei *Holbein* und *Kandinsky* zusätzlich das Kohärenz-Bündel um F7 mit Aktivierungen nach occipital.

RH treten – *Holbein* ausgenommen – bei allen Bildern stärkere Abnahmen auf: *Holbein* zeigt die meisten Kohärenz-Zunahmen um T4 und *Rembrandt* generalisierte und weitläufige Kohärenz-Abnahmen über die gesamte Hemisphäre. Ein Schwerpunkt der Abnahmen liegt für alle Bilder in 02. Die Kohärenz-Muster von *Jordaens* und *Kandinsky* ähneln hier einander am meisten.

IH: Posteriore Entkoppelungen treten bei allen vier Bildern auf, bei *Rembrandt* am stärksten, von wo aus sie sich bis weit in den frontalen Bereich erstrecken. *Holbein* weist die stärksten Kohärenz-Zunahmen auf, vor allem temporal. Auch nimmt bei allen Bildern die interfrontopolare Verbindung zu, im Gegensatz dazu jedoch die interoccipitale nur bei *Rembrandt.* Als invariant bei allen Bildern gelten die kontralateralen interhemisphärischen Zunahmen, ausgehend von F8 nach T5 und 01 sowie von F7 nach T6 und 02.

Die stärksten interhemisphärischen Veränderungen zeigen sich bei *Rembrandt,* vorzugsweise mit Kohärenz-Abnahmen und bei *Holbein* mit -Zunahmen und der auffallend starken Verkoppelung von T3 – T4.

Für die Betrachtung des *Delta-Bandes* beim BB aller vier Bilder ist festzustellen, daß *Holbein* sich im Vergleich mit den anderen Malern am meisten unterscheidet.

5.5.1.4 Kohärenz-Änderungen in der Gesamt-Gruppe beim ***Memorieren der einzelnen Bilder*** von *Jordaens, Rembrandt, Kandinsky und Holbein* (Abb. 16).

Diese sind für das *Delta-Band* äußerst unterschiedlich. Es gibt beinahe ausschließlich Kohärenz-Zunahmen. *Kandinsky* zeigt sowohl intra- als auch interhemisphärisch die stärksten Zunahmen und insgesamt die stärksten Abweichungen im Vergleich mit den anderen Bildern. Abnahmen gibt es bei *Rembrandt* rechts- und interhemisphärisch frontal und bei *Holbein* eine rechtshemisphärische Abnahme (Cz – Fp2). Alle Bilder außer *Holbein* und *Rembrandt* führen RH bei BM zu weitreichenden Kohärenz-Zunahmen zwischen frontopolar und occipital. Ebenfalls sind bei allen Bildern Kohärenz-Zunahmen zwischen occipitalen und medianen Elektroden festzustellen.

Für die Betrachtung des *Delta-Bandes* bei BM aller vier Bilder ist festzustellen,

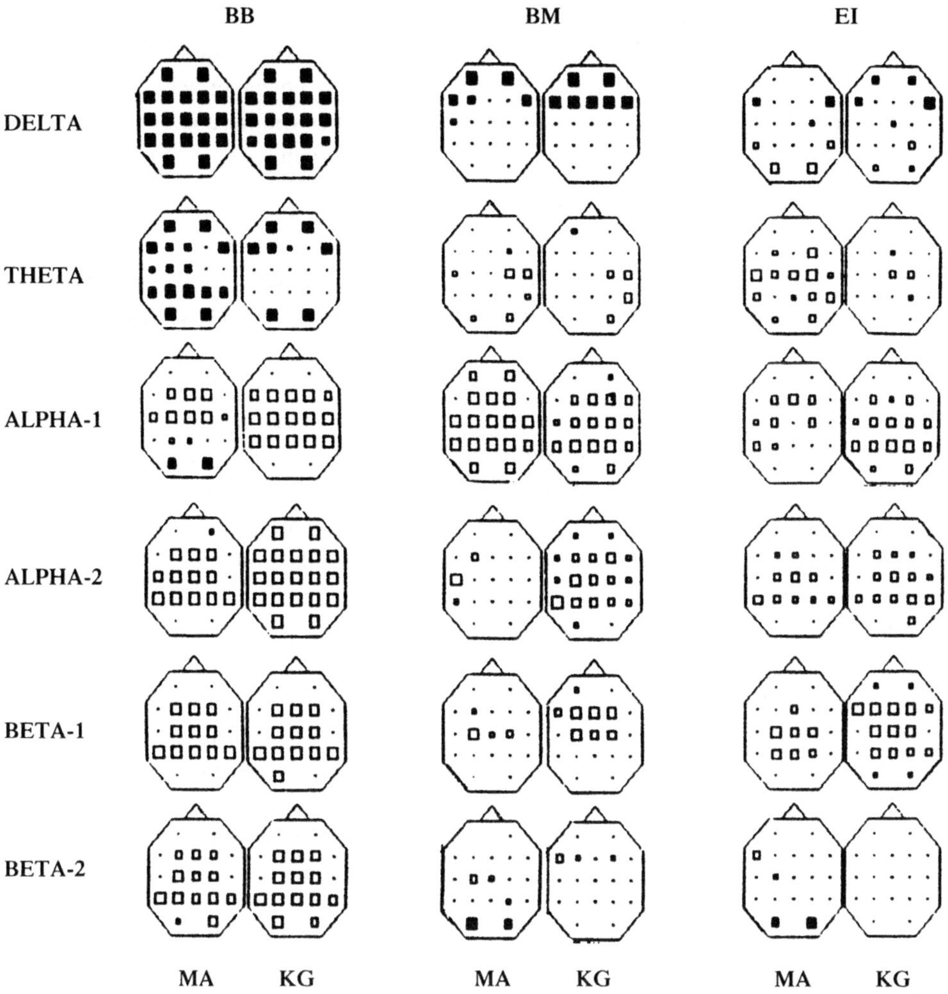

Abb. 17a, b, c. Signifikante Amplituden-Änderungen in den Gruppen (MA = KG = 19) beim (a) BB, (b) BM und (c) EI gegenüber dem gemittelten Ruhe-EEG

daß *Kandinsky* sich im Vergleich mit den anderen Malern am meisten unterscheidet.

Die Hypothesen H0-01 bis H0-04 müssen zugunsten der H1-01 bis H1-04 allesamt verworfen werden: Es lassen sich im EEG, entsprechend der Formulierung der Hypothesen (siehe zentrale Hypothesen 5.0), ***charakteristische Unterschiede in der Gesamt-Gruppe*** dokumentieren.

5.5.2 EEG-Unterschiede zwischen den Gruppen

Lassen sich im EEG – entsprechend der Formulierung der Hypothesen H1-05 und H1-06 – charakteristische Unterschiede für das Betrachten von Bildern, für das Erinnern von Bildern und für das Imaginieren eines eigenen Bildes zwischen den Gruppen der Künstlerinnen und Nicht-Künstlerinnen (n1 = n2 = 19) finden? Weiters: Läßt sich ein Unterschied beim Betrachten und Memorieren einzelner Bilder (*Jordaens, Rembrandt, Kandinsky* und *Holbein*) – entsprechend der Formulierung der Hypothesen H1-07 und H1-08 – zwischen den beiden Gruppen aufzeigen?

5.5.2.1 **Das EEG während des Bild-Betrachtens** (BB) aller vier Bilder im Vergleich zum Ruhe-EEG bezüglich der Parameter, Amplitude und Kohärenz.

5.5.2.1.1 ***Amplituden-Änderungen*** *in den Gruppen* (Malerinnen und Nicht-Malerinnen, n1 = n2 = 19) beim *Betrachten* ***aller Bilder*** im Vergleich zum Durchschnitts-Ruhe-EEG:

In Abb. 17 bezüglich *signifikanter Amplituden-Änderungen* während der Aufgaben (a) Betrachten, (b) Memorieren von Bildern und (c) Entwerfen eines Bildes in der Vorstellung im Vergleich zum gemittelten Ruhe-EEG für die 6 Frequenzbänder in schematisierten Hirnkarten mit eingezeichneten Elektrodenorten durch Quadrate symbolisiert – bedeuten ausgefüllte Quadrate signifikante Amplituden-Zunahmen bzw. leere Quadrate -Abnahmen. Die Höhe der Signifikanz $p < 0.05$ und $p < 0.01$ wird durch unterschiedliche Größe der Quadrate symbolisiert.

Unterschiede zwischen den beiden Gruppen sind – Delta ausgenommen – in fast allen Frequenzbändern zu finden. Die Theta-Aktivierung ist bei MA über der hinteren Schädelhälfte stärker als bei der KG und reicht occipital sogar ins Alpha-1-Band hinüber. Die oberen Frequenzbänder sind durch signifikante Abnahmen gekennzeichnet. Die Reduktion der Alpha-Amplituden ist für beide Alpha-Bänder bei MA geringer als in der Gruppe der Nicht-MA; bei diesen ist die Alpha-Desynchronisierung in beiden Alpha-Bändern ausgeprägter. Im Alpha-1-Band treten nur bei den Künstlerinnen beiderseits occipitale Aktivierungen auf.

5.5.2.1.2 ***Kohärenz-Änderungen*** *in den Gruppen* (MA und KG, n1 = n2 = 19 mittels Wilcoxon-Paarvergleich[4]) beim *Betrachten* ***aller Bilder*** im Vergleich zum Durchschnitts-Ruhe-EEG (Abb. 18 und Abb. 19.1, 19.2). In dieser Darstellung von signifikanten Kohärenz-Änderungen während des Betrachtens aller Bilder im Vergleich zum gemittelten Ruhe-EEG für 6 Frequenzbänder stellt die 1. vertikale Reihe die linke Hemisphäre (LH), die 2. die rechte (RH) und die 3. interhemisphärische Beziehungen (IH) dar. Es bedeuten die ausgezogenen Linien signifikante Kohärenz-Zunahmen, während strichlierte Linien die entsprechenden Abnahmen anzeigen. Die Höhe der Signifikanz $p < 0.05$ und $p < 0.01$ wird durch die Stärke der Linie symbolisiert.

Für das Bild-Betrachten lassen sich die deutlichsten Unterschiede zwischen den beiden Gruppen der MA und KG – außer in Delta RH – in den Beta-Bereichen, vor allem in Beta-2, erkennen. In diesem Band weisen MA links- und interhemisphärisch ausschließlich signifikante Verbindungen auf, wogegen es bei der KG vor allem rechts zu

---

[4] Durch die Vielfältigkeit der Unterschiede zwischen den beiden Gruppen der Malerinnen und Nicht-Malerinnen werden Unterschiede nur an markanten Beispielen demonstriert.

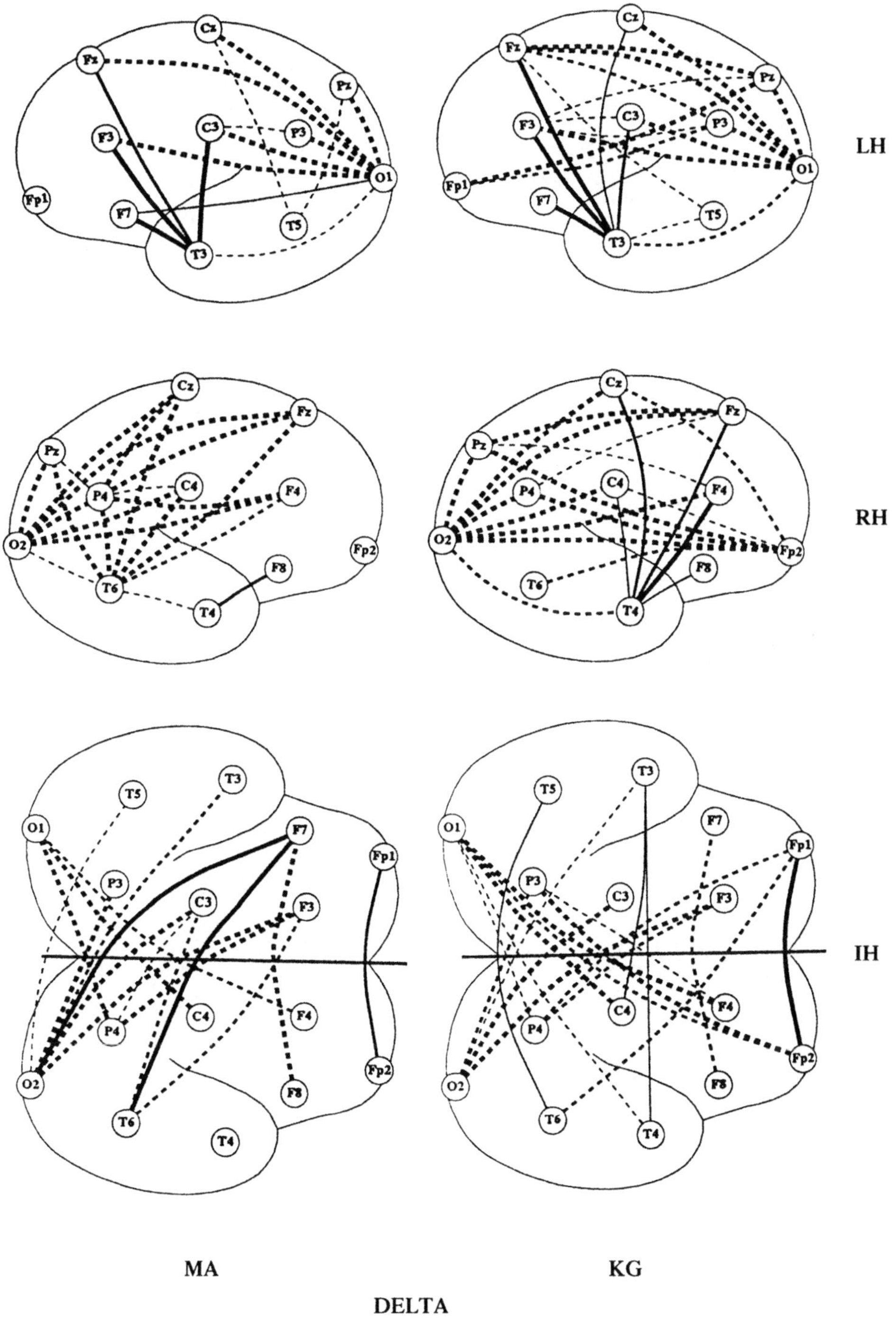

Abb. 18. Signifikante Kohärenz-Änderungen gegenüber dem Ruhe-EEG für das Bild-Betrachten. Paarvergleich – Malerinnen : KG (n1 = n2 = 19 VPn).

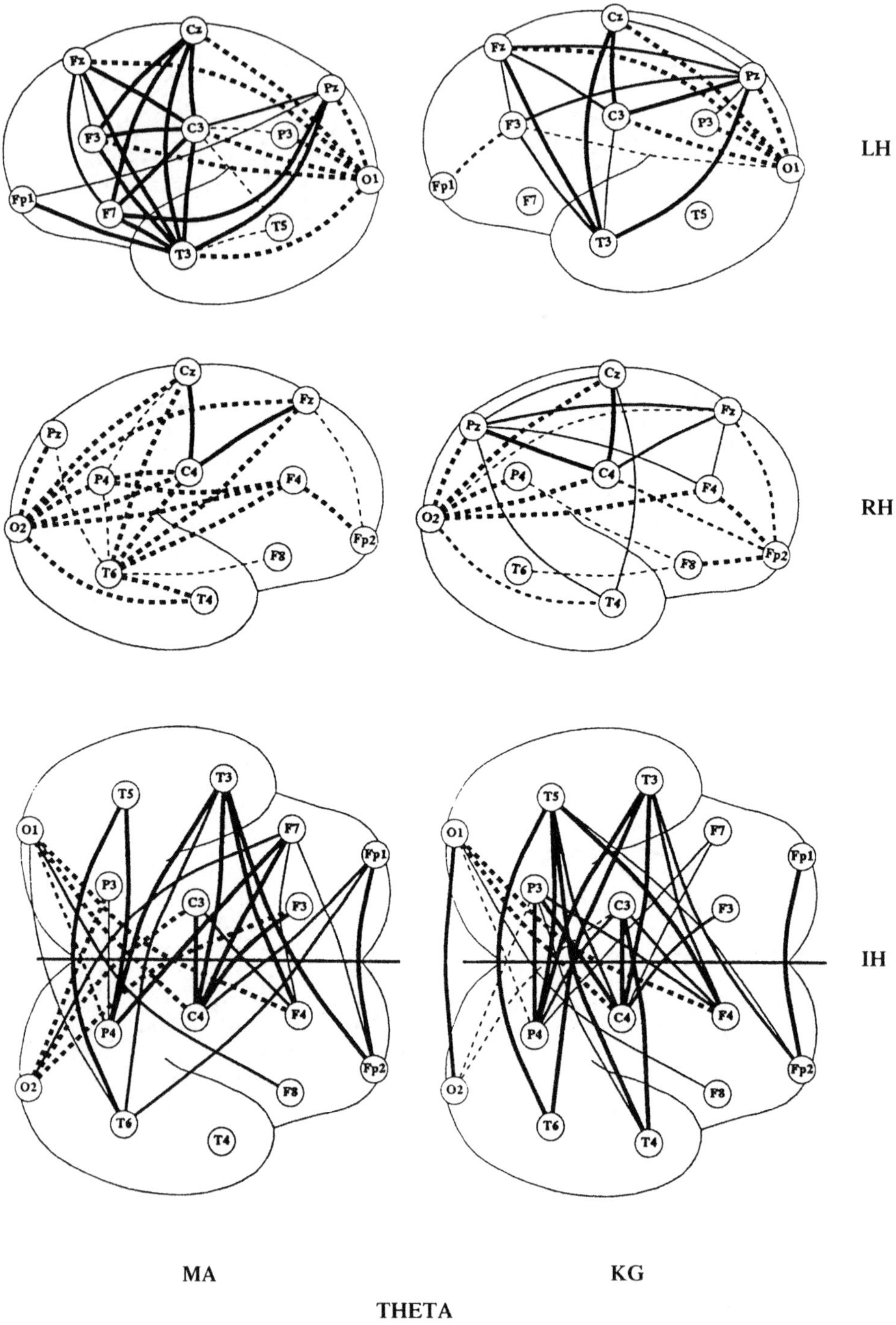
LH
RH
IH
MA
KG
THETA
Cz
Fz
Pz
C3
F3
P3
O1
Fp1
F7
T5
T3
C4
F4
P4
O2
Fp2
F8
T6
T4

Abb. 18.

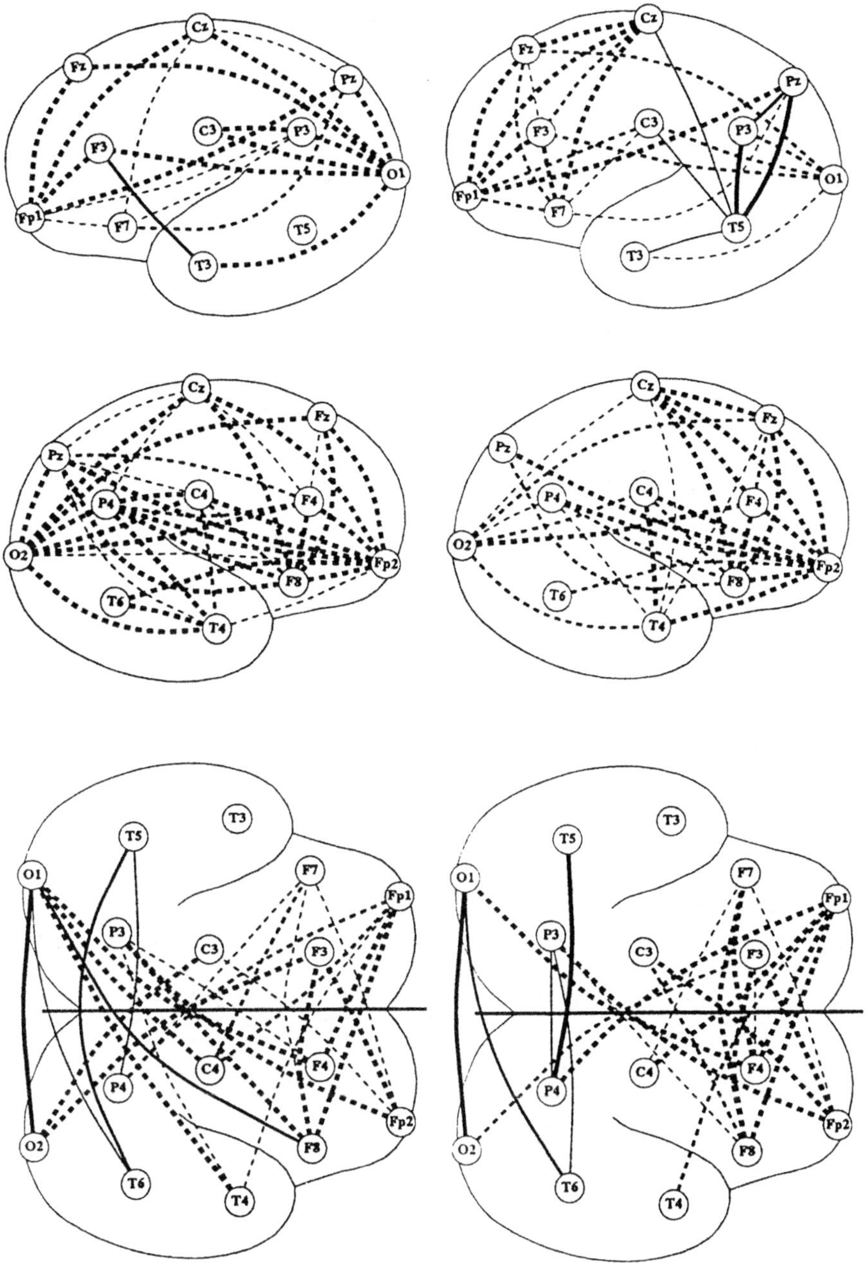

LH

RH

IH

MA KG

ALPHA-1

Abb. 18.

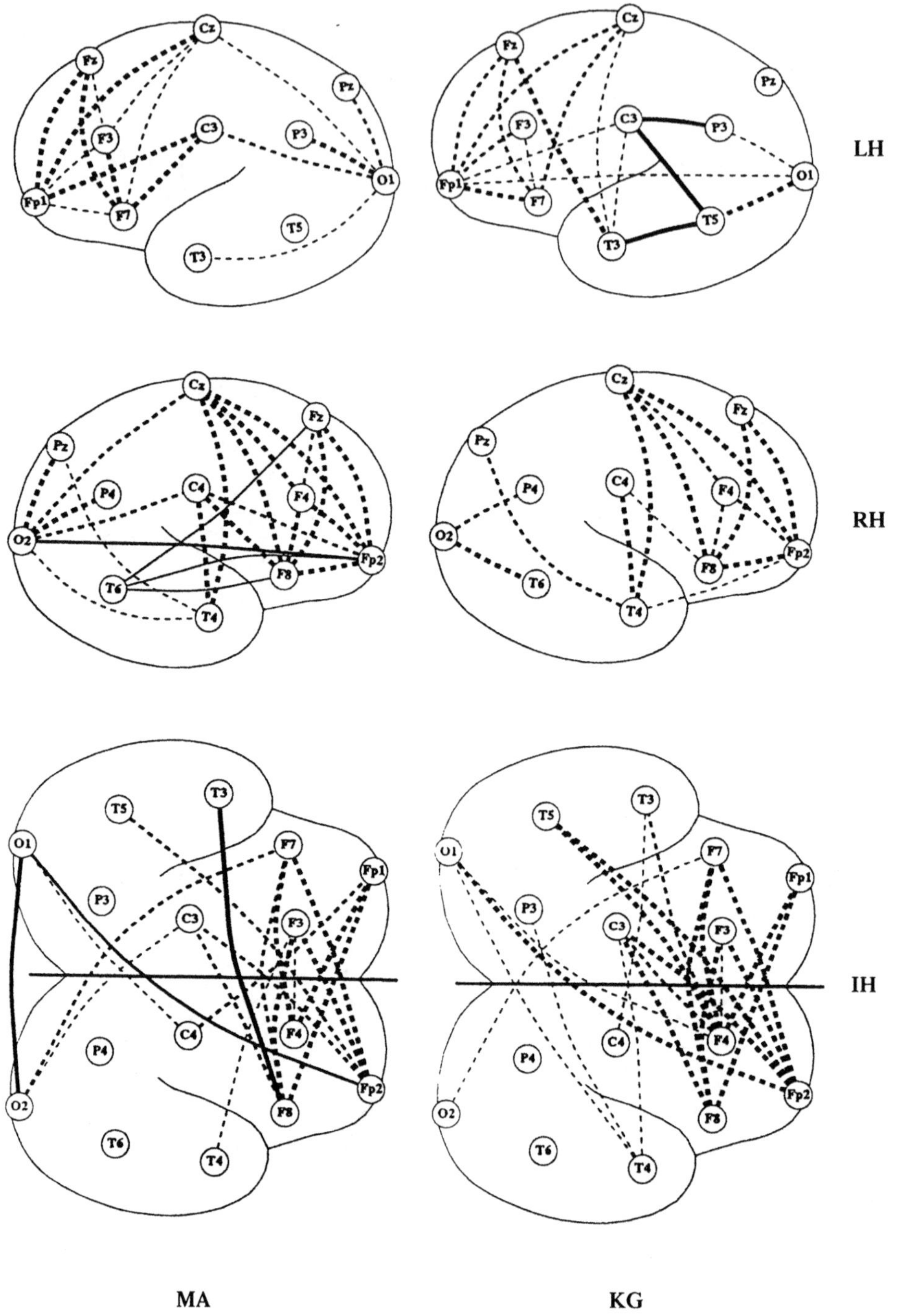
Cz
Fz
Pz
F3
C3
P3
Fp1
F7
O1
T3
T5
LH
F4
C4
P4
Fp2
F8
O2
T4
T6
RH
IH
MA
KG
ALPHA-2

Abb. 18.

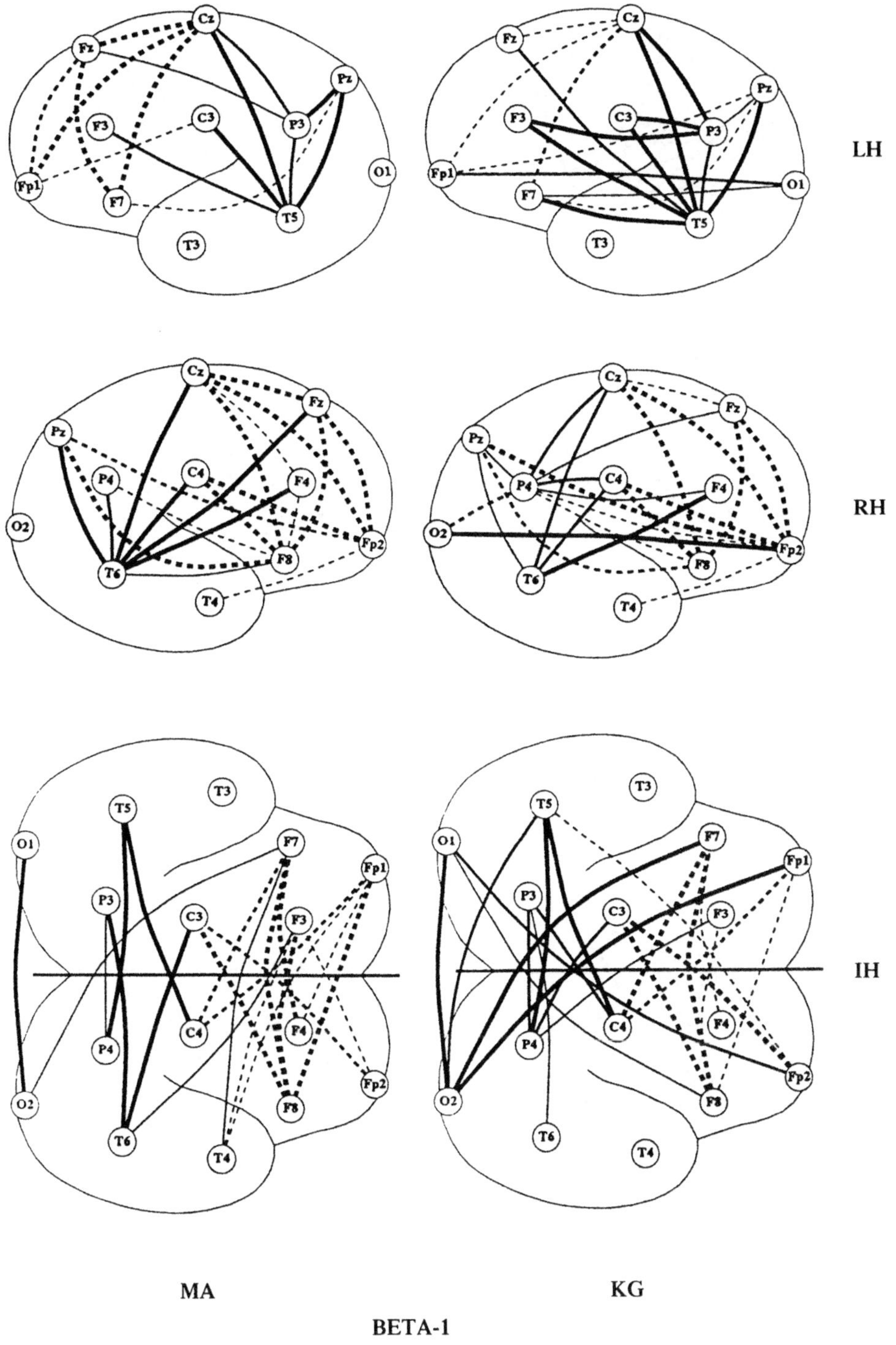
LH
RH
IH
Cz
Fz
Pz
F3
C3
P3
Fp1
F7
T5
T3
O1
P4
C4
F4
O2
Fp2
F8
T6
T4
MA
KG
BETA-1

Abb. 18.

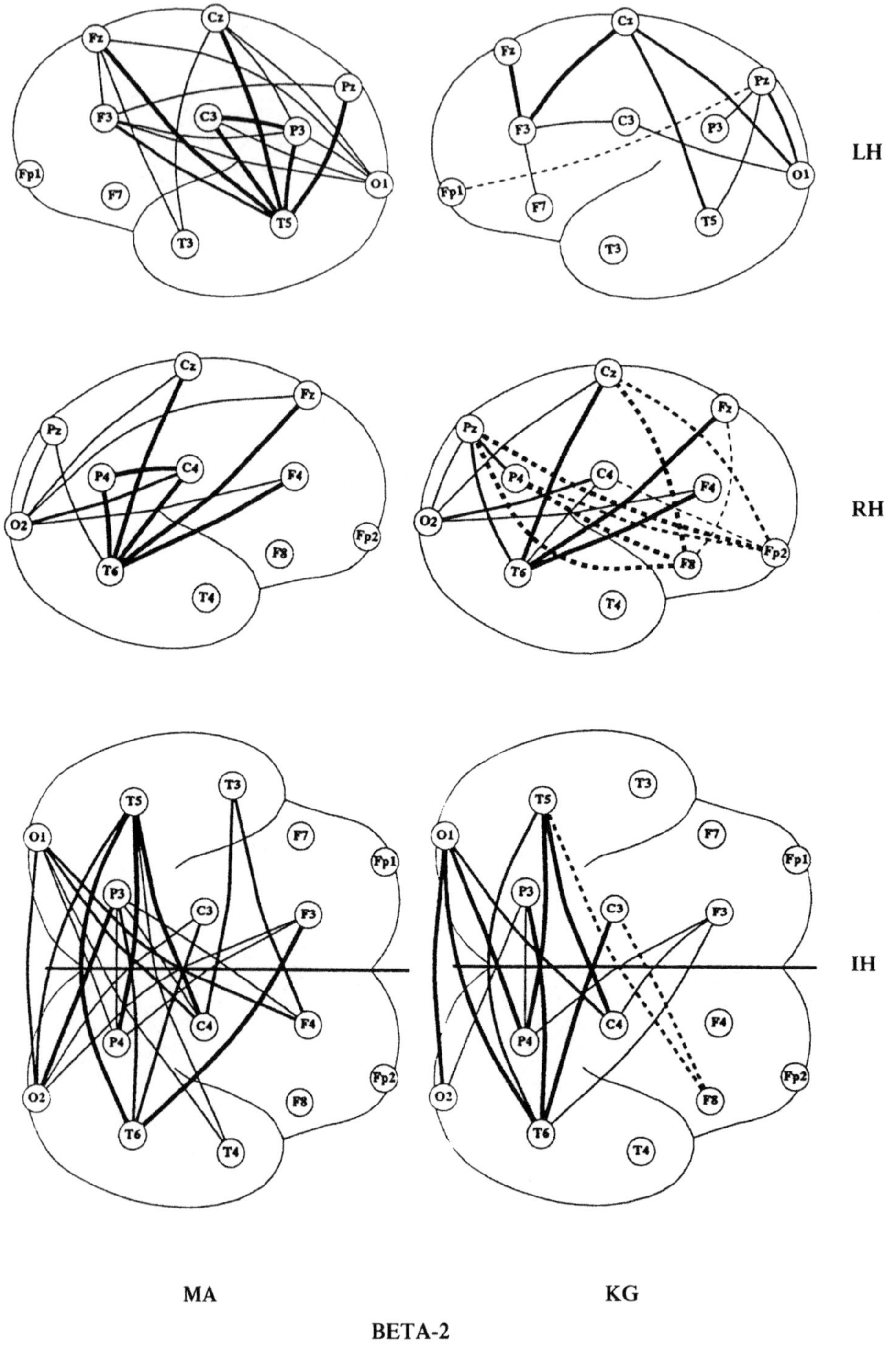
LH
RH
IH
MA
KG
BETA-2
Fz
Cz
Pz
F3
C3
P3
Fp1
F7
O1
T3
T5
P4
C4
F4
O2
Fp2
F8
T6
T4

Abb. 18.

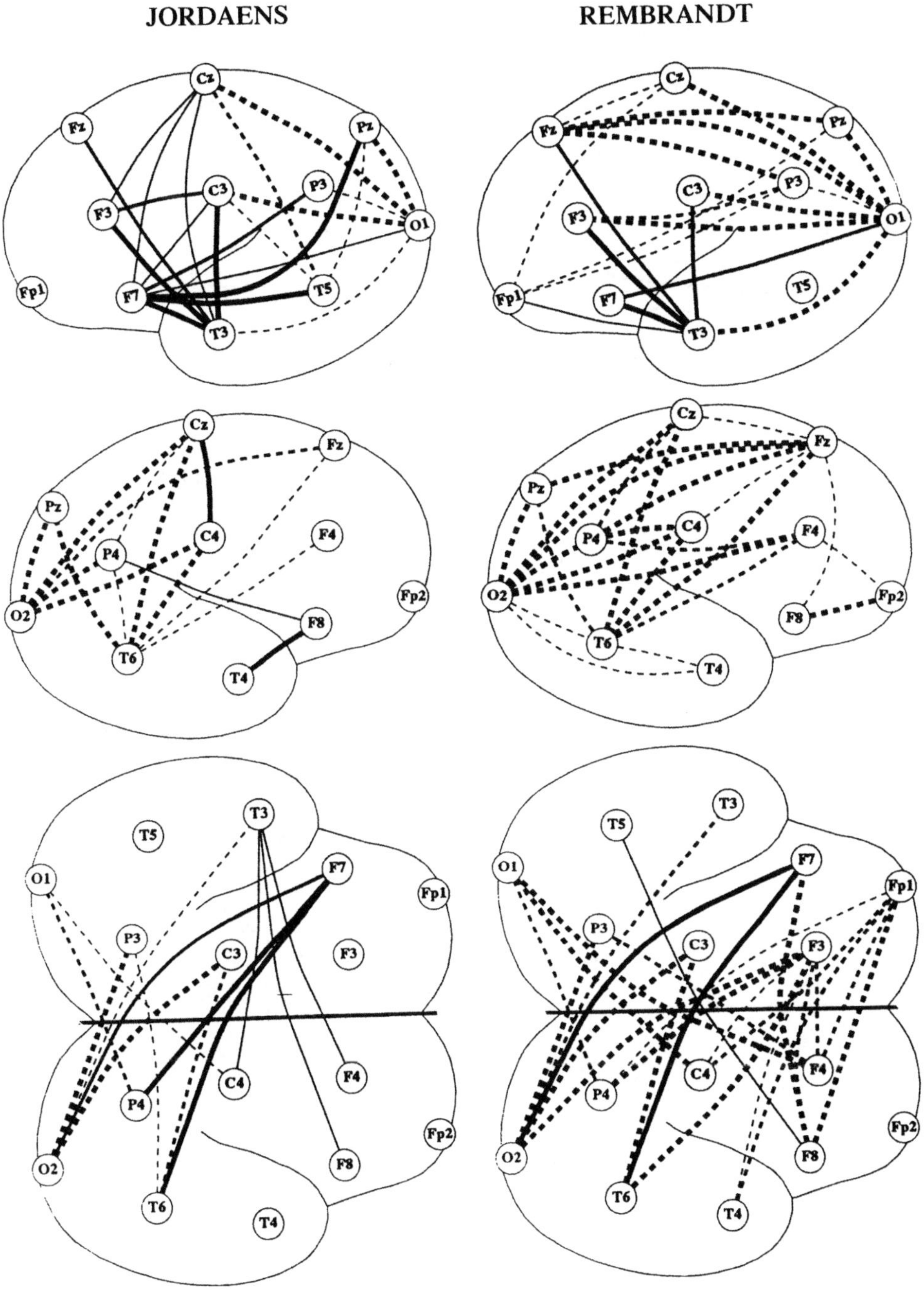

Abb. 19.1. Signifikante Kohärenz-Änderungen gegenüber dem Ruhe-EEG für das Betrachten einzelner Bilder im Delta-Band N = 19 = Künstlerinnen

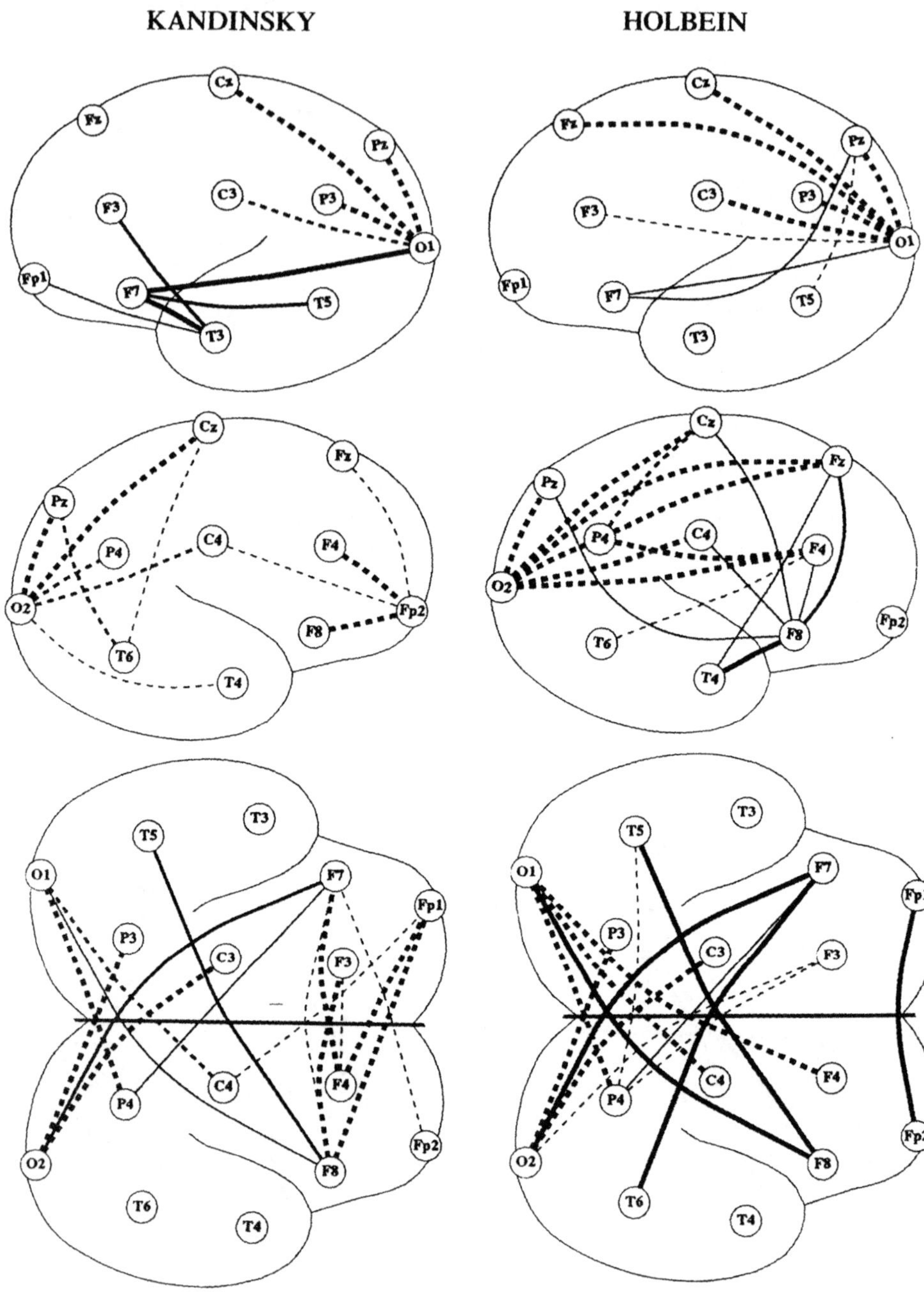

Abb.19a/2

Abb. 19.1.

JORDAENS REMBRANDT

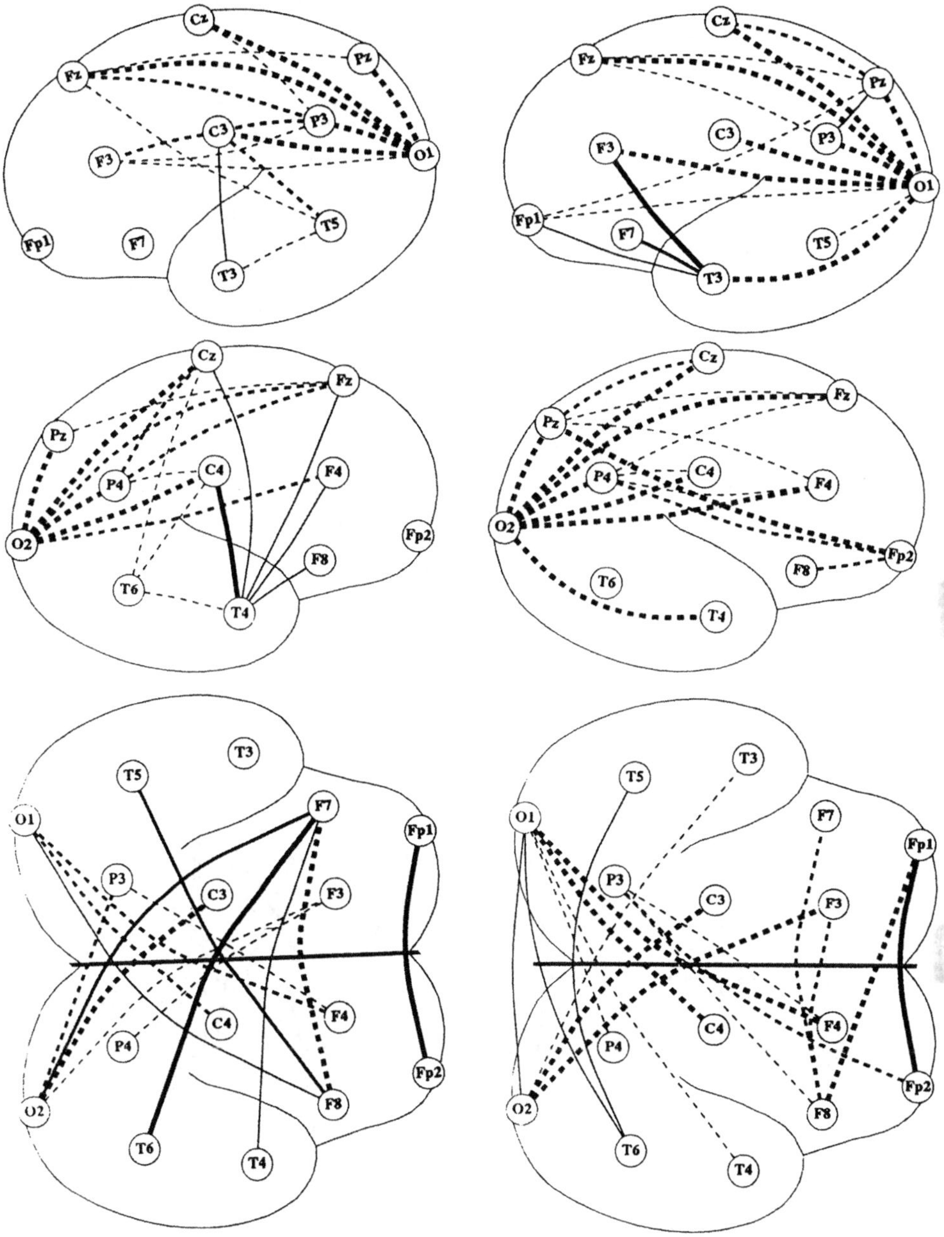

Abb. 19.2. Signifikante Kohärenz-Änderungen gegenüber dem Ruhe-EEG für das Betrachten einzelner Bilder im Delta-Band N = 19 = Nicht-Künstlerinnen

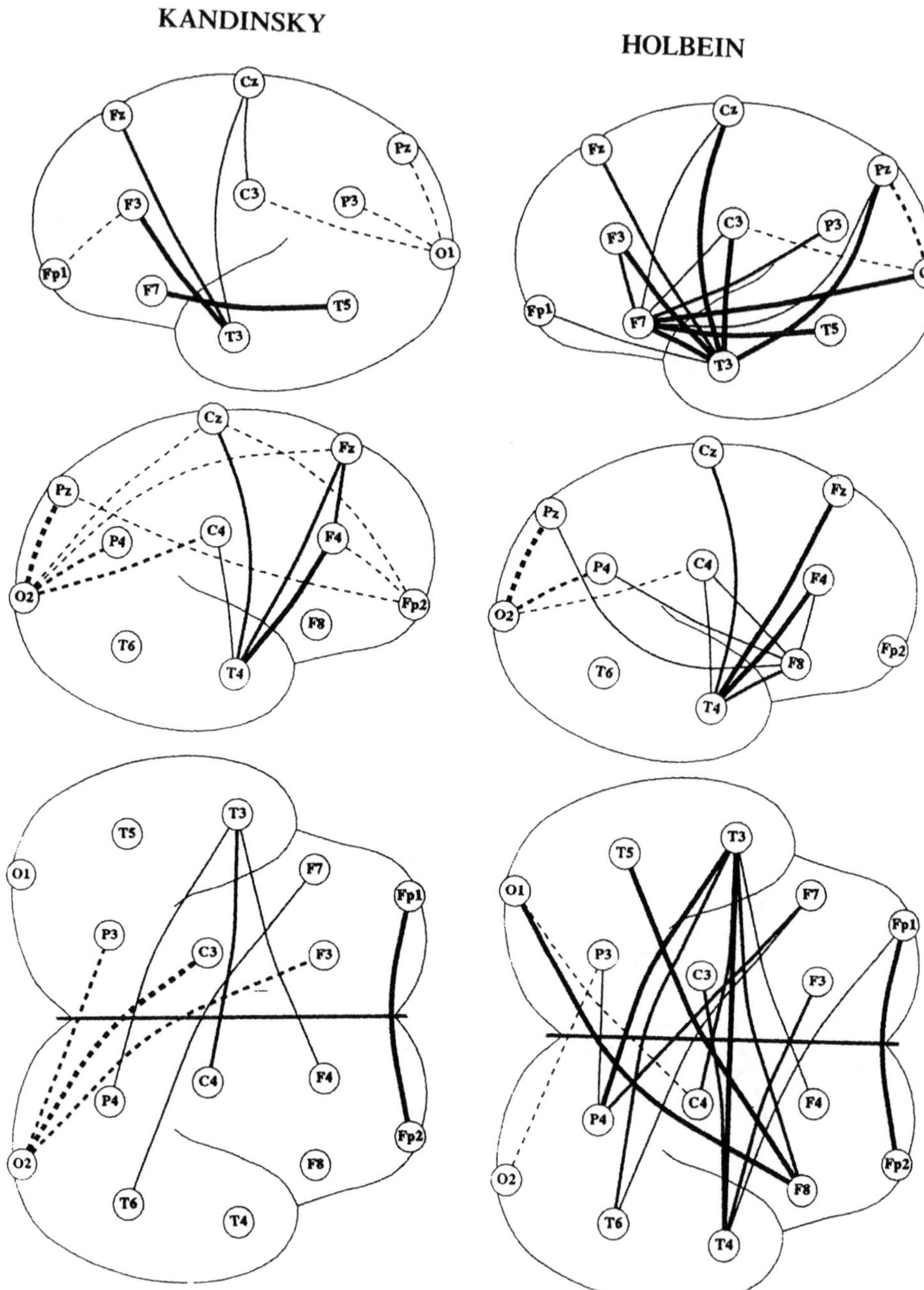

Abb. 19.2.

Entkoppelungen kommt, die von F8 und Fp2 ausgehen. Bei den MA ist T5 und T6 besonders involviert in Verbindung mit centroparietalen und frontalen Regionen. In der KG zeigen sich maximale Kohärenz-Zunahmen im Beta-1-Band links-hemisphärisch. Außerdem weist sie in diesem Band ipsilateral eine weitreichende Verbindung zunehmender Kohärenz auf, MA jedoch nicht.

Interhemisphärisch gibt es in der Gruppe der MA im Gegensatz zur KG im Beta-2-Band ausschließlich Zunahmen.

5.5.2.1.3 ***Kohärenz-Änderungen*** *in den Gruppen* beim ***Betrachten einzelner Bilder*** von *Jordaens, Rembrandt, Kandinsky und Holbein* (Abb. 19.1 und 19.2). Zur Betrachtung herausgenommen wird das *Delta-Band:* Beim Betrachten jedes einzelnen der vier Bilder unterscheiden sich MA von KG im Kohärenz-Muster deutlich voneinander. Wegen der Fülle der Unterschiede kann nur eine kursorische Beschreibung, getrennt für LH, RH und IH, erfolgen.

LH: Die größten Unterschiede bei BB in den Gruppen gibt es zwischen *Holbein* und *Jordaens:* Bei diesem findet sich eine Anhäufung von Kohärenz-Zunahmen in T3 bei MA, bei *Holbein* dagegen nur in der KG.

RH: Der auffälligste Unterschied zwischen MA und KG liegt in der Schwerpunkt-Bildung von Kohärenz-Zunahmen in T4 bei der KG, und zwar bei allen Bildern außer *Rembrandt,* während bei MA eine solche Schwerpunkt-Bildung über der RH völlig fehlt.

IH unterscheidet sich BB für jedes einzelne der vier Bilder bei MA und KG deutlich voneinander: Beim Betrachten aller vier Bilder – *Jordaens* ausgenommen – ist MA die Zunahme der Kohärenzen zwischen F7 (links fronto-basal) und rechtem hinteren Schädel-Quadranten gemeinsam; dies ist in der KG nur bei *Jordaens* ersichtlich. Ferner kommt es beim Betrachten aller Bilder in der KG zu einer zunehmenden Kooperation der Frontopolar-Regionen, bei MA dagegen nur beim Betrachten von *Holbein.*

5.5.2.2 Das EEG während des Bild-Memorierens (BM) im Vergleich zum Ruhe-EEG bezüglich der Parameter Amplitude und Kohärenz.

5.5.2.2.1 ***Amplituden-Änderungen*** *in den Gruppen* beim ***Memorieren aller Bilder*** (siehe Abb. 17b). In Delta und Theta finden sich keine Unterschiede zwischen den beiden Gruppen. Bei Betrachtung des Alpha-1-Bandes fällt auf, daß MA in diesem Band am stärksten involviert sind, während sie in anderen Frequenzbändern keine ausgeprägten Reaktionen zeigen. In Alpha-2 und Beta-1 sind die Unterschiede zwischen MA und KG am deutlichsten, wobei die Amplituden-Reduktion beinahe nur in der KG zu sehen ist, während sie bei den MA fehlt. Beiderseits occipitale Amplituden-Zunahmen im Beta-2-Bereich weisen nur die MA auf.

5.5.2.2.2 ***Kohärenz-Änderungen*** *in den Gruppen* beim ***Memorieren aller Bilder*** (Abb. 20). Die stärksten Unterschiede der beiden Gruppen bezüglich ihrer Kohärenzen während bildlicher Erinnerung erweisen sich in den untersten (Delta, Theta – rechts) und obersten (Beta-1 – links und Beta-2) Frequenzbereichen. Im Delta-Band zeigen MA links mehr Zunahmen (rechts jedoch wesentlich weniger) und vermehrte Kooperation

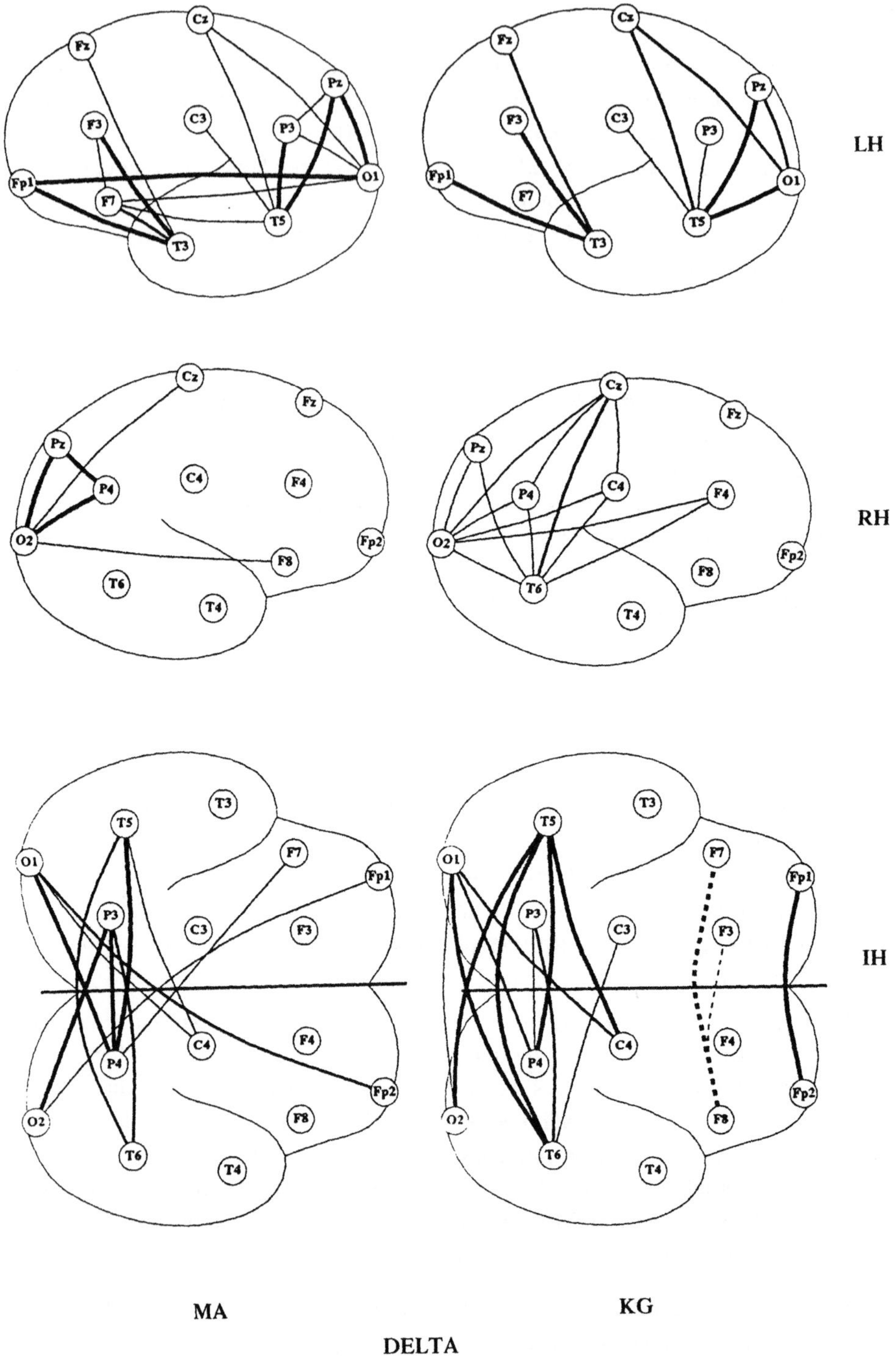

Abb. 20. Signifikante Kohärenz-Änderungen gegenüber dem Ruhe-EEG für das Bild-Memorieren. Paarvergleich – Malerinnen : KG (n1 = n2 = 19 VPn)

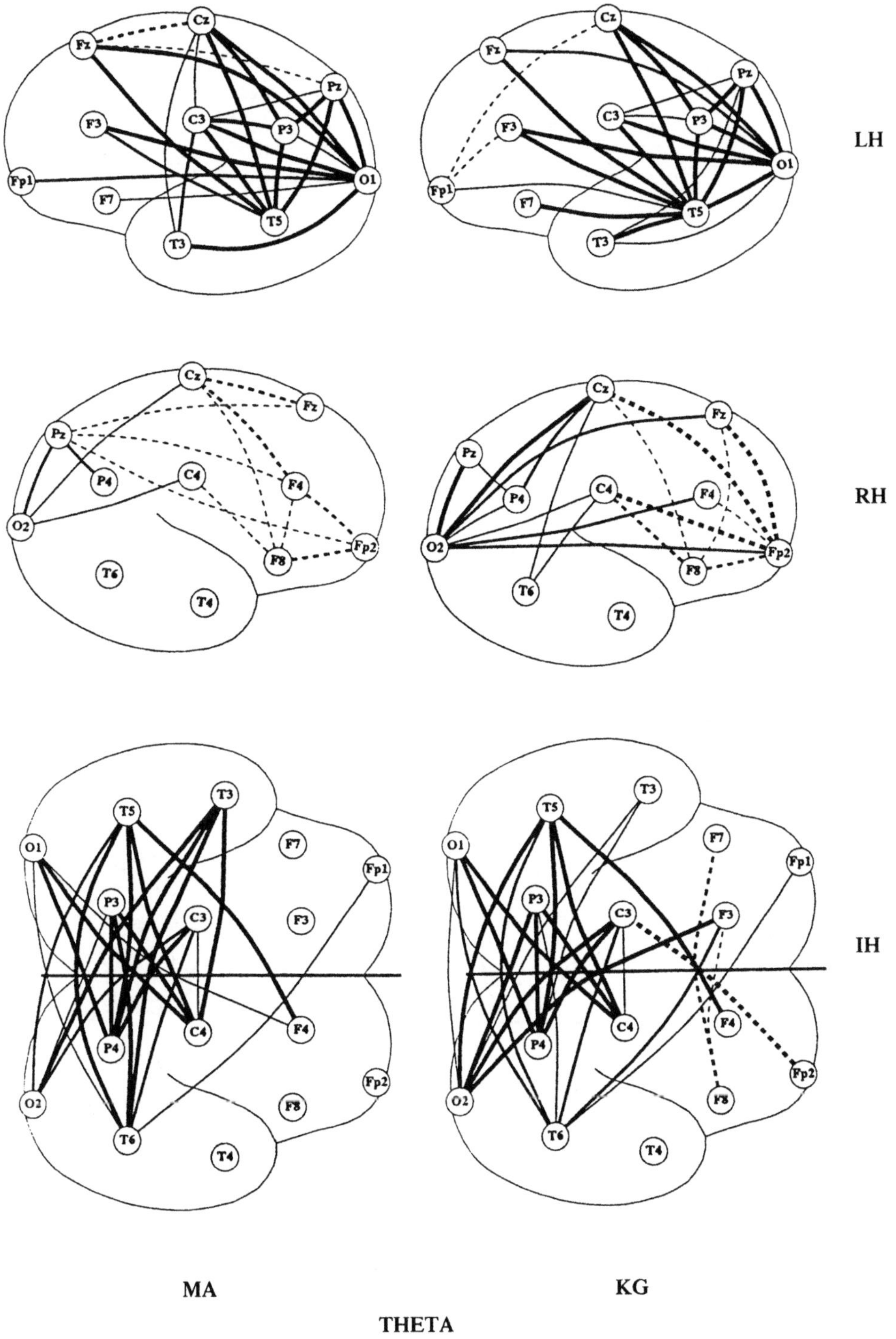

Abb. 20.

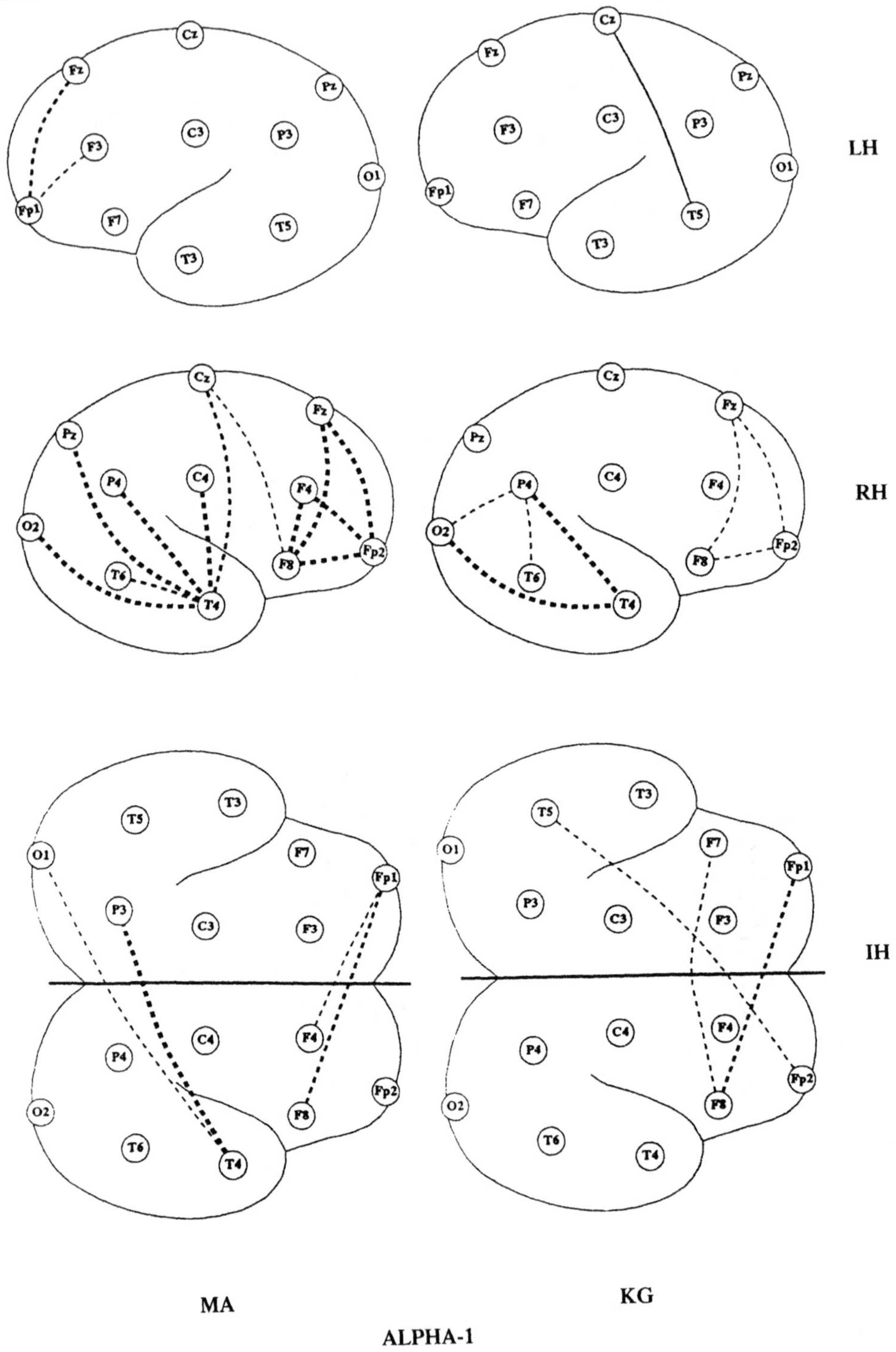

Cz
Fz
Pz
F3
C3
P3
O1
Fp1
F7
T5
T3
LH
C4
P4
F4
O2
T6
T4
F8
Fp2
RH
IH
MA
KG
ALPHA-1

Abb. 20.

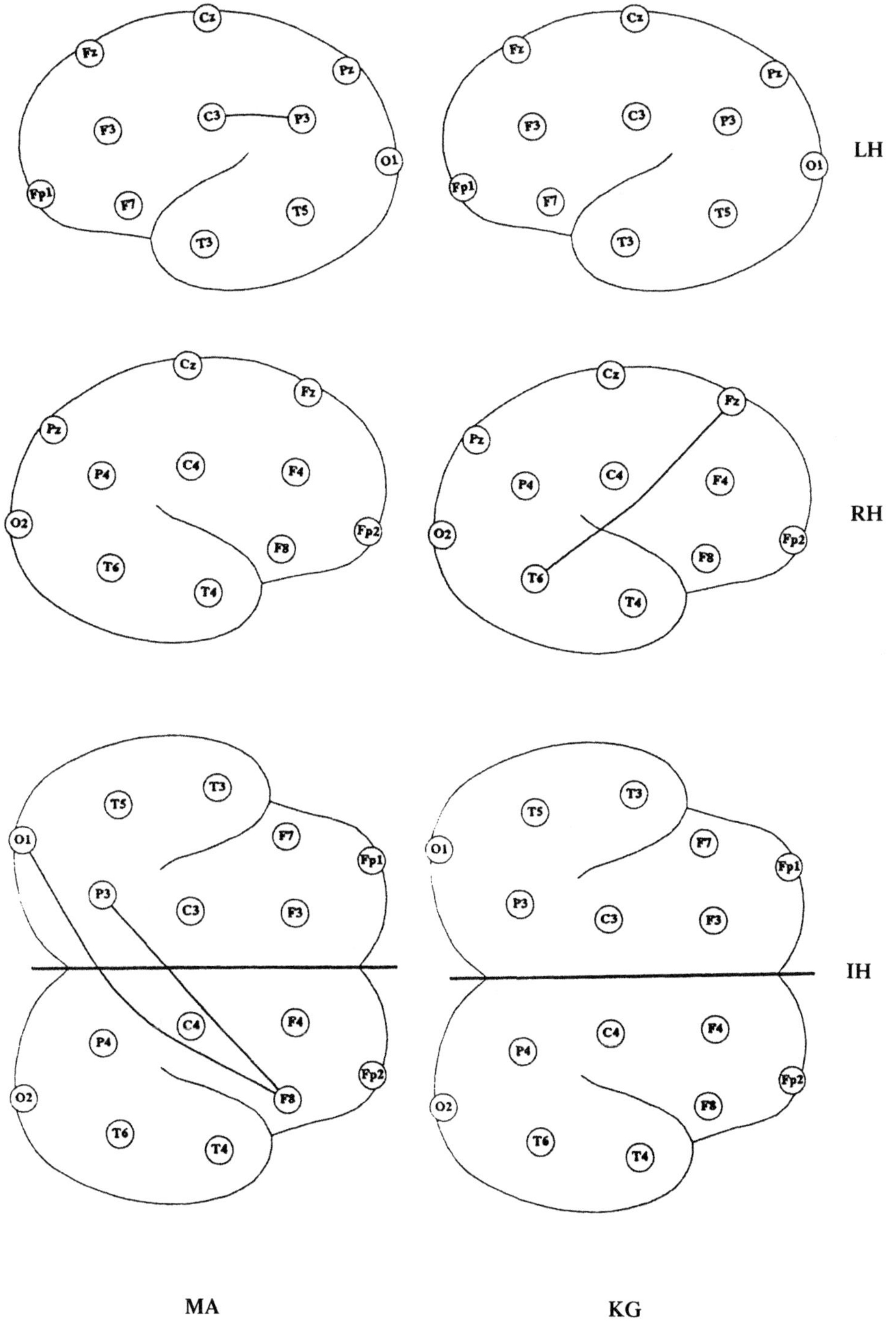

ALPHA-2

Abb. 20.

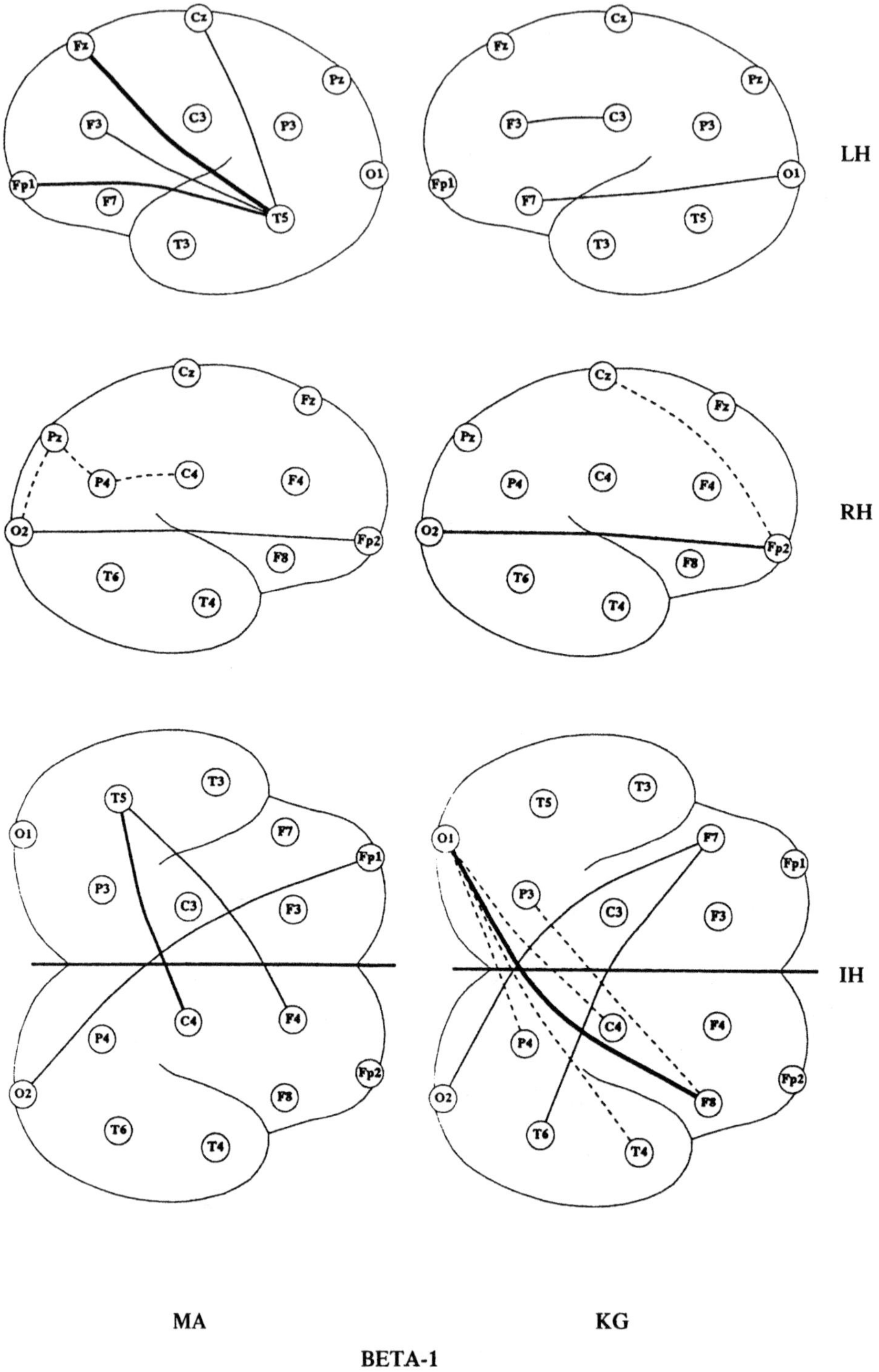
LH
RH
IH
MA
KG
BETA-1
Cz
Fz
Pz
F3
C3
P3
O1
Fp1
F7
T5
T3
C4
P4
F4
O2
Fp2
F8
T6
T4

Abb. 20.

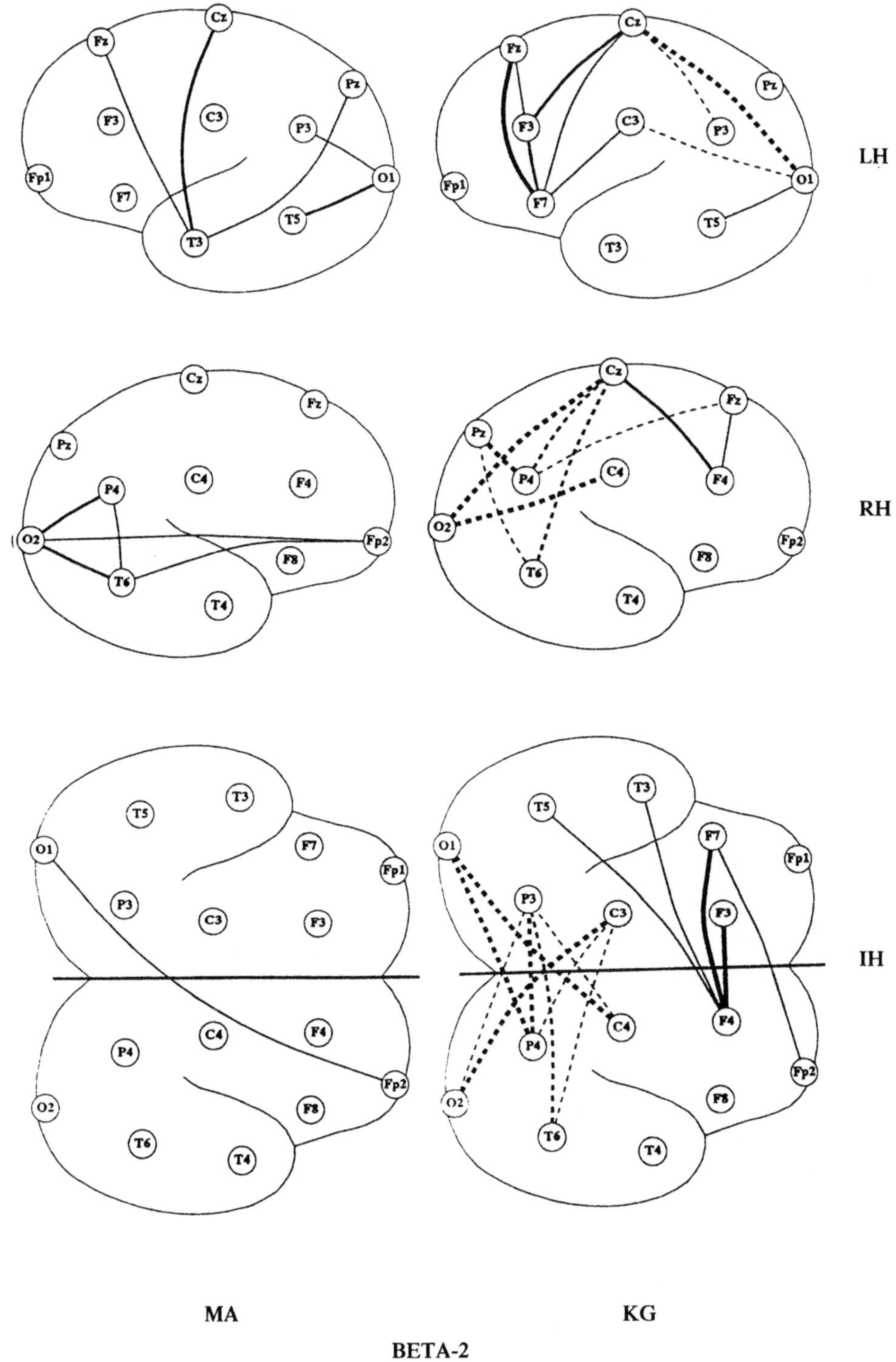
Cz
Fz
Pz
F3
C3
P3
Fp1
F7
O1
T5
T3
LH
RH
Fz
C4
F4
P4
O2
Fp2
F8
T6
T4
IH
Fp1
Fp2
O2
MA
KG
BETA-2

Abb. 20.

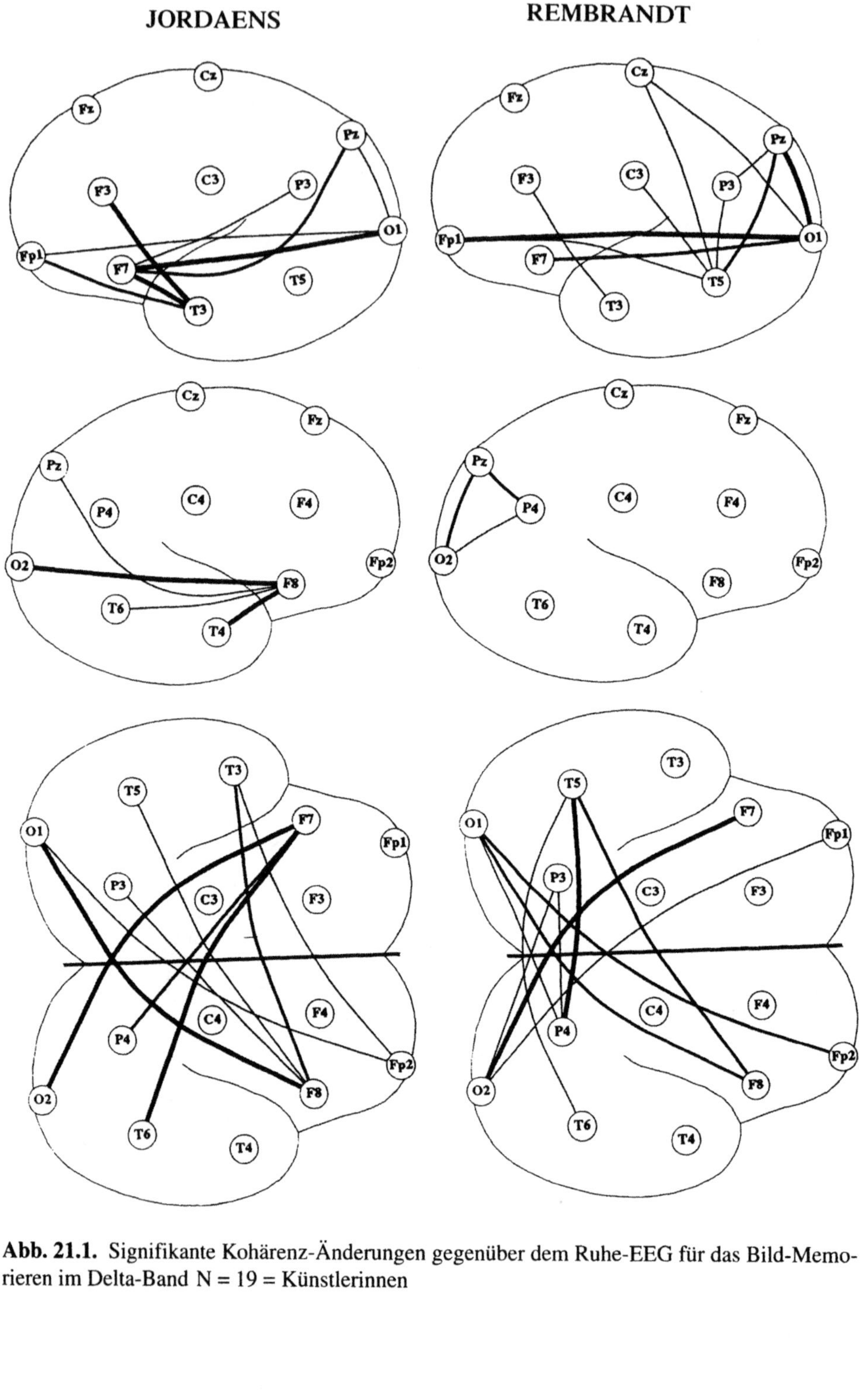

Abb. 21.1. Signifikante Kohärenz-Änderungen gegenüber dem Ruhe-EEG für das Bild-Memorieren im Delta-Band N = 19 = Künstlerinnen

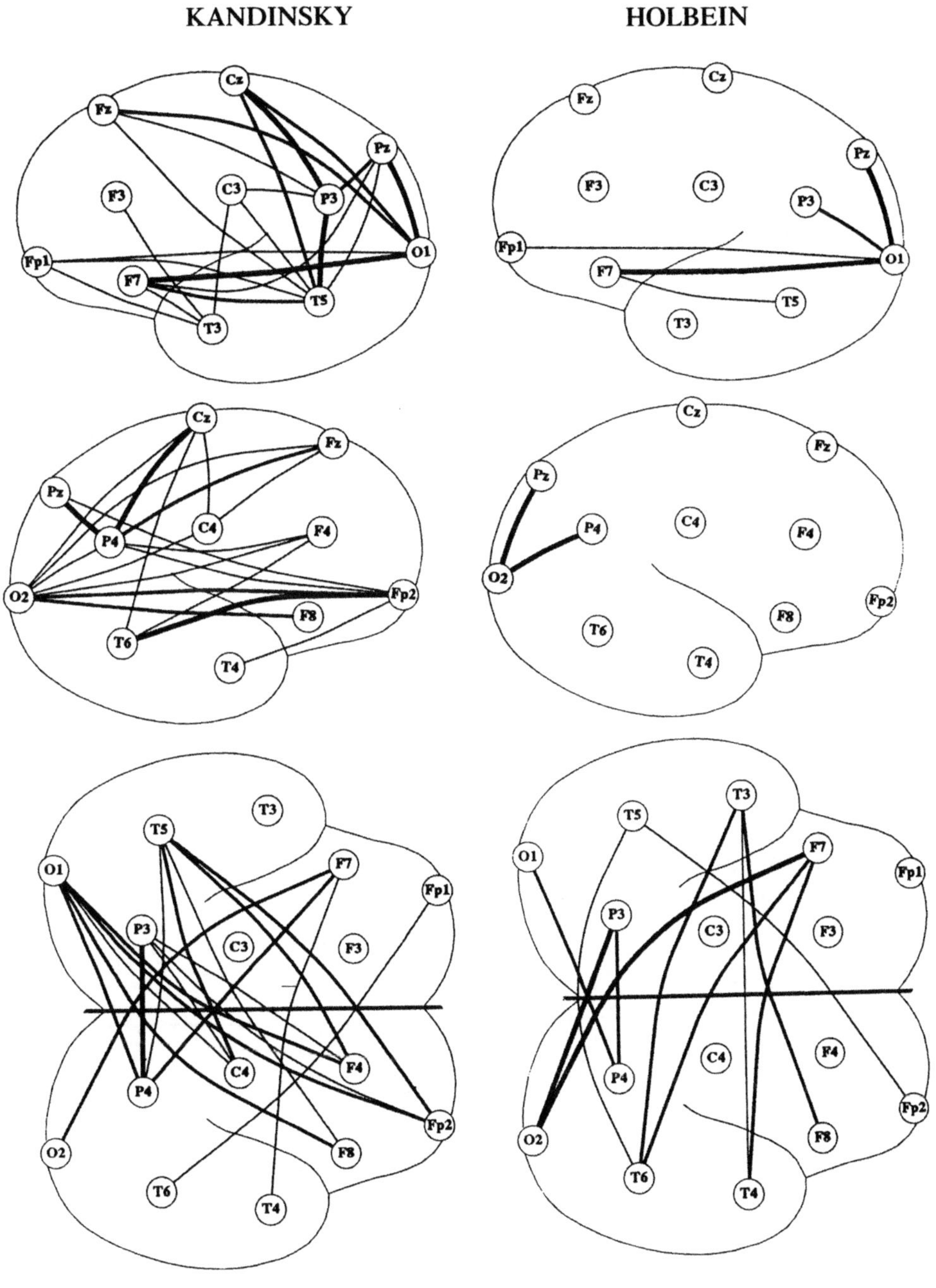
KANDINSKY
HOLBEIN
Cz
Fz
Pz
F3
C3
P3
Fp1
O1
F7
T5
T3
Cz
Fz
Pz
F3
C3
P3
Fp1
O1
F7
T5
T3
Cz
Fz
Pz
C4
P4
F4
O2
Fp2
F8
T6
T4
Cz
Fz
Pz
P4
C4
F4
O2
Fp2
F8
T6
T4
T3
T5
O1
F7
Fp1
P3
C3
F3
C4
F4
P4
Fp2
O2
F8
T6
T4
T5
T3
O1
F7
Fp1
P3
C3
F3
C4
F4
P4
Fp2
O2
F8
T6
T4

Abb. 21.1.

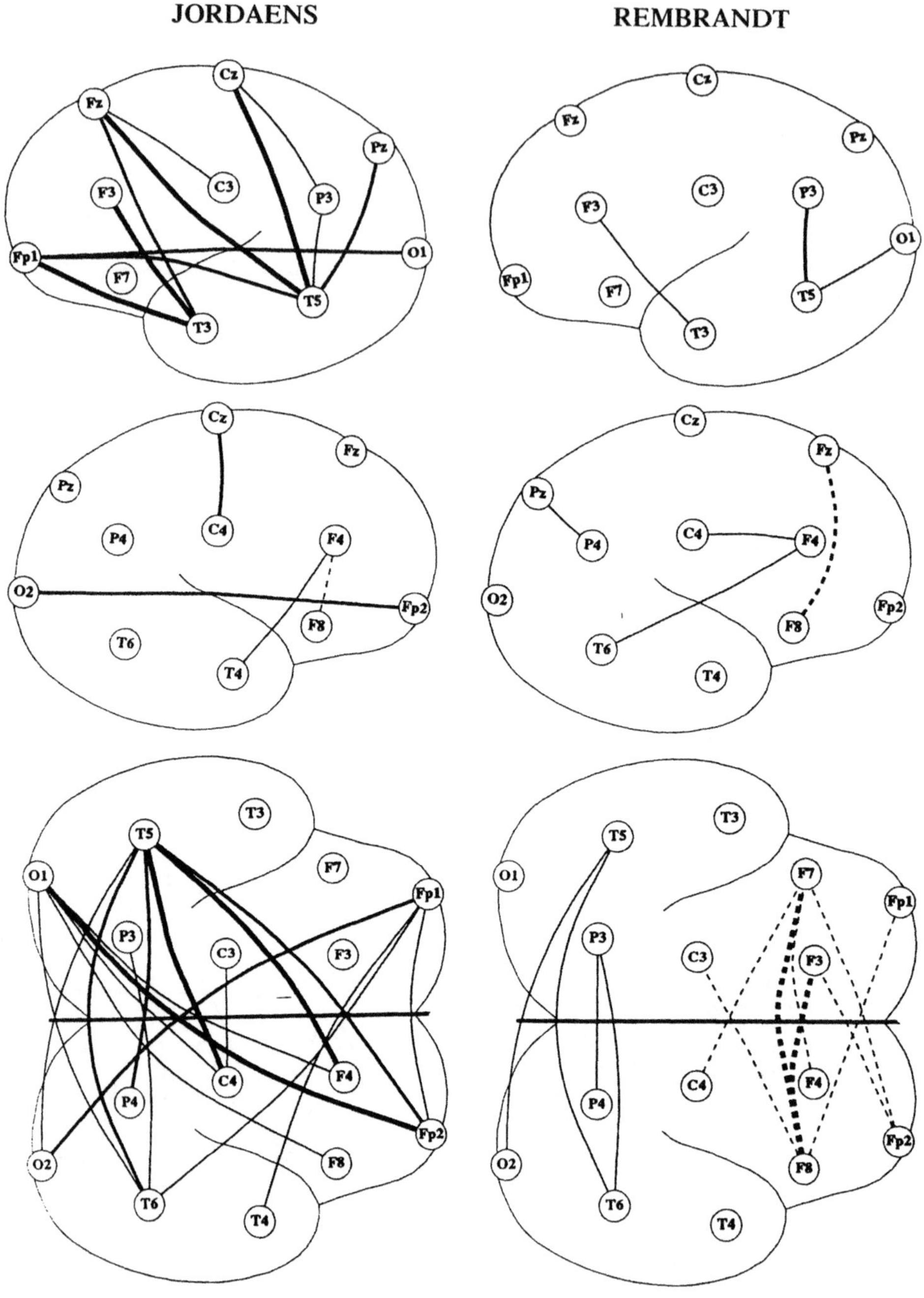

Abb. 21.2. Signifikante Kohärenz-Änderungen gegenüber dem Ruhe-EEG für das Bild-Memorieren im Delta-Band N = 19 = Nicht-Künstlerinnen

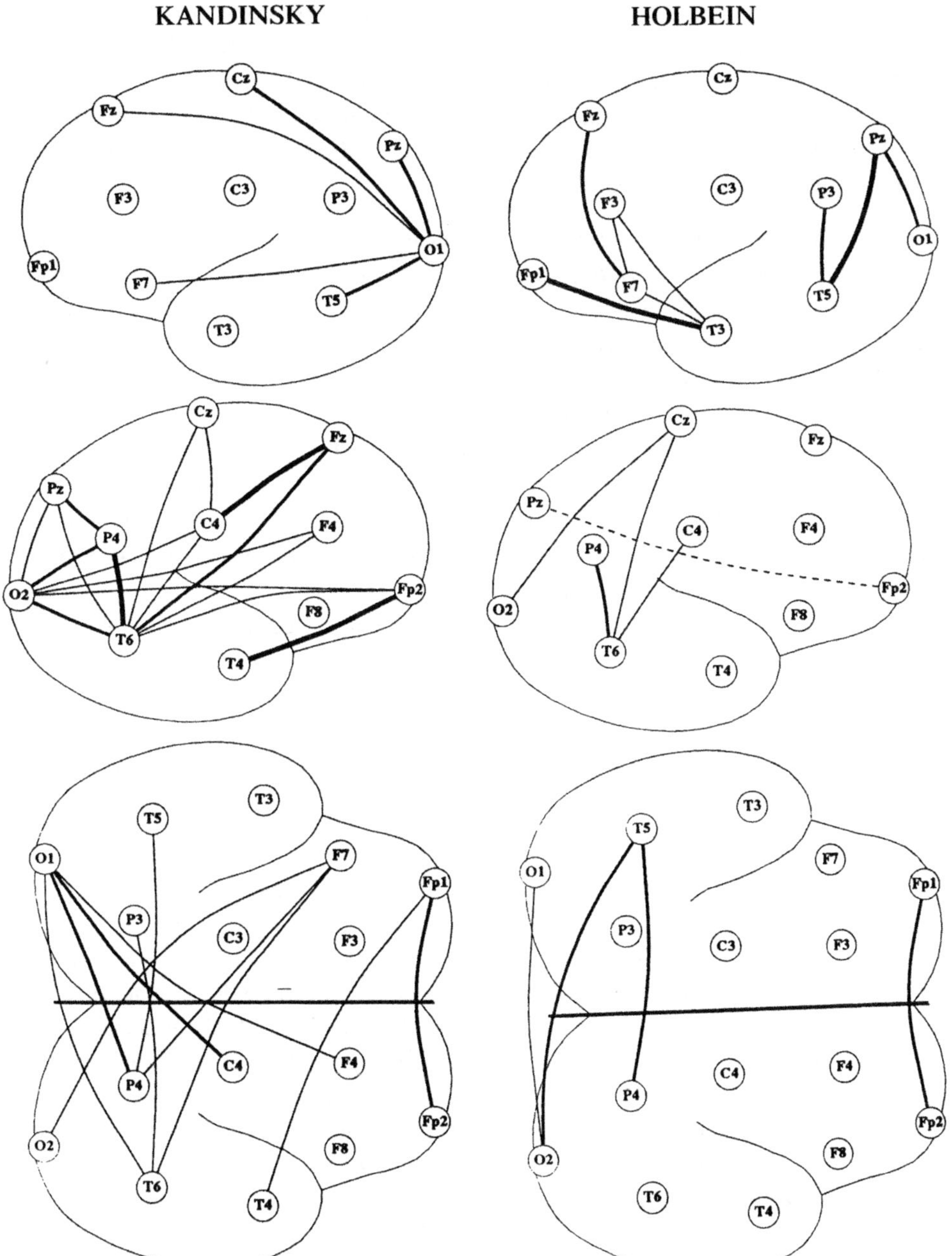
KANDINSKY
HOLBEIN
Cz
Fz
Pz
F3
C3
P3
O1
Fp1
F7
T5
T3
Cz
Fz
Pz
P4
C4
F4
O2
Fp2
F8
T6
T4
T5
T3
O1
F7
Fp1
P3
C3
F3
C4
F4
P4
Fp2
O2
F8
T6
T4

Abb. 21.2.

zwischen parieto-occipital und frontal sowie interhemisphärisch eine gekreuzte Zunahme der Kooperation zwischen occipitalen und frontalen Regionen. RH gibt es mehr posterior lokalisierte Kohärenzen in der KG. In Beta-2 gibt es in der KG zusätzlich Kohärenz-Abnahmen und eine ausgeprägtere interhemisphärische Aktivität als bei MA.

Erwähnenswert ist noch die wesentlich höhere Zahl von RH-Kohärenz-Abnahmen in Alpha-1 bei MA als bei KG.

5.5.2.2.3 ***Kohärenz-Änderungen*** *in den Gruppen* beim ***Memorieren einzelner Bilder*** von *Jordaens, Rembrandt, Kandinsky* und *Holbein* (Abb. 21.1 und 21.2). Auch hier wird das *Delta-Band* wieder zur detaillierten Betrachtung herangezogen. Die Kohärenz-Muster zwischen beiden Gruppen erweisen sich als äußerst unterschiedlich, vor allem LH und IH. Wie schon zuvor werden die wesentlichen Unterschiede zwischen MA und KG getrennt nach LH, RH, IH und kursorisch beschrieben.

LH insgesamt betrachtet, sind die Aktivitäten in der Gruppe der MA wesentlich stärker. Beim Memorieren aller vier Bilder nimmt bei MA die Kohärenz zwischen occipitalen und frontopolaren Regionen (O1 und Fp1) und überhaupt die Kooperation zwischen sensorischen und frontalen Hirnregionen signifikant zu; dies trifft in der KG nur beim Memorieren von *Jordaens* zu.

Die rechte Hemisphäre ist bei BM insgesamt weniger beteiligt als die linke – *Kandinsky* ausgenommen. Markante Unterschiede sind zwischen den Gruppen nicht zu sehen.

IH: Die interhemisphärische Kooperation ist beim Memorieren jedes der vier Bilder bei MA und KG verschieden. Insgesamt jedoch kommt es bei den Künstlerinnen für alle Bilder – besonders für *Kandinsky* und *Holbein* – zu einer wesentlich stärkeren Zusammenarbeit. In der KG gilt dies nur für *Jordaens.*

5.5.2.3 Das EEG *während des Eigen-Entwurfs* (EI) im Vergleich zum Ruhe-EEG bezüglich der Parameter Amplitude und Kohärenz.

5.5.2.3.1 ***Amplituden-Änderungen*** *in den Gruppen* während des *Entwerfens eines eigenen Bildes* in der Vorstellung (Abb. 17 c). In den niederen Frequenzbändern kommt es zu einer etwas ausgedehnteren Amplituden-Abnahme bei MA als in der KG. Auch hier zeigt sich wieder – wie schon bei BM – in der Gruppe der MA in den Frequenzbereichen der Alpha-Bänder und in Beta-1 eine geringere und weniger ausgedehnte Amplituden-Abnahme als in der KG. Signifikante Amplituden-Zunahmen beidseitig occipital im Beta-2-Bereich treten auch hier wieder nur bei MA auf.

5.5.2.3.2 ***Kohärenz-Änderungen*** *in den Gruppen* während des *Entwerfens eines eigenen Bildes* in der Vorstellung (Abb. 22). Wie zu erwarten, sind beim imaginativen Bild-Entwurf die Muster der Kohärenzen für beide Gruppen äußerst unterschiedlich; sie scheinen für jedes einzelne Frequenzband bedeutend zu sein, auch dann, wenn Unterschiede erkennbar, jedoch nicht interpretierbar sind.

Die auffälligste Unterscheidung zwischen MA und KG manifestiert sich im Beta-2-Bereich und in den niederen Frequenzbändern des Theta- und Delta-Bandes. Weitreichende ipsi- und kontralaterale Verbindungen signifikant höherer Kohärenz stellen

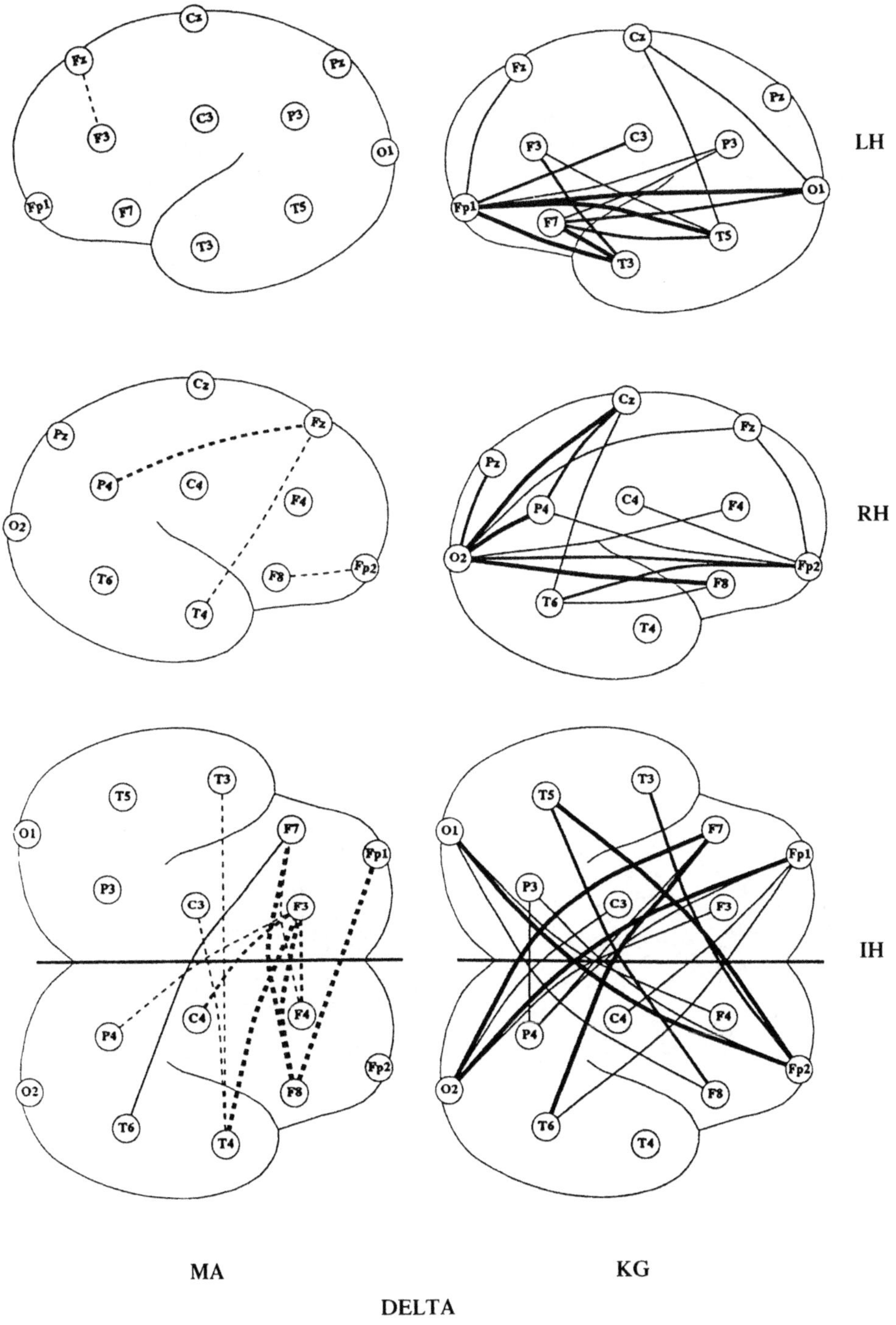

Abb. 22. Signifikante Kohärenz-Änderungen gegenüber dem Ruhe-EEG für das Bild-Entwerfen. Paarvergleich – Malerinnen : KG (n1 = n2 = 19 VPn)

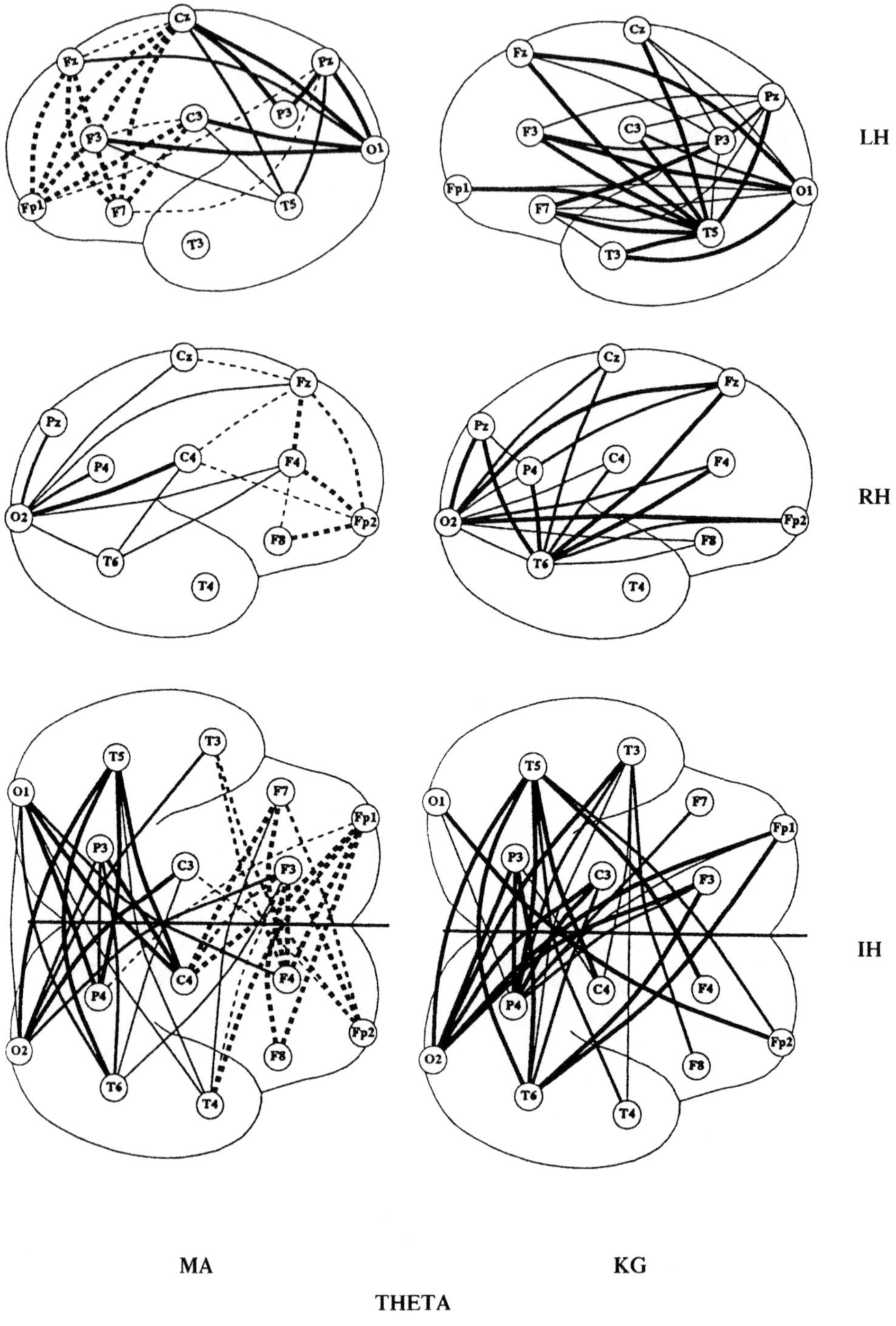
Cz
Fz
Pz
P3
C3
F3
O1
Fp1
F7
T5
T3
LH
Cz
Fz
Pz
P4
C4
F4
O2
Fp2
F8
T6
T4
RH
O1
T5
T3
F7
Fp1
P3
C3
F3
C4
F4
P4
O2
Fp2
F8
T6
T4
IH
MA
KG
THETA

Abb. 22.

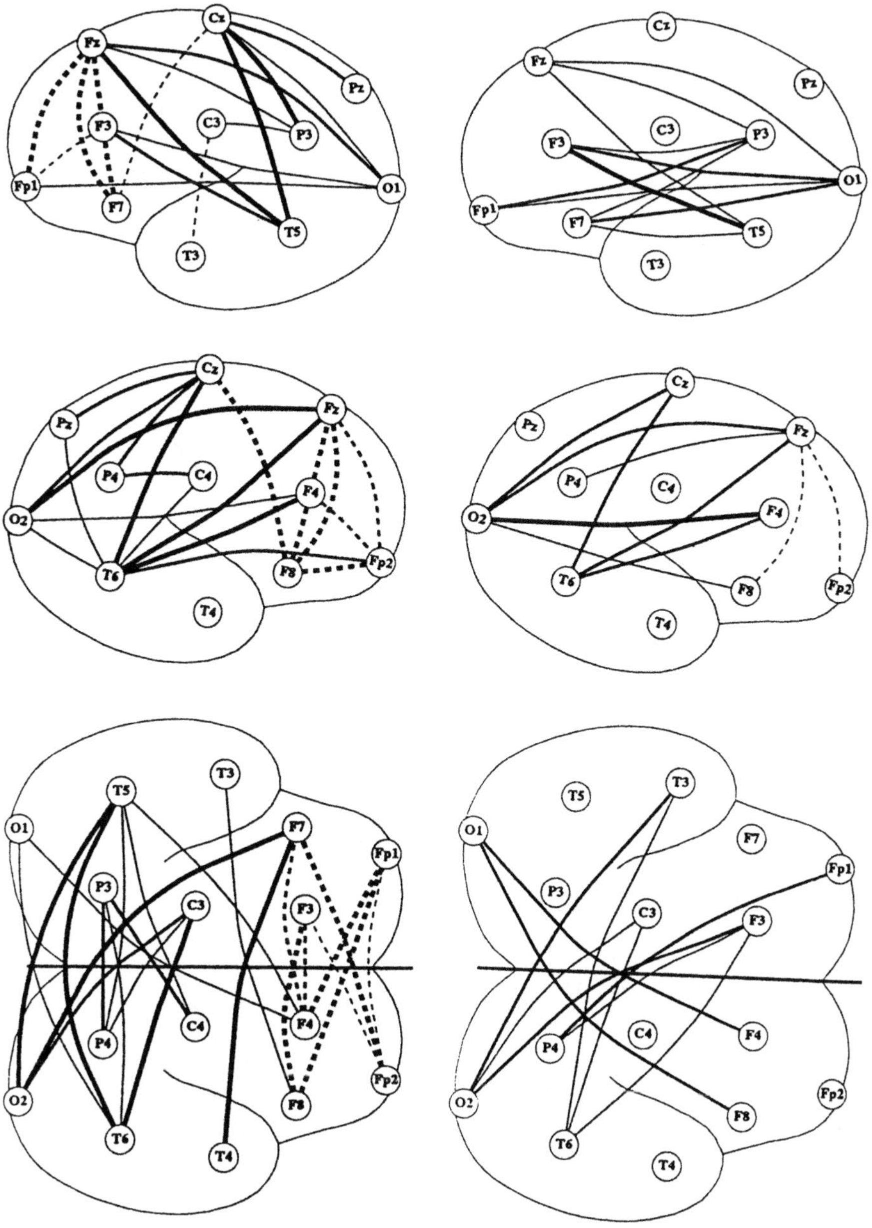

LH

RH

IH

MA KG

ALPHA-1

Abb. 22.

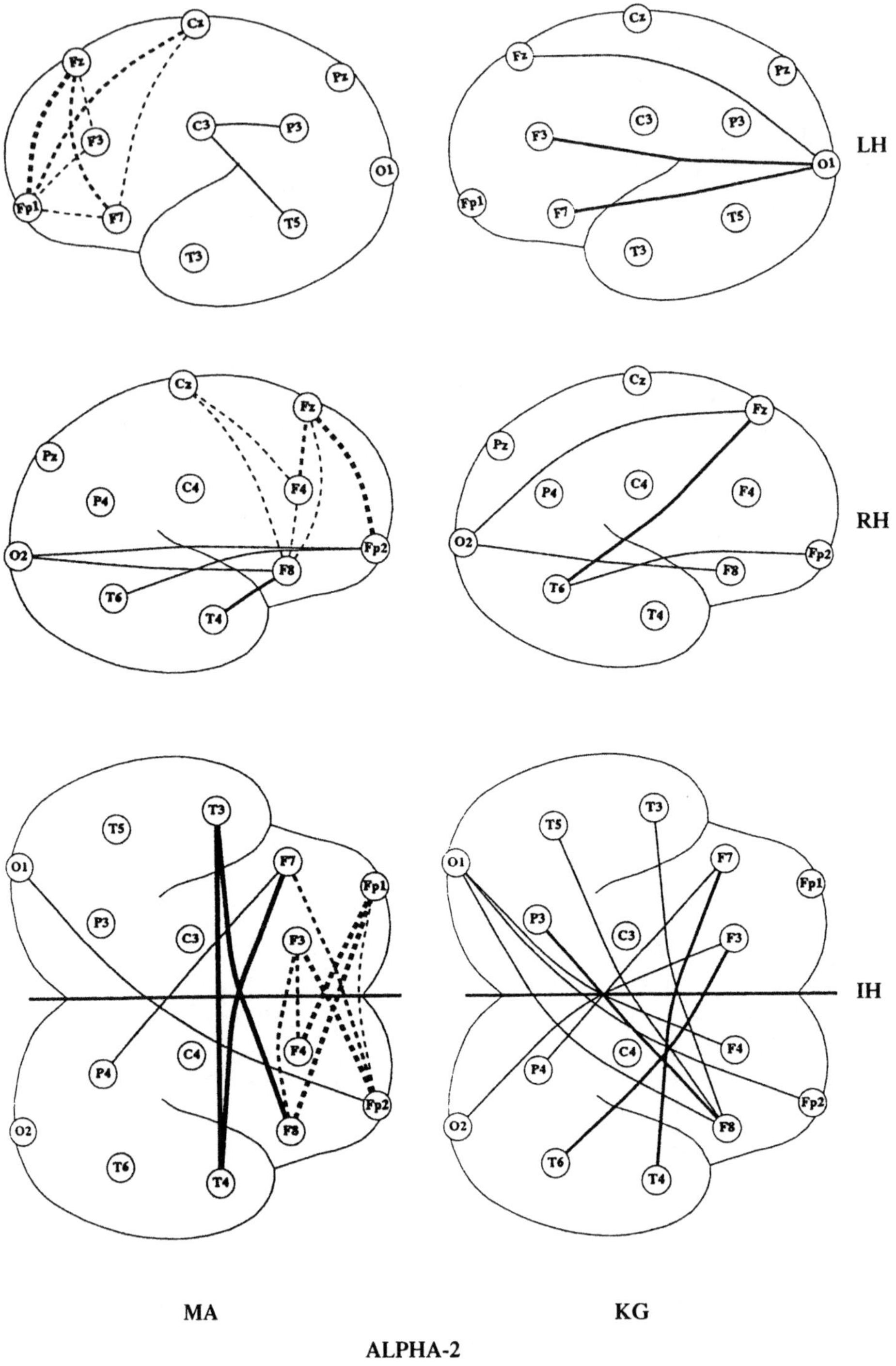
LH
RH
IH
Cz
Fz
Pz
F3
C3
P3
O1
Fp1
F7
T5
T3
Pz
P4
C4
F4
O2
Fp2
F8
T6
T4
MA
KG
ALPHA-2

Abb. 22.

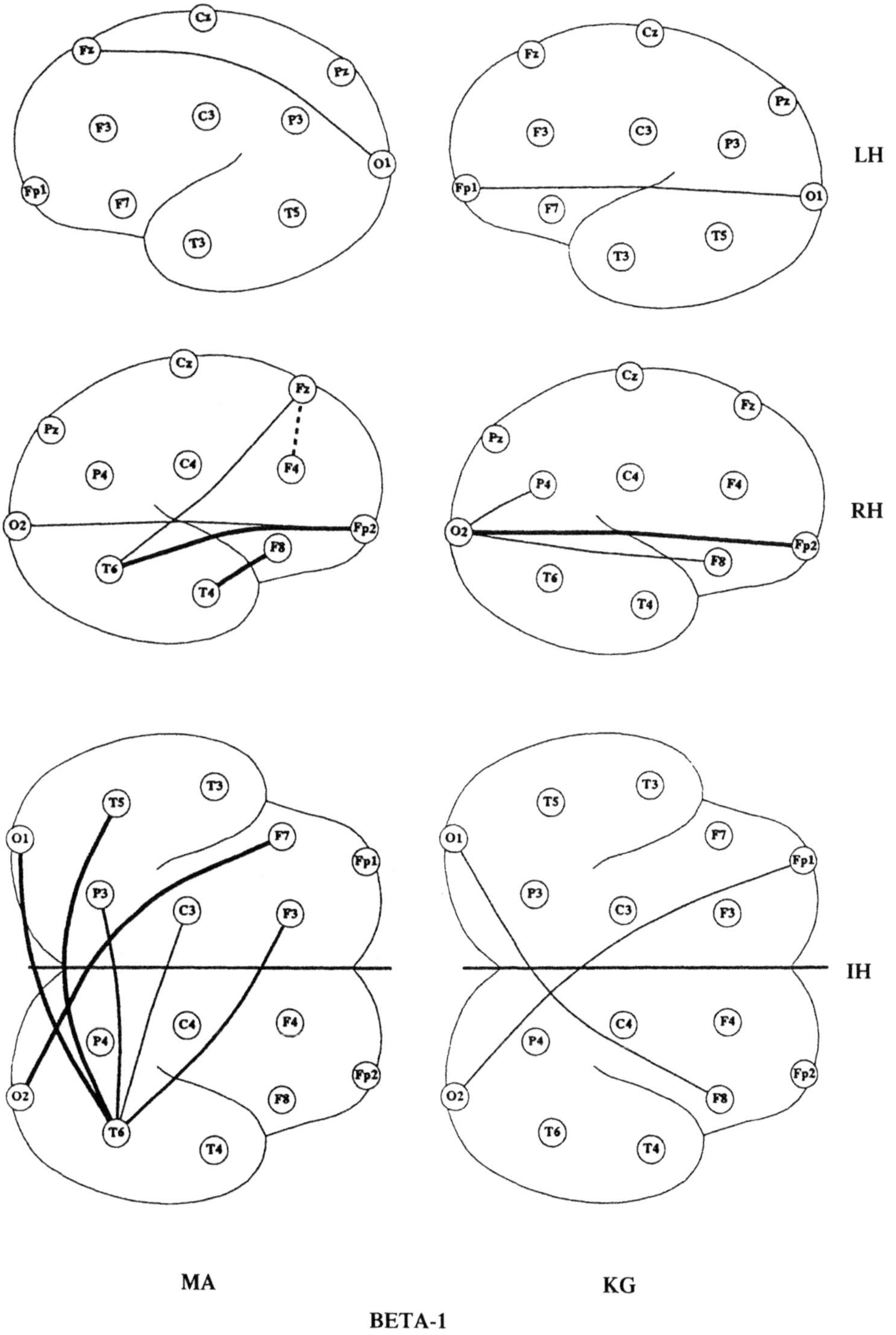

Abb. 22.

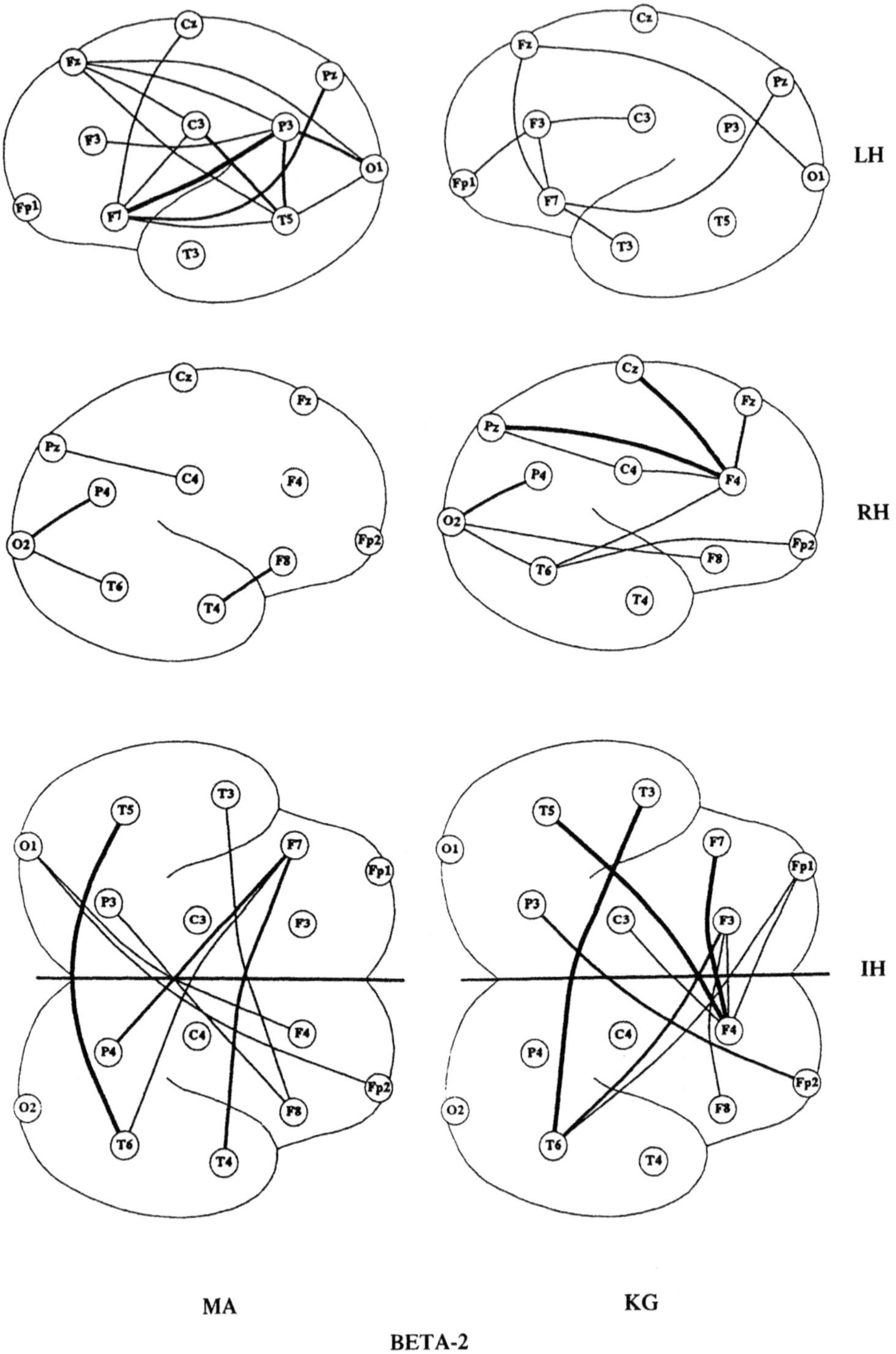

Abb. 22.

sich besonders bei der KG vermehrt dar. MA zeigen in diesen Frequenzbereichen und auch in den Alpha-Bändern interhemisphärisch frontale Entkoppelungen. Im Gegensatz dazu gibt es in der KG fast ausschließlich Kohärenz-Zunahmen in allen Frequenzbändern.

Die stärkste Unterscheidung zwischen den Gruppen zeigt eindeutig der Eigen-Entwurf. Während MA frontale Kohärenz-Abnahmen und Entkoppelungen aufweisen, überwiegen bei der KG ipsi- und kontralaterale Kohärenz-Zunahmen (siehe Interpretation 5.6.3.3).

Es gibt somit *zwischen* den beiden Gruppen der *Malerinnen und Nicht-Künstlerinnen* eindeutige *Evidenz für Unterschiede bei der cerebralen Verarbeitung,* die vermutlich auf Unterschiede in der cerebralen Organisation zurückzuführen sind.

Die Hypothesen H0-05 bis H0-08 müssen daher zugunsten der Hypothesen H1-05 bis H1-08 verworfen werden: Es lassen sich im EEG entsprechend der Formulierung der Hypothesen (siehe 5.0) *charakteristische Unterschiede zwischen den beiden Gruppen* der Malerinnen und Nicht-Malerinnen dokumentieren.

5.5.3 Gruppenvergleiche

Hier wurden die beiden Gruppen MA : KG auf *signifikante Unterschiede in der Kohärenz* für die Aufgaben BB, BM, EI und das Spontan-EEG mit dem Wilcoxon-Test für unabhängige Stichproben geprüft. Im Gegensatz zu den bisherigen Ergebnissen, EEG-Unterschiede zwischen jeder Aufgabe und dem gemittelten Ruhe-EEG als Ausgangsdaten, werden bei Gruppenvergleichen die EEG-Daten der Gruppen bei den einzelnen Tests miteinander verglichen. Der Wilcoxon-rank-sum-test berücksichtigt die ***Größe der Differenzen.*** Diese werden in topographischen Hirnkarten für jedes Frequenzband als Verbindung zwischen den entsprechenden Elektroden für jede Hemisphäre und für die interhemisphärischen Beziehungen getrennt dargestellt. In den Abbildungen bedeuten *ausgezogene Linien höhere Kohärenzen bei MA,* strichlierte Linien höhere bei der KG, und das heißt niedrigere Kohärenzen für die Gruppe der MA (Abb. 23, 24, 25).

5.5.3.1 Betrachten aller Bilder (Abb. 23). MA zeichnen sich dadurch aus, daß sie *ausschließlich RH höhere Kohärenzen* aufweisen als KG. Eine ausgedehnte Kooperation zwischen occipital, temporal und frontal ist besonders im Theta-Band zu sehen. Alpha-1 und -2 zeigen auch *interparietal (P3 – P4)* und temporo-occipital interhemisphärisch stärkere Kooperationen bei MA.

In der KG dagegen besteht besonders über der LH ein höherer Grad von Kooperationen (T5 – P3) als bei MA; dabei fallen lokalisierte Kohärenzen frontal und posterior im Alpha-2-Band auf. Markant ist die stärkere bifrontopolare Kooperation bei KG in den Alpha-Bändern, vor allem in Alpha-2 und in Beta-1.

5.5.3.2 Memorieren aller Bilder (Abb. 24). Bei dieser Aufgabe unterscheiden sich die Gruppen in den Alpha-Bändern und in Beta-2.

Bei MA ist ebenso wie bei BB die RH durch höhere Kohärenzen charakterisiert als

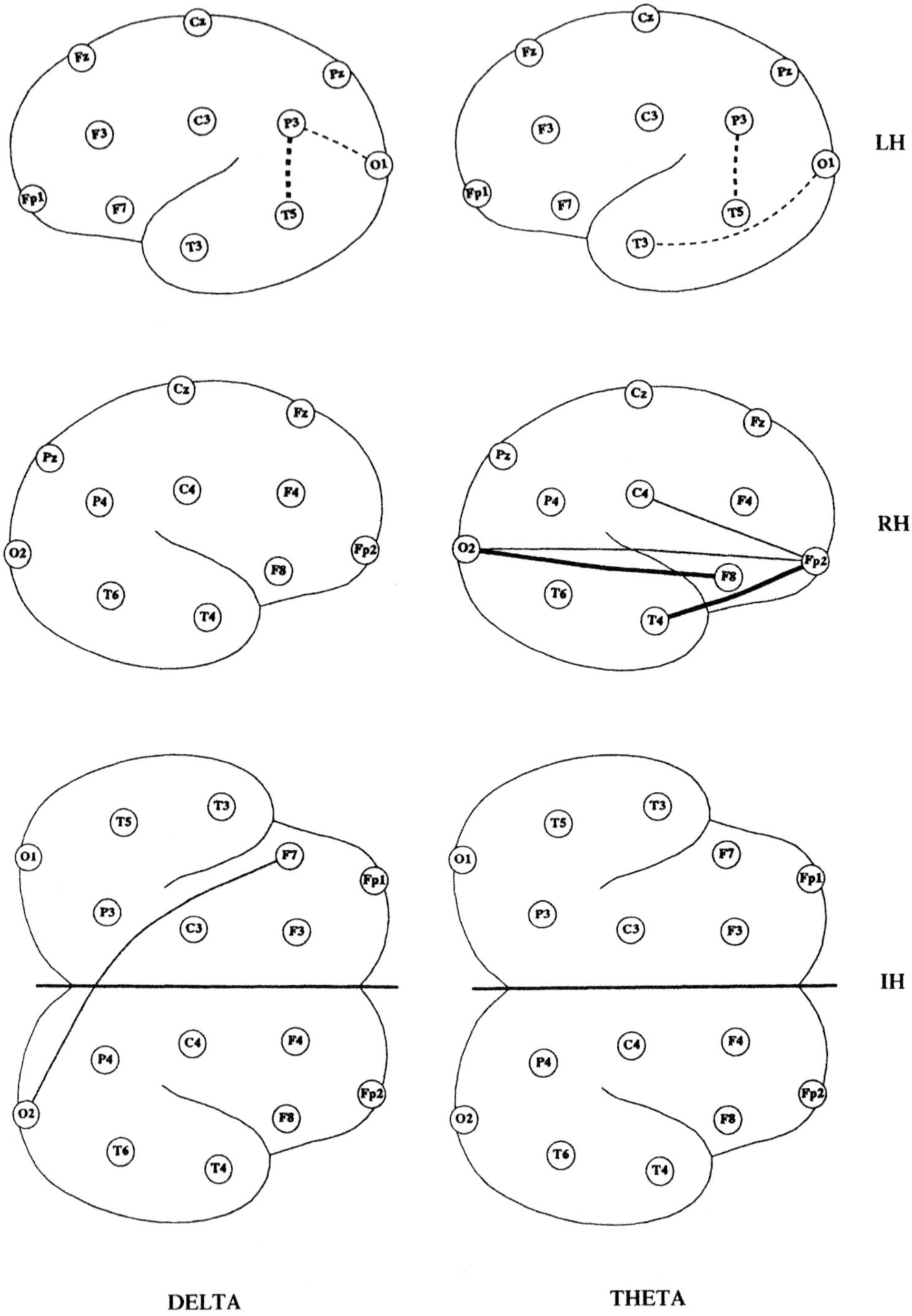

Abb. 23. Signifikante Unterschiede der Kohärenz für das Bild-Betrachten. Gruppenvergleich MA : KG (n1 = n2 = 19)

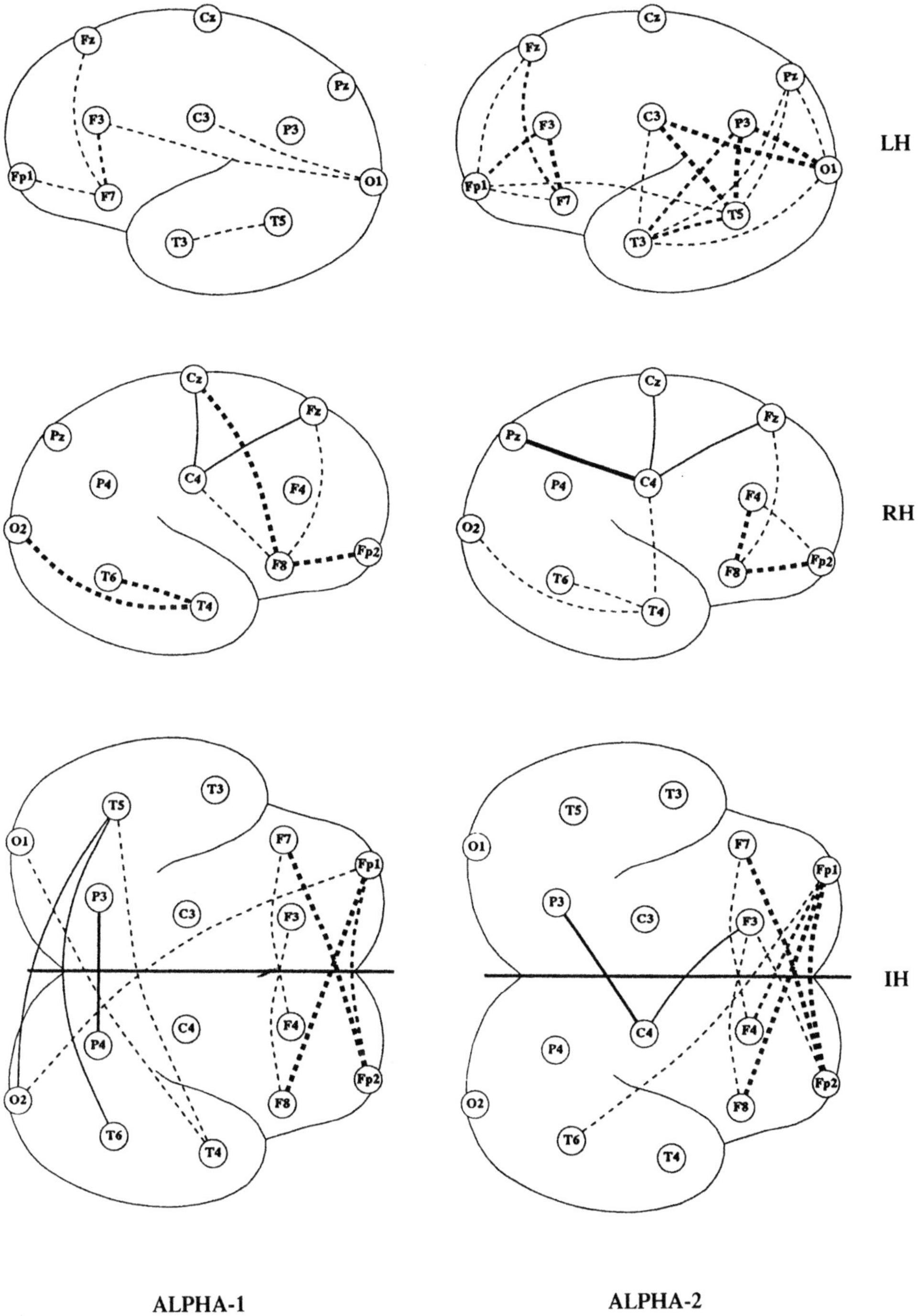

Abb. 23.

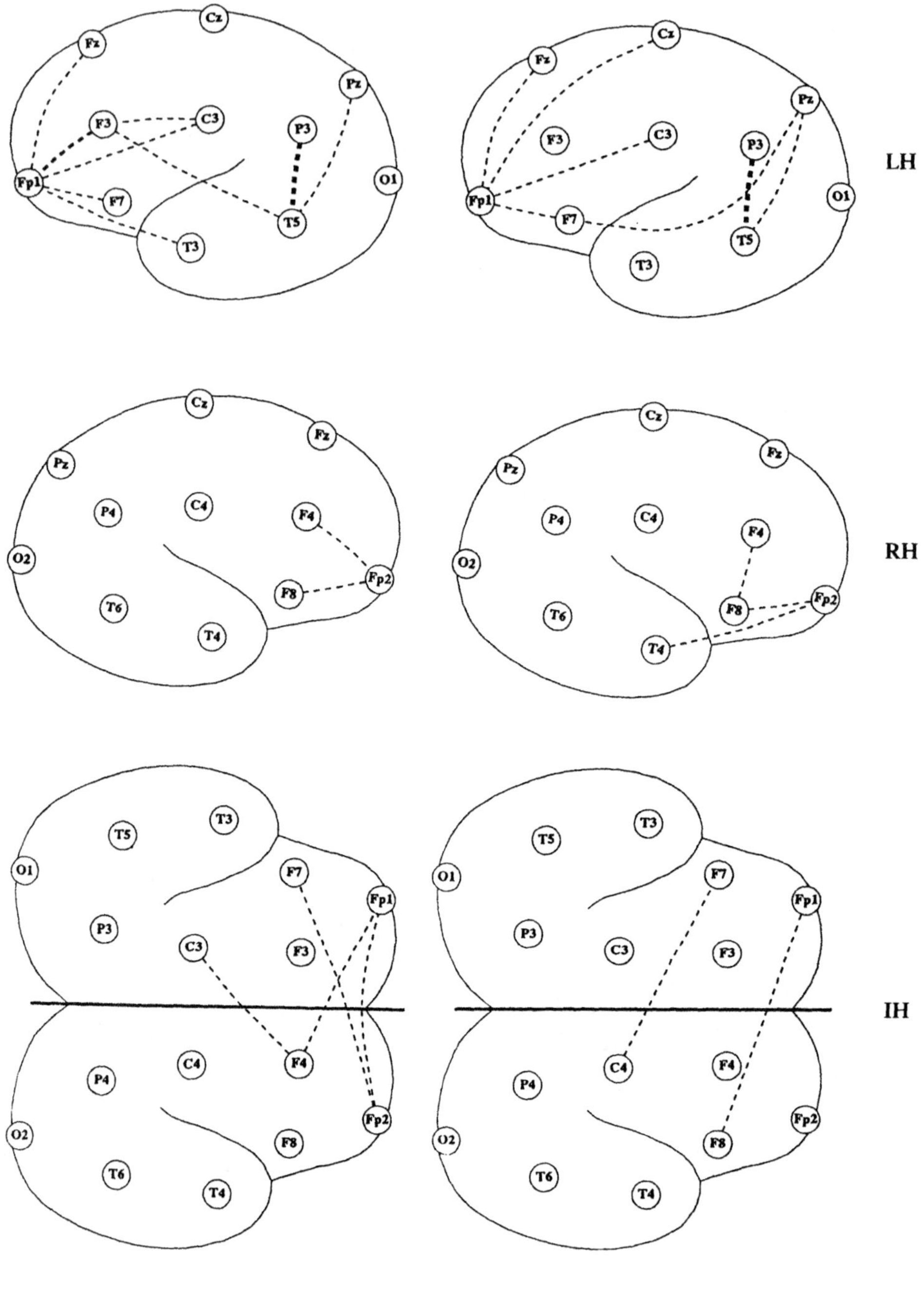
Cz
Fz
Pz
F3
C3
P3
Fp1
F7
T5
T3
O1
LH
Pz
Cz
Fz
P4
C4
F4
O2
F8
Fp2
T6
T4
RH
T5
T3
O1
F7
Fp1
P3
C3
F3
IH
C4
P4
F4
Fp2
O2
F8
T6
T4
BETA-1
BETA-2

Abb. 23.

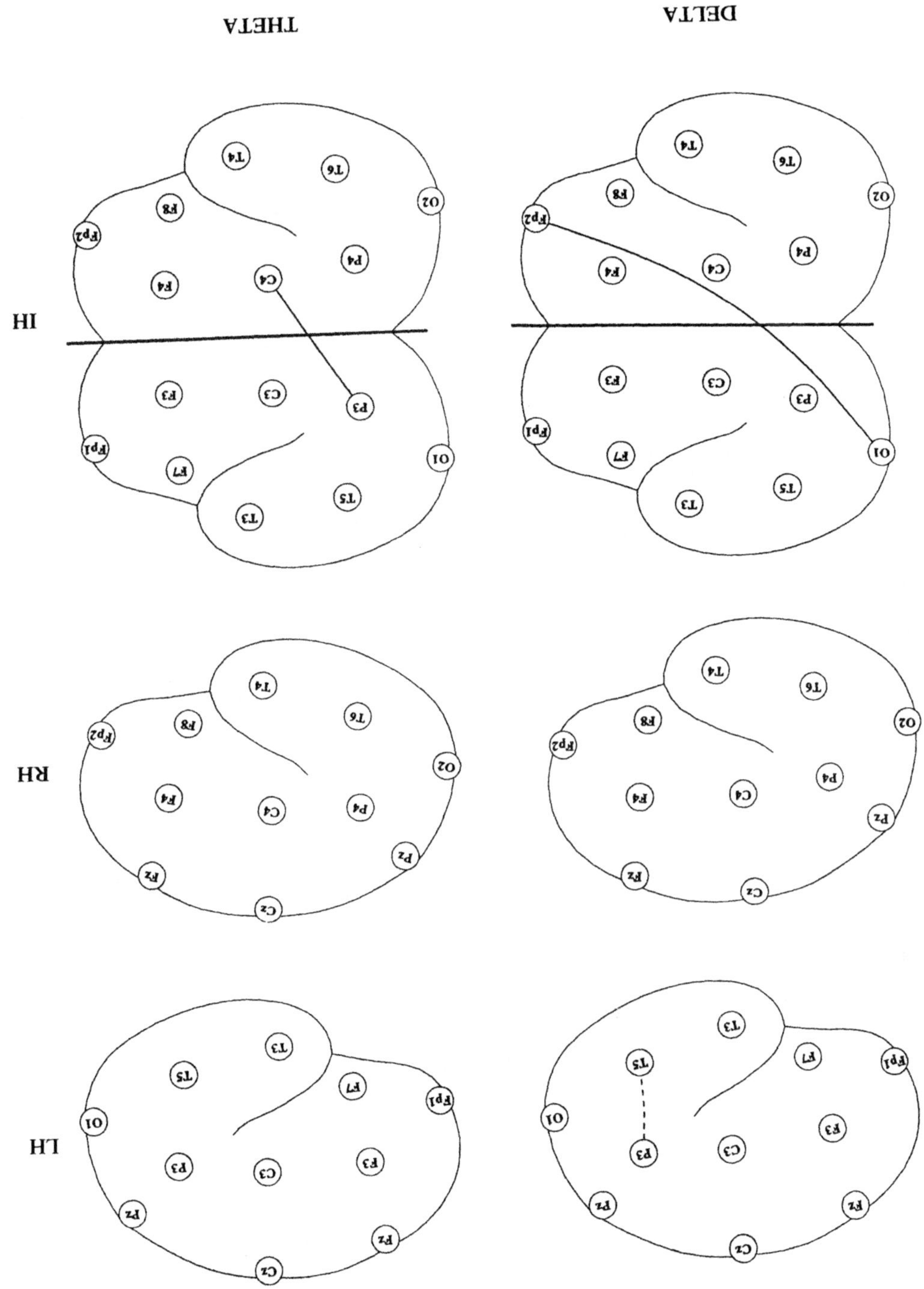

Abb. 24. Signifikante Unterschiede der Kohärenz für das Bild-Memorieren. Gruppenvergleich MA : KG (n1 = n2 = 19)

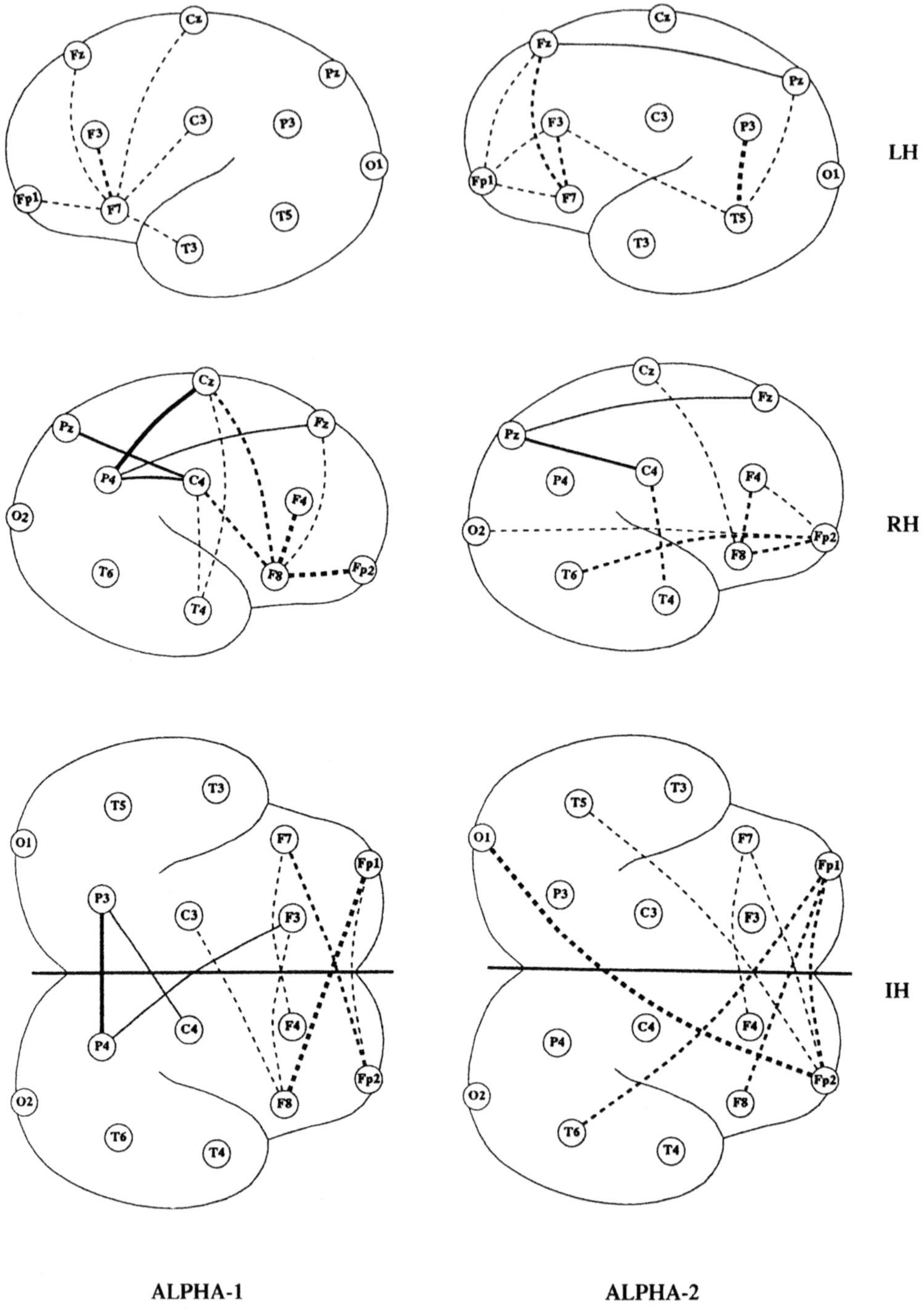
Cz
Fz
Pz
F3
C3
P3
O1
Fp1
F7
T5
T3
LH
Cz
Fz
Pz
F3
C3
P3
O1
Fp1
F7
T5
T3
Cz
Pz
Fz
P4
C4
F4
O2
T6
F8
Fp2
T4
RH
Cz
Fz
Pz
C4
P4
F4
O2
Fp2
F8
T6
T4
T3
T5
O1
F7
Fp1
P3
C3
F3
C4
F4
P4
Fp2
O2
F8
T6
T4
T3
T5
O1
F7
Fp1
P3
C3
F3
IH
C4
F4
P4
Fp2
O2
F8
T6
T4
ALPHA-1
ALPHA-2

Abb. 24.

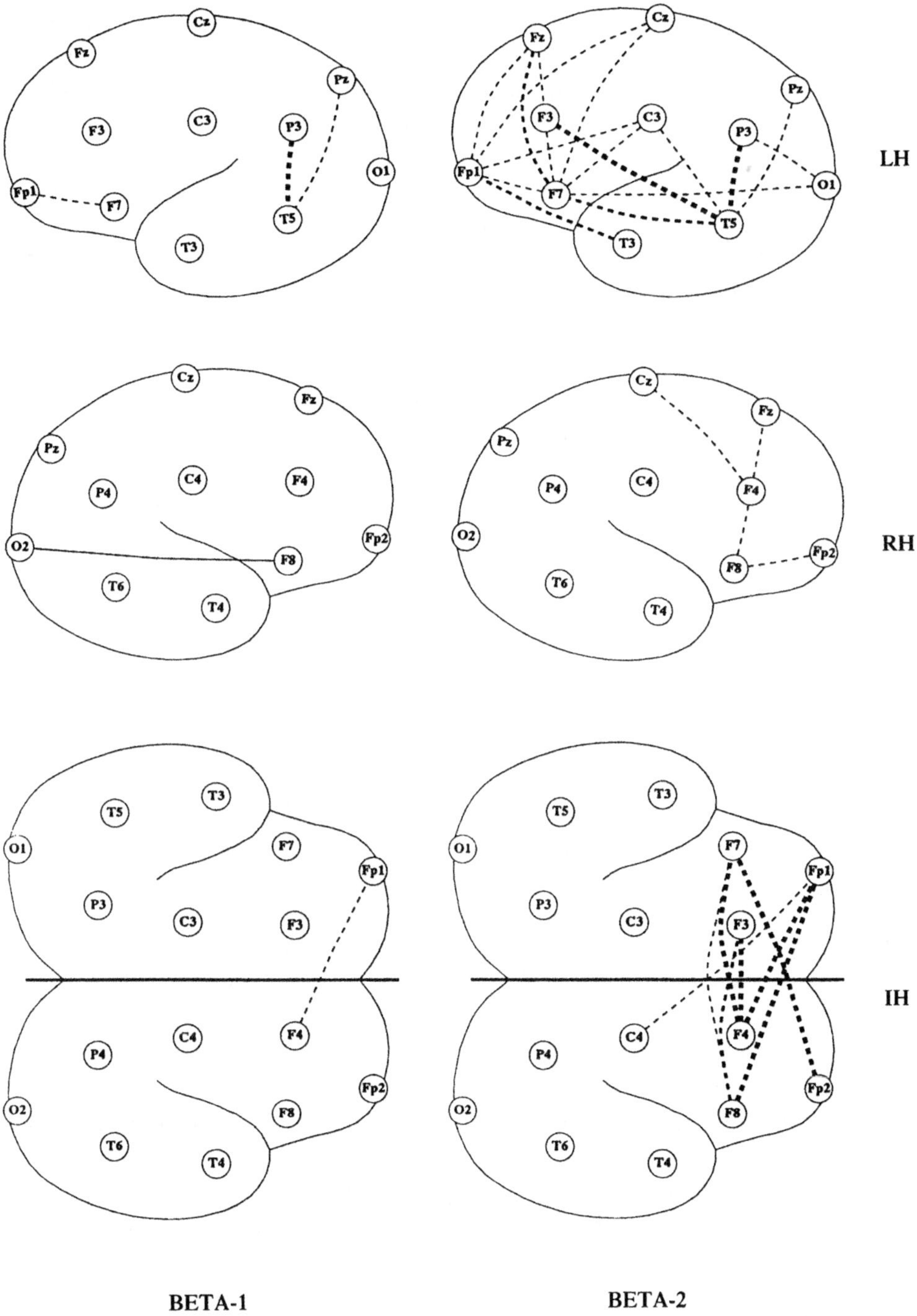
Cz
Fz
Pz
F3
C3
P3
O1
Fp1
F7
T5
T3
LH
Pz
C4
F4
P4
O2
F8
Fp2
T6
T4
RH
IH
BETA-1
BETA-2

Abb. 24.

in der KG. Auch die interparietale (P3 – P4) Kooperation ist bei ihnen ausgeprägter als in der KG. Auffallend ist auch die ipsilaterale Verbindung Pz – C4. Insgesamt betreffen die *erhöhten Kohärenzen der Malerinnen* gegenüber ihrer KG ausschließlich *parietale* in Verbindung *mit zentralen Bereichen.* In den unteren Frequenzbereichen gibt es bei MA vereinzelt interhemisphärische Kooperationen, die in der KG fehlen.

Bei der KG dagegen ist beim BM die LH involvierter als bei MA, dies betrifft die Alpha-Bänder und das Beta-2-Band. Auch ist die interfrontale und -frontopolare Kooperation, ähnlich wie bei BB, in der KG stärker als bei MA, wobei dies außer für Alpha besonders für Beta-2 zutrifft.

5.5.3.3 Eigen-Entwurf (Abb. 25). Zuerst fällt auf, daß die KG an dieser Aufgabe wesentlich beteiligter ist als die Gruppe der MA. MA zeigen auch bei dieser Aufgabe rechts-parietal sowie interparietal (P3 – P4) und -occipital höhere Kohärenzen als die KG. Insgesamt betreffen auch beim EI die *erhöhten Kohärenzen der Malerinnen* gegenüber ihrer KG ausschließlich *parietale* in Verbindung *mit zentralen Bereichen.*

In der KG erstrecken sich dabei die Unterschiede (LH höhere Kohärenzen als RH) auf alle Frequenzbänder. Auch bei dieser Aufgabe zeigt die KG höhere Kohärenzen zwischen den Frontalregionen – besonders interfrontopolar – als die MA.

Aus den Gruppenvergleichen ergeben sich folgende Schlüsse: Die beiden Hemisphären lassen bei MA und in der KG verschiedene Intensitätsgrade der lokalen Kooperation ersehen. Beim Bild-Betrachten zeigt die rechte Hemisphäre höhere Grade von Kooperation bei MA, in der KG die linke. Auch für BM ist die Kooperation rechts parietal bei MA höher als in der KG; zusätzlich besteht bei *MA* auch eine *höhere interparietale Zusammenarbeit* als in der KG. Beim Eigen-Entwurf ist die Inanspruchnahme der linken Hemisphäre bei der KG wesentlich stärker als bei MA, und zwar in allen Frequenzbändern. Diese deutlichen *hemisphärischen Unterscheidungen zwischen den Gruppen* – linkshemisphärische Involvierung der Nicht-Künstlerinnen zu rechtsparietaler Involvierung bei Künstlerinnen und deren stärkere interhemisphärische Aktivierung – kommen im Parameter Amplitude nicht zum Ausdruck. Das heißt, daß der ***Parameter Kohärenz*** – im Vergleich mit dem Parameter der Amplitude – ***bezüglich hemisphärischer Unterschiede aussagefähiger ist.***

5.5.3.4 Spontan-Ruhe-EEG. Läßt sich im EEG ein Unterschied zwischen MA und KG während der Spontan-Aktivität, entsprechend der Hypothesen H1-09 und H1-10, feststellen? Ein möglicher Unterschied betrifft die Frage nach begabungsspezifischen Merkmalen im Spontan-EEG.

Als „Ruhe"- oder Spontan-EEG wird die mit dem EEG registrierte Hirnaktivität unter Ruhe-Bedingungen bezeichnet, in denen die VP keiner konkreten Aufgabenstellung nachzukommen hat (bezieht sich also nicht auf fehlende cerebrale Aktivität, sondern betrifft fehlende Tätigkeit), während sie die Augen offen oder auch geschlossen hält – in Abhängigkeit von der jeweiligen Instruktion und der nachfolgenden Aufgabe.

Zum Gruppenvergleich des Spontan-EEGs von MA und KG ($n1 = n2 = 19$) wurde der Wilcoxon-rank-sum-test verwendet; er berücksichtigt die *Größe der* ***Differenzen,***

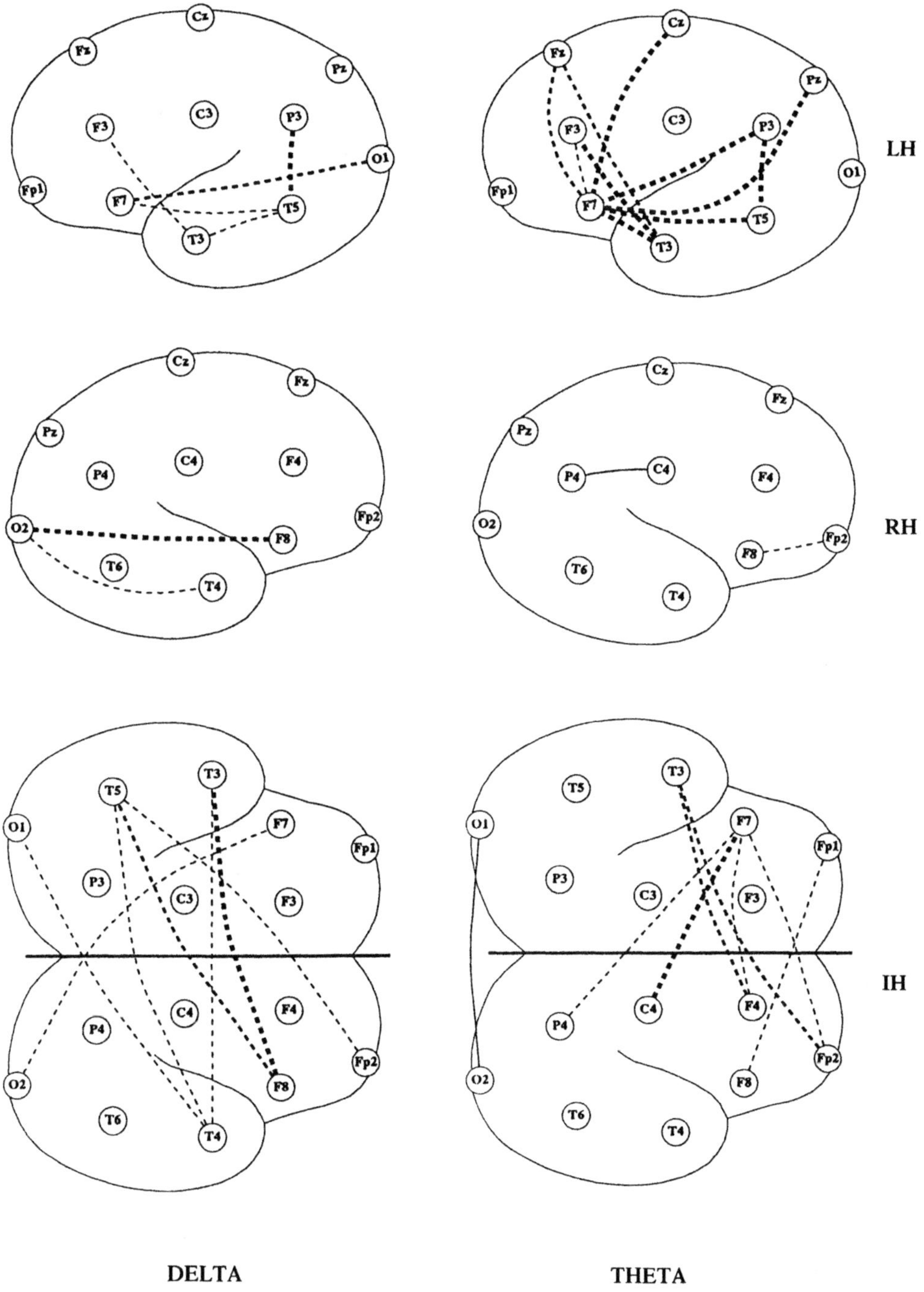

Abb. 25. Signifikante Unterschiede der Kohärenz für das Bild-Entwerfen. Gruppenvergleich MA : KG (n1 = n2 = 19)

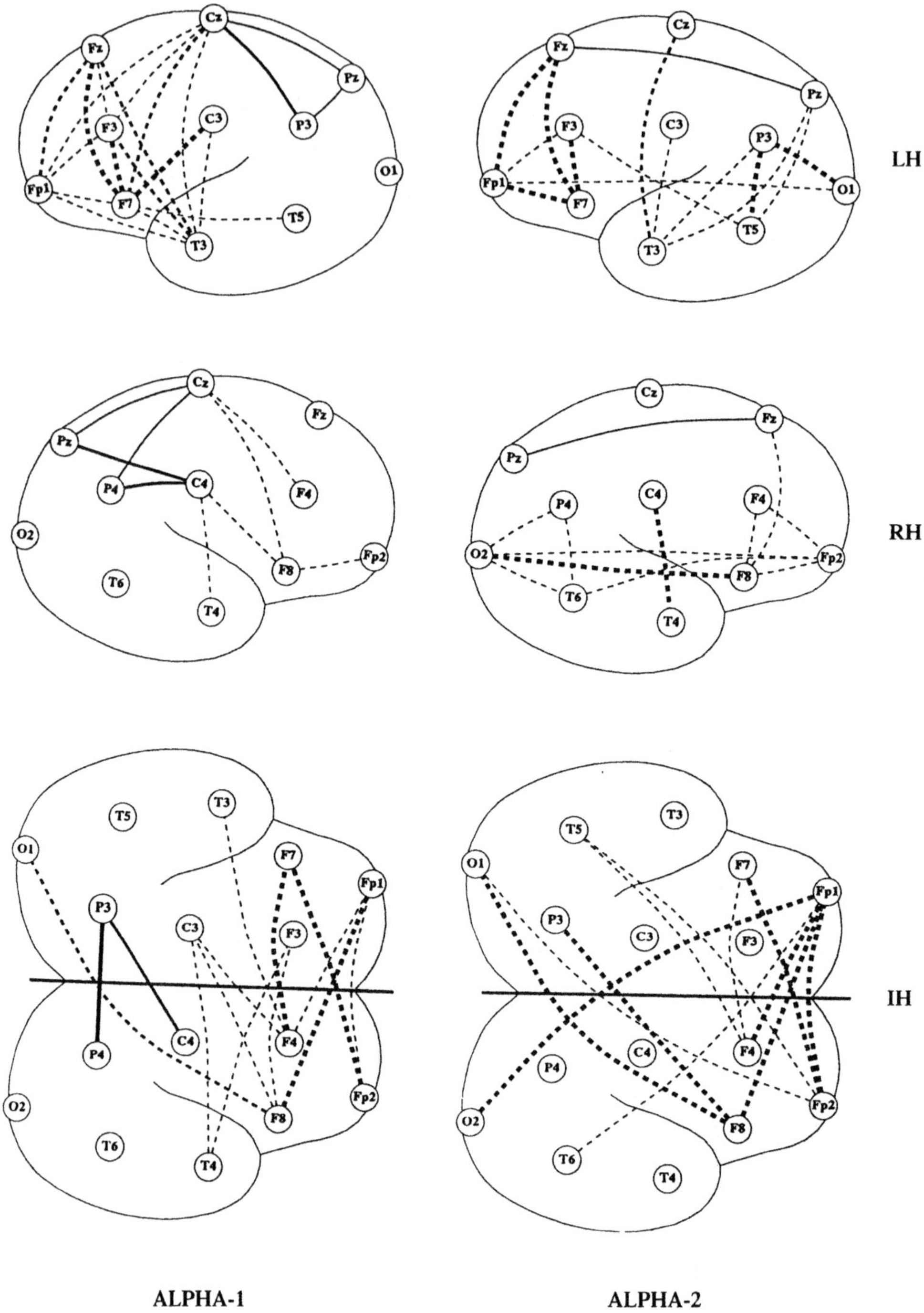
LH
RH
IH
Cz
Fz
Pz
F3
C3
P3
O1
Fp1
F7
T5
T3
P4
C4
F4
O2
T6
F8
Fp2
T4
ALPHA-1
ALPHA-2

Abb. 25.

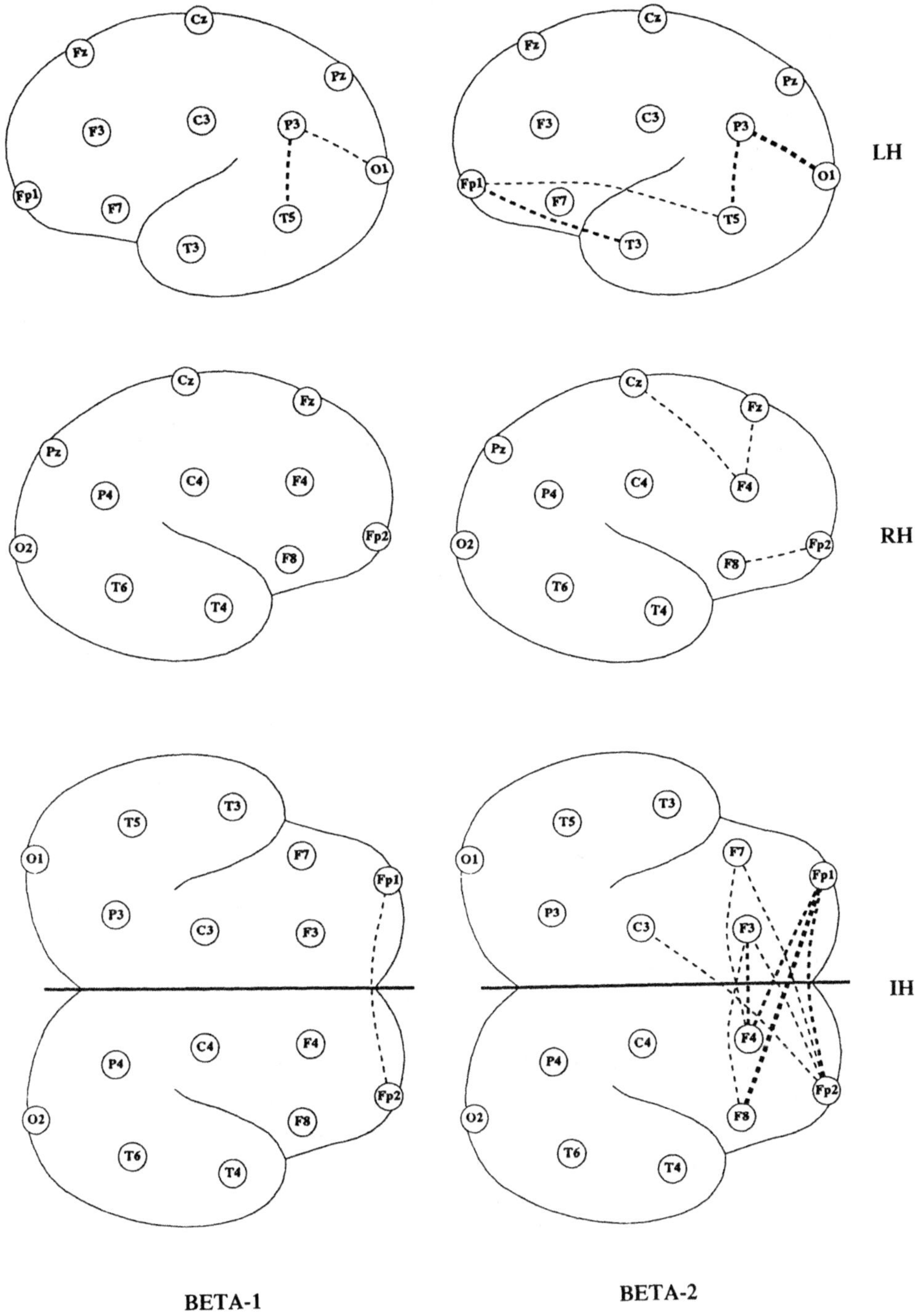
Cz
Fz
Pz
F3
C3
P3
O1
Fp1
F7
T5
T3
LH
Cz
Fz
Pz
C4
F4
P4
O2
Fp2
F8
T6
T4
RH
T3
T5
O1
F7
Fp1
P3
C3
F3
C4
F4
P4
Fp2
O2
F8
T6
T4
IH
BETA-1
BETA-2

Abb. 25.

d. h. es geht um die *signifikanten* ***Unterschiede*** im Spontan-EEG *der* beiden *Gruppen* bezüglich Amplituden und Kohärenzen.

5.5.3.4.1 Bezüglich der ***Amplituden*** (Abb. 26 a). Signifikante *Amplituden-Unterschiede* im Ruhe-Spontan-EEG zwischen MA und der KG, n1 = n2 = 19. Die verschiedenen Größen der Quadrate beziehen sich auf den Grad der Signifikanz zwischen $p < 0.1$ und $p < 0.01$. In dieser Darstellung bedeuten schwarze Quadrate höhere bzw. weiße Quadrate niedrigere Amplituden bei MA.

Auch im Spontan-EEG unterscheiden sich die beiden Gruppen dadurch, daß Alpha-2 über dem hinteren Cortex, also posterior, niedriger ist als in der Gruppe der Nicht-Künstlerinnen. Dies trifft auch auf Delta und Alpha-1 rechts temporo-occipital zu; während Beta-2 beidseitig präfrontal in der KG höher ist.

5.5.3.4.2 Bezüglich der ***Kohärenzen*** (Abb. 26b). Die Darstellung der signifikanten *Kohärenz-Unterschiede* ($p < 0.05$) im Ruhe-Spontan-EEG zwischen MA und KG bezieht sich auf alle Frequenzbänder. Wiederum bedeuten ausgezogene Linien höhere Kohärenzen bei MA, unterbrochene Linien höhere Kohärenzen der KG.

Insgesamt betrachtet, gibt es generell zwar mehr und höhere Kohärenzen bei den Nicht-Künstlerinnen, besonders interhemisphärisch zeigen sie lange kontralaterale Verbindungen von occipital nach frontal. Vor allem ist die interfrontale und -frontopolare Zusammenarbeit bei ihnen ausgeprägter. Linkshemisphärisch, ausgehend von den Temporal-Elektroden, sind die Zunahmen bei ihnen signifikant höher als bei *MA*.

MA hingegen zeigen *höhere rechtshemisphärische Kohärenzen, besonders parietal* sowie zwischen centro-parieto und occipitalen Regionen. Ihre interhemisphärischen Verbindungen sind: P3 – P4, T3 – F8; T5 – 02; von P3 ausgehend nach 02, P4, C4.

Die Hypothesen H0-09 und H0-10 müssen daher zugunsten ihrer Alternativ-Hypothesen H1-09 und H1-10 verworfen werden.

5.5.4 Beziehungen zwischen den ***psychologischen Scores***

Gedächtnis und Phantasie – als Aspekte visueller Vorstellungsfähigkeit nach der Inhaltsanalyse (siehe Kategorien-System bzw. Signierungs-System 5.4.2) – ***und EEG-Parametern.***

Untersucht wurde die Meßbarkeit zweier variabler Größen – dargestellt durch Paare von Beobachtungswerten pro VP – auf ihre Abhängigkeit, um ein Maß für den Grad des Zusammenhanges, d. h. der Übereinstimmung der psychologischen Variablen mit denen des EEGs zu erhalten. Diese Frage nach der Stärke des Zusammenhangs der beiden Merkmale wurde mittels *Korrelationsanalyse* geprüft. Zur Ermittlung des Rangkorrelations-Koeffizienten (*Spearman*-Rho), der direkt auf Signifikanz prüfbar ist, wurden zwischen den (topologischen) Variablen ***Rangkorrelationen*** nach *Spearman* durchgeführt.

EEG-Variable – getrennt nach 6 Frequenzbändern: ***Amplitude***
Kohärenz

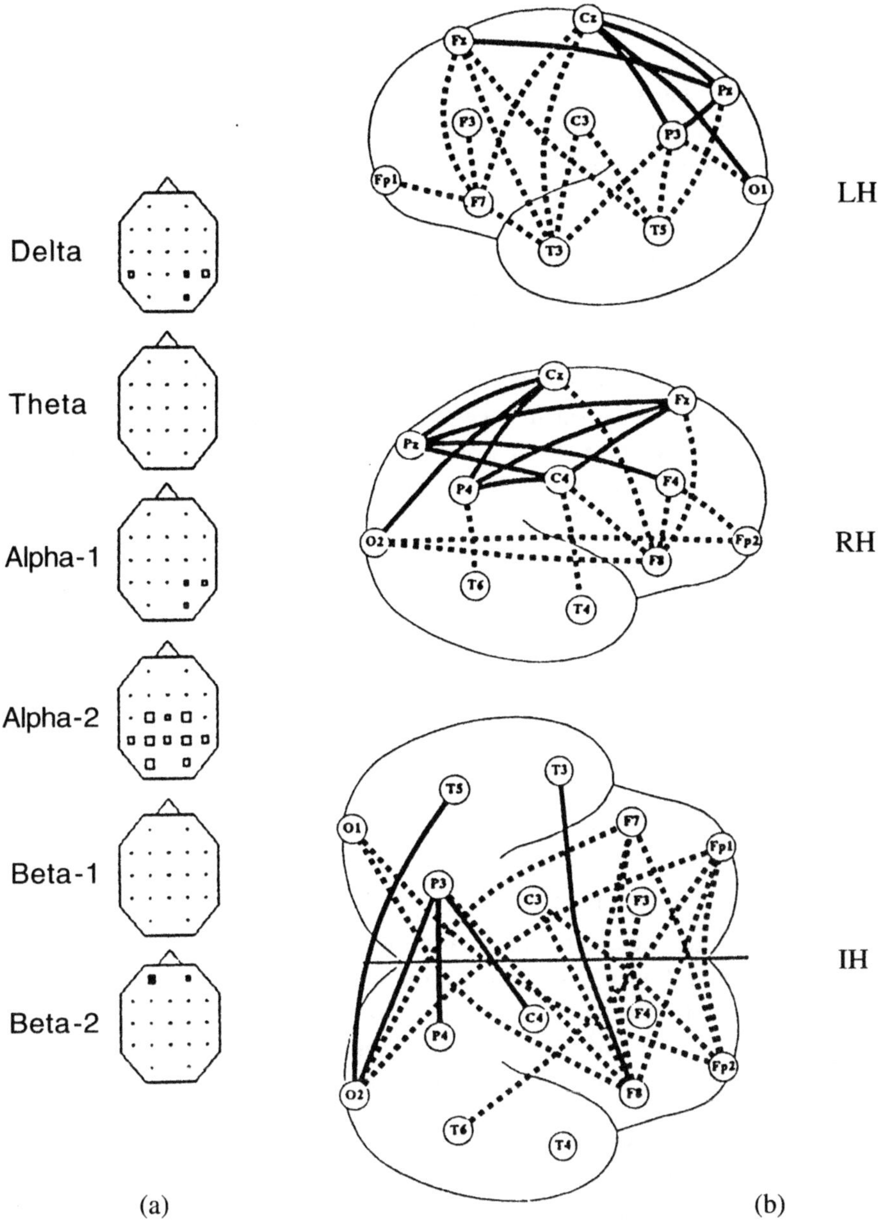

Abb. 26. Spontan-EEG aller Frequenzbänder. Gruppenvergleich MA : KG ($n1 = n2 = 19$). (a) Signifikante ($p < 0.05$) Amplituden-Unterschiede. Weiße Quadrate bedeuten niedrigere Amplituden bei MA, schwarze Quadrate – höhere Amplituden. (b) Signifikante ($p < 0.05$) Kohärenz-Unterschiede. Ausgezogene Linien bedeuten höhere Kohärenzen bei MA, strichlierte Linien – höhere Kohärenzen bei KG

Psychologische** Variable* – visuelle Vorstellungsfähigkeit: ***Gedächtnis
Phantasie

Es ergeben sich statistisch signifikante Rangkorrelationen zwischen psychologischen und EEG-Variablen, sowohl für Amplituden als auch für Kohärenzen in den beiden Gruppen der MA und der KG, weshalb die

H0-Hypothese wonach EEG-Daten und psychologische Daten der Grundgesamtheit nicht miteinander korrelieren, zugunsten der
H1-Hypothese wonach ein Zusammenhang zwischen den beiden Daten-Sätzen in der Grundgesamtheit besteht, verworfen wird.

Da die Auswertung der psychologischen Daten nicht im Neurophysiologischen Institut, sondern in Zusammenarbeit mit dem EDV-Zentrum der Universität Wien erfolgte, wurden erhaltene Werte, d. h. die *Korrelations-Koeffizienten* 1. der Amplitudenwerte mit dem Gedächtnis-Score, 2. der gemittelten Kohärenzwerte mit dem Gedächtnis-Score zur anschaulicheren Darstellung nachträglich und händisch in schematische Hirnkarten am entsprechenden Elektrodenort unter Berücksichtigung der Signifikanz ($p < 0.05 – 0.01$) eingetragen und somit graphisch dargestellt. *Positive* Korrelationen wurden durch *schwarze, negative* durch *weiße Quadrate* symbolisiert. Der Gedächtnis- und der Phantasie-Score ergibt sich nach der Inhaltsanalyse aus den Verbal-Protokollen während der Pausen der EEG-Registrierung (siehe 5.4.2). Dabei wurden für jeden Elektrodenort die bei der jeweiligen Aufgabe gegenüber allen benachbarten Elektrodenorten gemittelten Kohärenzwerte zum individuellen Gedächtnis-Score korreliert.

*5.5.4.1 Rangkorrelationen zwischen dem **Gedächtnis-Score** und der **Amplitude***

5.5.4.1.1 Während **BB, BM, EI bei MA** (Abb. 27).
In dieser Gruppe zeigen sich signifikante, ausschließlich *positive* Rangkorrelationen ($p < 0.05–0.01$). Bei BB finden sich solche Korrelationen vor allem im Theta-, weniger im Delta-Band und in den Beta-Bändern. Bei BM kommen positive Korrelationen vorwiegend in Beta-2 vor, bei EI sind diese Korrelationen topographisch am ausgedehntesten und betreffen überwiegend die Beta-Bänder, aber auch Theta und Alpha-2.

5.5.4.1.2 Während **BB, BM und EI in der KG** (Abb. 27). In der KG finden sich signifikante, ausschließlich *negative* Rangkorrelationen ($p < 0.05–0.01$) für alle drei Aufgaben nur für das *Delta*-Band, und zwar am ausgedehntesten bei BB.

5.5.4.2 Rangkorrelationen zwischen dem Gedächtnis-Score und den gemittelten Kohärenzwerten

5.5.4.2.1 Während **BB, BM und EI bei MA** (Abb. 28). In dieser Gruppe zeigen sich signifikante, ausschließlich *negative* Rangkorrelationen ($p < 0.05–0.01$) zwischen Kohärenzwerten und dem Gedächtnis-Score. Die meisten negativen Rangkorrelationen kommen in Alpha-2 und den beiden Beta-Bändern vor. In den darunter liegenden

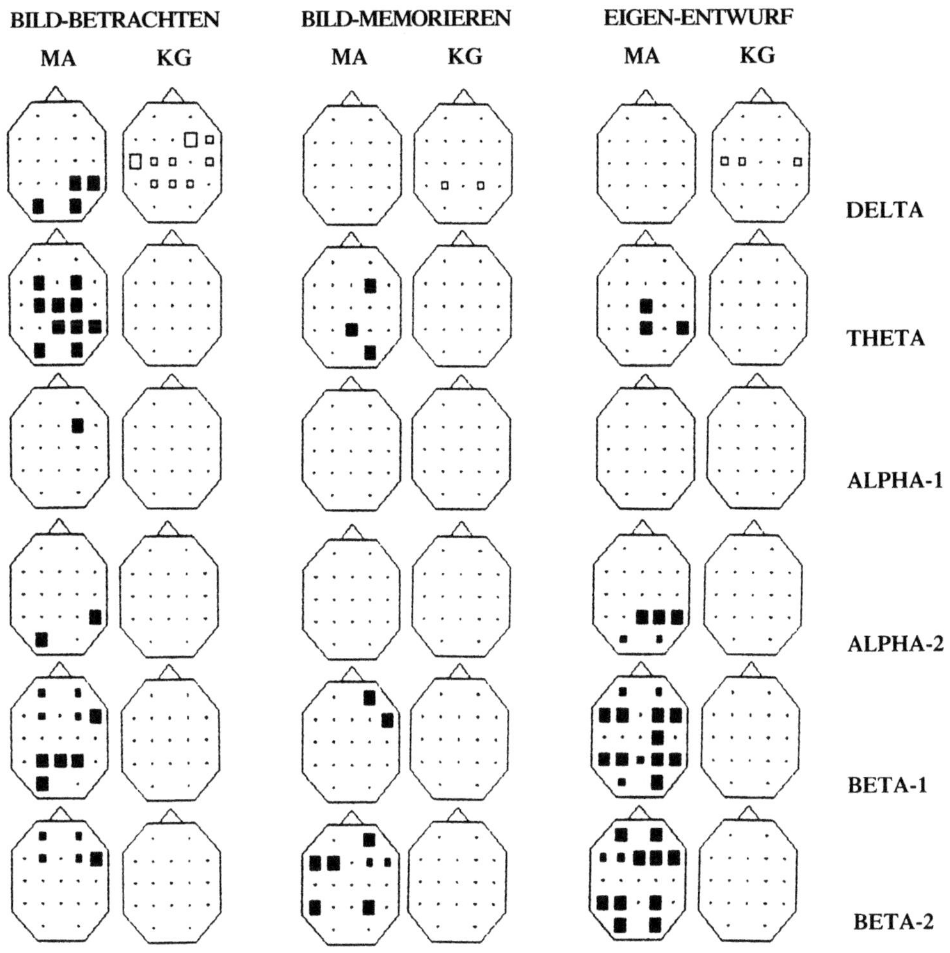

Abb. 27a, b, c. Rangkorrelationen zwischen Gedächtnis-Score und Amplitude bei MA und in der KG

Frequenzbändern lassen sich nur vereinzelte Abnahmen finden in Theta und im Alpha-1-Band bei EI, in Theta bei BB und in Delta bei BM.

5.5.4.2.2 Während **BB, BM und EI in der KG** (Abb. 28). In dieser Gruppe gibt es nur einzelne, wenig signifikante, *positiv und negativ gemischte* Rangkorrelationen ($p < 0.05$–0.01).

*5.5.4.3 Rangkorrelationen zwischen dem **Phantasie-Score** und der **Amplitude***

Da die vorliegenden Daten *nicht normalverteilt* sind, ist bezüglich ihres Signifikanz-Niveaus keine exakte Aussage zu treffen (daher gibt es auch keine Abbildungen). Als statistisch signifikant wurden Werte mit $p < 0.05$ angenommen (siehe Anhang).

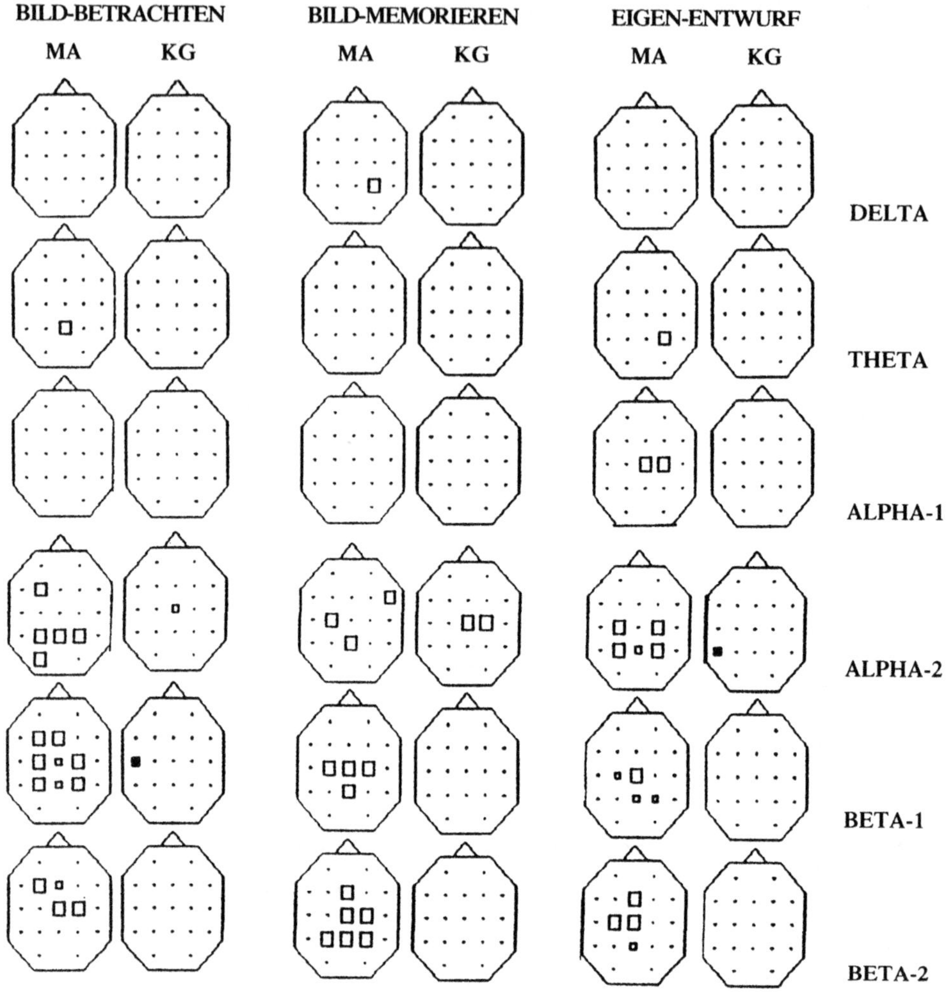

Abb. 28. Rangkorrelationen zwischen Gedächtnis-Score und den gemittelten Kohärenzen bei MA und in der KG

5.5.4.3.1 Während **BB, BM und EI bei MA** treten sowohl positive als auch negative Rangkorrelationen zwischen Amplitude und Phantasie-Score auf, und zwar in allen drei Aufgaben, jedoch von ihrer Anzahl her sind sie eher als gering zu bezeichnen, und von ihrer Größe her befinden sie sich im mittleren Bereich.

5.5.4.3.2 für die KG waren Rangkorrelationen zwischen dem Phantasie-Score und den Amplituden des EEGs *nicht* festzustellen.

5.5.4.4 *Rangkorrelationen zwischen dem **Phantasie-Score** und den gemittelten **Kohärenzwerten*** (Abb. 29, 30, 31)

5.5.4.4.1 Während **BB, BM und EI bei MA** (a) gibt es für alle drei Aufgaben als signifikant angenommene Rangkorrelationen, und zwar sowohl negative als auch positive, äußerst zahlreich, in einem mittleren Bereich, wobei folgende Eigenheit auffällt: Rangkorrelationen, die im *frontalen* Bereich auftreten, und zwar unabhängig von der Aufgabe, sind allesamt *negativ,* während Rangkorrelationen, die im *centro-parieto-temporo-occipitalen* Bereich aufscheinen, ausschließlich *positiv* sind; dies gilt wieder für alle Aufgabenarten.

5.5.4.4.2 Während **BB, BM und EI in der KG** (b) ist das Auftreten der Vorzeichen bei den Rangkorrelationen unterschiedlich, d. h. es gibt sowohl positive als auch negative Korrelationen für die verschiedenen Aufgaben.

*5.5.5 **T-Test** zwischen den beiden Gruppen MA und KG* (Abb. 32)

Die Gruppen werden auf *Unterschiede* in den EEG-Variablen Kohärenz und Amplitude für alle 6 Frequenzbereiche während der drei Aufgaben BB, BM und EI untersucht und graphisch dargestellt, wobei immer die 2. (KG) gegenüber der 1. Gruppe (MA), verglichen wird. Die ausgefüllten *Quadrate* symbolisieren den Grad der Signifikanz der Unterschiede.

5.5.5.1 Bei den **Amplituden** (AM) betrifft diese Unterscheidung besonders das Alpha-2- und das Beta-1-Band, und zwar in allen drei Aufgaben, wobei sich die Unterschiede im Alpha-2-Band centro-parieto-temporal links und im Beta-1-Band frontopolar und frontal eher links auswirken. Für BB und BM zeigt sich auch noch ein Unterschied links frontopolar im Beta-2-Band und für BM im Alpha-1-Bereich occipital.

5.5.5.2 Bei den gemittelten **Kohärenzwerten** (Abb. 32) zeigen sich Unterschiede für alle Aufgaben in beiden Alpha-Bändern; Unterschiede in den Beta-Bändern finden sich bei BB und BM (nicht bei EI) vorwiegend in den Bereichen höherer Frequenzbänder, bei EI eher in den niederen Bereichen. Im Alpha-1-Band zeigen sich die Unterschiede frontopolar und frontal für BB und BM und im EI eher rechts und centro-parietal. Im Alpha-2-Bereich sind sie während der drei Aufgaben topographisch ähnlich verteilt und bei Nicht-Künstlerinnen treten sie fast ausschließlich linkshemisphärisch auf.

Insgesamt läßt sich sagen, daß die *Unterschiede zwischen den beiden Gruppen im Alpha-2-Band* sich sehr deutlich und für *alle drei Aufgaben* übereinstimmend einerseits für die *Amplituden,* andererseits für die *Kohärenzen* erweisen, und zwar jeweils *linkshemisphärisch.* Diese Übereinstimmung der Unterschiede trifft auf andere Frequenzbänder weniger zu.

Die Unterschiede in den *Amplituden* beziehen sich bei allen drei Aufgaben auf die *centro-temporo-parietale Region;* beim Bild-Memorieren und Eigen-Entwurf zusätzlich auf den occipitalen Bereich.

Die Unterschiede in den *Kohärenzen* beziehen sich in den unteren Frequenzbändern auf den *frontopolaren und frontalen Bereich,* beim Eigen-Entwurf rechts stärker, und in den höheren Frequenzbändern beinahe über die gesamte linke Hemisphäre, die frontopolare Region ausgenommen, wo die Unterschiede auch rechts signifikant werden.

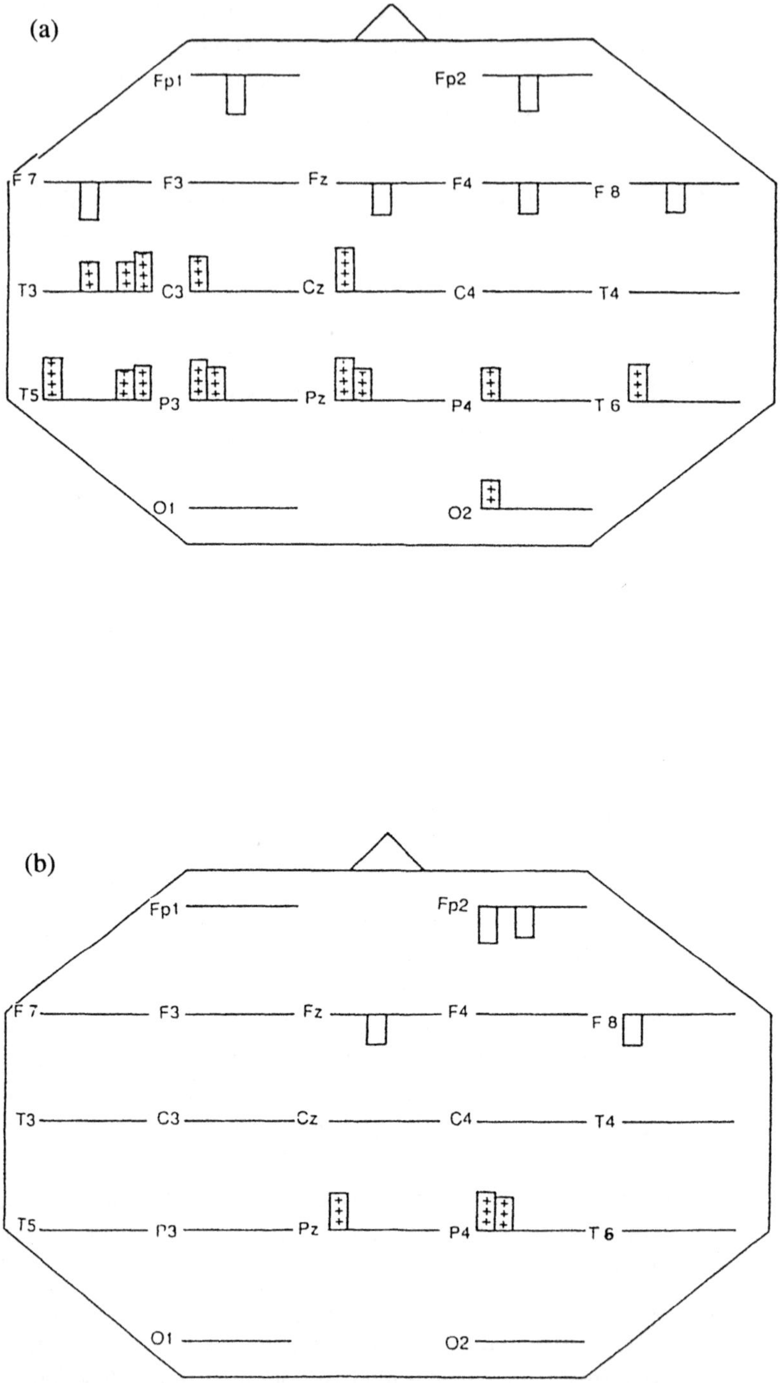

Abb. 29. Rangkorrelationen zwischen dem Phantasie-Score und den gemittelten Kohärenzen für das Bild-Betrachten bei (a) Malerinnen und (b) Nicht-Malerinnen (N = 19)

(a)

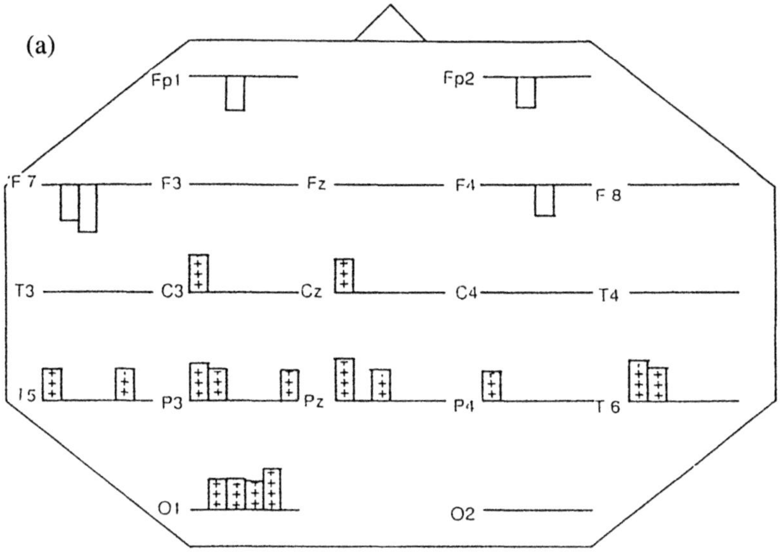

(b)

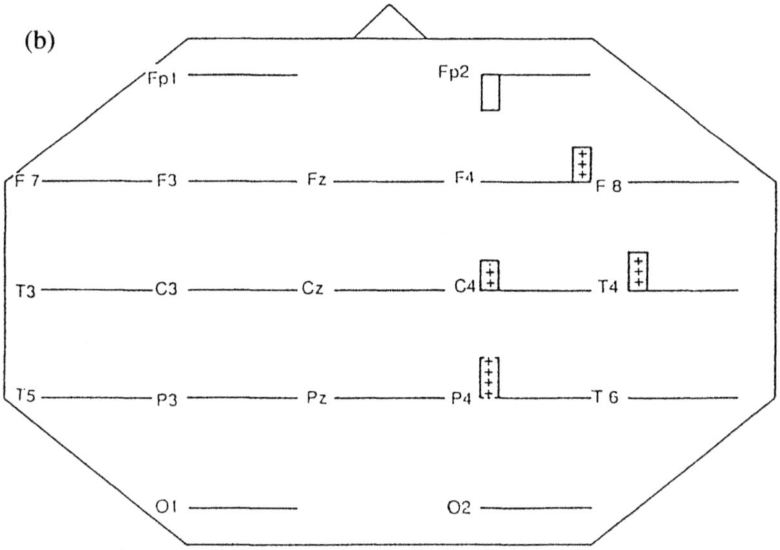

Abb. 30. Rangkorrelationen zwischen dem Phantasie-Score und den gemittelten Kohärenzen für das Bild-Memorieren bei (a) Malerinnen und (b) Nicht-Malerinnen (N = 19)

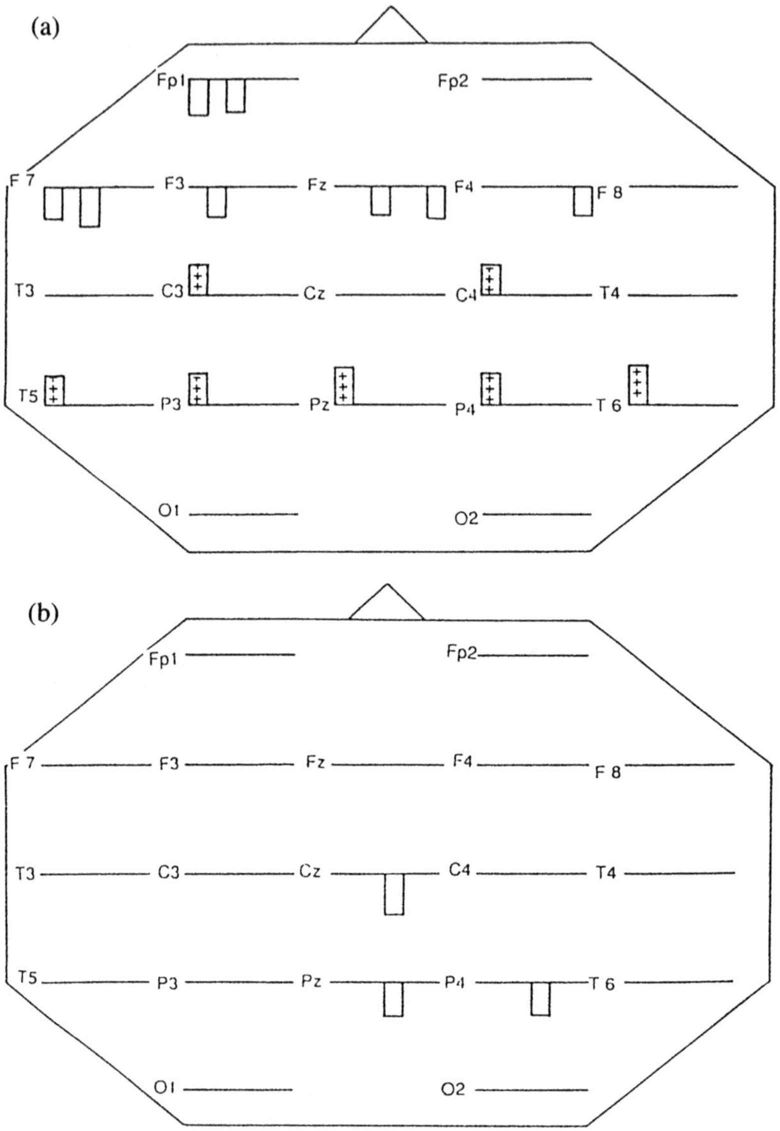

Abb. 31. Rangkorrelationen zwischen dem Phantasiescore und den gemittelten Kohärenzen für den Eigen-Entwurf bei (a) Malerinnen und (b) Nicht-Malerinnen (N = 19)

Aufgrund der Ergebnisse werden die Hypothesen (siehe 5.0) von H0-11 bis incl. H0-15 zugunsten ihrer Alternativ-Hypothesen H1-11 bis H1-15 verworfen; *EEG-Parameter* lassen sich mit psychologischen Variablen, d. h. *mit Aspekten visueller Vorstellungsfähigkeit in Beziehung setzen.* Sowohl die Amplitude als auch die Kohärenz zwischen verschiedenen Ableiteorten erwiesen sich in dieser Untersuchung als methodengeeignet.

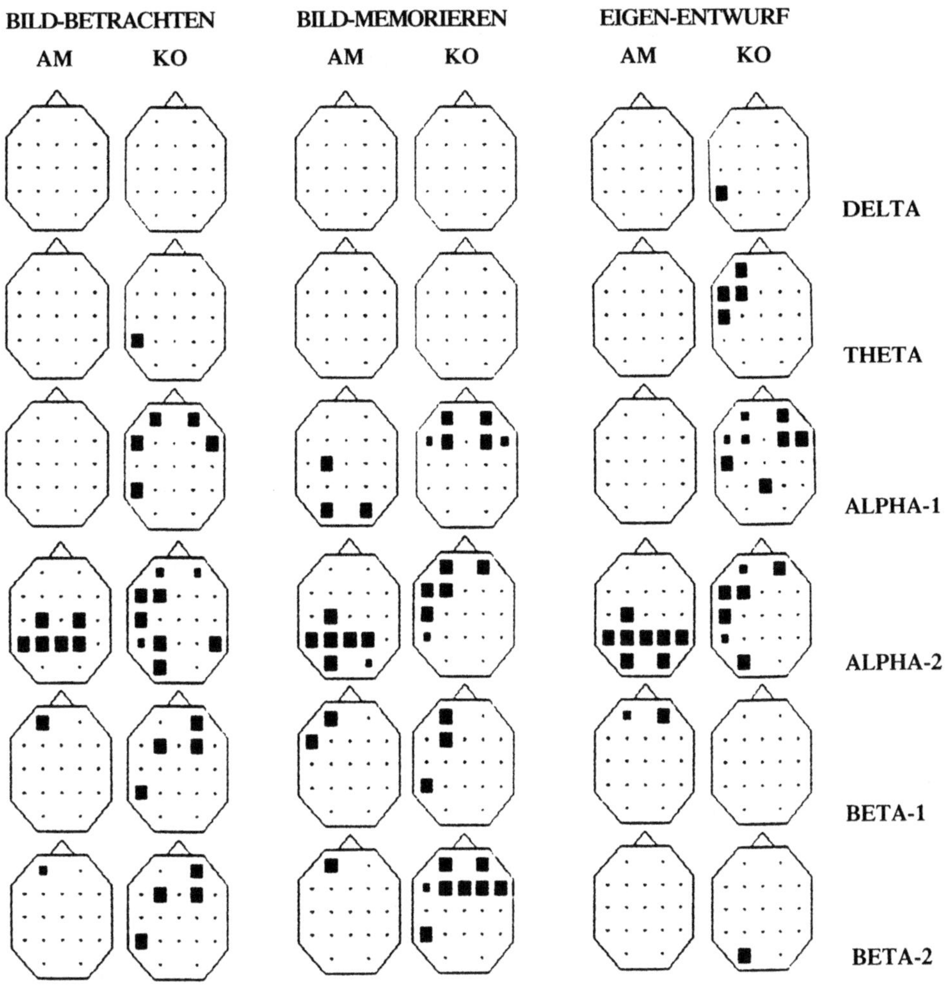

Abb. 32. T-Test MA : KG – Amplituden

5.6 Interpretation der Ergebnisse

Interpretation der *EEG-Parameter:* Sowohl Amplitude als auch Kohärenz sind Parameter, die Zustandsänderungen des corticalen Netzwerkes anzeigen, wobei auftretende Veränderungen in Form von Zunahmen oder Abnahmen als Ausdruck einer Zustandsänderung im Zusammenhang mit der kognitiven Tätigkeit interpretiert werden. Diese Änderungen (im Falle der Kohärenz funktionelle „Ver"- und „Ent"-Koppelungen innerhalb eines Frequenzbereiches) können sich im EEG als Vorgänge der Synchronisierung oder Desynchronisierung äußern. Eine exakte Interpretation der Parameter steht noch aus, womit hier eine Bewegung im hypothetischen Raum stattfindet.

Die *Zunahme der Amplitude* gibt Aufschluß über die *Synchronisierung* eines unterhalb der Elektrode involvierten Bereiches im EEG. Die *Abnahme der Amplitude* in einem bestimmten Areal wird auch als *Desynchronisierung* bezeichnet. Nach Cooper (1984) kommt es erst dann zu synchron-corticaler Tätigkeit im EEG, wenn 6 cm^2 involviert sind. Der Anteil der neuronalen Aktivität schlägt sich in der Höhe der Amplitude nieder.

Bei *Zunahme der Kohärenz wird der Synchronisierungsbereich* ***zwischen zwei*** *Elektroden erfaßt,* somit werden neuronale Netzwerke stärker und enger aneinander gebunden. Die Ähnlichkeit zweier EEG-Signale wird aus dem normierten Kreuzleistungs-Spektrum errechnet, wodurch man das Kohärenz-Spektrum erhält (siehe EEG 4.1.4.1). Für normale EEG-Tätigkeiten liegen die Kohärenz-Werte zwischen 0 – bei voneinander unabhängigen Signalen – und 1 für den Grad der Abhängigkeit bei identen Signalen wie z. B. epileptischer Tätigkeit. Eins bedeutet, daß die Areale synchron schwingen. Unter *kognitiven Tätigkeiten* erweist eine *Zunahme an Kohärenz* sich immer als *Ausdruck stärkerer funktioneller Zusammenarbeit.* Aus der Korrelationsberechnung von Signalen und Beziehungen *zwischen* corticalen Regionen innerhalb eines Frequenzbereiches resultiert gegenüber Amplituden eine zusätzliche Aussage. Diese Untersuchung ist ein Beweis dafür.

5.6.1 Interpretation des EEG-Parameters AMPLITUDE

5.6.1.1 Amplituden-Änderungen in der **Gesamtgruppe**

Der Einfachheit halber und um Wiederholungen zu vermeiden, erfolgt die Interpretation hier nicht nach Aufgaben (BB, BM und EI), sondern nach Frequenzbereichen.

5.6.1.1.1 **Delta-Amplituden.** Ursache der Delta-Aktivierung könnten zumindest über der *vorderen* Schädelhälfte Augenartefakte sein. Als eine Bestätigung dafür dürfte gelten, daß sie beim Bild-Betrachten und während des Textlesens verstärkt auftraten. Somit sind sie aufgabenspezifisch und stellen vermutlich eine die visuelle Wahrnehmung begleitende physiologische Erscheinung dar. Schon Hebb (1968) versteht Augenbewegungen als eine die Wahrnehmung integrierende Komponente (siehe 3.3.5 und 3.3.6). Für Neisser (1974) gelten Augenbewegungen als Voraussetzung für den Sehvorgang. Sakkaden, schnelle Augenbewegungen, treten als Reaktion auf visuelle Reize beim Lesen auf (wobei frontale Felder, prämotorischer Cortex und visueller Assoziations-Cortex aktiviert werden). Auch beim Generieren von Vorstellungen wird in der Literatur oft eine Zunahme von Augenbewegungen beobachtet und beschrieben. Die Hinweise können bezüglich der Amplituden-Veränderungen als aufgabenbedingt gelten.

Daß *Delta-Aktivität* sich jedoch (abgesehen von der Artefakt-Erklärung), sowohl in dieser als auch in anderen am Institut durchgeführten Wahrnehmungs-Untersuchungen *als ein Korrelat von kognitiven Prozessen interpretieren* läßt, bestätigt eine Untersuchung aus jüngster Zeit von Parneford und Basar (1993). Sie weist die Reaktion für korrekt-gehörte Töne als ein Korrelat an der Hörschwelle in Form einer *Delta-Oszillation* aus, die als eine multifunktionale kognitive Komponente interpretiert wird – evoziert durch selektive Aufmerksamkeit und sensorische Schwellenwahrnehmung.

5.6.1.1.2 **Theta-Amplituden.** Zunahmen finden sich in diesem Bereich nur bei der Betrachtung von Bildern, während beim Memorieren (rechts) und verstärkt beim Eigen-Entwurf Abnahmen der Amplituden auftreten. Schon die Studien von Mundy-Castle (1957) bringen Evidenz für vermehrte Theta-Aktivität während perceptiver und imaginativer Tätigkeiten. 1982 weisen Rugg und Dickens in ihrer Arbeit über die Dissoziation von Alpha- und Theta-Aktivität als eine Funktion verbaler und visuospatialer Aufgaben auf eine rechtshemisphärische Zunahme der Theta-Aktivität für die visuell-räumliche Aufgabenstellung hin. Auch die Untersuchungen von Shacter (1977) legen den Zusammenhang von erhöhter Diskriminationsleistung mit einer erhöhten Theta-Aktivität nahe. Erhöhte Aktivität bei Leistungen visueller Informationsverarbeitung zeigen sich auch bei Untersuchungen von Gruner et al. (1978).

5.6.1.1.3 **Alpha-Amplituden.** Seit Berger (1929) herrscht übereinstimmende Ansicht darüber, daß es bei visuell-kognitiver Beanspruchung zu einer Amplituden-Reduktion im Alpha-Bereich kommt, die mit verstärkter cerebraler Leistung im visuellen Bereich verknüpft ist. Alpha-Aktivität steht in enger Beziehung zum Aktiviertheitszustand bzw. zur corticalen Wachheit. Kognitive Leistung verursacht zumeist eine Alpha-Desynchronisation. Für die drei Aufgabenstellungen dieser Arbeit stellt sich die Ausprägung im Alpha-Band unterschiedlich dar. Es wird heute zunehmend angenommen, daß sich innerhalb des Alpha-Bandes eine funktional unterschiedliche Bedeutung spiegelt, wofür auch Faktorenanalyse spricht (Kubicki et al. 1980), weshalb eine Aufteilung in ein unteres und oberes Band zweckmäßig erschien. Diese Überlegung wurde in der vorliegenden Arbeit realisiert. Dabei ergab sich, daß nicht-aufgabenspezifische Prozesse wie Aufmerksamkeit, Erwartung, Wachheit etc. vorwiegend dem Alpha-1-Band und aufgaben- und stimulusbezogene Prozesse eher dem Alpha-2-Band zugeordnet werden können. Die in der Literatur angeführten Studien beziehen sich meist auf ein einziges Alpha-Band.

5.6.1.1.4 **Beta-Amplituden.** Allgemein wird das Auftreten von Beta-Aktivität in Zusammenhang mit dem reticulären Aktivierungssystem gesehen und als Ausdruck von Aufmerksamkeit, Motivation und Konzentration betrachtet. Die Aktivierungs-Hypothese bezieht sich darauf, daß ein hohes Arousal zu guter Leistungsfähigkeit führt, während die Leistung bei kognitiven Aufgaben eher abfällt. In einigen Aktivierungs-Theorien wird eine u-förmige Beziehung zwischen Aktivierungs-Niveau und kognitiver Leistungsfähigkeit postuliert, die besagt, daß es für jede Leistung ein optimales Aktivierungs-Niveau gibt (Becker-Carus 1971; Heckhausen 1965). Eine Über- bzw. Unter-Aktivierung mag jedoch zu einer Abnahme der entsprechenden Leistung führen. In diesem Sinne wird verminderte Vigilanz mit Leistungsabfall, erhöhte Vigilanz jedoch mit Motivation in Verbindung gebracht. Über die Bedeutung der Amplituden der Beta-Bänder, also der oberen Frequenzbereiche des EEGs für visuell-kognitive Leistungen, ist noch zu wenig bekannt, um zu einer stichhaltigen Interpretation der Ergebnisse zu gelangen.

5.6.1.2 Interpretation der Amplituden-Änderungen **in den Gruppen** (siehe Abb. 17)

Während es für die Amplituden in Delta kaum Unterscheidungen zwischen den Gruppen gibt, läßt sich ein *Unterschied* bezüglich der *Theta-Aktivierung beider Gruppen bei BB* registrieren. Die stärkere Theta-Aktivierung der Aufgabe ließe sich im Sinne von Klimesch (1993) interpretieren, wonach verstärkte Synchronisation im Theta-Bereich mit einer erhöhten Beanspruchung des aktivierten Gedächtnisses (und dem Vergleich zwischen aufgenommener und gespeicherter Information Bedeutung zukommen könnte) konform geht, wie dies die Gruppe der Malerinnen aufweist. Mögliche Unterschiede lassen sich auch aufgrund ihrer Topographie interpretieren. Die Vermutung ließe sich dahingehend richten, daß es während der Betrachtung zu erhöhter cerebraler Aktivität derjenigen Regionen käme, die bei der Lösung der Aufgabe stärker involviert wären. Die verstärkte Aktivität beim Eigen-Entwurf der MA gegenüber ihrer KG durch Amplituden-Abnahmen legt eine Erklärung durch die verstärkte Inanspruchnahme des KZG bei der Ausführung in der Vorstellung nahe, während sich die KG möglicherweise bei diesem Vorgang auf in der Erinnerung gespeicherte „Bilder" bezieht, was in Alpha-2 einen Niederschlag findet. Bezüglich der Theta-Aktivierung bei MA über dem posterioren Bereich des Schädels bei BB ist auch zu sagen, daß diese mit der spezifischen Aufgabe in einem Zusammenhang steht.

In den *Alpha-Bändern* finden sich *beim Memorieren die stärksten Unterscheidungen zwischen den Gruppen.* Bei Betrachtung des Alpha-1-Bandes fällt auf, daß die Künstlerinnen in diesem Bereich am meisten involviert zu sein scheinen, während sie in anderen Frequenzbereichen keine ausgeprägten Reaktionen zeigen. Da dieses Band wahrscheinlich generelle Aufmerksamkeits-Prozesse reflektiert, ist anzunehmen, daß das Memorieren von Bildern aufgrund kontrollierter Verarbeitung in dieser Gruppe verstärkter Zuwendung von Aufmerksamkeit und möglicher Erwartung bedarf. Ansonsten ist die Alpha-Desynchronisierung bezüglich beider Bänder und aller Aufgaben (BB, BM und EI) in der KG ausgeprägter als bei MA.

Die im Übergangsbereich von Theta und Alpha-1 auftretenden occipitalen Amplituden-Zunahmen werden als *Lamda-Wellen* (Evans 1949) bezeichnet. In der Literatur wird häufig von diesen, während visueller Untersuchungen auftretenden Phänomenen berichtet und deren Generierung mit Augenbewegungen in Verbindung gebracht. Da sie nur bei der Gruppe der Künstlerinnen und hier wieder nur beim Betrachten von Bildern (und auch beim Lesen) in Erscheinung treten, ist anzunehmen, daß es sich hiebei auch um solche handelt.

Die *geringere Reduktion der Alpha-Amplitude* (dies gilt auch für die Beta-Amplitude) in der MA-Gruppe könnte dahingehend interpretiert werden, daß (1) Künstlerinnen im Gegensatz zu Nicht-Künstlerinnen mit ausgeprägten visuellen Fähigkeiten einen geringeren cerebralen Aufwand zu leisten brauchen und daß (2) die Aufgaben für die malenden Künstlerinnen in Relation zu den Nicht-Künstlerinnen möglicherweise aufgrund ihrer Routine sich als weniger schwierig erwiesen. Diese Interpretation bezieht sich auf alle drei Aufgaben.

Für den geringfügigen Unterschied bei EI zwischen beiden Gruppen könnten die Verbal-Protokolle der KG herangezogen werden und eine Quasi-Erklärung anbieten: die KG dürfte während ihrer Bild-Produktion häufig ein Urlaubsbild (Photo) imaginiert haben.

5.6.1.3 Interpretationen von **Amplituden-Differenzen im Gruppenvergleich**

5.6.1.3.1 **Spontan-EEG** (siehe Abb. 26a). Bereits im Spontan-EEG, also im Zustand der freien Assoziation und des nicht-gerichteten Denkens, lassen sich Unterschiede zwischen Künstlerinnen und Nicht-Künstlerinnen registrieren. Die Ruhe-Situation ist ein Zustand der Entspannung, der durch das Fehlen externer Information gekennzeichnet ist. Das Spontan-EEG stellt den Gegensatz dar zum Funktions- oder aktivierten EEG, also der Hirnaktivität während bestimmter psychischer Funktionen oder Tätigkeiten wie eine konkrete Aufgabenstellung. Für Creutzfeld ist spontane EEG-Aktivität ein Maß für das Hintergrund-Rauschen, wobei „Rauschen“ nicht im technischen Sinne als Störsignal verstanden werden kann, denn bei der Generierung evozierter Potentiale kommt der Hintergrundaktivität eine aktive Rolle zu, die auf die Entstehung evozierter Potentiale Einfluß nimmt. Nach Birbaumer (1996) stellt das EEG ein deterministisch-chaotisches System dar. Röschke (1986) stellt das Postulat auf, daß spontane elektrische Aktivität als Korrelat einer integrativen Funktion des ZNS aufgrund des Zusammenwirkens von Neuronen in neuronalen Netzwerken gesehen werden kann.

5.6.2 Interpretationen zu Beziehungen zwischen psychologischen Scores und der Amplitude

5.6.2.1 Rangkorrelationen zwischen dem **Gedächtnis-Score und der Amplitude**

Der Gedächtnis- und der Phantasie-Score ergibt sich nach der Inhaltsanalyse aus den Verbal-Protokollen während der Pausen der EEG-Registrierung (siehe Kategorien-System 5.4.2; siehe Abb. 27a–27c. Positive Korrelationen ($p < 0.05$) wurden durch schwarze, negative durch weiße Quadrate symbolisiert.

Bei MA gibt es im Gegensatz zur KG über zahlreichen Regionen und in allen Bändern sowie in allen Aufgaben von Alpha-2 aufwärts ausschließlich positive Rangkorrelationen, besonders bei EI. Bei der KG sind vereinzelte negative Rangkorrelationen nur in Delta zu finden, am ausgedehntesten bei BB. Das bedeutet, daß bei einer *hohen Amplitude* die Wiedergabe aus dem *Gedächtnis* bei visuellen *Künstlerinnen besser ist.* Zu dieser Aussage würden auch die occipitalen Zunahmen während des Bild-Betrachtens und des Eigen-Entwurfs in den Beta-Bändern passen, woraus sich folgern ließe, daß die Malerinnen fähiger sind, das Wahrgenommene zu behalten, und damit über eine bessere *Wiedergabe* aus dem Gedächtnis *für Bildinhalte* verfügen. Aufgrund des angenommenen Trainings-Effektes sind diese Inhalte vermutlich stärker repräsentiert. Auch finden sich im Amplituden-Bereich Lateralisierungshinweise für die *rechte Hemisphäre*.

Ist das Vorzeichen der Korrelation negativ (bzw. positiv), bedeutet dies, daß die Variablen in einem negativen (bzw. positiven) Zusammenhang stehen, d. h. die Verbindung von Gedächtnis-Leistung mit einer niedrigeren (bzw. höheren) Amplitude einhergeht, wie dies hier z. B. in der KG bei negativer Korrelation für BB auf den Delta-Bereich zutrifft (siehe Abb. 27a).

Die Korrelationsmethode erlaubt nicht, Ursache-Wirkung-Zusammenhänge festzustellen. „Korrelation bedeutet zwar nicht Verursachung, trotzdem gestattet sie die Feststellung von zwei korrelierenden Variablen, möglicherweise bestimmte kausale Hypothesen, zu entkräften. Das heißt: *Verursachung bedeutet Korrelation*" (Davison und Neale 1984).

5.6.2.2 Rangkorrelationen zwischen dem **Phantasie-Score und der Amplitude**

Da es in der KG keine signifikanten Rangkorrelationen gibt, lassen sich keine Aussagen bezüglich Unterscheidungen treffen.

5.6.3 Interpretationen des EEG-Parameters Kohärenz

5.6.3.1 Kohärenz-Änderungen in der **Gesamtgruppe**

Vorausschicken möchte ich, daß je nach Frequenzband, Cortexregion und Entfernung der Elektroden, Kohärenz-Änderungen verschiedene Bedeutungen haben, abgesehen davon, daß auch interindividuelle Schädel-Unterschiede miteinbezogen werden müssen. Ergänzen möchte ich, daß diese Ergebnisse mit solchen durch andere Methoden erzielten, wie *Spect* und *Pet*, zum Teil gut übereinstimmen (z. B. Goldenberg 1988). Die Interpretation der vorliegenden Studie beschränkt sich auf Fakten, die sich im Laufe der Untersuchungen von kognitiven Vorgängen mit dem Parameter der *Kohärenz* herauskristallisierten. Es ist darauf zu verweisen, daß sich im Kohärenz-Muster mit hoher Wahrscheinlichkeit das Mosaik einer gerichteten, differentiellen Aufmerksamkeit (Petsche et al. 1993) widerspiegelt und bei der hier verwendeten Methode, welche Durchschnittsergebnisse von einer Minute bis zu mehreren Stunden EEG-Ableitungen liefert, aufgaben- und personen- bzw. gruppenspezifische Trends dieser Aufmerksamkeit ihren Niederschlag finden.

5.6.3.1.1 **Visuell-kognitive Verarbeitung auf der Wahrnehmungs-Ebene (BB).** Bei einem Vergleich mit BM und EI treten beim Vorgang der *visuellen Perception* – besonders in unteren Frequenzbereichen – die meisten *Kohärenz-Abnahmen* auf. In den Beta-Bändern, vor allem in Beta-2, kommt es zu einem Überwiegen der Zunahmen. Auch gibt es interhemisphärisch in den Beta-Bereichen temporo-parietale und occipitale Zunahmen, während in den niederen Frequenzbereichen dieser Regionen occipitale Abnahmen vorherrschend sind. Zu einer Entkoppelung interfrontaler Regionen beim

Bild-Betrachten kommt es ausschließlich in den beiden Alpha-Bändern intra- und interhemisphärisch und in Beta-1. Diese Entkoppelung ist in Alpha-1 am stärksten ausgeprägt, vor allem rechtshemisphärisch. Im Alpha-2-Band reduzieren sich die Abnahmen insgesamt und beschränken sich intra- und interhemisphärisch auf frontale Areae. Dieselbe Reaktion – *Alpha-Reduktion* – erfolgt *beim Öffnen der Augen.* In Ruhe- und Schlafzuständen hingegen ist die Kohärenz zwischen den beiden Frontalregionen erhöht – wie auch Messungen der Hirndurchblutung zeigen, wobei von einem Zusammenhang zwischen Hirndurchblutung und EEG ausgegangen werden kann (Ingvar 1976). Diese ***Kohärenz-Abnahmen*** *dürften ein* ***Charakteristikum visueller Informationsverarbeitung im Alpha-Bereich*** sein. Als Erklärung läßt sich aufzeigen, daß visuelle Verarbeitung eher verschiedene kleine Neuronenverbände betrifft, die zwar synchronisiert sind, jedoch aus dem globalen Neuronenverband entkoppelt, d. h. *desynchronisiert* werden, wenn mit großen Elektroden-Abständen registriert wird. Eine Beziehung läßt sich hier auch zu Marrs Bildverarbeitungs-System für die Mustererkennung herstellen: Symbolische Beschreibungen auf der Ebene der primären Skizze werden im Anschluß an die vollzogene Zergliederung nach und nach zu größeren Bildelementen zusammengefügt.

(a) Frontale Änderungen

Frontale Kohärenz-Abnahmen, die ein für viele Denkvorgänge charakteristisches Phänomen darstellen, könnten auch für eine globale Umstrukturierung des Cortex im Sinne einer Umstellung von einem Zustand der „Ruhe" und Synchronie[5] zur Kognition – hier des Bild-Betrachtens – stehen; ein Vorgang, der von differentiellen Aufmerksamkeits-Prozessen begleitet wird (Petsche et al. 1993). Dabei kommt es zu einer Reduktion des Informationsgeschehens zwischen Frontal- und Temporallappen, die als Entkoppelung – zunehmende Isolierung, auch „Parzellierung" (nach Petsche) – langer zugunsten kurzer Verbindungen im Sinne eines ausgedehnteren Unabhängigkeitsbestrebens bezeichnet wird, wodurch die globale Verkoppelung, damit die Kohärenz, abnimmt.

Posner und Dehaene (1994) postulieren zwei aufmerksamkeits-bildende Netzwerke (siehe 1.7.1.2), von denen sich das *anteriore System* im Frontallappen befindet. Dieses System hat exekutive Funktion, weshalb ihm die Überwachung motorischer Aufgaben und komplexer kognitiver Tätigkeiten zugeschrieben wird. Eine Involvierung erfolgt dann, wenn die Aufmerksamkeit auf eine neue Position gelenkt wird und dabei visuelle Inhalte übertragen werden. Das Netzwerk ist für die Aktivierung von Farbe, Form oder Bewegungen zuständig. Davon zu unterscheiden ist ein weiteres, infero-temporal gelegenes ventrales System, das Mishkin (1983) beschreibt, welches ebenfalls für die Auswahl visueller Objekte und deren Eigenschaften bezüglich Farbe und Form zuständig ist (siehe dazu 5.6.3.2.1).

Kohärenz-Abnahmen der frontalen Bereiche in den Alpha-Bändern können wahrscheinlich *als Ausdruck gesteigerter Aufmerksamkeit* betrachtet werden.

---

[5] Bei schizophrenen Patienten ist das Gegenteil der Fall.

Nach Goldenberg könnte dem ***Frontallappen kontrollierende Funktion*** zukommen.

(b) Posteriore (occipito-temporo-parietale) Änderungen

Die funktionelle Organisation im frontalen Cortex scheint prinzipiell anders strukturiert zu sein als die des posterioren Cortex (Thatcher et al. 1986). *Lokale occipitale Kohärenz-Abnahmen* könnten als ein *Hinweis auf die zunehmende Zusammenarbeit mit subcorticalen Regionen* – dem Pulvinar des Thalamus und den Colliculi superiores – gedeutet werden. Diese Abnahmen dürften auf folgendes zurückzuführen sein: In Ruhe besteht ein ständiger Informationsfluß zwischen occipitalen und anderen Hirnregionen; bei einsetzender visueller Tätigkeit bzw. bei gerichteter visueller Aufmerksamkeit beteiligt sich nun überwiegend occipital-neuronale Tätigkeit und tritt mit am Sehen beteiligten subcorticalen Regionen in Interaktion. Dafür spricht auch, daß dasselbe Phänomen beim Lesen[6] zu beobachten ist, nicht jedoch beim Memorieren oder beim Eigen-Entwurf. Für dieses Vorgehen wird die Existenz eines Schaltkreises nahegelegt und angenommen, daß ein hiebei stattfindender Wechsel sich (1) mit einer Lösung der Aufmerksamkeit durch den Bereich des hinteren Parietallappens unter (2) gleichzeitiger Verschiebung in die Colliculi superiores und danach mit einem Ankoppeln der Aufmerksamkeit im Pulvinar (3) vollziehen könnte. Hier im Thalamus dürfte die visuelle Information verstärkt und somit bevorzugt verarbeitet werden. Der Vorgang des corticalen Entkoppelns wird also von einem Vorgang der Verkoppelung mit subcorticalen Regionen zur weiteren Verarbeitung abgelöst. Nach den Beobachtungen von Shaw et al. (1978) kommt es auch dann zu einer Kohärenz-Abnahme, wenn von beiden Regionen nur eine aktiviert wird. Der primäre visuelle Cortex V1 und auch V2 scheint in jedem Frequenzbereich an der visuellen Verarbeitung beteiligt zu sein. In allen Bereichen, mit Ausnahme von Beta-2, schlägt sich Verarbeitung bei BB in Form von occipitalen Kohärenz-Abnahmen nieder.

Kohärenz-Abnahmen der occipitalen Bereiche können wahrscheinlich als *Ausdruck der Aufmerksamkeit* in Zusammenhang mit dem sich im parietalen Cortex befindlichen *posterioren Aufmerksamkeits-Netzwerk* betrachtet werden (Posner und Dehaene 1994).

Eine mögliche Erklärung für Kohärenz-Abnahmen bei visueller Verarbeitung findet A. von Stein (1993): „die Kohärenzabnahme könnte Ausdruck eines *Reset-Mechanismus* sein, der sich an eine Verkoppelung anschließt; wo Verkoppeln Ausdruck cerebraler Verarbeitung ist, muß auch wieder entkoppelt werden, damit neue Verarbeitung möglich wird. Bei der visuellen Verarbeitung nähme dieses Reset in den analysierten 2s-Abschnitten die meiste Zeit in Anspruch, im EEG überwögen die Kohärenz-Abnahmen." Bei der visuellen Verarbeitung nehmen die Verkoppelungen einen kleineren Teil in Anspruch, das Reset einen größeren, und als Summe resultieren Kohärenz-Abnahmen (siehe z. B. Abb. 12 und Abb. 15).

---

[6] Lesen – die vierte kognitive Tätigkeit der vorliegenden Untersuchung wurde aufgrund der Materialfülle derzeit nicht berücksichtigt.

Während es interhemisphärisch in den frontalen Regionen der *Beta-Bänder* – besonders Beta-1 – beim BB zu interfrontalen Abnahmen kommt, nehmen die Kohärenzen in den parieto-temporo-occipitalen Bereichen gleichzeitig zu. Sie reflektieren somit eine erhöhte funktionelle Zusammenarbeit dieser Regionen gegenüber der Ruhe-Tätigkeit.

Beta-Bänder: Auch die intrahemisphärischen Kohärenz-Zunahmen der parieto-temporalen Regionen in den Beta-Bändern bei BB sind Ausdruck einer stärkeren, großflächigeren, räumlicheren Verkoppelung in diesem Frequenzbereich. Offenbar werden hier unterschiedliche Regionen zu einer Einheit zusammengefaßt, die letztlich zu einem Gesamteindruck und damit zur Wahrnehmung der Gestalt im Raum führt.

In diesem Zusammenhang ist erwähnenswert, daß es in den Beta-Bändern und Alpha-1 beidseitig unter all diesen zahlreichen Abnahmen eine einzige signifikante Kohärenz-Zunahme gibt: T5 – P3 und T6 – P4; dies könnte auf eine Aktivierung des Gyrus angularis (und seiner rechtshemisphärischen Entsprechung) zurückzuführen sein, der bekanntlich beim Lesen eine Rolle spielt (siehe zur genaueren Erklärung auch BB – Unterschiede der Gruppen 5.6.3.2.1).

Weiters kommt es in den Beta-Bändern, vor allem in *Beta-2,* in den *parieto-temporo-occipitalen Regionen* zu einem Schwerpunkt an *Kohärenz-Zunahmen* in beiden Hemisphären, der als Ausdruck der Beteiligung hierarchisch übergeordneter Regionen, nämlich extrastriärer Areae zu interpretieren ist (z. B. der Areae 18 und 19 und weiterer, nach temporal inferior gelegener Regionen, die der visuellen Verarbeitung dienen). Dem Betrachten aller Bilder ist die lokalisierte Kohärenz parieto-temporo-occipital in diesem Band gemeinsam. Offenbar werden hier Schritte der *cerebralen Verarbeitung* widergespiegelt, die *für den Sehakt spezifisch,* jedoch für den Bildinhalt unspezifisch sind.

Möglicherweise bezieht sich der im Beta-2-Band interhemisphärisch und linkshemisphärisch temporale Kohärenz-Schwerpunkt, von dem signifikante Kohärenz-Zunahmen nach frontal erfolgen, auf die von Goldman-Rakic (1987) und Friedman (1992) beschriebenen Gebiete im präfrontalen Cortex, die mit dem Schläfenlappen in Verbindung stehen. Eine Erklärung für dieses Ergebnis wäre demnach, daß dem präfrontalen Cortex die Aufgabe zufällt, das Resultat des Gelernten aus vorhandenen Speichern ab- oder zurückzurufen. Die Vorstellung des Arbeits-Gedächtnisses in der Arbeit über aufmerksamkeitsbildende Netzwerke von Posner und Dehaene (1994) legt nahe, daß es sowohl eine Repräsentation vergangener Ereignisse als auch ein exekutives System beinhaltet, dessen Aufgabe darin besteht, diese Repräsentation zu erhalten und sie bei Bedarf umzusetzen. Dieses exekutive System kontrolliert – neben der Verarbeitung visueller Merkmale und visueller Orientierung – auch das Arbeits-Gedächtnis. PET-Untersuchungen zeigen eine Schlüsselrolle lateraler Gebiete des präfrontalen Cortex in der Aufrechterhaltung von Repräsentationen vergangener Ereignisse. Für die Funktion des *visuellen und räumlichen Arbeits-Gedächtnisses* dürfte die Region des Sulcus principalis beim Affen (Goldmann-Rakic 1987) entscheidend sein. Ein Beleg dafür dürfte darin bestehen, daß Signale, die in dieser Region eintreffen, aus dem hinteren Parietallappen kommen, wo der Cortex räumliches Sehen erarbeitet.

Nach Goldman-Rakic (1992) können im präfrontalen Cortex mehrere *Gedächtnis-„Felder“* identifiziert werden, die jeweils für eine andere Art von Information verantwortlich sind. Diese Auffassung des präfrontalen Cortex wird auch von anderen Autoren geteilt. Lurija (1992) und Mesulam (1990) sprechen vom „heteromodalen Cortex“ und von einer „an arena for the various networks to play out different scenarios“. Die Wichtigkeit der Frontallappen für die kognitiv-visuelle Informationsverarbeitung wird durch Läsionen dieser Gebiete bestätigt, aus denen eine umfassende Beeinträchtigung der Analyse und Synthese visueller Eindrücke resultiert, wie Lurija (1973) eindrucksvoll demonstrierte.

Der Einfluß der Aufmerksamkeit auf primär visuelle Gebiete während der Wahrnehmungs-Verarbeitung wurde durch ein neues Computer-Modell von Olshausen et al. (1994) erhellt. Die Autoren erstellten die Hypothese, daß der Pulvinar als eine Art „Kontroll“-Neuron funktionieren könnte, von wo aus topographische Information selektiv von einem Fenster der Aufmerksamkeit in V1 zu hierarchisch höheren visuellen Arealen weitergeleitet wird. Die Rolle dieses Nucleus wurde durch PET-Daten und Läsionsstudien bestätigt. Der Pulvinar ist retinotop organisiert und reziprok mit allen visuellen Areae zwischen occipital und temporal verbunden (Areae V1, V2, V4 und IT).

Die ***kognitionspsychologische Annahme,*** die innerhalb des theoretischen Rahmens für ein Konzept des Vorstellens unter Hypothese 1 getroffen wurde (siehe Modell-Beschreibung 3.9), nämlich ***daß visuelles Wahrnehmen durch eine Interaktion von Gedächtnis-Aufnahme und fokalen Aufmerksamkeits-Mechanismen zustande kommt, wird durch die empirischen EEG-Resultate bestätigt.*** Das Theta-Band ist als Schlüssel zur Übertragung von Gedächtnis-Inhalten ins aktivierte Gedächtnis, das dem Arbeits-Kurzzeit-Gedächtnis entspricht, bekannt (Klimesch 1993). Dem Arbeits-Gedächtnis wird einerseits die Funktion von Bearbeitung (Engelmann) und andererseits die Funktion einer Übergangs-Speicherung (Baddeley) zugeschrieben. Das Alpha-1-Band könnte Ausdruck von Aufmerksamkeits-Vorgängen bei BB sein.

Zusammenfassend läßt sich sagen, daß bei Aufmerksamkeitszuwendung für eine bestimmte Leistung wie z. B. das ***Sehen Entkoppelungs-Vorgänge des frontalen Cortex unter gleichzeitiger zunehmender Verkoppelung innerhalb der extrastriären Gebiete im posterioren Cortex ein Grundmuster kognitiver Verarbeitung im Gehirn*** zum Ausdruck bringen dürften. Es wird dabei von der Annahme ausgegangen, daß die frontalen Bereiche im Zustand der Ruhe synchron miteinander arbeiten. Die auftretenden generalisierten Kohärenz-Abnahmen bei der Perception – sowohl frontal als auch occipital-temporo-parietal – deuten auf eine ***Umorganisation des Cortex*** während dieser Tätigkeit, die eine ***Verlagerung*** der Verarbeitung ***von cortical zu subcortical*** mit sich bringen dürfte.

Daß sich auch Unterschiede in den cerebralen Prozessen bei der visuellen Verarbeitung *einzelner* Bilder aus verschiedenen Stilperioden nachweisen lassen, sei im folgenden für BB und BM an einem einzigen Frequenzband demonstriert –

5.6.3.1.1.1 Signifikante ***Kohärenz-Änderungen*** gegenüber dem Ruhe-EEG in der ***Gesamt-Gruppe*** beim ***Betrachten*** der ***einzelnen Bilder*** von *Jordaens, Rembrandt, Kandinsky und Holbein* im *Delta-Band:*

Bezugnehmend auf die massiven Kohärenz-Zunahmen der temporalen Elektroden: Perret und Rolls (1982) erfaßten Neuronen im *inferior-temporalen Cortex* (Areae 20, 21), die besonders stark durch *Gesichter* bzw. durch Bilder von Gesichtern aktiviert werden sollen. Die Antworten als Impulsrate waren auf Gesichtern bei Affen deutlich erhöht. Nach Creutzfeldt dürfte es sich hiebei um den einzigen Nachweis einer Beziehung der Reaktion von Neuronen zu der Bedeutung einer visuellen Gestalt im Gehirn handeln. In PET-Untersuchungen ließ sich erhöhte Durchblutung beim Betrachten von Bildern messen (Zeki 1992). Verschiedene Bilder stimulieren hiebei – wie auch in der vorliegenden Studie – jeweils andere Regionen des visuellen Cortex. Bei einem abstrakten Gemälde von *Mondrian* beispielsweise, das sich mit dem in der Untersuchung verwendeten *Kandinsky*-Bild vergleichen läßt, zeigte sich die stärkste Durchblutung im *Gyrus fusiformis* (dieses Gebiet entspricht dem *V4-Areal* bei Makaken). Hingegen wird bei einem schwarzweißen Bild mit Schachbrett-Muster, das einen Tiefeneindruck hinterläßt und dadurch bewegt wird, das Areal V5 am stärksten durchblutet. Dieses Areal ist bewegungserregend. Die Areae V1 und V2 (primär visueller Cortex), die weniger spezifisch sind, werden bei der Aktivierung von V4 und V5 ebenfalls aktiviert (Sakai und Miyashita 1994).

5.6.3.1.2 **Visuell-kognitive Verarbeitung auf der Ebene des Memorierens (BM)**

Beim Memorieren von Bildern fällt neben dem Delta- das Theta-Band, vor allem linkshemisphärisch, durch hoch-signifikante Kohärenz-Zunahmen zwischen sensorischen Hirnregionen und frontalen Regionen auf. Gegenüber BB und EI weicht BM insofern am stärksten ab, als linke und rechte Hemisphäre voneinander dissoziiert erscheinen; außerdem stehen interhemisphärisch den frontalen Abnahmen posteriore Zunahmen gegenüber.

Intrahemisphärisch sind die Kohärenz-Abnahmen rechts ausgeprägter als links, am ausgedehntesten in Alpha-1. Eine mögliche Erklärung wäre, daß beim willentlichen Erinnern eines Bildes über der gesamten rechten Hemisphäre eine zunehmende Kooperation mit subcorticalen Regionen auf Kosten corticaler Kooperation erfolgt. Da dieser Vorgang in Alpha-1 besonders ausgeprägt ist, ließe er sich mit verstärkter Aufmerksamkeitszuwendung deuten, wobei die beiden oben erwähnten Aufmerksamkeits-Systeme (Posner und Dehaene 1994) involviert sein dürften. Frontopolare und frontale Abnahmen sind auch im Theta-Band vorhanden. Im Zusammenhang mit der Interpretation der Gedächtnisaufnahmen und einer daraus resultierenden verstärkten Beanspruchung des Arbeits-Gedächtnisses (Baddeley 1992) wäre die Kontrollfunktion des Frontallappens für das Arbeits-Gedächtnis in bezug auf bildliches Vorstellen auch ziemlich plausibel (Goldenberg 1987; Kolb und Wishaw 1990).

Weiters ist auszuführen, daß beim Bild-Memorieren in erster Linie die unteren Frequenzbereiche – wie schon erwähnt – besonders linkshemisphärisch involviert, Alpha-2 und Beta-Bänder jedoch weitaus weniger daran beteiligt sind.

Interhemisphärisch kommt es in den parieto-occipitalen Regionen zu Verkoppelungen und im Delta-Band zusätzlich zu einer frontopolaren Koppelung. Die weitreichenden frontopolar-occipitalen Verbindungen ipsi- und kontralateral lassen die Erklärung zu, daß Memorieren auch zu einer Kooperation weit entfernt liegender Regionen führt – das Gegenteil ist bei BB der Fall. Intra- und interhemisphärische parieto-temporale Kooperation im Theta-Band deutet auf eine Speicherung und Aktivierung des KZG.

Es dürfte nicht überraschen, daß beim Memorieren im Delta-, Theta- und Beta-2-Band die Region über dem Gyrus angularis betroffen ist sowie deren rechtshemisphärische Entsprechung, während im Alpha-1-Band diese desaktiviert wird.

Die ***kognitionspsychologische Annahme,*** die innerhalb des theoretischen Rahmens für ein Konzept des Vorstellens unter Hypothese III getroffen wurde (siehe Modell-Beschreibung 3.9), besagt, daß das ***Memorieren*** von visuellen Mustern bzw. ***von Bildern*** vorwiegend über Kontroll-Prozesse ***im visuellen Arbeits-Gedächtnis*** aufrechterhalten und dort ***mit Hilfe von Aufmerksamkeits-Mechanismen*** bearbeitet wird. Die Bedeutung des Kurzzeit-Gedächtnisses bei dieser Tätigkeit konnte bestätigt werden: Im EEG kommt es sowohl zu einer *Delta- als auch zu einer* ***Theta-Synchronisierung*** als Ausdruck für die *Bearbeitung und* ***Aufnahme neuer Bildinhalte ins Gedächtnis.*** Das Theta-Band – und vermutlich auch das Delta-Band – ist als Schlüssel zur Übertragung von Gedächtnis-Inhalten ins aktivierte Gedächtnis, das dem Arbeits-Kurzzeit-Gedächtnis entspricht, bekannt (Klimesch 1993). Wahrscheinlich gilt dies auch für das Delta-Band. Denn die Daten der vorliegenden Arbeit widerlegen die in der EEG-Literatur weit verbreitete Ansicht, daß das Delta-Band ignoriert werden könnte bzw. daß dem Delta-Band für kognitive Vorgänge keine Bedeutung zukäme. Die Vorhersage, daß bei dem Vorgang des Memorierens kaum Langzeit-Aktivierungen stattfänden, ließ sich durch das EEG ebenfalls unterstützen. Anders ausgedrückt läßt sich sagen, daß beim instruierten *Memorieren von Bildern* mit der hier verwendeten Methode *kaum Information über bildliche Vorstellung erhalten werden kann.*

Zusammenfassend läßt sich feststellen, daß es ***beim*** instruierten ***Memorieren zu Synchronisierungen*** in den ***untersten Frequenzbereichen als Ausdruck der Inanspruchnahme des Arbeits-Gedächtnisses kommt,*** wobei in erster Linie die ***linke Hemisphäre involviert*** ist.

5.6.3.1.2.1 Signifikante ***Kohärenz-Änderungen*** gegenüber dem Ruhe-EEG in der ***Gesamt-Gruppe*** für das ***Memorieren einzelner Bilder*** von *Jordaens, Rembrandt, Kandinsky und Holbein* im *Delta-Band:*

Ohne die Unterschiede nochmals beschreiben zu wollen, fällt das *Kandinsky-Bild* aufgrund seines zu den anderen Bildern unterschiedlichen Kohärenz-Musters heraus. Es ist sowohl intrahemisphärisch durch unterschiedliche Verarbeitung und starke Verkoppelung als auch interhemisphärisch durch verstärkte Interaktionen gekennzeichnet. Die massiven Kohärenz-Zunahmen sind für mich Ausdruck und bemühter Versuch, Vernetzungen herzustellen. Die linke Hemisphäre ist auch in sprachliche Verarbeitung involviert, vor allem temporal. Die Ergebnisse scheinen darauf hinzuweisen, daß die Verarbeitung beim Memorieren von Bildern mit konkretem Inhalt im Vergleich mit dem Abstrakten unterschiedlich erfolgt, und zwar rechtshemisphärisch. Die Unterscheidung: *konkret – abstrakt* erweist sich beim Betrachten, d. h. Sehen einzelner Bilder nicht.

Für die Verarbeitung eines abstrakten Bildes ist es relevant zu wissen, daß viele der VPn versuchten, sich dieses mittels mnemotechnischer Hilfe („Eselsbrücke") einzuprägen, indem sie es als Gesamtes oder in bezug auf einzelne Teile mit konkreten Elementen oder konkreten Darstellungen assoziierten. Dabei dürften die VPn unterschiedliche Strategien angewendet haben. Zur Unterstützung wurden Assoziationen verbaler und non-verbaler Art herangezogen. Eine Erklärung für das Netz an Kooperationen, damit für die parallele Involvierung unterschiedlicher Strukturen, könnte in einer totalen Inanspruchnahme der VPn liegen, nämlich einerseits die Bedeutung eines „rätselhaften" Bildes zu klären, andererseits es sich einzuprägen, wobei die Protokolle teilweise über die strategische Vorgehensweise Aufschluß geben.

Jedenfalls läßt sich feststellen, daß die *Aufnahme* eines *abstrakten Bildes ins Gedächtnis* nur durch massive Interaktionen und unter *Beteiligung sämtlicher Speicher-Regionen* des Gehirns erfolgt.

5.6.3.1.3 **Die visuell-kognitive Verarbeitung auf der imaginativen Ausführungs-Ebene (EI)** ist in erster Linie durch beidseitig sowohl intra- als auch interhemisphärische Kohärenz-Zunahmen charakterisiert, besonders im Theta-, Alpha-1- und Beta-2-Band. Kohärenz-Abnahmen kommen nur spärlich vor. Auffallend sind die zahlreichen kontralateral und ipsilateral ausgedehnten Verbindungen zwischen occipital und frontopolar in sämtlichen Frequenzbereichen als Ausdruck verstärkter Zusammenarbeit der Seh-Regionen mit den vordersten Regionen des Stirnhirns. Das sind im Vergleich zu den Tätigkeiten BB und BM wesentliche Unterscheidungskriterien. Sie dürften in Zusammenhang mit dem schöpferischen Vorgang stehen und waren sowohl beim Komponieren (Richter 1993) als auch bei der Umsetzung abstrakter Begriffe in visuelle Vorstellungen vermehrt zu beobachten (Petsche et al. 1990; siehe dazu auch 5.6.3.2.2).

Die in allen Bändern aufscheinenden frontalen Abnahmen im Beta-2-Bereich fehlen. Es dürfte zu einer Umstrukturierung des frontalen Cortex mit fortschreitender Tätigkeit kommen. Die kognitive Verarbeitung beim imaginativen Eigen-Entwurf scheint durch zunehmende Synchronisation über der Frontalregion im Beta-2-Bereich, inter- und intrahemisphärisch links betonter als rechts, gegeben zu sein; ein Hinweis auf die Umstellung in der Zusammenarbeit mit anderen Regionen. *Frontale Kohärenz-Zunahmen* dürften somit ein *Charakteristikum visuellen Vorstellens* als Ausdruck *kon-*

struktiver Tätigkeit sein. Dieser Vorgang dürfte mit der internen Speicherung in Zusammenhang stehen und die zunehmende Kooperation mit anderen corticalen Strukturen ausdrücken.

Die Beanspruchung des Frontallappens beim Vorstellen findet und bestätigt sich auch in anderen Studien. Petsche et al. (1990) fanden bei der Visualisierung eines abstrakten Begriffes (also nicht nur bei konkreten Objekten) frontale Beta-Zunahmen, und Stein (1993) registrierte in ihrer Studie eine frontale Zunahme der lokalen Kohärenz im Beta-Bereich mit einer leichten Linksbetonung. Ebenfalls involviert beim Vorstellen war der frontale Cortex bei Roland und Friberg (1985) und Goldenberg (1988); dieser registrierte eine höhere Aktivierung im Sinne einer stärkeren Durchblutung im linken Frontallappen beim durch Instruktion evozierten Vorstellen.

Im Beta-2-Band nehmen jedoch auch intra- und interhemisphärisch die Kohärenzen einerseits zwischen frontalen und posterioren Regionen zu, was zunehmende Verkoppelung zwischen Frontallappen und posterior gelegenen Regionen bedeutet. Andererseits erfolgt auch eine stärkere *Zusammenarbeit zwischen parietal – occipital.* Das Kohärenz-Muster weist beidseitig starke Vernetzung occipito-temporaler und occipito-parietaler Regionen auf. Diese Zunahmen könnten als Verkoppelung *sekundärer und höherer Assoziations- bzw. extrastriärer Areae des visuellen Cortex bei der Konstruktion eines Bildes in der Vorstellung* interpretiert werden, wobei gleichermaßen der *primär visuelle Cortex* involviert ist. Die Hypothese, daß beim bildlichen Vorstellen einerseits occipitale und andererseits temporo-occipitale und parieto-occipitale Regionen involviert sind, läßt sich somit bestätigen (Farah 1992; Kosslyn 1993 und 1994). Dies steht allerdings nicht in Übereinstimmung mit neuesten Untersuchungs-Ergebnissen (Roland und Gulyás 1994; siehe Imagery-Repräsentation 2.1.2 und Imagery-Debatte 3.2.1.3).

Weiters deuten auch beim Eigen-Entwurf die Resultate im Theta- und Beta-2-Band ein Miteinbeziehen der Region über dem Gyrus angularis (und seiner rechtsseitigen Entsprechung) an.

Die ***kognitionspsychologische Annahme,*** die innerhalb des theoretischen Rahmens für ein Konzept des Vorstellens unter Hypothese II getroffen wurde (siehe Modell-Beschreibung 3.9), nämlich daß das ***Entwerfen eines eigenen Bildes in der Vorstellung durch die Interaktion des Abrufes aus dem Langzeit-Gedächtnis und einer Bearbeitung*** *(Transformation)* ***im visuellen Arbeits-Gedächtnis unter der Kontrolle selektiver Aufmerksamkeits-Mechanismen erfolgt, wird durch das EEG erhärtet.***

Die hoch-signifikanten *Kohärenz-Zunahmen* im *Theta-Band* dürften wie bei BM auch auf eine erhebliche *Inanspruchnahme des Arbeits-Gedächtnisses* zurückzuführen sein. Die Kohärenz-Zunahmen im *Alpha-2*-Bereich sind nach Klimesch (1993) möglicherweise mit einem *Abruf aus dem Langzeit-Gedächtnis* zu interpretieren, während die Kohärenz-Zunahmen im *Alpha-1*-Band allgemeine *Aufmerksamkeits-Prozesse* aufgrund der abrufbereiten Information des Arbeits-Gedächtnisses reflektieren dürften.

Zusammenfassend läßt sich bemerken, daß der ***Entwurf eines Bildes in der Vorstellung*** sich insofern von den kognitiven Tätigkeiten unterscheidet, als es hier

sowohl intra- *(links- und rechts-)* ***als auch interhemisphärisch zu Kohärenz-Zunahmen zwischen weit entfernt liegenden Regionen kommt.*** Wie auch andere Studien zeigen, dürften ***fronto-occipitale Koppelungen Ausdruck kreativer Tätigkeiten*** sein. Involviert sind in erster Linie jene Frequenzbereiche, die eine Bearbeitung im Zusammenhang mit dem Gedächtnis zu reflektieren scheinen.

5.6.3.1.4 **Visuelles Wahrnehmen versus bildliches Vorstellen.** Die Ergebnisse zeigen, daß im EEG sowohl einheitliche, wie *Beteiligung* des *primären und extrastriären visuellen Cortex,* als auch verschiedenartige Vorgänge, wie frontale Abnahmen (beim Perceptieren) und frontale Zunahmen (beim Vorstellen), bei der kognitiv-visuellen Verarbeitung von Wahrnehmen und Vorstellen zu finden sind. Während für visuelles Wahrnehmen posteriore Zunahmen und frontale Abnahmen der Kohärenz im Vordergrund stehen, ist bildliches Vorstellen durch frontale Zunahmen und stärkere frontale und posteriore Synchronisierung gekennzeichnet. Sowohl beim *Vorstellen* als auch beim *Wahrnehmen* kommt es zu *frontalen Kohärenz-Änderungen,* jedoch *in unterschiedlicher Koppelung.* Die Erklärung des Faktums dürfte vermutlich darin liegen, daß der Vorgang des *Vorstellens* im Unterschied zum Wahrnehmen zu einer *verstärkten Aktivierung des Arbeits-Gedächtnisses* führt.

Zur Frage der Beteiligung extrastriärer Areae ist folgendes festzustellen: Während beim Vorstellen fronto-parieto-occipitale Verkoppelung im Vordergrund steht, ist es beim Wahrnehmen eine beidseitig temporale (um T5 und T6); dies spricht eher für lokal vernetztes Verarbeiten. Der Lokalisation nach könnten diese Regionen den unter anderem von Zeki (1992) postulierten Areae V3 und V4 für die perceptive Analyse von Form und Farbe entsprechen. Die temporalen Aktivierungen dürften dem von Mishkin (1983) postulierten „ventralen" System zur Bild-Analyse zuzuordnen sein.

Die *Erzeugung eines eigenen inneren Bildes* scheint gegenüber der Verarbeitung eines extern vorgegebenen Bildes den *frontalen Cortex* anders (und wesentlich mehr?) zu involvieren. Interessanterweise betrifft dies vor allem die *linke Hemisphäre* (siehe dazu Abb. 22). Die Erklärung für die linkshemisphärische Aktivierung aufgrund sprachlicher Bearbeitung trifft auf diese Untersuchung nicht zu.

Beim Vorgang der Perception lassen frontale Kohärenz-Abnahmen sich einerseits als Niederschlag einer Umstrukturierung des Cortex interpretieren, andererseits können diese Regionen – wie auch die frontalen Änderungen bei der Imagination – mit *gesteigerter und gezielter Aufmerksamkeit* in einen Zusammenhang gebracht werden. Die Ergebnisse stehen in Einklang mit rCBF-Untersuchungen von Goldenberg et al. (1987 und 1989) und EEG-Unterschieden zwischen dem Betrachten und Vorstellen eines Pendels (Lutzenberger et al. 1992). In PET-Untersuchungen scheint der Bereich der Aktivierung beim Vorstellen etwas größer zu sein, als wenn das Objekt nur passiv wahrgenommen wird.

Was die *interhemisphärischen Unterschiede* betrifft, steht beim Vorstellen die fronto-occipitale Zusammenarbeit – kontralaterale Kooperation zwischen frontal und occipital in Beta-1 und die starke frontale Verkoppelung in Beta-2 beim imaginativen

Eigen-Entwurf – im Gegensatz zur posterioren lokalen Kooperation der Hemisphären beim Wahrnehmen im Vordergrund. Interhemisphärisch posterior-temporale Kohärenz-Zunahmen fanden sich auch in der schon erwähnten (siehe 2.1.7) Pilot-Studie von non-verbalem versus verbalem Denken (Petsche et al. 1992) während der Visualisierung eines abstrakten Begriffs in den Beta-Bändern, in Beta-2 am ausgeprägtesten. Im Vergleich mit der Wahrnehmung ist die *Vorstellung* ein komplexerer Vorgang, „weil eben mehr Hirnareale an ihrer Steuerung beteiligt sind" (Birbaumer 1996); diese *Komplexität* dürfte sich *im frontalen Cortex* widerspiegeln. Vergleicht man bildgebende Verfahren mit dem EEG, so scheint hier doch eine differenziertere Erfassung möglich, nämlich neben den Übereinstimmungen auch Unterschiede.

Im Alltag werden Vorstellungen oft durch ein Wort zur Bezeichnung eines Gegenstandes hervorgerufen, ausgelöst; möglicherweise verselbständigen sich diese Bilder bei eidetisch Begabten und bilden ein Eigenleben. Vorstellungen inkludieren zwar – wie demonstriert – Wahrnehmungstätigkeit, gehen jedoch über diese hinaus; sie sind im Gegensatz zu Wahrnehmungen intern gesteuerte und nicht extern ausgelöste Prozesse. Während bei der Wahrnehmung eines Objektes der Reiz von V1 zu den extrastriären Regionen V2, V3 etc. führt, ist die Reihenfolge bei der Vorstellung des Objektes umgekehrt. Vorstellungen sind daher äußerst komplex und Ausdruck der humanen Dimension. Sie sind keine Abbilder der Realität, sondern innere Entwürfe oder neue Konstruktionen, die auf etwas Künftiges verweisen und damit über eine zeitliche Dimension hinausweisen.

Die in der Modell-Beschreibung getroffenen kognitionspsychologischen Annahmen und Hypothesen I – III und damit in Zusammenhang stehende ***Vorhersagen für kognitive Vorgänge, wie Bild-Betrachten, Memorieren von Bildern und Entwerfen eines eigenen Bildes in der Vorstellung, ließen sich im EEG dieser Studie verifizieren.***

Wenn Petsche (1992 und 1994) die Auffassung vertritt, daß die ***Prozesse des EEGs*** wahrscheinlich Vorgänge der *differentiellen Aufmerksamkeit* reflektieren, somit ein *physiologisches* ***Korrelat der Aufmerksamkeit*** darstellen, würde ich aus kognitionspsychologischer Sicht hinzufügen, daß das Halten und das Bearbeiten von non-verbaler Information im *visuellen Arbeits-Gedächtnis* ein aktiver Prozeß ist, der *Aufmerksamkeit* – je nach Art der kognitiven Tätigkeit: beim Bild-Betrachten, Memorieren von Bildern und beim imaginativen Eigen-Entwurf (auch als Ausdruck schöpferischer Tätigkeit) *erforderlich macht* und daher jeder kognitiven Tätigkeit inhärent ist.

5.6.3.2 Interpretationen zu den Kohärenz-Änderungen in den Gruppen
(Wilcoxon-Paarvergleich gegenüber dem Ruhe-EEG)

5.6.3.2.1 **Visuell-kognitive Verarbeitung auf der Wahrnehmungs-Ebene (BB).** Unverändert bei BB bleiben zwischen den Gruppen die frontalen Kohärenz-Abnahmen in den Alpha-Bändern als Ausdruck visuell-kognitiver Beanspruchung im Zusammenhang mit gesteigerter Aufmerksamkeit für die Aufrechterhaltung der ankommenden Information. Durch die höhere Autonomie der frontalen Regionen scheinen sie für weitere kognitive Leistungen bereit zu sein und zur Verfügung zu stehen. Die *gruppenspezifische Unterscheidung* zeigt sich *in Beta-2* am deutlichsten, wobei MA im Unterschied zur KG linkshemisphärisch temporal (T5) stärkere Zusammenarbeit zwischen frontal und parietal aufweisen. Diese beidseitig *temporalen* Aktivierungen, die sich in der KG nicht zeigen, würde ich auf die Involvierung des *ventralen visuellen Systems* zur perceptiven Einordnung von Muster, Farbe und Form (Mishkin et al. 1983) zurückführen. Dieses dürfte, wie schon bei der Interpretation für die Gesamt-Gruppe erwähnt, in Übereinstimmung mit den Areae V3 und V4 stehen, die Zeki (1992) in PET-Untersuchungen für die Analyse von Farbe und Form erhob. Die *temporale Beteiligung* würde ich als Ausdruck *erhöhter perceptiver Aufmerksamkeit* interpretieren.

Weiters fällt die stärker *posterior parietale Beteiligung* des *dorsalen Systems* (Mishkin et al. 1983; Kosslyn 1988) bei MA auf. Diese läßt Rückschlüsse auf die Räumlichkeit ihrer Vorstellungen sowie auf deren visuo-konstruktive und visuo-motorische Koordinationsfähigkeit zu. Hervorzuheben ist, daß einige Malerinnen sich mit Installationen im Raum beschäftigen. Parietale Beteiligung bei bildlichen Vorstellungen konnte ich in der Literatur nur im Zusammenhang mit Aufgaben zur Rotation, Transformation – also zum Raum – finden. Diese parietale Beteiligung in Verbindung einer temporalen Mitbeteiligung, verstärkt durch die Modulation beider Syteme, würde ich als Ausdruck erhöhter *räumlicher Aufmerksamkeit* in der Gruppe der MA interpretieren. Die parietalen Aktivierungen dürften dem posterioren Aufmerksamkeits-System (Posner und Dehaene 1994) entsprechen, das sich in erster Linie mit der Auswahl der Stimuli befaßt und für die Aktivierung bei räumlicher Position bzw. Lokalisation zuständig ist. Es lassen sich somit bei der *visuellen Perception verschiedene neuronale Korrelate für visuelle Aufmerksamkeit* annehmen.

Die noch unbewiesene Hypothese von Crick, daß der Pulvinar für die Extraktion irrelevanter Objekte zuständig sein könnte, weshalb die entsprechenden Informationen in extrastriäre Regionen wie V3 und V4 zu einer Weiterverarbeitung gelangten, wäre eine plausible Erklärung für die temporalen Kohärenzschwerpunkte übereinstimmend mit Olshausen et al. (siehe 5.6.3.1.1).

Während bei MA in Beta-2 ausschließlich Kohärenz-Zunahmen gegenüber der „Ruhe"-Tätigkeit aufscheinen, kommt es bei der KG vor allem rechts- und interhemisphärisch zu Abnahmen. Die interhemisphärisch-posteriore Verarbeitung ist bei den MA stärker und betrifft auch den frontalen Bereich. Ein Erklärungsversuch dafür wird in der anschließenden Diskussion 5.7 referiert.

Die stärkere Involvierung der linken Hemisphäre im Beta-2-Bereich der MA beim Betrachten von Bildern bedeutet den stärkeren Einsatz dieser Hemisphäre bei der angeführten Tätigkeit, wodurch sie sich von der KG abheben. Eine Erklärung des verstärkten linkshemisphärischen Einsatzes der Künstlerinnen beim Betrachten von Bildern ist möglicherweise deren übereinstimmende Feststellung, daß bei diesem Vorgang weniger emotionale als sachbezogene Aspekte vorherrschen und damit analytisches Vorgehen im Vordergrund steht.

Weiters ist die Aktivierung in der Region des Gyrus angularis in den Beta-Bändern

(Beta-1 auch in der KG) und deren rechtshemisphärische Entsprechung in der Gruppe der MA zu finden. T5 – P3; das temporo-parietale Wernicke-Areal, „Lese-Zentrum“, Area 39 nach dem Modell von Geschwind, ist als ein Teil der sensorischen Sprachregion zuständig für semantische Analyse und Bedeutung, in diesem Fall vermutlich für das *Bild-Verstehen* und nicht für die Wort-Bedeutung in der *linken Hemisphäre,* wobei die *Bild-Repräsentation des Gesamten rechtsseitig* stattfindet. Während die linke Hemisphäre auf die Verarbeitung symbolischer Aspekte in der Wahrnehmung und auf das Erfassen des Bedeutungsgehaltes ausgerichtet ist, ist die Verarbeitung der aktuellen Wahrnehmung rechtsseitig an die konkret-anschauliche Struktur gebunden.

Diese Interpretation stünde einerseits mit Ergebnissen von Heinze (1994) im Einklang, wonach die Analyse *lokaler* Strukturen und Details der *linken* (um T5) und *globale* Verarbeitung der *rechten* Hemisphäre (um T6), diesen temporalen Übergangsbereichen, zugeschrieben wird, andererseits mit PET-Untersuchungen von Posner et al. (1994), die ergaben, daß die beiden Hemisphären in unterschiedlicher Weise auf Auflösungsgrade spezialisiert zu sein scheinen (siehe auch 1.3.2). Demnach würden globale und lokale Informationen von separaten neutralen Strukturen auf verschiedenen Ebenen parallel verarbeitet, um hinterher zu einer Gesamtheit zu verschmelzen – zu einem Bild, zu einer *Gestalt.* Nach seinen Ergebnissen dürfte die globale Verarbeitung etwas längere Zeit in Anspruch nehmen. Vielleicht könnte dies – so meine Vermutung – mit der transcallosalen Übertragung in Verbindung gebracht werden: Vor ihrer Zusammenführung, die eher bei MA zu erfolgen scheint (Beta-1 und Beta-2), wird die Information einer hemisphärisch getrennten Analyse unterzogen. Die interhemisphärische Übertragung erfolgt in einer bereits verarbeiteten Form, wobei Zeitdifferenzen in der Verarbeitungsgeschwindigkeit auftreten könnten.

Aus diesen Ergebnissen zwischen den beiden Gruppen ist ersichtlich, daß dem Beta-2-Band eine besondere Rolle in der komplexeren visuellen extrastriären Verarbeitung zukommt.

Daß sich auch Unterschiede in den cerebralen Prozessen zwischen MA und der KG bei der visuellen Verarbeitung für BB und BM einzelner Bilder aus verschiedenen Stilperioden nachweisen lassen, sei im folgenden wieder an einem einzigen Frequenzband demonstriert –

5.6.3.2.1.1 *Kohärenz-*Änderungen gegenüber dem Ruhe-EEG in den *Gruppen* der MA und KG beim ***Betrachten der einzelnen Bilder*** von *Jordaens, Rembrandt, Kandinsky und Holbein* im *Delta-Band:*

Von *Holbein* abgesehen, zeigen occipitale Kohärenz-Abnahmen nur wenige Unterschiede zwischen den beiden Gruppen. Insgesamt betrachtet werden *Jordaens* und *Holbein* von den beiden Gruppen am unterschiedlichsten verarbeitet. Der Versuch einer Interpretation dieser Unterschiede würde zu weit führen, und könnte nur im Hinblick auf die Interviews der einzelnen Personen vorgenommen werden. Eine Anmerkung hiezu sei jedoch gemacht: Daniels und Ellis (1972) fanden, daß die verbale Bezeichnung den Vorgang der *Form-Codierung* im Gedächtnis unterstützt (am Abruf der gespeicherten Informationen jedoch weniger beteiligt ist). Dies trifft vermutlich auf das Bild von *Holbein* zu, und zwar sowohl für die Gesamt- als auch für die Kontroll-Gruppe, nicht jedoch für die *Malerinnen.* Die Verbindung F7–T5 findet sich auch bei MA für *Jordaens* und *Kandinsky.* Die Resultate sprechen dafür, daß an der Speicherung visueller Informationen auch verbale Prozesse beteiligt sind. Diese Ergebnisse sind damit auch ein weiterer Hinweis dafür, wie sehr visuelle und verbale Prozesse interagieren und einander daher auch bei der Verarbeitung beeinflussen (vgl. Paivio 3.3).

5.6.3.2.2 **Visuell-kognitive Verarbeitung auf der Ebene des Memorierens von Bildern (BM).** Beim Memorieren unterscheiden sich die Gruppen in den niedrigsten (Delta- und Theta-, rechts) Frequenzbändern und im höchsten (Beta-2-)band am stärksten voneinander. MA zeigen sowohl ipsilateral links- als auch kontralateral interhemisphärisch zwischen frontal und occipital weit ausgedehnte Zusammenarbeit. Dies gilt auch für das Beta-2-Band, während die KG intrahemisphärisch occipital und interhemisphärisch im posterioren Bereich Kohärenz-Abnahmen aufweist. Es sieht so aus, als ob MA für das Memorieren der Bilder aufgrund ihres analytischen Vorgehens im Gegensatz zur KG eher die linke Hemisphäre einsetzten.

Was die prinzipielle Beteiligung der Hemisphären beim Memorieren betrifft, ist zu sagen, daß 1. die linkshemisphärische Beteiligung sich in beiden Gruppen ausgeprägter darstellt, 2. jedoch eher die rechte Hemisphäre durch Kohärenz-Zunahmen gekennzeichnet ist und daß 3. bei einem Vergleich mit den anderen Aufgaben die Beteiligung der Frequenzbänder insgesamt betrachtet eher geringer zu sein scheint. Eine Begründung dafür könnte in der durch diese Tätigkeit bedingten analytischen Bild-Rekonstruktion und ihrer ausschließlichen Inanspruchnahme liegen. Die Aktivierung von F7 in Beta-2, die nur in der KG auftritt, würde ich mit einer *verbalen Beteiligung* am Bild-Memorieren in der Gruppe der *Nicht-Künstlerinnen* in Verbindung bringen. Für verbales Encodieren sprechen ebenfalls die Verbindungen im Theta-Band links frontotemporal (F7 und T5), also in der Brocaschen Region, sowie zwischen T3 und T5, die ausschließlich in der KG auftreten.

Rechtshemisphärisch fallen die stark ausgeprägten frontalen und temporalen Abnahmen in Alpha-1 bei MA auf. Sie könnten Ausdruck der gesteigerten – auch räumlichen durch die temporale Aktivierung – Aufmerksamkeits-Kontrolle des Arbeits-Gedächtnisses sein. Eine Erklärung für das Auftreten der Abnahmen bei MA könnte das Faktum darstellen, daß diese auf jeden Fall mit Vorstellungen operieren, während die KG dies vermutlich nicht im selben Ausmaße zu tun pflegt.

Die Koppelung frontaler mit parieto-occipitalen Regionen beim Bild-Memorieren im Delta- und Theta-Band sowie in den Beta-Bändern läßt sich nach Thatcher et al. (1986) dahingehend interpretieren, daß diese Funktionen der *frontalen Regionen* durch Verbindungen über *lange Entfernungen* hinweg gefördert würden. Im Gegensatz dazu steht die Rolle der *posterioren Regionen,* die anatomisch *lokalisierte Verarbeitung* einschließt, die in Beziehung zu primären, sekundären und tertiären kognitiven Prozessen stehen und eher von lokalen Interaktionen abhängen. Diese langen Verbindungen, die einerseits für künstlerische Vorgänge (EI) spezifisch sein dürften, scheinen andererseits Ausdruck komplexer kognitiver Aktivität (BM) zu sein. Petsche (1995) untersuchte die Unterschiede der Häufigkeit ausgedehnter Kohärenz-Zunahmen zwischen den beiden Gruppen für BB und BM. Während bei Künstlerinnen die Häufigkeit weit ausgedehnter Kohärenz-Zunahmen annähernd gleichmäßig sich über das Alpha-2-Band und die beiden Beta-Bänder verteilt, kommen diese bei den Nicht-Künstlerinnen nur in zwei Frequenzbändern vor, und zwar in Beta-1 und Theta. Es erklärt das Ergebnis dahingehend, daß kreatives Denken bei Künstlerinnen gegenüber Nicht-Künstlerinnen in verschiedenen Frequenzbändern sich abzeichnet, und daß dieselben Prozesse vorwiegend dann im Theta-Bereich stärker ausgeprägt sind, wenn Gedächtnisleistung gefordert wird. Künstlerinnen verfügen dabei über ein größeres Repertoire an involvierten Frequenzbändern als Nicht-Künstlerinnen.

Aus den Ergebnissen zwischen den Gruppen ist ersichtlich, daß den Beta-Bändern (linkshemisphärisch) in der KG (Beta-2), unter Miteinbeziehung sprachlicher Regionen (F3 und F7) eine gewisse Rolle bei der visuellen Verarbeitung während des Memorierens von Bildern zukommt, wobei MA „links" und „rechts" unterschiedlich agieren; visuell interhemisphärische Informationsverarbeitung differiert somit voneinander, d. h. die Hirnhälften verhalten sich während dieser Aufgabe bei Malerinnen autonomer.

5.6.3.2.2.1 *Kohärenz-Änderungen* gegenüber dem Ruhe-EEG in den *Gruppen* der MA und KG beim ***Memorieren der einzelnen Bilder*** von *Jordaens, Rembrandt, Kandinsky und Holbein* im *Delta-Band:*

Auch beim Memorieren gibt es intrahemisphärisch links und vor allem interhemisphärisch beträchtliche Gruppen-Unterschiede. Ohne die Unterschiede im einzelnen beschreiben zu wollen, fällt auf, daß bei MA eine linkshemisphärische Zunahme der Kooperation zwischen occipitalen und frontopolaren Regionen zu sehen ist, während sich in der KG eine solche nur bei *Jordaens* findet. Interhemisphärische Zunahmen der Kooperation zeigen MA bei allen Bildern – *Jordaens* ausgenommen – stärker als die KG.

Das abstrakte *Kandinsky*-Bild unterscheidet sich in seinem Kohärenz-Muster am deutlichsten von den übrigen Bildern in beiden Gruppen. Bei MA (für KG: JO) sind die Kohärenz-Muster für *Kandinsky* auch im Vergleich mit der KG insofern auffallend, als nahezu jede Region in die Verarbeitung integriert ist, während bei der KG die rechte Hemisphäre an der Verarbeitung stärker beteiligt zu sein scheint. Die Unterschiede betreffen somit die linke Hemisphäre, die verstärkte interhemisphärische Integration sowie eine stärkere frontale Beteiligung bei MA. Zusätzlich scheint semantische Codierung hier für MA zuzutreffen. Die aufgenommenen Protokolle belegen auch, daß das *Kandinsky*-Bild von MA weitaus besser aus der Erinnerung beschrieben werden konnte, sowohl insgesamt als auch in Details. Die dazu gebildeten Assoziationen fanden nach Aussagen der VPn sowohl verbal als auch non-verbal statt. Es ist anzunehmen, daß der Aufwand für die Generierung eines abstrakten Bildes sowohl averbal (visuell) als auch verbal größer ist; dieser Einsatz wird von MA eher geleistet. Weiters ist anzunehmen, daß das Vorstellen eines abstrakten Bildes durch zusätzliche semantische Aufgliederung bzw. verbale Übersetzung im Vergleich zu konkreten Darstellungen, die diese weniger benötigen, eine Unterstützung erfährt. Es wäre dabei davon auszugehen, daß die KG eher auf eine verbale Unterstützung zurückgreift – dies dürfte jedoch nicht der Fall sein. Für die KG fällt auf, daß die Verarbeitung durch die linke und rechte Hemisphäre – im Vergleich mit den MA – sich stärker voneinander unterscheidet.

Eine Erklärung für eine möglicherweise bessere Wiedergabe von Bildern und Bild-Elementen bei MA könnte in einem besseren Zugriff auf bedeutungshaltige Wissens-Repräsentationen sowie einer möglichen besseren kurzfristigen Erinnerungsleistung bei komplexen Darstellungen von Farbe und Form als bei der KG liegen, wie dies eine Untersuchung von Hänggi (1989) für höhere Kurzzeit-Gedächtnis-Leistungen bei Personen mit guter Vorstellungsfähigkeit bezeugt.

5.6.3.2.3 **Visuell-kognitive Verarbeitung auf der imaginativen Ausführungs-Ebene (EI).** Beim Eigen-Entwurf unterscheidet sich das ***Delta-Band*** der beiden Gruppen am deutlichsten. Während MA intra- und interhemisphärisch einige wenige Kohärenz-Abnahmen aufweisen, zeigt die KG hoch-signifikante Kohärenz-Zunahmen und zwar weitreichend frontal – occipital, ipsi- und kontralateral. Ähnliches gilt auch für das Theta-Band beider Gruppen. Wiederum erweist das Delta-Band sich – wie auch das Theta-Band – als ein *Indikator für die Aufnahme von Inhalten in das aktivierte Gedächtnis (KZG)* und damit als *für kognitive Vorgänge relevant.*

Dafür bietet sich folgende Interpretation an: Ein Bild zu imaginieren ist für MA Routine, für die sie kaum Anstrengung aufzubringen oder besondere Energie einzusetzen brauchen, ein hochgeübter Vorgang – anders bei der KG. Bei Betrachtung des Beta-2-Bandes fällt auf, daß bei MA, wenn sie ein bestimmtes Bild ins Gedächtnis rufen, betrachten oder entwerfen, die dafür erforderlichen mentalen Aktivitäten linkshemisphärisch ausgeprägter sein dürften.

Was das Theta-Band betrifft, treten die ausschließlich hoch-signifkanten Kohärenz-Zunahmen sowohl intra- als auch interhemisphärisch in der KG noch stärker auf, was ein Hinweis auf die erheblichere Beanspruchung des Arbeits-Gedächtnisses der KG sein dürfte. MA zeigen eine gewisse Ausgewogenheit von Zu- und Abnahmen in diesem Band. Auffallend ist auch die unterschiedliche interhemisphärische Verarbeitung. Bei Künstlerinnen stehen frontale Abnahmen – die Beta-Bänder ausgenommen – posterioren Zunahmen und damit lokalisierterer Verarbeitung gegenüber. Der Befund läßt sich einerseits als Entkoppelung frontaler Bereiche, andererseits auch als zunehmende Verkoppelung mit anderen posterioren Regionen, wie den Assoziations- oder extrastriären Areae, beschreiben. Das könnte bedeuten, daß frontale Kohärenz-Abnahmen möglicherweise auch aufgrund der verstärkten posterioren Zusammenarbeit entstehen. Anatomisch wird dies durch die höhere Konnektivität in posterioren im Vergleich zu anterioren Regionen erklärt. Es gibt jedoch noch eine weitere Interpretationsmöglichkeit im Sinne einer verstärkten frontalen Kooperation mit subcorticalen Regionen (wobei in erster Linie an den dorso-medianen Thalamus-Kern zu denken ist).

5.6.3.3 Interpretation der Gruppenvergleiche

5.6.3.3.1 Die Kohärenz-Unterschiede zwischen MA und der KG lassen sich in der Abbildung des *Gruppenvergleichs* (Wilcoxon-rank-sum-test) während des **Eigen-Entwurfs** noch besser veranschaulichen. In den Abb. 23 bis 25 werden höhere Kohärenzen bei der KG durch strichlierte, höhere bei MA durch ausgezogene Linien für alle sechs Frequenzbänder dargestellt.

Gruppen-Unterschiede sind vorwiegend linkshemisphärisch in allen Frequenzbändern zu finden, besonders in den unteren; und zwar sind die Kohärenzen bei MA fast durchwegs niedriger als bei der KG. Dies könnte auf einen *Übungs- bzw. Trainings-Effekt* der MA gegenüber der KG zurückzuführen sein. Wieviel Aufmerksamkeit ein Prozeß verlangt, hängt vom Grad seiner Geübtheit ab. Ein Vorgang, der gelernt, geübt, daher vermutlich *„automatisiert"* ist, bedarf einer *geringeren Aufmerksamkeitszuwendung.* MA drücken damit nach Engelmann (1992) eine Tendenz zur automatischen Bereitstellung kategorialen Wissens aus. Dieses Ergebnis beweist kognitionspsychologisch eindeutig, daß kontrollierte Prozesse sich durch Übung/Erfahrung automatisieren lassen. Die Möglichkeit zu einer teilweisen Automatisierung ihrer Informationsverarbeitung könnte visuellen Künstlerinnen dazu dienen, die *begrenzte Ressource* zur kontrollierten Verarbeitung *zu entlasten.* Übung führt demnach nicht nur zu einer besseren Leistung, sondern auch dazu, die Ressourcen der Aufgabe angepaßter einzusetzen sowie die zur Ausführung einer bestimmten Aufgabe begrenzten Ressourcen zu reduzieren. Da somit Ressourcen frei werden, könnten diese z. B. zum Erinnern von zusätzlicher Information eingesetzt werden. In Übereinstimmung damit steht, daß in PET und MRI bei Vorstellungs-Aufgaben von Intelligenten eine geringere Durchblutung der betroffenen Areale auftritt (Kolb und Whishaw 1995). Erklärt wird dieses Phänomen damit, daß von Intelligenten zur Bewältigung der Aufgabe weniger Energie eingesetzt und damit verbraucht wird.

Daneben kommen bei MA besonders rechts-parietal in Alpha-1 höhere Kohärenzen als bei der KG vor. In diesem Zusammenhang sei auch darauf verwiesen, daß bereits beim Vergleich der Spontan-Tätigkeit über diesen Regionen Kohärenz-Unterschiede zu registrieren sind. Man könnte daraus auf eine bei MA schon vorgegebene (anlage-bedingte und/oder erworbene) höhere Interaktion zentralnervöser Tätigkeit rechts parietal schließen.

Während also MA bei einer visuell-kreativen Aufgabe teils unabhängig von der begrenzten Ressource Aufmerksamkeit operieren, beansprucht die KG diese begrenzte Ressource in hohem Maße. Die Ermöglichung der reduzierten Aufmerksamkeit könnte in einer Veränderung der Verarbeitung beruhen. Der Lernprozeß dürfte zum Entdecken neuer Konstellationen führen und zum Ausführen neuer Aktionsmuster veranlassen. Nach Koukkou-Lehmann (1987) läßt sich *EEG-Aktivität auch als Ausdruck einer funktionellen Anpassung des Organismus an die situations-spezifischen Anforderungen interpretieren.*

„Anschauliches Denken" dürfte bei visuellen Künstlerinnen aufgrund ihrer Routine einen automatisierten Vorgang darstellen, der daher eines geringeren Energieaufwandes bedarf.

Auch diese Ergebnisse sprechen für eine unterschiedliche cerebrale Verarbeitung zwischen den beiden Gruppen.

5.6.3.3.2 **Spontan-EEG – Gruppenvergleich der Kohärenzen** (siehe Abb. 26b). Im Spontan–EEG weist die KG linkshemisphärisch, vor allem von den Temporal-Elektroden ausgehend, höhere Kohärenzen auf als die MA. Bei MA sind die Kohärenzen vor allem rechts centro-parietal ausgeprägter als in der KG. MA zeigen auch interhemisphärisch parietal und occipital-temporal eine stärkere Kooperation als KG; diese hingegen zeigt stärkere frontale Kooperation. Eine mögliche Erklärung bezüglich der Unterscheidung der Kohärenzen beider Gruppen im Spontan-EEG wäre, daß die sensorische *Integration* und Kooperation *bei Künstlerinnen* sowohl in *rechts centro-parietalen* (P4 – C4 und Pz – C4) Regionen als auch zwischen den Hemisphären ausgeprägter ist. Diese Unterschiede *könnten Ausdruck der künstlerischen Begabung bei MA sein.* Dabei dürfte die Zentralregion die visuo-motorische Komponente ihrer Tätigkeit/Fähigkeit widerspiegeln. Es ist bemerkenswert, daß sich bereits im Spontan-EEG Hinweise auf Unterschiede zwischen MA und KG im Hinblick auf bildnerische Ausbildung und künstlerische Begabung finden lassen.

Ähnliche Hinweise für einen Niederschlag von Begabung im Kohärenz-Muster konnten bei Musikern nachgewiesen werden (Johnson et al. 1994). Dieser Befund wurde durch kernspin-tomographische Unterschiede des Balkendurchmessers von Steinmetz et al. (1993) auch anatomisch erhärtet. Die Ergebnisse deuten in Übereinstimmung mit den Ergebnissen der Literatur (Beaumont et al. 1978) darauf hin, daß Kohärenzen auch die ihnen zugrundeliegende Struktur repräsentieren und nicht ausschließlich funktionelle Koppelung.

Während MA in der rechten Hemisphäre Kohärenz-Zunahmen aufweisen, zeigen sie linkshemisphärisch niedrigere Kohärenzen als die KG. Eine Interpretationsmöglichkeit wäre, daß die linke Hemisphäre stärkere Eigenständigkeit aufweist und eher dazu fähig ist, „neuronales Eigenleben“ zu entfalten, bzw. wird von der Fähigkeit der *linken Hemisphäre* zur *automatisierteren Verarbeitung* gesprochen. Petsche (1995) deutet dies als einen Hinweis auf die Überlegenheit der linken Hemisphäre für die Wahrnehmung und folgert aufgrund dieses Befundes, daß künstlerisch Ausgebildete die Welt detaillierter wahrnehmen als Nicht-Ausgebildete.

Aufgrund des gegebenen Faktums ist die Herleitung folgender *Hypothese* gestattet: die Wahrscheinlichkeit für die *visuelle Vorstellungsfähigkeit* einer VP *erhöht sich mit dem Grad der Signifikanz der rechts centro-parietalen Kohärenz-Zunahmen im EEG.* Indikator für die *räumliche* Vorstellung ist die *rechts parietale* Region. Ließen sich diese Ergebnisse verallgemeinern, würde dies der EEG-Forschung gänzlich neue Perspektiven eröffnen: bezüglich der Nützlichkeit des EEGs hinsichtlich cerebraler Verarbeitung als Zugang für Begabung, Intelligenz, etc?

Aufgrund dieser Befunde wird die Vermutung bestärkt, daß Begabungs- und auch

Ausbildungsunterschiede zwischen MA und der KG im Kohärenz-Muster ihren Ausdruck finden.

5.6.3.3.3 Gesamt-Interpretation der Gruppen-Vergleiche (siehe Abb. 23 – 25)

5.6.3.3.3.1 Für ***MA*** ist das Entwerfen eines Bildes in der Vorstellung ein schöpferischer Akt, der seinen cerebralen Niederschlag vorwiegend in der *rechten Hemisphäre* findet, womit diese auf ihre Bedeutung für künstlerische Begabung verweist. Als *Korrelat bildlicher Vorstellung* und damit der künstlerischen Begabung läßt sich die wiederholt in den Aufgaben vorgefundene rechtshemisphärische Zunahme der Kohärenz ***P4 – C4*** postulieren. Diese Verbindung, die den *figurativen Aspekt* repräsentieren dürfte, spiegelt einerseits die visuo-konstruktive, andererseits die visuo-spatiale Fähigkeit der Künstlerinnen unter Berücksichtigung visuo-motorischer Komponenten zur Erstellung eines Bild- und Raumkonzeptes wider. Gleichzeitig ist sie Ausdruck dessen, daß der räumlichen Selektion bei visuellen Vorgängen, somit der *visuell-räumlichen Aufmerksamkeit,* in der visuellen Informationsverarbeitung eine Sonderstellung zukommt.

5.6.3.3.3.2 Die Behauptung, daß die Beteiligung der linken Hemisphäre beim bewußten Generieren von Vorstellungen eine wesentliche Rolle spielt, läßt sich in dieser Studie, vor allem für die posteriore Region, mit folgenden Einschränkungen bestätigen: Während Kosslyn (1988), Farah (1989) und Goldenberg et al. (1987) anmerken: unter der Bedingung „verbal ausgelöster Vorstellungen", trifft dies auf die vorgelegte Untersuchung mit non-verbalem Material nicht zu. Eine weitere Einschränkung ist die, daß *links-hemisphärische Beteiligung nur für die* ***KG*** Gültigkeit hat. In der visuell-kognitiven Verarbeitung dürfte bei dieser die links parieto-temporale Kooperation ***P3 – T5*** von Bedeutung sein. Gegenüber „Ruhe" nimmt sie unter allen drei Konditionen zu; am stärksten beim imaginativen Eigen-Entwurf, am wenigsten beim Betrachten aller Bilder. Dies würde Kosslyns (1988) angeführter Dominanz der linken Hemisphäre für das Zusammensetzen eines Bildes aus Einzelteilen entsprechen. An der Verarbeitung nonverbalen Materials (bei BM und EI) ist der *linke Frontallappen (F3 – F7) in der KG entscheidend mitbeteiligt* (vgl. Goldenberg 1987), doch erweist sich die semantische Verarbeitung, die durch vielfältige linkshemisphärische fronto-temporale Kohärenz-Zunahmen zum Ausdruck kommt, in dieser Stichprobe auch als bedeutend, ebenso wie die gesteigerte motorisch-verbale Komponente (F7 – T3, Brocasche Region). Analytisches Vorgehen und verbales Denken dürfte in der KG für bildliches Vorstellen erheblich und wesentlich sein.

Aufgrund der Ergebnisse aus den Gruppenvergleichen und bei Betrachtung der Abb. 33 (aller Frequenzbereiche) fällt auf, daß bei *Nicht*-Künstlerinnen sich die *linke* Hemisphäre während der Aufgaben BB und BM, besonders jedoch bei EI, sehr viel stärker mit Gedächtnisinhalten zu beschäftigen scheint. Das bedeutet, daß sie in erster Linie *verbal codieren* – und diese semantische Gedächtnis-Codierung dürfte sich in einer enormen *linkshemisphärischen* Kohärenz-*Zunahme* auswirken; man könnte von einer Ballung der Kohärenz im fronto-temporalen Bereich sprechen, vor allem beim Eigen-Entwurf. Damit bietet sich die Erklärung an, daß Nicht-Künstlerinnen das vor-

BILD–BETRACHTEN

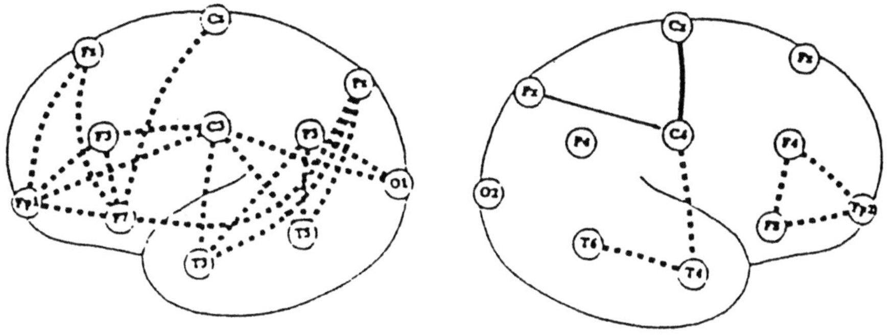

BILD–MEMORIEREN

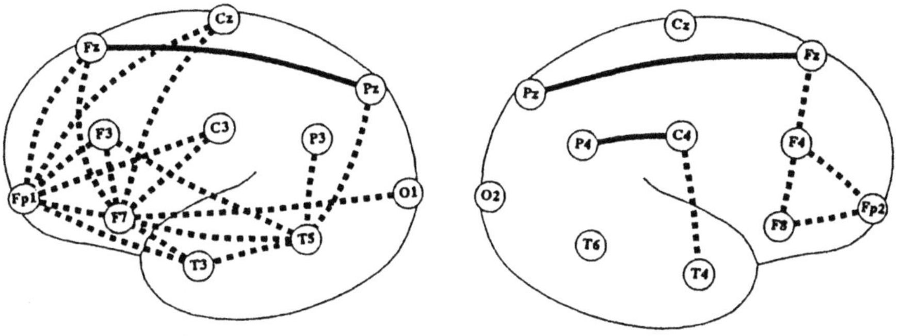

EIGEN–ENTWURF

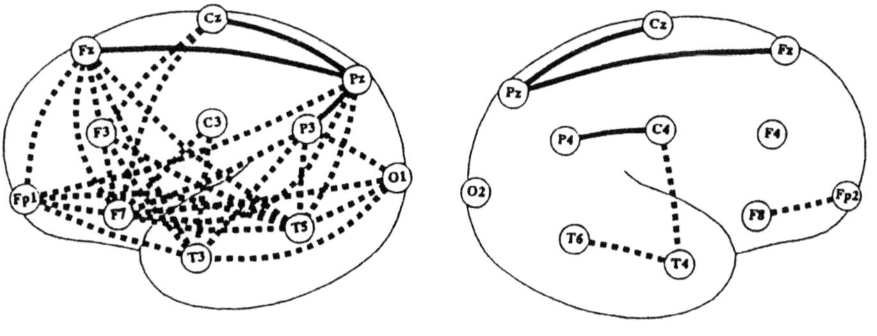

Abb. 33a. Signifikante Unterschiede der ***intra***-*hemisphärischen* Kohärenz für alle Frequenzbänder. Gruppenvergleich MA : KG (n1 = n2 = 19) bei BB, BM und EI. Ausgezogene Linien bedeuten höhere Kohärenzen bei MA; strichlierte Linien bedeuten höhere Kohärenzen bei KG

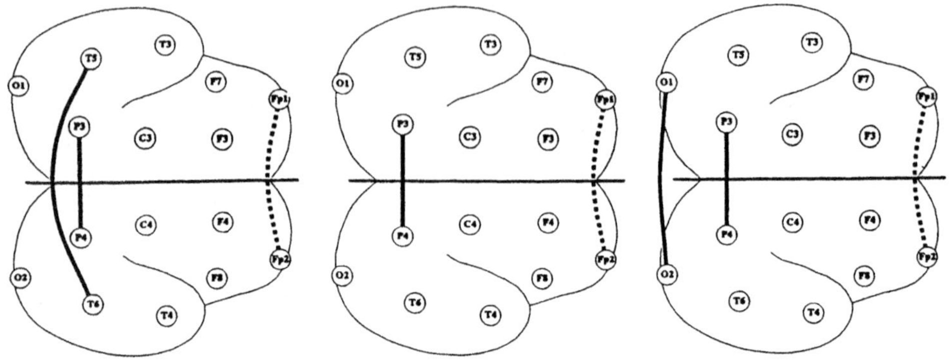

Abb. 33b. Signifikante Unterschiede der ***inter****-hemisphärischen* Kohärenz für alle Frequenzbänder

gegebene Material offensichtlich stark verbal codieren, während Künstlerinnen dies nicht tun.

Trotz der Instruktion bleibt die Wahl der persönlichen Strategie für die Lösung einer Aufgabe den VPn überlassen, die ihre bevorzugte Strategie zur Lösung einer kognitiven Aufgabe automatisch einsetzen. Während eine Gruppe (KG) versucht, ihre Probleme eher auf der *Wort-Ebene* (gemeint: verbale) zu lösen, bevorzugt die andere Gruppe (VG) die *Bild- bzw. Vorstellungs-Ebene* zur methodischen Lösung imaginativer Probleme. Durch die Wahl eines bevorzugten Modus zur Aufgaben-Bearbeitung – entweder verbal oder bildlich – ließen sich mögliche Interferenzen durch spezifisches Vorgehen der VPn teilweise integrieren. Aufgrund dieser Gegebenheiten war es daher für die Künstlerinnen eindeutig schwieriger, ihre Vorstellungen in den verbalen Protokollen im Anschluß an die gestellten Aufgaben zu beschreiben und zum Ausdruck zu bringen, da sie ein weiteres *Problem,* nämlich das *der Übertragung – vom Bild zum Wort* – zu bewältigen hatten. Das bedeutet jedoch nicht, daß sie schlechter waren.

5.6.3.3.3.3 *Gruppen-Unterschied T-Test.* Bei einer Gegenüberstellung ergeben sich sowohl für die Amplituden- als auch für die Kohärenz-Werte statistisch signifikante Unterschiede auf dem Signifikanz-Niveau von $p < 0.01$ und $p < 0.05$. Diese Unterschiede werden zur besseren Darstellung in hirn-topographische Karten an den entsprechenden Elektrodenorten in Form von schwarzen Quadraten händisch eingetragen (siehe Abb. 32). Die *Quadrate bedeuten signifikante Unterschiede der KG gegenüber MA.* Bei den Amplituden sind die Unterschiede auf die höheren Frequenzbereiche beschränkt, während sie bei den Kohärenzen auch in den niedrigeren Bereichen auftreten.

Die *H0-Hypothese ist zugunsten von H1 zu verwerfen,* und das bedeutet, daß sich die beiden Gruppen hinsichtlich der EEG-Parameter Amplitude und vor allem der Kohärenz statistisch signifikant in fast allen Frequenzbändern unterscheiden.

Unterschiede und Differenzierungen in der neuronalen Organisation bei MA und der KG lassen sich somit eindeutig nachweisen.

5.6.4 Interpretationen zu Beziehungen zwischen psychologischen Scores und der Kohärenz

5.6.4.1 **Rangkorrelationen** zwischen **Gedächtnis-Score** und gemittelten **Kohärenzwerten**

Der Gedächtnis- und Phantasie-Score ergibt sich nach der Inhaltsanalyse aus den Verbal-Protokollen während der Pausen der EEG-Registrierung (siehe Kategorien-System 5.4.2). Dabei wurden für jeden Elektrodenort die bei der jeweiligen Aufgabe gegenüber allen benachbarten Elektrodenorten gemittelten Kohärenzwerte zum individuellen Gedächtnis-Score korreliert. Auf schematischen Hirnkarten wurden positive Korrelationen ($p < 0.05$) durch schwarze, negative durch weiße Quadrate symbolisiert (Abb. 28).

Für *MA* ergeben sich für alle drei Aufgaben, und zwar besonders in den höheren Frequenzbereichen, *ausschließlich negative Rangkorrelationen* zwischen den Kohärenzwerten und dem Gedächtnis-Score. Die negativen Korrelationen werden im Sinne von Kohärenz-Abnahmen interpretiert. *Dies läßt sich dahingehend auslegen, daß bei Künstlerinnen die Gedächtnis-Leistung mit einer Abnahme der Kohärenz korreliert ist.* Dabei fällt auf, daß die Orte signifikanter Beziehungen besonders centrale und parietale Regionen betreffen, d. h. solche, die auch im Spontan-EEG und während visueller Aufgaben-Bewältigung am stärksten involviert sind. Um die kognitive Leistung der verbalen Wiedergabe aus dem Gedächtnis erbringen zu können, führt dies bei MA zu einer Entkoppelung der Hemisphären. Die *cerebrale Umstrukturierung* erfolgt, indem *neuronale Netzwerke voneinander gelöst* werden; dies führt vermutlich zu einer Zergliederung größerer in kleinere neuronale Verbände. Die mögliche Begründung der ***Entkoppelungs-Strategie*** könnte darin zu sehen sein, daß non-verbale Inhalte, wie sie Bild-Inhalte darstellen, mit verbalen Inhalten eine Verbindung eingehen – eine Leistung, die Malerinnen schwerfällt, da sie zu interhemisphärischer Kooperation tendieren und rechtshemisphärisch encodieren (siehe Spontan-EEG, Abb. 26b).

Die Ergebnisse zeigen Parallelen zu früheren Untersuchungen, wobei Scores nach einem Kreativitäts-Test mit Kohärenzwerten bei Frauen überwiegend negativ, bei Männern dagegen eher positiv korrelierten (Petsche und Richter 1993).

In der *KG* (Abb. 28) erweisen sich nur einzelne, und zwar sowohl signifikant positive als auch etwas signifikanter negative Rangkorrelationen in allen drei Aufgaben, vorwiegend in Alpha-2. Dieses Ergebnis ist daher kaum interpretierbar.

5.6.4.2 **Rangkorrelationen** zwischen **Phantasie-Score** und gemittelten **Kohärenzwerten**

Der Phantasie-Score scheint ebenso wie der Gedächtnis-Score, resultierend aus der verbalen Wiedergabe, mit dem Gedächtnis in einem gewissen Zusammenhang zu stehen.

Als Resultat ergeben sich sowohl positive als auch negative Rangkorrelationen, d. h. es gibt einerseits einen positiven und andererseits einen negativen Zusammenhang. Ist dies ein Hinweis auf das Vorhandensein unterschiedlicher Dimensionen? Entspricht der Phantasie-Score möglicherweise einem Score der Verbalisierungsfähigkeit?

Da das Datenmaterial nicht normalverteilt ist, gibt es keine Abbildungen (siehe Daten am Ende des Kapitels). Es ist jedoch möglich, eine Vorhersage der sich abzuzeichnenden Tendenz zu treffen.

Bei den MA gibt es (als signifikant angenommene) *negative* Rangkorrelationen bei BB (ausschließlich im Alpha-1-Band), BM und EI im *frontalen* Bereich, *centro-parieto-temporal* scheinen relativ viele *positive* Rangkorrelationen im Delta-Bereich auf, sowohl bei BB als auch bei BM, wo auch positive Rangkorrelationen links occipital in Erscheinung treten. Für EI sind die negativen Rangkorrelationen frontal sowohl in Delta, als auch in Alpha-1 und Beta-2, während die positiven Rangkorrelationen centro-parieto-temporal im Delta-Bereich aufscheinen.

Beim Bild-Betrachten und Bild-Memorieren fällt auf, daß in der KG die (als signifikant angenommenen) positiven Korrelationen vorwiegend parietal und temporal im Delta-Bereich auftreten, beim Eigen-Entwurf jedoch sind sie negativ und befinden sich im Alpha-2-Bereich. Bezüglich der Topographie ist zu sagen, daß Rangkorrelationen bei BB (negativ), BM frontal (positiv und negativ) und parietal (positiv), bei EI centro-parietal (negativ) mit unterschiedlichen Vorzeichen auftreten.

Wie nun läßt sich das gleichzeitige Auftreten von positiven und negativen Rangkorrelationen in der Künstlerinnen-Gruppe interpretieren? Die Vermutung geht dahin, daß die Gruppe der MA keine homogene, sondern eine heterogene Gruppe darstellt, die sich möglicherweise aus zwei unterschiedlich ausgerichteten Gruppierungen zusammensetzt: den *Malerinnen* und Künstlerinnen, die sich vom herkömmlichen Kunstbetrieb abgewandt, damit ihr zur Zeit vorherrschendes Interesse von der Malerei auf die Kunst des „Raumes" verlegt haben. Etliche von ihnen sind, wie aus den Interviews hervorging, am meisten an Objekten und an Raum-Installationen interessiert. Man könnte sie daher als *Objekt-Künstlerinnen* bezeichnen.

Dies würde einerseits die unterschiedlichen Vorzeichen (Malerinnen : Objekt-Künstlerinnen), andererseits die Verteilung beim Vorgang des Imaginierens über das gesamte Gehirn und das Auftreten von Veränderungen in fast allen Frequenzbereichen erklären. Aufgrund eingehenderer Beschäftigung mit den Resultaten ließen sich folgende Hypothesen formulieren, nämlich daß bei den *Malerinnen* „Phantasie" mit Kohärenzwerten positiv korrelierte; dies hieße, daß bei einem höheren Ausmaß an *Phantasie die Kohärenz zunähme,* und zwar in parieto-temporo-occipitalen Bereichen – *parietal rechtshemisphärisch* für alle Aufgaben, während bei den *Objekt-Künstlerinnen* Phantasie mit Kohärenzwerten negativ korrelierte, was den Schluß eines *negativen Zusammenhanges zwischen Phantasie und Kohärenz,* und zwar *frontal,* zuließe. (Malerinnen „phantasieren", Objekt-Künstlerinnen tun dies nicht!) Diese hypothetischen Folgerungen ließen sich mit den aus Verbal-Protokollen resultierenden Beobachtungen in Übereinstimmung bringen.

5.7 Diskussion und weiterführende Interpretation der Ergebnisse

Die grundsätzliche Fragestellung, ob die EEG-Parameter Amplitude und Kohärenz mit visueller Vorstellungsfähigkeit als Voraussetzung für malerische Begabung in einen Zusammenhang gebracht werden können, kann aufgrund der durchgeführten experimentellen Untersuchung bejaht werden, wobei sich beide Parameter, vor allem aber der Parameter für die Kohärenz zwischen verschiedenen Ableiteorten, als methoden-geeignet zur Messung von Zustandsänderungen corticaler Netzwerke erwiesen haben.

Auch konnten signifikante Rangkorrelationen nachgewiesen werden zwischen den Werten der Amplituden und der Kohärenz mit psychologischen Scores, die inhaltsanalytisch aus während der EEG-Registrierung aufgenommenen Verbaldaten hergeleitet wurden.

Die Ergebnisse der vorliegenden Untersuchung zeigen einerseits Amplituden-Änderungen und andererseits intra- und interhemisphärische Kohärenz-Änderungen zwischen Ruhe und visuell-kognitiven Leistungen diverser Frequenzbereiche in unterschiedlicher Richtung (Zu- und Abnahmen). Die frontalen Kohärenz-Abnahmen in den Alpha-Bändern während visuell-kognitiver Tätigkeit sprechen in der Untersuchung wahrscheinlich für die Rolle selektiver Aufmerksamkeit, während die gefundenen Kohärenz-Zunahmen als Kennzeichen assoziativer, extrastriärer Verarbeitung von temporo-occipitalen und parieto-occipitalen Regionen in den Beta-Bändern Niederschlag höherer und höchster Verarbeitung darstellen dürften, wie sich dies in vielfältigen Untersuchungen am Institut für Neurophysiologie über komplexe cerebrale Leistungen eher in den schnelleren Frequenzen herauskristallisierte (z. B. Petsche et al. 1993; Rappelsberger et al. 1993).

5.7.1 Weitere Anmerkungen zur Interpretation von Kohärenz

Im Rahmen dieser Untersuchung wird aufgrund der Vielfältigkeit der Einflüsse als Auswirkung auf die Höhe von Kohärenzwerten näher eingegangen. Die Diskussion basiert auf unterschiedlichen Gesichtspunkten. Zu betonen in diesem Zusammenhang ist, daß sich die Diskussion nur auf die mit der gewählten EEG-Aufnahme (10-20-System, Elektroden-Abstände 5 – 7 cm) gewonnenen Ergebnisse erstreckt.

5.7.1.1 Kohärenz als Ausdruck der Synchronisierung

Davon ausgehend, daß das *EEG als Ausdruck neuronaler Aktivität* zu verstehen ist, werden *Kohärenz-Zunahmen* als *zunehmende funktionelle Verkoppelung* und damit auch als zunehmende funktionelle Kooperation von Hirnregionen in einem bestimmten Frequenzbereich interpretiert (Petsche 1987). Anders gesagt: Haben zwei Netzwerke eine Beziehung zueinander, heißt das, daß sie durch das *Knüpfen neuer bzw. durch die Verstärkung bestehender Verbindungen* enger miteinander *verkoppelt* werden, und das bedeutet, daß sie zunehmend in Phase schwingen. Diese *Synchronisierung* schlägt sich als Kohärenz-Zunahme nieder.

Die Interpretation für *Kohärenz-Abnahmen* ist weitaus schwieriger. Wenn Kohärenz-Zunahmen als zunehmende Koppelung zu interpretieren sind, kommt Abnahmen demnach eine abnehmende Koppelung und den damit betroffenen Regionen mehr funktionelle Unabhängigkeit zu. Auf keinen Fall ist Abnahme von Kohärenz mit abnehmender neuronaler Aktivität gleichzusetzen. Abnahmen wie Zunahmen sind Ausdruck spezifischer Zustandsänderungen und kognitiver Aktivitäten. Eine mögliche Erklärung für das Abnehmen der Kohärenz im Vergleich zur Ruhe-Tätigkeit im EEG könnte im Entkoppeln größerer Netzwerke zugunsten kleinerer Verbände liegen. Dies dürfte mit einer Aufhebung der bestehenden Beziehung für eine neue vor sich gehen, wie z. B. die Lösung der globalen Verbindung zugunsten lokaler Bindungen, ein Vorgang, der bei kognitiver Informationsverarbeitung im EEG häufig zu beobachten ist. Shaw et al. (1978) postulieren, daß die Kohärenz zwischen zwei Regionen abnimmt, wenn eines der beiden Gebiete aktiv wird. Eine neue Dimension zur Interpretation der Kohärenz-Zunahmen und -abnahmen führt von Stein (1993) ein: „Zunahme der Kohärenz im EEG kann [...] ebenso einem *zeitlichen* Überwiegen der Verkoppelungen entsprechen; das heißt, daß die verkoppelnden Prozesse in der Aufgabe insgesamt mehr Zeit einnehmen als im Ruhe-EEG“ (siehe Reset bei der visuellen Verarbeitung 5.6.3.1.1).

Für eine physiologische Interpretation von Kohärenz-Zunahmen lassen sich statistisch gesicherte Erwägungen über die Anatomie des Cortex von Braitenberg und Schüz (1991) anführen. Aufgrund der von den Autoren registrierten Fakten ließe sich eine Kohärenz-Zunahme zwischen zwei Gebieten als Hinweis auf eine Anzahl nahezu gleichzeitig aktivierter neuronaler Verbindungen sehen, somit als Verstärkung zwischen diesen Bereichen interpretieren. Kommt den Fasern zwischen den Regionen hingegen weniger Bedeutung zu, könnten diese mit niedrigeren Kohärenzwerten korrelieren.

5.7.1.2 Das Ausmaß der Kohärenz

hängt auch von der *strukturellen Organisation des Cortex* ab, daher sollen hier einige diesbezügliche Überlegungen ausgeführt werden: Die erwähnten Autoren weisen den beiden Dendriten-Systemen der *Pyramidenzellen* sowie der Verbindungsart („metric and ametric“) der Pyramidenzellen untereinander unterschiedliche Bedeutung zu: dem *A-System*, bestehend aus *apikalen* Dendriten und hauptsächlich Axonen der Pyramidenzellen mit weitreichenden Verzweigungen zu anderen, in größerer Distanz befindlichen Pyramidenzellen, wie cortico-corticalen Faser-Verbindungen, und dem *B-System*, bestehend aus *basalen* Dendriten, Axonen benachbarter Pyramidenzellen. Die beiden Systeme des *lokalen* und *interregionalen* Netzwerkes legen den Schluß einer Zweiteilung in der Organisation des Cortex nahe. Somit ließe sich sagen, daß Informationsaustausch innerhalb einer Region sich auf *interne Verbindungen* und das *B-System* bezieht (mm bis zu cm, welche hauptsächlich innerhalb der grauen Substanz auftreten), während für Verbindungen *zwischen den Regionen,* seien sie nahe oder weit voneinander entfernt (im Ausmaß von mehreren cm, welche die Mehrheit von Fasern der weißen Substanz repräsentieren), das *A-System* zuständig ist.

Auf diesem zwei-sektoriellen Modell von EEG-Kohärenzen, in dem verschiedene

Merkmale der Kohärenz auf die Tätigkeit unterschiedlicher Faser-Systeme zurückzuführen sind, basieren Hypothesen und darauf stützen sich verschiedene Annahmen, um (1) Unterschiede in der Verbindung zwischen *linker und rechter Hemisphäre* und (2) zwischen *frontalem und occipitalem Cortex* zu erklären.

Gur et al. (1980) (siehe auch Bradshaw und Nettleton 1981) fanden in ihrer Studie zur Verteilung der Hirnmasse in den Hemisphären mittels einer Inhalations-Methode ein höheres Verhältnis von *grauer Substanz* (bestehend aus NZ und nicht-myelisierten Fasern) in Relation zu weißer Substanz (hauptsächlich myelisierte Fasern) in der *linken Hemisphäre,* vor allem in den frontalen und präcentralen Regionen. Ihre Resultate implizieren, daß *verbale Funktionen* durch eine Organisation gefördert würde, welche die Verarbeitung oder den Transfer *innerhalb von Regionen* betont, während *Raum- und Gestaltfunktion* durch eine Organisation gefördert würde, die den Transfer *zwischen den Regionen* optimiert.

Beim Erstellen eines Modells für EEG-Kohärenzen sollte, entsprechend den Daten von Thatcher et al., die *Verteilung variierender Faser-Systeme* unbedingt in Erwägung gezogen werden, da am Zustandekommen von Kohärenzen die Aktivität kurzer und langer Verbindungen beteiligt wäre. Thatcher bringt Kohärenz-Zunahme in einer Region mit gleichzeitiger Kohärenz-Abnahme in einer anderen Region des Cortex in Verbindung.[7]

Die Netzwerk-Eigenschaften dieser beiden Systeme *grauer* versus *weißer Substanz* sind unterschiedlich. System A ist durch reziproke Verbindungen, involviert in Feedback über weite Entfernungen oder Schleifen-Systeme, das B-System über Ausbreitung von Transmissions-Prozessen charakterisiert (Braitenberg 1978). Die langen Verbindungen in der weißen Substanz zwischen entfernt liegenden Gebieten, auch ihrer subcorticalen Verkabelung mit der grauen Substanz und verstärkter neuronaler Aktivität im A-System, ließen sich mit möglichen höheren Kohärenzen assoziieren. Nach Thatcher et al. (1986) wird das Ausmaß der Kohärenz mit der Dichte und Ausbildung von cortico-corticalen Assoziationsfasern in Verbindung gebracht.

Hypothetisch ließen sich geringere Kohärenzen mit einer verstärkten Funktion des B-Systems erklären. In diesem Zusammenhang sei darauf hingewiesen, daß Thatcher von *absoluten* Kohärenzwerten spricht, während diese Arbeit nur signifikante Kohärenzunterschiede, sei es zwischen Aufgabe und Ruhe oder zwischen den beiden Gruppen von VPn, berücksichtigt.

5.7.1.3 Die Kohärenz-Interpretation

erfährt durch *zusätzliche anatomische Studien* zur morphologischen, histologischen und architektonischen Asymmetrie Unterstützung; sie zeigen das Vorhandensein

- eines größeren Planum temporale im Temporallappen der linken Hemisphäre, das sich hinter der Heschlschen Windung befindet (Galaburda 1978; Lecours 1981)

[7] Thatcher zitiert die von Braitenberg postulierten Systeme falsch, indem er A- und B-System vertauscht.

- einer längeren Fissura Sylvii mit einem auf der linken Seite größeren parietalen Operculum, außerdem unterschiedliche linksseitige Architektur (Geschwind 1979)
- subcorticaler Strukturen wie die des Thalamus, dessen linke Hälfte ebenfalls ausgeprägter sein soll
- einer stärkeren Furchung der linken als der rechten Hemisphäre (Connelly 1950)
- von mehr grauer im Verhältnis zu weißer Substanz in der linken Hirnhälfte (Gur et al. 1980)
- von unterschiedlicher Konnektivitäts-Dichte in den Hemisphären (Tucker 1992) sowie
- Pyramidenzellen (motorische Neuronen) des Brocaschen Areals der linken Hemisphäre (LOP), die einen besonders dichten Dendritenbaum aufweisen (Kolb und Whishaw 1990).

Diese Interpretationen stimmen mit den allgemein gebräuchlichen Unterschieden und Unterscheidungen von linker – Involvierung in analytischer Verarbeitung und deren Voraussetzung einer lokalen Differenzierung sowie Interaktionen über kurze Entfernungen – und rechter Hemisphäre – Involvierung in Synthese-Funktionen für Verbindungen über lange Entfernung hinweg – überein. Metaphern wie „seriell", „parallel" etc. werden in dieser Arbeit mit Absicht vermieden, auch deshalb, weil sie Ausdruck einer bestimmten philosophischen Anschauung und oft dualistischer, nicht haltbarer Sichtweise sind.

5.7.1.4 Kohärenz als Ausdruck von Schwierigkeit versus Leichtigkeit einer Aufgabe

Aus der vielzitierten Arbeit über EEG-Korrelate von Busk und Galbraith (1975) läßt sich in Übereinstimmung mit den aufgezeigten Annahmen Kohärenz auch im Zusammenhang mit folgenden Faktoren diskutieren und interpretieren. Die Autoren zeigten, daß die mittlere Kohärenz mit Schwierigkeit einer Aufgabenstellung (pursuit-motor-tracking) zunimmt, während diese mit der Leichtigkeit und möglicherweise Einfachheit einer Aufgabe (visual tracking) abnimmt. Andererseits war ***Übungs-****, bzw.* ***Trainingseffekt*** bei visuo-motorischer Aufgabenstellung mit einer signifikanten *Abnahme der Kohärenz* assoziiert. Diese Abnahme geht mit der Interpretation der verminderten Aufgabenschwierigkeit als Folge visuomotorischen Lernens, also eines Übungseffektes, einher. Vgl. hiezu auch Untersuchungen zum Simultan-Dolmetschen, bei welchem temporale Schwerpunkte beim Übersetzen in die Fremdsprache einen größeren Raum einnehmen als umgekehrt (Petsche 1993). Auch hier ist Kohärenz-Zunahme mit der Schwierigkeit einer Aufgabe korreliert.

Gleichermaßen kommen anatomische Gegebenheiten und die Stärke der Verbindungen zur Auswirkung: Höhere Kohärenzen sind in den Gebieten stärkerer anatomischer Faserverbindungen zwischen benachbarten oder aufeinander funktionell-bezogenen Regionen aufgrund vermehrter neuronaler Aktivität zu finden. Niedrigere Kohärenzen korrespondieren mit Arealen geringer anatomischer Verbindungen. Es besteht somit ein ***Zusammenhang*** *zwischen dem Ausmaß der* ***Kohärenz*** *und der* ***Stärke*** *der Ausprägung der anatomischen* ***Faserverbindungen*** *einerseits, und der* ***Schwierigkeit*** *einer Aufgabe andererseits.* Es kommt hiebei zu einer Überlappung der Einflüsse auf die Kohärenz.

In dieser Studie zeigt sich der Übungs- bzw. Trainings-Effekt z. B. im Eigen-Entwurf, jedoch auch bereits im Spontan-EEG beim Vergleich der beiden Gruppen bei MA durch niedrigere Kohärenzwerte sowohl intra- (links) als auch interhemisphärisch. Das bedeutet, daß zwischen den Hemisphären bei den Künstlerinnen weniger Beziehung bzw. ein geringerer Austausch besteht, diese daher autonomer arbeiten, als dies bei Nicht-Künstlerinnen der Fall ist. Nach Thatcher et al. (1986) sind die niedrigeren Kohärenzwerte Ausdruck einer lokalisierten Arbeitsweise.

In diesem Zusammenhang stellt sich die Frage, ob diese Unterschiede ausschließlich auf Übung und Erfahrung zurückzuführen sind oder ob auch eine mögliche Veranlagung, also ein sichtbares neurologisches Substrat, ein anatomischer Befund, vorhanden und damit verbunden sein könnte. Diese Thematik wird noch in der Folge zu behandeln sein.

5.7.1.5 Zur Interpretation inter-hemisphärischer Kohärenz-Unterschiede zwischen MA und KG

Die anatomische Grundlage zur Interpretation interhemisphärischer Kohärenz ist der Balken, das *Corpus Callosum,* als Verbindung der beiden Hemisphären miteinander (siehe 1.5), und damit verantwortlich für den Transfer der interhemisphärischen Kommunikation. Dabei müßte allerdings *homologen Regionen* der Hemisphären eine besondere funktionale Bedeutung zukommen.

Aus einer Untersuchung mit visuell evozierten Potentialen von Klimesch und Schimke (1987) resultiert, daß homologe Orte im Vergleich zu intrahemisphärisch und diagonal gelegenen Regionen durch den *höchsten Grad* **synchroner** *neuronaler Tätigkeit* gekennzeichnet sind und daß der Grad homologer Korrelationen vom Stimulus und von der kognitiven Verarbeitung unabhängig ist – im Gegensatz zu intra- und diagonal interhemisphärischen Korrelationen. Die Höhe der Korrelation steht in einem positiven Zusammenhang mit der kognitiven Beanspruchung. Somit lassen sich die in der vorliegenden Arbeit gegebenen Befunde interhemisphärischer Kohärenz (Abb. 33 b) entsprechend den Befunden aus der Untersuchung von Klimesch und Schimke erklären.

Als Ergebnis für die Gruppe der *malenden* ***Künstlerinnen*** ist die ***invariante Beziehung P3 – P4*** für die Tätigkeiten Bild-Betrachten, Bild-Memorieren und Eigen-Entwurf (bereits im Spontan-EEG) hervorzuheben, (Abb. 26 b des Spontan-EEGs und Abb. 33 b). Zusätzlicher interhemisphärischer Befund ergibt für das Bild-Betrachten die Verbindung T5 – T6 und für den Eigen-Entwurf die Verbindung zwischen 01 – 02. Für die Rangkorrelationen zwischen Kohärenz und Gedächtnis-Score finden sich die Beziehungen P3 – P4 und C3 – C4. Als Ergebnis ist für die Gruppe der ***Nicht-Künstlerinnen*** die invariante Beziehung ***Fp1 – Fp2*** (Abb. 23 – 25) für BB, BM und EI hervorzuheben.

Diese ***interhemisphärischen Beziehungen*** zeichnen sich durch ihre synchrone neuronale Aktivität aus und dürften somit ein ***Korrelat der kognitiven Beanspruchung während visueller Tätigkeiten*** darstellen.

Zusammenfassend läßt sich als besonderes Ergebnis für die MA die charakteristische ***interhemisphärische Invarianz*** einerseits einer ***verstärkten Kooperation*** zwischen den parietalen Regionen (P3 – P4) und bei den Rangkorrelationen andererseits Entkoppelungen für den verbalen Gedächtnis-Abruf eben dieser Regionen bezüglich aller visueller Tätigkeiten ansehen. Das Pendant für die *KG* ist die höhere *frontopolare Kooperation* (Fp1 und Fp2) in allen Aufgaben. Die für die beiden Gruppen vorgefundenen spezifischen interhemisphärischen Invarianzen: P3 – P4 und Fp1 – Fp2 lassen sich als ***Korrelate*** *der* ***kognitiven Beanspruchung*** interpretieren. Diese Vorgänge einer verstärkten interhemisphärischen Kommunikation sind auch als ein Vermutungskonzept in Verbindung mit ***Aufmerksamkeits-Prozessen*** zu sehen.

5.7.1.6 Zur Interpretation intra-hemisphärischer Kohärenz-Unterschiede zwischen MA und KG

Die Aktivierungsmuster bezüglich rechter/linker Hemisphäre erweisen sich im Vergleich zur KG bei MA relativ ausgewogen. Obzwar für die KG die rechte Hemisphäre von ihrem Aktivierungs-Ausmaß her – trotz unterschiedlicher Involvierung – den MA entspricht, bietet sich linkshemisphärisch ein beinahe überwältigendes Bild; dies trifft vor allem auf den Eigen-Entwurf zu. Siehe dazu Abb. 33a.

1. Rechts-hemisphärische Kohärenz

Bezüglich der zentralen Frage, *wo* im EEG sich bei *MA* das bildlich-visuelle Vorstellungsvermögen manifestiert, zeigen sich bei den Aufgaben BM und EI ***rechts centro-parietal*** *höhere Kohärenzen.* Der *zusätzliche Modus* als hirnpsychologisches *Korrelat bei visuellen Künstlerinnen,* also rechtshändig Zeichnender und Malender, ist die *erhöhte Kohärenz der rechten centro-parietalen Region: C4 – P4* für BM und EI (bezogen auf die Gesamtheit aller Frequenzbänder, siehe Abb. 26b und Abb. 33a des Spontan-EEGs). Bei den komplexeren Aufgaben, wie der Vorstellung eines Bildes und dem imaginären Bild-Entwurf, kommt es bei MA auch zu erhöhten Kohärenzwerten zwischen parietal und frontal: *Pz – Fz.* Es liegt daher nahe anzunehmen, daß rechtshemisphärisch bei MA eine größere Anzahl an langen Verbindungen vorliegt und damit rechtshemisphärisch mehr Interaktionen stattfinden (Gur et al. 1980). Damit wird die allgemeine Annahme bestätigt, daß der *rechte Parietallappen* einerseits an der Operation *„Abtasten"* (im Gegensatz zu der Operation *„Hinzufügen"* in der linken Hemisphäre) maßgeblich beteiligt ist, andererseits eine wesentliche Rolle für eine Umorientierung der visuellen Aufmerksamkeit spielt (Posner et al. 1994 und 1996). Siehe dazu auch Aufmerksamkeits-Netzwerke (Seite 70).

Insgesamt sprechen die Resultate dafür, daß visuelles Wahrnehmen und bildliches Vorstellen als zwei Aspekte für malerische Begabung sich in höheren centro-parietalen Kohärenzen niederschlägt, wobei die *rechte Hemisphäre* als maßgeblich für ***globale***

Gestalt-Verarbeitung angesehen wird. Dieses Ergebnis zeichnet sich bereits im Spontan-EEG ab. Das Korrelat kann auch mit den in der Literatur aufscheinenden visuell-räumlichen Rotations- und Transformationsvorgängen und -prozessen in Verbindung gebracht werden.

Zusätzlich konnten bei MA im Gruppenvergleich mit den Nicht-MA für das Bild-Betrachten auch Verbindungen zu centralen, interhemisphärisch temporalen und bei der imaginären Ausführung auch occipitalen Bereichen gefunden werden. Für *MA* läßt sich somit eine visuell-kognitive Beanspruchung im Sinne des ***„visuellen Vorstellungsvermögens“*** in *erhöhter intra- und interhemisphärischer occipito-temporo-parietaler Kohärenz* nachweisen, eine *Interpretation, die extrastriäre visuelle Cortex-Regionen sowie den posterior parietalen Cortex als Gebiete höchster sensorischer Integration berücksichtigt* (siehe Seite 14).

Auch weisen MA im Vergleich zur KG eine höhere Kooperation zwischen *frontopolarem und parietal-posteriorem Cortex* auf, dessen Zuständigkeit als hierarchisch übergeordnet in der *sensorischen Integration* liegt.

2. Links-hemisphärische Kohärenz

Wie nun läßt sich das unterschiedliche Ausmaß an corticaler Aktivierung bezüglich der beiden Gruppen deuten? Folgende Hypothesen wären möglich: Nach der *Verdrahtungs-Hypothese* würden Malerinnen über eine „bessere Hardware“ verfügen, während der Cortex der KG „schlechter verdrahtet wäre“. Das würde bedeuten, daß visuell-cerebrale Verarbeitung bei Malerinnen neuronal äußerst effizient und ökonomisch, also ohne allzu großen corticalen Aufwand, vor sich ginge. Es ließe sich nun darüber spekulieren, ob eine mögliche Erklärung darin bestünde, daß ein Großteil der Verarbeitung auch subcortical erfolge.

Die *Aktivierungs-Hypothese* geht von einem ungleichen Aktivierungszustand in den beiden Gruppen aus. Dabei müßte die KG erst – möglicherweise aufgrund von Umstrukturierungen ihres corticalen Geschehens – in einen günstigeren corticalen Aktivierungszustand gelangen bzw. sich dorthin bringen. Die Kohärenz-Unterschiede in den beiden Gruppen lägen in erster Linie im Ausmaß bzw. in der Stärke ihrer Aktivität. Dabei wäre die größere corticale Anstrengung, deren Niederschlag in geballter linkshemisphärischer Kohärenz zum Ausdruck gelangt, jeweils von der KG aufzubringen. Am Lösungsprozeß könnte damit eine größere Anzahl von neuronalen Netzen beteiligt sein.

Bei Betrachtung der *KG* (siehe dazu Abb. 33a) fällt auf, daß die *links-temporale Verbindung P3 – T5,* die Region des *Gyrus angularis* („Lese“-Region), für visuell-kognitive Verarbeitung und damit für das *Bild-Verstehen* von besonderer Bedeutung sein dürfte. Aufgrund der Ergebnisse muß zusätzlich zur visuellen ein verstärkter Einsatz semantischer Verarbeitung postuliert werden. Dieser Befund erfährt eine Erhärtung durch sein völliges Fehlen in der MA-Gruppe. Ebenfalls ist in dieser Gruppe „visuelle Vorstellung“ als Ausdruck frontopolarer Aktivierung sowie einer Involvierung des frontalen Cortex zu beobachten (vgl Goldenberg, Roland etc.). Genau diese Strukturen sind für die Erinnerung an räumliche Anordnungen wichtig. Das heißt, visuell-kognitive Beanspruchung im Sinne von „visueller Vorstellungsfähigkeit“ äußert sich in der KG in *erhöhter frontaler und interfrontaler Kohärenz als Ausdruck semantischer Verarbeitung* sowie vor allem in den Temporal-Regionen links-hemisphärisch auffallend, besonders beim Entwerfen eines Bildes in der Vorstellung. Aus der starken *Links-Codierung* in der KG geht – im Gegensatz zu MA – eindeutig die vermehrt ***verbale Verarbeitung*** *visuell-kognitiver Tätigkeiten hervor.*

Demnach dürften als Voraussetzung visuell-kreativer Leistungen einerseits lokalisierte, andererseits über ausgedehnte Areale integrierende und hemisphären-überschreitende Arbeitsweisen gelten – wie dies bei MA zum Ausdruck kommt.

Im folgenden wird die Frage diskutiert, ob *Vorstellungsprozesse hemisphären-spezifisch* und als non-verbale Wissensinformationen eher der rechten Hemisphäre zuzuordnen sind. Ehrlichmann und Barrett (1983) verwiesen bereits auf eine verbreitete Annahme, nämlich daß das *Vorstellen* eine Spezialisierung der rechten Hemisphäre sei und allgemein mit Kreativität in Verbindung gebracht würde.

Farah nimmt an, daß möglicherweise verschiedene Komponenten der Vorstellung neuroanatomisch unterschiedlich zu lokalisieren seien: *Generieren* mentaler Bilder aus dem Gedächtnis werde mit occipitalen und posterior temporalen Regionen der *linken Hemisphäre* in Verbindung gebracht. Elektrische Aktivitäten in diesen Regionen nahmen linksseitig während der Visualisierung visuell präsentierter Wörter zu und erwiesen sich für den Akt, Bilder zu erzeugen, als spezifisch. Auch fand sich bei Patienten mit Vorstellungs-Defiziten die Schädigung in der linken hinteren Hemisphäre. Zusätzlich unterscheidet die Autorin zwei Aspekte, einen *semantischen,* den sie als das aktive *Generieren eines Bildes* aus dem Gedächtnis interpretiert, und einen *lokalisatorischen,* unter dem sie das *räumliche Einordnen* des Bildes in einen räumlich-temporalen Kontext versteht. Räumliches Einordnen, die Rotation mentaler Bilder sowie Wiedererkennen räumlicher Beziehungen von Strukturen können mit *parietalen* Regionen der *rechten Hemisphäre* in einen Zusammenhang gebracht werden, während die *semantische Bild-Generierung linkshemisphärisch temporo-parietal* stattfindet.

Auf die vorliegende Untersuchung übertragen, würde dies bedeuten, daß die KG entsprechend der semantischen Bild-Generierung von Farah vorwiegend verbal codiert. Nicht nur treten Kohärenz-Zunahmen der KG linkshemisphärisch auf, sondern es kommt auch in den temporalen Elektroden (T3, T5) zu Kohärenz-Schwerpunkten. MA dagegen zeigen rechts centro-parietale Kohärenz-Zunahmen, die sich aufgrund der besonderen Ausprägung und räumlichen Fähigkeiten dieser Gruppe als räumliches Einordnen interpretieren lassen.

Daraus ließe sich ableiten, daß das Generieren von Vorstellungen bei Personen ohne ausgeprägtere Fähigkeiten und Fertigkeiten aufgrund verbaler Codierung vorwiegend linkshemisphärisch stattfinden dürfte. Bei Personen mit räumlicher Fähigkeit in Zusammenhang mit Kreativität und Begabung könnte die Bild-Generierung eher für die rechte Hemisphäre spezifisch sein und diese scheint sich daher dort zu manifestieren.

Auch bestätigen neuere Untersuchungen, daß die Operation, Vorstellungen zu erzeugen, eine Funktion der linken Hemisphäre ist. Untersuchungen an normalen VPn unterstützten die Hypothese der linken Hemisphären-Spezialisierung zur Bild-(H)Erstellung. Studien über Seiten-Unterschiede von EVP an VPn beweisen die Bevorzugung der linken Hemisphäre zur Bildung von Bildern mit vielen visuellen Details (Farah 1986; Kosslyn 1987; siehe auch Finke).

Zusätzliche Evidenz für linkshemisphärische Beteiligung beim Entstehen von Vorstellungen erbrachten die Resultate der Untersuchungen mit Splitbrain-Patienten (nach Durchtrennung des Corpus callosum). Aus klinischen Daten (Läsionsstudien, Amnesien etc.) geht die Beteiligung einer neuralen Struktur in bezug auf die zu untersuchende Funktion hervor, sie ist und kann jedoch *kein* Beleg für den Schluß sein, daß diese oder jene Strukturen „Sitz des ...“ oder „Lokalisation von ...“ seien! Vor allem ist bei kognitiven Prozessen eine Vielzahl cerebraler Strukturen, Sub-Strukturen sowie neuronaler Verbände, Neuronen-Ensembles mitbeteiligt.

Stärkere Rechts- als Links-Beteiligung bei bild-(h)erstellenden Aufgaben ergaben sich bei einzelnen Untersuchungen (siehe Farah 1988). Doch ist dieses Faktum in den jeweiligen Fällen meist differenzierter zu sehen sowie durch zusätzliche Faktoren zu erklären, wie Training, individuelle Unterschiede Modulationsfähigkeit der Hemisphären (Farah 1988). Ein entscheidendes Kriterium der Lateralisation scheint der *Modus der Prozesse* zu sein. Weiters ist auch die emotionale Involvierung von Wichtigkeit, da vor allem die rechte Hemisphäre an emotionalen Vorgängen, besonders in Verbindung mit motorischen Akten unter Einbeziehen des Raumverständnisses, z. B. beim Zeichnen, beteiligt sein soll.

Weiters wird vermutet, daß den Systemen, denen visuelles Wahrnehmen und bildliches Vorstellen zugrunde liegt, (a) gewisse Komponenten der Verarbeitung gemeinsam sind. Das heißt, daß ihnen ein *gemeinsames neurales Substrat* zur Verfügung stehen müßte. Eine Involvierung sowohl des primär- als auch des extrastriären Cortex ließ sich verifizieren. Die Hypothese eines gemeinsamen neuralen Substrats für visuelle Wahrnehmung und bildliche Vorstellung wird durch psychologische Erkenntnisse über die Interferenz visueller Wahrnehmung und Vorstellung sowie klinischer Beobachtungen der Vorstellungs-Defizite bei visuellen Agnosien bestätigt. Der gemeinsame Aspekt wird bei den meisten Untersuchungen herausgearbeitet. Diese Studie zeigt jedoch klar, daß neben dem gemeinsamen (b) ein *unterschiedlicher* Aspekt besteht (siehe 5.6.3.1.4).

Eine Zusatz-Erklärung der unterschiedlichen Befunde von Künstlerinnen und Nicht-Künstlerinnen erbringen Arbeiten von Posner et al. (1987, 1994) und Milberg et al. (1981). Die unterschiedlichen Aktivierungen zwischen den beiden Gruppen verweisen auf eine mögliche Zuordnung von unterschiedlich ablaufenden Aufmerksamkeits-Prozessen. Posteriore Cortex-Areale und temporale Beteiligung lassen auf erhöhte perceptive Aufmerksamkeit schließen (Mishkin et al. 1983). An Aufmerksamkeits-Vorgängen zur Lokalisation des visuellen Raumes (Posner und Presti 1987; Posner und Dehaene 1994) dürften parietale Regionen beteiligt sein, an Aufmerksamkeits-Vorgängen, die mit der Verarbeitung semantischer Information in Zusammenhang zu bringen sind (Milberg et al. 1981; Posner et al. 1994), dürften frontale Hirnareale (besonders links) beteiligt sein.

Die daran beteiligten Aufmerksamkeits-Systeme und Netzwerke sind für *Malerinnen* das *Orientierungs-Netzwerk zur räumlichen Position* im parietalen Cortex und für *Nicht-Künstlerinnen* das *exekutive Netzwerk* zur *Aktivierung von Farbe, Form, Bewegungen und/oder Semantik* im präfrontalen Cortex.

Damit erfährt die ***Bedeutung präfrontaler und parietaler Cortices*** für die ***multisensorische Analyse*** in der vorliegenden Untersuchung ***eine Bestätigung.***

5.7.2 *Annahme für ein neuroanatomisches Substrat von Talent und visueller Begabung*

Zur allgemeinen Begriffserklärung die Definitionen der beiden Konstrukte zuerst: Unter *Begabung* wird laut Duden die „besondere Anlage, die Befähigung zu bestimmten Leistungen" und unter *Talent „eine hohe Begabung"*, „die *überdurchschnittliche Fertigkeit* und/oder Produktivität auf irgendeinem speziellen Gebiet", verstanden.

Bei der Zusammenfassung von Befunden durch das kognitive Komponenten-Modell im Hinblick auf eine *Charakterisierung von Hochbegabung* liegt zunächst nahe, „Hochbegabten ein besseres Wissen, eine höhere Kapazität des Arbeitsgedächtnisses, eine größere Flexibilität bei der Wahl aufgabenspezifischer kognitiver Strategien und eine höhere Effizienz bei der Ausführung der Komponenten zuzuschreiben" (Waldmann und Weinert 1990).

Zur Differenzierung von Begabung und Genialität ist anzuführen, daß *permanent* und konsequent *realisierende Hochbegabung* als *Genie* bezeichnet wird. „Das Genie unterscheidet sich von der Begabung durch die Permanenz, durch das Beständige seiner Schöpferkraft" (Klix 1992; vgl. dazu Lange-Eichbaum 1956).

Lynn Waterhouse (1988) stellt ein Modell vor, das auf der Annahme beruht, daß der Begabung und/oder dem Talent eine besondere Differenzierung und/oder eine spezielle Ausbildung neuronaler Strukturen zugrunde läge. Dafür wird die Unterscheidung von allgemeiner Intelligenz und speziellen Fähigkeiten vorausgesetzt.

5.7.2.1 Ausgeprägtes bildliches Vorstellungsvermögen

Die Hypothese von Waterhouse lautet, daß *spezielle kognitive Fähigkeiten* auf einer Reihe von Fertigkeiten beruhten, die auf ein besonders ausgeprägtes *„künstlerisches Vermögen"* zurückzuführen sind. Solche spezifische Fähigkeiten, die in dieser Untersuchung auf *Fertigkeiten visueller Art* – die in Verbindung mit Vorgängen des Kurzzeit- (z. B. intensivere Inanspruchnahme) und Langzeit-Gedächtnisses bezüglich der Speicherung, des Abrufs und der Wiedererkennung von Bildern auftreten, auch (der vermutlich spielerische Umgang mit Mustern, die visuelle und komplexe Darstellung umfassen sowie) das Schaffen von Neuem auf der Basis und Speicherung des Vorhandenen – und somit auf einem *ausgeprägteren bildlichen Vorstellungsvermögen bei Malerinnen* beruhen, zeigten sich in der vorliegenden Arbeit deutlich und bestätigten die von Waterhouse aufgestellte Annahme.

In ihrem Modell argumentiert die Autorin gegen die Vorstellung der Verursachung durch das soziale Umfeld, die Umgebung oder gegen die Übung, die als Entwicklung zu einem Ergebnis wie ausgeprägter Begabung oder Talent führten. Umfeld und Übung könnten ihren Erklärungen nach immer nur mitbeteiligt, eine derartig besondere Befähigung jedoch nicht verursachend sein. Kinder mit künstlerischen Fähigkeiten fallen durch den Ausdruck einer Fertigkeit bereits zu einer Zeit auf, wo die Auswirkung von Training noch gar nicht möglich sein kann. Die Mutmaßung, daß eine spezielle Funktion des Gehirns ihrer Begabung zugrunde liegt, ist daher ziemlich wahrscheinlich. Das Rückführen von Talent auf Training würde ja bedeuten, daß künstlerische Fähigkeiten erlernbar wären.

5.7.2.2 Spezielle cerebrale Struktur und Organisation

Waterhouse postuliert für derartige Fertigkeiten eine spezielle und einzigartige Hirnstruktur und Organisation: *Morphologisch könnte eine solche Spezialisierung auf Veränderungen der visuellen Assoziations-Areae beruhen.* Die spezielle Placierung mag in den sensorischen Bereichen der Temporallappen liegen. Für den visuellen Bereich sind das die Brodmann-Areae: 18, 19, 20, 21, 37 oder die polymodalen Assoziations-Bereiche 39 und 40. Für das Auftreten spezieller cerebraler Struktur und Organisation vermutet sie unterschiedliche Ursachen. Der wesentliche Mechanismus, auf dem diese Annahme beruht, ist der, daß die *spezielle Organisation* einerseits den *primär sensorischen Cortex, andererseits den polymodalen Assoziations-Cortex* betrifft. Das bedeutet, daß diese Organisation auch auf hierarchisch übergeordnete und organisierte Bereiche ausgedehnt sein könnte. Eine spezielle cerebrale Organisation, die jenseits der normalen liegt und damit jenseits normaler Fähigkeiten, könnte dem hochbegabten Kind schon in frühen Jahren zur Verfügung stehen.

Sie beruft sich dabei auf die Annahme „hyperkomplexer Zellen niedriger und höherer Ordnung“ des visuellen Systems. Möglicherweise könnte die *Interkonnektion* dieser Zellen in sensorischen Systemen der Entwicklung komplexer Muster dienen. Ihre Argumente unterstützen das Modularitäts-Modell des Gedächtnisses, die Verteilung genereller Mechanismen und Funktionen über Module.

Hemisphären-Unterschiede betrachtet Waterhouse nicht als absolut; sie ist der Auffassung, daß für die Verarbeitung von komplexen Informationen beide Hemisphären benötigt werden. Sie will ihr Modell nicht als Argumentation und Bestätigung rechtshemisphärischer Begabung verstanden wissen: „special abilities *are* special“. Erklärungen, die sich auf eine Hyper-Motiviertheit berufen, lehnt sie einfach ab.

Die vorliegende Untersuchung erbrachte eine überwiegend rechtshemisphärische Beteiligung für sämtliche in der Studie untersuchten visuellen Aufgaben in der Gruppe der Malerinnen, während in der Gruppe der Nicht-Malerinnen sich Gegensätzliches erwies: die Betonung der linken Hemisphäre. Diese Aussage stellt somit einen relevanten Beitrag zur Hemisphären-Diskussion bezüglich *Imagery* und der visuellen Perception dar.

5.7.2.3 Endogenes Belohnungssystem

Der Theorie Waterhouse' zufolge, bestünde auch die Möglichkeit des Vorliegens eines mutmaßlichen ***endogenen Belohnungs-Systems,*** das in der Kindheit bereits aufgebaut und geprägt wird und für die intrinsische Motivation oder Selbstmotiviertheit (vergleichbar dem „flow"-Erleben – ein Gefühl von Aufgehen in einer Tätigkeit, eine Art von Selbstvergessenheit; Csikszentmihalyi, 1992) verantwortlich ist. Das System könnte mit einer *speziellen* ***Hirnorganisation*** *in Verbindung* gebracht bzw. assoziiert werden. Unter Voraussetzung dieser spezifischen Organisation mag es für ein begabtes Individuum bereits früh in seiner Entwicklung lohnenswert sein, Aktivitäten mit Ausdauer und *Konzentration,* bei denen die jeweiligen Fähigkeiten zur Anwendung kommen, zu verfolgen und sich diesen hinzugeben – *motiviert durch externe* (wie die Umgebung), wahrscheinlicher jedoch auch durch *interne (cerebrale) Auslöser, oder ein Zusammenspiel* von beiden, um so zu einer Art von *selbst- bzw. eigen-induzierter Belohnung* zu gelangen. Eine Begegnung im Sinne einer emotionalen Erschütterung wäre denkbar bzw. notwendig. Dabei dürfte es zu Wechselwirkungen mit der Motivationsebene kommen, „die gerade jene Besessenheit hervorbringt, die bei hochbegabten Menschen nicht selten anzutreffen ist" (Klix 1992). Die Ursache der Motivation ist jedoch nach wie vor ungeklärt. Dies könnte einer positiven Konditionierung (Rückwirkung von Output auf Input, das damit selbst wieder zum Auslöser einer neuen Reaktion wird) gleichgesetzt werden, wobei es zu einem Überwiegen des lustbetonten in Relation zum unlustbetonten Aspekt der Übung und des Trainings kommen könnte (auf daß der vermehrte Aufwand und Einsatz sich doch lohnte), angeregt durch eine mögliche *verstärkt hormonelle Ausschüttung.*

Seit 1954 weiß man von Arealen (Olds und Milner) im Frontallappen von Ratten, die durch Zufall mittels intrakranieller Selbstreizung (ICSS) im Tierexperiment entdeckt wurden und offenbar eine Art von Belohnungssystem („pleasure centers") des Gehirns darstellen. Die mit positiver Erinnerung assoziierte Reizung scheint sowohl Motivationszustände auszulösen als auch verstärkend bei Lernvorgängen zu wirken. Dieses aus Nervenfasern bestehende System läßt sich sowohl elektrisch als auch chemisch beeinflussen. Durch Selbststimulation kommt es zu einer Dopamin-Aktivierung, da Dopamin-Bahnen am Belohnungssystem des Gehirns beteiligt sind. Es wird heute angenommen, daß der Neurotransmitter *Dopamin* und nicht das Noradrenalin die von der Selbstreizung ausgehenden Nervenimpulse vermittelt und an den positiv bewerteten Zuständen beteiligt ist. Auch körpereigene *Opiat-Einflüsse* (z. B. β-Endorphin), die über Hemmung der Schmerzempfindung auch positive emotionale Zustände, d. h. Hochstimmung, auszulösen vermögen, werden diskutiert. Pert (1985) stellt die Theorie auf, daß Opiat-Rezeptoren für kreative Leistungen insofern eine Rolle spielen könnten, als sie die Wirklichkeit in einer Weise „filterten", die einer Veränderung des Bewußtseinszustandes zuträglich sei. Als Bestätigung seiner Theorie könnte der Nachweis des häufigeren Vorkommens von Opiat-Rezeptoren im frontalen Cortex-Bereich im Vergleich zum posterioren gelten. In der Folge wurde daher von mehreren Autoren eine frontal-occipitale Teilung des Cortex postuliert und statt der üblichen links-rechts-hemisphärischen geltend gemacht. Auch wurde vor einiger Zeit ein im *Schläfenlappen* gelegenes Gebiet der entorhinalen Rinde entdeckt, von dem Bahnen in den Hippocampus gehen, und das am Belohnungssystem mitbeteiligt sein soll. Dieses wird mit dem *Gedächtnis für räumliche Zusammenhänge* in Verbindung gebracht. Die Vermutung liegt daher nahe, daß das *Belohnungssystem mit Vorgängen des Lernens in einer Beziehung steht.* Das mesolimbische Dopamin-System, ursprünglich als Motivations-System für das Sexualverhalten deklariert, wird heute als ein allgemeines Motivations-System diskutiert; es stellt die neuro-anatomische sowie -chemische Grundlage von Motivationen dar. Weiters fand man, daß alle Teile des Belohnungssystems durch Bahnen miteinander verbunden sind und daß das mittlere Vorderhirnbündel dabei quasi als Relaisstation fungiert (Routtenberg 1987).

5.7.2.4 Basis des raschen Lernens

Eine andere *Erklärung für Begabung* wäre die eines Lernmechanismus als *Basis für rasches Lernen* (Mishkin et al. 1984), also die These, daß bei begabten Individuen der limbo-thalamische Schaltkreis besonders funktionsfähig sei.

Aufgrund der von mir angeführten und durch die EEG-Resultate erhärteten kognitionspsychologischen Hypothesen tendiere ich zu einer Interpretation, die im Zusammenhang mit dem *ausgeprägten visuellen Gedächtnis bei visuell Begabten* steht, nämlich der *leichteren Aufnahme, Bearbeitung, Wiedererkennung und Abrufbarkeit von visueller Information aus assoziativen Netzwerken und Ensembles, damit einer größeren Flexibilität bei der Wahl und dem Einsatz spezifischer Strategien, die zur Bilder-Bildung herangezogen werden;* darin sehe ich eine der Grundlagen für die komplexe malerische Begabung.

5.7.2.5 Visuelles Gedächtnis und Zwei- bzw. Dreidimensionalität

Die Überlegenheit eines spontan visuellen Gedächtnisses für Bilder bei bildnerisch begabten Individuen im Vergleich zu ihrer KG zeigen Studien von Elisabeth Rosenblatt und Ellen Winner (1988). Zur Erfassung des spontanen Erinnerungsvermögens gaben sie zwei unterschiedliche Tests vor, und zwar einen Bild-Test, der die Aufnahme zweidimensionaler Informationen bewertete, bei dem begabte VPn eindeutig besser abschnitten, während es sich beim Objekt-Test um dreidimensionale Informationen handelte, in dem die KG die Versuchs-Gruppe übertraf. Es ist jedoch anzumerken, daß auch die Art der Information für die Erinnerung bei bildnerisch Begabten eine Rolle spielt, da diese Bilder eindeutig besser in Erinnerung behielten als Objekte. Der Versuchsplanung legten die Autorinnen folgende Hypothese zugrunde: daß *Erinnerungsfähigkeit* für *zweidimensionale,* jedoch nicht für dreidimensionale *Anordnungen* als *voraussetzend für die Fähigkeit zu zeichnen* (als Ausdruck eines zweidimensionalen Mediums) gelten mag. Beim Zeichnen sei dreidimensionale Wahrnehmungsfähigkeit nicht von Bedeutung.

Auf die vorgegebene Studie übertragen, könnte dies bedeuten, daß es sich bei den visuellen Künstlerinnen um eine heterogene Gruppe handelte, nämlich um ***bild**-bezogene* ***Malerinnen*** und ***objekt**-bezogene* ***Künstlerinnen.*** Die Hypothese könnte lauten, daß bei den objekt-bezogenen Künstlerinnen zur ***zeichnerischen*** *eine weitere Dimension, die* ***räumliche,*** *hinzukäme.* Es ist dies die Fähigkeit, dreidimensionale Informationen zu verarbeiten.

5.7.2.5.1 Ästhetischer Anspruch und ästhetisches Empfinden

Ein weiteres Element trat jedoch in der Versuchs-Anordnung der Studie von Rosenblatt und Winner durch die Vorgabe eines Bild- und eines Objekt-Testes zutage: die Fähigkeit, *ästhetische Eigenschaften wahrzunehmen,* d. h. ob ein Bild ästhetisch ansprechend wirkt oder nicht (vgl. Goodman 1976; S. K. Langer 1953). Da Bilder meist Kunstwerke (Gemälde, Zeichnungen) sind, werden sie von vornherein als ästhetisch empfunden – im Gegensatz zu Diagrammen, Graphen, Karten oder Objekten wie im Objekt-Test. Während ein als ästhetisch deklariertes Bild die gesamte Aufmerksamkeit bezüglich aller Kategorien (die Autorinnen postulierten fünf: Komposition, Kontur, Inhalt, Farbe und Form – in dieser Arbeit sind es wesentlich mehr) beanspruchen wird, ist dies beim Betrachten von Alltagsobjekten sicherlich nicht der Fall. Die nicht-ästhetische Dimension bezog sich ausschließlich auf den Inhalt. Zuwendung und Bezogenheit auf nur eine Kategorie, wie z. B. auf den Inhalt des Bildes, könnte dann ausreichend sein.

Zusammengefaßt läßt sich sagen: Bildnerisch begabte Individuen weisen ein überlegenes spontanes Bild-Gedächtnis auf, und zwar noch deutlicher bei Informationen, die zweidimensional und ästhetisch ansprechend sind.

Steht die *visuelle Begabung* in einer Beziehung zum *Geschlecht bzw. zu Lateralität eines Künstlers?*

Eine eindeutige Beziehung zwischen bildnerischer Begabung und Linkshändigkeit zeigte sich in einer Studie mit Kindern: Unter den Begabten gab es mehr Linkshändige als in der Kontroll-Gruppe. Frühere Studien zu der Thematik erbrachten ähnliche Ergebnisse (z. B. Membert und Michel 1980). Diese Beziehung ist jedoch nicht als unabdingbar zu betrachten. Ein Händigkeits-Test war in der vorliegenden Untersuchung für alle VPn voraussetzend. Es gab jedoch Hinweise, daß die Künstlerinnen, obwohl rechtshändig, viele Arbeiten mit beiden Händen verrichteten.

Weiters konnte in den zitierten Untersuchungen der beiden Autorinnen die *Beziehung zwischen bildnerischer Begabung und visuellem Erinnerungsvermögen* ***bei Frauen*** – nicht jedoch bei Männern – *bestätigt werden,* ein Zusammenhang, der bereits von Getzels und Csikszentmihalyi (1987) aufgezeigt wurde. Dieses Resultat läßt sich im Widerspruch zu dem von Geschwind und Galaburdas (1987) sehen, die Begabungen eher für männliche Personen vorhersagen. Erklärungen dieses Unterschiedes könnten (1) in der früheren Reife von Mädchen liegen (eine Gruppe setzte sich aus begabten Kindern zusammen), (2) in deren größeren Bereitschaft, sich in eine manuelle Aufgabe zu vertiefen und sie ernst zu nehmen – auch in einer Überlegenheit der Feinmotorik bei

Mädchen bzw. Frauen –, und (3) in einer unterschiedlichen Beziehung zwischen visuellem Gedächtnis und bildnerischer Begabung bei Frauen versus Männern, aber auch in strukturellen Unterschieden zwischen weiblichen und männlichen Gehirnen (Steinmetz 1993), wie sie unter anderem auch aufgrund von EEG-Unterschieden anzunehmen sind.

Neben dem neuroanatomischen und -physiologischen Zugang einer Erklärung für Begabung und Talent gibt es auch den wahrnehmungspsychologischen.

5.7.3 Wahrnehmungspsychologische Annahmen bezüglich Talent und visueller Begabung

Irvin Rock (1985) beruft sich bei der Wahrnehmung von Bildern auf den Konstanz-*Mechanismus.* Er postuliert zwei wesentliche, jedoch verschieden einsetzbare Modi der visuellen Wahrnehmung, einer wird als ***Haupt-***, der andere als ***Zusatz-Modus*** bezeichnet. Überwiegend beruht der Haupt-Modus auf dem *Konstanzprinzip,* der Zusatz-Modus verwertet das objektive Netzhautbild und wird z. B. beim Erkennen von *Perspektive* eingesetzt (ist mit einem Abweichen von der Tradition gleichzusetzen). Rock stellt nun die Behauptung auf, daß es in der Wahrnehmungsleistung zu einer Diskrepanz zwischen Sehwinkel und wirklicher Größe kommen kann. Das bedeutet: Bei Berücksichtigung des Konstanz-Mechanismus wird ein weiterer wesentlicher Aspekt der Wahrnehmung – *der Sehwinkel* – vernachlässigt, da bei einer Beurteilung nach dem Sehwinkel der Konstanz-Mechanismus ausgeschaltet wird. D. h., daß ein und dieselbe Person je nach Situation unterschiedliche Konstanzleistungen zu erbringen imstande ist. Diese Unterschiede in der Leistung gründen sich nach Rock möglicherweise auf einen Wahrnehmungs-Konflikt in der Anwendbarkeit und der Einsatzbereitschaft eines bestimmten Modus.

Eine weitaus plausiblere Erklärung läge in der unterschiedlichen Verfügbarkeit der einzelnen Modi: Es gibt Personen, bei denen der Zusatz-Modus häufiger zur Anwendung kommt, und es wäre vorstellbar, daß visuell begabte Individuen oder Malerinnen häufiger ihren Zusatz-Modus anwendeten und einsetzten (möglicherweise diesen sogar bewußt einsetzen) im Vergleich zu Personen aus der Kontroll-Gruppe. Das hieße, daß *Malerinnen* und ähnlich begabte Künstlerinnen *mehr Erfahrung im Gebrauch des Zusatz-Modus hätten und, damit verbunden, bei diesen häufiger eine Abweichung der Konstanz aufträte.* Auch bei einem überwiegenden Einsatz des Konstanz-Mechanismus bliebe der Zusatz-Modus latent wirksam. Dieses Wirksambleiben des Zusatz-Modus könnte dieser Annahme nach beim Zeichnen und Malen von Bedeutung sein.

Daraus ließe sich die Hypothese ableiten, daß ***Malerinnen*** einen besseren und direkteren Zugang zu ihrem Zusatz-Modus hätten und ihnen ein ***Umschalten*** *vom* ***Haupt-*** *auf den* ***Zusatz-Modus*** *leichter fiele.* Das Umschalten besteht damit gleichermaßen in einem Abweichen vom herkömmlichen Modus und in einem Ausweichen auf den nicht üblichen Modus.

Schwierigkeiten beim ***Zeichnen*** beruhen nach Rock nicht auf mangelnder motorischer Fertigkeit – seine diesbezügliche Argumentation lautet, daß alle Menschen geometrische Figuren etc. darstellen könnten –, sondern darauf daß das ***Problem** in der* ***Wahrnehmung*** *und ihrer* ***kognitiven Verarbeitung*** *zu suchen sei.* Für das Zeichnen sieht er folgende Faktoren als erforderlich an:

- die Überwindung des Konstanz-Mechanismus;
- ein klares Vorstellungs-Bild, um ein Bild von einem „Bild" abzeichnen zu können;
- das Bewußtmachen von Vorgängen zu ihrer Rekonstruktion, da Form-Wahrnehmung z.B. unbewußt abläuft;
- die Möglichkeit eines Rückgriffs auf ein erinnertes Bild beim Zeichnen aus dem Gedächtnis, wobei der Konstanz-Mechanismus wieder in Aktion tritt, da der Zusatz-Modus nicht vorhanden ist;
- das Einordnen von Objekten nach bestimmten, durch Erfahrung erworbene Schemata, d. h. das Vorhandensein des richtigen (nicht des falschen) Schemas für die Bild-Vorstellung.

Auch Weisberg (1989) betrachtet ein gutes Gedächtnis für visuelle Details als mögliche Bedingung für kreatives und zeichnerisches Gestalten und betont die besondere Fähigkeit visueller Vorstellung.

Warum künstlerische Individuen mit den genannten Faktoren, also beim Zeichnen, keine Probleme haben, stellt sich für Rock als ein „wahrnehmungstheoretisches Rätsel" dar.

Zur Beschaffenheit von Talent und Begabung

Der Hang zur Kunst zeigt sich vermutlich bereits im Vorschulalter. Entsprechende Anzeichen sind nach Winner und Pariser (1985) und Clark und Winner (1986): genaues Abzeichnen, die Darstellungen von räumlichen Beziehungen bei Entwürfen aus dem Gedächtnis, dekorative und ästhetische Details. Auch die Zeit respektive die Aufmerksamkeit, die in eine derartige Sache investiert wird, gibt einen möglichen Hinweis auf eine überdurchschnittliche Begabung. Visuell begabte Kinder erweisen eine Vielfalt an Fähigkeiten, besonders visuell-motorische. Manchmal schlägt sich eine stärker entwickelte rechte Hemisphäre in latenter bzw. gegebener Linkshändigkeit nieder; sie könnte der Verweis auf eine ungewöhnliche visuelle Fähigkeit sein.

Rosenblatt und Winner (1988) vertreten die Meinung, daß für die Wahl einer künstlerischen Laufbahn nicht Begabung, sondern häufiger das soziale Umfeld sich als ausschlaggebendes Kriterium darstellt. Begabung steht für die Möglichkeit einer Leistung; sie bedeutet nach Stern (1916) noch nicht die Leistung selbst. Neben den personinternen Faktoren der Hochbegabung (Mönks 1990) bedarf es einer zusätzlichen, von außen kommenden Förderung durch die soziale Umgebung. Oft wird die Entscheidung gegen eine künstlerische Laufbahn durch die von der Gesellschaft gesetzten Prioritäten und Bewertungen bestimmt, so daß die ausschließliche künstlerische Hochbegabung für eine künstlerische Berufswahl hilfreich sein könnte.

5.8 Kritische Bemerkungen und Ausblick

Zur *Problematik der Interpretation bei EEG-Änderungen*

Bei der EEG-Registrierung kommt es zu einer Verformung bzw. Verzerrung der Potentiale durch anatomische Gegebenheiten, wie Schichten zwischen Cortex und Kopfhaut (Schädelknochen, Liquor, Bindegewebe). „Insofern entspricht die Ableitesituation mit EEG-Elektroden auf der Kopfhaut einem Tiefpaßfilter" (Creutzfeldt 1983). Außerdem werden durch die Elektroden Potentiale aus einem großen Einzugsbereich erfaßt. Das EEG spiegelt in erster Linie Aktivitäten der obersten corticalen Schichten wider, die im wesentlichen mit tangential cortico-corticalem Austausch von Information zu tun haben (Petsche et al. 1984). Es scheint daher ein geeignetes Mittel für die Suche nach kontext-abhängiger Synchronisation über räumlich voneinander getrennten Regionen zu sein (Petsche 1994).

Ferner erlauben von der Haut registrierte Potentiale wegen der vielfältig gefalteten Hirnrinde keine eindeutige Zuordnung zur corticalen Lokalisation. EEG-Änderungen können daher nur für relativ große Regionen beschrieben werden; somit stellen Interpretationen keine exakten Aussagen über Orte an der Hirnrinde, sondern nur deren Umschreibung dar, ganz abgesehen von individuellen Unterschieden bezüglich Schädelgröße und Form.

Eine Schwierigkeit bei der Registrierung bildeten auftretende Augenbewegungs- (über frontalen Ableitungen) und Muskel-Artefakte (über temporalen Ableitungen). Wie aus Kapitel 5.6.1.1 ersichtlich, sind diese für visuelle Aufgaben spezifisch. Trotz eines speziellen Programms zur Artefakt-Eliminierung sind Artefakte kaum ganz zu eliminieren. VPn, die die Methode des autogenen Trainings beherrschten, konnten diese jedoch einigermaßen kontrollieren. Aus diesem Grund versuchte ich eine weitere, ziemlich aufwendige *Artefakt-Eliminierung bzw. -Kontrolle,* wobei die entsprechenden Kanäle, in denen Artefakte auftraten, völlig ausgeschaltet wurden; dabei geht auch wertvolles Datenmaterial verloren. Beim Vergleich der beiden End-Auswertungen mit und ohne Artefakt-Kontrolle erwies sich der Aufwand allerdings als nicht lohnenswert, weshalb davon wieder abgesehen wurde.

Zur Erfassung und Interpretation der einzelnen Frequenzbänder ist anzumerken, daß in den letzten Jahren in der kognitiven Gehirnforschung die 40-Hz-Komponente zunehmend an Bedeutung gewinnt; dieser Frequenzbereich wurde in der Arbeit nicht berücksichtigt. Berücksichtigt hingegen wurden die Erkenntnisse bezüglich des Alpha-Bandes, somit dessen Teilung in ein Alpha-1- und ein Alpha-2-Band. Den beiden Alpha-Bändern dürften verschiedene Funktionen zukommen.

Die Frage der Repräsentation von bildlicher Vorstellung ist in enger Verbindung mit Aspekten wie Vorbildung und Vorwissen einer VP zu untersuchen und zu beantworten. Daher betrifft eine Art der Kritik bei der Durchführung des Experimentes die Unterlassung einer *Voruntersuchung* bezüglich der Bekanntheit der Bilder. VPn Bilder zu zeigen, die sie kennen bedeutet, sie aufgrund ihres Vorwissens zu präjudizieren, da sie mit den bestimmten Bildern bereits Erfahrungen (positive bzw. negative) verbinden.

Denn Personen, denen die vorgeführten Bilder bekannt sind, haben eine bereits vorgeprägte Einstellung zu diesen, die in der Betrachungsweise zur Auswirkung kommen könnte (z. B. ein Aha-Erlebnis: „Das hab ich im Museum gesehen"). Unter anderem finden Verfassung und Gemütszustand Eingang ins EEG, und somit könnte sich unterschiedlicherer Ausgangszustand bei den VPn auf die Untersuchung ungünstig auswirken und damit die Standardisierung des Experiments gefährdet sein.

Die Erhebung einer *Vortestung* der VPn hätte sich unter Voraussetzung der Habituation möglicherweise auf die Artefaktbildung günstig ausgewirkt. Diese Erfahrung konnte allerdings bei den beiden VPn, die bereits an einer anderen EEG-Untersuchung teilgenommen hatten, nicht bestätigt werden, vermutlich stehen Artefakte doch mit der Spezifität der Aufgaben in Beziehung. Vorbildung und Vorwissen der VPn als beeinflussender Faktor hätten durch Überprüfen der Bekanntheit des vorgegebenen Bildmaterials ausgeschaltet werden sollen.

Ein Kritikpunkt könnte sein, daß die Stichprobengröße von 19 VPn pro Gruppe doch zu gering sei, um allgemeingültige Behauptungen und Schlüsse ableiten zu können.

Gegen die durchgeführte *Randomisierung* bezüglich der Sequenz bei der Bildvorgabe spricht, daß ein naturwissenschaftliches Experiment nach strengen und vor allem standardisierten Kriterien verlaufen sollte. Dies inkludiert für alle am Experiment teilnehmenden VPn gleiche Bedingungen, die durch eine randomisierte Sequenz der Bilder nicht gegeben sein kann (siehe auch spezielle Aspekte des Versuchsplanes 5.2.2.1). Die Randomisierung wurde deshalb durchgeführt, um mögliche *zeitliche Trends* von EEG-Veränderungen nicht auf die Aufgaben zurückzuführen.

Aufgrund einiger am Institut durchgeführter und in der Literatur aufscheinender Untersuchungen muß angenommen werden, daß die Variable „Geschlecht" Auswirkungen auf die cerebrale Verarbeitung hat, womit Geschlechts-Unterschiede im EEG zwischen den Geschlechtern zu erwarten sind. Z. B. wiesen Beaumont et al. (1978) und Petsche et al. (1988) bei Frauen höhere interhemisphärische Verkoppelung nach. Da an der Studie ausschließlich Frauen teilnahmen, ist kein allgemeiner Schluß auf visuelle cerebrale Verarbeitung möglich. Es wäre daher eine Vergleichs-Studie mit Malern aufschlußreich und ein interessantes Forschungsprojekt. Männliche Probanden wurden bisher immer bezüglich ihrer Raumvorstellung untersucht.

Auch der Händigkeit sollte bei Begabungen gezielter nachgegangen werden. Bei Befragen gaben etliche der VPn – vor allem in der Künstlerinnen-Gruppe – an, für verschiedene Arbeiten beide Hände einzusetzen.

Ein Kriterium für jedes Experiment ist dessen Replizierbarkeit. Aufgrund neuerer Forschungen stellt sich die Frage, welchen Einfluß die Zusammensetzung einer neuen Stichprobe, möglicherweise sogar die ursprüngliche Zusammensetzung zu einem späteren – und nicht unmittelbar darauf folgenden – Zeitpunkt, auf ein bereits vorhandenes Ergebnis hätte. Es wäre zu bedenken, daß bei einer Untersuchung, in der das visuelle Gedächtnis relevant ist, das Gehirn als dynamisches System zwischenzeitlich neue Verbindungen hergestellt haben könnte.

Von Edelman werden auch Einwände bezüglich einiger informationsverarbeitender Modelle vorgetragen. Seiner Meinung nach weisen diese Unzulänglichkeiten zur Erklärung von Struktur und Funktion des Gehirns auf. Unter anderem führt er den subjektiven Eindruck der Geschlossenheit des Wahrnehmungsvorganges beim Sehen an, den Anschein von Einheit(lichkeit), obwohl dieser auf Interaktionen unterschiedlicher neuronaler Mechanismen, somit auf deren Pluralität beruht.

Ein weiterer seiner Einwände ist, daß an einem bestimmten kognitiven Vorgang die Mehrheit der anatomischen Verbindungen gar nicht beteiligt ist, daß gleichermaßen relativ viele Synapsen „stumm" bleiben. Die zentralen Probleme der Kategorisierung und Generalisierung führen seiner Meinung nach durch Modelle der Informationsverarbeitung nicht zu einer Lösung.

Im theoretischen Teil der Arbeit wird eine Annäherung an die herkömmliche Problematik (Imagery-Debatte, siehe 3.2) unternommen, die letztlich in einen philosophischen Disput ausartete. Eine dualistische Position einzunehmen, scheint heute nicht nur nicht haltbar, sondern eine Sackgasse zu sein, wie neuere Forschungen beweisen. In seiner Arbeitsweise läßt sich das Gehirn nicht auf zwei Systeme reduzieren, und die adäquate Weise dem zu begegnen, ist die *Sicht des Konnektionismus,* der von einer Distribuierung und, mit dieser einhergehend, von einer ***Vernetzung*** *neuronaler Systeme* und, daraus resultierend, einer parallelen Zusammenarbeit ausgeht. Im Vernetzen der Systeme ist das Wissen niedergelegt und teils aktivierbar (ein anderer Teil entschwindet ins Vergessen). Der Zusammenhang der Welt, Einheit-Erfahren (Zusammen-Schaltung) kommt beim Wahrnehmen zum Ausdruck, und diese Integrations-Leistung als Antwort auf ihre Umwelt, wird – wie die vorliegende Arbeit beweist – von Malerinnen besser ausgeführt bzw. eher „wahrgenommen". Das Substrat dieser Zusammenhänge dürfte in der – im Vergleich zu Nicht-Künstlerinnen – cerebral unterschiedlichen Mikro-Struktur gegeben sein.

Die Sprache von Malerinnen ist non-verbal und schlägt sich in Handlung und Ausführung der Ideen nieder.

Zusammenfassung

Diese Studie, ein Gruppenvergleich von Malerinnen mit einer Kontroll-Gruppe, ist eine interdisziplinäre Arbeit. Sie soll einer möglichen *Beziehung von EEG und Begabung bzw. Ausbildung auf dem Gebiet der Bildenden Kunst* nachgehen. Mittels Spektralanalyse wurden zwei EEG-Parameter – Amplitude und Kohärenz (für den Grad der Synchronisation neuronaler Aktivität) – ermittelt und mit psychologischen Daten korreliert. Vor allem erwies sich die Kohärenz-Analyse als äußerst relevant für die Untersuchung verschiedener Arten visuell-kognitiver Verarbeitung, der visuellen Aufmerksamkeit und des visuellen Gedächtnisses. Untersucht wurden 38, ausschließlich weibliche VPn, um geschlechts-bedingte Fehlinterpretationen auszuschalten. Zwei Auswahlkriterien waren für die Hälfte der VPn, nämlich für die Malerinnen, entscheidend: Abschluß einer Kunsthochschule und die Ausübung ihrer Profession. Das EEG wurde von 19 Elektroden (10-20-System) abgeleitet und für die Auswertung von sechs Frequenzbändern zwischen 1,5 – 31,5 Hz berücksichtigt.

Bestimmt wurden die signifikanten durch die visuell-kognitiven Aufgaben bedingten Veränderungen von Amplitude und Kohärenz gegenüber dem gemittelten „Ruhe"-EEG. Zuerst wurden die EEG-Auswirkungen während des Betrachtens von (insgesamt vier) Bildern, des Memorierens dieser Bilder und des Entwerfens eines eigenen Bildes in der Vorstellung untersucht. Die während der EEG-Registrierung aufgenommenen Wort-Protokolle wurden inhaltsanalytisch ausgewertet. Den Rahmen für die Aussagefähigkeit der inhaltsanalytischen Untersuchung bildete ein dafür entworfenes Kategorien-System zur quantitativen Erfassung der verbalen Äußerungen, wobei eine Zuordnung dieser zu festgelegten Kategorien erfolgte. Was das weitere methodische Vorgehen betraf, so wurden die EEG-Daten mit den psychologischen Daten – diesen durch Inhaltsanalyse ermittelten Scores für Gedächtnis und Phantasie – korreliert; wobei sich signifikante Rangkorrelationen ergaben. Dabei zeigten sich jedoch ***erhebliche Unterschiede in der visuell-kognitiven Verarbeitung zwischen den beiden Gruppen*** insofern, als die Korrelationen mit dem Gedächtnis-Score in der Gruppe der Malerinnen hoch-signifikant und ausschließlich negativ, in der KG jedoch positiv waren. Die negativen Korrelationen werden im Sinne von Kohärenz-Abnahmen interpretiert. Es bietet sich folgende Deutung der Ergebnisse an: Bei der Wiedergabe aus dem Gedächtnis kommt es bei Malerinnen während dieses Vorgehens sowohl intra- als auch interhemisphärisch zu einer *cerebralen Umstrukturierung*. D. h. in weitreichenden Regionen ihres Gehirns werden neuronale Netzwerke voneinander gelöst („entkoppelt"), wobei eine Zergliederung größerer neuronaler Verbände in kleinere erfolgt. Diese Strategie setzen Malerinnen ein, um die erforderliche kognitive Leistung ausführen zu können. Der erheblich reduzierte Informationsfluß zwischen den Neuronen-Ensembles oder die *abnehmende Synchronisierung führt zu einer besseren Gedächtnis-Leistung der Malerinnen.* Die *KG* kann ihre Strategie aufrechterhalten; dies schlägt sich in positiven Korrelationen nieder, da sie non-verbales Material, wie *Bilder, vorwiegend verbal codiert.*

Das physiologische Korrelat für bildliches Vorstellen ist für Malerinnen und Nicht-Malerinnen ebenfalls unterschiedlich. Der *„Indikator" für Zeichnen und Malen* als Ausdruck künstlerischer *Begabung bei Malerinnen* ist *rechts-centro-parietal (C4 – P4)* zu finden. In der rechten Hemisphäre schlägt sich der globale Verarbeitungs-Mechanismus nieder. Visuelle Informationen werden hier zu einem *räumlichen Schema integriert.* Insofern ist die vorgefundene Verbindung als figurative Repräsentation für einen inneren Entwurf ihrer räumlichen Konzeption zu verstehen. Für die *Gruppe der visuellen Künstlerinnen* läßt sich somit visuell-kognitive Beanspruchung im Sinn des „visuellen Vorstellungsvermögens" in *erhöhter intra- und interhemisphärischer occipito-temporo-parietaler Kohärenz* zum Ausdruck bringen, in den extrastriären Regionen, Gebieten höchster visueller Verarbeitung.

In der *KG* lassen sich aus der EEG-Analyse für das Generieren von Vorstellungen vorwiegend linkshemisphärische Vorgänge ableiten, mit einem Schwerpunkt in der Region des *Gyrus angularis (T5 – P3).* Dieser entspricht die Area 39 im parieto-temporo-occipitalen Cortex, wo visuelle, taktile und auditorische Informationen konvergieren, wobei es zum Vergleich von eingehender mit vorhandener Information in Form von Gestalt und daraus resultierender Zuordnung kommt. Diese Region für die *Gestalt-Findung* ist bei *Nicht-Malerinnen* bezeichnenderweise *links,* dem semantischen Gedächtnis entsprechend.

Die vorliegende Untersuchung kann die Annahme, daß der *posterior parietale Cortex das Gebiet höchster multisensorischer Integration* darstellt, durch die beiden vorgefundenen EEG-Korrelate bestätigen: das *Korrelat der **malerischen Begabung rechts-centro-parietal*** (1) und das *Korrelat der bildlichen Vorstellung **links-temporo-parietal*** (2). Allgemein ausgedrückt sprechen die Resultate dafür, daß die ***Parietallappen*** am *Abtasten visueller Bilder* beteiligt sind.

Bild-Analyse, die zum Objekterkennen und damit zur Gestalt-Findung führt, erweist sich somit bei Malerinnen als überwiegend rechtshemisphärischer Vorgang; bei Nicht-Malerinnen jedoch kann dieser als vorwiegend linkshemisphärisch gelten. Die Kontroll-Gruppe dürfte zur Rekonstruktion eines Bildes statt des Abrufes von Kopien eher verbale Bezeichnungen einsetzen und daher eine bedeutungshaltige Interpretation des Bildes speichern. Bezüglich der *Wissens-Zuordnung* spielt somit in der *Gruppe der Nicht-Malerinnen das semantische Gedächtnis* und bei den *Malerinnen das visuelle Gedächtnis* die größere Rolle. Dieses Ergebnis spricht für zwei voneinander unabhängige Komponenten des visuellen Vorstellens: das Generieren bildlicher Vorstellungen (rechts- bei MA, linkshemisphärisch in der KG) und der räumlichen Fähigkeit als rechtshemisphärischer Tätigkeit. Dies steht im Gegensatz zu Paivios Dual-Coding-

Theorie, die von der Annahme ausgeht, daß beide Fertigkeiten von ein und demselben System hervorgebracht würden. Gestützt hingegen werden hier Kosslyns und Farahs Hypothesen.

Aufgrund der von mir angeführten und durch die EEG-Resultate bestätigten ***kognitionspsychologischen Hypothesen*** tendiere ich zu einer Interpretation, die im Zusammenhang mit dem *ausgeprägten visuellen Gedächtnis bei visuell Begabten* steht: nämlich der *leichteren Aufnahme, Bearbeitung, Wiedererkennung und Abrufbarkeit von visueller Information aus assoziativen Netzwerken und Ensembles, die zur Bilder-Bildung herangezogen werden. Die visuelle Codierung setzt bei Malerinnen bereits auf der Wahrnehmungs-Ebene – beim Sehen – ein, womit eine langfristige Speicherung begünstigt wird; während die Kontroll-Gruppe auf dieser Informations-Ebene eher verbal codiert und somit artikulatorische Prozesse bevorzugt.* Diese Erklärung liefert einen Beitrag zum Verständnis der komplexen malerischen Begabung.

Was den ***schöpferischen Akt*** *der Imagination* betrifft, sind in der Kontroll-Gruppe wesentlich zahlreichere Kohärenz-Zunahmen zu beobachten, während sich bei den Malerinnen mehr -Abnahmen zeigen. Zunahmen der Kohärenz lassen sich durch die vermehrte Beanspruchung im Zusammenhang mit der Schwierigkeit einer Aufgabe interpretieren. Die niedrigere corticale Kohärenz bei den Malerinnen erklärt sich daher als Trainings-Effekt. Anscheinend reduziert Üben die Anzahl neuronaler Netzwerke oder es kommt durch entsprechendes Trainieren zu einer Umorganisation ursprünglicher Bahnen.

Wahrnehmungspsychologisch läßt sich die visuelle Begabung der *Malerinnen* durch einen besseren und direkteren Zugang zu ihrem Zusatz-Modus erklären, wobei ihnen ein *Umschalten vom Haupt- auf den Zusatz-Modus leichter* fällt. Das Umschalten besteht damit gleichermaßen in einem Abweichen vom herkömmlichen Modus und in einem Ausweichen auf den nicht üblichen Modus.

Die Frage nach einer (teils) *gemeinsamen neuralen Basis für Wahrnehmen und Vorstellen* kann prinzipiell positiv beantwortet werden. Für beide Vorgänge läßt sich der Nachweis einer Involvierung sowohl des primären als auch des extrastriären visuellen Cortex erbringen – dies scheint in der Literatur immer noch kontrovers diskutiert zu werden. Sowohl Wahrnehmung als auch Vorstellung resultieren aus der Wechselwirkung vorhandener visueller Systeme in Form räumlich-zeitlicher Aktivitäts-Muster. Allgemeiner ausgedrückt: An Bottom-up-Vorgängen sind viele neuronale Systeme beteiligt, die bei Top-down-Vorgängen gleichermaßen eine Aktivierung erfahren. Vermutlich ist die Anzahl und Ausdehnung extrastriärer Areale, die bei der Vorstellung aktiviert werden größer als bei der Wahrnehmung.

Vielleicht trägt diese Studie zur Klärung bei, denn die vorliegende EEG-Untersuchung zeigt jedenfalls auch eindeutige *Unterschiede*. Sowohl beim *Vorstellen* als auch beim *Wahrnehmen* kommt es

(1) zu ***frontalen Kohärenz-Änderungen,*** jedoch in *unterschiedlicher Koppelung*: ***Entkoppelung für Wahrnehmen, Verkoppelung für Vorstellen***. Die Erklärung dürfte

vermutlich darin liegen, daß der Vorgang des *Vorstellens* – im Unterschied zum Wahrnehmen – zu einer *verstärkten Aktivierung des Arbeits-Gedächtnisses* führt.
(2) Die Unterschiede beziehen sich auch auf *interhemisphärische Aktionen.* Beim ***Vorstellen*** steht die ***fronto-occipitale Zusammenarbeit*** – im Gegensatz zur ***posterioren lokalen Kooperation*** der Hemisphären beim ***Wahrnehmen*** – im Vordergrund.

Visuelles Wahrnehmen und bildliches Vorstellen – zwei Aspekte für malerische Begabung – finden in höheren centro-parietalen Kohärenzen einen Niederschlag. Interessanterweise kommt dieses Ergebnis bereits im Spontan-EEG zum Ausdruck und wird somit dort vorweggenommen. – *Das Spontan-EEG, ein künftiges Diagnose-Instrumentarium?*

Die unterschiedlichen Reaktionen visueller Tätigkeit beider Gruppen legen die Annahme von unterschiedlich ablaufenden *Aufmerksamkeitsprozessen* nahe: bei den Malerinnen handelt es sich um solche zur *räumlichen Orientierung im parietalen Cortex,* und bei der KG um solche, die im Zusammenhang mit *semantischer Information* und in Verbindung mit dem *exekutiven Aufmerksamkeits-Netzwerk des präfrontalen Cortex* stehen. Es ist nach Petsche et al. (1993) anzunehmen, daß Kohärenz-Muster nicht Ereignisse auf dem höchsten Niveau cerebraler Informationsverarbeitung widerspiegeln, sondern Ausdruck gerichteter Aufmerksamkeit sind. Die Studie ist demnach als Resultat zeitlicher Durchschnitte über die Organisation von *differentieller Aufmerksamkeit bei visuell-kognitiven Tätigkeiten* zu sehen.

Was den Beitrag der beiden Hemisphären zu visuell-kognitiven Leistungen und damit zu den Hemisphären-Unterschieden in den Gruppen betrifft, ist festzustellen, daß die ***Malerinnen*** visuell-kognitive Aufgaben lösen, indem sie vorwiegend die rechte Hemisphäre einsetzen, womit der ***rechten Hemisphäre*** eine ***Bedeutung für visuell-künstlerische Begabung*** zukommt. Nicht-Malerinnen hingegen involvieren bei visuellem Tätigsein die linke Hemisphäre, dies gilt insbesondere für das Entwerfen eines eigenen Bildes in der Vorstellung. Die eingesetzte Strategie der verbalen Codierung führt zu einer verstärkt linkshemisphärischen Verarbeitung. Diese Ergebnisse unterscheiden sich von der in der Literatur zur cerebralen Asymmetrie immer noch geltenden Annahme, bildliches Vorstellen sei eine Spezialisierung der rechten Hemisphäre.

Interhemisphärisch steht bei Wahrnehmen, Memorieren und dem schöpferischen Eigen-Entwurf bei Malerinnen parieto-temporo-occipitale, bei Nicht-Malerinnen frontale Kooperation im Vordergrund. Höchster Grad synchroner neuronaler Aktivität stellt daher für Malerinnen P3 – P4, (für Bild-Betrachten T5 – T6 und den Eigen-Entwurf 01 – 02), für Nicht-Malerinnen Fp1 – Fp2 als Ausdruck der semantischen Bearbeitung dar. Besonders hervorzuheben ist, daß die *interparietale Verkoppelung* (P3 – P4) bei Malerinnen – *invariant in allen visuellen Aufgaben* – beim *Gedächtnis-Abruf entkoppelt* wird.

Für die visuelle Verarbeitung beim Bild-Betrachten lassen sich für Malerinnen die folgenden – und damit zur Kontroll-Gruppe unterschiedlichen – Beteiligungen, interpretierbar als Niederschlag ihres „cerebralen Engagements", kurzgefaßt festhalten:
1. Beteiligung des ventralen (infero-temporal) und dorsalen (posterior-parietal) Systems

(Mishkin 1983) und 2. separierte lokale (T5) und globale (T6) Verarbeitung, die im Anschluß sich zu einer Gestalt fügt. Hier findet die *supramodale Fähigkeit der Malerinnen zum Erkennen von Raumbeziehungen* sowie die Integration visueller und taktiler Informationen ihren Niederschlag. Die beiden von Mishkin beschriebenen Systeme dürften mit den von Zeki gefundenen visuellen Arealen V3, V4 sowie mit – von der Literatur bisher kaum erfaßt – V6 (Zeki et al. 1990) für den Raum identisch sein.

Diese Untersuchung unterstützt auch die Annahme, daß das *Theta-Band* mit Gedächtnis-Vorgängen in Verbindung steht (Klimesch); dies zeigt sich beim *Bild-Memorieren* aufgrund der Theta-Synchronisierung als Ausdruck für die Bearbeitung und Aufnahme *neuer Bildinhalte ins Gedächtnis* deutlich.

Während das *Delta-Band* in EEG-Untersuchungen bisher entweder ausgespart wurde oder als Indikator für verminderte Aufmerksamkeit galt, erwies dieses sich in der vorliegenden Studie aufgrund deren Beteiligung bei kognitiven Aufgaben – ein Novum – als ein *Korrelat für kognitive Prozesse.*

Die Ergebnisse lassen darauf schließen, daß die Fähigkeit zur ***Synthese,*** *zur Integration, zur Kategorisierung von visuellen Items* ***Malerinnen*** *wesentlich besser gelingt als Nicht-Malerinnen, und zwar bereits auf der* ***Ebene der Perception.*** *Der sich hiebei vollziehende Vorgang einer globalen und lokalen Umstrukturierung des Cortex beim Sehen gelingt Malerinnen leichter aufgrund einer flexibleren Arbeitsweise des Gehirns, somit besseren Anpassung, woraus eine höhere Modulationsfähigkeit resultiert. Diese Umstrukturierungs- bzw. Integrations-Leistung erfolgt bei Nicht-Malerinnen nicht im selben Ausmaß.*

Die Resultate visuell-kognitiver Verarbeitung zeigen, daß sich die EEG-Parameter Amplitude und besonders Kohärenz zur differenzierteren Erfassung und Beschreibung komplexer Leistungen nicht nur als methodengeeignet erweisen, sondern daß sie auch einen wesentlichen Beitrag zum Verständnis visueller Verarbeitung, beim Wahrnehmen und Bild-Memorieren, vor allem bei der Ausführung eines schöpferischen Aktes in der Imagination leisten können. Sie zeigen beispielsweise, daß visuelle Aufgaben in weit verzweigten Netzwerken neuronaler Systeme zur Ausführung kommen.

Zusammengefaßt lassen sich folgende Annahmen bekräftigen, worauf das *neurophysiologische Substrat von* ***Talent und visueller Begabung*** beruhen könnte: auf einer ***lokalisierten Arbeitsweise,*** die sich in höheren Kohärenzen (gegenüber einer Kontroll-Gruppe) niederschlägt, auf der ***Involvierung der rechten Hemisphäre*** (bei linkshemisphärisch niedrigeren Kohärenzen) ***für visuelle Tätigkeiten,*** was höhere Autonomie in der Arbeit der linken Hemisphäre bedeutet; auf einer ***stärkeren synchron-neuronalen Tätigkeit von parieto-temporo-occipitalen Bereichen,*** auf einer geringeren interfrontalen Aktivität, auf ***ausgedehnten Verkoppelungen zwischen frontopolaren und occipitalen Regionen,*** auf dem ***Einsatz spezifischer Aufmerksamkeits-Netzwerke*** zur Regulierung der Verarbeitungsvorgänge sowie ***intrinsischer Systeme zur Eigen-Motivierung.***

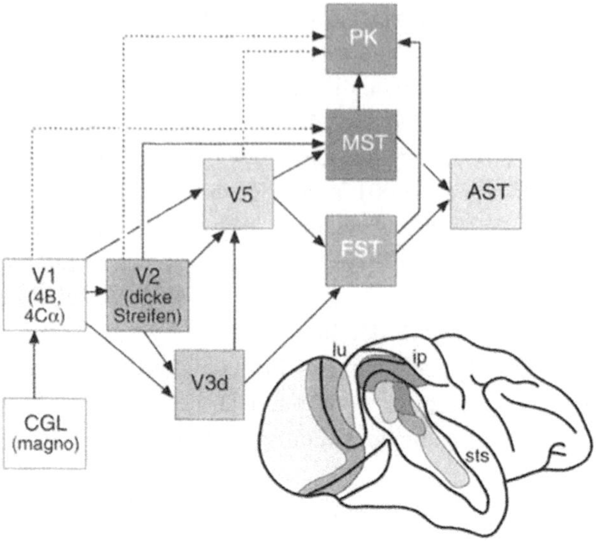

Abb. 34. Dorsale Bahn für „Bewegungs- und Raumwahrnehmung" in der Hirnrinde von Primaten. Die Hauptverbindungen zwischen den Arealen sind durch Pfeile gekennzeichnet. Gestrichelte Linien kennzeichnen Projektionen des peripheren Gesichtsfeldes. Die Areale sind in gleicher Farbe in den Kästchen und in der Aufsicht auf das Gehirn dargestellt. Die Sulci (von den dickeren Linien umrandet) sind aufgeklappt, so daß die Areale in ihnen darstellbar werden. CGL: *Corpus geniculatum laterale.* V1 liegt auf dem Occipitalpol, V2 und V3 im Sulcus lunatus (lu), V5, MST, FST und AST im Sulcus temporalis superior (sts), der visuelle Teil des Parietal-Cortex (PK) füllt den Sulcus intraparietalis (ip)

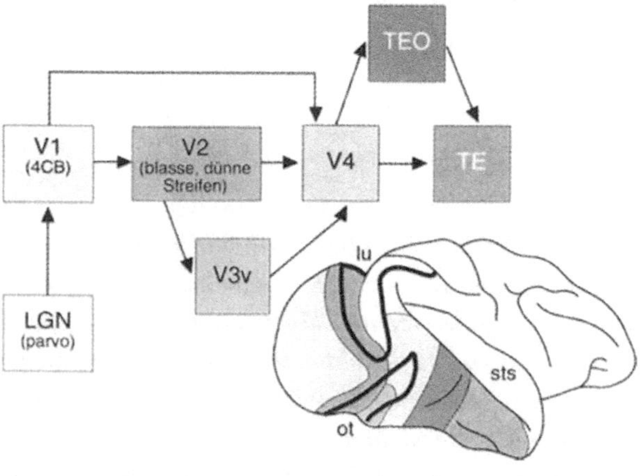

Abb. 35. Ventrale Bahn für „Objekterkennungs- und visuelles Gedächtnis" in der Hirnrinde von Primaten. Der ventrale Anteil von V3 (V3v) und V4 bilden den Übergang vom Okzipital zum Temporallappen. TEO und TE sind Areale auf dem ventralen Temporallappen. Die dickeren Linien bilden den Rand des aufgeklappten Sulcus lunatus (lu) und Sulcus occipito-temporalis (ot)

Abb. 36. Aus: Schulz, „Gedächtnistheorien und Mnemotechniken“

Literaturverzeichnis

Anderson, J.R. (1989) Kognitive Psychologie, 2. Aufl. Heidelberg: Spektrum der Wissenschaft

Anderson, J.R. (1980) Cognitive psychology and its implications. San Francisco: W.H. Freeman and Co.

Anderson, J.R. (1983) The architecture of cognition. Cambridge, Mass: Harvard University Press

Arieti, S. (1966) Creativity and its cultivation: Relation to psychopathology and mental health. In: Arieti, S. (ed.) American handbook of psychiatry. New York: Basic Books, 3, pp.722–774

Baddeley, A.D. (1979) Die Psychologie des Gedächtnisses. Stuttgart: Klett-Cotta

Bagnara, S., Simion, F., Tagliabue, M.E. (1988) Comparison processes on visual mental images. Memory & Cognition 16 (2), 138–146

Battaglini, P.P. et al., Zeki, S. (1990) The physiology of area V6. J Physiol V423

Baumann, S. (1992) Eine informationstheoretische EEG-Untersuchung funktioneller Hemisphären-Asymmetrien bei Kindern und Erwachsenen. Zürich: Dissertation

Beier, K.M., Kubicki, St. (1987) Kortikale Verteilung zweier Delta-Frequenzen im langsamen Schlaf. Z. EEG-EMG 18 (47-51). Stuttgart: Thieme

Birbaumer, N., Schmidt, R.F. (1996) Biologische Psychologie, 3. Aufl. Berlin: Springer

Birbaumer, N., Lutzenberger, T., Elbert, H., Rockstroh, F. und B. (1993) Imagery and brain processes. In: Birbaumer, N., Öhman, A. (eds.) The structure of emotion. Seattle: Hogrefe & Huber Publishers

Bischof, K. (1987) Individuelle Unterschiede beim visuellen Vorstellen. Europäische Hochschulschriften Reihe VI, Band 221. Bern: Peter Lang, 3–20

Bower, G.H., Karlin, M.B., Dueck, A. (1975) Comprehension and memory for pictures. Memory & Cognition 3 (2), 216–220

Braitenberg, V., Schüz, A. (1991) Anatomy of the cortex: Statistics and geometry. Berlin: Springer

Braitenberg, V., Schüz, A. (1989) Cortex: hohe Ordnung oder größtmögliches Durcheinander? Heidelberg: Spektrum der Wissenschaft

Brockhaus Enzyklopädie in 24 Bänden. (1988–1994) 19., völlig neu bearbeitete Auflage. Mannheim: Brockhaus GmbH

Brugger, Ch. (1979) Blickverhalten und visuelles Gedächtnis. Universität Wien: Dissertation

Busk, J., Galbraith, G.C. (1975) EEG correlates of visual-motor practice in man. Electroenceph. Clin. Neurophysiol. 38, 415–422

Cassirer, E. (1977) Philosophie der symbolischen Formen. 1. Teil: Die Sprache, 7. unv. Aufl. Darmstadt: Wissenschaftliche Buchgesellschaft

Churchland, P.M. (1997) Die Seelenmaschine. Eine philosophische Reise ins Gehirn. Heidelberg: Spektrum

Clauss, G., Finze, F.-R., Partzsch, L. (1994) Statistik. Für Soziologen, Pädagogen, Psychologen und Mediziner. Frankfurt am Main: Verlag Harri Deutsch

Cooper, R., Osselton, J.W., Shaw, J.C. (1984) Elektroenzephalographie. Technik und Methoden, 3. erw. Aufl. Übersetzt von P. Rappelsberger. Stuttgart: Gustav Fischer

Creutzfeldt, O.-D. (1992) Prinzipien der Hirnorganisation als Bedingung von Wahrnehmen, Denken und Handeln. In: Fichte-Studien Band 4 – Transzendentalphilosophie und Evolutionstheorie. Amsterdam: Editions Rodopi V.V.

Creutzfeldt, O.-D. (1983) Cortex Cerebri. Leistungen, strukturelle und funktionelle Organisation der Hirnrinde. Berlin, Heidelberg: Springer

Creutzfeldt, O.-D. (1991) Modelle des Gehirns – Modelle des Geistes? In: Cramer, F. (Hrsg.) Erkennen als geistiger und molekularer Prozeß. Weinheim: VCH

Crick, F., Koch, Ch. (1992) Das Problem des Bewußtseins. Heidelberg: Spektrum der Wissenschaft

Csikszentmihalyi, M. (1992) Flow. Das Geheimnis des Glücks. Stuttgart: Klett-Cotta

Csikszentmihalyi, M. (1997) Kreativität. Stuttgart: Klett-Cotta

Damasio, A.R. (1995) Descartes' Irrtum. Müchen: List

Davison, G.C., Neale, J.M. (1984) Klinische Psychologie, 2. durchgesehene Aufl. München: Urban & Schwarzenberg

Deetjen, P., Speckmann, E.-J. (1994) Physiologie, 2. Aufl. München: Urban & Schwarzenberg

Denis, M., Engelkamp, J., Richardson, J.T.E. (1988) Cognitive and neuropsychological approaches to mental imagery. Nato ASI Series 42. Dordrecht: Martinus Nijhoff Publishers

Dörner, D., van der Meer, E. (Hrsg.) (1995) Das Gedächtnis. Göttingen: Hogrefe-Verlag für Psychologie

Dudel, J., Menzel, R., Schmidt, R.F. (Hrsg.) (1996) Neurowissenschaft. Vom Molekül zur Kognition. Berlin: Springer

Duffy, F.H., Iyer, V.G., Surwillo, W.W. (1989) Clinical electroencephalography and topographic brain mapping. Technology and Practice. New York: Springer

Dutke, St. (1994) Mentale Modelle: Konstrukte des Wissens und Verstehens. Kognitionspsychologische Grundlagen für die Software-Ergonomie. Arbeit und Technik Band 4. Göttingen: Verlag für Angewandte Psychologie, 49–79

Ebe, M., Homma, I. (1992) Leitfaden für die EEG-Praxis. Stuttgart: Gustav Fischer

Edelman, G.M. (1993) Unser Gehirn – ein dynamisches System. München: Piper

Edelman, G.M. (1995) Göttliche Luft, vernichtendes Feuer. München: Piper

Edelman, G.M. (1995) Jenseits der Computer: Die Simulation des menschlichen Gehirns. In: Guntern, G. (Hrsg.) Imagination und Kreativität. Zürich: Scalo

Ellis, A.W., Young, W. (1991) Einführung in die kognitive Neuropsychologie. Bern: Huber

Ellis, A.W., Young, W. (1988) Human cognitive neuropsychology. East Sussex: Lawrence Erlbaum

The encyclopedia of philosophy (Ed. Edwards, P.) Vol. 3. New York: The Macmillan Company

Engel, A.K., König, P., Singer, W. (1993) Bildung repräsentationaler Zustände im Gehirn. Heidelberg: Spektrum der Wissenschaft

Engelkamp, J., Pechmann, Th. (1993) Mentale Repräsentation. Bern: Hans Huber

Engelkamp, J. (1991) Das menschliche Gedächtnis, 2. Aufl. Göttingen: Verlag für Psychologie

Engelke, W. (1975) Intelligenzleistung und Elektroenzephalographische Aktivität. Bonn: Dissertation

Etlinger, S.C. (1995) Zusatzskriptum zu Neuropsychologie I und II. Wien: Psychol. Institut d. Universität

Farah, M.J., Peronnet, M.A., Gonon, M., Girard, H. (1988) Electropsychophysical evidence for a shared representational medium for visual images and visual percepts. J Exp Psychol: Gen 117, 248–257

Farah, M.J. (1988) Is visual imagery really visual? Evidence from neuropsychology. Psychol Rev 95 (3), 307–317

Farah, M.J. (1989) Mechanisms of imagery-perception interaction. J Exp Psychol: Hum Percept Perform 15 (2), 203–211

Farah, M.J. (1989) The neural basis of mental imagery. Trends Neurosci 12 (10), 395–399

Farah, M.J. (1989) The neuropsychology of mental imagery. In: Boller, I., Gratman, J. (eds.) Handbook of Neuropsychology, Vol.2. Elsevier Science Publishers
Farah, M.J., Soso, M.J., Dasheiff, R.M. (1992) Visual angle of the mind's eye before and after unilateral occipital lobectomy. J Exp Psychol Hum Percept Perform 18 (1), 241–246
Finke, R.A. (1985) Theories relating mental imagery to perception. Psychol Bull 98, 236–259
Finke, R.A. (1986) Bildhaftes Vorstellen und visuelle Wahrnehmung. Heidelberg: Spektrum der Wissenschaft
Fischer, H. (1995) Entwicklung der visuellen Wahrnehmung. Weinheim: Psychologie-Verlags-Union
Flexer, A. (1994) Die Kategorisierung von EEG-Kohärenzmaps mit Kohonennetzwerken. GRUWI der Universität Wien: Diplomarbeit
Flor-Henry, P. (1988) EEG Spectral Analysis in Psychopathology. In: Giannitrapani, Murri (eds.) The EEG of Mental Activities. Basel: Karger, 182–200
Flohr, H. (1991) Brain processes and phenomenal consciousness – A new and specific hypothesis. Theory and Psychology 1, 145–262
Funke, J. (1992) Wissen über dynamische Systeme: Erwerb, Repräsentation und Anwendung (Lehr- und Forschungstexte Psychologie 43). Berlin: Springer, 18–22
Gadenne, V. (1996) Bewußtsein, Kognition und Gehirn. Bern: Hans Huber
Gadenne, V., Oswald, M.E. (1991) Kognition und Bewußtsein (Lehr- und Forschungstexte Psychologie 40). Berlin: Springer
Gadol, T. (Hrsg.) (1982) Rationality and Science. A Memorial Volume for M. Schlick in celebration of the centennial of his birth. Wien, New York: Springer
Gardner, H. (1992) Dem Denken auf der Spur. Stuttgart: Klett-Cotta
Gardner, H. (1996) So genial wie Einstein. Schlüssel zum kreativen Denken. Stuttgart: Klett-Cotta
Gazzaniga, M.S., LeDoux, J.E. (1983) Neuropsychologische Integration kognitiver Prozesse. Remschmidt, H. (Hrsg.) Reihe: Klinische Psychologie und Psychopathologie 26. Stuttgart: Enke
Gazzaniga, M.S., LeDoux, J.E. (1978) The integrated mind. New York: Plenum Press
Gazzaniga, M.S. (1989) Das erkennende Gehirn. Paderborn: Junfermann
Geschwind, N.M.D., Galaburda, A.M.D. (1987) Cerebral lateralization. Bradford: MIT
Giannitrapi, D., Murri, L. (1988) The EEG of mental activities. Basel: Karger
Gibson, J.J. Die Sinne und der Prozeß der Wahrnehmung. Bern: Hans Huber
Goldenberg, G. (1987) Neurologische Grundlagen bildlicher Vorstellungen. Wien: Springer
Goldenberg, G., Podreka, I., Steiner, M., Willems, K. (1987) Pattern of regional cerebral blood flow related to memorizing of high and low imagery words – an emission computer tomography study. Neuropsychologia. 25 (3), 473–485
Goldenberg, G., Podreka, I., Steiner, M., Willems, K., Suess, E., Deecke, L. (1989) Regional cerebral blood flow patterns in visual imagery. Neuropsychologia 27 (5), 641–664
Goldman-Rakic, P.S. (1992) Das Arbeitsgedächtnis. Heidelberg: Spektrum der Wissenschaft
Grimmel, R. (1985) Hirntopographische Untersuchungen zum Synchronverhalten der EEG-Grundtätigkeit. Gießen: Dissertation
Grüsser, O.-J., Grüsser-Cornehls, U. (1995) Gesichtssinn und Okulomotorik. In: Schmidt, Thews, (Hrsg.) Physiologie des Menschen. Berlin: Springer
Gur, R.C., Packer, I.K. (1980) Differences in the distribution of gray and white matter in human cerebral hemispheres. Science 207
Guttmann, G. (Hrsg.) (1994) Allgemeine Psychologie. Experimentalpsychologie: Denken, Problemlösen. Wien: WUV-Universitätsverlag
Guttmann, G. (1982) Lehrbuch der Neuropsychologie. 3. überarb. ergänzte Aufl. Bern: Hans Huber

Guttmann, G. (1988) Neurobiologische Korrelate des Psychischen. In: Oeser, E., Bonet, E.M. (Hrsg.) Das Realismusproblem. Wiener Studien zur Wissenschaftstheorie 2. Wien: Edition S (Ö.St.)

Guttmann, G., Langer, G. (Hrsg.) (1992) Das Bewußtsein. Mulitdimensionale Entwürfe. Wiener Studien zur Wissenschaftstheorie Band 4. Wien: Springer

Hagendorf, H. (1995) Visuell-räumliche Repräsentation und Gedächtnisleistung. In: Dörner, D., van der Meer, E. (Hrsg.) Das Gedächtnis. Göttingen: Verlag für Psychologie

Haidvogel, Ch. (1991) Hemmung und Förderung der Kreativität in der Schulerziehung unter besonderer Berücksichtigung offener Unterrichtsformen. Universität Wien: Dissertation

Hänggi, D. (1989) Visuelle Vorstellungsfähigkeit. Freiburger Beiträge zur Psychologie 5. Bern: Hans Huber

Haken, H., Haken-Krell, M. (1992) Erfolgsgeheimnisse der Wahrnehmung. Synergetik als Schlüssel zum Gehirn. Stuttgart: Deutsche Verlags-Anstalt

Handbook of electroencephalography and clinical neurophysiology. Vols. 6 and 11. Amsterdam: Elsevier Scientific Publ. Co.

Handbook of neurophysiology (1989) (Ed. Goodglass, H. and Damasio, A.R.) Vol. 2. Amsterdam: Elsevier Scientific Publ. Co

Hany, E.A., Nickel, H. (Hrsg.) (1995) Begabung und Hochbegabung, Theoretische Konzepte – empirische Befunde – praktische Konsequenzen. Bern: Hans Huber

Heil, M., Rösler, F., Hennighausen, E. (1993) Imagery-perception interaction depends on the shape of the image: A reply to Farah (1989). J Exp Psychol Hum Percept perform 19 (6), 1313–1320

Heinze, H.J., Johannes, S., Thinius, R. (1993) Neurale Mechanismen visueller selektiver Aufmerksamkeit: Untersuchungen mit ereigniskorrelierten Potentialen. Zeitschrift für EEG-EMG 24, 16–23, Stuttgart: Thieme

Heinze, H.J. (1994) Neurale Vorgänge bei Teil- und Ganzheitsverarbeitung (Vortrag). Wien: Karajan-Symposion

Helstrup, T. (1988) Imagery a cognitive strategy. In: Denis, M. et al. (eds.) Cognitive and neuropsychological approaches to mental imagery. Dordrecht: Martinus Nijhoff Publishers

Hernegger, R. (1995) Wahrnehmung und Bewußtsein. Berlin: Spektrum Akademischer Verlag

Herrmann, W.M., Fichte, K., Kubicki, St. (1980) Definition von EEG-Frequenzbändern aufgrund strukturanalytischer Betrachtungen. In: Kubicki, St. et al. (Hrsg.) Faktorenanalyse und Variablenbildung aus dem Elektroenzephalogramm. Stuttgart: Gustav Fischer

Hick, A. (1995) Integrative Leistungen des Zentralnervensystems. In: Hick, Ch. (Hrsg.) Physiologie. Neckarsulm: Jungjohann VerlagsgesellschaftmbH

Hoffmann, K.-P., Wehrhan, C. (1996) Zentrale Sehsysteme. In: Dudel et al. (Hrsg.) Neurowissenschaft. Berlin: Springer

Holler, J. (1996) Das Neue Gehirn. Paderborn: Junfermann

Jirasko, M. (1980) Inhaltsanalyse [ein Skriptum] Abteilung für Entwicklungspsychologie und Pädagogische Psychologie der Universität Wien

Jirasko, M. (1985) Mental imagery. Bände 1 und 2. Universität Wien: Dissertation

Kabuto, M., Kageyama, T., Nitta, H. (1993) Änderung des EEG-Power-Spektrums in Abhängigkeit vom Hören angenehmer Musik. Nippon-Eiseigaku-Zasshi. Oct. 48(4), 807-18 (Japan)

Kandel, E.R., Schwartz, J.H., Jessel, T.M. (eds.) (1991) Principles of neural science, 3rd edn. New York, Amsterdam: Elsevier

Kandel, E.R., Schwartz, J.H., Jessel, T.M. (Hrsg.) (1996) Neurowissenschaften. Heidelberg, Oxford: Spektrum Akadem. Verlag

Kaplan, R.W. (1978) Der Ursprung des Lebens, 2. Aufl. Stuttgart: Thieme

Kaplan, S. (1995) Malerinnen – Visuelles Wahrnehmen und bildliches Vorstellen, zwei Aspekte einer komplexen Begabung. Eine EEG-Amplituden- und Kohärenz-Studie. Universität Wien: Dissertation

Kaufmann, G. (1988) Mental imagery and problem solving. In: Denis et al. (eds.). Cognitive and neuropsychological approaches to mental imagery. Nato ASI Series 42. Dordrecht: Martinus Nijhoff Publishers.

Kintsch, W. (1982) Gedächtnis und Kognition. Berlin: Springer

Klass, D.W., Daly, D.D. (1984) Klinische Elektroenzephalographie. Übersetzt von P. Rappelsberger, H. Pockberger. Stuttgart: Gustav Fischer

Klimesch, W, Schimke, H. (1987) Visuell evozierte Potentiale und Hemisphärendifferenzen: Zur funktionellen Bedeutung homologer Regionen. Zeitschrift für EEG-EMG 18, 27–31. Stuttgart: Thieme

Klimesch, W. (1988). Struktur und Aktivierung des Gedächtnisses. Bern: Hans Huber

Klimesch, W., Pfurtscheller, G., Mohl, W., Schimke, H. (1990) ERD-Mapping and hemispheric differences for words and numbers. Int J Psychophysiol 8, 297–308

Klimesch, W., Schimke, H., Pfurtscheller, G. (1993) Alpha frequency, cognitive load and memory performance. Brain Topography 5 (3), 241–251

Klimesch, W. (1995) Gedächtnispsychologische Repräsentationsannahmen und ihre möglichen neuronalen Grundlagen. In: Dörner, D., van der Meer, E. (Hrsg.) Das Gedächtnis. Göttingen: Hogrefe-Verlag für Psychologie

Klix, F. (1992) Die Natur des Verstandes. Göttingen: Hogrefe-Verlag für Psychologie

Kluwe, R.H., Haider, H. (1995) Erwerb kognitiver Fertigkeiten durch Übung. In: Dörner, D., van der Meer, E. (Hrsg.) Das Gedächtnis. Göttingen: Hogrefe-Verlag für Psychologie

Kolb, B., Whishaw, I.Q. (1990) Fundamentals of human neuropsychology. 3rd edn. New York: Freeman & Co

Kolb, B., Whishaw, I.Q. (1993) Neuropsychologie. Heidelberg: Spektrum Akademischer Verlag

Kosslyn, Pomerantz (1977) Imagery, propositions and the form of internal representations. Cognitive Psychology 9, 52–76

Kosslyn, St.M, Ochsner, K.N. (1994) In search of occipital activation during visual mental imagery. TINS 17 (7)

Kosslyn, St.M. (1980) Image und Mind. Cambridge, Mass: Harvard University Press

Krieglsteiner, S. (1985) Hirnelektrische Korrelate der Raumvorstellung. Universität Wien: Dissertation

Kriz, J., Lisch, R. (1988) Methoden-Lexikon. München-Weinheim: Psychologie Verlags Union

Kugler, J., Leutner, V. (eds.) (1984) Vigilanz: Ihre Bestimmung und Beeinflussung. Basel: Editiones „Roche"

Landau, E. (1990) Mut zur Begabung. München: Reinhardt Verlag

Lange-Eichbaum, W., Kurth, W. (1985) Genie, Irrsinn und Ruhm. 7. völlig neubearb. Aufl. von Ritter, W. Bände 1–4. München: Ernst Reinhardt Verlag

Lindsay, P.H, Norman, D.A. (1981) Einführung in die Psychologie. Informationsaufnahme und -verarbeitung beim Menschen. Berlin: Springer

Lopes da Silva, F.H., van Lierop, T.H.M.T., Schrijer, C.F., Storm van Leeuwen, W. (1973) Organization of thalmic and cortical alpha rhythms: Spectral and coherences. Electroenceph Clin Neurophysiol 35, 627–639

Lüer, G., Werner, St., Lass, U. (1995) Repräsentation analogen Wissens im Gedächtnis. In: Dörner, D., van der Meer, E. (Hrsg.) Das Gedächtnis. Göttingen: Hogrefe-Verlag für Psychologie

Lurija, A.R. (1992) Das Gehirn in Aktion. Einführung in die Neuropsychologie. Hamburg: Rowohlt

Lutzenberger, W., Elbert, Th., Rockstroh, B., Birbaumer, N. (1985) Das EEG. Psychophysiologie und Methodik von Spontan-EEG. Berlin: Springer

Machleidt, W., Gutjahr, L., Mügge, A. (1989) Grundgefühle. Phänomenologie, Psychodynamik, EEG-Spektralanalytik. Monographie aus dem Gesamtgebiete der Psychiatrie. Berlin: Springer

Maelicke, A. (Hrsg.) (1990) Vom Reiz der Sinne. Weinheim: VCH-Verlag

Maffei, L., Fiorentini, A. (1997) Das Bild im Kopf. Von der optischen Wahrnehmung zum Kunstwerk. Basel: Birkhäuser

v. d. Malsburg, C., Singer, W. (1988) Principles of cortical network organization. In: Rakic, P., Singer, W. (eds.) Neurobiology of neocortex, 69–99. New York: John Wiley & Sons Ltd.

Mandl, H., Spada, H. (Hrsg.) (1988) Wissenpsychologie. München - Weinheim: Psychologie-Verlags-Union

Mandl, H., Huber, G.L. (1982) Verbale Daten. Eine Einführung in die Grundlagen und Methoden der Erhebung und Auswertung. Weinheim, Basel: Beltz Verlag

Markowitsch, H.J. (1996) Neuropsychologie des menschlichen Gedächtnisses. Spektrum der Wissenschaft 9

Markytan, M. (1995) Gedächtnis, Vorstellungen und Schlußfolgern. Universität Wien: Diplomarbeit

Marothy, Th. (1991) Ein Interferenzexperiment unter Berücksichtigung von bildhafter und handlungsorientierter Wahrnehmungsantizipation. Universität Wien: Diplomarbeit

Marx, E. (1988) Entwicklung eines Signierungs- und Verrechnungssystems für die Erfassung der individuellen Zukunftsperspektive bzw. deren Dimensionen aus dem TAT. Salzburg: Dissertation

Maturana, H.R., Varela, F.J. (1987) Baum der Erkenntnis. Die biologischen Wurzeln des menschlichen Erkennens. Bern: Scherz

Mecklinger, A. (1992) Gedächtnissuchprozesse. Eine Analyse ereigniskorrelierter Potentiale und der EEG-Spontanaktivität. Fortschritte der psychologischen Forschung 11. Weinheim: Psychologie-Verlags-Union

Menzel, R. (1996) Neuronale Plastizität, Lernen und Gedächtnis. In: Dudel et al. (Hrsg.) Neurowissenschaft. Berlin: Springer

Marr, D. (1982) Vision. San Francisco: Freeman

Mayring, P. (1985) Qualitative Inhaltsanalyse. In: Jüttemann, G. (Hrsg.) Qualitative Forschung in der Psychologie. Weinheim, Basel: Beltz

Mednick, S.A. (1964) An associative interpretation of the creative process. In: Taylor, C.W. (ed.) Widening horizons in creativity. New York: John Wiley & Sons

Michel, C.M., Lehmann, D., Henggeler, B., Brandeis, D. (1992) Electroencephaologr. Clin. Neurophysiol. Jan, 82 (1), 38–44

Mishkin, M.L.G., Ungerleider, K., Macko, A. (1983) Object vision and spatial vision: two visual pathways. Trends Neuroscience 6, 414–417

Mishkin, M., Appenzeller, T. (1987) Die Anatomie des Gedächtnisses. Heidelberg: Spektrum der Wissenschaft

Mönks, F. J. (1995) Ein interaktionales Modell der Hochbegabung In: Hany, E.A, Nickel, H. (Hrsg.) Begabung und Hochbegabung, Theoretische Konzepte – empirische Befunde – praktische Konsequenzen. Bern: Hans Huber

Müller, R.-A. (1991) Der (un)teilbare Geist. Modularismus und Holismus in der Kognitionsforschung. In: Posner, R., Meggle, G. (Hrsg.) Grundlagen der Kommunikation und Kognition. Berlin: de Gruyter

Mundy-Castle, A.C. (1957) The Electroencephalogram and mental activity. Electroencephal. Clin. Neurophysiol. 9, 643–655

Nauta, W.J.H., Feirtag, M. (1990) Neuroanatomie. Heidelberg: Spektrum

Neisser, U. (1976) Cognition and Reality. San Francisco: Freeman

Neisser, U., Kerr, N. (1973) Spatial and mnemonic properties of visual images. Cognitive Psychology 5, 138–150

Neisser, U. (1978) Anticipations, images, and introspection. Cognition 6, 169–174

Nicholls, J.G., Martin, A.R., Wallace, B.G. (1995) Vom Neuron zum Gehirn. Zum Verständnis der zellulären und molekularen Funktion des Nervensystems. Stuttgart, New York: G. Fischer

Opwis, K. (1992) Kognitive Modellierung. Zur Verwendung wissensbasierter Systeme in der psychologischen Theoriebildung. Bern: Hans Huber, 49–55

Paivio, A. (1979) Imagery and verbal processes, 2nd edn. Hillsdale: Erlbaum Assoc. Inc.

Parnefford, R., Basar, E. (1993) Delta-Oszillationen als Korrelat für akustische Wahrnehmung an der Hörschwelle. Zeitschrift für EEG-EMG 24, 180. Stuttgart: Thieme

Perrig, W.J. (1988) Vorstellungen und Gedächtnis. Berlin: Springer. (Lehr- und Forschungstexte Psychologie 28)

Petsche, H., Pockberger, H., Rappelsberger, P. (1984) Vigilanz und kognitive Vorgänge: EEG-Aspekte. In: Kugler et al. (Hrsg.) Vigilanz: Ihre Bestimmung und Beeinflussung. Basel: Editiones „Roche"

Petsche, H., Pockberger, H., Rappelsberger, P. (1985) Musikrezeption, EEG und musikalische Vorbildung. Z. EEG-EMG 19, 183–190

Petsche, H., Rappelsberger, P., Pockberger, H. (1987) EEG-Veränderungen beim Lesen. In: Weinmann, H.M. (Hrsg.) Zugang zum Verständnis höherer Hirnfunktionen durch das EEG, 59–74. München: Zuckschwerdt Verlag

Petsche, H. (1989) Wie entsteht das EEG? EEG-Labor 11, 120–135

Petsche, H. (1990) EEG und Denken. Z. EEG-EMG 21, 207–218

Petsche, H., Lacroix, D., Lindner, K., Rappelsberger, P., Schmidt-Henrich, E. (1992) Thinking with images or thinking with language: a pilot EEG probability mapping study. International J Psychophysiol 12, 31–39

Petsche, H., Richter, P. (1994) Das EEG als Methode zur Analyse des Musikerlebens und des musikalischen Schaffensprozesses. (Vortrag) Wien: Karajan-Symposion

Petsche, H. (1994) Die flirrende Welt der Aufmerksamkeit. (Vortrag) Konrad-Lorenz-Institut

Petsche, H., Kaplan, S., Filz, O. (1994) Musikalische und bildnerische Wahrnehmung und Gestaltung: Der Niederschlag künstlerischer Ausbildung im EEG. Wien: Karajan-Symposion Juni 94

Petsche, H., Kaplan, S., von Stein, A., Filz, O. (1995) The possible meaning of the upper und lower alpha frequency ranges for cognitive and creative tasks. In: Basar, E., Lopes da Silva, Harii, R., Schürmann, M. (eds.) Alpha-activity: cognitive-sensory behavior. Boston: Birkhäuser

Petsche, H., Etlinger, S.C. (1998) EEG and thinking. Power and coherence analysis of cognitive processes. Wien: Österr. Akademie der Wissenschaften

Pfurtscheller, G., Klimesch, W. (1987) Untersuchung kognitiver Hirnleistungen mit einem dynamischen EEG-Mapping-System. In: Weinmann, H.-M. (Hrsg.) Zugang zum Verständnis höherer Hirnfunktionen durch das EEG. München: Zuckschwerdt Verlag

Popper, K.R., Eccles, J.C. (1982) Das Ich und sein Gehirn. München: Piper

Popper, K.R. (1973) Logik der Forschung. Tübingen: Mohr-Siebeck

Posner, M.I., Dehaene, S. (1994) Attentional networks. TINS, 17, (2)

Posner, M.I., Raichle, M.E. (1996) Bilder des Geistes. Heidelberg: Spektrum Akademischer Verlag

Pschyrembel, W. (1990) Klinisches Wörterbuch, 256., neu bearbeitete Aufl. Berlin: Walter de Gruyter

Putnam, H. (1991) Repräsentation und Realität. Frankfurt: Suhrkamp 52–84

Pylyshyn, Z.W. (1973) What's the mind's eye tells the mind's brain. A critique of mental imagery. Psychol Bull 80, 1–24, 5

Pylyshyn, Z.W. (1981) The imagery debate: Analogue media versus tacit knowledge. Psychol Rev 88, 16–45

Rappelsberger, P. (1977) Einführung in die EEG-Spektralanalyse. J Electrophysiol Technol

Rappelsberger, P. (1984) Analog-Digital-Konversion des EEG. Aus: Das EEG-Labor 6, 27–39

Rappelsberger, P., Petsche, H. (1988) Probability mapping: power and coherence analysis of cognitive processes. Brain Mapping 1, 46–54

Rappelsberger, P., Lacroix, D., Steinberger, K., Thau, K. (1994) EEG-Amplituden- und Kohärenzanalysen bei medikamentenfreien Schizophrenen. Z. EEG-MEG, Heft 1

Rehkämper, K. (1991) Sind mentale „Bilder" bildhaft? – Eine Frage zwischen Philosophie und Wissenschaft. Hamburg: Dissertation

Reisberg, D., Culver, L.C, Heuer, F., Fischman, D. (1986) Visual Memory: When imagery vividness makes a difference. Journal of Mental Imagery 10 (4), 51–74

Richter, P., Petsche, H., Filz, O. (1993) EEG beim Musikhören: Spezifische Kohärenzmuster in Abhängigkeit vom musikalischen Stil. (Vortrag) Jahrestagung der Ö. Ges. f. klin. Neurophysiologie

Richter, P., Petsche, H., Schmidt-Henrich, E., Filz, O. (1993) Verbales Gestaltungsvermögen und EEG-Parameter: Neurophysiologische Korrelate mentaler Begabung. Z.EEG-MEG 2, 71–80.

Rock, I. (1985) Wahrnehmung: Vom visuellen Reiz zum Sehen und Erkennen. Heidelberg: Spektrum der Wissenschaft

Rösler, F. (1980) Statistische Verarbeitung von Biosignalen: Die Quantifizierung hirnelektrischer Signale. Klinische Psychologie, Trends in Forschung und Praxis 3. Hrsg. Baumann/Berbalk/Seidenstücker. Bern: Huber

Rösler, F. (1975) Die Abhängigkeit des EEG von den Persönlichkeitsdimensionen E und N. Zeitschrift für experimentelle und angewandte Psychologie XXII (4), 630–667

Roland, P.E., Gulyás, B. (1994) Visual imagery and visual representation. TINS 17 (7), 281–286

Rosenblatt, E., Winner, E. (1988) Is superior visual memory a component of superior drawing ability? In: Obler, L.K., Fein, D. (eds.) The exceptional brain. New York: The Guilford Press

Roth, G., Menzel, R. (1996) Neuronale Grundlagen kognitiver Leistungen. In: Dudel et al. (Hrsg.) Neurowissenschaft. Berlin: Springer

Roth, G. (1995) Das Gehirn und seine Wirklichkeit. Frankfurt am Main: Suhrkamp

Roth, I., Frisby, J.P. (1989) Perception and representation: A cognitive approach. Oxford: Alden Press

Rumelhart, D.E., Norman, D.A. (1988) Representation in memory. In: Atkinson, R.C., Herrnstein, R.J., Lindzey G., Luce, R.D. (eds.) Stevens' Handbook of experimental psychology. 2nd edn. Vol.2: Learning and cognition, 511–587. New York: John Wiley & Sons

Rust, H. (1983) Inhaltsanalyse. Die Praxis der indirekten Interaktionsforschung in Psychologie und Psychotherapie. München: Urban & Schwarzenberg

Sachs, L. (1988) Statistische Methoden: Planung und Auswertung. Berlin: Springer

Sakai, K., Miyashita, Y. (1994) Visual imagery: an interaction between memory retrieval and focal attention. TINS 17, (7)

Säring, W. (1988) Aufmerksamkeit. In: Cramon, D. v., Zihl, J. (Hrsg.) Neuropsychologische Rehabilitation. Rehabilitation und Prävention 19. Berlin: Springer

Saletu, B. (1996) EEG und EP bei normalem und pathologischem Altern. In: Zapotoczky, H.G., Fischhof, P. (Hrsg.) Handbuch der Gerontopsychiatrie. Wien: Springer

Schadé, J.P. (1977) Die Funktion des Nervensystems, 4. Aufl. Stuttgart: Gustav Fischer

Schaefer, C.E., Anastasi, A. (1968) A biographical inventory for identifying creativity in adolescent boys. J Psychol 52 (1), 42–48

Schandry, R. (1981) Psychophysiologie. München: Urban & Schwarzenberg

Schliack, H., Hopf, H.C. (1988) Diagnostik in der Neurologie. Stuttgart: Thieme

Schmidt, R.F. (Hrsg.) (1995) Neuro- und Sinnesphysiologie, 2. korr. Aufl. Berlin: Springer

Schmidt, R.F, Thews, G. (Hrsg.) (1995) Physiologie des Menschen. 26. vollst. überarbeit. Aufl. Berlin: Springer

Schmidt-Henrich, E. (1991) Intelligenz und Kreativität. Neurophysiologische Resultate aus psychologischer Sicht. Psychol. Österreich 5, 127–129

Schulz, J. (1994) Gedächtnistheorien und Mnemotechnik. Wien: Springer

Seel, N.M. (1991) Weltwissen und mentale Modelle. Göttingen: Verlag für Psychologie, 157–177

Seh-Sucht, S. (1995) Über die Veränderung der visuellen Wahrnehmung. Schriftenreihe Forum Band 4. Göttingen: Steidl Verlag

Seiffge-Krenke, I. (1974) Probleme und Ergebnisse der Kreativitätsforschung. Bern: Hans Huber

Seitelberger, F. (1996) Lebensstufen des Gehirns. In: Zapotoczky, H.G., Fischhof, P. (Hrsg.) Handbuch für Gerontopsychiatrie. Wien: Springer

Shaw, J.C., O'Connor, K., Ongley, C. (1978) EEG coherence as a measure of cerebral functional organisation. In: Brazier, M.A.B., Petsche, H. (eds.) Architectonics of the cerebral cortex, 245–255. New York: Raven Press

Shepard, R.N., Cooper, L.A. (1982) Mental images und their transformations. Cambridge, Massachusetts: MIT-Press

Singer, W. (1993) Synchronization of cortical activity and its putative role in information processing and learning. Ann. Rev. Physiol. 55, 349-74

Somjen, G.G., Trachtenberg, M. (1979) Neuroglia as generator of extracellular field potentials. In: Speckmann, E.J., Caspers, H. (eds.) Origin of cerebral field potentials. Stuttgart: Thieme

Springer, S.P, Deutsch, G. (1988) Linkes - rechtes Gehirn. Funktionelle Asymmetrien. 2. Aufl. Heidelberg: Spektrum der Wissenschaft

Stegmüller, W. (1983) Erklärung Begründung Kausalität. 2. verb. u. erweit. Aufl. Band 1, Teil A: Das dritte Dogma des Empirismus. Das ABC der modernen Logik und Semantik. Der Begriff der Erklärung und seine Spielarten. Berlin: Springer

v. Stein, A. (1994) Modus und Semantik beim Denken: eine EEG Kohärenz- und Amplitudenanalyse. Universität Wien: Dissertation

v. Stein, A., Rappelsberger, P., Filz, O., Petsche, H. (1993) EEG-Korrelate bildlicher Vorstellung: Eine Amplituden- und Kohärenzuntersuchung. Z.EEG-EMG 24, 217–224

Steiner, G. (1983) Visuelles Vorstellen – das Ordnen ... wovon eigentlich? In: Montada, L., Reusser, K., Steiner, G. (Hrsg.) Kognition und Handeln. Stuttgart: Klett-Cotta

Steiner, G. (1988) Analoge Repräsentation. In: Mandl, H., Spada, H. (Hrsg.) Wissenspsychologie. München: Psychologie-Verlags-Union, 99–123

Sterelny, K. (1990) The imagery-debate. In: Mind and cognition – A reader by William G. Cycan, Oxford: Blackwell

Stoffert, T. H. (1990) Perspektiven konnektionistischer Modelle: Das neuronale Netzwerk als Metapher im Rahmen der kognitionspsychologischen Modellbildung. In: Meinecke, C., Kehrer, L. (Hrsg.) Bielefelder Beiträge zur Kongitionspsychologie. Göttingen: Verlag für Psychologie, 275–301

Szenthágothai, J. (1989) Modulare Organisation nervöser Zentralorgane, vor allem der Hirnrinde. Rheinisch-Westfälische Akademie der Wissenschaften, Vorträge 372. Opladen: Westdeutscher

Thatcher, R.W., Krause, P.J., Hrybyk, M. (1986) Cortico-cortical associations and EEG coherence. A two-compartmental model. Electroenceph. Clin. Neurophysiol. 64, 123–143

Treisman, A. (1990) Merkmale und Gegenstände in der visuellen Verarbeitung. In: Gehirn und Kognition. Heidelberg: Spektrum der Wissenschaften

Tergan, S.-Ol. (1986) Modelle der Wissensrepräsentation als Grundlage qualitativer Wissens-

diagnostik. Opladen. (Beiträge zur psychologischen Forschung, Band 7)
Trimmel, M. (1990) Angewandte und experimentelle Neuropsychologie. Lehr- und Forschungstexte. Psychologie 35. Berlin: Springer
Tucker, D.M., Roth, D.L., Bair, T.B. (1986) Functional connections among cortical regions: Topography of EEG coherence. Electroencephal. Clin. Neurophysiol. 64, 123–143
Ulmann, G. (1968) Kreativität. Neue amerikanische Ansätze zur Erweiterung des Intelligenzkonzeptes. Weinheim: Julius Beltz
Varela, F.J. (1993) Kognitionswissenschaft – Kognitionstechnik, 3. Aufl. (stw 882). Frankfurt: Suhrkamp
Velickovskij, B.M. (1988) Wissen und Handeln. Kognitive Psychologie aus tätigkeitstheoretischer Sicht. Weinheim: VCH
Vitouch, O. (1994) Raumvorstellung & funktionelle Asymmetrie – ein Beitrag zur Funktionslokalisation mittels langsamer ereigniskorrelierter Potentiale unter Verwendung Rasch-homogenen Stimulusmaterials. Wien: Diplomarbeit
Vogel, W., Broverman, D.M., Klaiber, E.L. (1968) EEG and mental abilities. Electroencephal. Clin. Neurophysiol 24, 166–175
Waldmann, M., Weinert, F.E. (1990) Intelligenz und Denken. Perspektiven der Hochbegabungsforschung. Göttingen: Verlag für Psychologie
Wallach, M.A., Kogan, N. (1965) Modes of thinking in young children. A study of the creativity – intelligence distinction. New York: Holt, Rinehart & Winston
Walter, W.G. (1961) Das lebende Gehirn. Entwicklung und Funktion. Köln: Kiepenheuer & Witsch
Waterhouse, L. (1988) Speculations on the neuroanatomical substrate of special talents. In: Obler, L.K., Fein, D. (eds.) The exceptional brain. Neuropsychology of talent und special abilities, 493–512. New York: Guilford Press
Weinmann, H.-M. (1987) Zugang zum Verständnis höherer Hirnfunktionen durch das EEG. München: Zuckschwerdt Verlag
Weiss, S. (1991) Neurolinguistik und kortikale DC – Potentiale bei semantischen und phonologischen Aufgaben. Universität Wien: Naturwiss. Diplomarbeit
Weiss, S. (1994) EEG als Korrelat mentaler Prozesse: Spektralanalyse des Spontan-EEG in Ruhe und während sprachlicher Aufgaben. Universität Wien: Dissertation
Weisberg, R.W. (1989) Kreativität und Begabung. Was wir mit Mozart, Einstein und Picasso gemeinsam haben. Heidelberg: Spektrum
Wersig, G. (1974) Inhaltsanalyse. Einführung in ihre Systematik und Literatur, 3. unv. Aufl. Schriftenreihe zur Publizikwissenschaft 5. Berlin: Volker Spiess
Wessels, M.G. (1994) Kognitive Psychologie, 3. verb. Aufl. München: Ernst Reinhardt
Wilkening, F. (1988) Zur Rolle des Wissens in der Wahrnehmung. In: Mandl, H., Spada, H. (Hrsg.) Wissenspsychologie. München: Psychologie Verlags Union, 203–223
Wittgenstein, L. (1984) Tractatus logico-philosophicus (stw 501). Frankfurt: Suhrkamp
Young, J. Z. (1989) Philosophie und Gehirn
Zauner, H. (1990) Die funktionale Bedeutung der visuellen Vorstellungsfähigkeit für das Farb-Gedächtnis. Universität Wien: Diplomarbeit
Zeki, S., Lamb, M. (1994) The neurology of kinetic art. Brain 117, 607–636
Zeki, S. (1993) A vision of the brain. Oxford: Blackwell Scientific Publ.
Zeki, S. (1992) Das geistige Abbild der Welt. Heidelberg: Spektrum der Wissenschaft
Zeller, G., Bente, D. (1983) Veränderungen der hirnelektrischen Organisation bei visuellen Such- und Diskriminationsprozessen unterschiedlichen Schwierigkeitsgrades. Zeitschrift für EEG-EMG 14, 177–185. Stuttgart: Thieme
Zilles, K., Rehkämper, G. (1993) Funktionelle Neuroanatomie. Berlin: Springer
Zschokke, St. (1995) Klinische Elektroenzephalographie. Berlin: Springer

Anhang

Vp: 395 (MA) – Protokollierung

BB 1: Holbein

(BW)
Das war das Renaissance-Portrait einer jungen Frau mit energischen und zielstrebigen
(PH)
Gesichtszügen und schmalen Lippen, die ein Wissen, von dem, was sie will und vorhat,
OD OD
ausstrahlen. Klare und glatte Gesichtszüge und die Handhaltung ganz typisch für die
Dame: einerseits entspannt, andererseits aber bestimmt – als Grundhaltung. Angenehm
VO RL OO VO RL
runde Formen. Oben die Kopfbedeckung, das spitze Rundliche und unten mit den
OD RB VF
Armen diese kreisförmige Komposition. Dann die warmen gelben Farben vor dem
VF VK VG OD OD OD OO
blauen Hintergrund. Kleine Details, an den Stoffen Zeichnungen, der Schmuck, die
OD OO
Kopfbedeckung, die mit Edelsteinen bestückt ist, die sich am Kleid fortsetzen, auch um
OD
den Ausschnitt des Kleides.

AG, KO, BW, PH

BB 2: Jordaens

OP OP (PH)
Das war ein bacchantisches Gelage beim König, er war scheinbar der Gastgeber,
RL OP OD OD
zentral und gut sichtbar plaziert. Wild gemalt die Figuren, Köpfe und Hände – alles
RB RB
bewegt sich ineinander. Es wird einander zugeprostet; eine starke Aufwärts-Bewegung
OO (BB)
durch die Becher. Eigentlich ist das Bild viel zu eng für das ganze Treiben, es sprengt
VO RL OG
fast den Raum. Eine Runde. Die Bewegung ist rund, hinauf – und Linien, die ineinan-
RB RL OO
der gehen. Am Boden, da ist es ruhig. Die Hunde ruhen. Ein Jagdhund, der einer mitt-
(PH)
leren Figur – die einen Becher in die Höhe hebt und jemandem zuprostet – auf den
RL
Becher schaut, den Wein gegen das Licht prüfend. Daneben befindet sich einer dieser
OP (PH)
trinkfreudigen Gäste, der so aussieht, als würde ihm schlecht werden, als würde er in
RL OO OP OD
Not geraten. Rechts oben gibt's einen Spiegel, in dem man eine Frau, deren Rücken-
OD OD RL OP
ansicht sieht: Kopf und Schulter. Links von mir eine Figur, die direkt auf den Be-
RL OO RP
trachter herschaut. Oben sieht man noch ein bißl Architektur, der Raum an sich und
die Architektur ist eher zurückgehalten. Das bacchantische Gelage sprengt fast den
Raum.

AG, KO, 3 PH, BB

BB 3: Rembrandt

OO (BW) OO
Das war die Ansicht einer Windmühle, eine holländische Landschaftsdarstellung, eine
(BT) RL OO VG
Schwarz-weiß-Zeichnung: signiert rechts unten von Rembrandt. Ein sehr niederer
OD VF RF RL
Horizont, sehr viel weiße, leere Fläche, Luft und Raum. Dann führt der Blick nach links
RL
zu dieser Windmühle, die an einen Bildrand drängt. Obwohl das Bild sehr ruhig, ohne
(PH)
Bewegung, also eher statisch ist, dreht sich dieses Windrad nach links. Dadurch, daß
RP VG RL RL
der Raum, diese große, leere, weiße Fläche, eben von rechts nach links rüberführt,
RB OD
dreht sich dann diese Schaufel nach links raus aus dem Bild. Das Ganze ist sehr
(PH)
sensibel, nervöser Strich. Sieht fast wie ein Selbstportrait als Windmühle aus. Die
VHD
Windmühle hat er sehr dunkel gezeichnet, ein dichtes Geflecht von zarten Linien mit
OD OD OD VHD
senkrechten Unterteilungen; der Turm der Windmühle, Latten dran und die dunklen
OD RL VO OD RL
Fenster. Oben drauf so ein abgerundetes Dach und unten an der Windmühle da ist
OO OO RB OD
noch ein leichter Steg, der zu einem Haus hinüberführt. Ein Haus mit einem Ziegeldach,
RL VO RL RB OD
das oben abgeflacht ist und dann seitlich steil hinunter geht. Ja und Fenster und dann
OO VG OO RL HR NM
das neue Gatter und ein kleines Häuserl. In der Ebene zum Horizont, da gehen zwei
Figuren.

AG, KO, 2 PH, BW, BT

BB4: Kandinsky

OG RL RL
Die Grundlinie war ein Horizont und von diesem aus haben sich nach oben und unten
VO OG OG
rechteckige Formen gestreckt – Proportionen und dann von Richtungsebenen Schrägen.
RL RL OG
Wenn man von links zu lesen anfängt, war zuerst unterm Horizont ein Rechteck, das
VF VF OD
diagonal in ein rotes und ein grünes Feld, das von den beiden Farben her ganz
OG
ausgewogen und entsprechend geteilt war. Dann gab es eine Schräge mit einem
OG RB RL
Dreieck, das hinauf und wieder zum Horizont geführt hat und dann gab's von diesem
RL RL OD
Rechteck hinauf- und heruntergeklappt ein senkrechtes Feld. Diese Felder waren
VO OG RL RL
unterschiedlich strukturiert durch Linien, Schraffierungen nach rechts oben oder links
VF VF VF VF
unten. Und Felder verschiedener Art in Rot, Türkis, Hellgrün, Gelb. Ein bißl nach der
RL OGn OG RL
Mitte gibt's dann ein Rechteck, das starke Linien nach unten hat, das aber insgesamt
RL
den Horizont hält, weil es im linken unteren Eck praktisch genau auf der Linie des
RL
Horizonts sitzt, das rechte obere Rechteck. Unterhalb der Linien geht's dann wieder mit
VG OOn RL RL OGn
einem kleinen Spitz nach oben und unten und zum Schluß hin gibt's dann ein Rechteck,
RL RL VO VF OD
das von links oben nach rechts unten diagonal geteilt ist. Das ist ein gelbes Feld, das

eigentlich den Blick hinunterführt. Es wird aber dann wieder hinaufgezogen dadurch,
OG OG RL
daß das andere Dreieck, Quadrat, das durch Linien nach rechts oben strukturiert ist,
RB VG VF OG
hinaufführt zu einem kleinen schwarzen Quadrat, das den Schlußpunkt setzt.

AG, KO

Eigenentwurf

RL
Ich habe meine „Flüchtlingsbilder“ fortgesetzt. Nicht genau auf der Horizontlinie,
VO OP VG RE
sondern etwas schräggestellt einen Zug, ganz klein im Hintergrund. Eine Menge von
OD RE
Menschen, die als Rückenfiguren gesehen werden und die vom Vordergrund über die
RL RE HR
ganze Linie – in der Mitte mit etwas mehr Abstand – ziehen. Die Menge kommt von
RL RL RE RL
rechts und zieht nach links oben, eben zu diesem Zug nach hinten, wobei sich vorne eine
Konzentration befindet und danach schließt sie sich hinter dem Zug an und wird immer
RS
kleiner. Am wichtigsten ist, daß die Menschen wie Schatten aussehen und sind, d. h. daß
VF
sie blau gemalt sind und nicht weiß.

Man könnte auch Frauen mit weißen Kleidern und weißen Hüten malen, so daß das Bild irreal wirkte, das wäre jedoch nicht meinem Bild entsprechend.
OP OO
Einzelne der Figuren habe ich genauer gesehen, es sind Kinder dabei, es ist ein Hund
dabei; männlich, weiblich, alles gemischt, die anderen entwerfe ich dann eher frei.

AG, KO, BB

Versuchsperson: 395 MA

MERKMALE	KATEGORIEN	BILDER											
		JO		RE		KA		HO		EI		Summe über alle Bilder	
		zu	nz	zu	nz	zu	nz	zu	nz	zu	nz	zu	nz
Kohärenz	kohärent	✓		✓		✓		✓		✓			
	inkohärent												
Ausgangsmodus	Gesamt-Betrachtung	✓		✓		✓		✓		✓			
	Teil-Betrachtung												
Objekt-Differenzierung	Objekte	4		7			1	3		1			
	Personen	6								2			
	geometrische Figuren	1				11	2						
	Merkmal												
	Detail	5		9		3		8		1		61	3
numerischer Aspekt	Mengen			1								1	
Visuelle Aspekte	Form	1		2		3		2		1			
	Größe			3		2		1		1			
	Farbe			1		8		2		1			
	Helligkeit/Dunkelheit			2									
	Kontrast							1				31	

Relationsangabe	Handlungsrelation			1						1		2	
Räumlichkeit	Lokalisation	7		10		18		2		5			
	Flächen			1									
	Plastizität	1		1									
	Bewegung	3		3		2		1					
	Distanz									4			
	Schatten									1		59	
Phantasie-Aspekte	Hypothesen	(3)		(2)				(1)				(6)	
	Assoziationen												
Bildungs-Aspekte	Wissen			✔				✔					
	Technik			✔									
	Bildaufbau	✓								✔			
Gedächtnis		28		41		47	3	20		18		154	3
Ansprechbarkeit													
Summe aller Kategorien über ein Bild													

Phantasie-Score (Rangkorrelationen zwischen EEG- und psycholog. Daten)

Gruppe 1 – MA

I. Amplituden:

BBAMT4D	+.4498
02A1	–.4112
BMAMF8B2	+.4518
T4D	+.5948
O1D	+.4011
EIAMT4D	+.4683
O1B2	+.4747
O2B2	+.4882

Phantasie-Score

Gruppe 1 – MA

II. Kohärenzen:

BBKOF1A1	–.5109
F2A1	–.4991
F7A1	–.5691
FzA1	–.4587
F4A1	–.4695
F8A1	–.4074
T3B1	+.3915
T3B2	+.5419
C3D	+.4887
CzD	+.5713
T5D	+.5872
T5B1	+.4048
T5B2	+.4245
P3D	+.5672
P3T	+.4432
PzD	+.5617
PzT	+.4239
P4D	+.4491
T6D	+.5020
O2D	+.3904

BMKOF1A1	–.4851
F2A1	–.3939
F7T	–.4869
F7A1	–.6524
F4A2	–.3941
C3D	+.4998
CzD	+.4433
T5D	+.4967
T5B1	+.4589
P3D	+.5368
P3T	+.4540
P3B2	+.3928
PzD	+.6069
PzA1	+.4201
P4D	+.4409
T6D	+.5820
T6T	+.4591
O1T	+.4154
O1A1	+.4186
O1A2	+.4032
O1B1	+.5605

EIKOF1D	–.4374
F1A1	–.4516
F7D	–.4133
F7A1	–.5169
F3A1	–.4127
FzA1	–.4009
FzB2	–.4306
F4B2	–.3878
C3D	+.4638
C4D	–.4017
T5D	–.4036
P3D	–.4301
PzD	+.4969
P4D	+.4629
T6D	+.5350

Phantasie-Score

Gruppe 2 – KG

I. Amplituden: –

II. Kohärenzen:

BBKO	F2D	–.5011
	F2A1	–.4185
	FzA1	–.4137
	F8D	–.4247
	PzD	+.4759
	P4D	+.5031
	P4T	+.4503
BMKO	F2D	–.5064
	F4B2	+.4566
	C4D	+.4044
	T4D	+.5101
	P4D	+.5514
EIKO	CzA2	–.5243
	PzA2	–.4808
	P4A2	–.4162

Sachverzeichnis

GPSR Compliance

The European Union's (EU) General Product Safety Regulation (GPSR) is a set of rules that requires consumer products to be safe and our obligations to ensure this.

If you have any concerns about our products, you can contact us on ProductSafety@springernature.com

In case Publisher is established outside the EU, the EU authorized representative is:

Springer Nature Customer Service Center GmbH
Europaplatz 3
69115 Heidelberg, Germany

Batch number: 10816188

Printed by Printforce, the Netherlands